Origin 2022 实用指南

周高峰　张　琦　陈永骞　谷明辉　岳永高　编　著

机 械 工 业 出 版 社

本书结合大量实例，由浅入深、循序渐进地介绍了 Origin 软件的基本操作、科技绘图、数据分析与处理等，主要内容包括：Origin 2022 概述、Origin 基本操作、绘制二维图形、绘制三维图形、绘制多图层图形、图形版面设计与图形输出、曲线拟合、数据操作和分析、图片曲线数字化、数字信号处理、峰拟合和谱线分析、数据批量处理、综合应用举例。本书实例丰富，内容翔实，实用性强，可使读者用最短的时间掌握 Origin 2022，并将其应用于科学研究、工程研发、生产管理的绘图和数据分析处理之中。

本书适合科研人员，工程技术人员，高等院校的相关教师、研究生和本科高年级学生使用。

图书在版编目（CIP）数据

Origin 2022 实用指南 / 周高峰等编著 . —北京：机械工业出版社，2022.9

ISBN 978-7-111-71425-5

Ⅰ . ① O⋯ Ⅱ . ①周⋯ Ⅲ . ①数值计算 – 应用软件 – 指南 Ⅳ . ① O245-62

中国版本图书馆 CIP 数据核字（2022）第 152568 号

机械工业出版社（北京市百万庄大街 22 号 邮政编码 100037）
策划编辑：陈保华　　责任编辑：陈保华　王春雨
责任校对：郑　婕　王　延　封面设计：马精明
责任印制：常天培
北京机工印刷厂有限公司印刷
2022 年 10 月第 1 版第 1 次印刷
184mm × 260mm · 23.75 印张 · 604 千字
标准书号：ISBN 978-7-111-71425-5
定价：88.00 元

电话服务　　网络服务
客服电话：010-88361066　机 工 官 网：www.cmpbook.com
010-88379833　机 工 官 博：weibo.com/cmp1952
010-68326294　金 书 网：www.golden-book.com
封底无防伪标均为盗版　机工教育服务网：www.cmpedu.com

前　言

图表是科学研究和工程研发中展示思想、方法、数据、变化趋势和科研结论的理想方式之一。精美清晰的图表可为科学研究人员和工程技术人员的汇报、著作和论文增添亮点。因此，绘制精美图表和快速处理数据是科研人员和工程技术人员必备的技能之一。Origin 是一款上手快速，使用灵活、容易，绘图规范、功能强大的专业科技绘图和数据分析软件，无须编写程序代码，支持各种各样的二维 / 三维图形，能够根据图形帮助使用者进行数据统计、信号处理、曲线拟合和峰值分析等。与其他软件相比，Origin 界面简洁、赏心悦目，功能强大，操作简便，能够充分满足科研和工程方面的使用要求；同时，Origin 容易掌握，兼容性强。因此，Origin 已成为科学研究人员和工程技术人员首选的科技绘图与数据处理软件。

在总体上，本书按照由浅入深、由易到难的原则编写，全书共分为四个部分：基本操作（概述、基本操作）、科技绘图（二维绘图、三维绘图、多图层图形绘制、图形版面设计与图形输出）、数据分析处理（曲线拟合、数据操作与分析、图片曲线数字化、数字信号处理、峰拟合与谱线分析、数据批量处理）、综合应用举例。

本书共分 13 章，是在总结作者关于 Origin 的认识、体会与经验的基础上，结合作者实践，根据对相应主题研究与思考的结果创作的；同时在编写过程中尽量吸收 Origin 的最新绘图与数据处理技术，并结合了同事们的使用经验。第 1 章和第 2 章简略总结 Origin 的基本构成和基本操作；第 3 章 ~ 第 6 章主要讲解 Origin 的科技绘图；第 7 章 ~ 第 12 章主要讲解 Origin 的数据分析处理；第 13 章总结性举例说明本书中的内容。

本书在创作过程中，从读者的需求出发，突出主题性、有用性和实用性，注重前后连贯。所有例子由浅入深、循序渐进、按部就班，始终以有利于读者学习、操作、模仿和应用为编写原则。整本书始终贯彻科技绘图、数据分析这两条主线。在内容的安排和功能介绍上，注重前后联系和新功能讲解，确保每个章节涵盖一个主题，避免内容重复。

本书的显著特色如下：

1）聚焦科技绘图及数据处理主题，由浅入深，循序渐进。

2）章节主题明确，有利于学习、操作、模仿和应用。

3）科技绘图、数据处理、实例讲解相互贯通，易懂易学。

4）主题集中，内容丰富，实用性强。

本书的主要适用对象是科研人员、工程技术人员，高等院校的相关教师、研究生和本科高年级学生，以及科技绘图与数据处理爱好者、Origin 爱好者、工程技术培训机构的教师和学员。

如果您是 Origin 初级用户，本书可以在最短时间内帮助您掌握 Origin 的基本功能及其使用方法，得到专业级的绘图和数据分析结果；如果您是 Origin 高级用户，本书可使您在最短时间内绘制出精美的图表，清晰地展示出复杂数据的分布，精确掌握其变化过程，提高工作效率。

本书由中原工学院的周高峰、张琦、陈永骞、谷明辉、岳永高编写，其中，周高峰编写第 6、7、8、10、13 章；张琦编写第 9 章；岳永高、张琦编写第 3、4 章；陈永骞编写第 1、2、5 章；谷明辉编写第 11、12 章。全书由周高峰统稿和校审。

在本书出版之际，首先要感谢中原工学院机电学院同事们和兄弟院校同行给作者提供的帮助和建议；同时，也要特别感谢机械工业出版社为本书的出版所做的一切工作和努力。

由于作者才学粗浅，水平有限，加之时间仓促，如果书中存在不妥之处，竭诚欢迎读者批评指正。

联系邮箱：zhougf123456@sina.com。

周高峰

目 录

第 1 章

Origin 2022 概述

1.1 Origin 2022 安装与卸载

1.1.1 Origin 2022 简介

Origin 是 Windows 平台下应用于科技绘图和数据分析的软件，为科学家和工程师全面提供数据解决方案，由 OriginLab 公司开发，其定位介于专业级和基础级之间，功能强大但操作简单，是广泛流行和国际科技出版界公认的标准绘图软件，是全球商业界、学术界和政府实验室中超过 50 万科学家和工程师的首选数据分析和绘图软件。Origin 为初学者提供了一个易于使用的界面，并且随着用户对应用程序的熟悉，提供了执行高级定制的能力。Origin 最初是一个专门为微型热量计设计的软件工具，是由 MicroCal 公司开发的，主要用来将仪器采集到的数据绘图，进行线性拟合以及各种参数计算。1992 年，MicroCal 公司正式公开发布 Origin，公司后来更名为 OriginLab。公司位于美国马萨诸塞州的北安普顿市。Origin 自 1991 年问世以来，版本从 Origin 4.0、5.0、6.0、7.0、8.0 到 2022 年推出的 Origin 2022，软件不断推陈出新，逐步完善。在这 20 多年的时间里，Origin 为世界上需要科技绘图、数据分析和图表展示软件的广大科技工作者提供了一个全面解决方案，该软件既可以满足一般用户的绘图需要，也可以满足高级用户数据分析、函数拟合的需要。

当前流行的图形可视化和数据分析软件有 MATLAB、Mathematica 和 Maple 等。这些软件功能强大，可满足科技工作需要，但使用这些软件需要一定的计算机编程知识和矩阵知识，并熟悉其中大量的函数和命令。而使用 Origin 就像使用 Excel 和 Word 那样简单，只需单击鼠标，选择菜单命令就可以完成大部分工作，并获得满意的结果。与 Excel 和 Word 一样，Origin 是一款多文档界面应用程序。它将所有工作都保存在 Project（*.OPJ）文件中。该文件可以包含多个子窗口，如 Worksheet、Graph、Matrix、Excel 等。各子窗口之间是相互关联的，可以实现数据的即时更新。子窗口可以随 Project 文件一起存储，也可以单独存储，以便其他程序调用。

Origin 具有两大主要功能：数据分析和绘图。Origin 的数据分析主要包括统计、信号处理、图像处理、峰值分析和曲线拟合等各种完善的数学分析功能。用户准备好数据，进行数据分析时，只需选择所要分析的数据，然后再选择相应的菜单命令即可。Origin 的绘图是基于模板的，其本身提供了几十种二维和三维绘图模板，并且允许用户自己定制模板。绘图时，只要选择所需要的模板即可。用户可以自定义数学函数、图形样式和绘图模板，并可以和各种数据库软件、办公软件、图像处理软件等方便地连接。

Origin 2022 的特点如下：

（1）绘图　该软件拥有超过 100 种内置和扩展的图形类型，以及所有元素的单击式自定义，可以轻松创建和自定义符合出版质量的图形。用户可以添加额外的轴和面板、添加 / 删除绘图等以满足需要，批量绘制具有相似数据结构的新图形，将自定义图形保存为图形模板或将自定义元素保存为图形主题以备将来使用。

（2）迷你工具栏　该软件支持迷你工具栏，可快速轻松地对图形和工作表 / 矩阵进行操作。这些工具栏对所选对象的类型很敏感。弹出窗口中的按钮提供对所有常见自定义选项的访问，因此用户无须打开复杂的对话框即可执行快速更改。

（3）输入　在该软件中导入大的文本文件既简单又快速。Origin 2022 通过充分利用处理器的多核架构，实现了比旧版更快的数据导入速率。

（4）探索性分析　该软件提供了若干小工具，通过与绘制图形中的数据进行交互来执行探索性分析。

（5）曲线和曲面拟合　该软件提供了各种用于线性、多项式和非线性曲线和曲面拟合的工具，拟合过程采用最先进的算法。

（6）峰值分析　该软件为峰值分析提供了多种功能，从基线校正到峰值发现、峰值积分、峰值解卷积和拟合。

1.1.2　Origin 2022 安装

Origin 提供向导式安装，操作过程简单。在 Windows 环境下，如果用户之前安装过 Origin 2018 至 2021b 版本，则只需安装并运行此新版本即可。只要用户有权限获得此新版本，就无须激活许可证。如果是 Origin 的新用户，请在 OriginLab 公司官网下载安装包，解压后双击 “setup.exe” 文件进入安装界面。Origin 2022 的安装界面如图 1-1 ~ 图 1-3 所示。

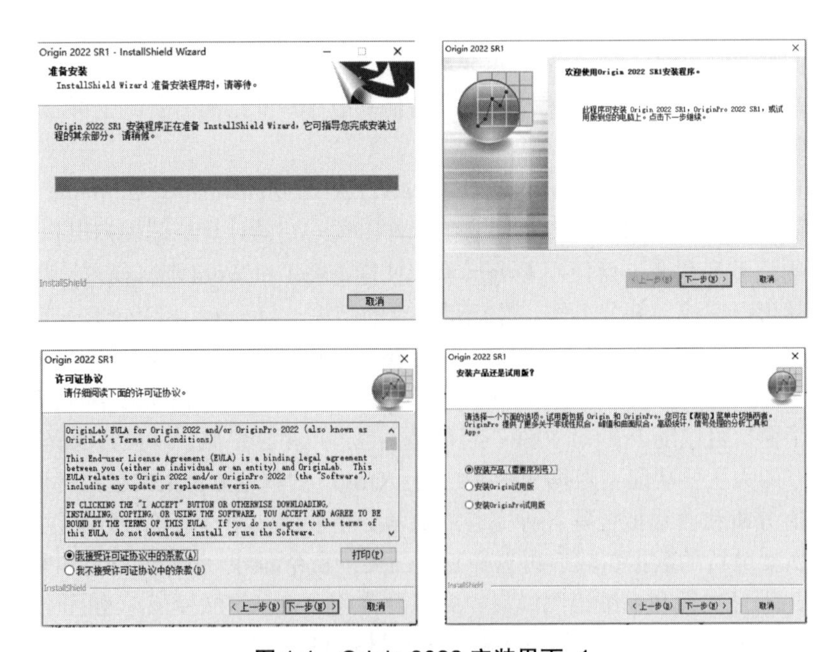

图 1-1　Origin 2022 安装界面 -1

如图 1-1 所示，单击“下一步”按钮继续安装；单击“我接受许可协议中的条款”单选按钮后，单击“下一步”按钮继续安装；单击“安装产品（需要序列号）”单选按钮后，单击“下一步”按钮，继续安装。

如图 1-2 所示，输入用户名、公司名称以及序列号，单击“下一步”按钮继续安装。选择安装目录，单击“下一步”按钮继续安装。

图 1-2 Origin 2022 安装界面 -2

如图 1-3 所示，选择安装功能，单击“下一步”按钮继续安装。选择使用用户，单击“下一步”按钮继续安装，选择安装程序文件夹，单击“下一步”按钮继续安装，随后根据安装界面提示继续单击“下一步”按钮完成程序安装。

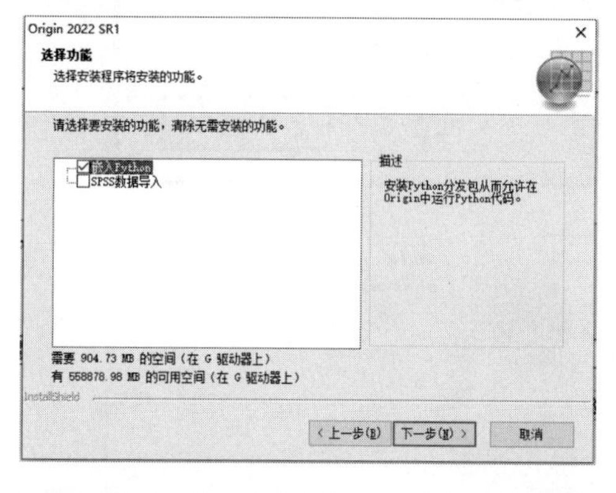

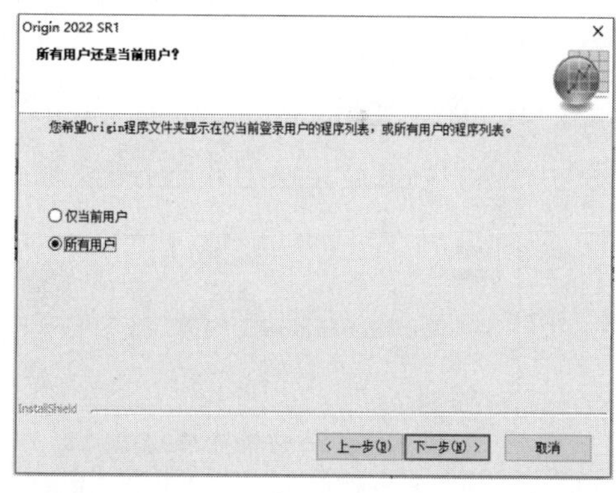

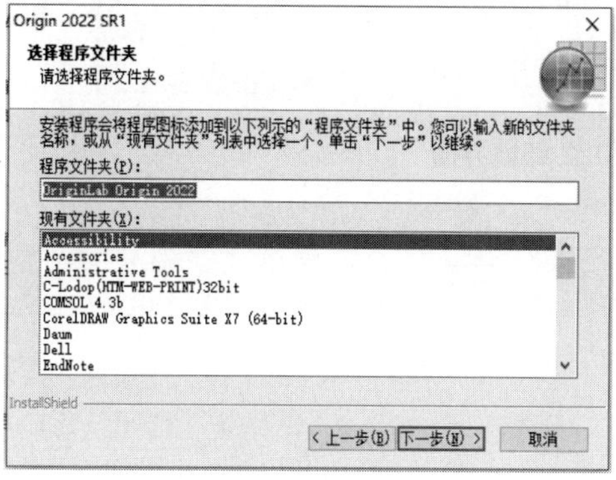

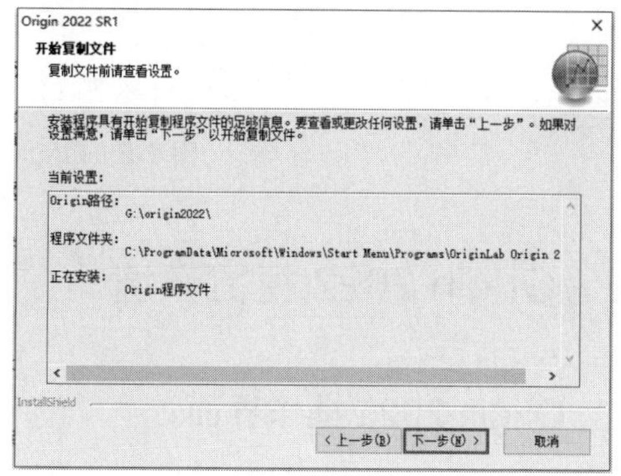

图 1-3 Origin 2022 安装界面 -3

安装完成后，通过重启计算机最终完成安装，如图 1-4 所示。

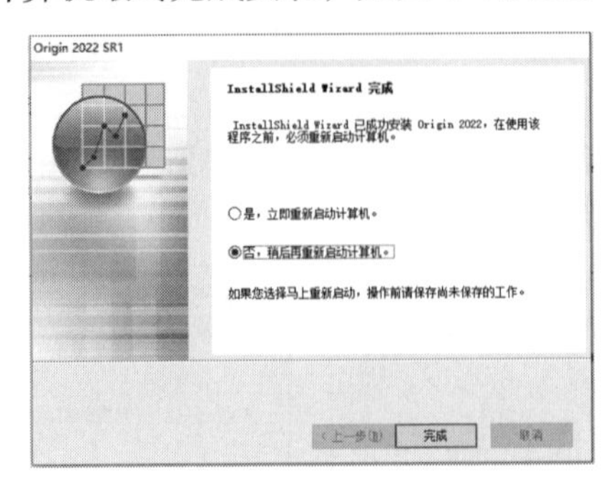

图 1-4 Origin 2022 安装完成界面

1.1.3 Origin 2022 卸载

如图 1-5 所示，进入 Origin 2022 安装目录，选择卸载程序，选中“卸载”单选按钮，单击“下一步”按钮继续卸载，在弹出的对话框中单击“是”按钮继续卸载并完成卸载过程，单击“完成”按钮完成卸载。

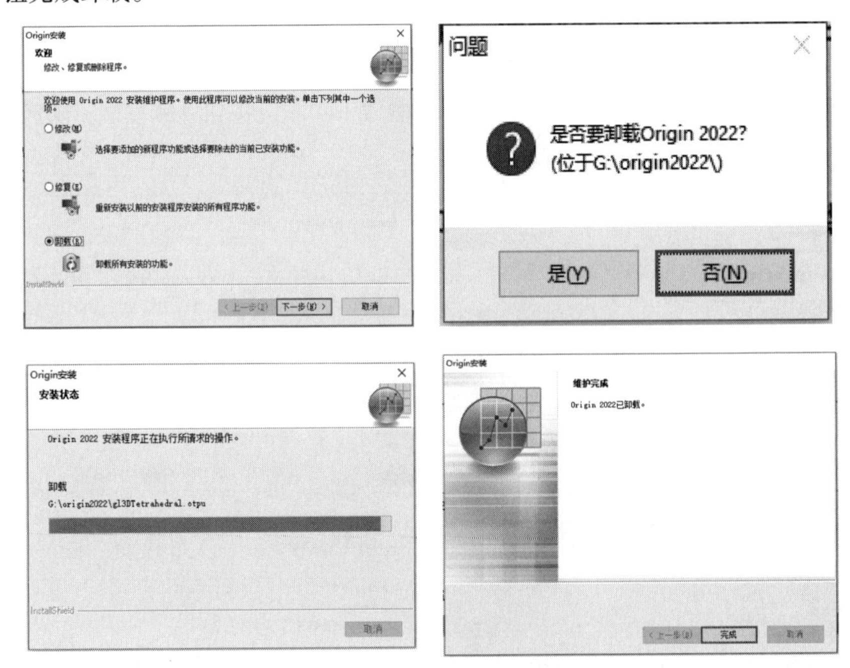

图 1-5 Origin 2022 卸载界面

1.2 Origin 2022 视窗环境

1.2.1 Origin 2022 操作界面

如图 1-6 所示，Origin 2022 的操作界面包括菜单栏、标准工具栏、项目管理器、子文件夹列表、对象管理器、工作区子窗口、App 库等。

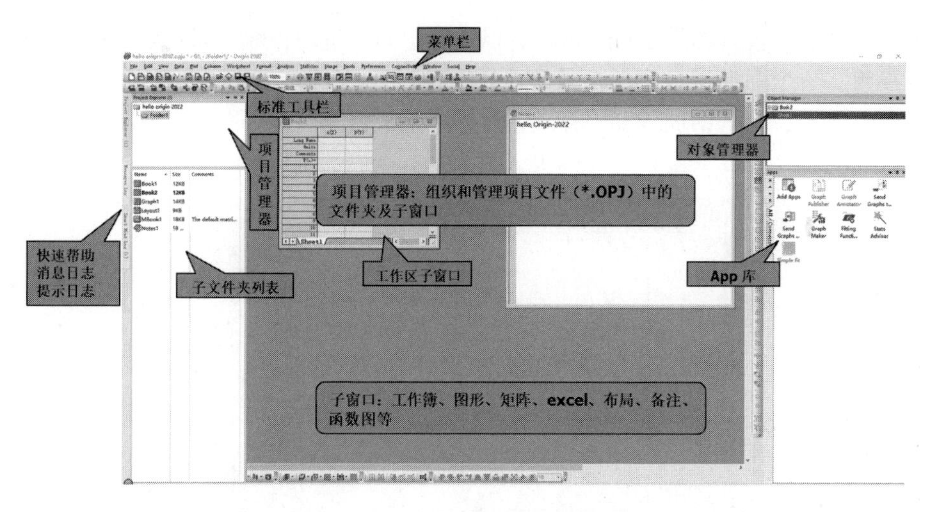

图 1-6　Origin 2022 操作界面

1.2.2　Origin 2022 窗口类型

1. 工作簿（Workbook）窗口

工作簿窗口是 Origin 最基本的子窗口，其主要的功能是组织和处理数据，包括数据的导入、录入、转换、分析等，最终数据将用于绘图。除个别特殊情况外，Origin 中的图形与数据具有一一对应的关系。运行 Origin 后看到的第一个窗口就是 New Workbook 窗口。其中工作簿的默认标题是 Book1，如图 1-7 所示，右击项目管理器中的“Book1”，在弹出的快捷菜单中选择“Rename”选项，可将其重命名。

2. 矩阵（Matrix）窗口

矩阵窗口与工作簿窗口外形相似，也是一种用来组织和存放数据的窗口，如图 1-8 所示。不同的是，矩阵窗口只显示 Z 数值（矢量），没有显示 X、Y 数值，而是用特定的列和行来表示。常用来绘制等高线、三维图和三维图表等。其列标题和行标题分别用对应的数字表示，通过矩阵窗口下的命令可以进行矩阵的相关运算，也可以通过矩阵窗口直接输出各种三维图表。

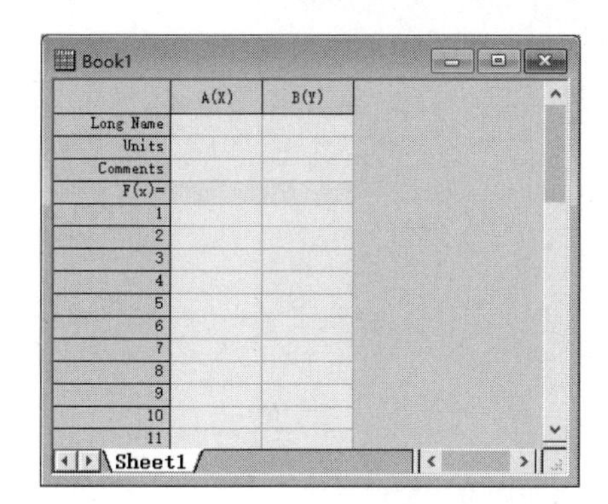

图 1-7　Origin 2022 中的工作簿窗口

图 1-8　Origin 2022 中的矩阵窗口

3. 图形（Graph）窗口

图形窗口是 Origin 中最重要的窗口，是把实验数据转变成科学图形并进行分析的空间，如

图 1-9 所示。共有 60 多种图类型可以选择，以适合不同领域的特殊绘图要求，也可以很方便地定制图形模板。一个图形窗口由一个或多个图层（Layer）组成，默认的图形窗口拥有第 1 个 Layer，每层可包含一系列的曲线和坐标轴，此外可以根据需要包含图形对象（箭头、图形、文字说明等）。

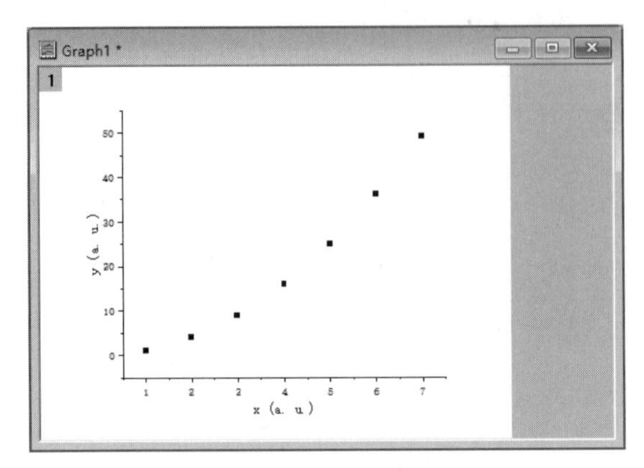

图 1-9　Origin 2022 中的图形窗口

最简单的操作流程为：首先选择数据工作表，然后选择一种绘图类型（如点图、散点图、线图等），单击“OK”按钮生成图形。图形窗口默认名称为 Graph1，同样通过“Rename”命令可以进行重命名。更详细的图形编辑、美化操作将在第 3 章和第 4 章讨论。

4. 二维函数绘制（2D function plot）窗口

二维函数绘制窗口是 Origin 中唯一一种不需要数据，可直接利用函数关系的绘图方式，具体内容在绘图部分再做介绍。

5. 版面布局设计（Layout）窗口

版面布局设计窗口如图 1-10 所示，它用来显示排版图片、数据工作表、图形、矩阵和文本以便排版输出。在版面布局设计窗口中只能进行位置移动或大小调节等类型的格式改变，不能进行内容的再编辑。该窗口常用于显示局部缩放图形、注释、数据等的混合编排。

图 1-10　Origin 2022 中的版面布局设计窗口

6. 注释（Notes）窗口

注释窗口可为用户提供相关记录信息，类似于备忘录或记事本，如图 1-11 所示。该窗口常用于记录图形绘制过程、图形信息、数据分析结果、数据输入等。

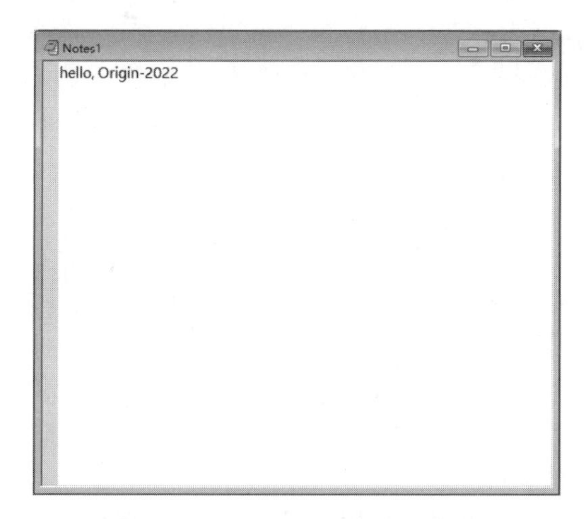

图 1-11　Origin 2022 中的注释窗口

1.3　Origin 2022 菜单栏

关于菜单栏，首先要留意的是 Origin 所谓的上下文敏感（context sensitivity）菜单，即 Origin 在不同情况下（如激活不同类型子窗口）会自动调整菜单（隐藏或改变菜单项）。这种变化其实是有必要的。但如果没有留意这一点，在操作方面就会经常出现一定的混乱。

1. 主菜单

如图 1-12 所示，图中深色框覆盖的区域为主菜单区域。主要包括 File、Edit、View、Data、Plot、Column、Worksheet、Format、Analysis、Statistics、Image、Tools、Preferences、Connectivity、Window、Social、Help 等功能。

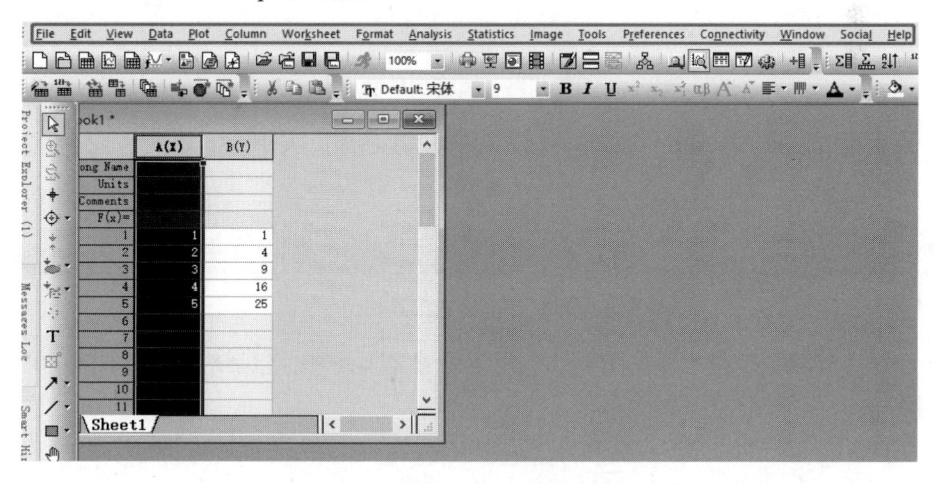

图 1-12　Origin 2022 中的主菜单窗口

2. 快捷菜单

快捷菜单即用户右击某一对象时出现的菜单，这在 Windows 操作系统中被大量使用以提高操作效率。在 Origin 中也有大量的快捷菜单，这些快捷菜单的作用将在后面进行详细介绍。

1.4 Origin 2022 工具栏

与菜单栏和快捷菜单一样，工具栏的目的是为用户提供软件功能的快捷方式，Origin 中有各种各样的工具栏，对应着不同的功能组。由于工具栏的数量较多，如果全部打开会占用过多软件的操作界面空间，因此大多数情况下是根据需要打开或隐藏的。

第一次打开 Origin 时，操作界面上已经打开了一些常用的工具栏。为了打开其他的工具栏，选择菜单命令“View”→“Tool bars”或者直接按组合键 <Ctrl+T> 打开“Customize”窗口定制工具栏，选择“Toolbars”选项卡，在“Toolbars”下拉列表框中选择工具栏。选择“Button Group”选项卡，将光标置于某个按钮上时，将会出现此按钮的名称；“Flat Tool bars”表示显示平面的按钮；在“Button Groups”选项卡中，可以将任意一个按钮拖放到操作界面上，从而按照需求定制符合个人风格的工具栏。

如果需要关闭某个工具栏，仍然可以用以上的方法进行定制。当然，更方便的方法是单击工具栏上的关闭按钮，或者打开“Customize”窗口，取消选择相应的工具栏。为了方便学习，下面以功能组为单位介绍 Origin 中的工具栏。

1. 基本组

标准（Standard）工具栏（见图 1-13）包括新建、打开、保存、导入、插入工作簿、插入图形等常用操作。

图 1-13 标准工具栏

2. 格式化组

1）编辑（Edit）工具栏（见图 1-14）主要包括剪切、复制、粘贴等操作。

图 1-14 编辑工具栏

2）格式（Format）工具栏（见图 1-15）用于设置字体、大小、下划线、上下角标、希腊字母等。

图 1-15 格式工具栏

3）式样（Style）工具栏（见图 1-16）用于设置文本注释，包括对表格、图形进行填充颜色、线条等。

图 1-16 式样工具栏

3. 数据表组

1）列（Column）工具栏（见图 1-17）用于定义数列为 X/Y/Z 列（变量）、Y 误差列、标签、无关列等。

图 1-17　列工具栏

2）工作表数据（Worksheet Data）工具栏（见图 1-18）可以对工作表进行一些诸如排序、填入随机数等基本操作。

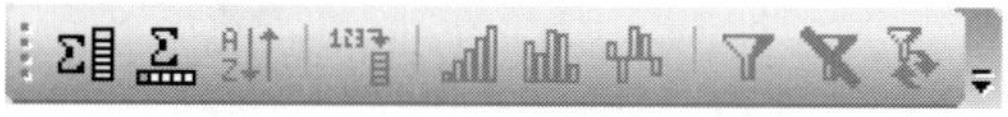

图 1-18　工作表数据工具栏

4. 绘图组

1）二维绘图（2D Graphs）工具栏（见图 1-19）提供最常用的绘图类型，可以方便地绘制出各种样式的二维图，如点图、线图、点线图等。

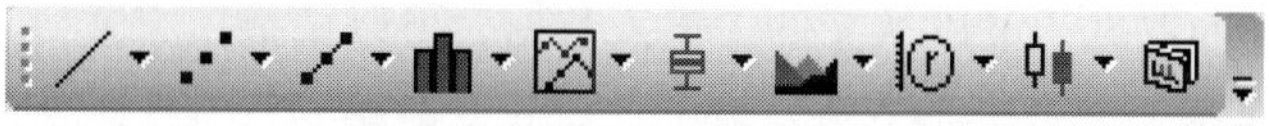

图 1-19　二维绘图工具栏

2）三维绘图（3D Graphs）工具栏（见图 1-20）用于绘制点图、抛物线图、等高线图等三维图。

图 1-20　三维绘图工具栏

3）三维旋转（3D Rotate）工具栏（见图 1-21）用于对绘制好的三维图进行空间操作，包括逆时针、顺时针、左右、上下旋转等。

图 1-21　三维旋转工具栏

4）掩码（Mask）工具栏（见图 1-22）用于评比一些打算放弃的数据点。

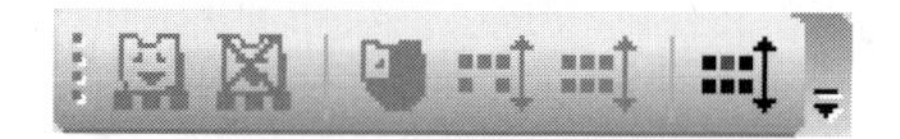

图 1-22　掩码工具栏

第2章

Origin 基本操作

2.1 数据输入、删除与输出

Origin 数据的输入输出是非常灵活的，也是进行科技绘图和数据分析处理的基础。用户可以在 Origin 中直接输入数据，可以从文件中输入数据，可以用拖拽方式导入数据，还可以利用【Data】主菜单中的选项实现数据输入等。同时，Origin 能够非常方便地删除导入的数据，并且可将处理之后的数据导出为 ASCII、Excel 表格、TDM 文件、声音文件、PDF 文件、图像文件等。

2.1.1 数据输入和导入

进行数据输入时，可直接在 Origin 工作簿窗口工作表的单元格中添加、插入、删除、粘贴或移动数据，还可利用下列多种方法与 Origin 进行数据交换。

在 Origin 中创建项目时，可能会用到第三方应用程序中的数据，为此 Origin 提供了丰富的数据接口，可将当前多种扩展名的第三方数据文件导入其中，如 ASCII 文件、Excel 文件、数据库文件等。第三方应用程序的数据文件格式见表 2-1。数据导入实质就是将第三方数据文件导入到 Origin 工作簿窗口中。其具体的操作步骤如下：

1）进入 Origin 工作表窗口中，选择菜单命令“File”→“Open”，弹出文件打开对话框，可以打开的文件类型有 ASCII 文件、Data 文件、TXT 文件等。这些数据文件可由 Origin 直接打开。

2）选择相应类型的文件。

3）单击“Open”按钮，Origin 将直接打开数据文件。

表 2-1 第三方应用程序数据文件格式

文件类型（扩展名）	文件类型（扩展名）
数据文件（.dat）	JCAMP 数据交换文件（.dx，.dx1，.jdx，.jcm）
文本文件（.txt）	二进制二维平面数组文件（.b2d）
逗号分隔值文件（.csv）	工业标准文件（.edf）
Excel 文件（.xls、.xlsx、.xlsm）	面向数组型且适于网络共享的数据文件（.nc）
数据传送文件（.tdm、.tdms）	MATLAB 数据文件（.mat）
位图文件（.bmp）	Minitab 工作表数据文件（.mtw）
动态图像文件（.gif）	KaleidaGraph 数据文件（.qda）
图片文件（.jpg，jpeg）	EarthProbe EPA 数据文件（.EPA）
图像存储文件（.png）	SPSS 数据文件（.sav）
数码相机数据记录文件（.dcf）	层级数据格式文件（.H5）
泰克示波器数据文件（.isf）	数据采集文件（.dcf）

4）利用拖拽方法导入数据文件。在打开 Origin 的情况下，直接将第三方应用程序数据文件拖拽到 Origin 工作空间中即可。若数据文件格式比较复杂，Origin 则会自动打开数据导入向导，进行数据导入操作，完成数据导入。

5）利用剪贴板与第三方应用程序交换数据。利用剪贴板可与第三方应用程序的数据文件或在不同的工作表之间进行数据交换。注意，利用剪贴板导入和交换数据时，只允许使用 ASCII 数据。

6）用公式输入设置工作表数据。Origin 可以利用函数表达式在工作表中输入数据。例如，选中工作表中的某一列，右击弹出快捷菜单，选中“Set Column Values”菜单项，弹出“Set Values”对话框，或者按 <Ctrl+Q> 快捷键，弹出“Set Values”对话框。在此对话框中输入相应公式，设置自变量范围。相应的数据便会在所选的列中生成。Origin 自带了很多内置公式，在“Set Values”对话框中选择“Function”菜单，可选择相应的内置公式和输入数据条件，如图 2-1 所示。

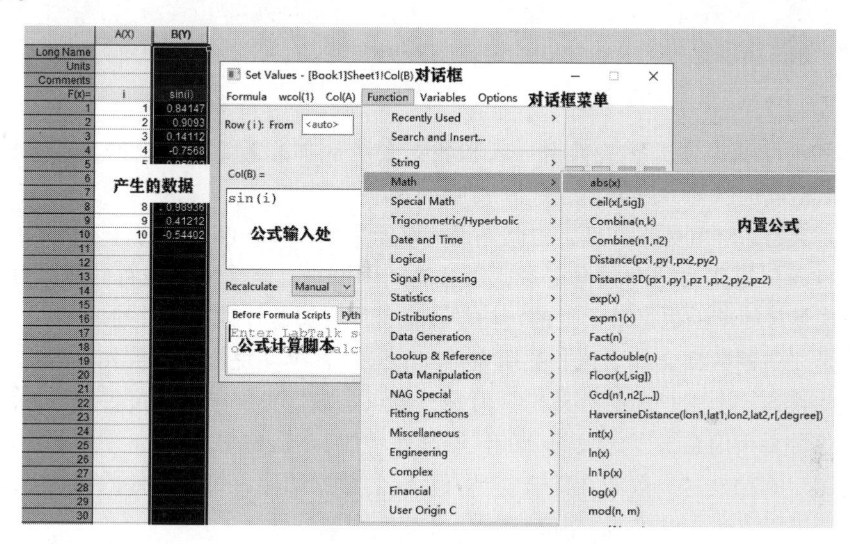

图 2-1 “Set Values”对话框数据输入

7）在某一列的某个单元格前插入数据。选中需要插入数据的单元格，选择菜单命令“Edit”→“Insert”，或者右击，在弹出的快捷菜单中选择“Insert”菜单项，则在所选的单元格前便产生了一个新的单元格。若选择若干个单元格，则在第一个单元格前插入若干个新的单元格。

8）在某一列左侧插入新的数据列。选中某一列，同样选择菜单命令“Edit”→“Insert”，可在所选列前插入一个新的数据列。若选择若干个数据列，则在所选的第一个数据列前插入若干个数据列。

9）在列中输入相应的行序号或随机数。选中工作表中的某一列或某个单元格，选择菜单命令“Column”→“Fill Column With”，打开二级菜单，如图 2-2 所示。在二级菜单中，可选择“Row Numbers”“Uniform Random Numbers”“Normal Random Numbers”，即可在选定的单元格中输入行序号、均匀随机数或正态随机数。同时，也可选择“A set of Numbers…”“A set of Date/Time values…”或“Arbitrary set of Text&Numeric values…”，设置一组数据、数据时间或任意一组文本或数据。

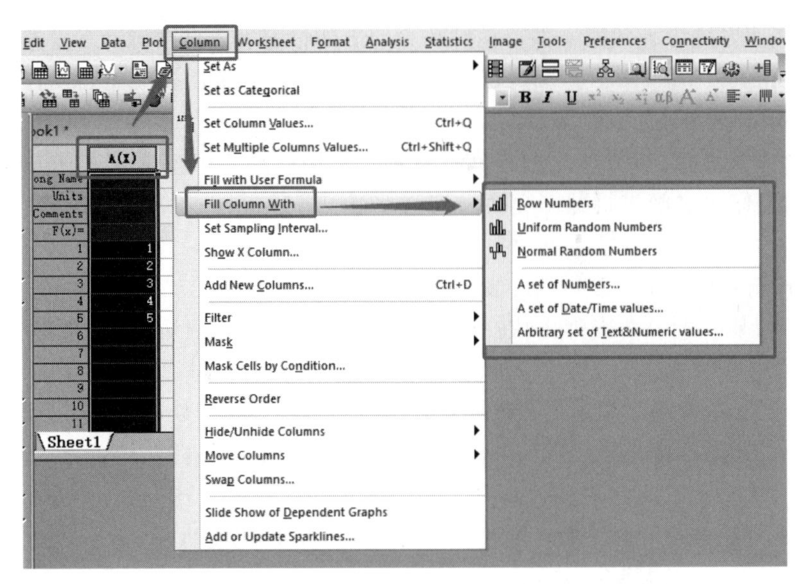

图 2-2 “Column-Fill Column With”选项

在工程和科学研究中，实验数据导入和数据变换是非常重要的。根据实验数据的来源划分，实验数据格式可以分为三类：

第一类是典型 ASCII 数据文件，也就是说能够使用记事本软件打开的普通格式的数据文件。这类数据文件每一行作为一个数据记录，每行之间用逗号、空格或制表符分隔，分为多个列。这类数据格式是最简单的也是最重要的，初学者应首先掌握这种数据文件的导入。

第二类是二进制数据文件。这类数据文件与 ASCII 数据文件不同，首先其数据存储格式是二进制，因此普通记事本是无法打开的。但是其优点是数据更加紧凑，文件更小，便于保密或者便于记录各种复杂信息，因此大部分的仪器软件（如 NI LabVIEW 等）采用的专用格式基本上都是二进制。其次是这类数据文件格式具有特定的数据结构，每种文件的结构并不相同，因此只有确定二进制数据文件数据结构的情况下才能实现数据导入。

基于上述原因，通常情况下建议尽量将具体仪器软件的数据文件导出为 ASCII 格式，再以 ASCII 格式导入，从而避免直接导入二进制格式。但是有部分特殊格式可以选择直接导入，不需要是 ASCII 格式，这部分数据格式就是 Origin 能够直接接受的第三方应用程序输出的数据格式。Origin 之所以支持这类格式，其原因是第三方应用程序中常用这类数据格式，并且数据文件格式也比较固定。

第三类是数据库文件，即从技术上能够通过数据库接口 ADO.NET 导入的数据文件，其范围是相当广泛的，如 SQL 文件、Access 文件和 Excel 电子表格文件等。导入这类文件时可以选择性地导入，即先通过“查询（query）”筛选，然后导入数据。Origin 提供了数据库的查询环境和导入向导。

第一类和第二类文件的数据导入比较容易，利用导入向导即可实现，而数据库文件导入相对困难一些。下面将说明数据库文件的导入。

数据库就是按照一定原则和规则将很多数据组织在一起的数据文件。其范围相当广泛，从关系型数据库 Access、FoxPro，到大型数据库系统如 SQL Server、Oracle，以至于所有支持开放式数据库接口（ODBC）协议的数据源（如 XML 等）。这些数据库文件都可以通过

ADO.NET 数据库接口（ActiveX Data Object，数据对象接口）进行访问。

数据库是存放数据的位置，却不是呈现数据的方式，数据的呈现必须通过查询实现。也就是说，数据库是一个数据仓库，它通常按照其属性分门别类存放数据，而查询是将数据仓库中的部分内容根据具体的需要按照实际情况进行摆放（逻辑结构），并不是简单地呈现原有数据仓库中的内容。

与 ADO.NET 相关的术语主要有：数据库（Database）、数据库管理系统（Database Management System, DBMS）、二维关系记录表（Table）、记录（Record）、字段（Fields）、查询（Query）、派生表（Derived Table）等。对于这些术语的进一步了解，大家可阅读数据库方面的书籍。

Origin 操作数据库时，首先利用数据库连接串建立起与数据库源文件之间的连接，接着从数据库文件中查询并获取所需要的数据，最后导入 Origin 数据工作表中。

数据导入向导（Import Wizard）可以导入 ASCII、二进制及用户自定义类型的数据，对要导入的数据可以进行实时的预览，并且对于相同数据结构的数据，经过一次导入后保存导入模板，以后便可以直接调用，十分方便。

2.1.2 数据删除

首先选中需要删除的单元格中的数据，再选择菜单命令“Edit”→“Clear”。若要删除整个工作表中的数据，则需要首先选中整个工作表，再选择菜单命令“Edit”→“Clear”。与“Clear”命令不同，“Delete”菜单命令的功能是删除选中的单元格及其数据。

2.1.3 数据输出

若想将工作表中的数据输出为 ASCII 文件，可选择菜单命令“File”→“Export”→“ASCII…”，弹出“ASCIIEXP”对话框，选择输出格式选项，输入数据输出文件的名称，单击“OK”按钮完成数据输出。

工作表中的数据除了输出为 ASCII 文件外，还可输出为 Excel 文件、NI TDM 文件、*.pdf 文件、*.wav 声音文件、图像文件等。它们的操作方法与 ASCII 文件的操作过程类似，在此不过多赘述，读者可自行练习。

2.1.4 数据导入向导

数据导入向导（Import Wizard）提供了一整套 ASCII 文件、简单二进制文件和用户自定义文件的导入控制方法，通过向导页面的选择，可将数据按照一定格式导入到 Origin 中。数据导入时的设置可存放在过滤文件（*.oif）中，提供给同类数据导入使用。本节通过 Origin 软件所提供的数据文件说明数据导入操作。

1. 选择导入的数据文件

新建一个项目文件，选择菜单命令“Data”→“Import From File”→“Import Wizard”，或者单击标准工具栏按钮，打开“Import Wizard-Source”对话框，如图 2-3 所示。在“Data Type”复选框中，选择数据类型为“ASCII”。在“Data Source”复选框中，选择“File”单选按钮，接着单击图标按钮选择数据文件。如图 2-3 所示，该对话框选择了“D:\Program Files\OriginLab\Origin 2022\Samples\Curve Fitting\Activity.dat”数据文件。

2. 定制导入数据设置

单击图 2-3 所示对话框中的“Next”按钮，打开“Import Wizard-Header Lines”对话框，设置导入数据栏名称、预览行数、系统参数和用户参数等，如图 2-4 所示。

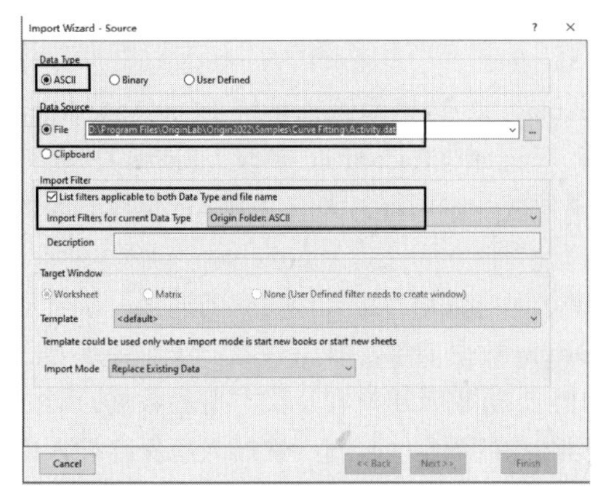

图 2-3 “Import Wizard-Source”对话框

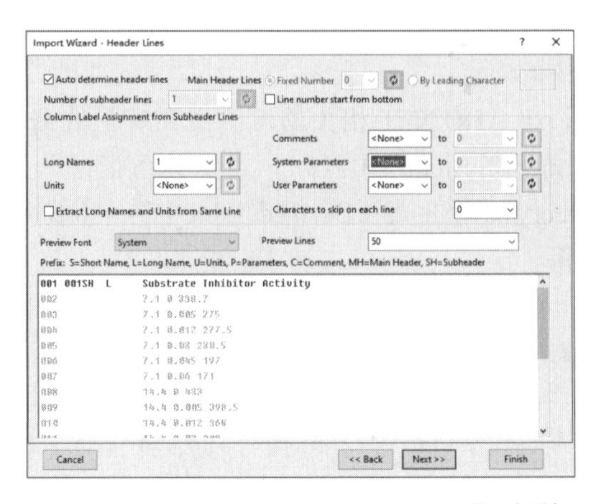

图 2-4 “Import Wizard-Header Lines”对话框

单击“Next”按钮，打开“Import Wizard-File Name Options”对话框，可设置文件名称选项，如图 2-5 所示。

单击“Next”按钮，进入“Import Wizard-Data Columns”对话框，设置数据列，如图 2-6 所示。

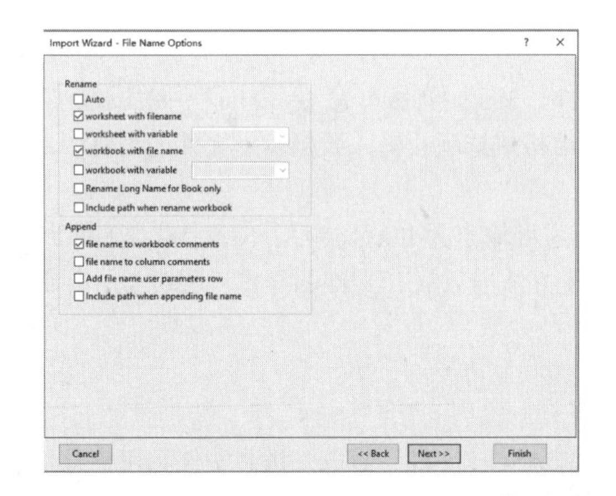

图 2-5 “Import Wizard-File Name Options”对话框

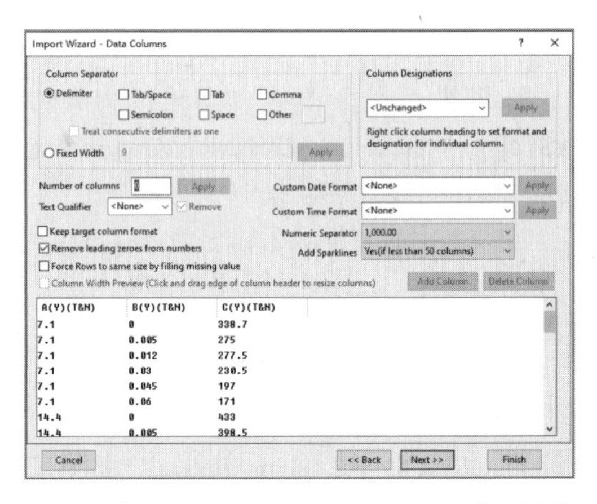

图 2-6 “Import Wizard-Data Columns”对话框

3. 选择导入数据的行列数

单击图 2-6 中的“Next”按钮，进入“Import Wizard-Data Selection”对话框，设置导入数据的列数和行数，单击“Apply”按钮，预选数据显示在预览区，如图 2-7 所示。

4. 保存导入设置过滤文件

多次单击图 2-7 中的“Next”按钮后，进入“Import Wizard-Save Filters”对话框，如图 2-8 所示。输入过滤文件名“Example filter”，并保存，过滤文件“Example filter”被保存在用户目录下。

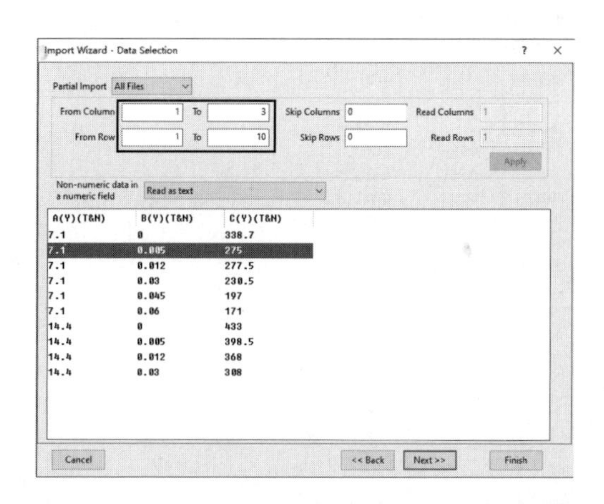

图 2-7　“Import Wizard-Data Selection”对话框

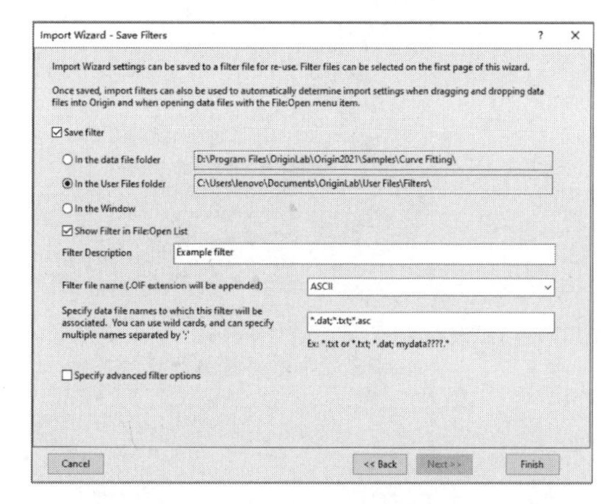

图 2-8　“Import Wizard-Save Filters”对话框

单击“Finish”按钮，所选择的数据按照前述设置格式导入到工作表中，如图 2-9 所示。

5. 使用过滤文件

利用所创建的“Example filter”过滤文件打开同样的数据文件。方法：选择菜单命令“Data”→“Import From File”→“Import Wizard”，或者单击标准工具栏按钮，打开“Import Wizard-Source”对话框，如图2-3所示。在“Import Filters for current Data Type”下拉列表框中选择“Example filter”过滤文件。单击“Finish”按钮完成数据导入，导入的数据和格式与图 2-9 完全相同。

Activity - Activity.dat *

	A(X)	B(Y)	C(Y)
Long Name	Substrate	Inhibitor	Activity
Units			
Comments			
F(x)=			
Sparklines			
1	7.1	0	338.7
2	7.1	0.005	275
3	7.1	0.012	277.5
4	7.1	0.03	230.5
5	7.1	0.045	197
6	7.1	0.06	171
7	14.4	0	433
8	14.4	0.005	398.5
9	14.4	0.012	368
10	14.4	0.03	308
11			

Activity

图 2-9　按照设置格式导入的部分数据工作表

除此之外，还可以将数据文件 Activity.dat 拖拽至工作空间。方法：新建一个工程文件，自动生成一个工作簿，或者选择菜单命令“File”→“New”→“Workbook…”，选择空模板工作簿，然后将“…\Samples\Curve Fitting\Activity.dat”拖拽至 Origin 的工作空间，直接按照刚刚建立的过滤文件生成如图 2-9 所示的数据工作表。

6. 导入多个数据文件

Origin 2022 可同时导入多个数据文件，方法：新建一个工程文件的工作簿，选择菜单命令“Data”→“Import From File”→“Multiple ASCII…”，打开“ASCII”对话框，选择多个数据文件进行导入，单击“Add File(s)”按钮选择添加多个数据文件。例如，选择“…\Samples\Curve Fitting”目录下的“Apparent Fit.dat”“Asymmetric Gaussian.dat”和“Ellipse.dat”三个数据文件，如图 2-10 所示。

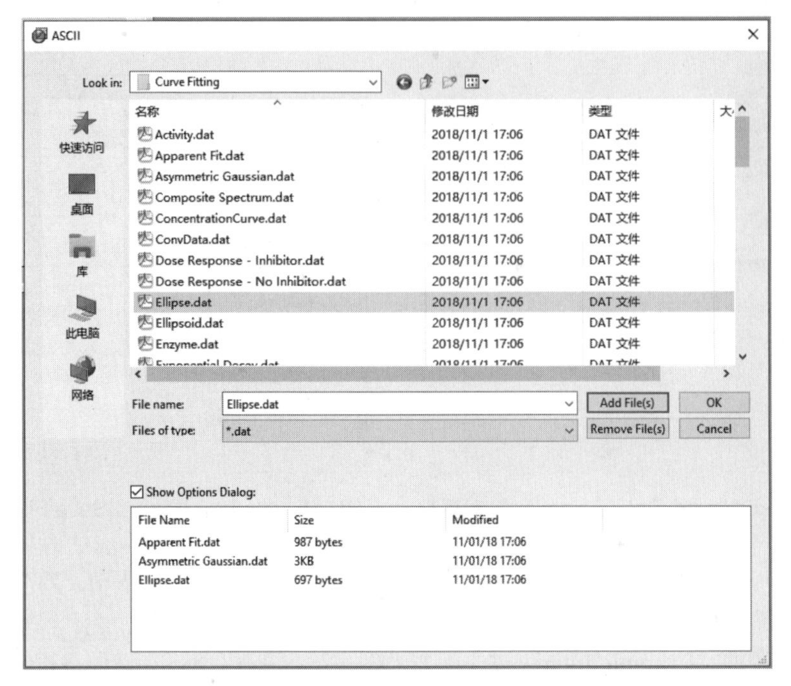

图 2-10 “ASCII”对话框中选择多个数据文件

单击“OK”按钮，进入“ASCII:impASC”对话框，在“1st File Import Mode”和“Multi-File（except 1st）Import Mode”下拉列表框中均选择“Start New Sheets”，如图 2-11 所示。单击“OK”按钮，将三个数据文件同时导入到同一个工作簿的不同工作表中，如图 2-12 所示。

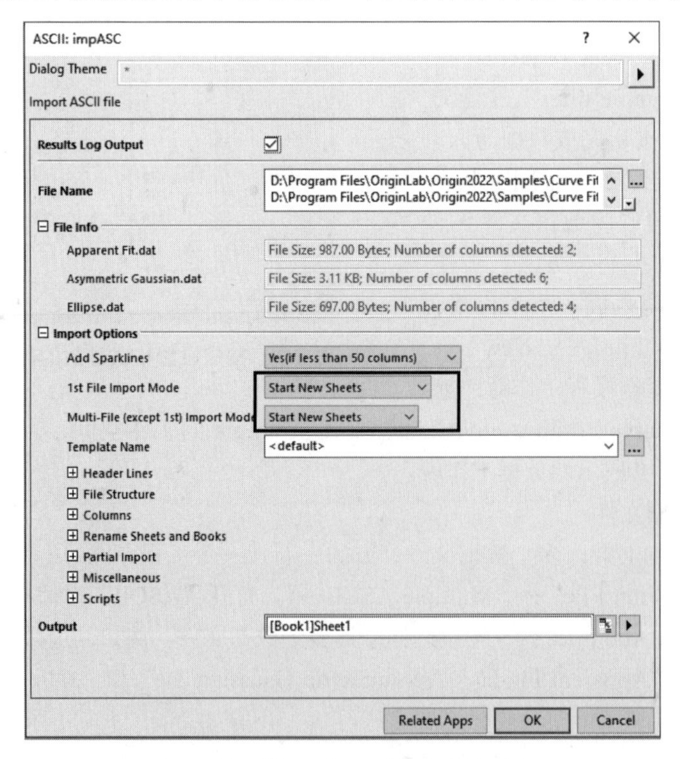

图 2-11 “ASCII:impASC”对话框

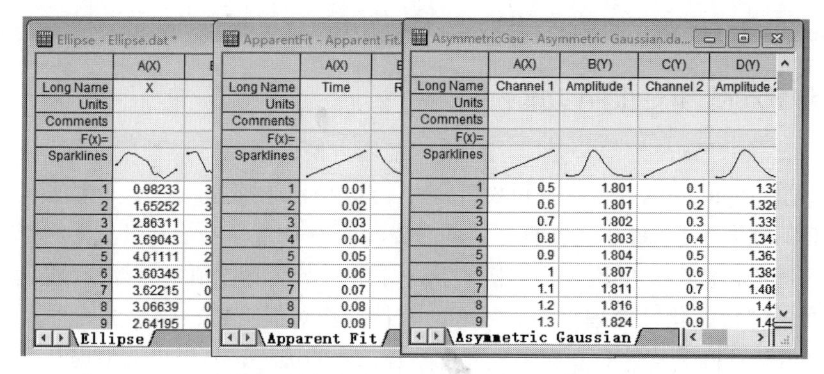

图 2-12　三个数据文件同时导入到同一个工作簿的不同工作表中

2.2　调用和使用 Excel 表格

作为优势互补，Origin 提供了与 Excel 软件集成的接口。利用这种功能互补有两种方式：一种是将 Excel 数据导入 Origin 中，相当于 Excel 作为数据文件使用；另一种是采用 OLE 技术，在 Origin 内部直接嵌入集成 Excel，即将 Excel 作为工作簿，这相当于整合两种软件的功能。根据 Excel 数据，可以利用 Origin 进行绘图和分析。

下面将对上述两种方法进行详细的解释说明。

2.2.1　调用 Excel 表格

数据导入的最大优点是能够充分利用 Origin 的所有功能，就像这些数据是一开始就保存在 Origin 的工作簿中的一样。其主要缺点是不能充分利用 Excel 软件的功能，导入后所有与 Origin 不兼容的特性会消失，例如，在 Excel 中使用公式会直接计算数值而不是保留原有公式。

调用即在 Origin 内部嵌入 Excel 软件，采用的是一种被称为 OLE 的技术，即以 Origin 软件作为一个容器，放入一个 Excel 软件的实例。

使用 OLE 技术的优点包括两个：①可以完整地利用 Excel 软件的功能，如保留公式、函数、引用、格式设置等，当然也保留了所有 Excel 菜单和工具栏提供的功能，甚至也支持 Excel 的宏功能；②不会破坏原有的 Excel 表格，但可动态更新其数据，这样该 Excel 表格可以在未运行 Origin 的系统环境使用和共享。

OLE 调用支持两种情况：一种被称为链接（Linking），这样 Excel 文件将保存在外部独立存储位置，好处是可以复制到其他位置使用，缺点是当该文件丢失或移位后，Origin 项目文件不能够保证其完整性；另一种被称为嵌入（embedding），即将 Excel 文件保存在项目内部，这样就可以保证项目文件的完整性。Origin 同时支持这两种特性，具体的使用要根据用户的具体需求。

OLE 的主要缺点源于数据实际上由 Excel 软件控制，Origin 对此的控制能力有限，因此如果 Excel 表格中的数据发生了变化，要及时修改相应的 Origin 项目文件。此外，Origin 的数据处理功能对 Excel 表格中的数据也无能为力。当然，如果已经使用 Origin 对 Excel 表格数据绘图，则基于图像的分析，Origin 能够提供全部的功能而不会因为使用的是 Excel 表格数据而受影响。

通过新建或打开的方法可以在 Origin 中嵌入 Excel 表格。新建的方法：选择菜单命令

“File”→“New”，然后选择“Excel”；打开的方法：选择菜单命令“File”→“Open Excel…”。

2.2.2 整合 Excel 和 Origin 功能

与 Origin 比较，Excel 的优势是应用广泛、使用方便，因此已经被广泛用作数据管理和数据运算软件，而 Origin 的优势是绘图和数据分析，这两个方面确实是 Excel 无法取代的。

如果原有的数据在 Excel 中运作良好，不需要转换为 Origin 电子表格。主要原因在于 Excel 确实有极大的优势，包括：广泛兼容的格式导入导出、丰富的各领域函数、数据运算和引用的灵活性、大量的“智能化”处理技术、很好的软件操作习惯支持，以及功能强大的宏功能等。事实上，没必要把这两个软件对立起来，通过整合二者的优势，可以极大地提升工作效率。

2.3 项目操作与项目管理器

2.3.1 项目操作

对于一个具体的工作，通常用一个项目（Origin Project）文件来组织。因此 Origin 项目文件是一个大容器，包含了一切用户所需要的工作簿（工作表和列）、图形、矩阵、备注、Layout、Excel、分析结果、变量、过滤模板等内容。

Origin 对项目的操作包括项目的新建、打开、保存、添加、关闭等操作。这些操作一般都可以通过“File”菜单相应的命令来实现，也可以通过工具栏实现。

（1）新建项目　新建项目可以选择菜单命令“File”→“New”，也可以使用标准工具栏上相应的新建按钮。

（2）打开项目　打开项目可以选择菜单命令“File”→“Open”，也可以使用标准工具栏上相应的按钮。

（3）保存项目　如果要保存项目，可以选择菜单命令“File”→“Save Project”。如果项目保存过，使用该菜单命令后没有任何提示，如果项目没有保存过，Origin 将会弹出“Save as”对话框。退出时，如果修改内容没有保存，Origin 同样会提示用户进行保存项目的操作。

2.3.2 项目管理器

为了方便管理，Origin 软件将项目相关的操作集中在项目管理器（Project Explorer，PE）中进行，如图 2-13 所示，这个功能与 Windows 系统中的资源管理器类似。常用的操作如下：

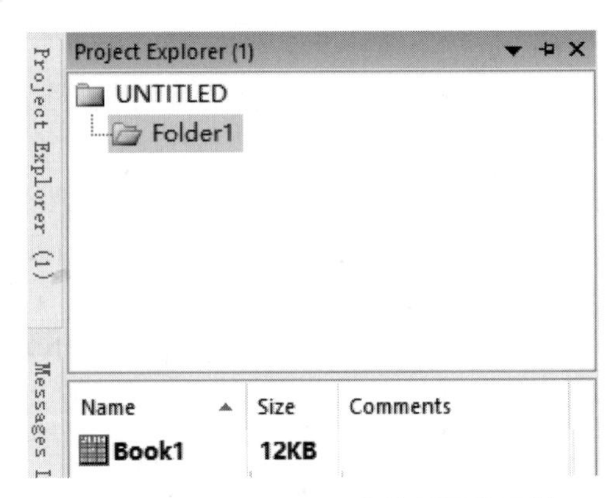

图 2-13　Origin 2022 中的项目管理器

（1）显示 / 隐藏项目管理器　打开或关闭项目管理器可单击标准工具栏中的“Project Explorer”按钮或直接按 <Alt+1> 快捷键。

（2）显示 / 隐藏 / 删除窗口　双击窗口名，第一次会显示该窗口，再一次会隐藏窗口（名称变为灰色）；或者右击，选择“Hide”→“show”→“delete”命令。

（3）重命名窗口 选择重命名的子窗口，右击选择“Rename”，输入正确名称后按 <Enter> 键或单击其他对象。

（4）新建文件（New window） 在当前文件夹中创建立窗口，这个功能与菜单中的“New project”命令功能相当，但操作更方便。

（5）新建文件夹 如果项目中的内容太多，为更好组织数据，则需要新建多个文件夹。右击项目文件的主文件夹或子文件夹，在快捷菜单中选择“New folder”命令，输入名称。新建文件夹可以双击进入管理，也可以利用拖放操作重新组织文件。

（6）查找子窗口 如果子窗口太多，可以利用“Find”命令进行查找。

（7）保存项目文件 使用菜单命令“File”→“Save as project”可以保存一份新的项目文件，通常是备份操作。

（8）追加项目文件 使用菜单命令“File”→“append”或者右击，在快捷菜单中选择“Append project”命令，可以把以前保存的子窗口添加到当前项目中。

2.4 窗口操作

Origin 的操作界面是一个多文档界面，在工作时可以打开多个子窗口，这些子窗口在同一时刻只能有一个处于激活状态，一切的子窗口操作都是基于当前处于激活状态的子窗口而言的。

单击子窗口的任意位置都可以激活该窗口，在 Windows 操作系统菜单底部的子窗口列表中也可以激活子窗口。

子窗口的标题栏为深蓝色表示该窗口处于激活状态，标题栏为浅蓝色表示处于非激活状态。对子窗口的主要操作包括：打开、重命名、排列、视图、删除、刷新、复制和保存等，这些操作都是针对处于激活状态的子窗口进行操作的。

2.4.1 打开、新建、删除窗口

1. 打开窗口

Origin 窗口可以脱离创建它们的项目而单独存储和打开。若要打一个已存在的窗口，用户可以选择菜单命令“File”→“Open…”，弹出“Open”对话框，选择 Origin 所支持的窗口文件类型和文件名。文件类型、扩展名和窗口的对应关系如图 2-14 中的下拉列表框所示。除此之外，用户还可单击标准工具栏上的“Open”图标按钮打开“Open”对话框选择欲打开的窗口，或者按快捷键 <Ctrl+O> 也可打开“Open”对话框。

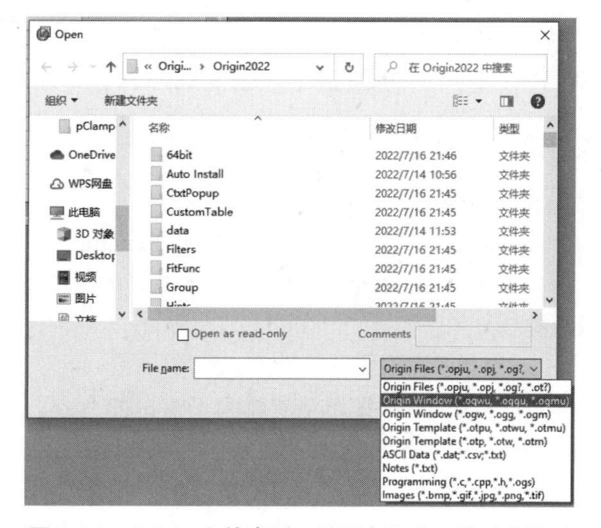

图 2-14 Origin 文件类型、扩展名和窗口的对应关系

2. 新建窗口

新建项目、窗口、文件均可选择菜单命令“File”→“New…”，选择“New…”

二级菜单命令下的菜单命令即可完成相应窗口的创建。新建窗口还可在标准工具栏中单击图2-15中的相应图标按钮创建窗口，例如单击其中的图标按钮可以新建一个Origin图形窗口。

图 2-15 Origin 标准工具栏中新建窗口按钮

除此之外，用户在操作工作表或工作簿的过程中，还可右击，在弹出的快捷菜单选择“File”→“New…”，然后选择欲创建的窗口，如图 2-16 所示。

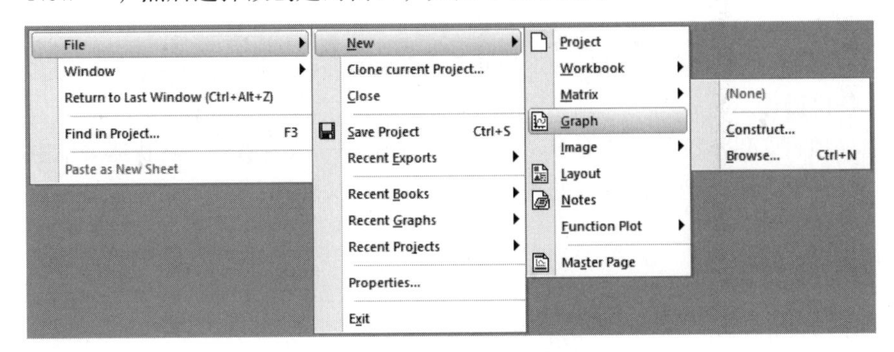

图 2-16 Origin 中利用快捷菜单新建窗口

3. 删除窗口

单击窗口右上角的关闭按钮，系统将自动弹出“Attention”提示对话框，提示是删除（Delete）、隐藏（Hide）还是取消（Cancel）窗口。由于一个Origin项目中通常包含多种窗口和多个文件类型，而当前操作窗口只有一个活动窗口，因此通常情况下是选择隐藏窗口，除非确实要删除当前窗口才会选择删除操作。删除窗口时一定要谨慎，否则恢复原窗口时可能会带来一定困难。

如果不小心删除了窗口的数据源，则相关图形窗口中的图形也会随之被删除，因此删除操作一定要非常谨慎。单击“Delete”删除命令按钮，即可完成删除窗口操作，相应窗口便会从项目管理器中被移除。当然，读者也可直接从项目管理器中删除窗口。选择要删除的窗口，右击弹出快捷菜单，选择“Delete”快捷菜单命令，这时系统会弹出“Delete Confirmation”删除确认窗口，要求确认删除，单击“Yes”按钮，即可完成删除操作。

2.4.2 重命名、排列、隐藏窗口

1. 重命名窗口

1）选择菜单命令“Window”→“Rename”重命名子窗口。

2）在子窗口中右击标题栏，在弹出的快捷菜单中选择“Rename”命令，重新命名子窗口标题栏。

2. 排列子窗口

在“Window”菜单下有排列子窗口的命令，其中“Cascade”命令表示层叠子窗口，“Tile Horizontally”命令表示水平平铺，“Tile Vertically”命令表示垂直平铺。

3. 隐藏子窗口

“Hide”命令是隐藏该窗口的选项，该窗口隐藏后还可以被激活。

2.4.3 复制、刷新、保存窗口

1. 复制窗口

Origin 中的工作簿（Workbook）、绘图（Graph）、二维函数绘制（2D function plot）、注释（Notes）等子窗口都可以复制，激活需要复制的子窗口，选择菜单命令“Window”→“Duplicate”即可。

2. 刷新窗口

如果修改了 Origin 某子窗口中的内容，Origin 一般会进行自动刷新。如果没有及时刷新，用户可以选择菜单命令“Window”→“Refresh”刷新当前子窗口中的内容。

3. 保存窗口

Origin 支持单独保存子窗口，这样该子窗口可以在其他项目中打开。保存当前处于激活状态的窗口应选择菜单命令“File”→“Save Window As…”，Origin 会打开“Save As”对话框，并且根据对话框内容自动选择扩展名，选择保存位置，输入文件名，即可完成子窗口的保存。

2.4.4 最大化、最小化、恢复窗口

所有子窗口标题栏右侧“最大化”“最小化”按钮。单击“最大化”按钮就可以使窗口最大化，再单击“还原”按钮就可以恢复；单击“最小化”按钮就可以使得窗口最小化，再单击“还原”按钮就可以恢复。

2.4.5 定制窗口模板

当需要大量绘制相同格式的图形，Origin 软件中又没有提供该类图形模板时，需要将用户个人的图形以模板的形式保存，以减少绘图时间和工序。保存的图形模板文件只存储绘图的信息和设置，并不存储数据和曲线。当下次需要创建类似的图形窗口时，就只需选择工作表列，再选择已保存的图形模板即可。保存自定义图形模板的方法：将自定义图形窗口置为当前窗口，选择菜单命令“File”→“Save Template As…”，命名和保存模板（模板扩展名为 *.otp）。

2.5 命名规则

Origin 中默认的命名规则是窗口类型加编号，由于这些默认名称没有任何意义，因此操作起来不方便。重命名是为这些没有具体含义的名称提供具体的意义。

不同子窗口的操作对象命名规则有所不同。总体的命名规则：如果是一些备注的说明文字，则其内容和长度要求比较宽松；而对于有可能实际操作的对象，如子窗口、数据列、单元格等，则有一定的要求。

基本要求包括：

1）命名必须具有唯一性，即不能重复的命名。不同子窗口类型（如数据窗口和图形窗口）也不能重复命名。

2）一般由字母和数字组成，可以用下划线，不能包含空格。

3）必须以英文字母开头。

4）不能使用特殊符号。

5）长度要适当控制，一般少于 15 个字符，不同对象的长度限制不同。

对于具体的命名操作，如果明确违反命名规则，则 Origin 软件会进行适当的提示，无法成

功命名。

2.6 定制 Origin

设置参数可以方便使用、统一格式和提高工作效率。

选择菜单命令“Preferences”→“Options”可以打开参数设置对话框，如图 2-17 所示。对话框下侧的四个按钮分别为“Restore（回复上一次保存的设置）”“Reset（恢复默认设置）”“OK（提交修改结果）”“Cancel（取消本次修改）”。

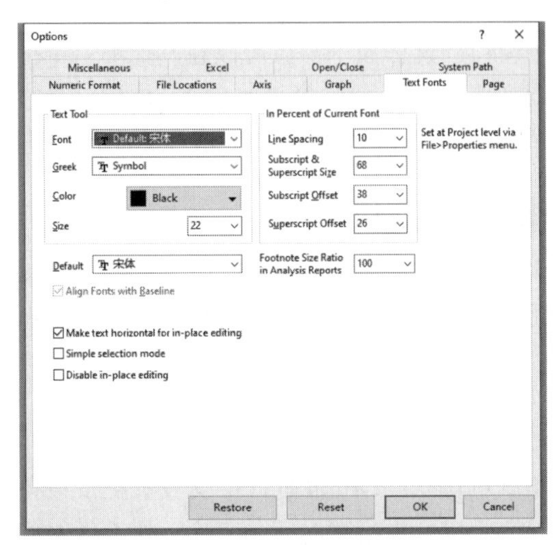

图 2-17 Origin 2022 中“Options”对话框的“Text Fonts”选项卡

1.“Text Fonts”选项卡

打开对话框时最先看到的是“Text Fonts”选项卡，用于预设值文本格式。

（1）“Text Tool”选项组　该选项组中，“Font”用于设置字体样式，“Color”用于设置字体颜色，“Size”用于设置字体大小。

（2）“In Percent of Current Font”选项组　该选项组中，“Line Spacing”用于设置行间距，“Subscript & superscript Size”用于设定上下角标的字体大小，“Subscript Offset”用于设置上角标的偏移量，“Superscript Offset”用于设置下角标的偏移量。

正如选项组所示，该选项组中的数值都是按百分比计算的。比如设置“Line Spacing”为“10”，则行间距为字体高度的 10%。

（3）“Default”选项　用于设置显示文本的默认字体。例如，构建一个图形时，图形会显示对 X 和 Y 坐标的说明，X 和 Y 坐标说明的文本就是用该默认字体。

（4）“Align Fonts with Baseline”选项　选中该选项后可以使文本中不同字体在同一水平线上。

（5）“Make text horizontal for in-place editing”选项　选中该选项后被旋转过的文本在编辑时按照正常的水平显示。

（6）“Simple selection mode”选项　表示是否使用普通的选择模式。

（7）“Disable in-place editing”选项　选中该选项后，双击文本时会弹出一个修改文本的对话框；若未选中该选项，则双击文本时会直接在当前文本中进入编辑模式。

2. “Page” 选项卡

这个选项卡用于页面设置，如图 2-18 所示。

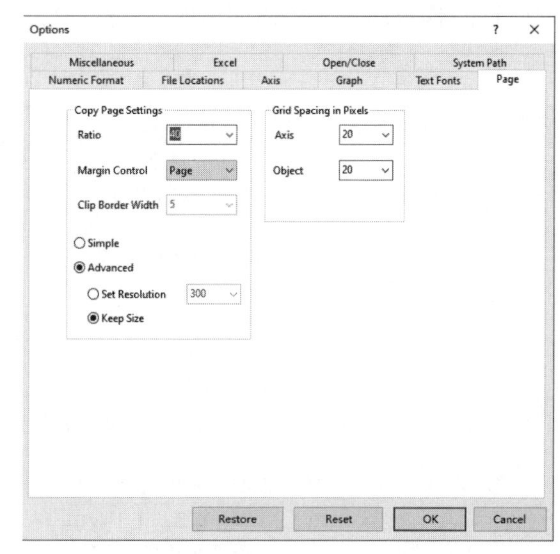

图 2-18　Origin 2022 中的 “Page” 选项卡

（1）“Copy Page Settings” 选项组　该选项组用于设置输出页面或剪切对象的格式。

“Ratio” 选项：设置输出或者剪切页面到其他程序过程中的页面大小，以百分比计算。

“Margin Control” 选项：设置页面的边框大小。

“Clip Border Width” 选项：表示指定页面的边框，以百分比计算。

由于软件的差别，输出过程中会存在一些意外的问题，所以 Origin 设置了 “Advanced” 选项以修正图形显示。

“Set Resolution” 选项：设置 DPI 值，一般为 300。

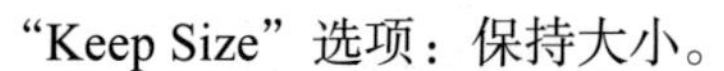

“Keep Size” 选项：保持大小。

“Simple” 选项：不对图像做修形。

（2）“Grid Spacing in Pixels” 选项组　该选项组可用来设置网格大小。

“Axis” 选项：轴的网格。

“Object” 选项：页的网格。

3. “Miscellaneous” 选项卡

这个选项卡下的选项都是一些杂项，如图 2-19 所示。

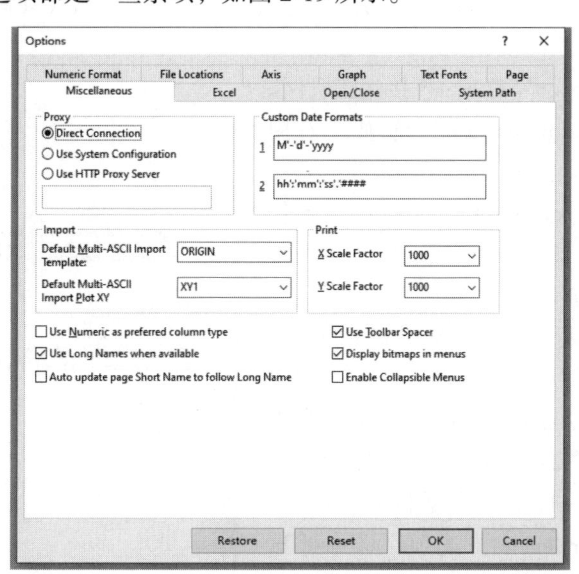

图 2-19　Origin 2022 中的 “Miscellaneous” 选项卡

（1）“Print” 选项组　设置打印页面大小，以百分比计算。

（2）“Custom Date Formats”选项组　日期格式的设置，‘’之间为直接显示的内容，另外有几个字符串表示不同的时间选项，见表 2-2。

表 2-2　Origin 2022 中的日期设置

字符	时间选项	字符串	字符	时间选项	字符串
M	月	1）M= 月份的数字 2）MM= 月份的数字（2 位）如 1 月为 01 3）MMM = 月份的英文前 3 位字母 4）MMMM= 月份的英文	H	时（24 小时制）	1）H= 时的数字 2）HH= 时的数字（2 位）
d	日	1）d= 日的数字 2）dd= 日的数字（2 位） 3）ddd= 星期的英文前 3 位字母 4）dddd= 星期的英文	m	分	1）m= 分的数字 2）mm= 分的数字（2 位）
y	年	1）y= 年份的最后 1 个数字 2）yy= 年份的最后 2 个数字 3）yyyy= 年份	s	秒	1）s= 秒的数字 2）ss= 秒的数字（2 位）
h	时（12 小时制）	1）h= 时的数字 2）hh= 时的数字（2 位）	#	秒的小数位数	1）#=1 位小数 2）##=2 位小数 3）###=3 位小数 4）####=4 位小数

（3）“Import”选项组

1）“Default Multi-ASCII Import Template”选项：默认的多重 ASCII 码导出模板，可选项有“Origin”“Excel”等。

2）“Default Multi-ASCII Import Plot XY”选项：默认的多重 ASCII 码导出的 XY 模板。

（4）“Proxy”选项组　设置代理，有三个选项。

1）“Direct Connection”选项：直接连接管网。

2）“Use System Configuration”选项：采用系统设置的代理。

3）“Use HTTP Proxy Server”选项：设置代理网页。

4. “Excel”选项卡

这个选项卡用于对 Excel 的参数进行设置，如图 2-20 所示。

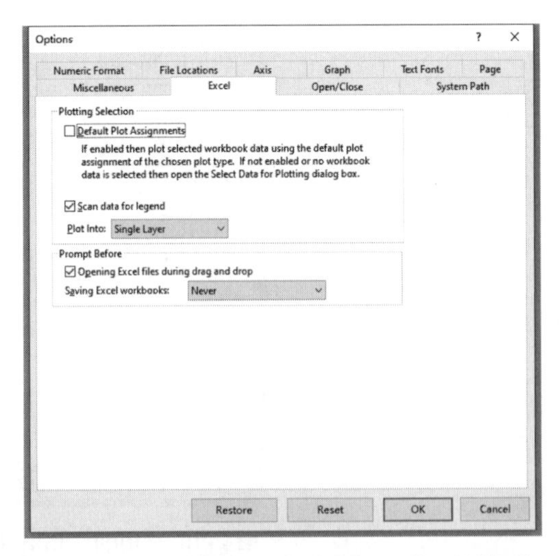

图 2-20　Origin 2022 中“Options”对话框的“Excel”选项卡

（1）“Default Plot Assignments”选项　选中此项后可以在选择图像时使用默认的数据表，否则会弹出对话框并由用户选择一个数据表。

（2）“Scan data for legend”选项　选中此选项后，Origin 在数据表缺失数据的情况下建立图像时，会在数据表每一列自动向上查找数据直到找到为止。

5. “Open/Close”选项卡

这个选项卡用于设置一些进行打开或关闭操作时的参数，如图 2-21 所示。

（1）“Window Closing Options”选项组 该选项组中都是一些关闭窗口时是否提示的选项。

（2）“Start New Project”选项 用于设置打开新的项目。

（3）“Open in Subfolder”选项 用于设置是否在子文件夹打开项目。

（4）“Backup project before saving”选项 用于设置是否在保存之前备份文件。

（5）“Autosave project every_minute（s）”选项 用于设置自动保存的时间间隔。

（6）“When opening minimized windows”选项 选择在打开旧版本的时候是隐藏还是提示。

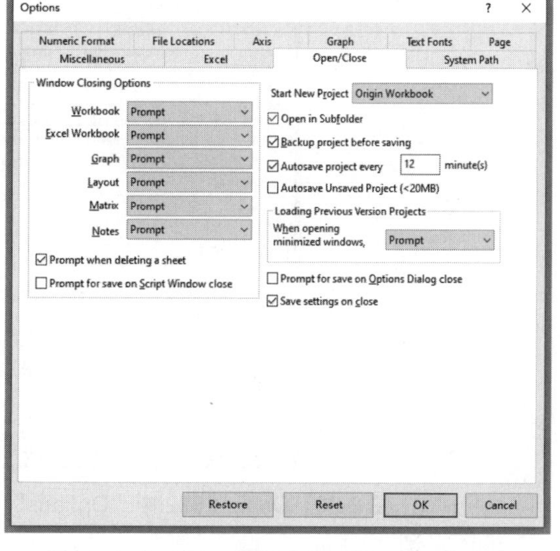

图 2-21 Origin 2022 中“Options”对话框的“Open/Close”选项卡

6. “Nmeric Format”选项卡

这个选项卡可以设置数字格式，如图 2-22 所示。

（1）“Convert to Scientific Notation”选项组 当数字为科学计数法格式时，设置指数的位数上下限。

（2）“Angular Unit”选项组 设置角度单位。

（3）“Separators”选项 选择数字的书写形式是“Windows Settings”还是其他。

（4）“Digits”选项组 设置小数位数。

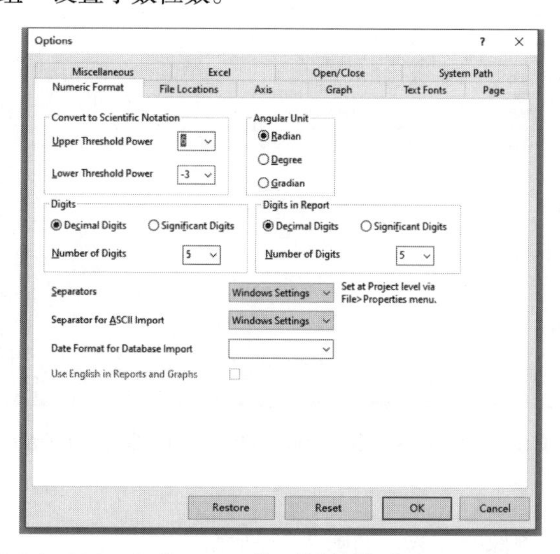

图 2-22 Origin 2022 中“Options”对话框的“Numeric Format”选项卡

7. “File Locations”选项卡

这个选项卡用于选择打开或保存文件时对话框显示的路径，如图 2-23 所示。

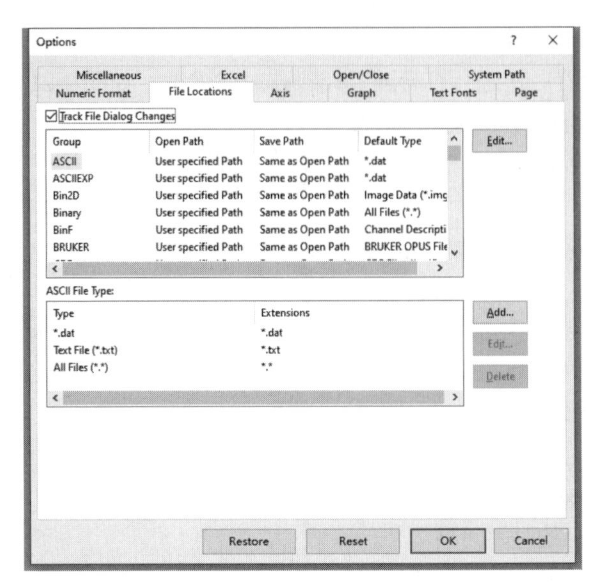

图 2-23 Origin 2022 中“Options”对话框的“File Locations”选项卡

（1）“Track File Dialog Changes”选项组 选择是否跟踪文件打开或保存时的路径。

（2）“ASCII File Type”选项组 用于设定导入 ASCII 文件时对话框可以显示的文件种类。

8. **“System Path”选项卡**

这个选项卡用于选择系统路径，如图 2-24 所示。

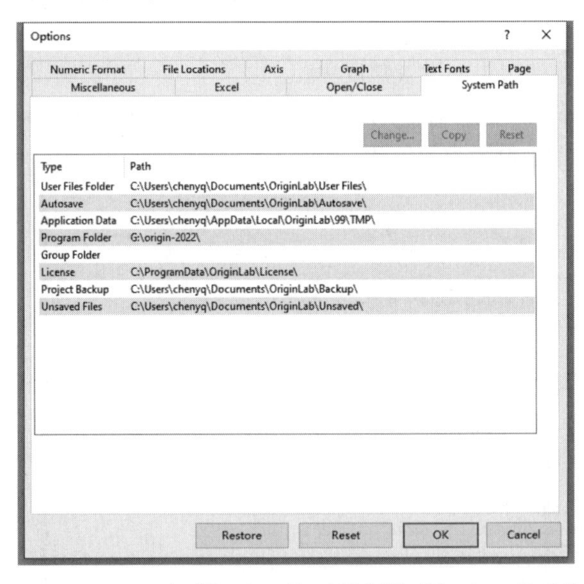

图 2-24 Origin 2022 中“Options”对话框的“System Path”选项卡

9. **“Graph”选项卡**

这个选项卡用于设定图像的参数，如图 2-25 所示。

（1）“Origin Dash Lines”选项组 该选项组可以设置虚线的格式。

（2）“Line Symbol Gap（%）”选项 用于设定在 Line+Symbol 图像中点与线之间的距离，以百分比计算。

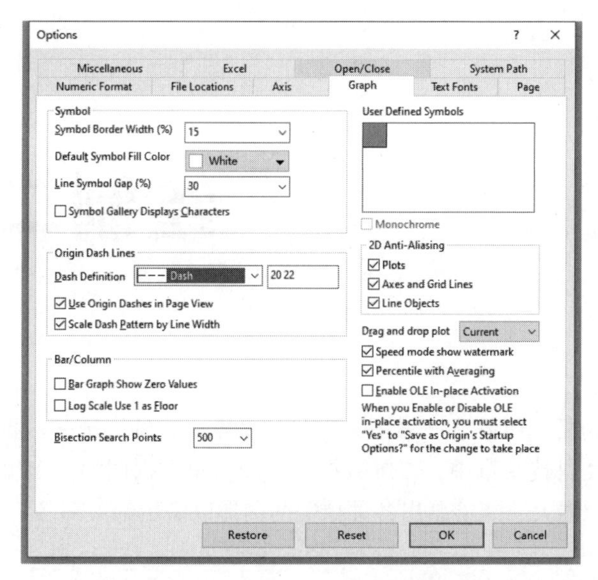

图 2-25　Origin 2022 中“Options”对话框的“Graph”选项卡

（3）“Symbol Border Width（%）”选项　用于设定图像中点的方框大小，以百分比计算。

（4）“Default Symbol Fill Color”选项　用于设定默认的点的颜色。

（5）“Drag and drop plot”选项　用于设定拖放图像时的样式。

（6）“Symbol Gallery Displays Characters”选项　用于设定在设定数据点样式时是否可以选择字体。

（7）“Speed mode show watermark”选项　用于设定是否选择显示水印。

第3章

绘制二维图形

数据曲线图主要包括二维图和三维图。在科技文章中，绝大部分数据曲线图采用的是二维坐标绘制。据统计，在科技文章中，二维数据曲线图占总数据图的90%以上。Origin的绘图操作非常灵活，功能十分强大，能绘制出各种精美的图形以满足绝大部分科技文章绘图的要求。

3.1 绘图基本操作

Origin中图形是指绘制在绘图（Graph）窗口中的各种曲线图，即建立在一定坐标系基础上的，以原始数据点为数据源，与之相对应的点（Symbol）、线（Line）、条（Bar）的简单或者复合而成的图形。因此我们必须对Origin的基本概念进行深入的了解。

3.1.1 基本概念

在Origin绘图中，首先数据与图形是相互对应的，如果数据发生变化，图形也一定会随之发生相应变化；数据点对应着一定的坐标体系，也就是对应着相应的坐标轴，坐标轴决定了数据具有特定的意义，数据决定了坐标轴的刻度表现形式。在Origin绘图过程中，图形的形式有很多种，但最基本的形式仍然是点、线、条三种基本图形；同一图形中，各个数据点可以对应一个或者多个坐标轴体系。

1. 曲线图（Graph）

如图3-1所示，每个曲线图都由页面、图层、坐标轴、文本和数据相应的曲线构成。单图层图包括一组XY坐标轴（三维图是XYZ坐标轴），一个或更多的数据图及相应的文字和图形元素，一个图可包含许多图层。

2. 页面（Page）

每个绘图窗口包含一个编辑页面，页面是绘图的背景，包括一些必要的图形元素，如图层、坐标轴、文本和数据图等。绘图窗口的每个页面最少包含一个图层，如果该页所有的图层都被删除，则该绘图窗口的页面将被删除，页面将不存在。

3. 图层或层（Layer）

一个典型的图层一般包括三个元素：坐标轴、数据图和相应的文字或图标。Origin将这三个元素组成一个可移动、可改变大小的单位，称为图层（Layer），一个页面最多可放置50个图层。图层之间可以建立链接关系，以便于管理。用户可以移动坐标轴、图层或改变图层的大小。

移动坐标轴：要移动某个显性的坐标轴，可以在该坐标轴上单击，使该显性坐标轴高亮显示，待光标变成十字箭头，按住鼠标左键拖动坐标轴就可在页面上移动坐标轴，拖动过程中十字箭头会变成双箭头，双箭头的方向表示该坐标轴可以移动的方向，鼠标左键放松后光标变回十字箭头。

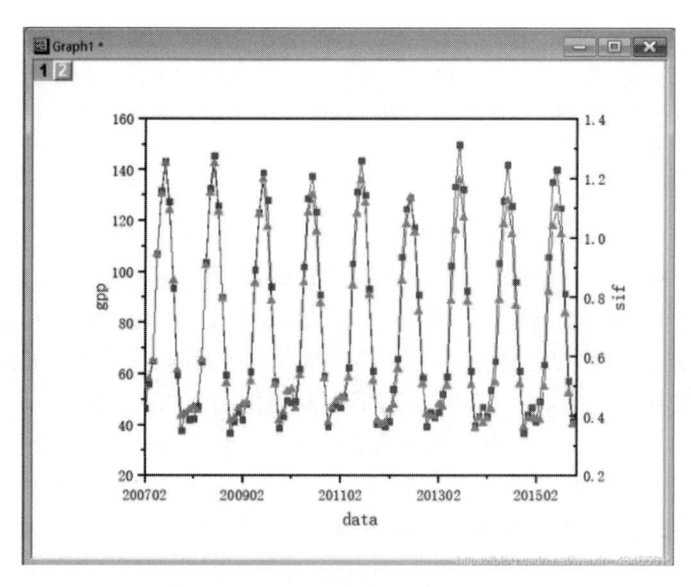

图 3-1　Origin 图形窗口中的曲线图

移动图层：要移动图层，可单击隐藏的坐标轴边框，待光标变成十字箭头，按住鼠标左键拖动可在页面上移动图层，拖动过程中和鼠标左键放松后光标一直都是十字箭头；如果实际页面的图层都是显性的坐标轴，先按 <Ctrl> 键，然后单击某个显性的坐标轴，光标变成十字箭头后，长按 <Ctrl> 键进行图层移动，此时如果松开 <Ctrl> 键，操作切换为移动坐标轴。

更改图层的大小：单击隐藏的坐标轴边框，待光标变成十字箭头后，将光标放在拖曳点（边框的中点或边角），此时十字箭头变成双箭头，可以进行图层的压缩或放大，从而更改图层的大小；如果实际页面的图层都是显性的坐标轴，先按 <Ctrl> 键，然后单击某个显性的坐标轴，继续按住 <Ctrl> 键或者松开 <Ctrl> 键，将光标放在拖曳点（边框的中点或边角），进行图层的压缩或放大。

4. 活动层（The Active Layer）

当一个图形页面包含多个图层时，对页面窗口的操作只能对应于活动层。如果要激活另外一个图层，有以下几种方法：单击该图层的坐标轴；单击图形窗口左上角的图层标记，凹陷的图层即为当前激活的图层；单击与相应图层有关的对象，如坐标值、文本标注等。

5. 框架（Frame）

对于二维图形，框架是四个边框组成的矩形方框，每个边框就是坐标轴的位置（三维图的框架是在 XYZ 轴外的矩形区域）。框架独立于坐标轴，即使坐标轴是隐藏的，但其边框还是存在，可以选择菜单命令“View”→“Show”→“Frame”以显示 / 隐藏图层框架。

6. 数据图（Data Plot）

数据图是一个或多个数据集在图形窗口的形象显示。工作表格数据集（Worksheet Dataset）是一个包含一维（数字或文字）数组的对象，因此，每个工作表格的列组成一个数据集，每个数据集有一个唯一的名字。

7. 矩阵（Matrix）

矩阵表现为包含 Z 值的单一数据集，它采用特殊维数的行和列表现数据。

8. 绘图（Plot）

在图层上面，可以进行绘图操作，包括添加曲线、数据点、文本及其他图形。绘图（Plot）与图形（Graph）有些差别，事实上“Plot”也有图形的意思。为了方便区分，前者可以理解为“动态”的，即绘图，后者理解为“静态”的，即图形。

3.1.2 基本操作

在创建工作簿（Workbook）后，按 <Ctrl> 键对 X、Y 或 Z 等多列数据进行选择，然后单击菜单栏命令“Plot”，对绘图类型进行下一步选择。Origin 绘图类型有 12 种，它们是线型（Line）、符号（Symbol）、线型 + 符号（Line+Symbol）、柱状 / 棒状（Columns/Bars）、多曲线（Multi-Curve）、3DXYY、3DXYZ、三维表面（3D Surface）、统计图（Statistics）、面积图（Area）、等高线图（Contour）、其他专业图（Specialized）。除了三维表面（3D Surface）外，其他 11 种类型还有子菜单，可以选择细分的绘图类型。以 Origin 软件所提供的数据文件“…\Samples\Graphing\Group.dat”为例说明绘图基本操作。选择菜单命令“Data”→“Import From File”→“Import Wizard”，导入“Group.dat”数据文件，如图 3-2 所示。

在确定列属性（X、Y、Z 属性）之后，直接选中需要操作的列，执行相应的二维图形图标或绘图命令，如选择菜单命令“Plot”→“2D”→“Line+Symbol”/“Line+Symbol”，绘制结果如图 3-3 所示。

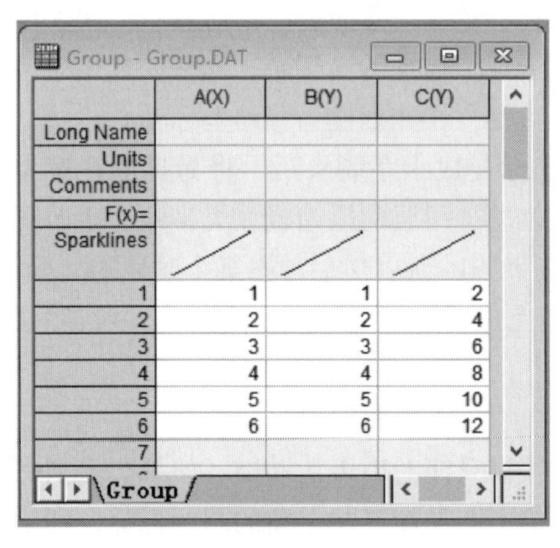

图 3-2 数据文件工作表

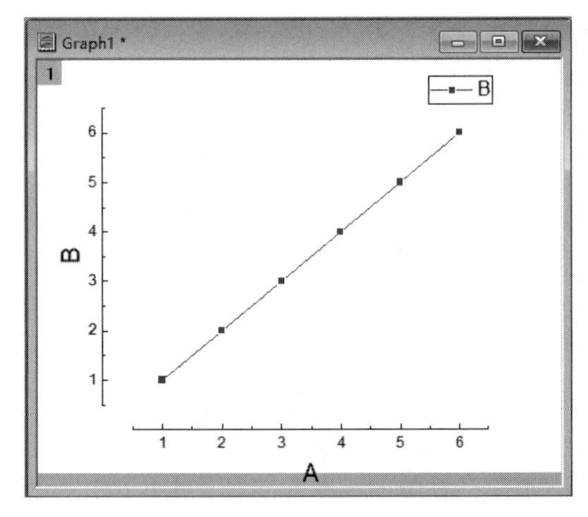

图 3-3 绘制的曲线图

可见，绘图的步骤是首先选择数据，通过鼠标拖动，或使用组合键（<Ctrl> 键单独选取、<Shift> 键选择区域）。通常是以列为单位选取（也可以只选取部分行的数据），同时需要设定自变量和因变量。通常最少有一个 X 列，如果有多个 Y 列则自动生成多条曲线，如果有多个 X 列则每个 Y 列对应左边最近的 X 列。其次是选择绘图类型，典型的是点线图，绘图时系统自动缩放坐标轴以便显示所有数据点。由于是多个曲线，系统会自动以不同图标和颜色显示，并自动根据列名称生成图例（Legend）和坐标轴名称。也可以在不选中任何数据的情况下执行这个命令，会弹出“Plot Setup”对话框进行详细设置，如图 3-4 所示。这是 Origin 推荐的绘图方式，但操作起来没有直接选择每列数据进行绘图方便。

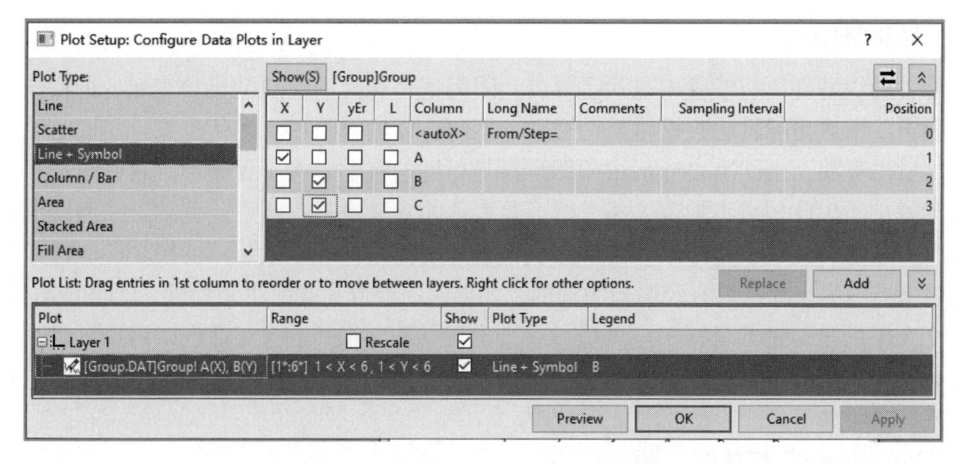

图 3-4　设置“Plot Setup”对话框

在“Plot Setup”对话框中，顶部可以选择数据来源，即电子表格（工作表）；中间部分，左侧面板可以选择图形类型（Plot Type），右边设置列属性（如 X、Y 属性和列名称），设置好后单击“OK”按钮，即可生成图形。

如果仍然设置第一列为 X，另两列为 Y，则绘图结果如图 3-5 所示。

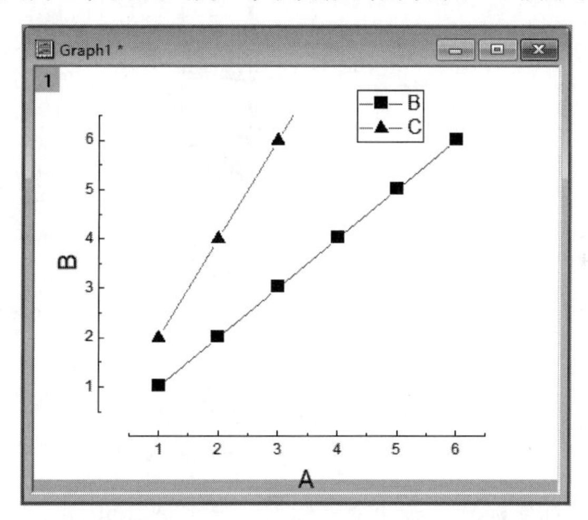

图 3-5　选择两列为 Y、一列为 X 的曲线图

3.2　图形设置

科学绘图，并非一定要将图形做得非常美观，首先是要做得很规范、标准。因为只有标准，不同文献之间、不同实验之间才能够具有相互比较的意义。绘图的目的是实现数据可视化，数据可视化的目的是为了让图形直观地反映实验结果的变化规律并相互比较，是更加有效的定量描述。应用 Origin 做出标准的科技图形，就是此软件存在的最大价值。所谓的图形设置，是指在选定绘图类型（Type）之后，对数据点（Symbol）、曲线（Line）、坐标轴（Axe）、图例（Legend）、图层（Layer），以至于图形（Graph）整体的设置，最终产生一个具体的、生动的、美观的、准确的、规范的图形。

3.2.1 坐标轴设置

坐标轴的设置在所有设置中是最重要的，因为这是达到图形规范化和实现各种特殊需要的最核心要求。没有坐标轴的数据将毫无意义，不同坐标轴的图形将无从比较。图形的规范化和格式化之所以重要，是因为 Origin 中的图形都是所谓的科学或者工程图形，这些图形都具有确定的物理意义。因此如果不规范，那么图形要表达的意义也就不明确。例如，一些图形要求使用对数坐标才能合理地表达结果，如果做成普通的线性坐标，显然是不能接受的。再如多光谱图形的横坐标或纵坐标都具有较明确的范围，如果人为地放大或缩小坐标轴显然也是不合理的。双击某个图层的坐标轴或坐标轴刻度值，就会出现如图 3-6 所示的对话框，用户可以在此对话框对坐标轴进行必要的设置。如果是双 Y 轴，要改变某个 Y 轴的设置，必须双击该 Y 轴。各个子方框的说明如下：

1. “Tick Labels”选项卡

主要用于设置坐标刻度标签的相关属性，如图 3-6 所示。这个选项卡设置坐标轴上的数据（Label：标签）的显示形式，如是否显示、显示类型、颜色、大小、小数点位置、有效数字等。

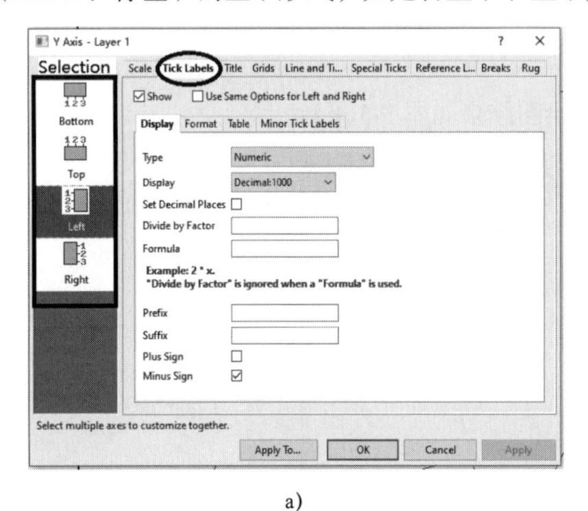

a)

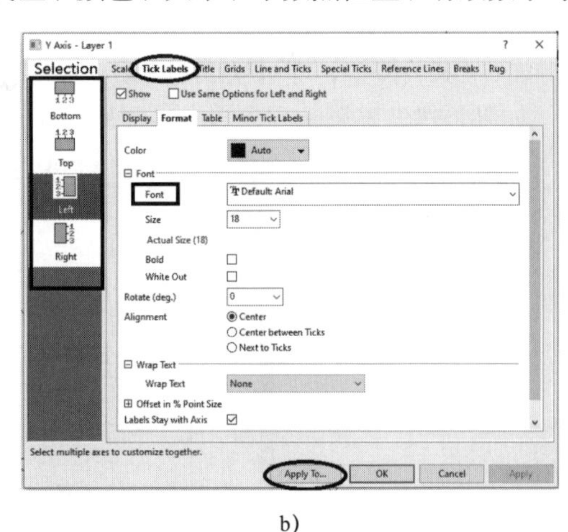

b)

图 3-6 “Tick Labels”选项卡

a）“Display”选项组 b）“Format”选项组

“Selection”选项：选择坐标轴，有四个坐标轴，分别是 Bottom（底部 X 轴坐标）、Top（顶部 X 坐标）、Left（左边 Y 轴坐标）和 Right（右边 Y 轴坐标），图形默认的有 Bottom 和 Left 两个坐标。

“Type”选项：数据类型，默认状态下与数据源数据保持一致，本例中为数值型，也可以修改显示格式，例如强制显示为日期型等。如果源数据为日期型，坐标轴也要设置为日期型才能正确显示。

“Display”选项：主要用于显示呈现数据的格式，如十进制、科学计数法等。

“Divide by Factor”选项：整体数值除以一个数值，典型的为 1000，即除以 1000 倍；或者 0.001，即乘以 1000 倍，这个选项对于长度单位来说是很有用的。

“Set Decimal Places”选项：勾选复选框后，填入的数字为坐标轴标签（数值）的小数位数。

“Prefix” / “Suffix”选项：标签的前缀 / 后缀，如在刻度后加入单位 mm、eV 等。

“Font”选项：字体格式、颜色、大小等。不同的字体将影响到数值的形状，选择的依据是最终显示时能看得清楚。如果要发表论文，字体的大小请选择 36，即字体加到特别大。原因是论文的图形通常要缩小到很小，缩小之后，曲线图形的规律趋势还是比较清楚的，但是所有数值文字因太小变得不清楚，因此要用比较夸张的大小。

“Apply To…”按钮：主要用于选择上述设置应用的范围，如本例中应用于当前层。

以上是对 Left(即 Y 轴）的坐标刻度进行设置，也可以通过切换对顶部（Top)、底部（Bottom）的坐标刻度分别进行设置。由于系统默认的只有左边和底部的坐标轴，因此如果需要右边和顶部的坐标轴，可以在这个选项卡中进行设置，选中 Show Major Label 即可。

2. “Scale” 选项卡

可以设置坐标值的起止范围（“From” 和 “To”）和坐标刻度的间隔值（Increment），其 “Type” 下拉列表框可以对坐标轴或坐标值进行特殊设置，比如对数或指数形式，如图 3-7 所示。

3. “Title” 选项卡

这里的 “Title” 指的是坐标轴标题（即名称），格式指的是坐标轴上刻度端的方向和大小，如图 3-8 所示。

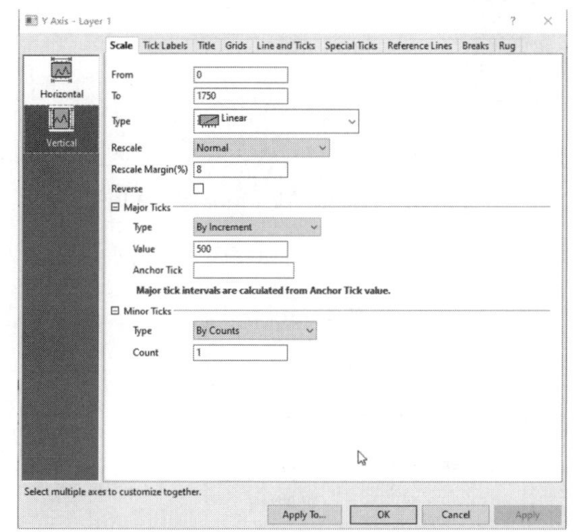

图 3-7　“Scale” 选项卡

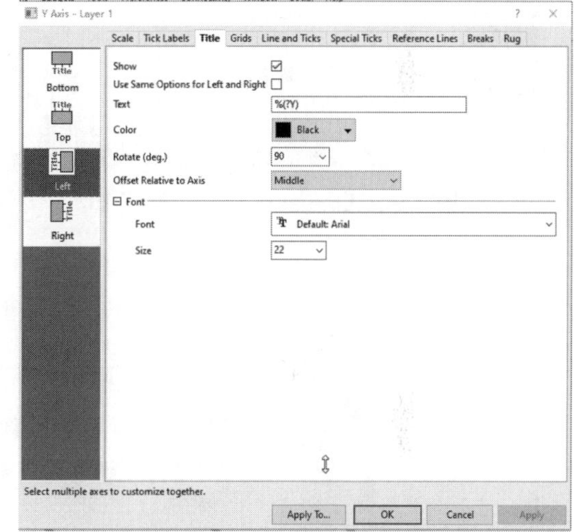

图 3-8　“Title” 选项卡

“Text” 选项：在文本框中键入坐标轴标题。文本框中显示 “%（?Y）” 是系统内部代码，表示会自动设置使用工作表（Worksheet）中 Y 列的 “Long Name” 作为名称，以 Y 列的 “Unit” 作为坐标轴的单位。这串符号尽量不要改动，因为当数据工作表修改时，这个图形的标题会自动跟随修改。当然如果需要也可以直接输入标题名称。

4. “Line and Ticks” 选项卡

“Major/Minor Ticks” 显示方式：调整坐标轴中主 / 次刻度（短线）出现的形态，包括内外、内、外、无四种显示方式。一个典型的例子是选择左侧面板中的 “Right” 右边坐标轴线和 “Top” 顶部坐标轴线所对应的 “Line and Ticks” 选项卡，勾选 “Show Line and Ticks” 复选框，然后 “Major/Minor Ticks” 的 “Style” 选项都选择 “None（无）”，即为图形增加了顶部和右边的坐标线，最后图形出现在一个四周包围的矩形圈中。该选项卡如图 3-9 所示。

5. “Minor Tick labels” 选项卡

“Minor Tick labels” 选项是与 “Tick labels” 相关联的，可以选择 “Hide（隐藏）“Show at each Minor Tick（显示小刻度）”“Show at Specified Indices Only（仅在指定处显示）”。此外，还有“Display Format（显示格式）”选项、“Offset Major by（%）（刻度偏移）”选项等，如图 3-10 所示。

6.“Special Ticks”选项卡

该选项卡可以设置坐标轴开始和结束处的显示方式和标签，如图 3-11 所示。

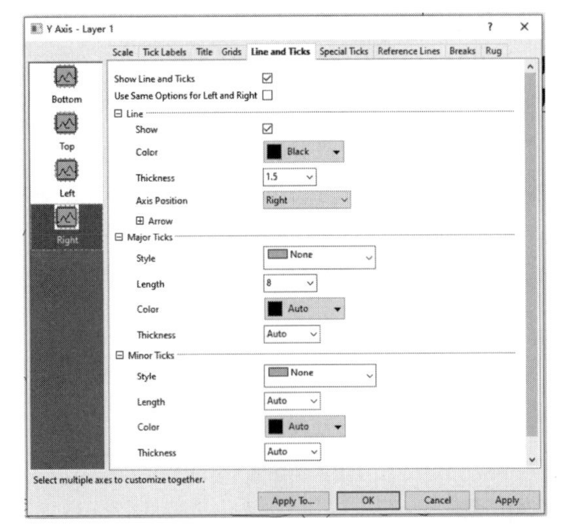

图 3-9 “Line and Ticks”选项卡

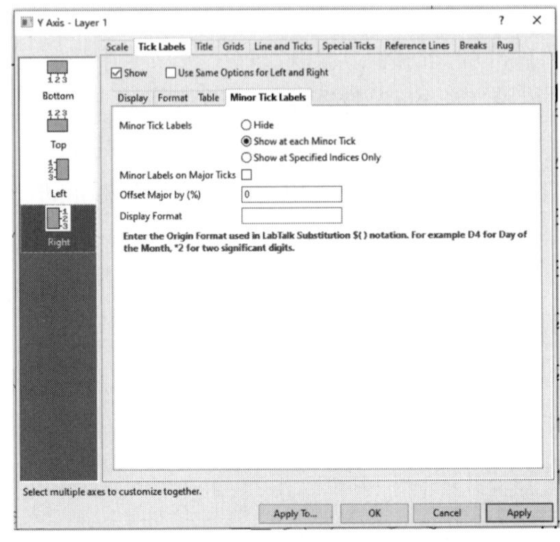

图 3-10 “Minor Tick labels”选项卡

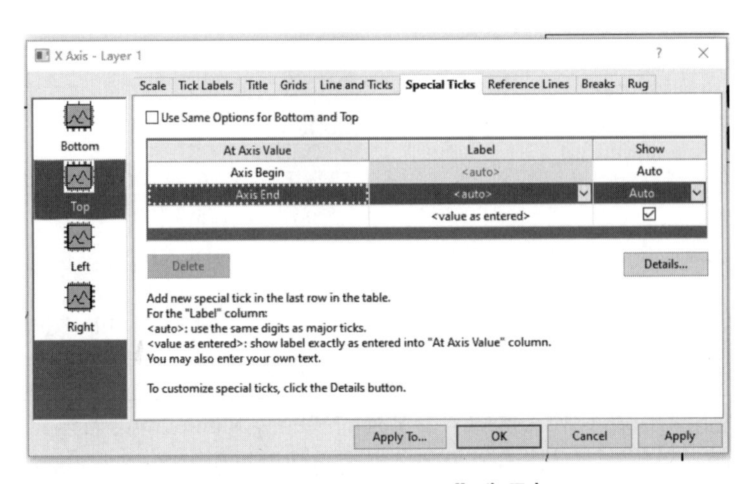

图 3-11 “Special Ticks”选项卡

7.“Breaks”选项卡

“Breaks”选项卡如图 3-12 所示。当数据之间的跨度较大时（中间部分没有有意义的数据点），曲线中可以带有断点，即通过坐标轴放弃段数据范围来实现，具体参数可在“Breaks”选项卡中设定。

“Number of Breaks”选项：设置断点的数量。

“Auto Position”选项：自动确定断点在坐标轴上的位置。

“Break From”和“Break To”选项：设置坐标轴上断点的起始点和结束点。

“Position”选项：文本框中的数字表示断点在坐标轴上的位置。

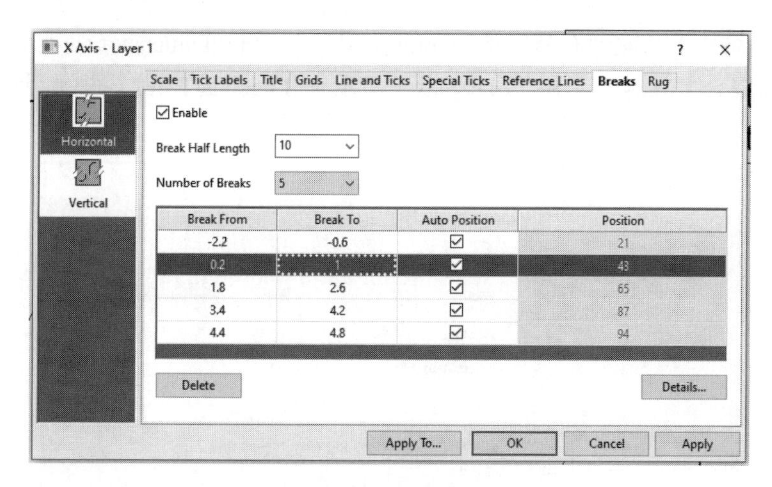

图 3-12　“Breaks”选项卡

8.“Grids”选项卡

“Grids”选项卡如图 3-13 所示。本选项卡相当于为曲线图形绘制区域绘图网络线，可使数据点更加直观，从而提高可读性。

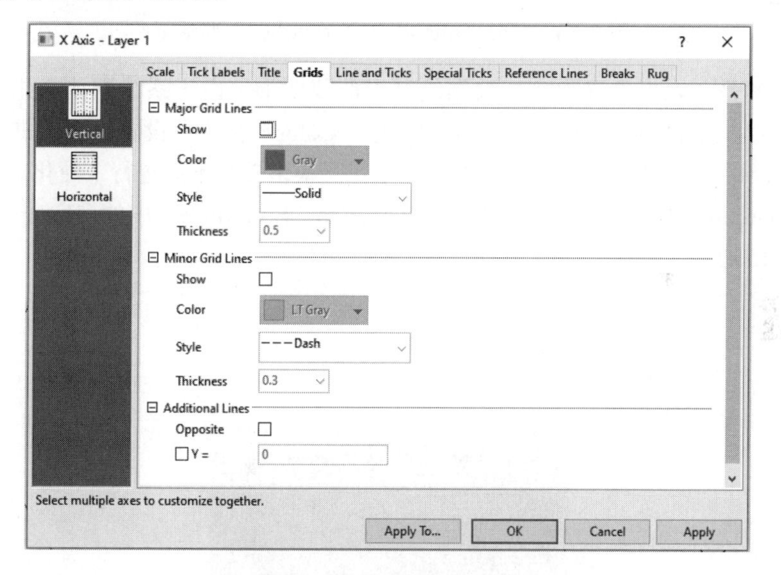

图 3-13　“Grids”选项卡

“Major Grid Lines”选项组：显示主格线，即通过主刻度平行于另一个坐标轴的直线，该选项组的下拉列表中可分别设定线的颜色、类型和宽度。

“Minor Grids Lines”选项组：显示次格线，即通过次刻度平行于另一个坐标轴的直线。

“Additional Lines”选项组：在选中轴的对面显示直线，勾选“Y = 0”复选框，即在 X 轴对面显示直线。可以调整网格线的线性和颜色，例如使用点线和灰色等浅颜色，以便能够立即显示网格线，也能够保持原有曲线图处于重要的位置而不至于被网络所干扰。

3.2.2　图形显示设置

双击数据曲线，弹出“Plot Detail-Plot Properties”对话框，如图 3-14 所示，可对图形进行相关的设定，结构上从左到右分别是：Graph（图形）、Print/Dimensions（打印 / 显示范围）、Miscellaneous（混合）、Layers（层）、Display（显示）、Legends/Titles（图例 / 标题）。单击>>按钮可隐藏或显示左侧窗口。

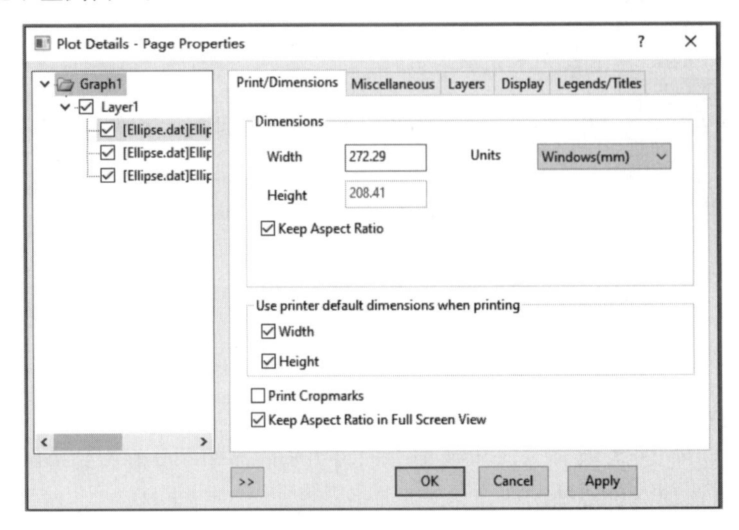

图 3-14 “Plot Detail-Plot Properties”对话框

需要注意的是，如果先选中多列数据绘制多曲线图形，由于系统默认为组（Group），即所有曲线的符号（Symbol）、线型（Line）和颜色（Color）会统一设置（按照默认顺序递进呈现）。这对于大部分图形来说是比较合适的，但缺点是很多参数不能进行个性化定制。如果希望定制一个组（Group）中各曲线的具体参数，就要选择“Edit Mode”中的“Independent(独立)”选项，如图 3-15 所示。

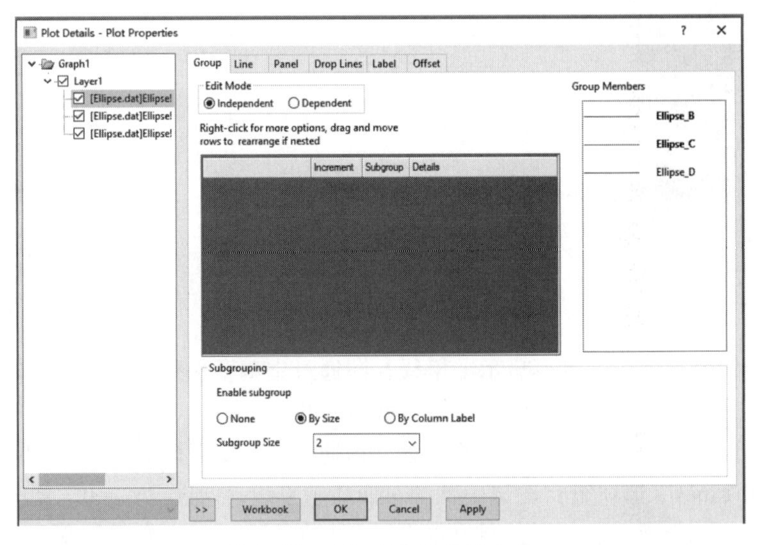

图 3-15 定制组中各曲线参数

1. “Symbol”选项卡

本选项卡主要是设置数据点的呈现方式，如符号、大小、颜色等。可双击曲线上的数据点打开这个选项卡，如图 3-16 所示。

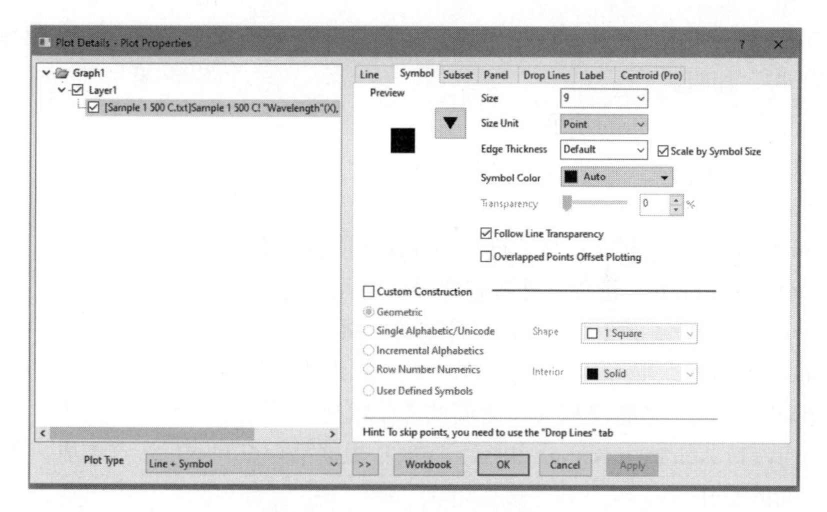

图 3-16　“Symbol”选项卡

2.“Line”选项卡

本选项卡主要设置曲线连接方式、线型、线宽、填充等选项，如图 3-17 所示。

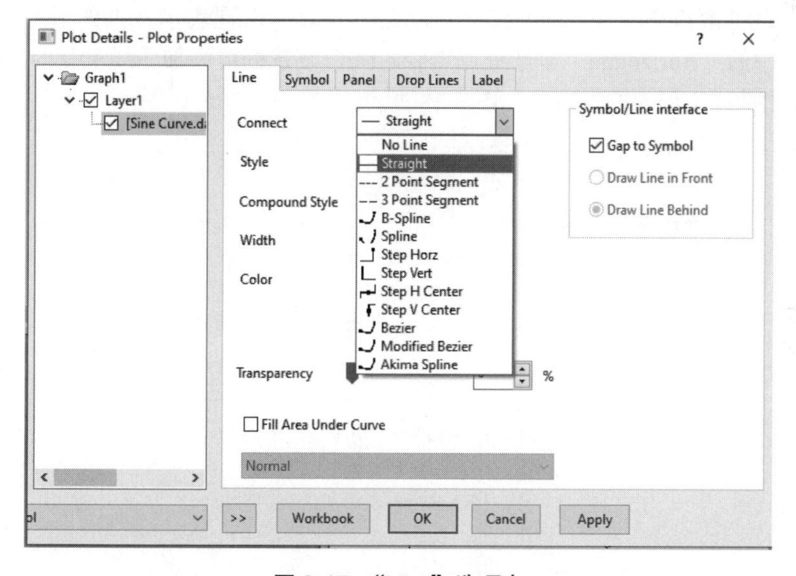

图 3-17　“Line”选项卡

“Connect”下拉列表框中为数据点的连接方式，如直线型、点线型，此外还有：“B-Spline（B 样条曲线）”，对于坐标点，Origin 根据三次方 B-Spline 生成光滑曲线，和样条曲线不同的是该曲线不要求通过原始数据点，但要通过第一和最后一个数据点，对数据 X 也没有特别的要求。“Spline（样条曲线）”，用光滑的曲线连接所有的点。“Bezier（贝塞尔曲线）”，与“B-Spline”接近，曲线将四个点分成一组，通过第一、第四个点，而不通过第二、第三个点，如此重复。说明：选择以上三种连接方式会得到平滑曲线，可以使图形美观，但具体使用何种平滑曲线的效果，要视具体的情况而定，以能够准确合理地表达图形为主，有时候为了科学的需要，不能使用平滑效果。结合“Symbol/Line Interface”的设置，可得到平滑曲线的更佳效果。

“Style”选项：选择线条的类型，如实线、虚线等。

“Width”选项：调节线条的宽度，如果是屏幕显示设置为“0.5”即可，如果要发表论文，线宽可设置为“3”加粗。

“Color”选项：调节线条的颜色。

“Symbol/Line interface”选项组：设置线与点的位置关系，对曲线显示效果有以下一定的影响，有以下三个选项。

1）“Graph to Symbol”选项：显示符号和线条之间的间隙。

2）“Draw Line in Front”选项：连线在符号的前面。

3）“Draw Line Behind”选项：连线在符号的后面。

“Fill Area Under Curve”选项组：填充曲线，该选项组的第一个下拉列表框具有以下三个选项。

1）“Normal”选项：将曲线和 X 轴之间的部分填充。

2）“Inclusive broken by missing values”选项：根据第一点和最后一点生成一条基线，填充曲线与基线之间的部分。

3）“Exclusive broken by missing values”选项：根据第一点和最后一点生成一条基线，填充曲线与基线之外的部分，即与第二种情况相反。

3. “Drop Lines“选项卡

当曲线类型是散点图（Scatter）或含有散点图时，即出现表示数据的点时，勾选“Drop Lines”选项卡中的“Horizontal”复选框或“Vertical”复选框可添加曲线上点的垂线和水平线，能更直观地读出曲线上的点的位置，如图 3-18 所示。

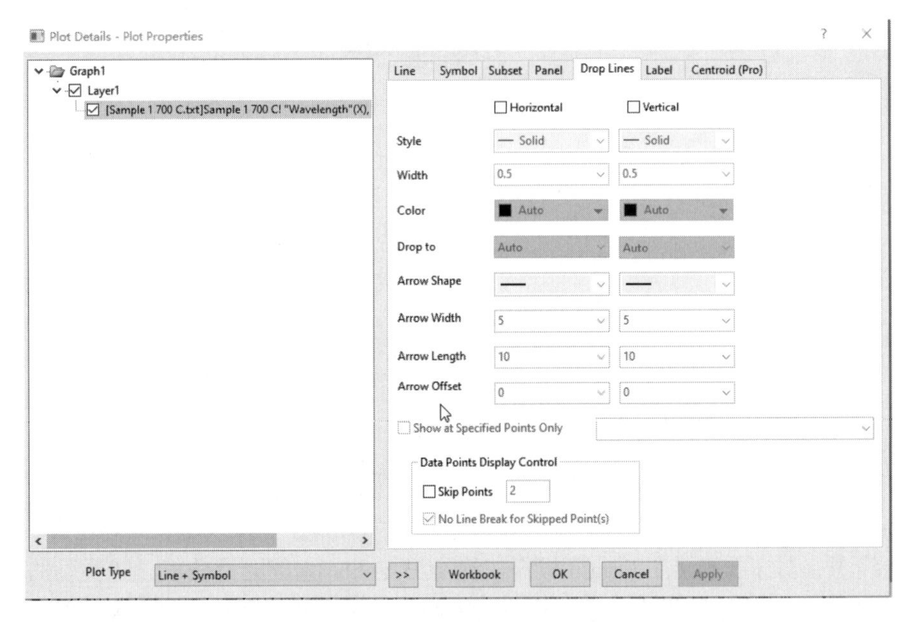

图 3-18 “Drop Lines”选项卡

4. “Group”选项卡

当 Graph 图形中有几条曲线时，并且曲线联合成一个组（Group）时，“Plot Details-Plot Properties”对话框中将出现“Group”选项卡，如图 3-19 所示。

“Edit Mode”选项组：具有以下两种编辑模式。

1）“Independent”选项：表示几条曲线之间是独立的，没有依赖关系。

2）“Dependent”选项：表示几条曲线之间具有依赖关系，并激活下面的几个选项，曲线颜色、符号类型、曲线样式和符号填充样式。分别单击“Details”栏，出现一个小滑块，单击可进入详细的设置，曲线 1 为黑色；也可以单击此行，在下列的列表框中选择其他颜色。

“Symbol Interior”选项：表示符号填充样式，可为实心、空心、交叉等。

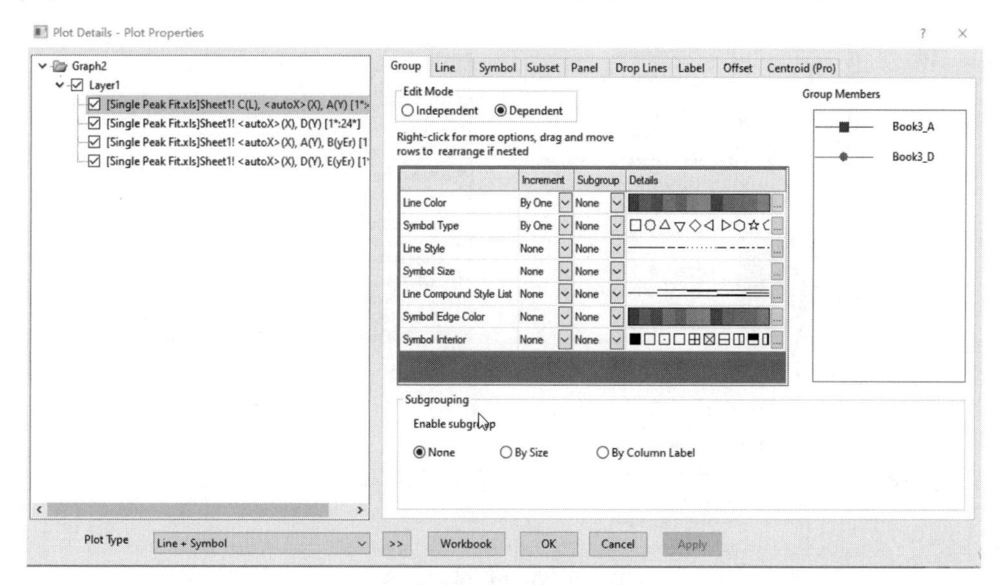

图 3-19　“Group”选项卡

以上选项卡的目的是将一组曲线集中设置，使其从符号、线型等外观上有一种渐进式的关系，使多条曲线的关系和规律性一目了然。但当出现“Group”选项卡时，每条曲线的属性不能够独立设置，除非选中“Independent”选项。

3.2.3　图例设置

图例（Legend）一般是对 Origin 图形符号的说明，一般说明的内容默认就是工作簿中的列名字（Long Name），可以将列名字改名从而改变图例的符号说明。当然也可以在图形窗口中选中图形图例，右击弹出图例快捷菜单，在快捷菜单中选择“Properties”，在弹出的“Object Properties”方框中进行设置，如图 3-20 和图 3-21 所示。在此可以对 Legend 的文字说明进行一些特殊设置，比如背景、旋转角度、字体类型、字体大小、粗斜体、上下角标、添加希腊符号等。如果图形或某个图形窗口中没有显示图例，可以单击选中图形窗口，然后选择菜单命令“Graph”→“Legend”→“Show Legend for Visible Plots Only”，就可以显示相应的图例。对象属性对话框（见图 3-21）中主要设置：

“Background”选项：图例（区域）的背景，例如是否有变化，是否阴影等（见“Frame”选项卡中）。

“Line Spacing（%）”选项：设置行间距。

“System Font”选项：是否使用系统字体。

“Center Multi-Line”选项：是否居中。

“White Out”选项：设置白色边框，即使图例非透明显示。

“Apply”按钮：将设置样式应用到所有图例中。

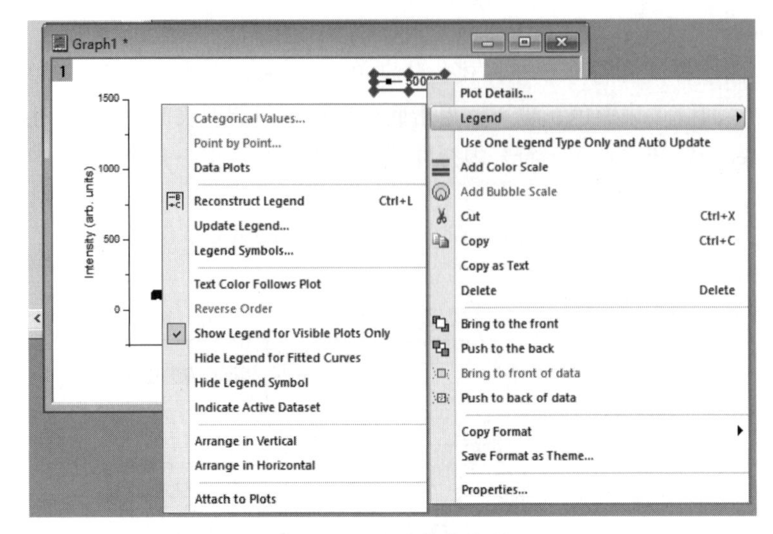

图 3-20　右击快捷菜单

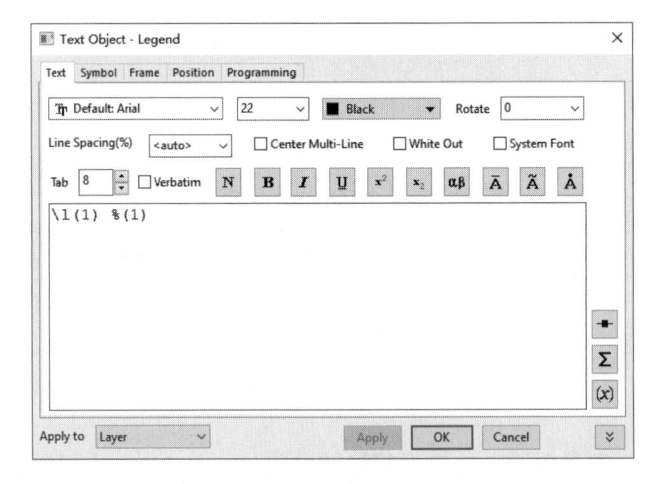

图 3-21　图例设置

关于字体的说明：首先，字体的使用是以最终图像清晰为主要目的；其次，如果是为了发表论文，建议使用 36 号字体；再次，如果使用了特殊字体，典型的如温度的符号“℃”等，这些符号在 Origin 中的显示是正常的，但输出到 Word 中将会出现乱码，最简答的解决方案是为这些特殊符号选择中文字体，如“宋体”。特殊符号的问题也可使用 Origin 的内部符号库解决。

3.3　使用绘制图形工具

在该软件中一些有用的图形工具对于绘图或辅助绘图也是非常有用的，所以学会使用这些绘制图形工具也是很重要的。

3.3.1　Graph 工具栏

Graph 工具栏如图 3-22 所示。

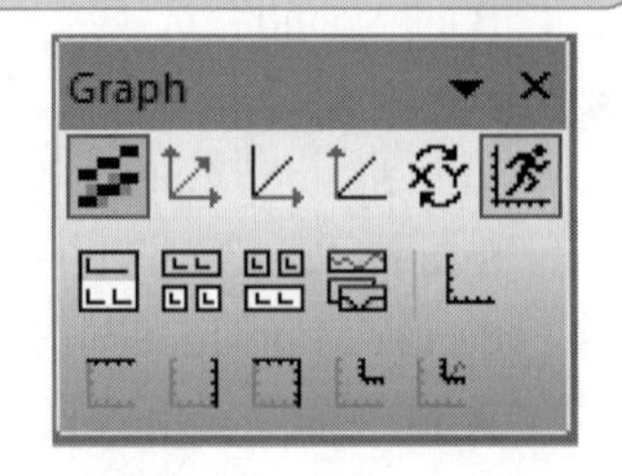

图 3-22　Graph 工具栏

1）抗锯齿按钮，可使绘制的二维曲线图形变得光滑。

2）缩放按钮，根据当前图形中的数据对图形进行自动缩放，是图形中最常用的操作之一，不过最便捷的选择是使用其快捷键 <Ctrl+R>。

3）设定单轴向的比例尺，设置 X 轴比例尺的按钮，设置 Y 轴比例尺的按钮。

4）调换坐标轴按钮，调换图形中的 X 轴和 Y 轴。

5）加速模式按钮，当图形数据点非常密集时，Origin 会默认打开加速模式。图形上会有“Speed Mode is On”的水印，同时图层标签会变成红色。

6）将多条曲线图形分成层的按钮、将每层分成多个图的按钮、合并多个图形的按钮。

7）替换当前图层操作的按钮。

8）在图层中同时在左侧增加 Y 轴和在底端增加 X 轴的按钮，在图层中顶端增加 X 轴的按钮，在右端增加 Y 轴的按钮，同时在右侧增加 Y 轴和顶端增加 X 轴的按钮。

9）插入原图形中的局部图形按钮，用以放大 / 强调局部结果。插入带显示数据的局部图形按钮。

3.3.2 Tools 工具栏

Tools 工具栏如图 3-23 所示。

图 3-23　Tools 工具栏

1）“Pointer”按钮：可以用于选择对象，也用于取消其他工具。

2）“Scale In”按钮：可以放大图形，只要按住鼠标左键拖动光标选择放大的区域即可，注意此处的放大是指放大坐标轴刻度，因为坐标轴刻度变了，图形才会跟着放大，与 Graph 工具栏的图形整页缩放在意义上是完全不同的。

3）“Scale out”按钮：缩小图形，使坐标轴刻度回到原来的设定值。

4）“Screen Reader”按钮：主要用于读取绘图页面内和绘图区右边灰色区域的选定点的 XY 坐标值，如图 3-24 所示，图中左上角的十字光标就是鼠标选定的点。在单击按钮后，如果按 <Space> 键，能改变选定点的十字光标的大小。

5）“Data Reader”按钮：该按钮用于读取数据图形曲线上选定点的 XY 坐标值，有“Data Info”和“Data Display”两个功能，如图 3-25 所示。

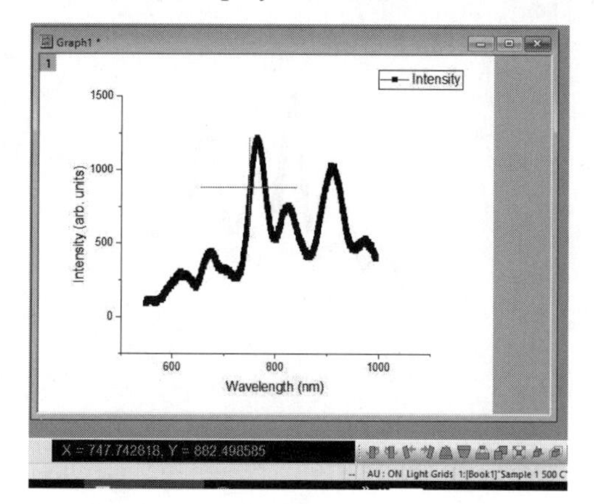

图 3-24　“Screen Reader”按钮标定选定点的 XY 坐标值

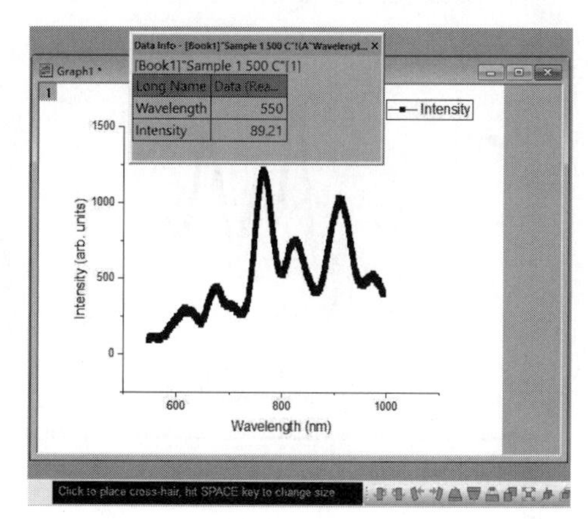

图 3-25　“Data Reader”按钮读取数据图曲线的 XY 坐标值

“Data Reader”按钮▣只能读取工作簿中的数据，并不能读取其他数据，比如对于“Line+Symbol”类型的数据曲线，只会读取“Symbol”所在的XY坐标值，并不能读取“Line”上点的XY坐标值，即使将光标放在数据曲线的“Line”上，“Data Reader”会自动找到临近的“Symbol”的XY坐标值（来源于工作簿）。

6）“Data Selector”按钮：选取数据图形曲线数据的一个区域并进行分析处理。单击该按钮，随后单击数据图中的一条曲线，在曲线首端和末端出现“相对双箭头”的标识，用鼠标拖动“相对双箭头”的标识，改变其位置，如图3-26所示。双击后“相对双箭头”的标识就会变为“相背单箭头”，选择菜单命令“Data”→“Set Display Range”，出现如图3-27所示的隐藏选取数据段之外曲线的效果，这样就只对选中的数据进行进一步分析和操作。如果要显示被隐藏的曲线或者说恢复显示完整曲线，可以执行菜单命令“Data”→“Reset to Full Range”。

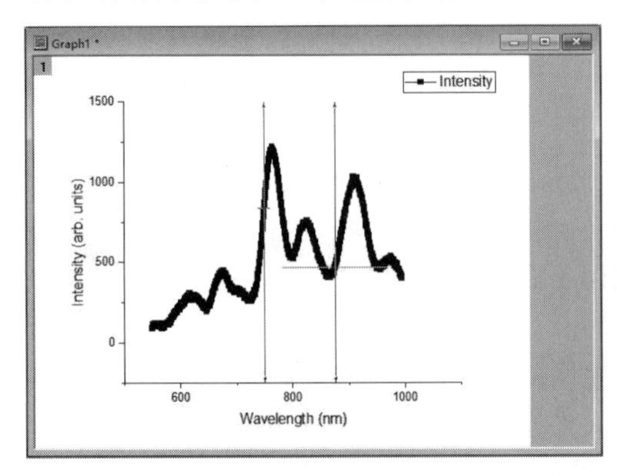

图3-26 选取曲线上一段数据

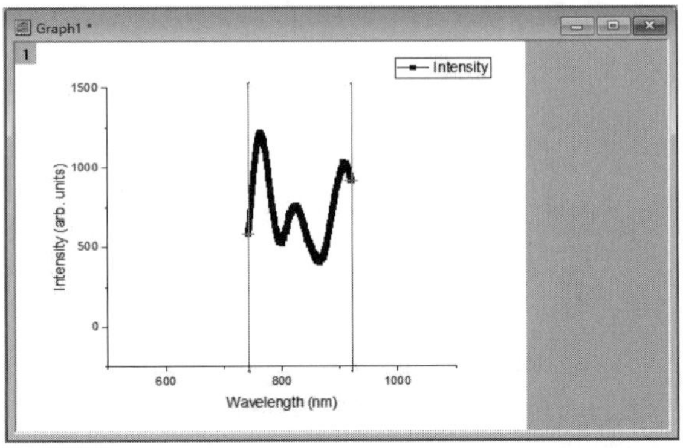

图3-27 选取曲线上一段数据后的效果

7）“Selection on active plot”按钮：单击该按钮，选取曲线数据上的一个区域，并做出标记，如图3-28所示。单击要选取数据图形所在的层或该图层曲线，随后单击该按钮后会出现右下角带小矩形的十字光标，拖动光标出现矩形方框，选取要分析的曲线段，首端和末端会出现“相对双箭头”的标识。再执行菜单命令“Data”→“Set Display Range”，也会出现如图3-29所示的隐藏选取数据段之外曲线的效果。

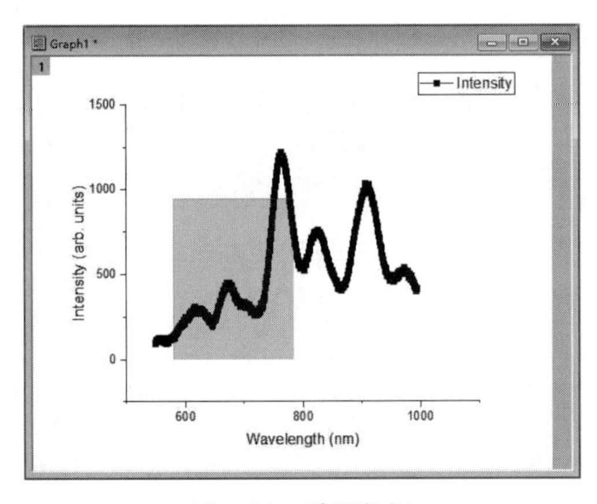

图3-28 选取数据

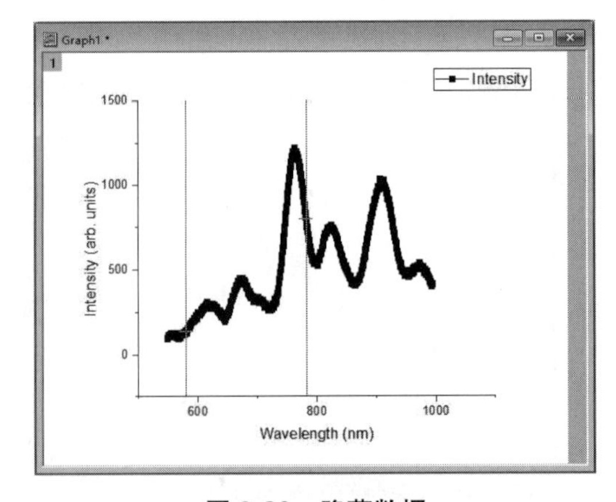

图3-29 隐藏数据

8）“Regional Mask Tool”按钮：该按钮有四个子功能，分别为“Add Masked Points to Active Plots”“Add Masked Points to All Plots”“Remove Masked Points from Active Plot”和

“Remove Masked Points from All Plot”。前面介绍的“Mask Range”的各个按钮也可以在此应用。单击按钮，同时在图形中选择要去除的数据点，如图 3-30 所示。那么选择的数据点就会在拟合曲线中消失，同时消失的数据点在工作簿中显示为红点，如图 3-31 所示。

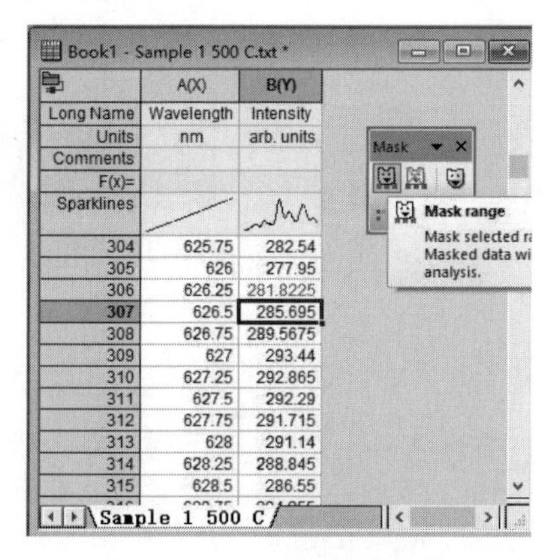

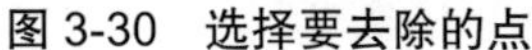

图 3-30　选择要去除的点

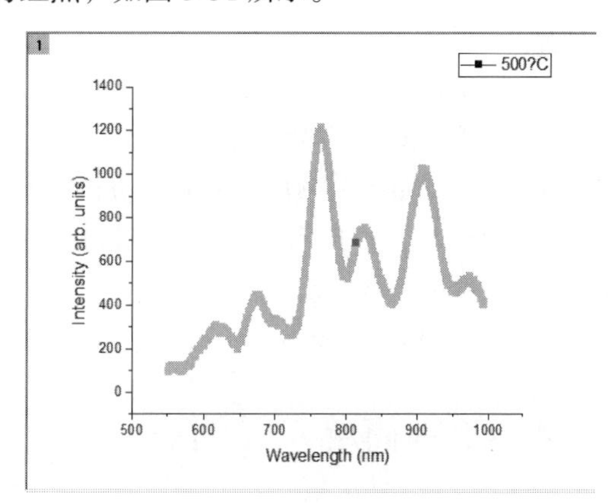

图 3-31　消失的数据点

9）“Draw Data”按钮：可以自己绘制数据点，在这个模式下只要单击画布即可绘制数据点，点之间会自动连线，完成后按 <Esc> 键退出。用这个方法绘制的数据点并不是“图形”，而是数据，会自动建立工作表存储这些数据，可修改其图形特性。

10）“Text Tool”按钮 T：可以输入文本。

11）“Arrow Tool”按钮：可以绘制带箭头的直线，只要按住鼠标左键拖动即可。

12）“Curved Arrow Tool”按钮可以绘制带箭头的曲线，只要按顺序单击画布上的 3 个点即可，通常用于标注。该命令位于“Arrow Tool”的下拉列表中。

13）“Line Tool”按钮：可以绘制直线，只要按住鼠标左键拖动光标即可。“Line Tool”命令的下拉列表中包含四个功能，即“Line Tool”“Polyline Tool”“Curve Tool”和“Freehand Draw Tool”。

14）“Polyline Tool”按钮：可以绘制多段折线，只要按顺序单击画布上的点即可，完成后按 <Esc> 键退出。

15）“Curve Tool”按钮：可以绘制任意曲线，只要按住鼠标左键拖动即可。

16）“Freehand Draw Tool”按钮：可以绘制任意线条，只要按住光标左键拖动即可。

17）“Rectangle Tool“按钮：可以绘制矩形，只要按住鼠标左键拖动光标即可。“Rectangle Tool”命令的下拉列表中包含四个功能，即“Rectangle Tool”“Circle Tool”“Polygon Tool”和“Region Tool”。

18）“Polygon Tool”按钮：可以绘制多边形，只要按顺序单击画布上的点即可，完成后按 <Esc> 键退出并生成多边形。

19）“Circle Tool”按钮：可以绘制椭圆形，只要按住鼠标左键拖动光标即可。

20）“Region Tool”按钮：可以绘制任意形状，只要按住鼠标左键拖动光标即可，松开左键时起始和结尾的点会以直线连接起来。

3.3.3　Mask 工具栏

所谓 Mask 即屏蔽，就是让部分数据隐藏起来，这样并不需要删除原数据，而是不让这些数据参与绘图而已。Mask 工具栏如图 3-32 所示。关于数据点的屏蔽，需要使用到 Tools 工具栏中的几个按钮，上面已经有介绍，下面介绍 Mask 工具栏中的几个按钮的含义。注意这几个按钮的操作一些在图形窗口而另一些要在工作表中使用，屏蔽的数据点可以是一个点，也可以是一个范围。

图 3-32 Mask 工具栏

1）定义屏蔽数据范围按钮。

2）取消屏蔽范围按钮。

3）改变屏蔽点的颜色按钮（防止颜色与原来曲线颜色相同）。

4）隐藏或显示被屏蔽数据点的按钮。

5）交换屏蔽数据按钮。

6）取消屏蔽按钮。

3.4 绘制简单二维图

3.4.1 设置数据列属性

二维图的数据来源为工作表或 Excel 工作簿，可以直接使用键盘输入，也可以从文件导入。如果数据保存在 ASCII 文件中，则可按选择菜单命令“File”→“Import…”→“Import Wizard…”，Origin 软件将根据数据的设置按要求导入工作表。例如，将“Origin 2022\Samples\Batch1”导入工作表。导入 ASCII 文件后的工作表窗口如图 3-33 所示。导入 ASCII 数据后，工作表窗口以该 ASCII 文件名命名。在该工作表窗口中的标签处包括有名称（Long Name）、单位和注解等信息，此外，数据简略图（Sparklines）显示了该数据的预览曲线。通过拖动该工作表的滚动条可观察全部数据。

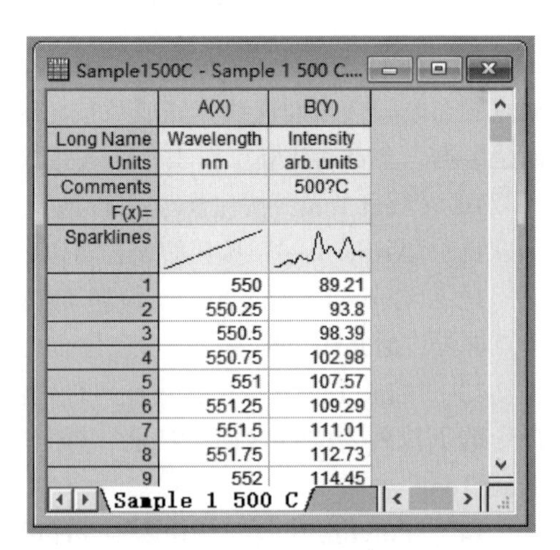

图 3-33 导入 ASCII 文件后的工作表窗口

导入数据后的工作表，各数列默认的关联格式为“X、Y、Y…”。如果数列不是这种关联格式，那么就需要进行人工调整。在本例中，根据该工作表窗口标签中信息将该工表中 C 列数列关联为 Y 误差列。设置误差列的步骤为：双击需要设置新关联的列标题，在弹出的“Column Properties”对话框“Plot Designation”下拉列表框中选择“Y Error”关联格式。设置误差列的工作表窗口如图 3-34 所示。

3.4.2 绘制曲线图

Origin 提供了极为丰富的绘图类型选项。最快捷的绘图方法是高亮度选中绘图数列，然后单击工具栏上的绘图命令按钮。如果用这种方法选定的列数超过两列，Origin 将自动创建数据曲线组，增加诸如符号类型、颜色等属性，以使很容易地区分各条曲线。例如，选中图 3-34 工作表全部数据，单击二维绘图工具栏上的“Line + Symbol”命令按钮，绘制出的曲线如图 3-35 所示。

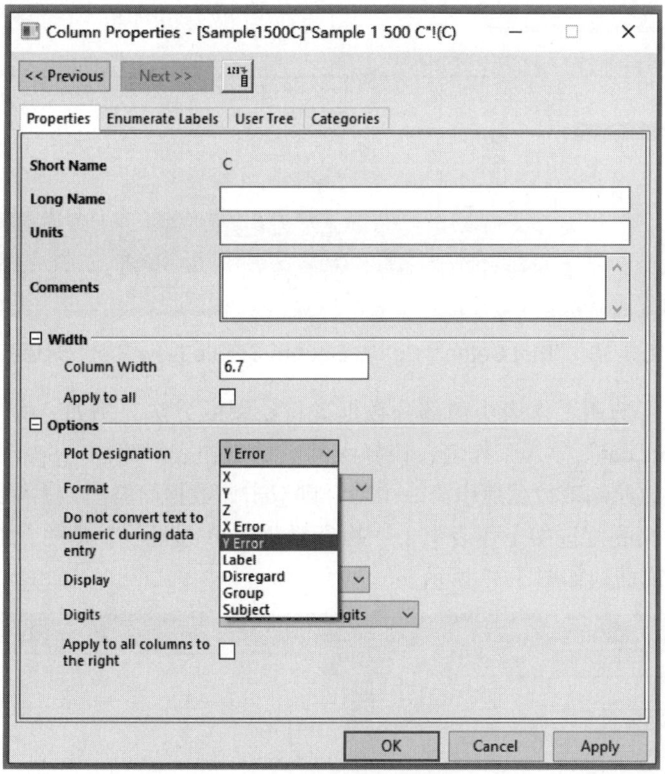

图 3-34　设置误差列的工作表窗口

X 坐标轴和 Y 坐标轴分别为以工作表中 A（X）和 B（Y）的“Long Name”标签处的名称命名，而 C（yEr）在图中设置为误差棒。

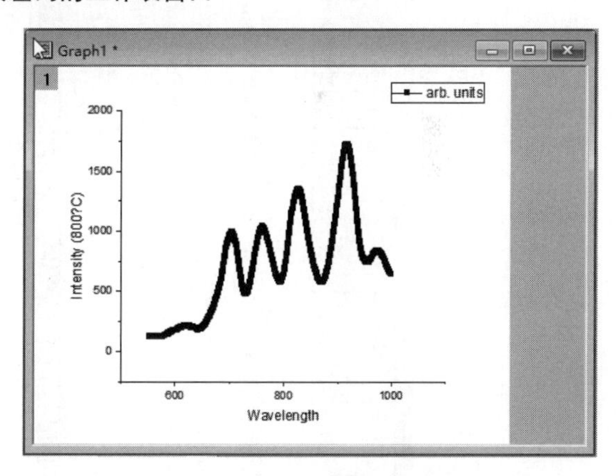

图 3-35　用工作表数据绘制曲线

如果在工作表中未选定数据的情况下绘图，Origin 则会弹出“Plot Setup：Select Data to Create New Plot”对话框，如图 3-36 所示。图中左栏为“Plot Type”列表框，在其中选择绘图的线型；图中右栏为“Gaussian Lorentz.dat”数据文件（该文件位置为“…\Samples\Import and Export \Gaussian Lorentz.dat”）列属性，根据要求设置数据各列在图中的属性，勾选数据关联复选框。例如，将“A”列设置为 X 轴，“B”列设置为 Y 轴，“C”列设置为误差列，完成数据关联的“Plot Setup：Select Data to Create New Plot”对话框如图 3-36 所示。单击“OK”按钮，则也可绘制同样的曲线图形。

除逐个对工作表数据绘图关联进行设置外，还可以采用一种便捷的方法对工作表数据绘图关联进行设置。例如，将光标指针移至工作表的左上方，出现斜箭头光标，单击选中整个工作表。右击工作表，选择“Set As”菜单后打开快捷菜单，选择“XYY Err”菜单命令，即完成了对工作表数据关联的设置。当对工作表数据关联设置具有一定规律时，如进行“XYY”“XY”“XYErr”关联时，选择该方法极为方便。

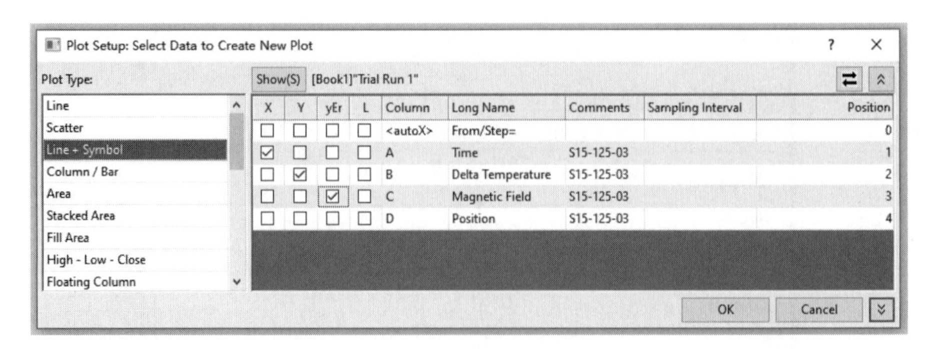

图 3-36　“Plot Setup：Select Data to Create New Plot”对话框

Origin 还提供了选用工作表中的部分数据进行绘图的方法。例如，将“…\Samples\Curve Fitting\Gauss Lorentz.dat”导入工作表，该导入的数据工作表简略图（Sparklines）显示了该数据为双峰。如果仅想绘制该数据表中第一个峰，则双击该数据简略图，表明绘制 1 ~ 90 行数据可以达到该目的。高亮度选中工作表中 1 ~ 90 行数据，单击图形工具栏上的“Line + Symbol”命令按钮，绘制出的曲线如图 3-37 所示。

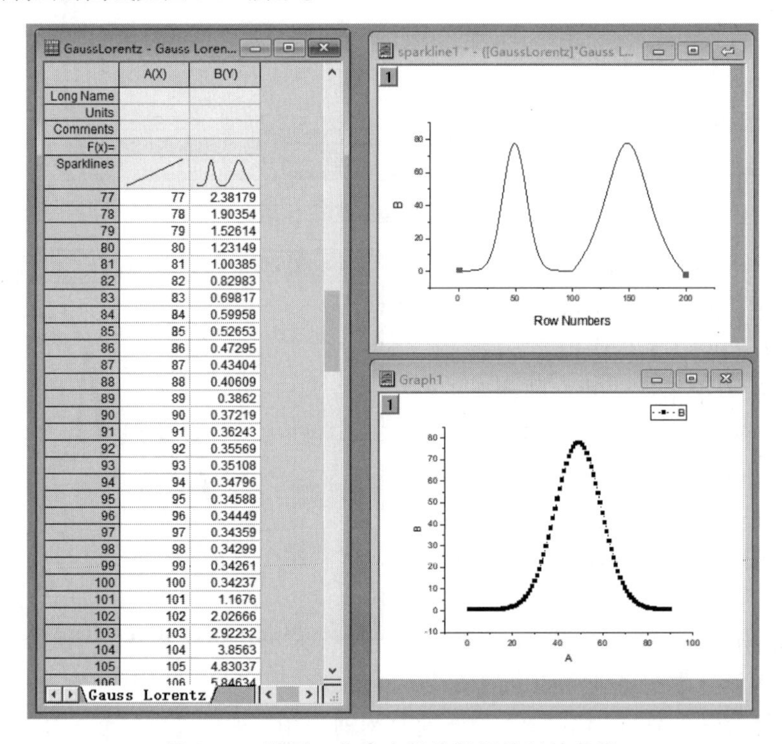

图 3-37　选用工作表中部分数据绘制的曲线

3.4.3　图形观察、数据读取、定制数据组绘图

当图形中的数据点太密集、曲线相隔太近不容易分辨，或者对图形中某一区域特别感兴趣，希望仔细观察某一局部图形时，可以利用 Origin 提供的丰富图形观察和数据读取工具。

为了说明这些工具的使用，采用“Nitrite.dat”数据文件绘图加以说明。

（1）导入“…\Samples\Spectroscopy\Nitrite.dat”数据文件　从数据简略图（Sparklines）显

示该数据为时间与电压的关系，且电压为脉冲电压，选中全部数据绘图，如图 3-38 所示。

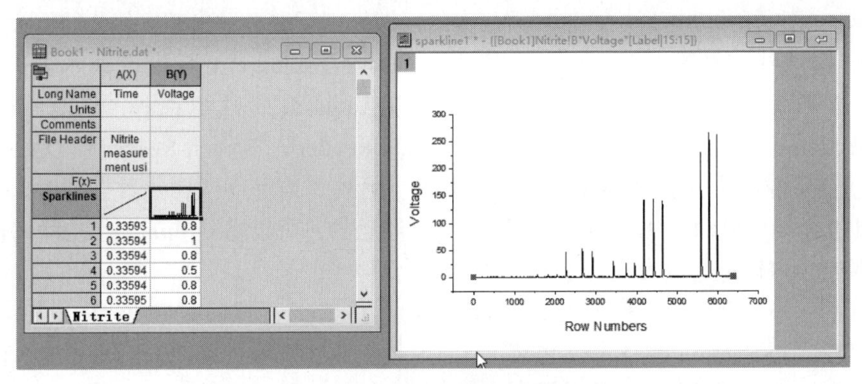

图 3-38　脉冲电压数据及绘图

（2）图形局部放大　图 3-38 中所示数据曲线峰值之间相隔太近，为进一步仔细分析，可选用局部放大工具。具体步骤如下：

第一步，单击 Tools 工具栏的“Zoom In”按钮。

第二步，在图形窗口曲线的峰值周围按下鼠标左键并拖动，画出一个矩形框，如图 3-39a 所示。

第三步，释放鼠标左键，弹出一个“Enlarged”图形窗口，显示局部放大的图形，如图 3-39b 所示。

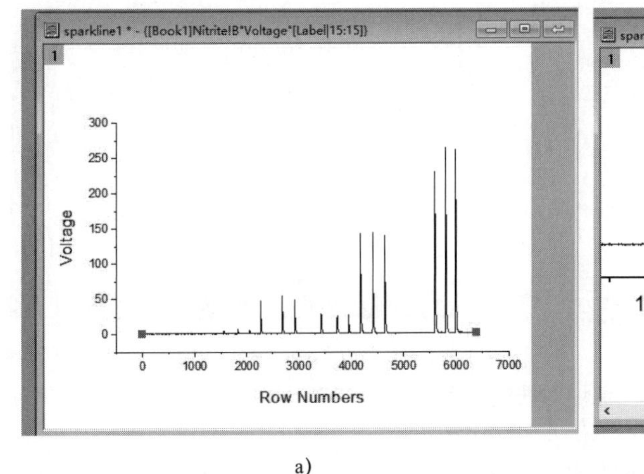

a)

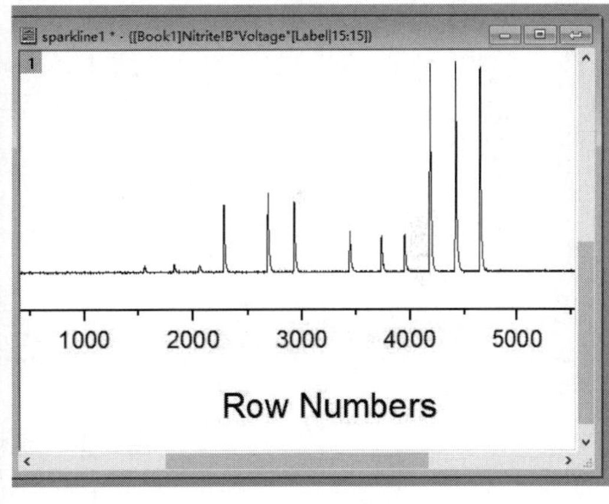

b)

图 3-39　图形局部放大示例

a）选择数据区　b）放大后的曲线图

Origin 的“Zoom In”按钮还具有图形还原功能。再次单击“Zoom In”按钮，该图形则还原到原始状态。这对于修改由于操作不慎造成的错误显得尤为方便。

有时需要将局部放大前后的数据曲线在同一个图形窗口内显示和分析，这就要用到缩放（Zoom）工具。该工具采用的是 Origin 内置的区域放大图形模板进行绘图。数据曲线缩放的步骤如下：

第一步，在选中数据的情况下，选择菜单命名“Plot”→“Specialized”，打开专业图绘制工具栏，在其中选择“Zoom”工具。

第二步，此时打开一个有两个图层的图形窗口。上层显示整条数据曲线，下层显示放大的曲线段。下层的放大图由上层全局图内的矩形选取框控制。

第三步，用鼠标移动矩形框，选择需放大的区域，则下层显示出相应部分的放大图。

（3）数据选择与读取 Origin 的数据显示（Data Display）工具模拟显示屏的功能，动态显示所选数据点或屏幕点的 XY 坐标值。在 Tools 工具栏中选择“Selection on Active Plot”“Selection on All Plots”“Data Selector”“Data Reader”“Screen Reader”“Draw Data”等工具时，Origin 将自动启动“Data Display”工具。另外，当移动或删除数据点时，“Data Display”工具也会自动启动。“Data Display”工具是浮动的，可以在 Origin 工作空间内任意移动。为了便于观察，可以把它放大或缩小。

Origin 的区域数据选取工具（Data Selector）的功能是选择一段数据曲线做出标记，突出显示效果。其中，“Selection on Active Plot”为当前数据曲线选取，而“Selection on All Plot”为所有数据曲线选取。区域数据选取步骤如下：

第一步，单击 Tools 工具栏上的“Data Selector”命令按钮，在数据曲线两端出现标记，如图 3-40a 所示。

第二步，用鼠标选择相应的左右数据标记，使选定的数据标记向左右方向移动至感兴趣的区域，此时，“Data Display”工具显示数据曲线标记处的坐标值，如图 3-40b 所示。

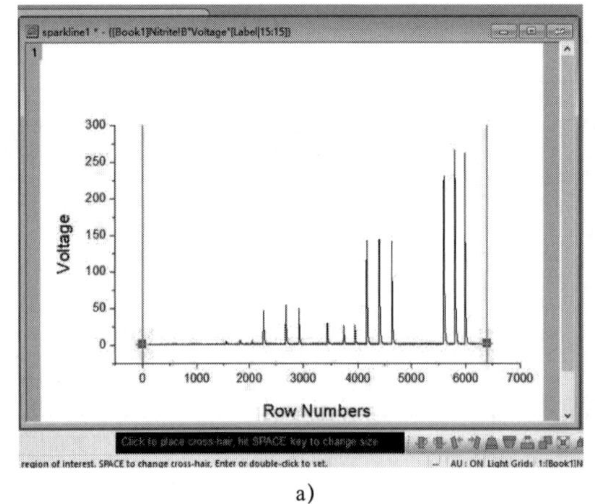

a)

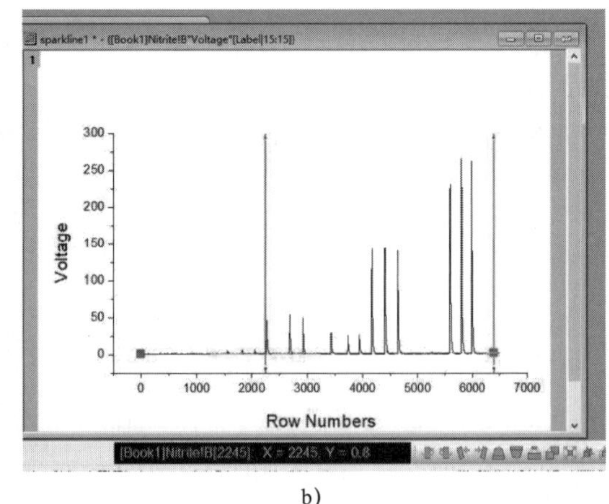

b)

图 3-40 区域数据选取示例

a）数据标记 b）数据移动

数据读取（Data Reader）工具和屏幕读取（Screen Reader）工具的功能区别是：显示数据曲线上选定点的 X、Y 坐标值（见图 3-41a）和显示屏幕上选定点的 X、Y 坐标值（见图 3-41b）。

（4）定制数据组绘图 Origin 可以灵活定制绘图中的每一个可视图形元素。通过双击图形中的某一个可视元素，可以立即改变图形中该元素的外观。特别地，Origin 定制数据组绘图的方法更加便捷，定制数据组绘图主要在“Plot Details-Plot Properties”对话框中完成。

当图中有多条曲线时，通过双击某曲线可以打开“Plot Details-Plot Properties”对话框，在“Line”选项卡中可对图形中的线元素进行设置。例如，选择“Color”的图标，对图形中线元素的颜色进行设置。此外，在“Line”选项卡中还可以对线元素的连接方式、粗细和风格进行设置。当完成所有图形元素的定制工作后，单击“Apply”按钮，则图形将按定制数据组绘图更新相关设置。

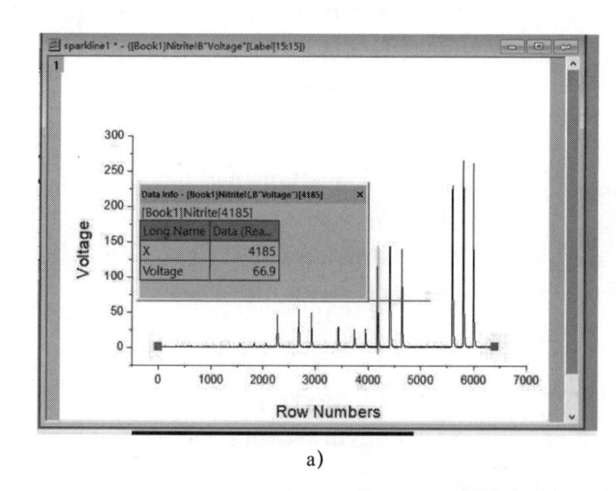

a)

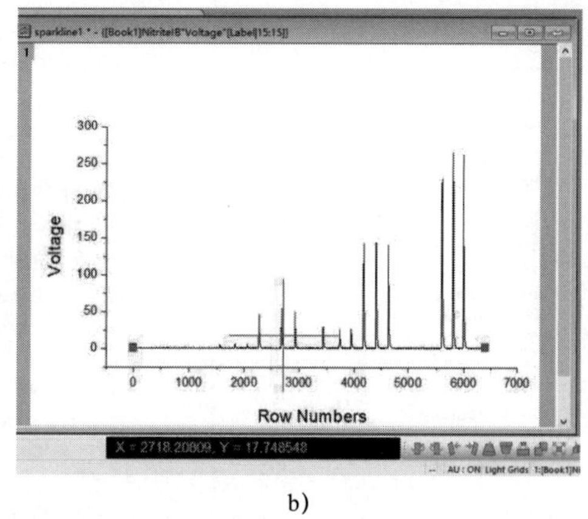

b)

图 3-41　数据读取工具与屏幕读取工具对比
a）数据读取工具　b）屏幕读取工具

3.4.4　图形上添加误差棒和时间

1. 添加误差棒

误差棒通常用来表示该试验曲线的误差情况，Origin 提供了 3 种在图形中添加误差棒的方法。下面仅介绍采用误差棒菜单的方法在图形中添加误差棒。在图形窗口为当前窗口时，选择菜单命令“Graph”→“Add Error Bars…”，弹出“Error Bars”对话框，如图 3-42 所示。通过选择“Percent of Data（%）（按比例设置对数据进行计数）”按钮或“Standard Deviation of Data Scaling Factor（数据的标准误差值）”按钮，在图形中添加误差棒。

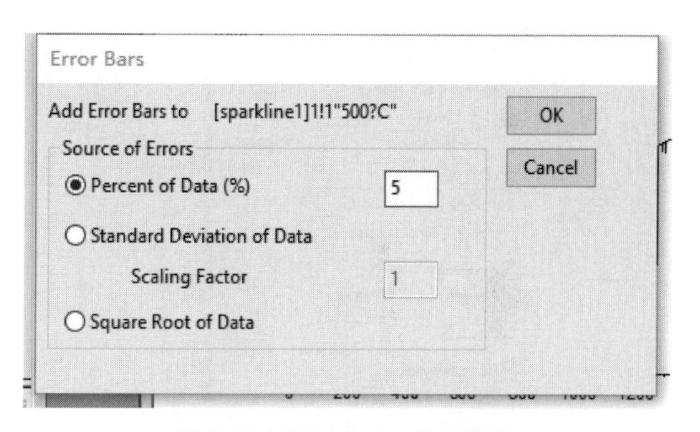

图 3-42　“Error Bars”对话框

2. 添加时间

在科技图表中，经常需要加入当前时间和日期，以备参考。Origin 的添加时间操作非常方便。在图形窗口打开的情况下，单击图形工具栏上“Data & Time”按钮，即可将当前时间添加在图形中。

3.4.5　常用快捷菜单和快捷键

与工作表快捷菜单类似，图形窗口的快捷菜单也随着图形窗口右击区域的对象不同而不同。当右击图层标记时，快捷菜单如图 3-43a 所示；在图形窗口中选中某图形对象时右击，快捷菜单如图 3-43b 所示；在图形窗口中不选中任何对象的情况下右击，快捷菜单如图 3-43c 所示；在图形窗口中选中坐标轴时右击，快捷菜单如图 3-43d 所示；如果选中整个图形窗口时右击，则快捷菜单如图 3-43e 所示。

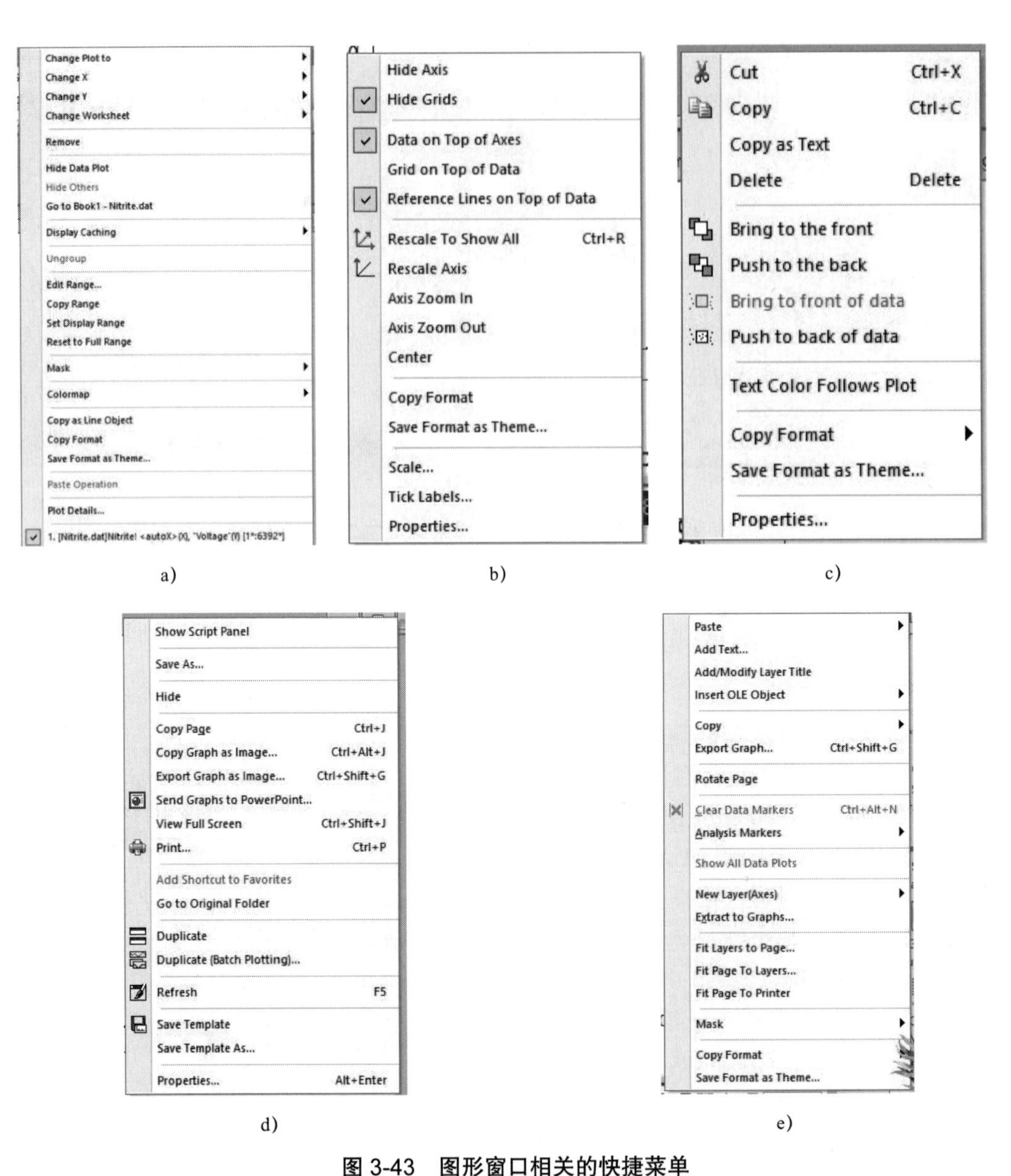

图 3-43 图形窗口相关的快捷菜单

a）图层标记快捷菜单 b）图形对象快捷菜单 c）图形窗口快捷菜单

d）坐标轴快捷菜单 e） 整个图形窗口快捷菜单

3.5 Origin 内置二维图类型

Origin 提供了多种内置二维绘图模板，可用于科学试验中的数据分析，实现多用途的数据处理。Origin 对内置二维绘图模板菜单进行了改进，可以采用多种方法选择内置二维绘图模板进行绘图。在改进的绘图模板库中，可以添加用户的绘图模板或采用用户绘图模板进行绘图，其中打开绘图模板最便捷的方法是：在其二维绘图工具栏单击绘图模板库按钮（见图 3-44a），打开二维绘图模板库，在其各类二维绘图模板的节点上选择相应的节点，从中选择需要的二维绘图模板（见图 3-44b），本节简单介绍 Origin 提供的内置二维图类型的基本特点和绘制方法。

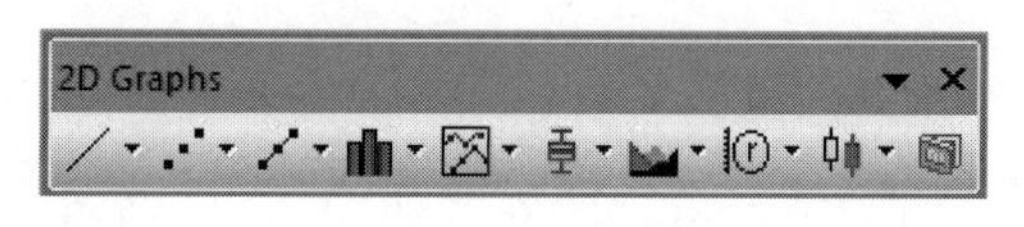

a）

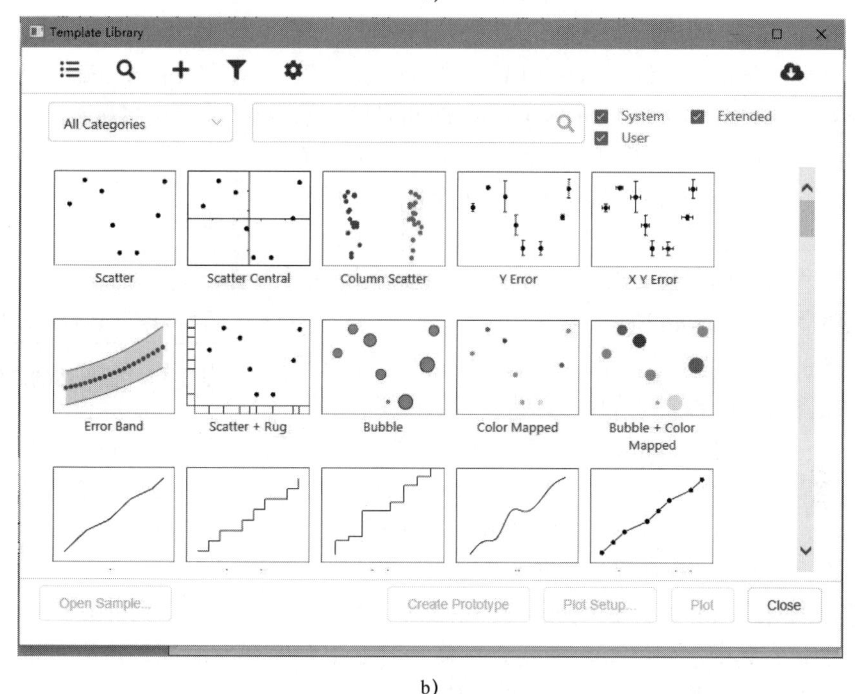

b）

图 3-44　绘图模板库

a）二维绘图工具栏中绘图模板库按钮　b）二维绘图模板库

3.5.1　线图

数据要求：要求工作表中至少要有一个 Y 列（或是其中的一部分）的值，如果没有设定与该列相关的 X 列，工作表会提供 X 的默认值。本节中的绘图数据若不特别说明，均采用 Origin 所提供的“…\Samples\Curve Fitting\Outlier.dat”数据文件。

绘图方法：导入“Outlier.dat”数据文件；选中工作表中 A（X）和 B（Y）列，选择菜单命令“Plot”→“Basic 2D”→“Line”；在打开的二级菜单中，选择绘图方式进行绘图，或单击二维绘图工具栏线图右下角的三角形按钮，在打开的二级菜单中选择绘图方式进行绘图。线图的二级菜单如图 3-45 所示。Origin 线图有线图（Line）、水平阶梯图（Horizontal Step）、垂直阶梯图（Vertical Step）和样条曲线图（Spline Connected）4 种绘图模板。

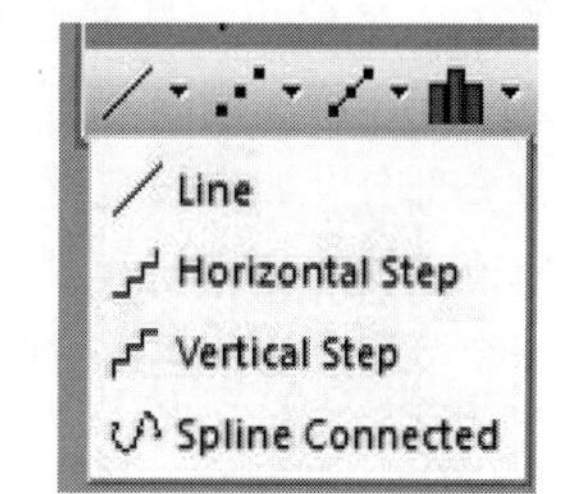

图 3-45　二维绘图工具栏线图的二级菜单

线图的图形特点是每个数据点之间由直线相连。水平阶梯图的图形特点为每两个数据点之间由一水平阶梯线相连，即两点间是起始为水平线的直角连接线。垂直阶梯图的图形特点为每个数据点之间由一垂直阶梯线相连，即两点间是起始为垂直线的直角连接线。样条曲线图的图形特点为每个数据点之间以样条曲线相连，数据点以符号形式显示。

3.5.2 符号图

Origin 符号图有 2D 散点（Scatter）图、成组散点（Grouped Scatter）图、中心散点（Scatter Central）图、柱状散点（Column Scatter）图、Y 误差（Y Error）棒图、XY 误差（X Y Error）棒图、垂线（Vertical Drop Line）图、气泡（Bubble）图、彩色映射（Color Mapped）图和彩色气泡映射（Bubble + Color Mapped）图 10 种绘图模板。选择菜单命令“Plot”→“Basic 2D”，在打开的二级菜单中选择绘图方式进行绘图；或单击二维绘图工具栏符号图中右下角的三角形按钮，在打开的二级菜单中选择绘图方式进行绘图。符号图的二级菜单如图 3-46 所示。

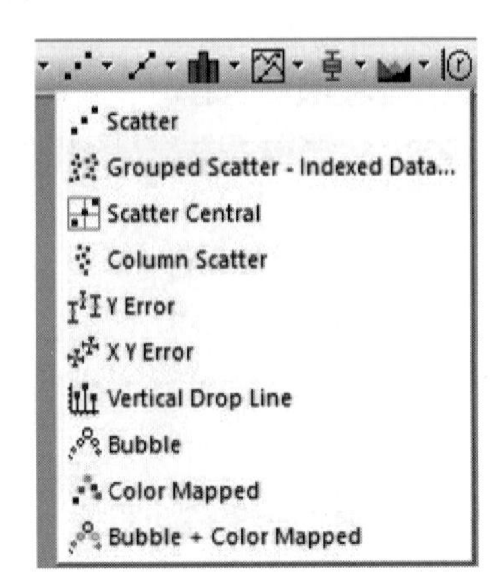

图 3-46 符号图的二级菜单

在符号图的 10 种绘图模板中，2D 散点图、中心散点图和垂线图对绘图的数据要求与线图一样，要求绘图工作表数据中至少要有一个 Y 列（或是其中的一部分）的值。如果没有设定与该列相关的 X 列，工作表会提供 X 的默认值。这 3 种图采用“Outlier.dat”数据文件，其中，中心散点图的坐标轴原点为图形的中心点。垂线图可用来体现数据线中不同数据点的大小差异，数据点以符号显示，并与 X 轴垂线相连，其垂线可以通过选择开关隐藏。

Y 误差棒图对绘图的数据要求为绘图工作表数据中至少要有 2 个 Y 列（或是两个 Y 列其中的一部分）的值，其中左侧第 1 个 Y 列为 Y 值，而第 2 个 Y 列为 Y 误差棒值。如果没有设定与该列相关的 X 列，工作表会提供 X 的默认值。

XY 误差棒图对绘图的数据要求为绘图工作表数据中至少要有 3 个 Y 列（或是 3 个 Y 列其中的一部分）的值。其中，左侧第 1 个 Y 列为 Y 值，中间的 Y 列为 X 误差棒值，而第 3 个 Y 列为 Y 误差棒值。如果没有设定与该列相关的 X 列，工作表会提供 X 的默认值。绘图数据采用“Origin\Samples\Graphing\Group.dat”数据文件绘出的图形。

在符号图的 10 种绘图模板中还有 3 种绘图模板，即气泡图、彩色映射图和彩色气泡映射图。其中，气泡图和彩色映射图可以说是三维的 XY 散点图。气泡图将 XY 散点图的点改变为直径不同或颜色不同的圆球气泡，用圆球气泡的大小或颜色代表第 3 个变量值和第 4 个变量值。气泡图和彩色映射图对绘图工作表要求是至少要有 2 列（或是其中的一部分）Y 值。如果没有设定相关的 X 列，工作表会提供 X 的默认值。而彩色气泡映射图则可以说是用二维的 XY 散点图表示四维数据的散点图，它要求工作表中至少要有 3 列（或是其中的一部分）Y 值，每一行的 3 个 Y 值决定数据点的状态，最左侧的 Y 值提供数据点的值，第 2 列 Y 值提供数据点符号的大小，第 3 列 Y 值提供数据点符号的颜色。可以通过选择彩色气泡的透明度清晰显示气泡的重叠部分。如果没有设定与该列相关的 X 列，工作表会提供 X 的默认值。Origin 会根据第 3 列 Y 值数据的最大值和最小值提供 8 种均匀分布的颜色，每一种颜色代表一定范围的大小，而每一个数据点的颜色由对应的第 3 列 Y 值决定。

3.5.3 点线符号图

Origin 点线符号图有点线符号（Line + Symbol）图、系列线（Line Series）图、两点线段（2 Point Segment）图、三点线段（3 Point Segment）图和按行排序元组（Row-wise）图 5 种绘

图模板。选择菜单命令“Plot”→“Basic 2D”→“Line+Symbol”，在打开的二级菜单中选择绘图方式进行绘图；或单击二维绘图工具栏点线符号图右下方的三角形按钮，在打开的二级菜单中选择绘图方式进行绘图。点线符号图二级菜单如图 3-47 所示。

点线符号图、两点线段图、三点线段图对绘图的数据要求：工作表数据中至少要有 1 个 Y 列（或是 1 个 Y 列其中的一部分）的值。如果没有设定与该列相关的 X 列，工作表会提供 X 的默认值。

系列线图对绘图数据的要求：数据工作表中至少有两个 Y 列（或是两个 Y 列中的一部分）或两列以上的值。工作表将各列的“Long Name”作为 X 轴默认值。

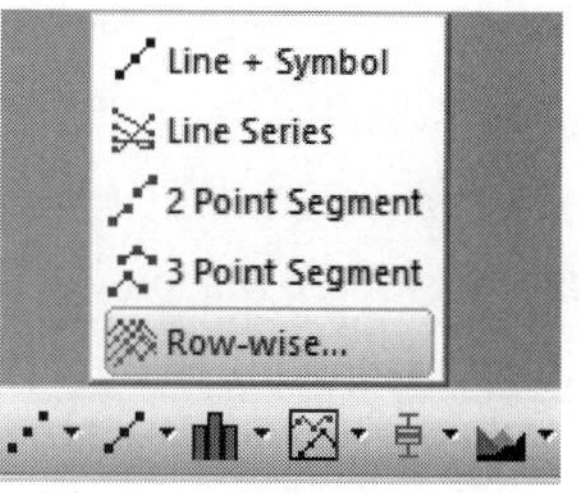

图 3-47　点线符号图的二级菜单

3.5.4　柱状 / 棒状 / 饼状图

Origin 柱状 / 条状 / 饼状图有柱状（Column）图、柱状标签（Column + Label）图、归类柱状索引（Grouped Column-Indexed）图、棒状（Bar）图、堆叠柱状（Stacked Column）图、堆叠棒状（Stacked Bar）图、100% 堆叠柱状（100% Stacked Column）图、100% 堆叠棒状（100% Stacked Bar）图、浮动柱状（Floating Column）图、浮动棒状（Floating Bar）图、3D 彩色饼状（3D Color Pie Chart）图和 2D 彩色饼状（2D Color Pie Chart）图 12 种绘图模板。选择菜单命令“Plot”→“Basic 2D”→“Column/Bar/Pie”，在打开的二级菜单中选择绘图方式进行绘图；或单击二维绘图工具栏柱状 / 棒状 / 饼状图右下角的三角形按钮，在打开的二级菜单中选择绘图方式进行绘图。柱状图的二级菜单如图 3-48 所示。

柱状图和棒状图对工作表数据的要求：至少要有 1 个 Y 列（或是 1 个 Y 列其中的一部分）数据。如果没有设定与该列相关的 X 列，工作表会提供 X 的默认值。在柱状图中，Y 值是以柱体的长度来表示的，此时的纵轴为 Y；而在棒状图中，Y 值是以水平条的长度来表示的，此时的纵轴为 X。

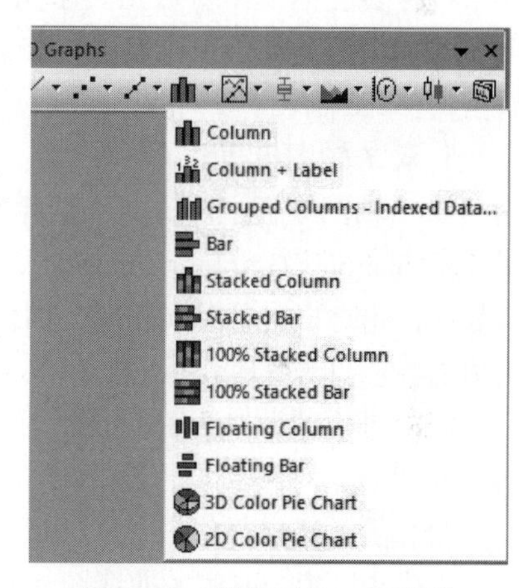

图 3-48　柱状图的二级菜单

堆叠柱状图和堆叠棒状图对工作表数据的要求：至少要有两个 Y 列（或是两个 Y 列其中的一部分）数据。如果没有设定与该列相关的 X 列，工作表会提供 X 的默认值。在堆叠柱状图中，对应于每一个 X 值的 Y 值以柱的高度表示，柱的宽度固定；条之间产生堆叠，后一个棒的起始端是前一个条的终端。在堆叠棒状图中，Y 值以条的长度表示，X 值为纵轴，条的宽度固定；条之间产生堆叠，后一个条的起始端是前一个条的终端。堆叠柱状（Stacked Column）图与 100% 堆叠棒状（100% Stacked Bar）图的差别是 100% 堆叠棒状（100% Stacked Bar）图以百分数为基准。同理，堆叠棒状图（Stacked Bar）与 100% 堆叠柱状（100% Stacked Column）图的差别也是 100% 堆叠棒状（100% Stacked Bar）图以百分数为基准。

浮动柱状图和浮动棒状图对工作表数据的要求：至少要有两个 Y 列（或是两个 Y 列其中的一部分）数据。浮动柱状图以柱的各点来显示 Y 值，柱的首末端分别对应同一个 X 值的两个相邻 Y 列的值。如果没有设定与该列相关的 X 列，工作表会提供 X 的默认值。浮动棒状图以条上的各端点来显示 Y 值，棒的首末端分别对应同一个 X 值的两个相邻 Y 列的值。

3.5.5 多层曲线图

Origin 多层曲线图有双 Y 轴（Double-Y）图、3Ys 轴（Y-YY 和 Y-Y-Y）图、4Ys 轴（Y-YYY 和 YY-YY）图、多 Y 轴（Multiple Y Axes）图、Y 轴偏移堆叠曲线（Stacked Lines by Y Offsets）图、二维瀑布（Waterfall）图、Y 轴颜色映射瀑布（Waterfall Y：Color Mapping）图、Z 轴颜色映射瀑布（Waterfall Z：Color Mapping）图、上下对开（Vertical 2 Panel）图、左右对开（Horizontal 2 Panel）图、四屏（4 Panel）图、九屏（9 Panel）图、堆叠（Stack）图和多屏标签（Multiple Panels by Label）图等 22 个绘图模板。这里仅介绍有关多层曲线绘图模板。选择菜单命令“Plot”→“Multi-Panel/Axis”，在打开的二级菜单中选择绘图方式进行绘图；或单击二维绘图工具栏多层曲线图右下方的三角形按钮，在打开的二级菜单中选择绘图方式进行绘图。多层曲线图的二级菜单如图 3-49 所示。

图 3-49 多层曲线图的二级菜单

各种多层曲线图对数据要求虽然各不一样，但至少应有 2 个 Y 列的数据。如果工作表中有 X 轴数据，则绘图采用该 X 轴数据；如果工作表中没有 X 轴数据，则采用软件默认的 X 轴值。

1. 双 Y 轴图模板

双 Y 轴图模板主要适用于试验数据中自变量数据相同但有两个因变量的情况。本例中采用“Origin\Samples\Graphing\Template.dat”的数据。试验中，每隔一定时间间隔测量一次电压和压力数据，此时自变量时间相同，因变量数据为电压值和压力值。采用双 Y 轴图形模板，能在一张图上将它们清楚地表示出来。双 Y 轴图形模板绘图步骤如下：

第一步，将“Template.dat”数据文件导入 Origin 工作表并全部选中工作表数据，如图 3-50a 所示。

第二步，选择菜单命令“Plot”→“Multi-Panel/Axis”→“Double Y”，用双 Y 轴图模板绘出的电压值和压力与时间的曲线图如图 3-50b 所示。

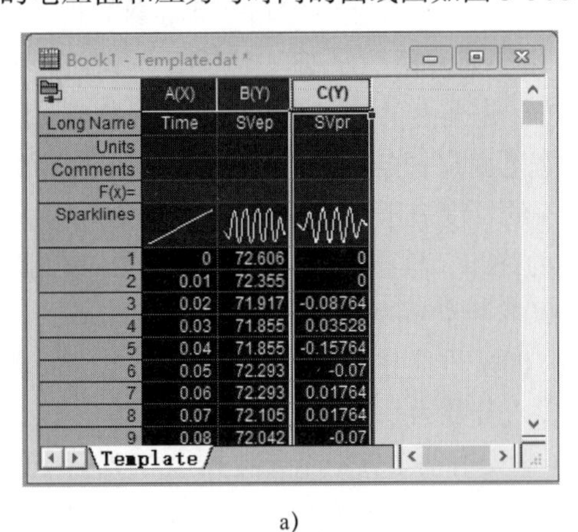

a)

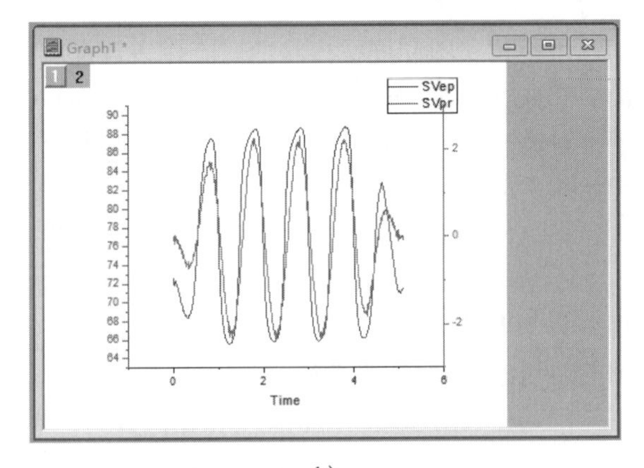

b)

图 3-50 双 Y 轴图模板应用示例

a）电压值和压力数据工作表 b）电压值和压力与时间的双 Y 轴曲线图

2. 3Ys 轴（Y-YY 和 Y-Y-Y）图

3Ys 轴图形模板主要适用于试验数据中自变量数据相同但有 3 个因变量的情况。Y-YY 模板与 Y-Y-Y 模板的区别是 Y-YY 模板的 3 个 Y 轴的位置不同，这里仅采用 Y-YY 模板进行绘图。

3. Y 轴偏移堆叠曲线模板

Y 轴偏移堆叠曲线模板特别适合绘制对比曲线峰的图形，如 XRD 曲线。它将多条曲线堆叠在同一图层上，为了表示清楚，在 Y 轴有一个相对的错距。Y 轴偏移堆叠曲线图对数据工作表的要求：至少有两个 Y 列（或是两个 Y 列其中的一部分）数据。如果没有设定与该列相关的 X 列，工作表会提供 X 的默认值。本例采用 Origin 网站（http://www.OriginLab.com/ftp/graph_gallery/gid159.zip）上的 Powder X-ray 数据文件。用该数据绘图是为对比不同人测得的 XRD 曲线。打开“gid159.opj”工程文件，该工程文件中的工作表如图 3-51 所示。该图的绘图步骤如下：

1）全部选中该工作表，选择菜单命令“Plot”→“Basic 2D”→“Stack Lines by Y Off-sets”绘图，如图 3-52 所示。

Book1

	A(X)	B(Y)	C(Y)	D(Y)	E(Y)	F(Y)
Long Name		MacroQ	Australia	Scotland	Germany	Mexico
1	67	58	39	56	68	56
2	67.02	41	61	60	56	50
3	67.04	36	34	47	49	55
4	67.06	34	52	71	57	69
5	67.08	30	40	62	51	52
6	67.1	47	48	55	61	68
7	67.12	50	44	61	52	68
8	67.14	32	47	59	60	70
9	67.16	36	49	57	68	68
10	67.18	46	50	77	61	6

Sheet1

图 3-51　工作表数据

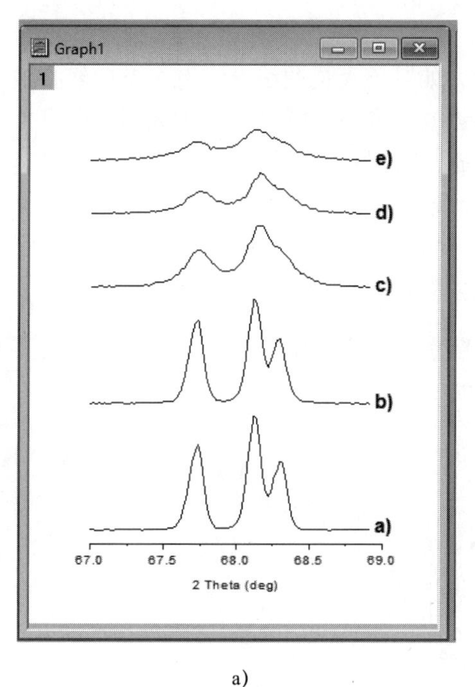

a）

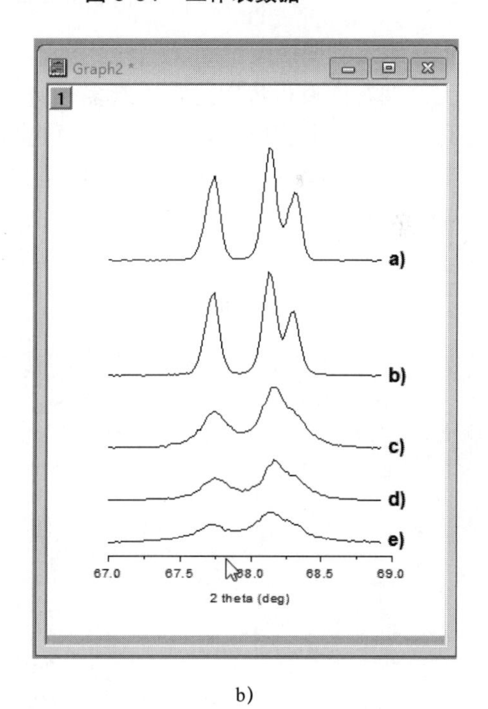

b）

图 3-52　Y 轴偏移堆叠曲线图

a）Y 轴偏移堆叠曲线模板绘图　b）调整后的图形

2）将 X 坐标取值范围设置为 67 ~ 69。将 Y 坐标取值范围设置为 −500 ~ 12000，隐藏 Y 轴的显示。

3）双击图 3-52a 所示图形，打开“Plot Details-Plot Properties”对话框，如图 3-53 所示，在该对话框中的“Offset”选项卡中，可以根据需要重新设置 5 条曲线在图中 Y 轴的偏移量，如图 3-52b 所示。

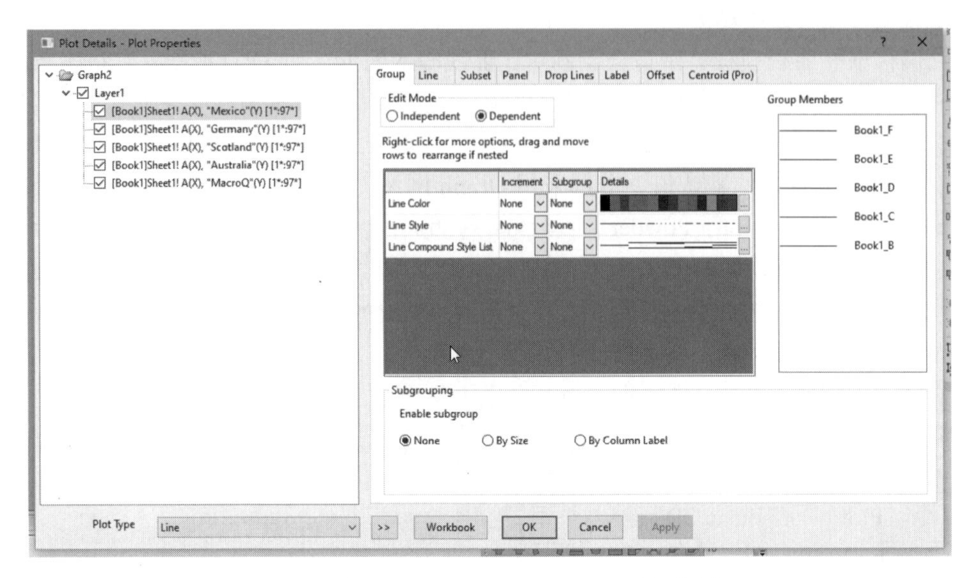

图 3-53 “Plot Details-Plot Properties”对话框

4. 二维瀑布图模板

二维瀑布图模板特别适合绘制多条曲线图形，如对比大量曲线。它将多条曲线叠加在一个图层中，并对其进行适当偏移，以便观测其趋势。二维瀑布图对工作表数据的要求：至少要有两个 Y 列（或是两个 Y 列其中的一部分）数据。如果没有设定与该列相关的 X 列，工作表会提供 X 的默认值。本例采用“Origin\Samples\Graphing\Waterfall.dat”的数据。绘图步骤如下：

1）导入“Waterfall.dat”数据文件，其工作表如图 3-54a 所示。

Book1 - Waterfall.dat *

	A(X)	B(Y)	C(Y)	D(Y)	E(Y)	F(Y)	G(Y)
Long Name	X	600	602	604	606	608	610
Units							
Comments							
File Header	Excitation vs emission						
F(x)=							
1	835	-15.49	13.47	4.94	-6.43	16.19	8.66
2	836.04	-12.05	0.56	-13.72	-16.62	-15.15	-4.59
3	837.09	-11.47	-12.35	-10.97	14.47	-0.52	-10.7
4	838.13	-13.19	-8.98	-2.19	-13.4	16.71	-2.04
5	839.17	-9.18	5.05	-11.52	-16.08	-5.22	-16.31
6	840.22	-12.05	-10.67	-17.56	0	-12.54	-4.59
7	841.26	-14.34	-11.23	7.13	0.54	2.61	-4.59
8	842.3	-5.16	6.17	-25.24	-6.43	-11.49	-12.23
9	843.35	-13.77	-12.91	1.1	12.33	-11.49	-10.7
10	844.39	-0.57	7.3	4.94	-14.47	15.67	-0.51
11	845.43	6.88	2.25	-8.23	-4.29	-5.75	2.55
12	846.47	2.29	-8.98	0	1.61	-2.09	1.53
13	847.52	-2.29	5.61	11.52	-5.9	15.67	0

Waterfall

a)

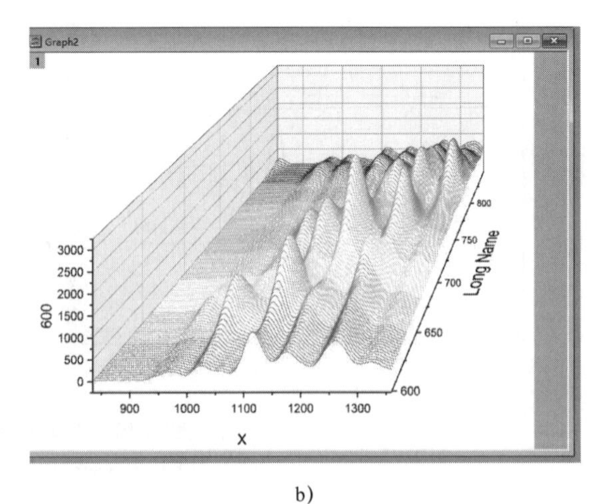

b)

图 3-54 二维瀑布图模板绘图

a）“Waterfall.dat”数据工作表 b）二维瀑布图

2）选中该工作表，选择菜单命令“Plot”→“3D”→“Waterfall”，采用二维瀑布图模板绘图，如图 3-54b 所示。

对照该工作表和绘制的二维瀑布图可以发现，工作表中的 A（X）列为图形的 X 坐标，B（Y）列为图形的 Y 坐标，而 C（Y）、D（Y）、E（Y）…数据为图形的 Z 坐标。瀑布图是在相似条件下，对多个数据集之间进行比较的理想工具。这种图有类似三维图的效果，能够显示 Z 方向的变化，每一组数据都是在 X 和 Y 方向上绘制特定偏移后绘制图形，因此特别有助于数据间的对比分析。请读者采用该数据并采用 Y 轴颜色映射瀑布图模板和 Z 轴颜色映射瀑布图模板绘图进行对比。

5. 左右对开图、上下对开图模板

左右对开图模板主要适用于试验数据为两组不同自变量与因变量的数据，但又需要将它们绘在一张图中的情况。例如，在试验中，电压和压力值是在不同的时间分别独立测量的，这时采用左右对开图模板绘图较为理想。上下对开图模板和左右对开图模板对试验数据的要求及图形外观都是类似的，区别仅仅在于前者的图层是上下对开排列方式，后者的图层是左右对开排列方式。如果仍采用“Origin\Samples\Graphing\Template.dat”的数据，则采用左右对开图、上下对开图模板绘出的图形如图 3-55 所示。

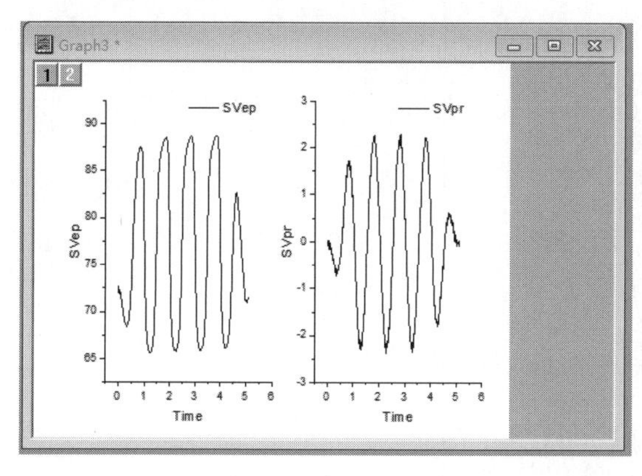

a)

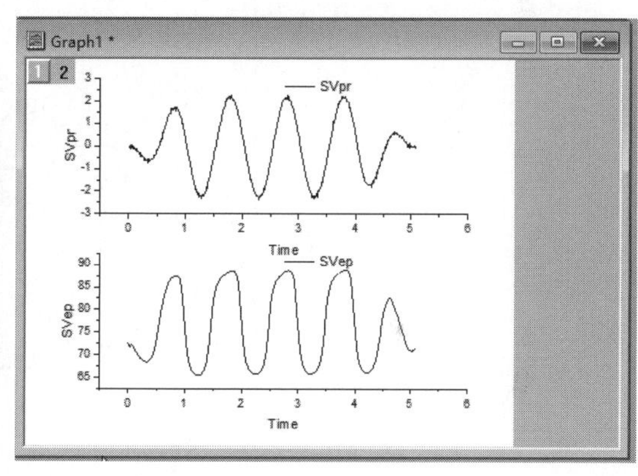

b)

图 3-55　左右对开图与上下对开图

a）左右对开图　b）上下对开图

6. 四屏图、九屏图模板

四屏图、九屏图模板可用于多变量的比较，它们分别最适用于 4 个 Y 值和 9 个 Y 值的数据的比较。四屏图、九屏图对工作表数据的要求：至少要有 1 个 Y 列（或是 1 个 Y 列其中的一部分）数据（最理想的分别是 4 个 Y 列和 9 个 Y 列）。如果没有设定与该列相关的 X 列，工作表会提供 X 的默认值。本例绘制的四屏图、九屏图分别采用的是“Origin\Samples\Graphing\Waterfall.dat”文件中的前 4 个 Y 列和前 9 个 Y 列数据，绘出的九屏图、四屏图如图 3-56 所示。

7. 堆叠图模板

堆叠图模板也可用于多变量的比较。它对工作表数据的要求是：至少要有两个 Y 列（或是两个 Y 列其中的一部分）数据。如果没有设定与该列相关的 X 列，工作表会提供 X 的默认值。本例绘制的堆叠图仍采用“Origin\Samples\Graphing\Waterfall.dat”文件中的前 3 个 Y 列数据。若采用默认参数，则绘出的堆叠图如图 3-57 所示。

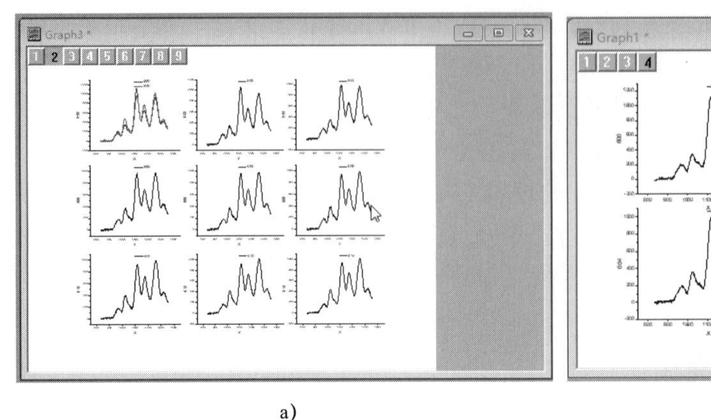

a)

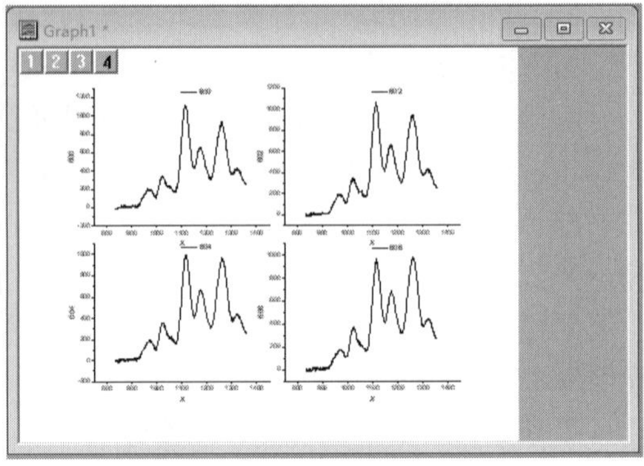

b)

图 3-56　九屏图与四屏图

a）九屏图　b）四屏图

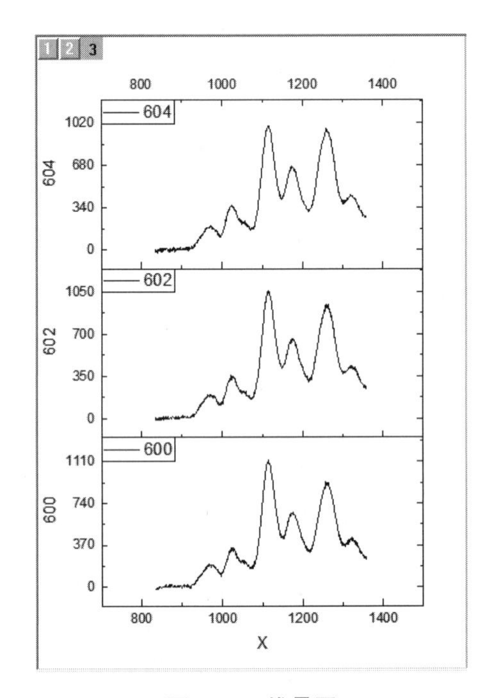

图 3-57　堆叠图

3.5.6　面积图

Origin 面积图有面积（Area）图、堆叠面积（Stacked Area）图和填充面积（Fill Area）图 3 个绘图模板。选择菜单命令“Plot”→“Basic 2D”→“Area”，在打开的二级菜单中选择绘图方式进行绘图；或单击二维绘图工具栏面积图中右下角的三角形按钮，在打开的二级菜单中选择绘图方式进行绘图，面积图的二级菜单如图 3-58 所示。

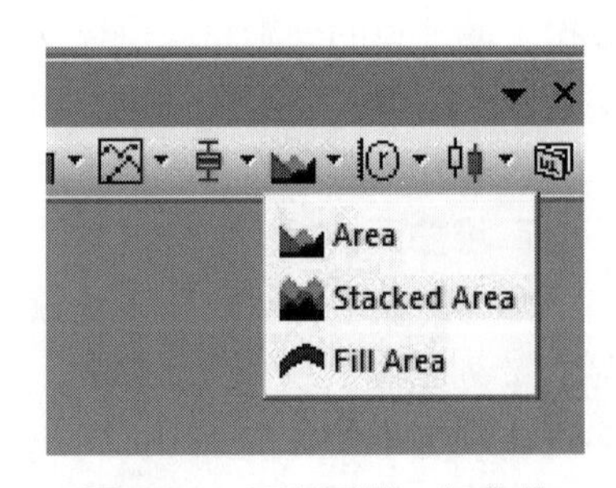

图 3-58　面积图的二级菜单

面积图对工作表数据的要求：至少要有 1 个 Y 列（或

是 1 个 Y 列其中的一部分）数据。如果没有设定与该列相关的 X 列，工作表会提供 X 的默认值。当仅有 1 个 Y 列数据时，Y 值构成的曲线与 X 轴之间被自动填充。

堆叠面积图对工作表数据的要求：要有两个以上 Y 列（或是两个以上 Y 列其中的一部分）数据。填充面积图对工作表数据的要求：要有两个 Y 列（或是两个 Y 列其中的一部分）数据。如果没有设定与该列相关的 X 列，工作表会提供 X 的默认值。

面积图显示 Y 列数据下的面积。堆叠面积图显示多个 Y 列数据依照先后顺序的堆叠填充，该图对于显示多个 Y 列数据的叠加效果十分有用。填充面积图显示两个 Y 列数据区域被填充，该图对于两个 Y 列最大值与最小值数据区间十分有用。本例采用“Origin2022\Samples\2D and Contour Graphs.opj”项目文件中的数据。打开“2D and Contour Graphs.opj” 项目文件，双击“Fill Area with Transparency”图，如图 3-59 所示。

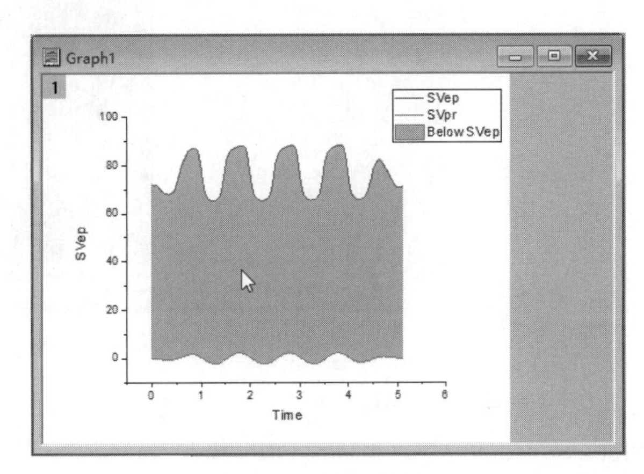

图 3-59　填充面积图

3.5.7　等值线图

等值线图是用于连接各类等值线（如高程、温度、降雨量、污染或大气压力参数）的试验数据进行分析的一种工具。Origin 等值线图有彩色等值线（Contour-Color Fill）图、黑白等值线（Contour-B/W Lines + Labels）图、灰度映射等值线（Gray Scale Map）图、热图（也称为热力图或热区图）（Heatmap）、带标签热图（Heatmap with Labels）、极坐标等值线 [Polar Contour θ（X）r（Y）和 Polar Contour r（X） θ（Y）两种] 图、三角形等值（Ternary Contour）图 8 个绘图模板。选择菜单命令“Plot”→“Contour”→“Color Fill”，在打开的二级菜单中选择绘图方式进行绘图；或单击二维绘图工具栏等值线图中右下角的三角形按钮，在打开的二级菜单中选择绘图方式进行绘图，等值线图的二级菜单如图 3-60 所示。

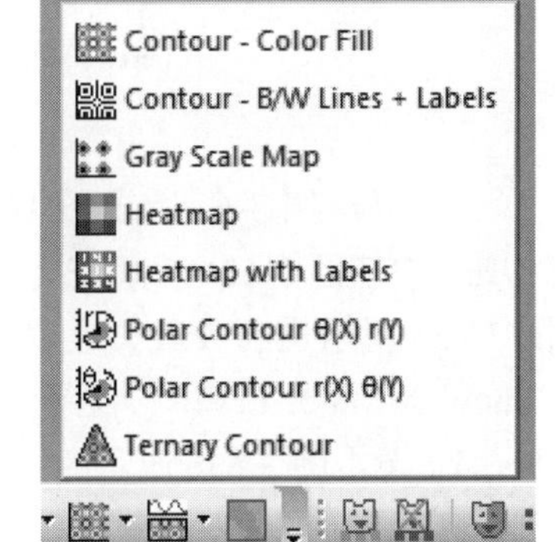

图 3-60　等值线图的二级菜单

Origin 等值线图中的彩色等值线图、黑白等值线图、灰度映射等值线图、极坐标等值线图对工作表数据的要求是：有 X 列、Y 列和 Z 列数据各一列（即 XYZ）。三角形等值图对工作表数据的要求是：有 X 列、Y 列数据各一列和 Z 列数据 2 列（即 XYZZ）。这里仅以彩色等值线图为例进行介绍。本例采用“ …\Origin 2022\Samples\Graphing\US Mean Temperature.dat” 项目文件中的数据。绘图步骤如下：

1）选择菜单命令“Data”→“Import from File…”→“Import Wizard”，打开“US Mean Temperature.dat”项目文件，文件中“Mean Temperature for January”工作表如图 3-61 所示，该工作表中的 B（X）、C（Y）和 D（Z）列数据分别表示经度（Longitude）坐标、纬度（Latitude）坐标和一月份（January）的平均温度，E（Y）和 F（Y）列数据分别表示 X 轴边界和 Y 轴边界。

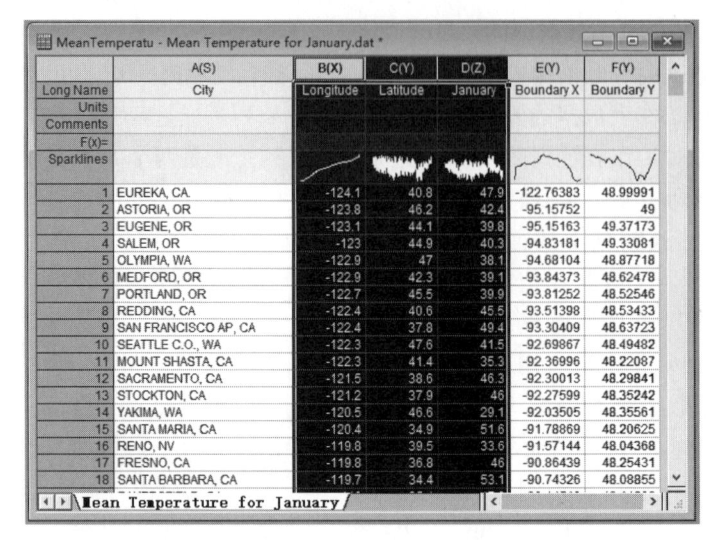

MeanTemperatu - Mean Temperature for January.dat *

	A(S)	B(X)	C(Y)	D(Z)	E(Y)	F(Y)
Long Name	City	Longitude	Latitude	January	Boundary X	Boundary Y
Units						
Comments						
F(x)=						
Sparklines						
1	EUREKA, CA	-124.1	40.8	47.9	-122.76383	48.99991
2	ASTORIA, OR	-123.8	46.2	42.4	-95.15752	49
3	EUGENE, OR	-123.1	44.1	39.8	-95.15163	49.37173
4	SALEM, OR	-123	44.9	40.3	-94.83181	49.33081
5	OLYMPIA, WA	-122.9	47	38.1	-94.68104	48.87718
6	MEDFORD, OR	-122.9	42.3	39.1	-93.84373	48.62478
7	PORTLAND, OR	-122.7	45.5	39.9	-93.81252	48.52546
8	REDDING, CA	-122.4	40.6	45.5	-93.51398	48.53433
9	SAN FRANCISCO AP, CA	-122.4	37.8	49.4	-93.30409	48.63723
10	SEATTLE C.O., WA	-122.3	47.6	41.5	-92.69867	48.49482
11	MOUNT SHASTA, CA	-122.3	41.4	35.3	-92.36996	48.22087
12	SACRAMENTO, CA	-121.5	38.6	46.3	-92.30013	48.29841
13	STOCKTON, CA	-121.2	37.9	46	-92.27599	48.35242
14	YAKIMA, WA	-120.5	46.6	29.1	-92.03505	48.35561
15	SANTA MARIA, CA	-120.4	34.9	51.6	-91.78869	48.20625
16	RENO, NV	-119.8	39.5	33.6	-91.57144	48.04368
17	FRESNO, CA	-119.8	36.8	46	-90.86439	48.25431
18	SANTA BARBARA, CA	-119.7	34.4	53.1	-90.74326	48.08855

Mean Temperature for January

图 3-61 “Mean Temperature.dat”工作表

2）选中该工作表中的 B（X）、C（Y）和 D（Z）列数据，如图 3-61 所示。选择菜单命令“Plot” → “Contour” → “Color Fill”绘制等值线图，如图 3-62 所示。

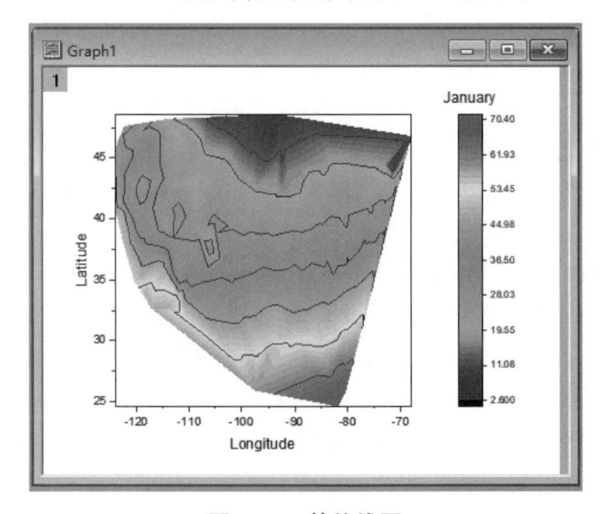

图 3-62 等值线图

3）双击图 3-62 所示图形，在弹出的“Plot Details-Plot Properties”对话框中的“Label”选项卡中按图 3-63a 所示进行设置，然后在“Color map/Contours”选项卡中的“Level”中按图 3-63b 所示进行设置，在“Fill”标题中选择“Rainbow”调色板，在“Lines”标题中选择“Show on Major Levels”，在色彩下拉列表框中选择“Rainbow”颜色，单击“OK”按钮。

4）单击图 3-63b 所示的“Apply”按钮，接着单击“OK”按钮，可获得图 3-63c 所示的设置参数后的等值线图。

5）再次双击图 3-63c 所示图形，在弹出的“Plot Details-Plot Properties”对话框的左侧面板中单击“Layer1”下的“Mean Temperature”，接着选中“Contouring Info”选项卡，设置如图 3-63d 所示。单击“OK”按钮，重新设置坐标轴、标签和标题，可得到一月份平均温度分布彩色等值线图，如图 3-63e 所示。

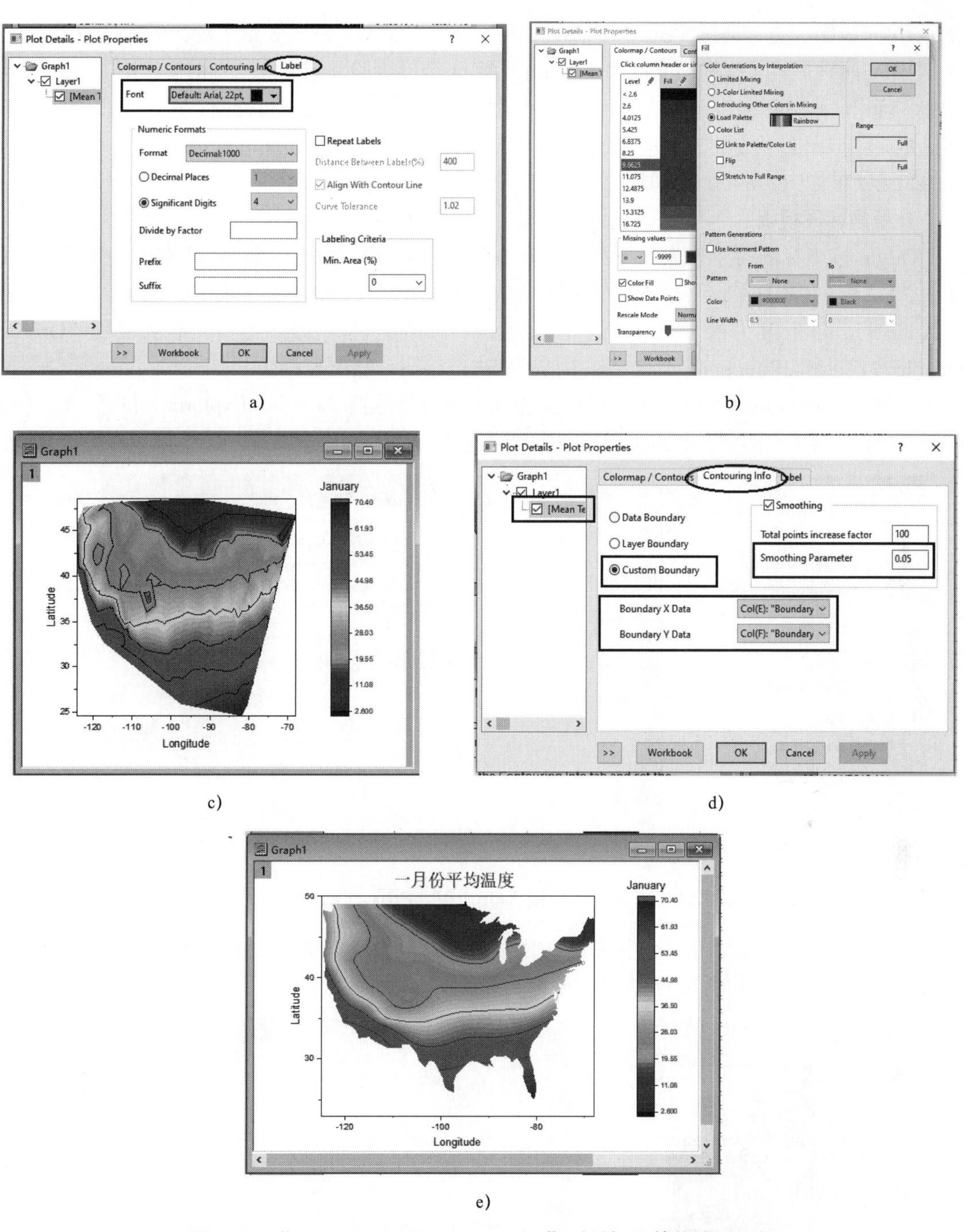

图 3-63　“Plot Details-Plot Properties”对话框及等值线图示例

a）“Label”选项卡设置　b）“Color/Contour”选项卡设置　c）设置后的等值线图

d）设置等值线图边界　e）一月份平均温度分布彩色等值线图

3.5.8　专业二维图

为了方便管理，Origin 将极坐标 [Polar θ（X）r（Y）和 Polar r（X）θ（Y）两种形式] 图、风场玫瑰（Wind Rose-Binned 和 Wind Rose-Raw 两种形式）图、三角（Ternary）图、派珀

（Piper）三线图、史密斯圆（Smith Chart）图、雷达（Radar）图、矢量（Vector XYAM 和 Vector XYXY 两种形式）图和局部放大（Zoom）图 11 个模板归并到专业二维图模板中。选择菜单命令“Plot”→“Specialized”，在打开的二级菜单中选择绘图方式进行绘图；或单击二维绘图工具栏专业二维图右下方的三角形按钮，在打开的二级菜单中选择绘图方式进行绘图。专业二维图的二级菜单如图 3-64 所示。这里仅对部分图形进行介绍。

1. 极坐标图模板

Origin 极坐标图对工作表数据要求：至少要有 1 对 XY 数据。极坐标图有两种形式绘图，其中“Polar θ（X）r（Y）”中 X 为角度 [单位为（°）]，Y 为极坐标半径坐标位置；而“Polar r（X）θ（Y）”中 X 为极坐标半径坐标位置，Y 为角度 [单位为（°）]。本例采用“Origin\Samples\91TutorialData.opj”项目文件中的数据进行绘图。绘图步骤如下：

1）打开“91TutorialData.opj”项目文件，用项目浏览器“Project Explorer”打开“Custom Radial Axis”目录中的“Book1E”工作表，如图 3-65 所示。

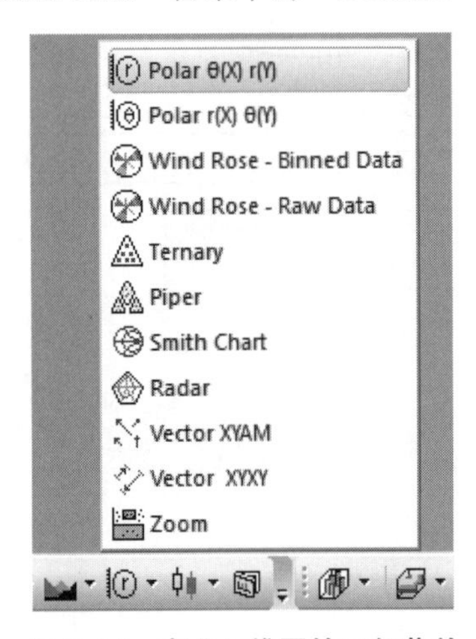

图 3-64 专业二维图的二级菜单

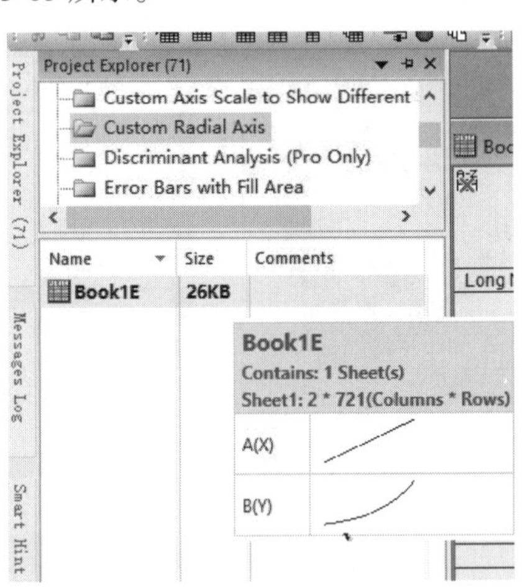

图 3-65 用“Project Explorer”打开“Book1E”工作表

2）选中“Book1E”工作表中的 B（Y）列数据，如图 3-66 所示。选择菜单命令“Plot”→“Specialized”→“Polar θ（X）r（Y）”，绘出的曲线图如图 3-67 所示。

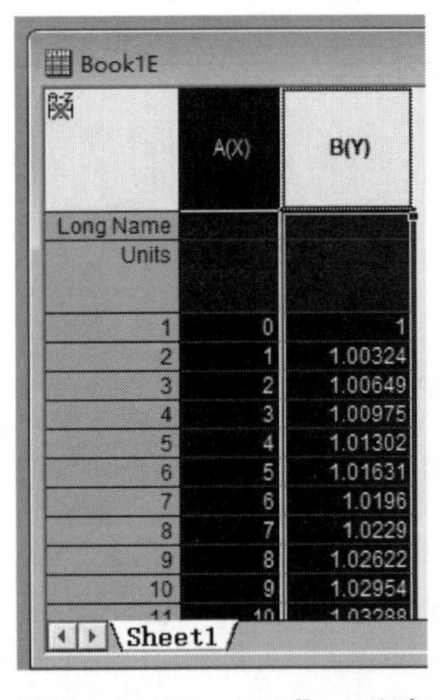

图 3-66 “Book1E”工作表

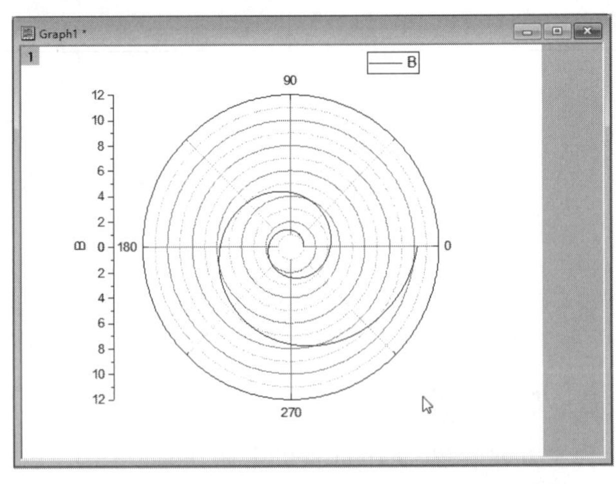

图 3-67 “Polar θ（X）r（Y）”命令绘出的曲线图

3）双击图 3-67 中所示的曲线，在弹出的“Plot Details-Plot Properties”对话框的“Line”选项卡中按图 3-68 所示进行设置。

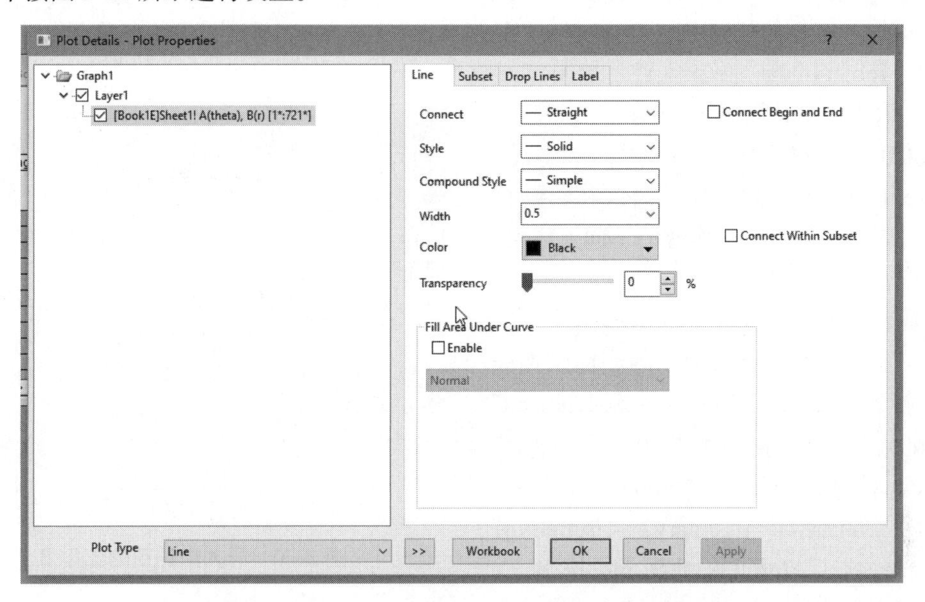

图 3-68　“Plot Details-Plot Properties”对话框设置

4）双击图 3-67 中所示的坐标轴，打开“Angular Axis-Layer 1”对话框，选择该对话框右栏中不同的选项卡，分别按图 3-69 进行设置。

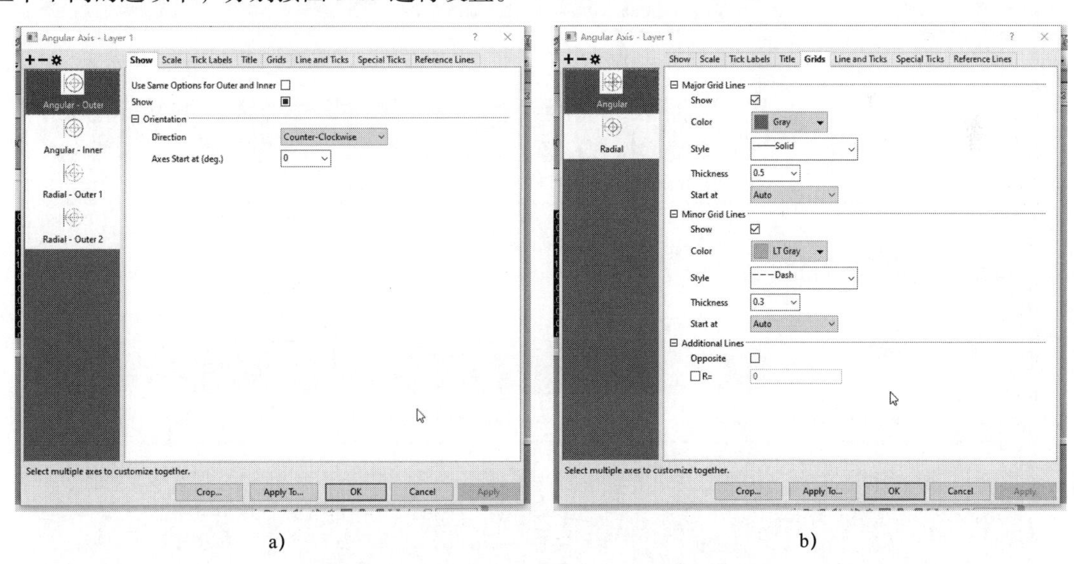

图 3-69　“Angular Axis-Layer 1”对话框

a）“Show”选项卡设置　b）“Grids”选项卡设置

5）重新设置标签和标题，完成了用极坐标图模板绘制极坐标图的操作。

2. 三角图模板

Origin 三角图模板对工作表数据的要求：应有一个 Y 列和一个 Z 列。如果没有与该列相关的 X 列，工作表会提供 X 的默认值。用三角图可以方便地表示 3 种组元（X、Y、Z）间的百分数比例关系，Origin 认为每行 X、Y、Z 数据具有 X+Y+Z = 1 的关系。如果工作表中数据未进行归一化，在绘图时 Origin 会给出进行归一化选择，并代替原来的数据，图中的尺度是按照百分比显示的。本例绘图采用“Origin\Samples\Graphing\Ternary1.dat”“Ternary2.dat”“Ternary3.dat”和“Ternary4.dat”数据文件。绘图方法如下：

1）采用“File”→“Import”→“Multiple ASCII”，将“Ternary1.dat”“Ternary2.dat”“Ternary3.dat”和“Ternary4.dat”数据文件同时导入到同一个工作簿的不同工作表，将各工作表中 C（Y）的坐标属性改为 C（Z）。导入数据后的工作簿如图 3-70 所示。

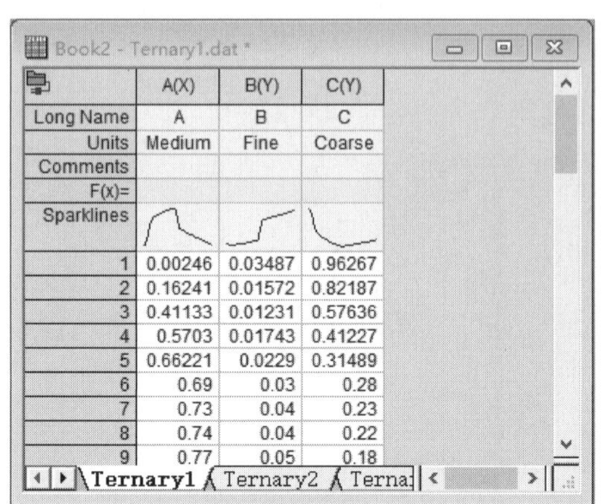

图 3-70　导入数据后的工作簿

2）当工作表“Ternary1”为当前工作表时，选择菜单命令“Plot”→“Specialized”→“Ternary”，或是在二维绘图工具栏中单击“Ternary”按钮。打开“Plot Setup”对话框，将“Ternary1”“Ternary2”“Ternary3”和“Ternary4”工作表中的数据依次按 X、Y 和 Z 轴添加到图中，如图 3-71 所示。

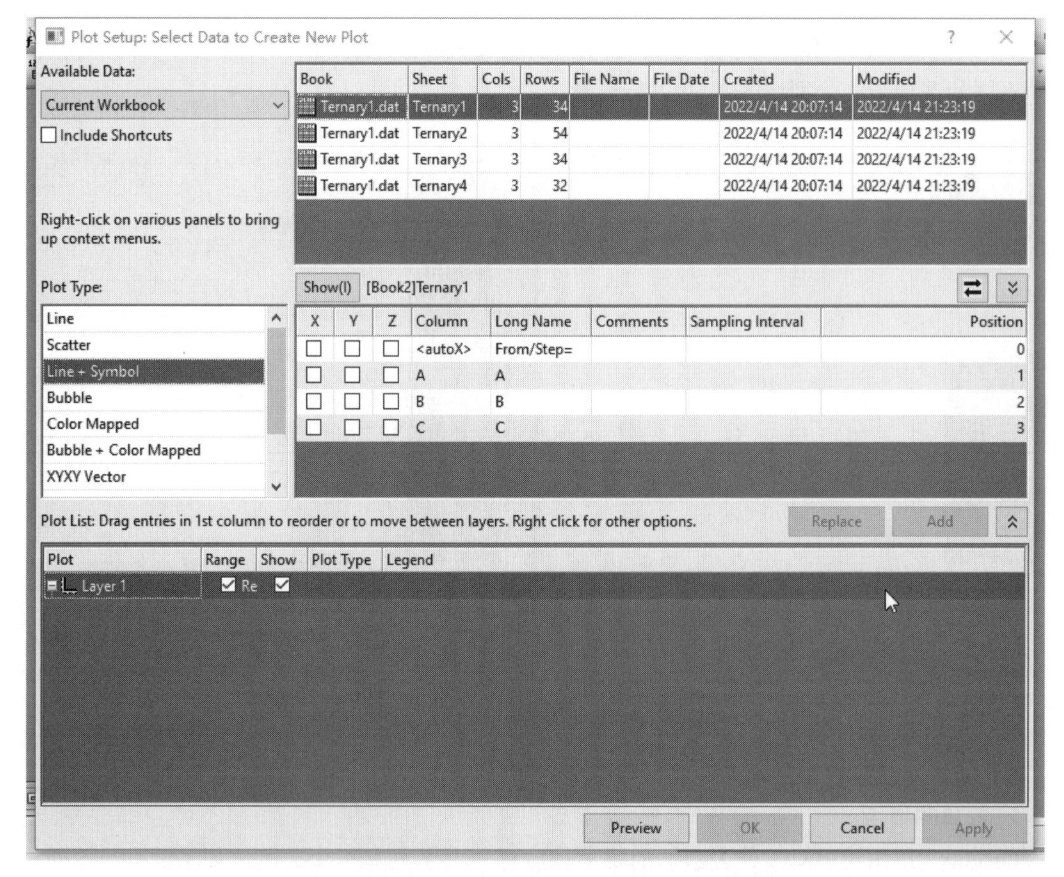

图 3-71　添加工作表中数据的“Plot Setup”对话框

3）最后在图中修改图线颜色和线型，图 3-72 所示为最终绘出的三角图。

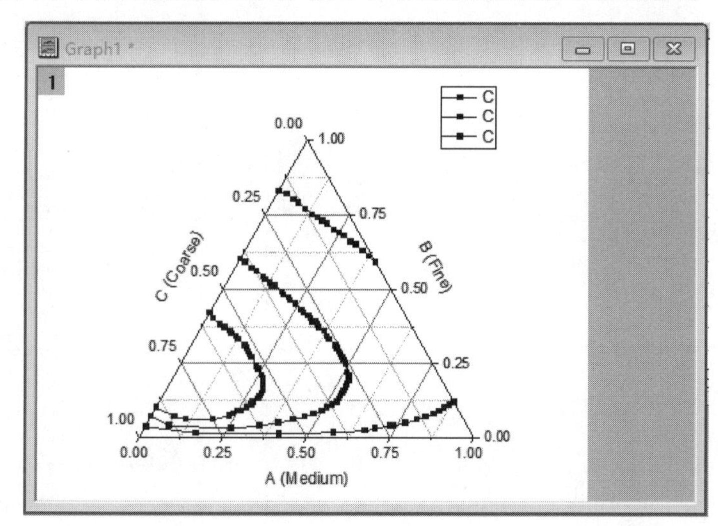

图 3-72　绘制的三角图

3. 史密斯圆图模板

史密斯圆图由许多圆周交织而成，主要用于电工与电子工程学传输线的阻抗匹配上，是计算传输线阻抗的重要工具。Origin 中史密斯圆图对工作表数据的要求：至少应有一个 Y 列。如果工作表有 X 列，则由该 X 列提供 X 值；如果没有与该列相关的 X 列，工作表会提供 X 的默认值。本例采用“Origin\Samples\Statistical and Specialized Graphs.opj”项目文件中的数据进行绘图。绘图步骤如下：

1）打开“Statistical and Specialized Graphs.opj”项目文件，用项目浏览器“Project Explorer”打开“Specialized\Smith Chart”目录中的“Smith Chart.dat”工作表，如图 3-73 所示。

	A(X)	B(Y)	C(Y)	D(Y)	E(Y)
4	0.025	0.14	-0.34	-0.26	-0.494
5	0.037	-0.059	-0.628	-0.465	-0.76
6	0.05	-0.191	-0.784	-0.588	-0.827
7	0.062	-0.264	-0.823	[illegible]	-0.717
8	0.075	-0.284	-0.76	-0.6	-0.452
9	0.087	-0.257	-0.61	-0.493	-0.055
10	0.099	-0.191	-0.39	-0.315	0.453
11	0.112	-0.093	-0.113	-0.067	1.048
12	0.124	0.03	0.204	0.247	1.71
13	0.137	0.172	0.545	0.626	2.414
14	0.149	0.326	0.897	1.067	3.14
15	0.162	0.485	1.242	1.566	3.864
16	0.174	0.641	1.566	2.123	4.565
17	0.186	0.789	1.854	2.734	5.22
18	0.199	0.921	2.09	3.397	5.807

Sheet1

图 3-73　“Smith Chart.dat”工作表

2）选中工作表中所有数据，选择菜单命令“Plot”→“Specialized”→“Smith Chart”，或在二维绘图工具栏中单击 Smith Chart 按钮，并将图中线图改为散点图。

3）双击图中数据点，打开“Plot Details”对话框，在“Symbol”选项卡中选择“Sphere”；在“Group”选项卡中，编辑模式选择“Independent”模式，并在“Symbol”选项卡中对散点的颜色进行设置。设置完成后单击“OK”按钮。

4）双击图中水平轴，打开“X Axis”对话框，对轴参数进行设置。图 3-74 所示为绘制出的史密斯圆图。此外，还可以单击图中的图标，打开史密斯圆图工具，对该图进行设置。史密斯圆图工具如图 3-75 所示。

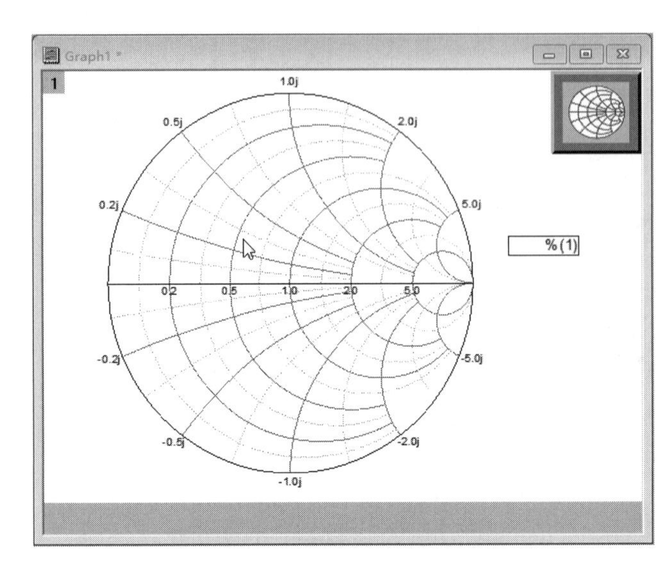

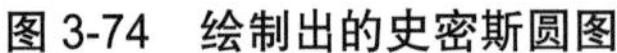

图 3-74　绘制出的史密斯圆图

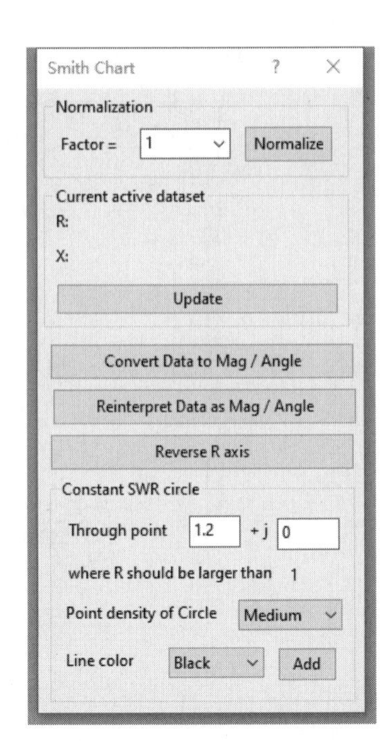

图 3-75　史密斯圆图工具

4. 风场玫瑰图模板

风场玫瑰图有“Wind Rose-Bin”和“Wind Rose-Raw”两种形式，主要用于显示某一区域风速和风向随时间的变化。这里仅对“Wind Rose-Bin”风场玫瑰图进行简要介绍，有关风场玫瑰图的详细说明请参阅有关资料。

Origin 中的风场玫瑰图对工作表数据的要求：至少应有一个 Y 列。如果工作表有 X 列，则由该 X 列提供 X 值；如果没有与该列相关的 X 列，工作表会提供 X 的默认值。本例采用“Origin\Samples\Statistical and Specialized Graphs.opj”项目文件中的数据进行绘图。绘图步骤如下：

1）打开“Statistical and Specialized Graphs.opj”项目文件，用项目浏览器“Project Explorer”打开“Specialized\Wind Rose”目录中的“WindRose1.dat”工作表，如图 3-76 所示。

2）选中工作表中所有数据，选择菜单命令“Plot”→“Specialized”→“Wind Rose-Bin”，或在二维绘图工具栏中单击按钮，绘制基本“Wind Rose-Bin”风场玫瑰图，如图 3-77 所示。

	A(X)	B(Y)	C(Y)	D(Y)	E(Y)
1	835	-15.49	13.47	4.94	-6.43
2	836.04	-12.05	0.56	-13.72	-16.62
3	837.09	-11.47	-12.35	-10.97	14.47
4	838.13	-13.19	-8.98	-2.19	-13.4
5	839.17	-9.18	5.05	-11.52	-16.08
6	840.22	-12.05	-10.67	-17.56	0
7	841.26	-14.34	-11.23	7.13	0.54
8	842.3	-5.16	6.17	-25.24	-6.43
9	843.35	-13.77	-12.91	1.1	12.33
10	844.39	-0.57	7.3	4.94	-14.47
11	845.43	6.88	2.25	-8.23	-4.29
12	846.47	2.29	-8.98	0	1.61
13	847.52	-2.29	5.61	11.52	-5.9
14	848.56	-2.87	13.47	-17.01	-11.79
15	849.6	-4.59	-11.23	13.72	12.33

WindRose1

图 3-76　“WindRose1.dat”工作表

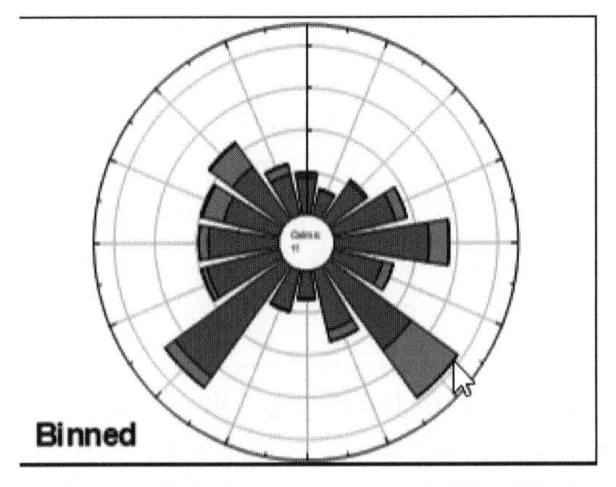

图 3-77　基本“Wind Rose-Bin”风场玫瑰图

5. 矢量图模板

矢量图是用于气象、航空等领域中的风场、流速场或磁场研究的多维专业图形。在矢量图中能同时表示矢量的方向和大小。Origin 矢量图有“Vector XYAM”矢量图和“Vector XYXY”矢量图两种方式。“Vector XYAM”矢量图对工作表数据要求有 3 列 Y 值（或是其中的一部分），分别表示 X、Y、角度和长度；“Vector XYXY”矢量图对工作表数据要求有 2 列 X 值和 2 列 Y 值（或是其中的一部分），分别表示 X 坐标和 Y 坐标的起止坐标值。这里仅对“Vector XYAM”矢量图进行简要介绍。如果没有设定与该列相关的 X 列，工作表会提供 X 的默认值。在默认状态下，工作表左侧 X 列和第 1 个 Y 列确定矢量起始坐标值，第 2 个 Y 列确定矢量的角度（角度是以 X 轴为起始线逆时针旋转求得的），第 3 个 Y 列确定矢量的长度。本例采用“Origin\Samples\Statistical and Specialized Graphs.opj”项目文件中的数据进行绘图。绘图步骤如下：

	A(X)	B(Y)	C(Y)	D(Y)	E(Y)
1		11	12	13	15
2	1	1.01	0.04	-0.09	-0.28
3	1.29	1.52	1.29	-0.11	-1.55
4	1.58	-0.29	-0.91	0.88	0.67
5	1.87	-0.97	1.52	1.12	0.17
6	2.16	-0.17	-0.37	0.42	2.22
7	2.45	0.66	1.01	-0.37	1.01
8	2.74	-1.14	-0.15	2.17	0.8
9	3.03	-0.07	0.09	0.28	0.7
10	3.32	1.4	0.3	1.94	1.16
11	3.61	-1.71	0.88	0	3.02
12	3.9	1.31	-0.55	1.43	5.18
13	4.19	-0.93	-0.28	2.49	5.91
14	4.48	-0.27	0.18	2	7.22
15	4.77	-0.38	-2.15	1.37	10.18

Vector XYAM-Column order

图 3-78 矢量图“Book8E”工作表

1）打开“Statistical and Specialized Graphs.opj”项目文件，用项目浏览器“Project Explorer”打开“Specialized\2V Vector”目录中的“Book8E”工作表，如图 3-78 所示。

2）在不选中工作表中数据的情况下，选择菜单命令“Plot”→“Specialized”→“Vector XYAM”，或在二维绘图工具栏中单击“Vector XYAM”按钮，打开“Plot Setup”对话框，按图 3-79 所示进行设置。单击“Add”按钮和“OK”按钮绘图。

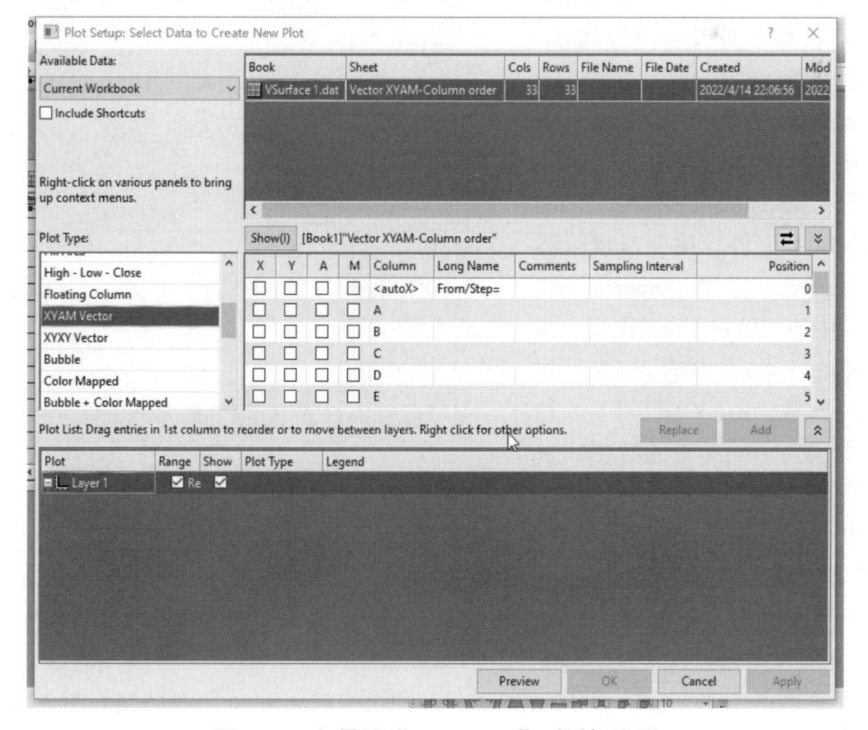

图 3-79 矢量图“Plot Setup”对话框设置

3）选择菜单命令“Format”→“Plot Properties…”，将打开“Plot Details”对话框中“Vector”选项卡中的“Magnitude Multiplier”设置为“75”，单击“OK”按钮，得到的“Vector XYAM”矢量图如图 3-80 所示。

4）在图中增加 XY 对向坐标轴和修饰图标等，可以修饰矢量图。

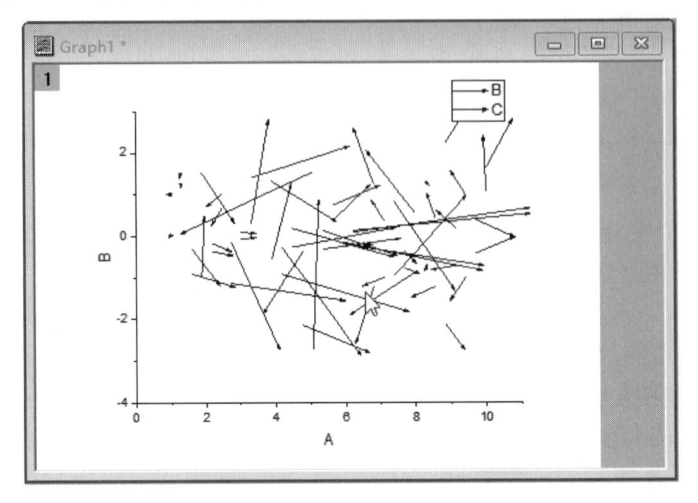

图 3-80 “Vector XYAM”矢量图

6. 雷达图模板

雷达图是专门用来进行多指标体系比较分析的专业图表，一般用于成绩展示、效果对比量化、多维数据对比等。只要有前后 2 组 3 项以上的数据，就可制作雷达图，其展示效果直观清晰。Origin 中的雷达图模板对数据的要求：1 列以上 Y 列，而 X 列为标题列。本例采用“Origin\Samples\Statistical and Specialized Graphs.opj”项目文件中的数据进行绘图。绘图步骤如下：

1）打开“Statistical and Specialized Graphs.opj”项目文件，用项目浏览器“Project Explorer”打开“Specialized\Radar”目录中的“Book1”工作表，如图 3-81 所示。工作表中的 A（X）列为要对比的参数，B（Y）、C（Y）和 D（Y）列分别为不同年份的数据。采用雷达图可以清晰地进行分析对比。

Book1 *

	A(X)	B(Y)	C(Y)	D(Y)
Long Name		0-60mph	0-60mph	0-60mph
Units		kw	kw	kw
Comments		1992	1998	2004
1	Chrysler	10	13.5	17
2	Kia	14.5	15.5	15
3	Mazda	12.5	15.5	14
4	Marcedes	14	15.5	19
5	saab	15	18	13
6				
7				
8				
9				
10				
11				
12				

Sheet1

图 3-81 “Book1”工作表

2）选中“Book1”工作表所有数据，选择菜单命令“Plot”→“Specialized”→“Radar”，或在二维绘图工具栏中单击“Radar”按钮绘图，如图 3-82a 所示。

3）选择菜单命令“Format”→“Plot Properties…”，打开“Plot Details”对话框，在“Plot Type”下拉列表框中选择线型为“Line”。

4）选择菜单命令“Graph”→“Plot Setup”，打开“Plot Setup”对话框如图 3-83 所示，将年份顺序设置为 1992、1998、2004。

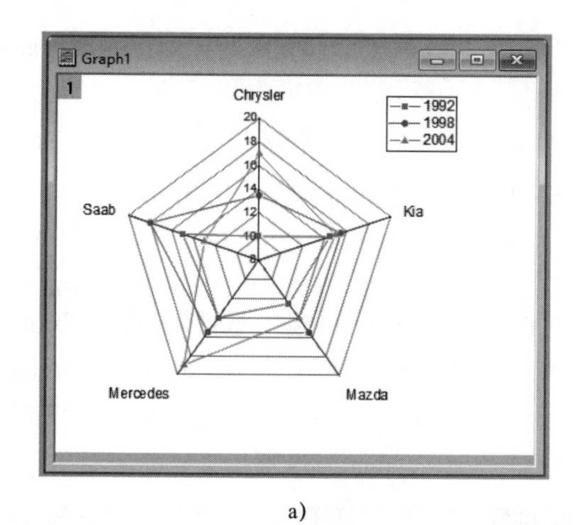

a)

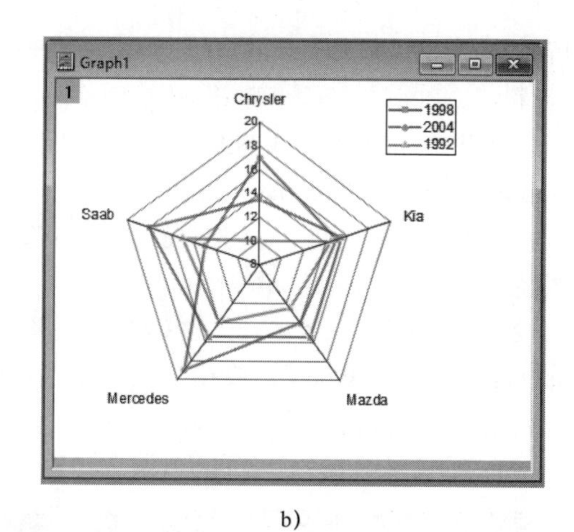

b)

图 3-82　雷达图

a）修饰前　b）修饰后

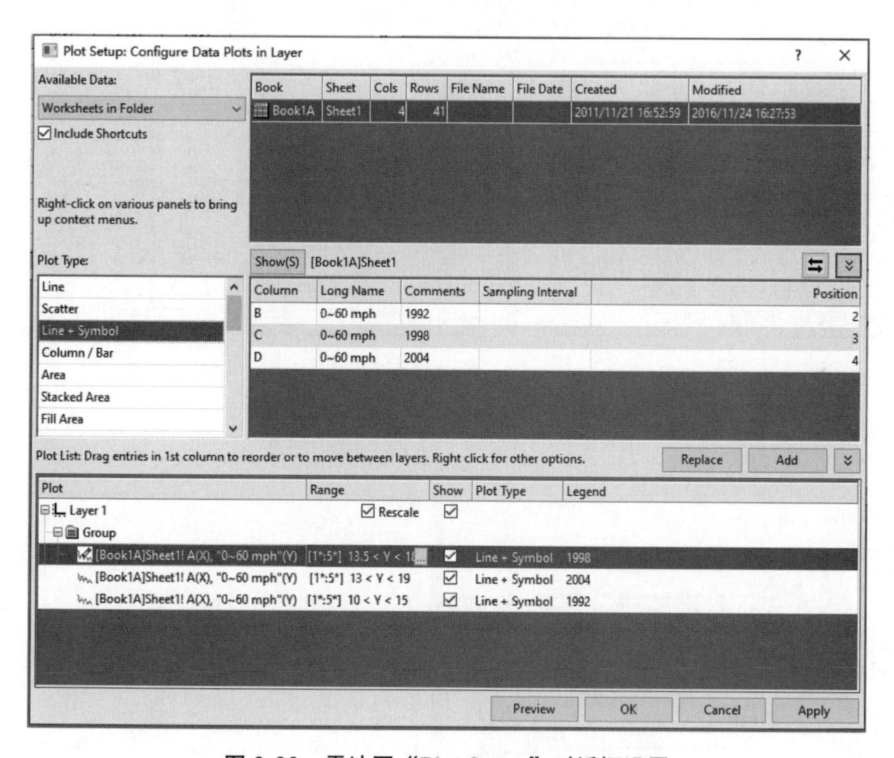

图 3-83　雷达图“Plot Setup”对话框设置

5）设置图形充填颜色，选择透明度为 50%，修饰图标等，设置结果如图 3-82b 所示。

7. 派珀三线图模板

派珀（A. M. Piper）三线图可以简单直观地展现八大离子空间关系，是水文地球化学数据分析的一种专业图表。派珀三线图由两个三角形及一个菱形组成，左下角三角形的三条边分别代表水文样品阳离子中的 Na^+、K^+、Ca^{2+} 及 Mg^{2+} 的毫克当量百分数，右下角三角形的三条边分别表示阴离子 Cl^-、SO_4^{2-} 及 HCO^{-3}+CO_2^{-3} 的毫克当量百分数。水样中阴阳离子的相对含量分别在两个三角形中以圆圈表示，引线在菱形中得出的交点上以圆圈综合表示此水样的阴阳离子相对含量。这里仅对 Origin 派珀三线图绘图进行简要介绍，有关派珀三线图的详细说明请参阅有关资料。

Origin 中的派珀三线图绘图对工作表数据的要求：应有 XYZXYZ 列。本例采用“Origin\Samples\Graphing\Piper.dat”数据文件（见图 3-84a）进行绘图。绘图步骤如下：

1）将 B（Y）~ G（Y）列设置为 B（X2）、C（Y2）、D（Z2）、E（X3）、F（Y3）、G（Z3），设置后的工作表如图 3-84b 所示。

2）选中 B（X2）、C（Y2）、D（Z2）、E（X3）、F（Y3）、G（Z3）6 列数据，选择菜单命令“Plot”→“Specialized”→“Piper”，或在二维绘图工具栏中单击“Piper”按钮，打开“Piper : plotpiper”对话框，在该对话框中将“Sample ID”设置为 A（X），将“Total Dissolved Solids”设置为 H（Y），如图 3-85 所示。单击“OK”按钮，绘制出三线图，如图 3-86 所示。

Piper - Piper.dat *

	A(X)	B(Y)	C(Y)	D(Y)	E(Y)
Long Name	Sample ID	Ca	Mg	Na+K	Cl
Units					
Comments					
F(x)=					
Sparklines					
1	A1	32.05008	32.92408	35.02584	67.82608
2	A2	37.45067	28.96683	33.5825	13.50111
3	B	21.58812	24.55877	53.8531	7.52703
4	C1	25.43933	54.55546	20.00521	15.72788
5	C2	38.15908	8.31395	53.52696	40.14343
6	C3	11.93686	34.24892	53.81422	81.25728
7	C4	48.83068	26.37517	24.79415	58.49227
8	D1	16.5061	15.97706	67.51684	54.86416
9	D2	17.75545	21.53692	60.70763	62.82473
10	D3	22.90204	57.39875	19.69921	14.95129
11	E1	77.53203	13.41399	9.05398	10.19666
12	E2	81.80977	7.2868	10.90344	6.17639
13	E3	29.76352	14.89829	55.33819	16.15187
14	E4	16.7896	48.50538	34.70502	7.52708
15	E5	64.46109	21.15424	14.38468	5.20612
16	F	11.97175	52.58632	35.44192	7.42698

Piper

a）

Piper - Piper.dat *

	A(X1)	B(X2)	C(Y2)	D(Z2)	E(X3)	F(Y3)	G(Z3)
Long Name	Sample ID	Ca	Mg	Na+K	Cl	SO\-(4)	CO\-(3)+HCO\-(3)
Units							
Comments							
F(x)=							
Sparklines							
1	A1	32.05008	32.92408	35.02584	67.82608	20.55489	11.61904
2	A2	37.45067	28.96683	33.5825	13.50111	10.99253	75.50636
3	B	21.58812	24.55877	53.8531	7.52703	8.33333	84.13964
4	C1	25.43933	54.55546	20.00521	15.72788	12.21208	72.06003
5	C2	38.15908	8.31395	53.52696	40.14343	30.53057	29.326
6	C3	11.93686	34.24892	53.81422	81.25728	3.54191	15.20081
7	C4	48.83068	26.37517	24.79415	58.49227	3.81888	37.68884
8	D1	16.5061	15.97706	67.51684	54.86416	10.08823	35.04761
9	D2	17.75545	21.53692	60.70763	62.82473	0.16414	37.01113
10	D3	22.90204	57.39875	19.69921	14.95129	1.45992	83.5888
11	E1	77.53203	13.41399	9.05398	10.19666	11.8265	77.97684
12	E2	81.80977	7.2868	10.90344	6.17639	21.04001	72.7836
13	E3	29.76352	14.89829	55.33819	16.15187	45.95334	37.89479
14	E4	16.7896	48.50538	34.70502	7.52708	68.59012	23.8828
15	E5	64.46109	21.15424	14.38468	5.20612	54.39324	40.40064
16	F	11.97175	52.58632	35.44192	7.42698	6.34457	86.22846

Piper

b）

图 3-84　“Piper”工作表及属性设置

a）“Piper”工作表　b）工作表属性设置

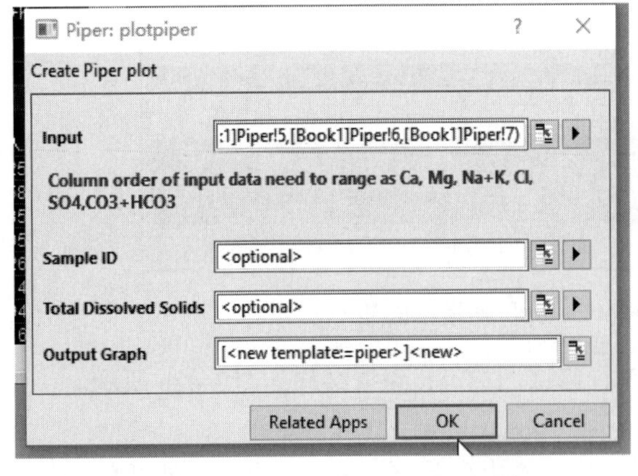

图 3-85　“Piper : plotpiper”对话框

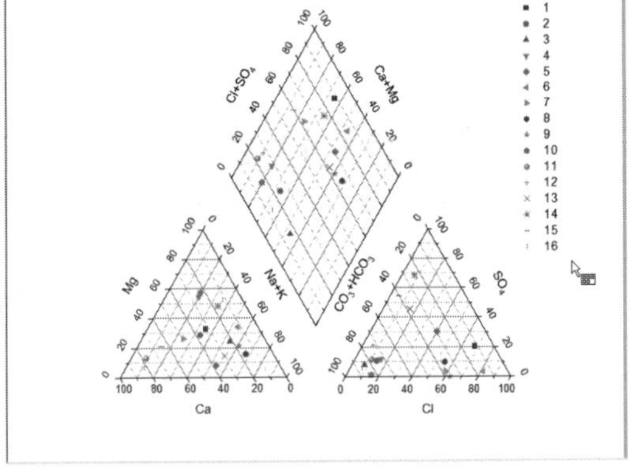

图 3-86　绘制出三线图

3.5.9　股票走势图

股票走势图是实时地用曲线把股票市场的交易信息在坐标图上表示出来的图形。Origin 中的股票走势图有最高 - 最低 - 收盘（High-Low-Close）图、日本蜡烛（Japanese Candlestick）图（通常称 K 线图）和开盘 - 最高 - 最低 - 收盘（有 OHLC Bar Chart 和 OHLC-Volume 两种形式）图股票线（Stock Line）图、桥（Bridge）图 6 个模板。可以选择菜单命令“Plot”→“Specialized”，或单击二维绘图工具栏股票走势图右下方的三角形按钮，在打开的二级菜单中选择绘图方式进行绘图。股票走势图的二级菜单如图 3-87 所示。

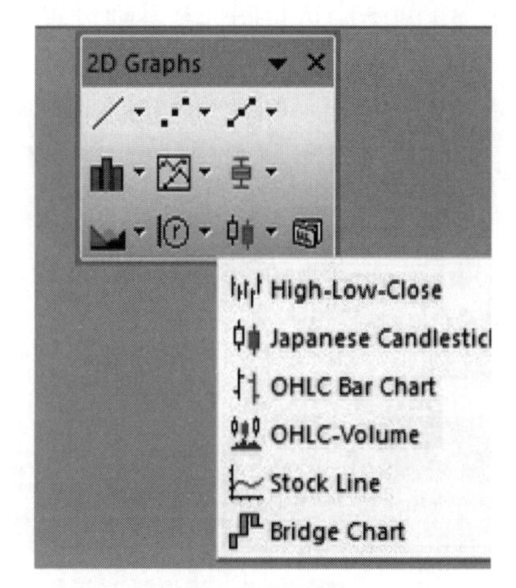

图 3-87　股票走势图的二级菜单

Origin 股票走势图模板中的最高 - 最低 - 收盘图模板对工作表数据的要求：有 3 列 Y 数据。日本蜡烛图模板和开盘 - 最高 - 最低 - 收盘 - 棒状图（OHLC Bar Chart）图模板对工作表数据的要求：有 4 列 Y 数据。开盘 - 最高 - 最低 - 收盘 - 交易量图（OHLC-Volume）模板对工作表数据的要求：有 5 列 Y 数据。如果工作表中 Y 列左侧有 X 列，则由该 X 列提供 X 值；如果没有与该列相关的 X 列，工作表会提供 X 的默认值。这里仅对部分图形进行介绍。

1. 最高 - 最低 - 收盘图模板

本例采用“http：//www.Originlab.com/ftp/graph_gallery/gid111.zip”项目文件中的数据（该例为用线型表示高低区域图），讨论 1994 年 1 月 27 日到 5 月 31 日纳斯达克（NASDAQ）100 股市情况。下载并解压“gid111.zip”文件，打开“gid111.opj”项目文件中的工作表，如图 3-88 所示。绘图方法如下：

Data5 - Free historical data - stockmarkets open high low close.txt

	Date(X)	O(Y)	H(Y)	L(Y)	C(Y)
Long	NASDAQ	100	H	L	C
Units	Date	O			
1	1-27-1994	407.19	410.11	406.59	409.93
2	1-28-1994	409.93	412.65	409.73	412.52
3	1-31-1994	412.52	415.42	412.26	413.99
4	2-1-1994	413.99	413.99	408.96	410.22
5	2-2-1994	410.22	412.44	408.68	411.78
6	2-3-1994	411.78	411.78	407.19	410.05
7	2-4-1994	410.05	410.08	397.11	397.48
8	2-7-1994	397.48	400.19	392.33	399.62
9	2-8-1994	399.62	402.24	396.91	401.46
10	2-9-1994	401.46	404.61	401.19	403.91
11	2-10-1994	403.91	405.95	400.73	401.31
12	2-11-1994	401.31	402.77	398.01	401.83
13	2-14-1994	401.83	405.56	401.83	405.11
14	2-15-1994	405.11	409.17	404.91	408.28
15	2-16-1994	408.28	411.29	407.33	408.74
16	2-17-1994	408.74	412.43	405.35	407.39
17	2-18-1994	407.39	408.23	403.03	407.94
18	2-22-1994	407.94	410.81	405.03	410.48
19	2-23-1994	410.48	412.37	408.21	408.91
20	2-24-1994	408.91	408.91	400.41	402.79

Sheet1

图 3-88　“gid111.opj”项目文件中的工作表

1）选中工作表中 1～85 行的 H（Y）、L（Y）和 C（Y）数据，选择菜单命令“Plot”→“Stock”→“Stock Line”，或在二维绘图工具栏中单击 Stock Line 按钮绘图。

2）在该图中双击图中数轴，打开“Axis”对话框，选择“Scale”选项卡，设置图形坐标轴。横坐标日期从 1994-1-14 到 1994-6-10，增量 2 周；纵坐标从 345 到 425，增量 10。在“Tick Labels”选项卡中，“Type”设置为“Date”，“Display”设置为“7/15”，如图 3-89 所示。

3）对图中进行图标和其他设置后，绘出的线型高低区域图如图 3-90 所示。

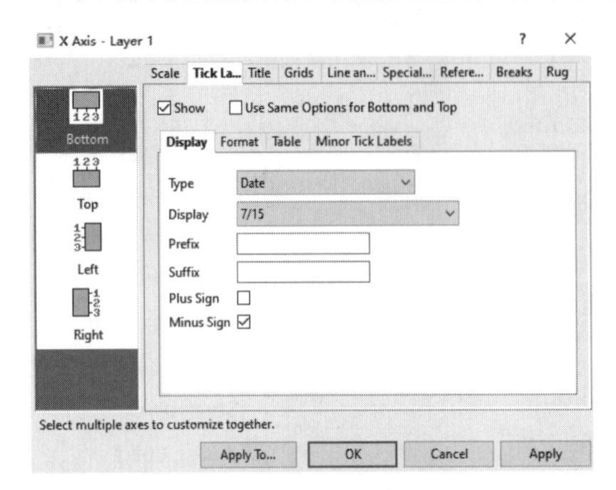

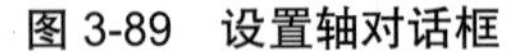
图 3-89 设置轴对话框

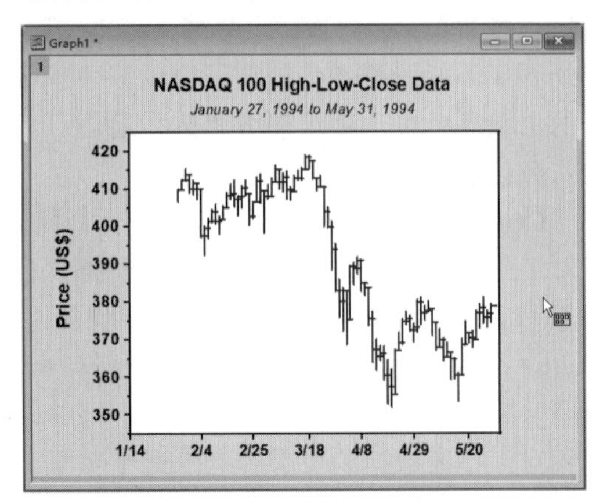

图 3-90 绘出的线型高低区域图

2. 开盘 - 最高 - 最低 - 收盘 - 交易量图模板

该开盘 - 最高 - 最低 - 收盘 - 交易量图模板由上下两个图组成，上图显示股票的开盘、最高、最低和收盘价格，下图显示股票的交易量。本例采用“http：//www.OriginLab.com/ftp/graph_gallery/gid213.zip”项目文件中的数据，分析了 2001 年 1 月 25 日到 2001 年 3 月 7 日 Oracle 公司的股市交易情况。下载并解压“gid213.zip”文件，打开“gid213.opj”项目文件中的工作表，如图 3-91 所示。该工作表 B（Y）、C（Y）、D（Y）、E（Y）、F（Y）列数据分别为开盘值、最高值、最低值、收盘值和交易量。绘图方法如下：

1）双击工作表 A（X）列，在“Column Properties”窗口中设置 A（X）列为日期列，如图 3-92 所示。

Book1B

	A(X)	B(Y)	C(Y)	D(Y)	E(Y)	F(Y)
Long Name	Date	Open	High	Low	Close	Volume
Units						
Comments						
F(x)=						
1	03-Jul-2001	19.39	20	19.13	19.77	2.15425E7
2	02-Jul-2001	19.24	20.53	19.07	19.58	2.76831E7
3	29-Jun-2001	19.19	20.02	16.5	19	5.51825E7
4	28-Jun-2001	18.38	21.2	18.29	19.18	7.08083E7
5	27-Jun-2001	18.56	18.84	17.7	18.04	5.59272E7
6	26-Jun-2001	17.35	18.55	17.01	18.44	5.4859E7
7	25-Jun-2001	17.65	18.06	17.51	17.77	3.01128E7
8	22-Jun-2001	17.8	17.97	17.35	17.48	2.89671E7
9	21-Jun-2001	17.46	18.04	17.3	17.9	3.99121E7
10	20-Jun-2001	16.48	17.77	16.44	17.52	6.40206E7
11	19-Jun-2001	17.05	17.08	16.44	16.76	2.1742E7
12	18-Jun-2001	15.23	15.3	14.62	14.84	4.3319E7
13	15-Jun-2001	14.75	15.5	14.66	15	5.70948E7
14	14-Jun-2001	15.36	15.37	14.7	14.85	4.33995E7
15	13-Jun-2001	16.35	16.45	15.34	15.5	3.35315E7

Sheet1

图 3-91 “gid213.opj”项目文件中的工作表

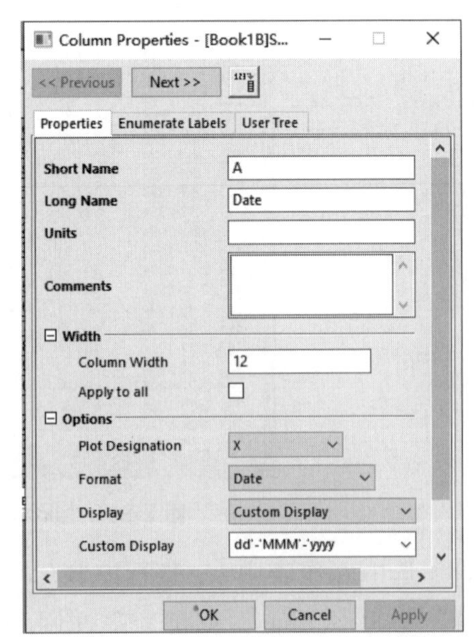

图 3-92 “Column Properties”窗口设置

2）选中工作表所有的列，选择菜单命令“Plot”→“Specialized”→“OHLC-Volume”绘图，如图 3-93a 所示。

3）双击图 3-93a 中所示第一层的 X 轴，打开“Axis”对话框，按图 3-94a 所示设置 X 轴；双击图 3-93a 中所示第二层的 Y 轴，打开“Axis”对话框，按图 3-94b 所示设置 Y 轴。单击“OK”按钮，完成设置。最终调整后的开盘 - 最高 - 最低 - 收盘 - 交易量图如图 3-93b 所示。

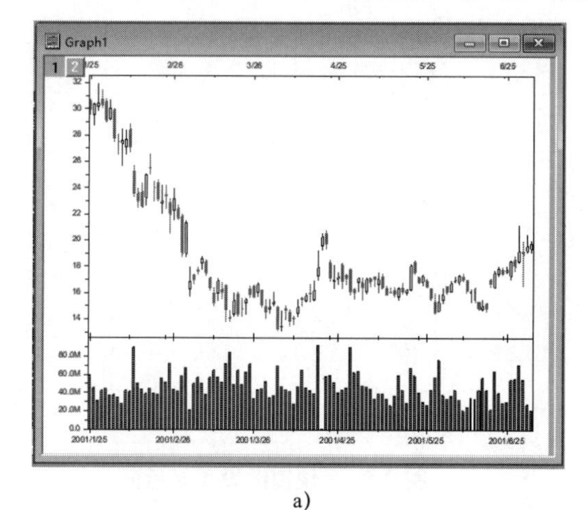

a）

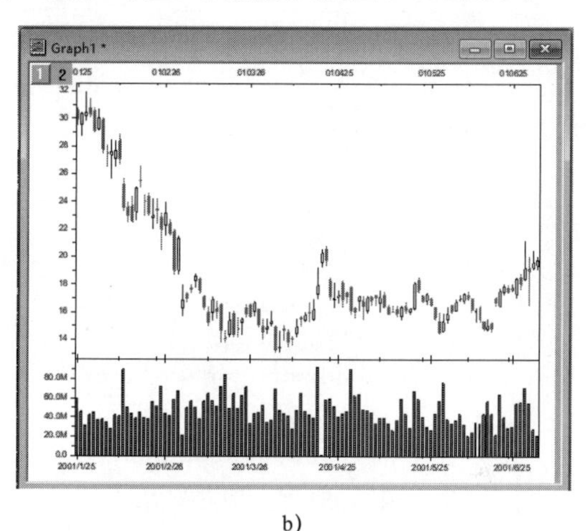

b）

图 3-93　开盘 - 最高 - 最低 - 收盘 - 交易量图

a）初始生成　b）调整后

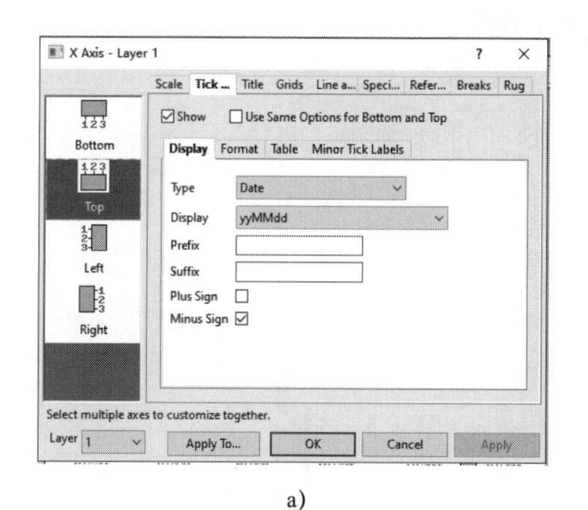

a）

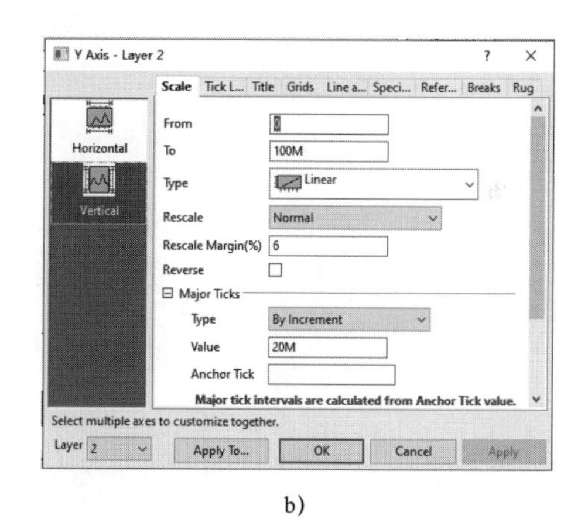

b）

图 3-94　轴设置对话框

a）X 轴设置　b）Y 轴设置

3.6　图形标注

3.6.1　添加文本、日期和时间

单击主界面左侧工具（Tools）工具栏中的标记（T）按钮，或者在图形页面内需要添加文本的位置右击“Add Text”，输入文本内容，文本内容可以复制、粘贴、移动。和图例（Legend）设置相似，单击文本，在右击快捷菜单中选择“Properties”，在弹出的“Object Properties”

对话框中设置文本和添加特殊的符号。

添加文本的最大好处就是可以对坐标轴进行特殊的标注。因为默认文本字体是“Arial”，所以如果要标注中文或希腊字母等特殊符号，需要对文本进行编辑或设置，如图 3-95 和图 3-96 所示。并将 Format 工具栏激活，对文字格式做相关调整，如图 3-97 所示，也可按住 <Ctrl> 键后双击文本，在“Text Object-Text”对话框中对文本进行格式调整，如图 3-98 所示。

图 3-95 文本快捷菜单

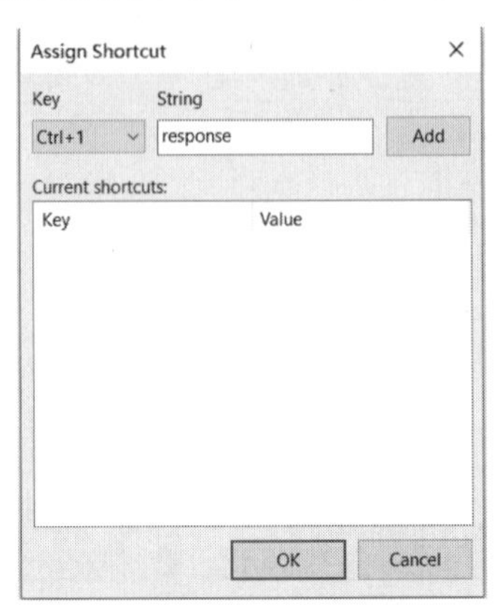

图 3-96 快捷键设置对话框

图 3-97 Format 工具栏

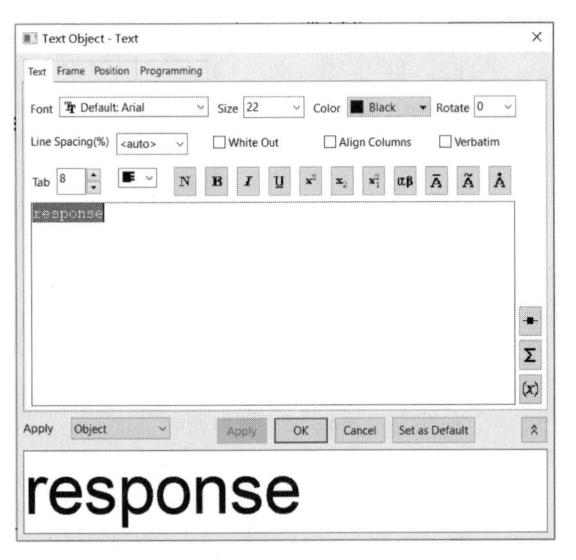

图 3-98 “Text Object-Text”对话框

此外，Style 工具栏中提供了一些有用的工具，也可以很方便地对图形和曲线的一些参数进行设置，如图 3-99 所示。

图 3-99 Style 工具栏

单击图形窗口中工具栏“Add Object to Graph”中的“Date & Time”图标，会在当前激活层上添加当前使用 Origin 计算机系统的日期 / 时间，如果要在其他层添加日期 / 时间，可以激活该层，然后单击工具栏“Date&Time”的图标添加后的日期 / 时间可以进行编辑和设置，单击添加的日期 / 时间，使光标变成十字箭头后右击，弹出的快捷菜单如图 3-100 所示，选择“Properties…”，弹出“Text Object-timestamp”对话框，如图 3-101 所示，图 3-101 所示的编辑框与常规文本编辑及其设置差不多，也可以对添加的日期 / 时间进行调整大小、移动和删除的操作。

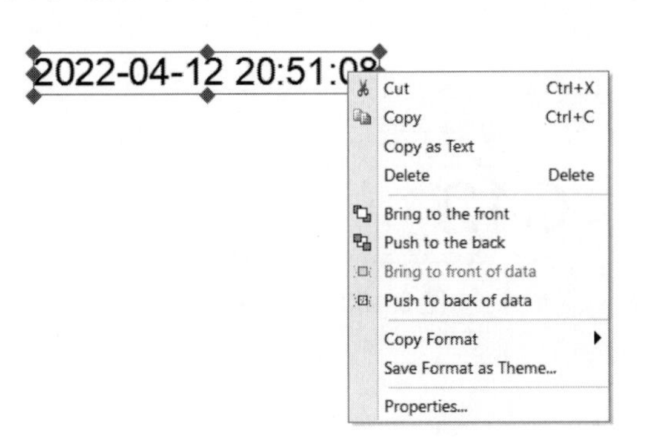

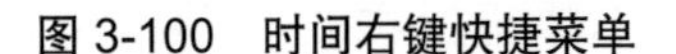
图 3-100　时间右键快捷菜单

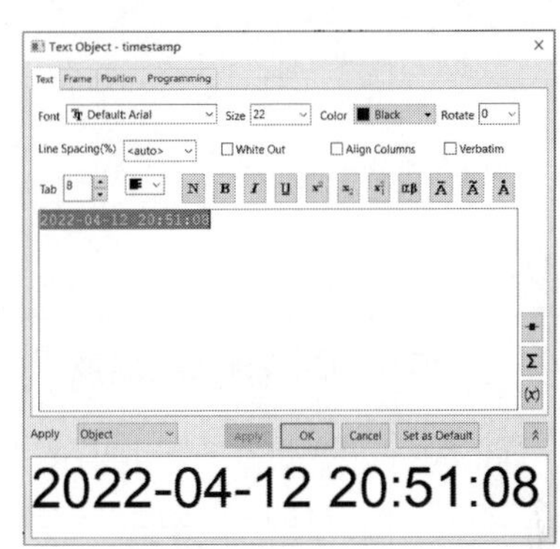

图 3-101　“Text Object-timestamp”对话框

3.6.2　标注希腊字母及角标

将默认“Arial”字体设置成“Symbol”，那么键盘上英文字母对应的希腊字母就是（键盘英文字母按从上到下，从左到右顺序）Q（θ）、W（ω）、E（ε）、R（ρ）、T（ρ）、T（τ）、Y（Ψ）、U（ν）、I（ι）、O（ο）、P（π）、A（α）、S（σ）、D（δ）、F（ψ）、G（γ）、H（η）、K（κ）、L（λ）、Z（ζ）、X（ξ）、C（χ）、B（β）、N（v）、M（μ）。也可以在工具栏上直接单击希腊字母输入按钮，比如坐标轴标注的内容原来是“ewq”，则单击工具栏的按钮后，“ewq”就会变为“ε ω θ”。要将标注的内容改成希腊字母，还可以右击“ewq”，在快捷菜单中选择“Properties…”，在“Text Object-Text”对话框中输入“ewq”，预览栏会出现“ε ω θ”，如图 3-102 所示。单击“OK”按钮之后，标注就成了希腊字母。

这个功能可以输入一些特殊的单位，如℃和角标。以“C12”为例，这种带有上角标（下角标）标注可以有两种方法。

第一种是右击坐标标注的“Properties”，在“Object Properties”对话框中选中或输入要标注的内容，如“C12”，然后单击工具栏中的上角标和下角标，如图 3-103 所示，这种标注不能对同一内容进行上下角标的标注。第二种是双击坐标标注的内容，将光标插到标注上角标（下角标）的内容之后，此时工具栏 BUx 对 aA 由灰色变为亮色，单击相应上角标（下角标）或上下角标的图标，输入上角标（下角标）或上下角标所表示的内容。

3.6.3　标注特殊符号和坐标刻度

Origin7.7 以后的版本有一个特殊符号库，插入 Origin 自带的特殊符号方法是双击文本或坐标轴标注，此时光标闪烁，然后右击，在快捷菜单中选择“Symbol Map”，出现特殊符号库的方框如图 3-104 所示，单击符号，单击“Insert”就会插入相应特殊字符。

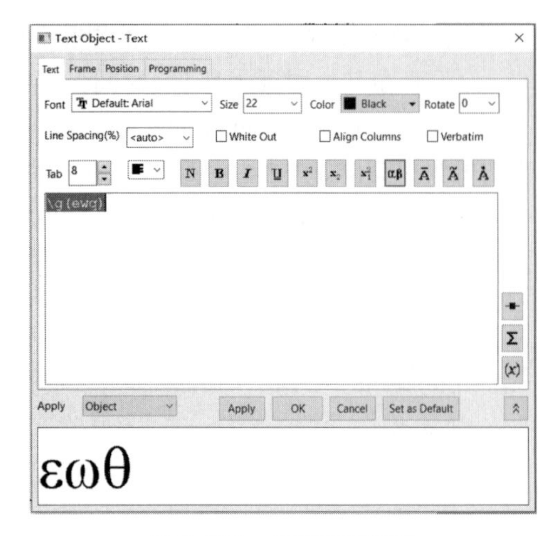

图 3-102 希腊字母转换

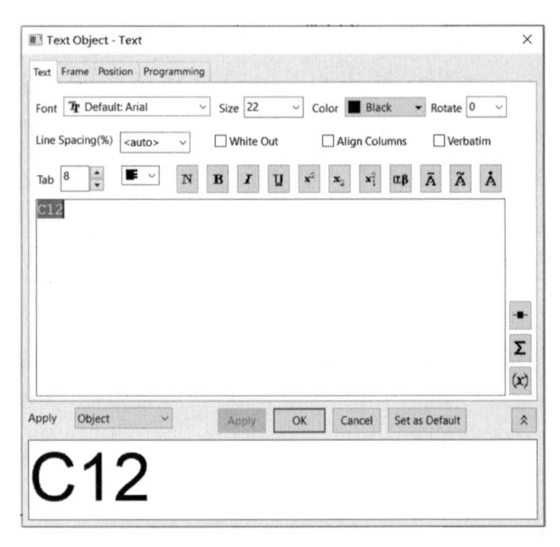

图 3-103 特殊单位转换

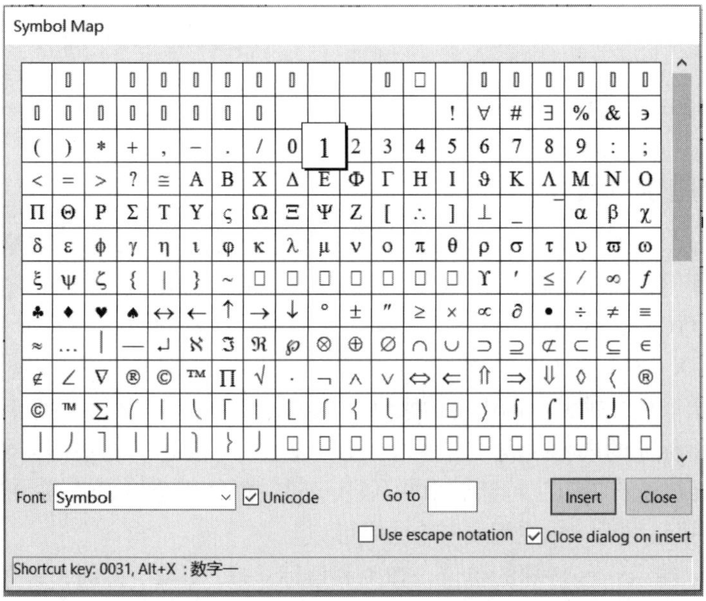

图 3-104 Origin 自带的特殊符号

有时为了一些特殊需要，坐标刻度值需要进行调整，比如坐标刻度值是 1、10、100、1000、10000、100000 等形式。其实可以用幂指数 10^0、10^1、10^2 等表示，这种上下坐标刻度值的表示 Origin 是不会提供的，要么对其进行数值处理，比如取以 10 为底的对数（变成 0、1、2、3…），要么另想其他方法标注。一个很好的改变坐标刻度标注的方法是将原来刻度值“隐藏”，然后再添加文本，在文本中逐个输入数值，然后将各个文本对应其坐标刻度。具体操作如下（以 X 轴坐标刻度为例）

1）双击 X 轴坐标值，打开“X Axis-layer 1”对话框，在左侧面板中选择“Bottom”，然后去除“Tick Labels”选项卡中的“Show ”选项，单击“OK”按钮后 X 轴坐标刻度就被隐藏了，如图 3-105 所示。

2）插入文本（Text），在 Origin 数据图的白色区域右击，在快捷菜单中选择“Add Text”，这样就添加一个文本，在文本中可以利用 Origin 自带的上下角标功能和前面介绍的方法，可以输入带有上下角标、希腊字母和其他特殊符号或数值。在此过程中，可以将第一个文本复制，然后粘贴多次，这样不必多次使用“Add Text”选项，只要修改粘贴后文本中的内容即可。最后将文本与刻度对齐，并将文本排列在一个水平线上。另外，Origin 数据图默认 Y 轴（或 X 轴）的坐标标注关系是线性（Linear）的，对于一些特殊的坐标刻度标注，可以将 X 轴（或 Y 轴）坐标刻度设置成其他关系：双击 Origin 数据图坐标轴，在弹出的对话框中选择“Scale”选项卡，在“Type”中选择对应关系，如图 3-106 所示。

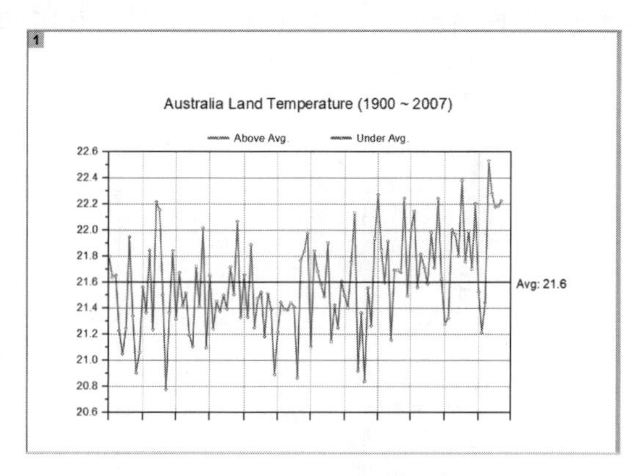

图 3-105 隐藏坐标轴

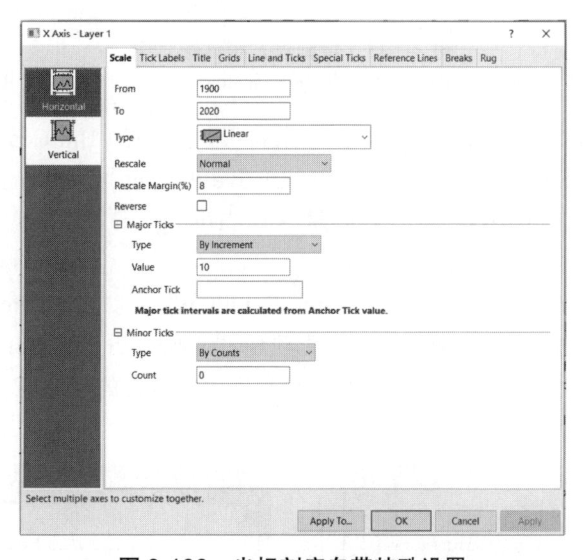

图 3-106 坐标刻度自带特殊设置

3.7 绘制和标注二维统计图

3.7.1 直方统计图

直方统计图（Histogram Chart）用于统计选定数列各区间段内数据的个数，它显示出变量数据组的频率分布。通过直方统计图可以方便地得到数据组中心范围、偏度及数据存在的轮廓和数据的多种形式。

创建直方统计图的方法：在工作表窗口中选择一个或多个 Y 列（或者其中的一段），然后选择菜单命令“Plot”→“Statistical”→“Histogram”。下面以“…\Samples\Graphing\Histogram.dat”数据文件为例说明直方统计图的绘制。

1）导入“Histogram.dat”数据文件，其工作表如图 3-107a 所示。

2）选中工作表的 B（Y）列，选择菜单命令“Plot”→“Statistical”→“Histogram”，软件自动计算区间段大小，生成直方统计图，如图 3-107b 所示。

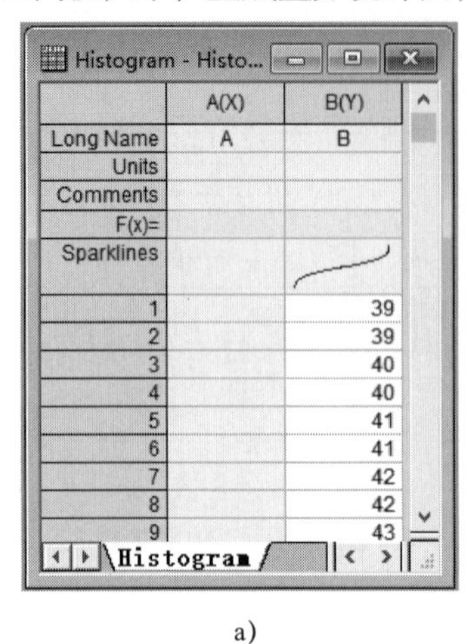
Histogram - Histo...

	A(X)	B(Y)
Long Name	A	B
Units		
Comments		
F(x)=		
Sparklines		
1		39
2		39
3		40
4		40
5		41
6		41
7		42
8		42
9		43

Histogram

a)

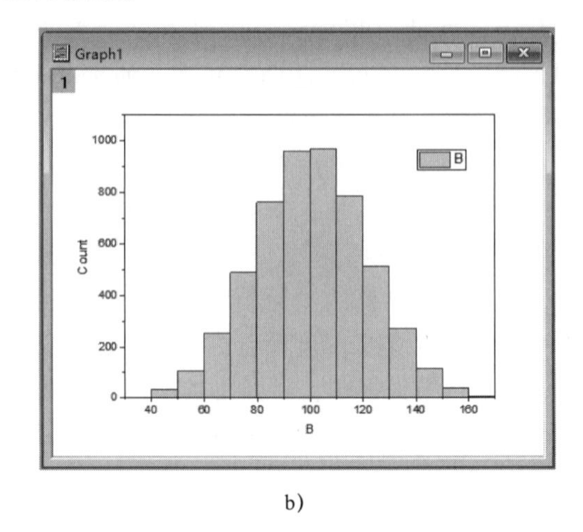

b)

图 3-107　绘制直方统计图示例

a）“Histogram.dat”的工作表　b）“Histogram.dat”的直方统计图

该直方统计图保存统计数据的工作表中包括区间段中心值（Bin Centers）、计数（Counts）、计数累积（Cumulative Sum）和累积概率（Cumulative Percent）等。右击直方统计图，弹出快捷菜单，选择“Go to Bin Worksheet”，则创建一个“Histogram_B Bins”工作表存放上述数据，如图 3-108 所示。

右击直方统计图，在快捷菜单中选择“Plot Details…”，则打开“Plot Details”对话框。在“Distribution”选项卡内，将“Curve:type”选项由“None”改为“Normal”，单击“OK”按钮。这时，直方图中将增加一条曲线，该曲线是利用原始数据的平均值和标准差生成的正态分布曲线，如图 3-109 所示。

Histogram - Histogram.dat

	A(X)	B(Y)	C(Y)	D(Y)
Long Name	Bin Centers	Counts	Cumulative Sum	Cumulative Percent
Units				
Comments	Bins	Bins	Bins	Bins
F(x)=				
Sparklines				
1	35	2	2	0.03775
2	45	34	36	0.6795
3	55	105	141	2.66138
4	65	251	392	7.39902
5	75	487	879	16.59117
6	85	762	1641	30.97395
7	95	958	2599	49.05625
8	105	969	3568	67.34617
9	115	787	4355	82.20083

Histogram_B Bins

图 3-108　直方统计图数据工作表

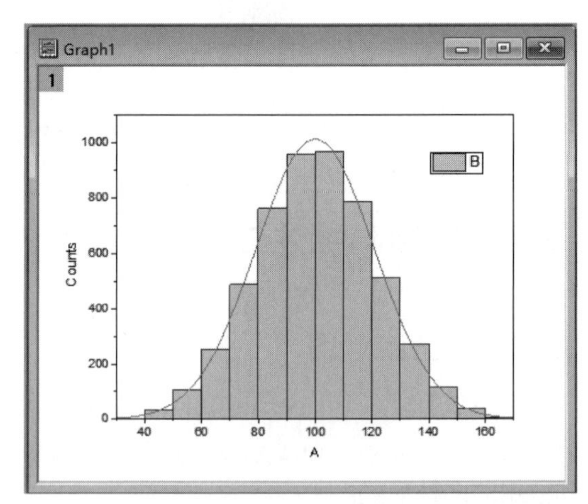

图 3-109　带正态分布曲线的直方统计图

3.7.2　方框统计图

方框统计图（Box Chart）是一种重要的统计图。创建方框统计图，首先需要在工作表窗口中选择一个或多个 Y 列。工作表中的每个 Y 列用一个方框表示，列名称在 X 轴上用标签表示。默认情况下，图中方框由数列的第 25 和第 75 百分位数（即上四分位数和下四分位数）确定，须状线（Whiskers）由数列的第 5 和第 95 百分位数确定。方框统计图中的每一个方框代表工作表中的一个 Y 列，而图中 X 轴的标号为工作表中相应数列的标题。

以“…\Samples\Graphing\Box Chart.dat”数据文件为例说明方框统计图绘制。

1）导入“Box Chart.dat”数据文件，其工作表如图 3-110 所示。

BoxChart - Box Chart.dat

	A(X)	B(Y)	C(Y)	D(Y)	E(Y)	F(Y)	G(Y)
Long Name	DAY	OCT	NOV	DEC	JANUARY	FEBRUARY	MARCH
Units							
Comments							
F(x)=							
Sparklines							
1	1	576	1220	1160	1440	1320	799
2	2	482	1170	1560	1380	1250	811
3	3	471	1080	--	1340	1170	821
4	4	443	920	--	1380	1130	779
5	5	387	870	--	1330	1700	791
6	6	376	818	1880	1300	2310	966
7	7	369	826	1940	1230	1820	1050
8	8	481	743	2400	1100	1530	946
9	9	1340	932	2270	999	1330	873
10	10	1500	1100	1920	1030	1180	905
11	11	1150	1160	1720	1110	1080	917
12	12	898	892	1750	1000	995	875
13	13	760	800	2000	935	944	803
14	14	687	759	2210	885	934	809
15	15	700	695	2490	845	1120	1620

Box Chart

图 3-110　“Box Chart”工作表

2）选中工作表中 B（Y）、C（Y）和 D（Y）三列，选择菜单命令“Plot”→“Statistical”→“Box Chart”。系统将自动生成方框统计图，并创建数据区间工作表保存数据。创建的方框统计图如图 3-111 所示。

区间数据工作表给出了区间中心的 X 值、计数值（Counts）、累积（Cumulative Sum）和累积概率（Cumulative Percent）等数据。右击方框统计图，在弹出的快捷菜单中选择“Go to Bin Worksheet”，则同时创建三个工作表存放上述数据，如图 3-112 所示。

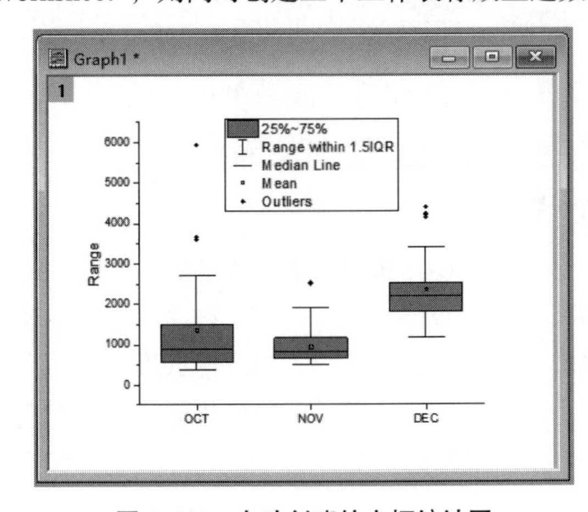

图 3-111　自动创建的方框统计图

BoxChart - Box Chart.dat

	A(X)	B(Y)	C(Y)	D(Y)
Long Name	Bin Centers	Counts	Cumulative Sum	Cumulative Percent
Units				
Comments	Bins	Bins	Bins	Bins
F(x)=				
Sparklines				
1	250	7	7	22.58065
2	750	9	16	51.6129
3	1250	7	23	74.19355
4	1750	2	25	80.64516
5	2250	2	27	87.09677
6	2750	1	28	90.32258
7	3250	0	28	90.32258
8	3750	2	30	96.77419
9	4250	0	30	96.77419
10	4750	0	30	96.77419
11	5250	0	30	96.77419
12	5750	1	31	100
13	6250	0	31	100

Box Chart　BoxChart_B Bins　BoxChart_C

图 3-112　区间数据工作表

双击曲线坐标轴，弹出坐标轴对话框，可定制坐标轴、栅格、线型等。右击方框统计图，弹出“Plot Details”对话框，可定制方框属性。同时还可向图形添加文字说明、日期等。

3.7.3　质量控制图

质量控制图（QC）是平均数控制图和极差 R（Range）控制图同时使用的一种质量控制图，用于研究连续过程中数据的波动。创建质量控制图的步骤：在数据工作表窗口内选择一个或多个 Y 列（或者其中的一段），然后选择菜单命令“Plot”→“Statistical”→“QC（X Bar R）Chart”。以“…\Samples\Graphing\QC Chart.dat”数据文件为例说明质量控制图的创建和属性。

1）导入“QC Chart.dat”数据文件。

2）选择数据工作表窗口“QC Chart”的 B 列数据，选择菜单命令“Plot”→“Statistical”→“QC（X Bar R）Chart”，接受默认值，创建质量控制图如图 3-113 所示。同时所创建的统计数据工作表如图 3-114 所示。

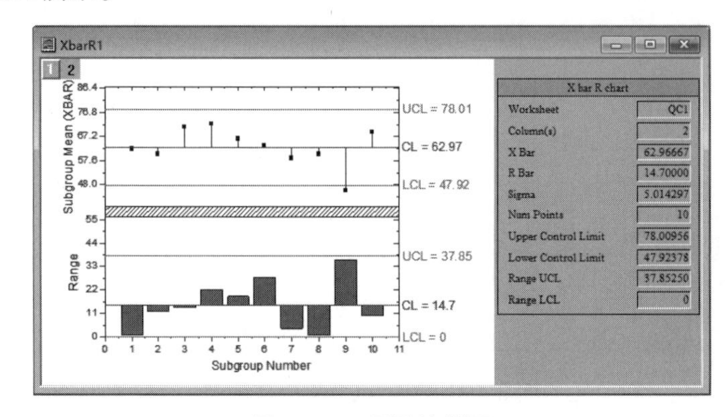

图 3-113　质量控制图

QC1

	A(Y)	B(Y)	C(Y)
1	62.33333	1	0.57735
2	60.33333	12	6.4291
3	71	14	7.2111
4	72.33333	22	12.4231
5	66.33333	19	9.60902
6	63.66667	28	15.885
7	58.66667	4	2.3094
8	60.33333	1	0.57735
9	45.66667	36	20.50203
10	69	10	5
11			
12			
13			
14			
15			

Make QC Chart

Worksheet	QCChart
Group Size	3
Num Sigma	3.0
Column 1	2
Column 2	2
Graph Window	XbarR1

Sheet1

图 3-114　存放统计数据的工作表

图 3-113 所示的质量控制图有两个图层。图层 1 是 X 条（棒）形图，该图层由一组带有垂直于平均值的垂线的散点图组成。图中有三条平行线，中间一条为中心线（CL），上下等间距的两条分别为上控制线（UCL）和下控制线（LCL）。在生产过程中，如果数据点落在上、下控制线之间，则说明生产过程处于正常状态。图层 2 是 R 图，该图层由一组柱状图组成，从每一组值域平均线开始。图 3-114 所示存放统计数据的工作表包含了平均值（Mean）、值域（Range）和标准差（SD）等统计数据。

3.7.4　散点矩阵统计图

散点矩阵统计图（Scatter Matrices）多用于判断分析。它可以分析各分量与其数学期望之间的平均偏离程度，以及各分量之间的线性关系。创建散点矩阵统计图的方法：在工作表窗口中选择一个或多个 Y 列（或者其中的一段数据），然后选择菜单命令“Plot”→“Statistical”→“Scatter Matrix”。散点矩阵统计图模板将选中的列之间以一个矩阵图的形式进行绘制，图存放在新建的工作表中。选中 N 组数据，绘制的散点矩阵统计图的数量为 N^2-N 个，因此随着 N 组数据增加，图形尺寸会变小，绘图计算时间也会增加。以“…\Samples\Statistics\Fisher's Iris Data.dat”数据文件为例说明带直方图的散点矩阵统计图绘制。

1）导入“Fisher's Iris Data.dat”数据文件，选中数据工作表中的 A（X）~ D（Y）列数据，如图 3-115 所示。

2）选择菜单命令“Plot”→“Statistical”→“Scatter Matrix”，打开“Plotting: plot_matrix”对话框。在该对话框“Options”选项组中选中“Confidence Ellipse”置信椭圆和设置置信水平（0 ~ 100），默认值“95”。选中“Linear Fit”选项。在“Show in Diagonal Cells”下拉列表框中选择直方图（Histogram）。对话框设置如图 3-116 所示。

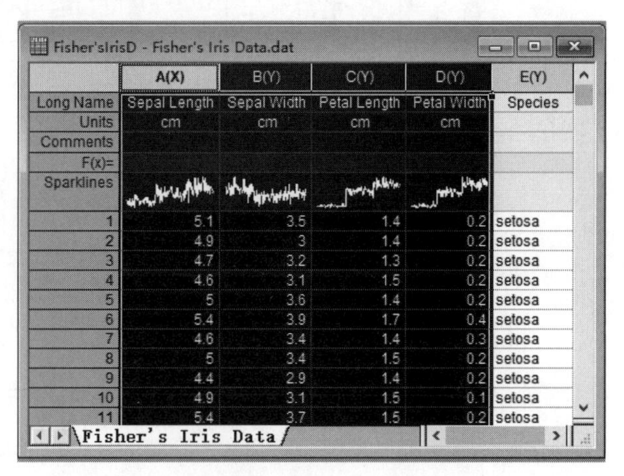

图 3-115　选择数据工作表中 A（X）~ D（Y）列

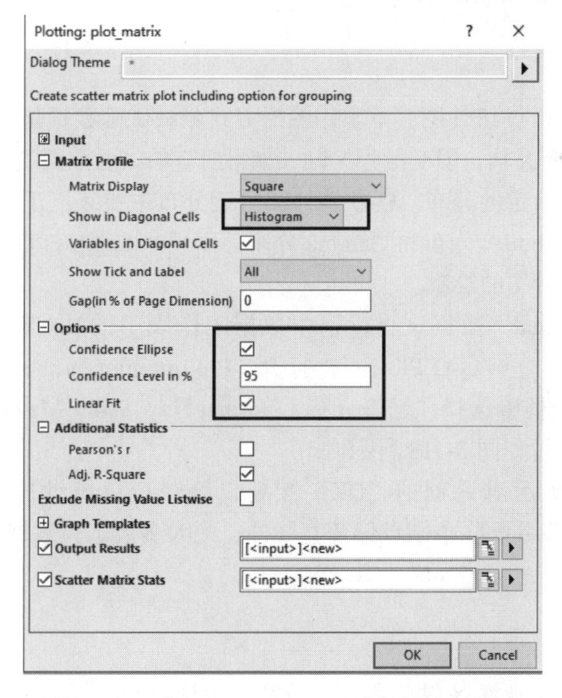

图 3-116　“Plotting:plot_matrix”对话框设置

3）单击“OK”按钮，计算绘图，自动生成的散点矩阵统计图如图 3-117 所示。同时生成存放散点矩阵统计图的新工作表。如果选中“Linear fit”选项，图中会给出校正决定系数值 R^2_{adj}[相当于相关系数 Correlation coefficient）]。

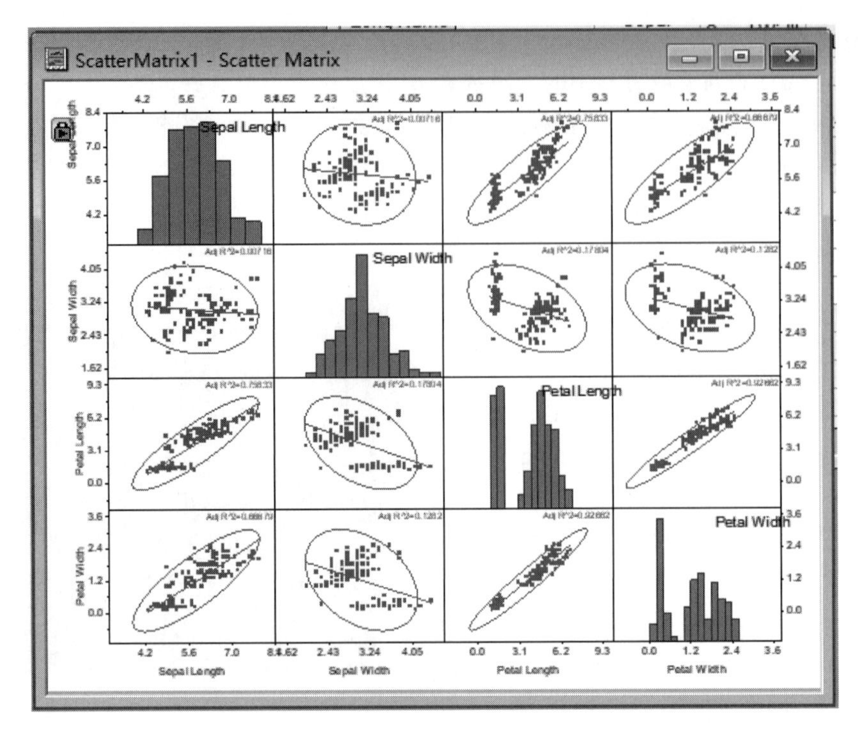

图 3-117 自动生成的散点矩阵统计图

3.7.5 分位数统计图

分位数统计图又称 Q-Q 统计图，是采用图形方式测试试验数据是否遵循给定的一种分布。Q-Q 统计图要求自变量为 X 轴，因变量为 Y 轴。如果所有的试验数据绘制点的分布接近于直线，那么测试试验数据服从给定的分布。Q-Q 统计图给定分布主要有：正态分布、对数正态分布、指数分布、威布尔（Weibull）分布和 Gamma 分布。以“…\Samples\Graphing\Q-Q plot.dat”数据文件为例说明 Q-Q 统计图的绘制。

1）导入“Q-Q plot.dat”数据文件，选中数据工作表中的 B（Y）列数据，选择菜单命令“Plot”→“Statistical”→“Q-Q Plot…”，打开“Plotting:plot_probe”对话框。在该对话框“Distribution”下拉列表框中选择“正态分布（Normal）”，“Score Method”下拉列表框中选择“Benard”计算方法，设置如图 3-118 所示。

2）单击图 3-118 所示对话框的“OK”按钮，绘制 Q-Q 统计图，如图 3-119 所示。从图 3-119 可以看出，试验数据除个别点偏离直线外，绝大多数试验数据遵循正态分布，并且所有点均在置信区间内。

3.7.6 概率统计图

概率统计图主要用于观察 X 轴的累计百分数与预期 X 轴的累计百分数的图形。威布尔概率统计图是用于测试试验数据是否符合威布尔分布的图形。这时 X 轴是以 Log10 对数为坐标，Y 轴坐标是以双 log10 对数的倒数为坐标。如果所有试验数据绘制点的分布接线参考直线，这说明测试试验数据遵循威布尔分布。以“Weibull.dat”数据文件为例说明威布尔概率统计图的绘制。

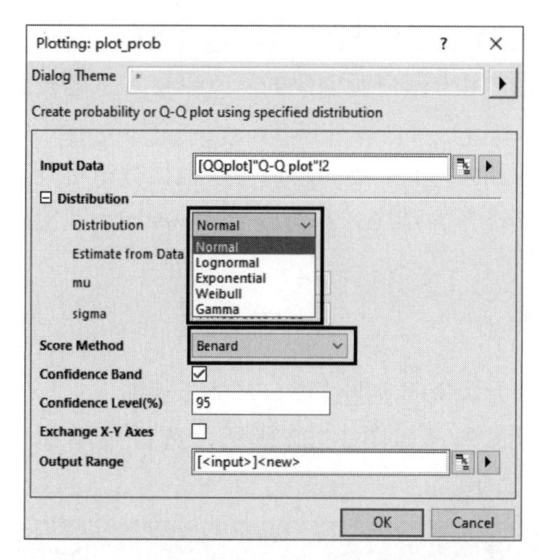

图 3-118　“Plotting:plot_prob”对话框

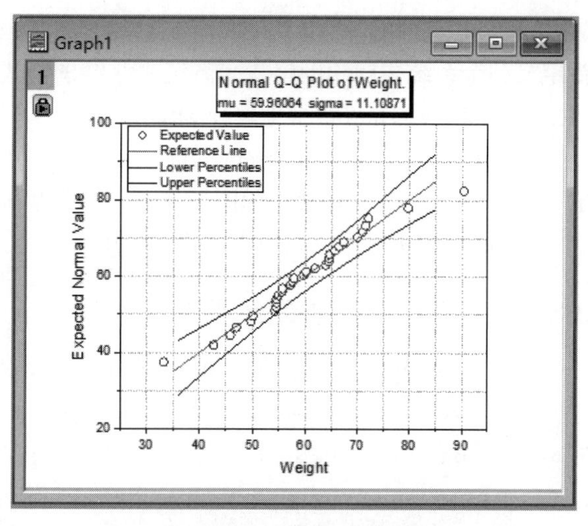

图 3-119　Q-Q 统计图

导入“Weibull.dat”数据文件，选中数据工作表中的 A（X）列数据如图 3-120 所示，选择菜单命令“Plot”→“Statistical”→“Probability Plot…”，打开“Plotting:plot_probe”对话框。在该对话框“Distribution”下拉列表框中选择“Weibull”。单击“OK”按钮，绘制威布尔概率统计图，如图 3-121 所示。

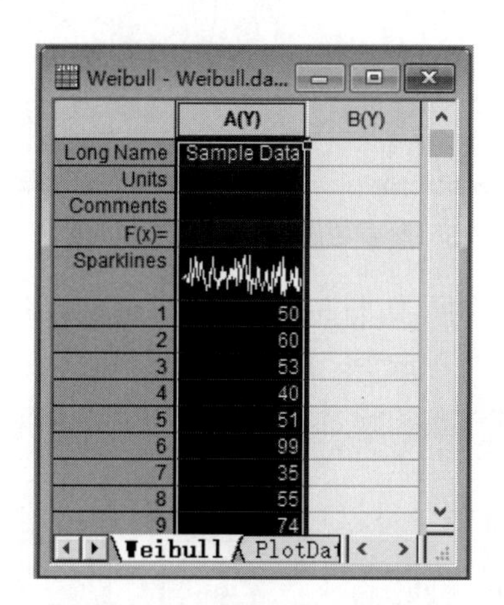

图 3-120　“Weibull”数据工作表

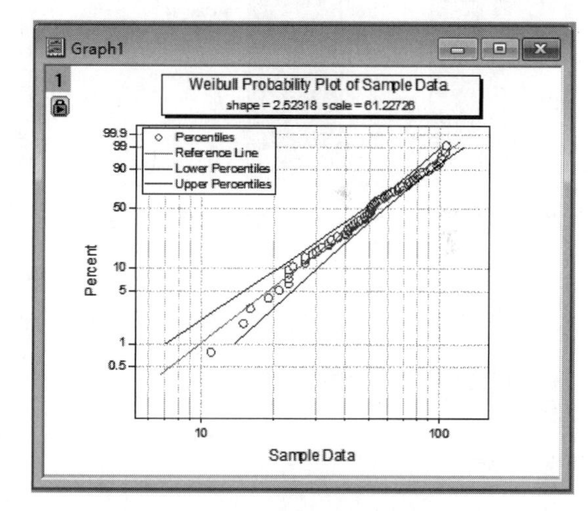

图 3-121　威布尔概率统计图

由图 3-118 可知，工作表中的试验数据能很好地服从威布尔分布。

3.8　主题绘图

Origin 将一个内置或用户定义的图形格式信息集合称为主题（Themes）。它可以将一整套预先定义的绘图格式应用于图形对象、图形线段、一个或多个图形窗口，改变原来的绘图格式。有了主题绘图功能，用户可以方便地将一个图形窗口中用主题定义过的图形元素的部分或全部格式应用于其他图形窗口，这样非常利于立即更改图形视图，保证绘制出的图形之间一致。Origin 2022 提供了大量的内置主题绘图格式和系统（System）主题绘图格式。这些主题文件存放在子目录下，用户可以直接使用或对现有的主题绘图格式进行修改。用户还可以根据需要重新定义一个系统主题绘图格式，系统主题绘图格式将应用于用户所创建的所有图形。主题长廊（Theme Gallery）允许快捷地选择编辑定义主题。

分组排列表（Group Incremental Lists）是主题绘图的一个子集，用户可以根据分组排列表定义一列特定的图形元素（如图形颜色、图形填充方式等）排序，并将嵌套（Nested）或协同（Concerted）的排序方式应用于用户图形中。

3.8.1 创建和应用主题绘图

以“…\Samples\Graphing\Template.dat”数据文件为例说明主题绘图。具体步骤如下：

1）导入“Template.dat”数据文件，选择 B（Y）列，如图 3-122 所示。选择菜单命令“Plot”→“Basic 2D”→“Line”，绘制图形如图 3-123 所示。

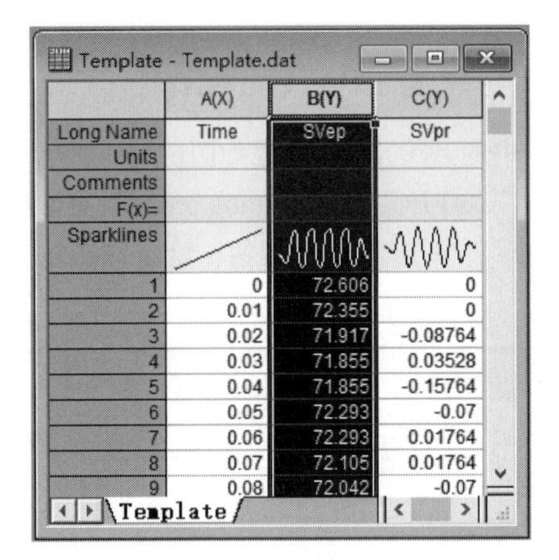

图 3-122 “Template.dat”数据文件工作表

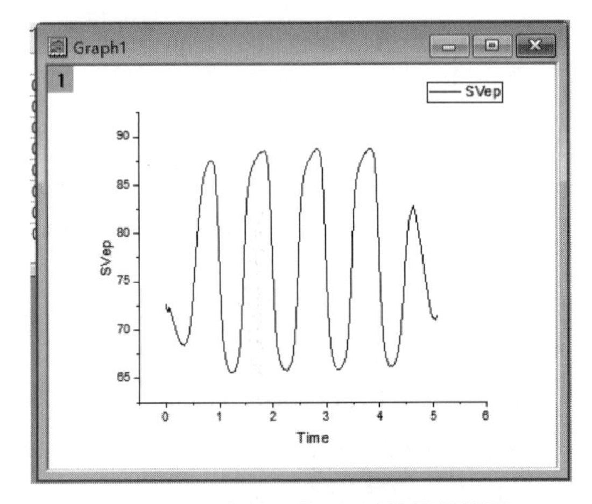

图 3-123 绘制 B（Y）列数据曲线图

2）将图中坐标轴的字体大小改为 28 号字，更改之后的图形如图 3-124 所示。选中该图后右击，在弹出的快捷菜单中选择“Save Format as Theme…”菜单命令，如图 3-125 所示。

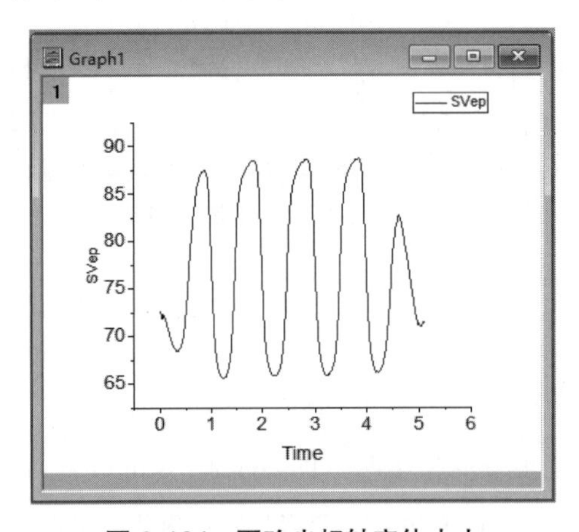

图 3-124 更改坐标轴字体大小

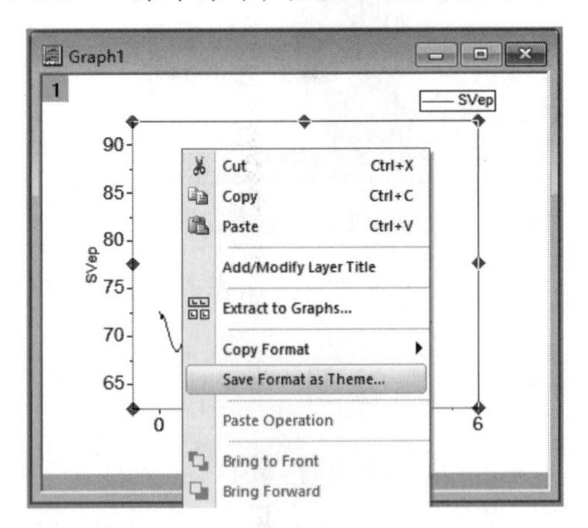

图 3-125 利用快捷菜单创建主题

这时弹出“Save Format as Theme”对话框，输入“新字号图”为主题名命，这时创建了一个“新字号图”主题如图 3-126 所示。

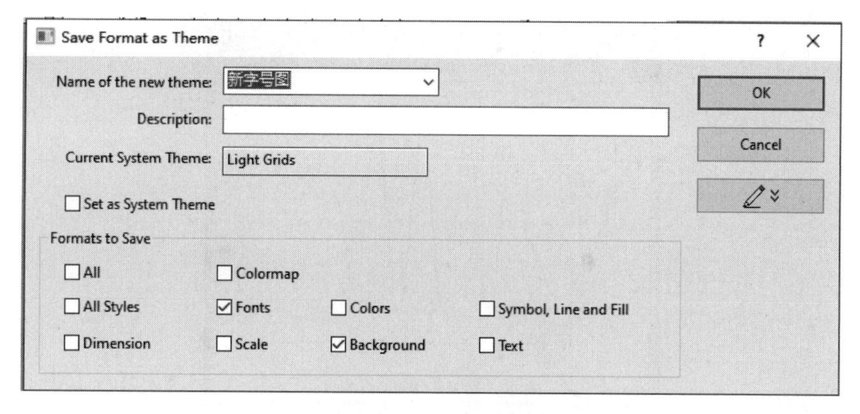

图 3-126　输入主题名称

3）选中“Template.dat”数据文件工作表中的 C（Y）列，选择菜单命令“Plot”→“Basic 2D”→“Line”，绘制图形如图 3-127 所示。

4）选择菜单命令“Preferences”→“Theme Organizer”，打开“Theme Organizer”对话框，可以发现刚才已建立的“新字号图”主题出现在了该对话框中，如图 3-128 所示。

5）单击按钮“Apply Now”，单击“Close”按钮，关闭该对话框。这时“新字号图”新主题便应用于图 3-127 所示的曲线图上，如图 3-129 所示。

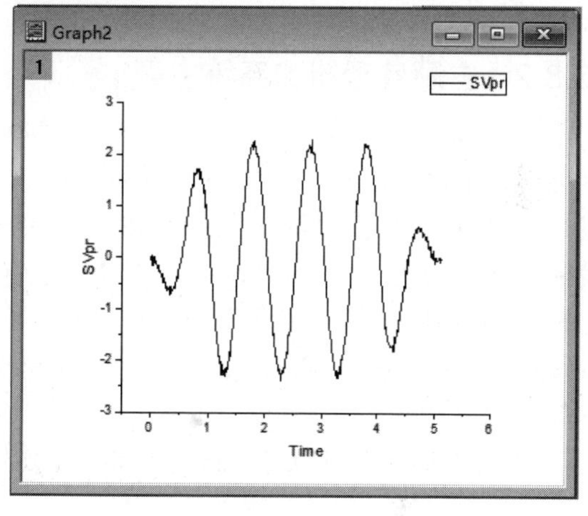

图 3-127　绘制 C（Y）列数据曲线图

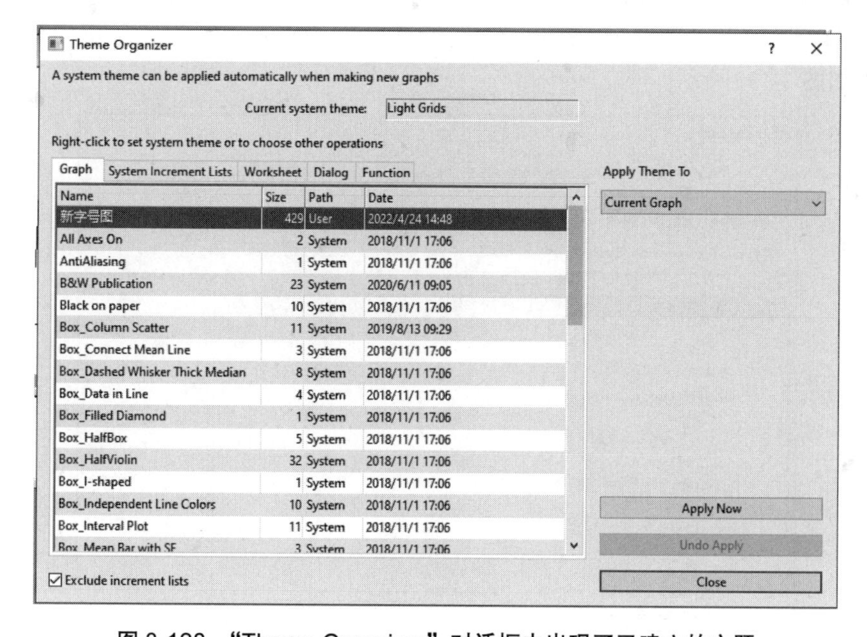

图 3-128　“Theme Organizer”对话框中出现了已建立的主题

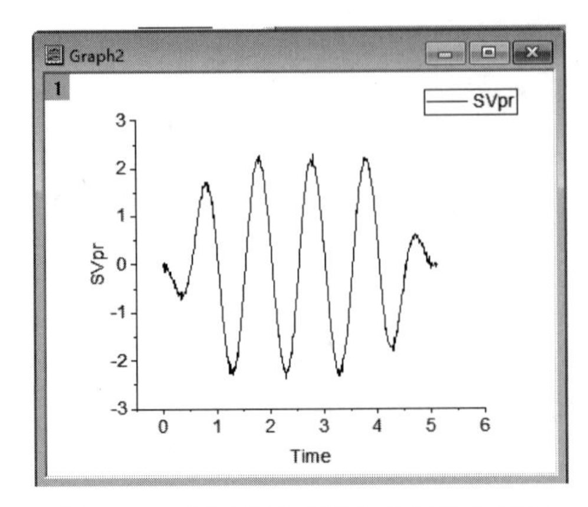

图 3-129 用“新字号图”绘制的曲线图

3.8.2 主题管理器和系统主题

主题管理器是 Origin 存放内置主题绘图格式、用户定义主题和系统主题的管理器。选择菜单命令“Preferences”→“Theme Organizer”，打开“Theme Organizer”对话框，如图 3-128 所示，或者按 <F7> 键也可打开此对话框。从图 3-128 中可以看到“新字号图”主题已显示在管理器中。在打开的“Theme Organizer”对话框中，大家可以选中其中的一个主题应用于所绘制的图形。同时还可以复制、删除、编辑主题或者将其设置为系统主题。除此之外，还可以在该对话框的右侧“Apply Theme to”下拉列表框中选择主题的应用范围。这样做可大幅提高绘图效率，保证了图形之间格式的一致性。

以第 3.8.1 节所建立的“新字号图”主题为例，结合其他主题，创建一个“Theme example”的主题。

1）选中“新字号图”主题，右击弹出快捷菜单，选择“Duplicate”菜单命令，复制一个主题，接着打开该主题的“Theme Editing”对话框，在“Description”文本框中输入“Theme example”，如图 3-130 所示。

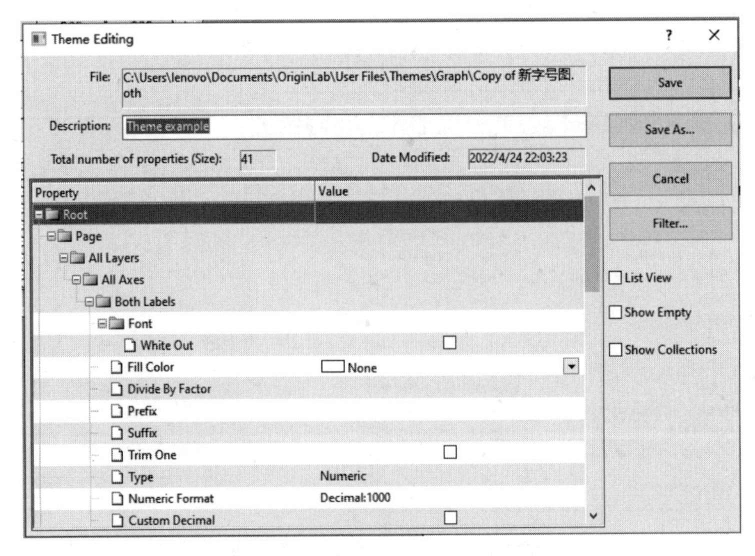

图 3-130 “Theme Editing”对话框

2）双击选中刚刚编辑的主题，重新命名为“Theme Example”。右击弹出快捷菜单。选择“Set as System Theme”菜单命令，则完成了“Theme Example”新的系统主题的创建。这时“Theme Organizer”对话框中“Theme Example”改变为系统主题（字体加粗），如图 3-131 所示。

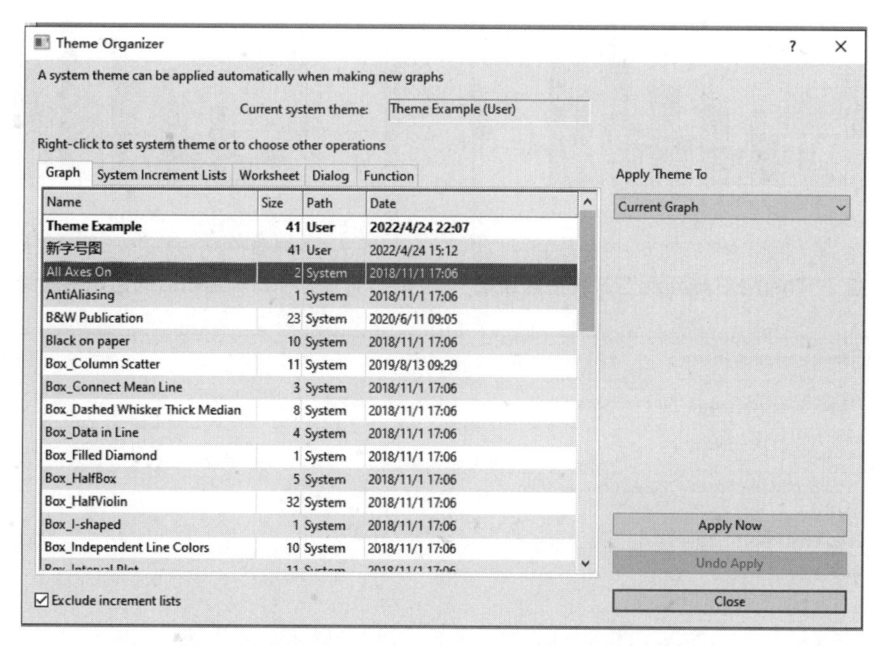

图 3-131　“Theme Example”主题设置为系统主题

从图 3-131 所示的对话框“Current system theme”栏可以看出，当前的系统主题已经设置为“Theme Example”。在默认的情况下，此时系统就按照此主题绘图。

3.8.3　编辑主题

Origin 中的主题均可修改和编辑。本节以“…\Samples\Graphing\Group.dat”数据文件为例说明编辑主题的过程。

1）按照本节所示路径导入“Group.dat”数据文件，依次选中工作表中的 B（Y）、C（Y）、D（Y）列，选择菜单命令“Plot”→“Basic 2D”→“Column”。此时是采用上节所创建的“Theme Example”系统主题绘图，结果如图 3-132 所示。

2）双击图 3-132 所示柱状图，打开“Plot Detail”对话框。在“Border Color”、“Fill Color”栏所对应的“Increment”栏的下拉列表框中均选“Stretch”，在“Label”选项卡中，勾选“Enable”复选框，然后将字体由 28 号改为 22 号。单击“OK”按钮。

3）按 <F7> 键，打开“Theme Organizer”对话框，选择“B&W Publication”主题，单击“Apply Now”按钮，将该主题应用于图 3-132 所示图形，结果如图 3-133 所示。

4）右击图 3-134 所示图形窗口，弹出快捷菜单选择“Save Format as Theme”，打开“Save Format as Theme”对话框，“Name of the new theme”文本框中输入主题名字“Theme Example”，勾选“Set as System Theme”复选框，设置如图 3-134 所示。忽略提示并保存该主题。这样就完成了对“Theme Example”系统主题的修改编辑。

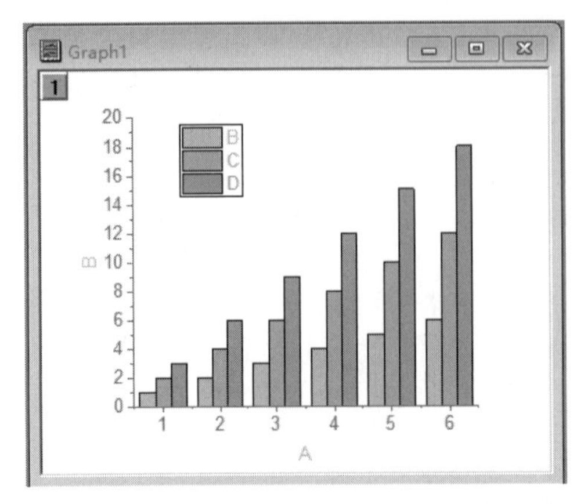

图 3-132 “Theme Example”系统主题绘图

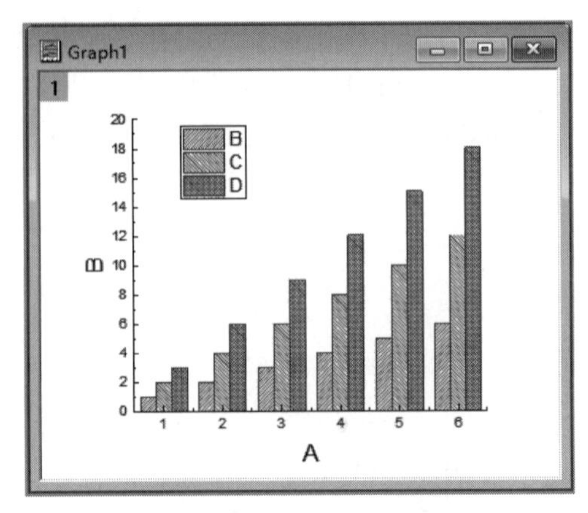

图 3-133 编辑后的系统主题绘图

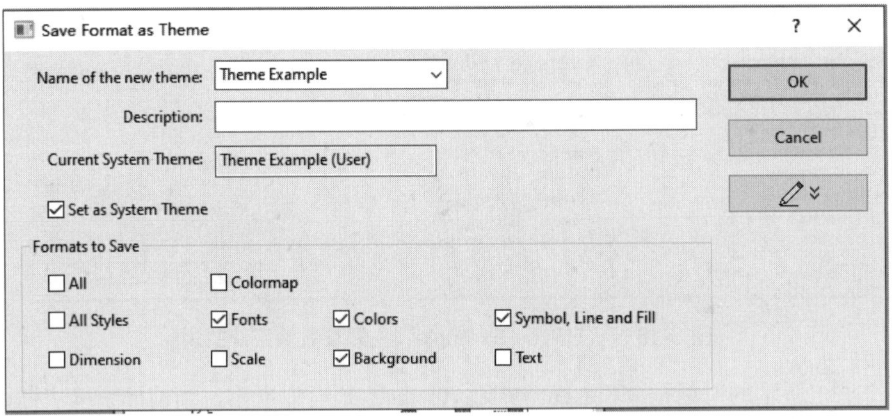

图 3-134 “Save Format as Theme”对话框设置

3.9 二维函数和二维参数方程绘图

3.9.1 二维函数绘图

Origin 提供了函数绘图功能（所使用的函数既可以是 Origin 内置函数，也可以是用 Origin C 编写的用户函数）。通过函数绘图，可以将函数的图形方便地显示在图形窗口中。

1. 在函数窗口中绘图

Origin 函数绘图的具体方法如下：将数据工作表置为当前窗口，选择菜单命令“Plot”→“Function Plot”→“New 2D Plot”，或者选择菜单命令“File”→“New”→“Function Plot”→“2D Function Plot…”，打开“Create 2D Function Plot”对话框，如图 3-135 所示。

例如，在图 3-135 所示的“Create 2D Function Plot”对话框中定义一个“2*sin(x)+3*cos(x)”函数后，单击“OK”按钮。在图形窗口中绘制“2*sin(x)+3*cos(x)”函数图形如图 3-136 所示。

2. 由函数图形创建函数数据工作表

右击图 3-136 所示的函数曲线，弹出快捷菜单，选择“Make data set copy of F4”菜单命令，生成一个窗口名为“Func1-F4 Copy”的数据工作表，如图 3-137 所示。在数据工作表中，A（X）列是自变量数据，默认 100 个数据点，并且给出了自变量的范围，B（Y）列是因变量值，并且给出了所定义的绘图函数。

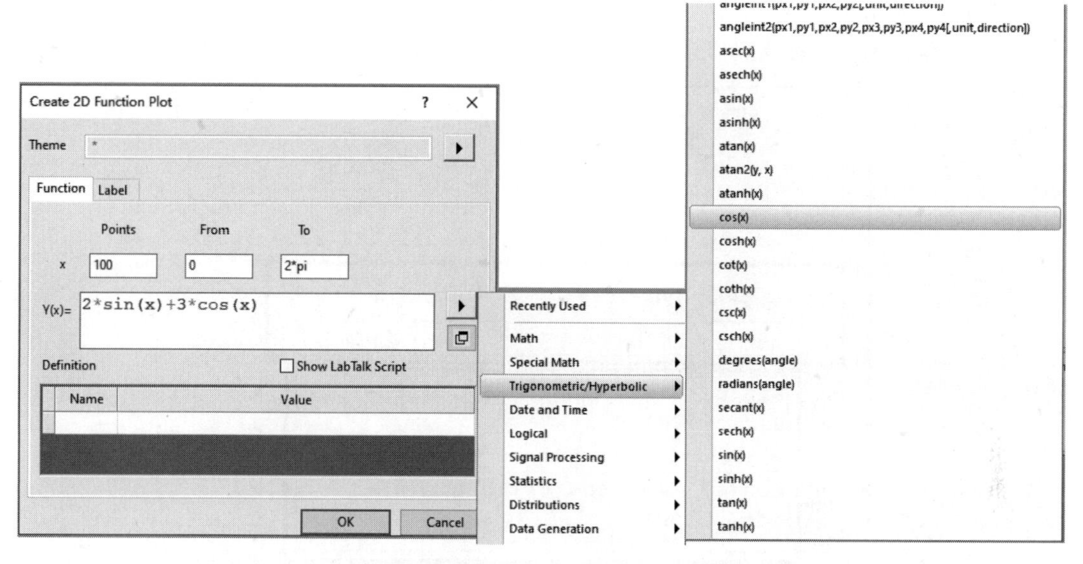

图 3-135　“Create 2D Function Plot”对话框定义绘图函数

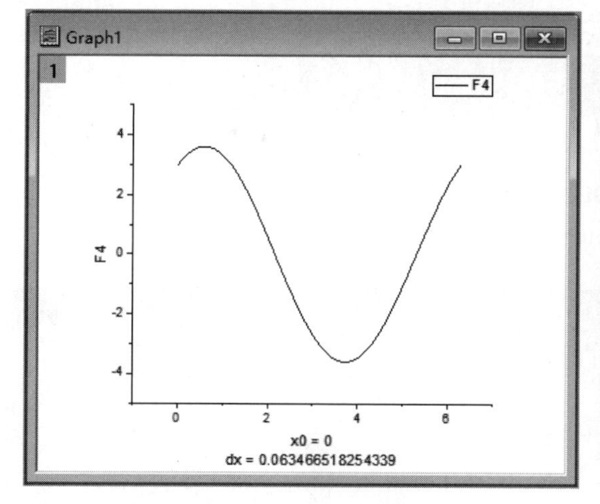

图 3-136　绘制函数图形

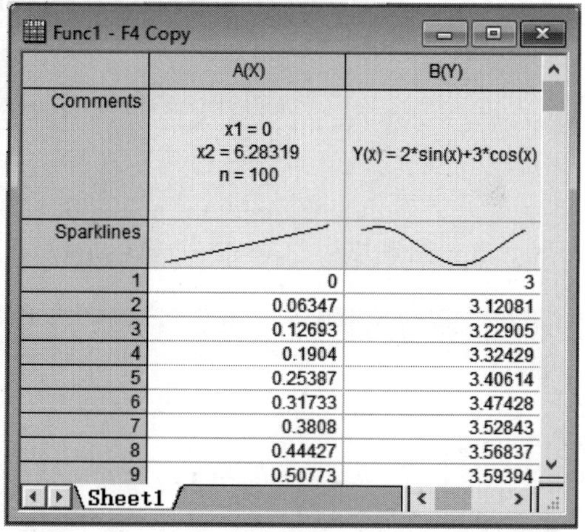

图 3-137　由函数图形窗口创建的数据工作表

3.9.2　二维参数方程绘图

二维函数绘图主要有二维函数绘图 [$y=f(x)$] 和二维参数方程绘图 [$x=f_1(t)$，$y=f_2(t)$] 两种形式。其中，以下列二维参数方程式（3-1）绘图，而后对图形填充颜色。

$$\begin{cases} x=\sin t\left[e^{\sin t}-2\cos(3t)+\sin^2 t\right] \\ y=\cos t\left[e^{\cos t}-2\sin(3t)+\cos^2 t\right] \end{cases} \tag{3-1}$$

绘图方法如下：

1）选择菜单命令“Plot”→“Function Plot”→“New 2D Parametric”，或者选择菜单命令“File”→“New”→“Function Plot”→“2D Parametric Function Plot…”，打开“Create 2D Parametric Function Plot”对话框，输入和设置参数方程，如图 3-138 所示。单击“OK”按钮，获得 3-139a 所示的图形。

2）调整坐标轴，设置线型和颜色，添加网格和曲线充填，结果如图 3-139b 所示。

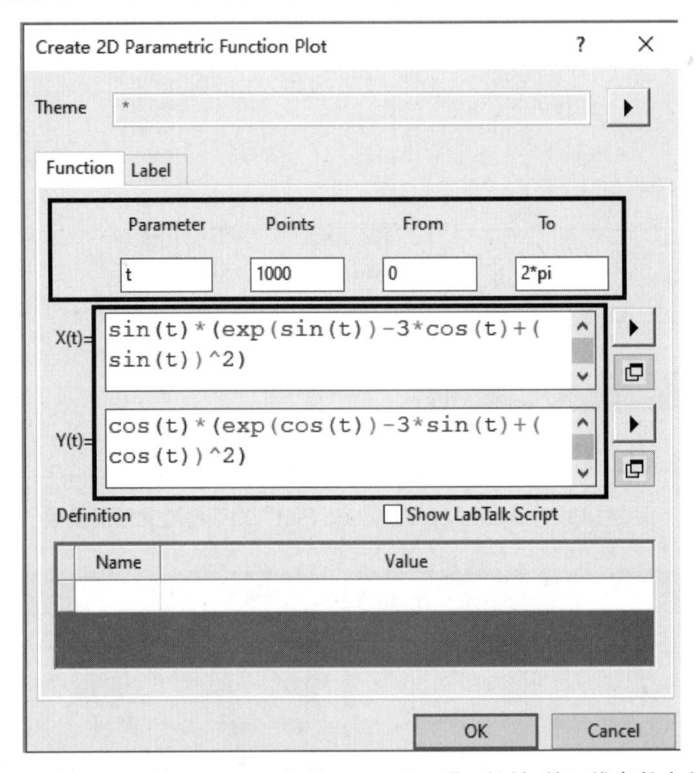

图 3-138 “Create 2D Parametric Function Plot”对话框的二维参数方程设置

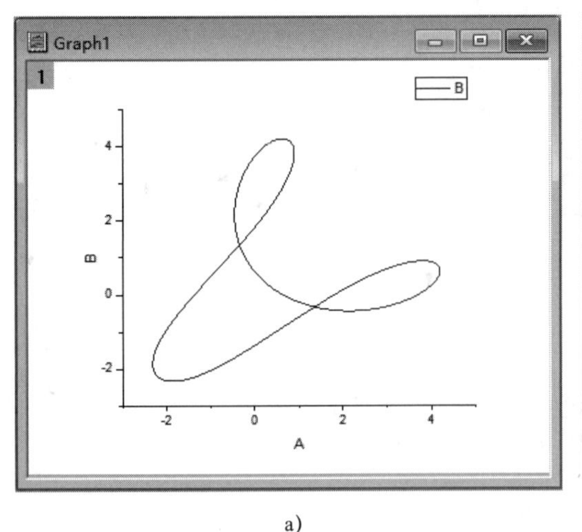

a)

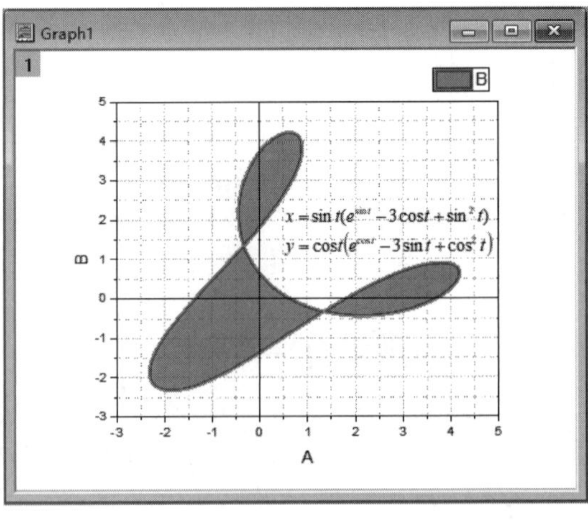

b)

图 3-139 二维参数方程图形

a）初始生成的二维参数方程图形 b） 绘制完成的二维参数方程图形

第 4 章

绘制三维图形

4.1 三维数据转换

要将工作表中的数据转换为矩阵表，主要有 4 种算法："Direct""Expand""XYZ Gridding"和"XYZ Log Gridding"。

在实际应用时选择哪一种转换方法，完全取决于工作中数据的情况。

在激活工作表窗口的情况下，通过菜单命令"Worksheet"→"Convert to Matrix"可以打开对话框，对数据进行转换，如图 4-1 所示。

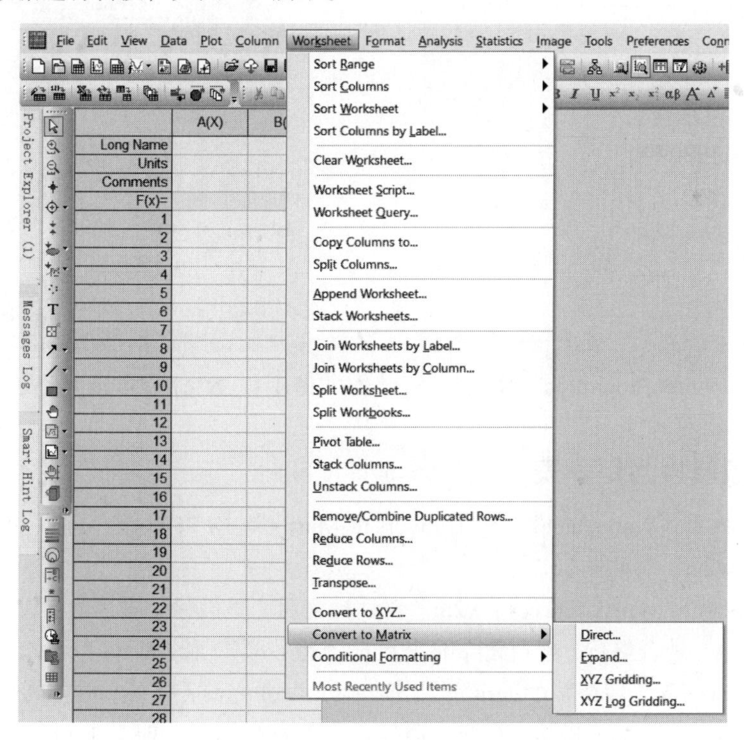

图 4-1 将工作表中的数据转换为矩阵表的算法

4.1.1 设置矩阵数据

下面通过例子来介绍将工作表转换为矩阵表。

以“…Origin2022\ Samples\Matrix Conversion and Gridding\XYZ Random Gaussian.dat”数据文件为例说明。打开“XYZ Random Gaussian.dat”数据文件，其工作表如图 4-2 所示。

在默认状态下，从 ASCII 文件导入的数据在工作表中的格式是 XYY。若要转换为矩阵格式，必须把导入工作表的数列格式变换为 XYZ。具体方法：用鼠标双击 C（Y）列的标题栏，在弹出的“Column Properties”对话框中，将“Options”选项组的“Plot Designation”选项由“Y”改变为“Z”，如图 4-3 所示。数列格式变换为 XYZ 后的工作表如图 4-4 所示。

	A(X)	B(Y)	C(Z)
Long Name			
Units			
Comments			
F(x)=			
Sparklines			
1	9.75753	9.83766	2.05443
2	10.61892	9.69965	2.7764
3	12.1371	10.07697	2.96181
4	13.66881	10.01273	2.4819
5	14.15564	10.15323	2.13646
6	15.81105	10.01636	2.02602
7	17.0496	9.92652	2.25738
8	17.75243	9.59284	1.64735
9	18.90315	9.7619	2.32251
10	19.92769	10.34681	2.49195

图 4-2 “XYZ Random Gaussian.dat”数据文件工作表

图 4-3 “Column Properties”对话框

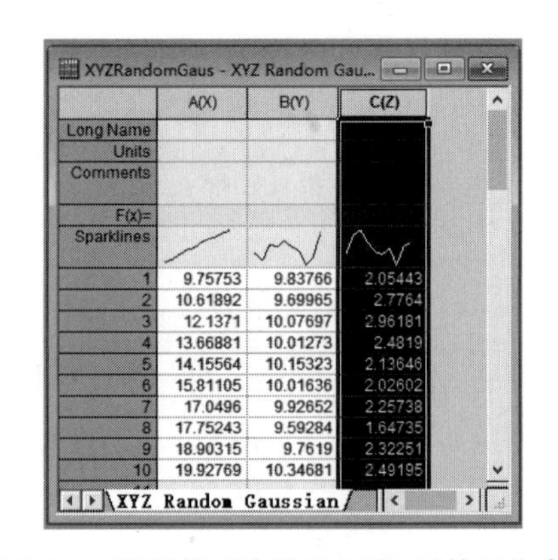

	A(X)	B(Y)	C(Z)
Long Name			
Units			
Comments			
F(x)=			
Sparklines			
1	9.75753	9.83766	2.05443
2	10.61892	9.69965	2.7764
3	12.1371	10.07697	2.96181
4	13.66881	10.01273	2.4819
5	14.15564	10.15323	2.13646
6	15.81105	10.01636	2.02602
7	17.0496	9.92652	2.25738
8	17.75243	9.59284	1.64735
9	18.90315	9.7619	2.32251
10	19.92769	10.34681	2.49195

图 4-4 数列格式变换为 XYZ 后的工作表

4.1.2 工作表转换为矩阵表

选择菜单命令“Worksheet”→“Convert to Matrix”→“Direct”可以打开“Convert to Matrix>Direct：w2m”对话框。

打开“Convert to Matrix>Direct：w2m”对话框之后，里面除了输入输出设置项之外，主要有“Trim Missing（是否整行 / 整列删除缺失数据的行 / 列）”和“Data Format”选项，后者可以设置为“No X and Y（转换整个工作表）”“X across columns（将第一列作为矩阵表的 Y 轴显示）”或“Y across columns（将第一行作为矩阵表的 X 轴显示）”，如图 4-5 所示。

当“Data Format”选项为“X across columns”或“Y across columns”时，还有以下选项：“X Values in/Y Values in（选择数据来源）”“X Values in First Column/Y Values in First Column（是否把第一列的值设置到 X、Y 轴上面）”“Even Spacing Relative Tolerance（%）（矩阵表的轴的刻度容差）”，如图 4-6 所示。

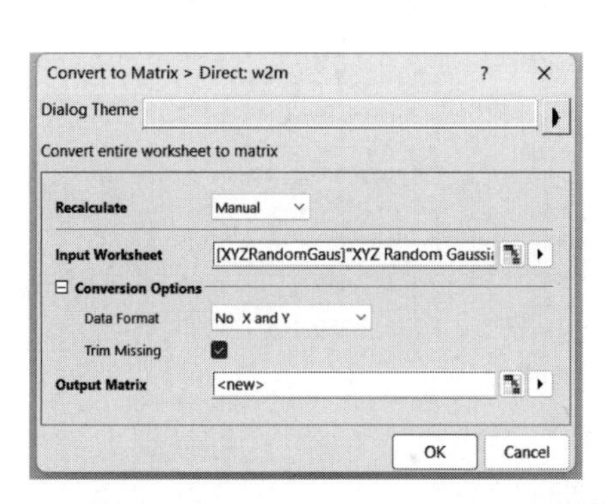

图 4-5　“Convert to Matrix>Direct：w2m”对话框

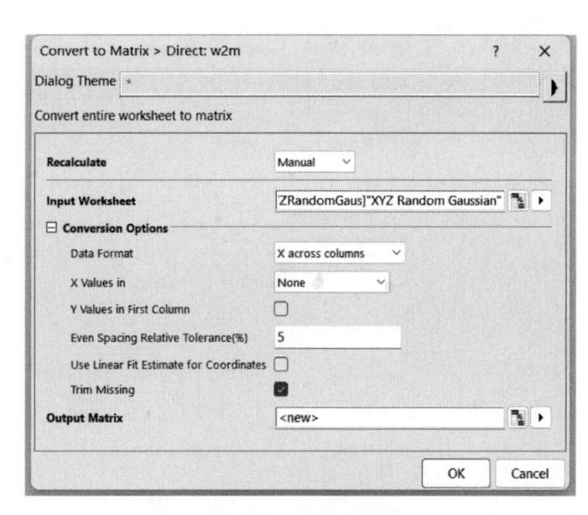

图 4-6　参数设置

设置完毕后，单击“OK”按钮完成转换，显示结果如图 4-7 所示。

MBook1 :1/1 XYZ Random Gaussia...

	1	2	3
1	9.75753	9.83766	2.05443
2	10.61892	9.69965	2.7764
3	12.1371	10.07697	2.96181
4	13.66881	10.01273	2.4819
5	14.15564	10.15323	2.13646
6	15.81105	10.01636	2.02602
7	17.0496	9.92652	2.25738
8	17.75243	9.59284	1.64735
9	18.90315	9.7619	2.32251
10	19.92769	10.34681	2.49195

Sheet1

图 4-7　将工作表中的数据转换为矩阵表的结果

4.1.3　扩展矩阵表

通过执行菜单命令“Worksheet”→“Convert to Matrix”→“Expand”可以打开“Convert to Matrix > Expand：wexpand2m”对话框。对工作表进行扩展转换。

在这个对话框中，可以设置“Expand for Every Row/Col（只接受整数，扩展的倍数）”和“Orientation（扩展的方向）”，如图 4-8 所示。单击“OK”按钮可以完成转换，详细结果如图 4-9 所示。

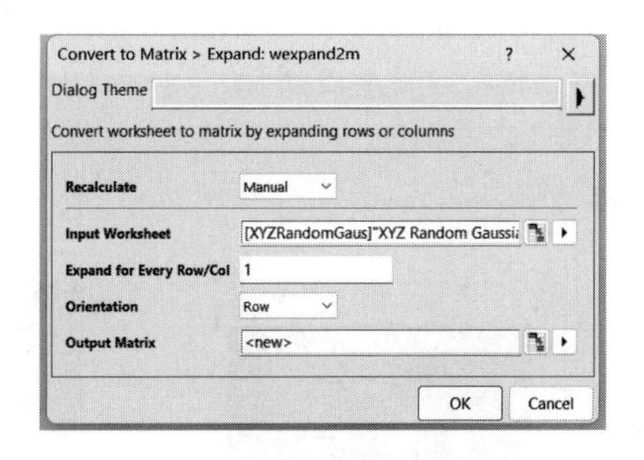

图 4-8　“Convert to Matrix>Expand：wexpand2m”对话框

	1	2	3	4	5	6
1	9.75753	9.83766	2.05443	10.61892	9.69965	2.7764
2	12.1371	10.07697	2.96181	13.66881	10.01273	2.4819
3	14.15564	10.15323	2.13646	15.81105	10.01636	2.02602
4	17.0496	9.92652	2.25738	17.75243	9.59284	1.64735
5	18.90315	9.7619	2.32251	19.92769	10.34681	2.49195
6	9.6795	11.13637	1.082	10.76996	11.41073	2.91927
7	12.17508	10.93143	2.20657	13.57578	10.96464	2.80512
8	14.56264	11.25067	2.82427	15.5529	11.30916	2.29991
9	17.004	11.18582	2.53021	18.0486	11.19802	2.55915
10	19.12965	10.85259	1.81845	19.9674	10.9736	2.10573
11	10.19058	11.90191	2.13807	11.19773	12.34839	1.77915
12	12.03355	12.22753	3.62056	13.12888	11.82746	5.01434
13	14.48262	12.38525	5.2844	15.07914	12.1082	5.64811
14	16.38308	11.7623	3.89537	17.47173	12.0275	2.57172
15	18.90039	12.3254	1.87292	19.72246	12.17759	1.91431
16	9.92215	13.22433	1.23947	11.30139	13.30945	2.86294

图 4-9　转换结果

4.1.4　XYZ Gridding

选中工作表中的 XYZ 列数据，通过执行菜单命令“Worksheet”→“Convert to Matrix”→“XYZ Gridding”将数据网格化，得到矩阵窗口，如图 4-10 所示。

设置完成后，单击“OK”按钮可以完成转换，如图 4-11 所示。

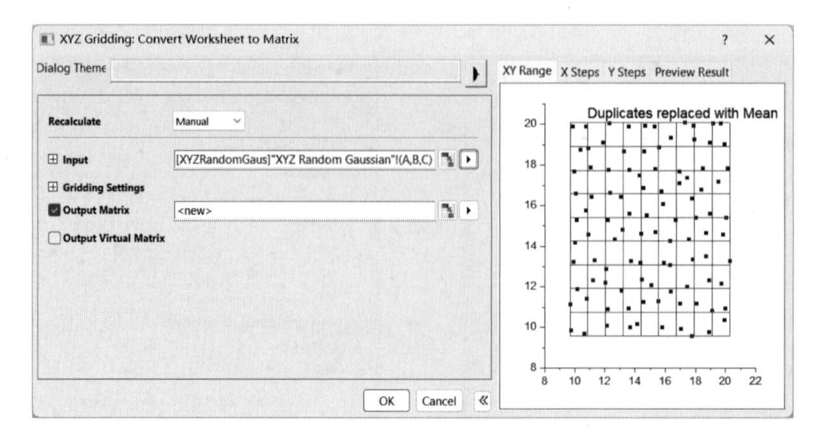

图 4-10 “XYZ Gridding”方法

	1	2	3	4	5	6	7	8	9	10
1	2.22119	2.89364	3.18669	3.06781	2.69538	2.2278	1.82346	1.66654	2.44953	3.22444
2	1.20382	3.13549	2.17562	2.67335	2.28902	1.59889	2.34845	2.58141	1.86028	2.4735
3	1.00728	2.11184	3.14562	5.17796	4.01871	5.07989	3.81984	2.15746	1.61126	2.33918
4	0.91214	1.8834	4.97076	6.17033	8.69915	9.48227	6.31887	3.97701	2.73161	2.64227
5	0.85869	3.13824	4.9225	7.64354	10.8754	10.48471	6.79859	5.17595	2.8019	2.95627
6	0.87275	3.57696	4.76698	8.09736	10.67128	11.3434	7.7982	5.40157	3.71038	3.07062
7	0.98018	2.59835	4.35622	7.16249	10.12529	9.22253	8.35105	4.8579	3.34024	2.89691
8	1.2068	3.57422	3.2778	4.83262	4.37608	5.83212	5.45012	2.26732	1.84564	2.34763
9	1.57846	1.48892	3.44354	3.92331	2.99631	2.85792	3.36784	3.39339	2.69022	0.2512
10	2.10788	1.71543	1.66676	2.08436	2.71664	3.1752	3.07734	2.15114	1.65216	3.00017

图 4-11 “XYZ Gridding”方法转换结果

4.1.5 XYZ Log Gridding

“XYZ Log Gridding”方法与“XYZ Gridding”方法基本一样，只是坐标轴以 Log 形式存在。选中工作表中的 XYZ 列数据，通过执行菜单命令“Worksheet”→“Convert to Matrix”→“XYZ Log Gridding”可以打开“XYZ Log Gridding”对话框，如图 4-12 所示。

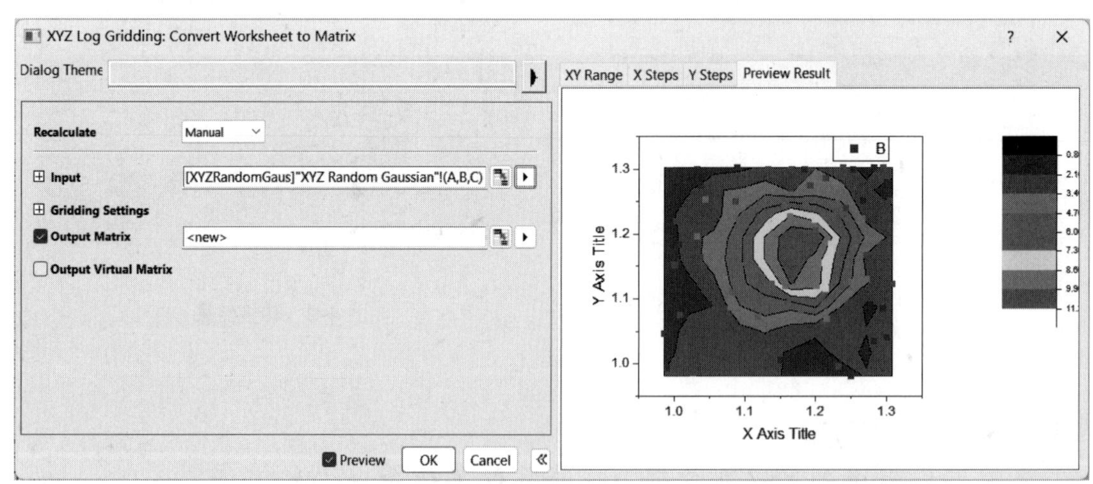

图 4-12 “XYZ Log Gridding”方法

设置完成之后，单击“OK”按钮可以完成转换，如图 4-13 所示。

	1	2	3	4	5	6	7	8	9	10
1	2.22452	2.7086	2.93778	2.77866	2.39236	1.94775	1.6137	1.55908	2.17464	3.13225
2	1.43143	2.93019	3.00541	2.56903	2.47073	1.96801	1.71182	2.44101	1.97175	2.67896
3	1.05826	2.89435	2.55176	3.00154	3.60206	2.90757	2.32331	2.57774	2.1406	2.30175
4	0.93287	1.72012	2.15407	4.63784	5.46365	5.11299	6.21794	3.37956	1.86823	2.38293
5	0.84165	1.78435	3.11782	5.79636	6.60533	9.96674	9.40529	5.68136	3.47577	2.71749
6	0.81933	2.88444	3.95542	5.69247	8.64644	11.18513	9.24652	6.47727	3.02994	3.03177
7	0.90062	3.12775	3.64815	5.69255	8.6828	10.93973	11.0988	7.11076	4.38487	3.08707
8	1.12024	3.38613	2.88549	4.68941	6.57658	8.56348	7.47393	5.72444	2.73275	2.71838
9	1.51291	2.01976	3.29811	3.59349	4.23687	3.32206	3.85131	3.74176	2.5525	1.06229
10	2.10334	1.75789	1.60087	1.75076	2.34961	3.06217	3.38463	2.81316	1.59921	2.99168

图 4-13　“XYZ Log Gridding”方法转换结果

4.2　三维绘图

Origin 提供了多种内置三维绘图模板，可用于科学实验中的数据分析，实现数据的多用途处理。在 Origin 2022 中，可以绘制的三维图形主要包括三维表面图（3D Surface）、三维符号图 / 棒状图（3D Symbol/Bar）、数据分析图（Statistics）、等高线图（Contour）、图片（Image）等形式。

4.2.1　三维表面图

Origin 2022 三维表面图有三维彩色填充表面图（3D Color Fill Surface）、三维 X 恒定且有基底表面图（3D X Constant with Base）、三维 Y 恒定且有基底表面图（3D Y Constant with Base）、三维彩色映射表面图（3D Colormap Surface）、带有误差棒的三维彩色填充表面图（3D Color Fill Surface with Error Bar）、带有误差棒的三维彩色映射表面图（3D Colormap Surface with Error Bar）、多层彩色填充表面图（Multiple Color Fill Surfaces）、多层彩色映射表面图（Multiple Colormap Surfaces）、三维彩色映射投影图（3D Colormap Surface with Projection）、三维线网线图（3D Wire Frame）、三维线网表面图（3D Wire Surface）、三维三元彩色映射表面图（3D Ternary Colormap Surface）共 12 种绘图模板。

选择菜单命令“Plot”→“3D”，如图 4-14 所示，在打开的二级菜单中选择绘制方式进行绘图；或者单击三维绘图工具栏符号旁的按钮，在打开的二级菜单中，选择绘图方式进行绘图。三维表面图（3D Surface）二级菜单如图 4-15 所示。

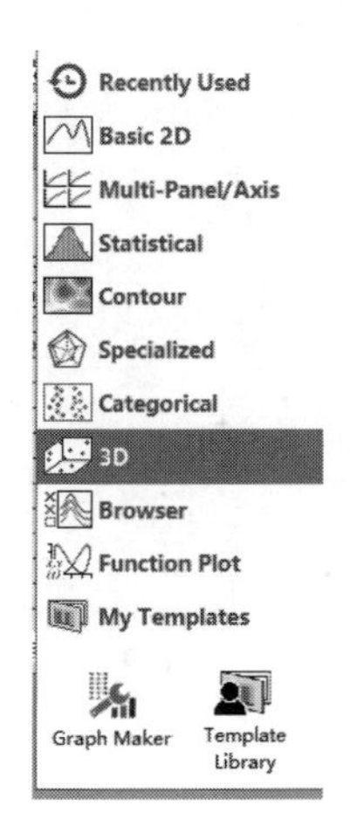

图 4-14　选择菜单命令

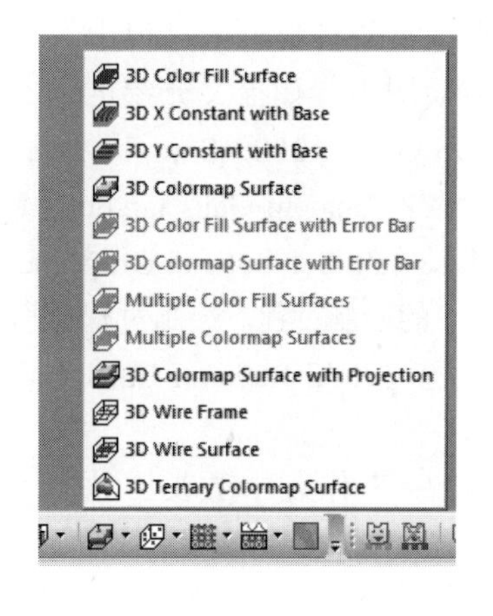

图 4-15　三维表面图的二级菜单

1. 三维彩色填充表面图（3D Color Fill Surface）

本例选择“Samples\Origin 2022\Samples\Tutorial Data.opju”数据文件中的“Surface with Symbol and Dropline”数据，数据中矩阵表如图 4-16 所示。

MBook1 :1/1

	11	12	13	14	15	16	17	18
1	2.22119	2.89364	3.18669	3.06781	2.69538	2.2278	1.82346	1.66654
2	1.20382	3.13549	2.17562	2.67335	2.28902	1.59889	2.34845	2.58141
3	1.00728	2.11184	3.14562	5.17796	4.01871	5.07989	3.81984	2.15746
4	0.91214	1.8834	4.97076	6.17033	8.69915	9.48227	6.31887	3.97701
5	0.85869	3.13824	4.9225	7.64354	10.8754	10.48471	6.79859	5.17595
6	0.87275	3.57696	4.76698	8.09736	10.67128	11.3434	7.7982	5.40157
7	0.98018	2.59835	4.35622	7.16249	10.12529	9.22253	8.35105	4.8579
8	1.2068	3.57422	3.2778	4.83262	4.37608	5.83212	5.45012	2.26732
9	1.57846	1.48892	3.44354	3.92331	2.99631	2.85792	3.36784	3.39339
10	2.10788	1.71543	1.66676	2.08436	2.71664	3.1752	3.07734	2.15114

Data

图 4-16　矩阵表

选中矩阵表中所有数据，执行菜单命令“Plot”→“3D”→“3D Color Fill Surface”，或者单击三维绘图工具栏中的按钮，绘制图形如图 4-17 所示。

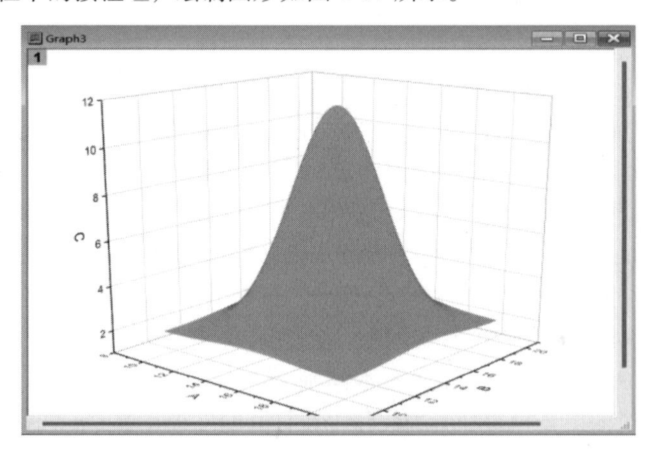

图 4-17　绘制的三维彩色填充表面图

但在日常的科技绘图过程中，使用模板绘制三维彩色填充表面图不会如上文介绍的这么简单，本节以“…\OriginLab\Origin 2022\Samples\Matrix Conversion and Gridding\XYZ Random Gaussian.dat”数据文件为例向读者介绍 Surface with Symbol and Drop line（含有符号和网格线的表面图）的绘制过程。绘制过程如下：

1）打开“XYZ Random Gaussian”工作表，如图 4-18 所示。

XYZRandomGaus *

	A(X)	B(Y)	C(Z)
1	9.75753	9.83766	2.05443
2	10.61892	9.69965	2.7764
3	12.1371	10.07697	2.96181
4	13.66881	10.01273	2.4819
5	14.15564	10.15323	2.13646
6	15.81105	10.01636	2.02602
7	17.0496	9.92652	2.25738
8	17.75243	9.59284	1.64735
9	18.90315	9.7619	2.32251
10	19.92769	10.34681	2.49195
11	9.6795	11.13637	1.082
12	10.76996	11.41073	2.91927
13	12.17508	10.93143	2.20657
14	13.57578	10.96464	2.80512
15	14.56264	11.25067	2.82427

XYZ Random Gaussian

图 4-18　“XYZ Random Gaussian”数据文件工作表

2）选中工作表中数据，执行菜单命令“Plot”→“3D”→“3D Scatter”，绘制图形如图 4-19 所示。

3）现在我们将三维彩色填充表面图添加到这个三维散点图中。在图形窗口的左上角，双击该层图标“1”，打开“Layer Contents”对话框。

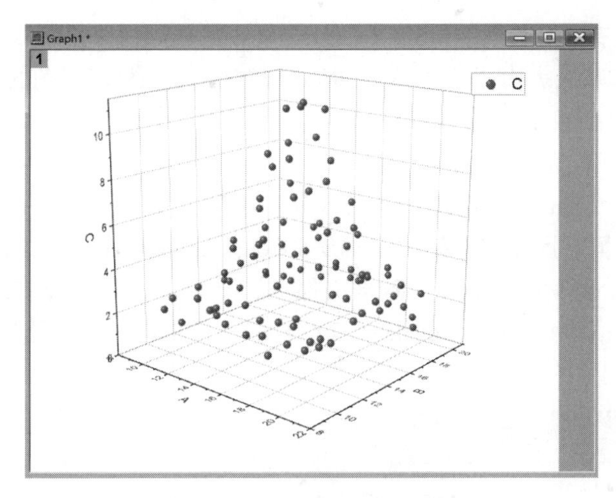

图 4-19　绘制的三维散点图

4）在“Layer Contents”对话框中，选中绘制图形的数据并导入到右侧表格，如图 4-20 所示。

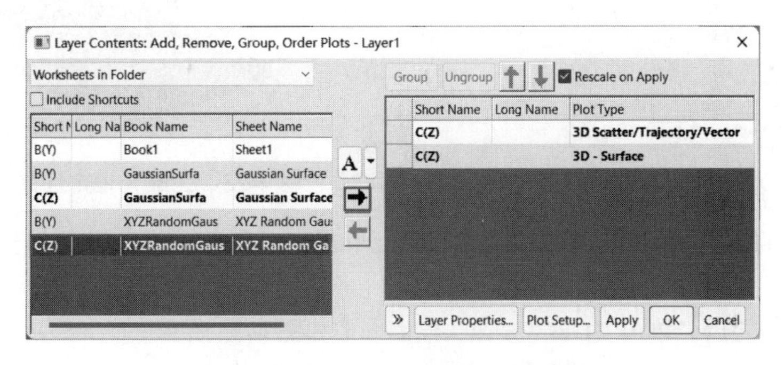

图 4-20　“Layer Contents”对话框

5）导入数据后单击“OK”按钮，生成三维彩色填充图，如图 4-21 所示，双击图形可更改图形颜色、数据大小，此处没有做更改，使用原始设置。

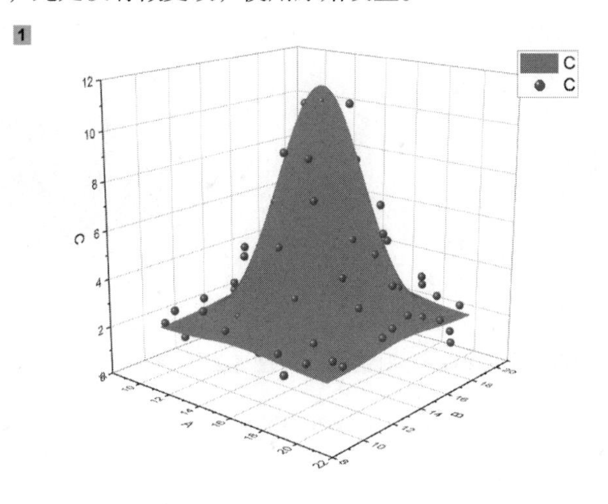

图 4-21　三维彩色填充图

2. 三维 X 恒定且有基底表面图（3D X Constant with Base）

三维 X 恒定且有基底表面图（3D X Constant with Base）是不同的 X 轴确定了平行于 YZ 面的一系列平面，在每个平面上，不同的 Z 值描述的点连接成直线。这些曲线形成的三维曲面，在默认情况下，图形颜色为蓝色。

应用“Origin 2022\Samples\Tutorial Data.opju”数据文件中的“3D Surface & Contour”数据向读者介绍三维 X 恒定且有基底表面图（3D X Constant with Base）的绘制过程。

1）导入“3D Surface & Contour”数据文件，如图 4-22 所示。选中数据，执行菜单命令“Plot”→“3D Surface”→“3D X Constant with Base”，或单击三维绘图工具栏中的按钮，绘制图形如图 4-23 所示。

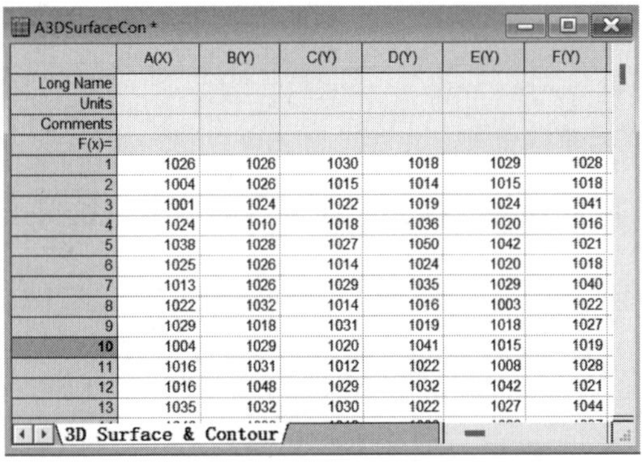

A3DSurfaceCon *

	A(X)	B(Y)	C(Y)	D(Y)	E(Y)	F(Y)
Long Name						
Units						
Comments						
F(x)=						
1	1026	1026	1030	1018	1029	1028
2	1004	1026	1015	1014	1015	1018
3	1001	1024	1022	1019	1024	1041
4	1024	1010	1018	1036	1020	1016
5	1038	1028	1027	1050	1042	1021
6	1025	1026	1014	1024	1020	1018
7	1013	1026	1029	1035	1029	1040
8	1022	1032	1014	1016	1003	1022
9	1029	1018	1031	1019	1018	1027
10	1004	1029	1020	1041	1015	1019
11	1016	1031	1012	1022	1008	1028
12	1016	1048	1029	1032	1042	1021
13	1035	1032	1030	1022	1027	1044

3D Surface & Contour

图 4-22 “3D Surface & Contour”数据文件

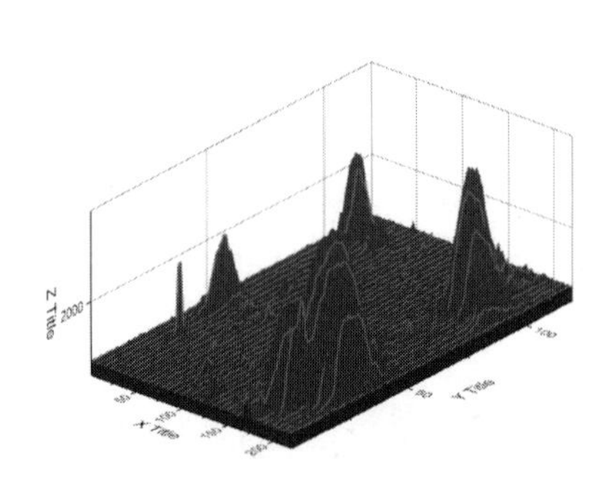

图 4-23 三维 X 恒定且有基底表面图

2）双击图形，打开“Plot Details-Plot Properties”对话框设置图形线条及填充颜色，如图 4-24 所示。

3）设置完毕之后，单击“OK”按钮，绘制图形如图 4-25 所示。

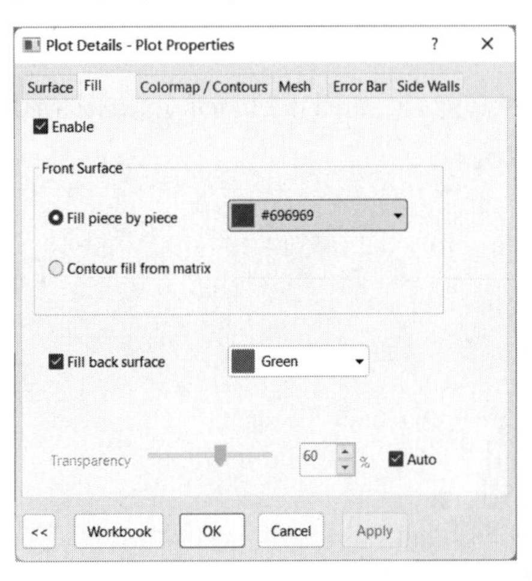

图 4-24 “Plot Details-Plot Properties”对话框

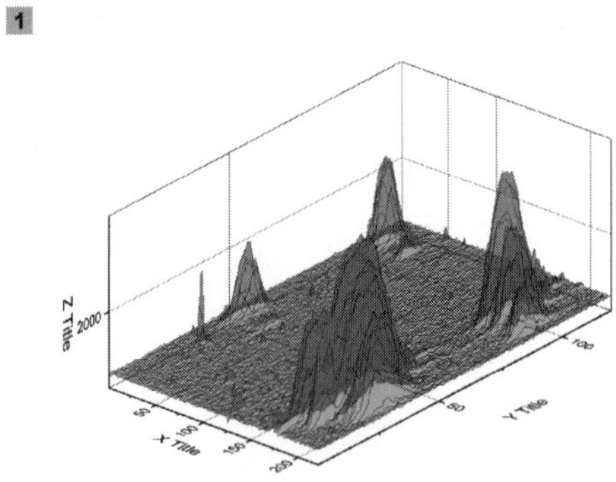

图 4-25 处理后的三维 X 恒定且有基底表面图

3. 三维 Y 恒定且有基底表面图（3D Y Constant with Base）

三维 Y 恒定且有基底表面图（3D Y Constant with Base）是不同的 Y 轴确定了平行于 XZ 面的一系列平面，在每个平面上，不同的 Z 值描述的点连接成直线，这些曲线形成的三维曲面，在默认情况下，图形颜色为蓝色。

同样应用“Surface with Point label”数据向读者介绍三维 Y 恒定且有基底表面图，绘制过程与三维 X 恒定且有基底表面图基本相同，绘制图形如图 4-26 所示。

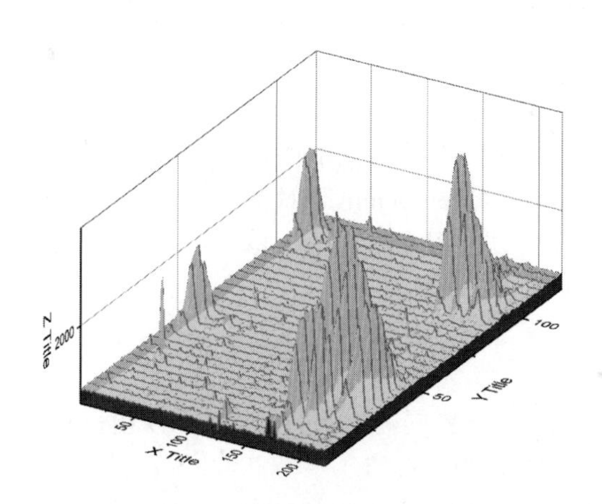

图 4-26　三维 Y 恒定且有基底表面图

4. 三维彩色映射表面图（3D Colormap Surface）

三维彩色映射表面图是根据 XYZ 坐标确定点在三维空间内的位置，然后各点以直线连接，这些格栅线就确定了三维表面。

本例采用“Samples\Chapter 07\gid135\gid135. opj”数据。打开“gid135.opj”工程文件，该工程文件中的 A3DXYZ 数据文件工作表如图 4-27 所示。

A3DXYZ *

	A(X)	B(Y)	C(Z)
1	-15	-15	945.51563
2	-15	-14	918
3	-15	-13	950.04688
4	-15	-12	892.82813
5	-15	-11	940.25
6	-15	-10	937.75
7	-15	-9	786.35938
8	-15	-8	732.17188
9	-15	-7	805.1875
10	-15	-6	775.125
11	-15	-5	700.375
12	-15	-4	644.29688
13	-15	-3	603.46875
14	-15	-2	548.46875
15	-15	-1	561.32813
16	-15	0	689.34375

3D XYZ

图 4-27　A3DXYZ 数据文件工作表

选中数据，执行菜单命令“Plot”→“3D”→“3D Color Map Surface”，或单击三维绘图工具栏中的按钮，绘制图形如图 4-28 所示。

5. 三维线网线图（3D Wire Frame）

仍然采用“Tutorial Data.opju”数据文件中的“Intersecting Surfaces”数据进行说明。选中数据，执行菜单命令“Plot”→“3D”→“3D Wire Frame”，或单击三维绘图工具栏中的按钮，绘制图形如图 4-29 所示。

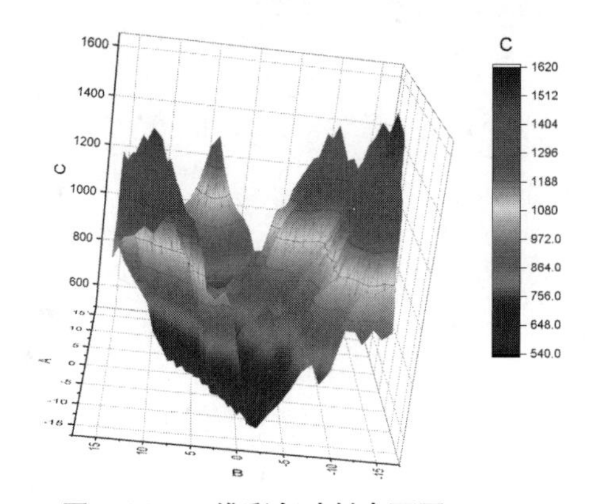

图 4-28　三维彩色映射表面图

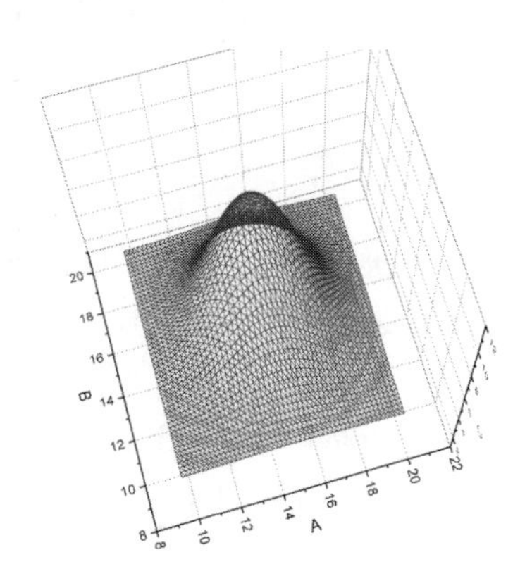

图 4-29　三维线网线图

6. 三维线网表面图（3D Wire Surface）

采用“Samples\Tutorial Data.opju”数据文件中的“Intersecting Surfaces”数据进行说明。具体绘制步骤如下：

选中数据，执行菜单命令“Plot”→“3D”→“3D Wire Surface”，或单击三维绘图工具栏中的按钮，用鼠标双击图形，出现“Plot Details”对话框，在“Fill”标签中进行设置，设置完毕之后，单击“OK”按钮，绘制图形如图 4-30 所示。

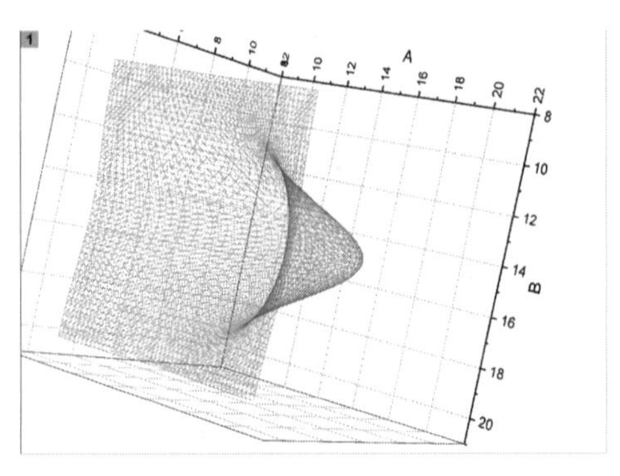

图 4-30　三维线网表面图

4.2.2　三维 XYY 图

Origin2022 三维 XYY 图有 XYY 三维棒状图（XYY 3D Bars）、三维条带图（3D Ribbons）和三维墙状图（3D Walls）3 种绘图模板。

选择菜单命令“Plot”→“3D”→“XYY 3D”，如图 4-31 所示，在打开的二级菜单中选择绘制方式进行绘图；或者单击三维绘图工具栏符号旁的按钮，在打开的二级菜单中，选择绘图方式进行绘图。三维 XYY 图（3D XYY）的二级菜单如图 4-32 所示。

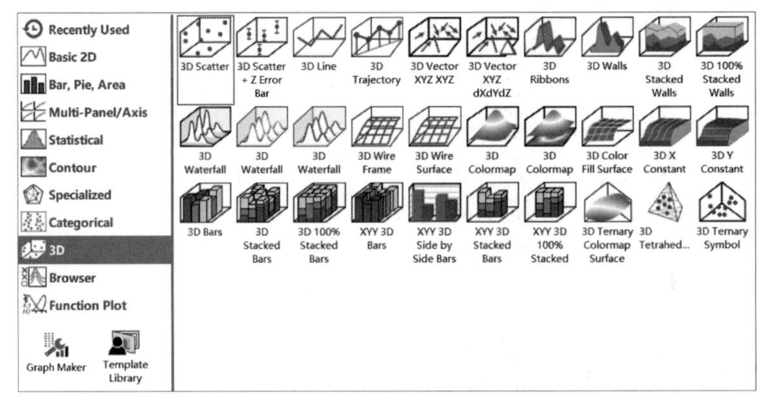

图 4-31　选择菜单命令

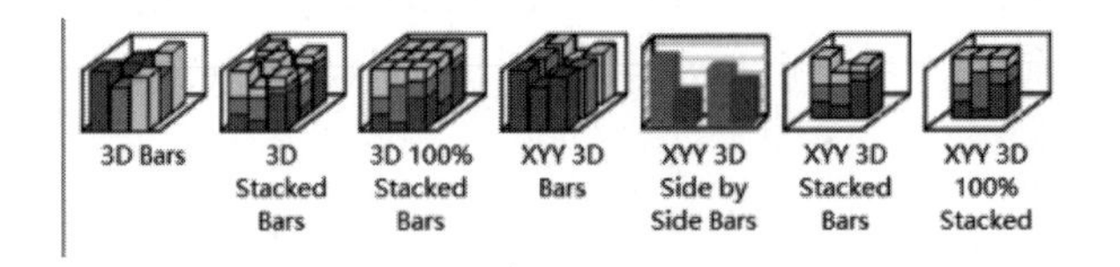

图 4-32　三维 XYY 图二级菜单

1. XYY 三维棒状图（XYY 3D Bars）

对数据的要求是每列 Y 数据为图形棒的高度，Y 列的标题标在 Z 轴，如果没有设定与该列相关的 X 列，数据工作表取 X 的默认值。

以“…\Sample\Mathematics\3D Interpolation.dat”数据文件为例说明。

数据文件工作表如图 4-33 所示。依次选中 A（X）、B（Y）、C（Y）数据，执行菜单命令“Plot”→“3D XYY”→“XYY 3D Bars”，或单击三维绘图工具栏中的按钮，绘制图形如图 4-34 所示。

A3DInterpolat - 3D Interpolation.dat *

	A(X)	B(Y)	C(Z)	D(Y)
Long Name	X	Y	Z	F
Units				
Comments				
F(x)=				
Sparklines				
1	9.9	9.14	2.29	19.41
2	9.97	5.35	8.16	32.58
3	0.64	2.65	0.24	0.05
4	4.11	4.4	0.6	1.55
5	0.94	8.43	0.75	0.01
6	5.3	8.09	8.88	7.84
7	6.82	0.28	9.85	6.5
8	9.27	0.01	6.2	15.79
9	3.59	2.2	3.88	2.21
10	9.54	6.54	1.31	17.78

3D Interpolation

图 4-33　“3D Interpolation”数据文件工作表

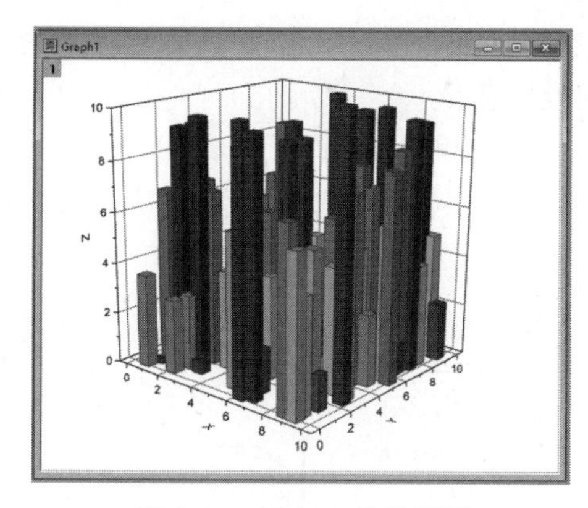

图 4-34　XYY 三维棒状图

2. 三维条带图（3D Ribbons）

三维条带图对数据的要求是每列 Y 数据为图形条带的高度，Y 列的标题标在 Z 轴，如果没有设定与该列相关的 X 列，数据工作表取 X 的默认值。

以“…\Sample\Matrix Conversion and Gridding\3D XYZ.dat”数据文件为例说明。导入“3D XYZ”数据文件工作表如图 4-35 所示。

依次选中 A（X）、B（Y）、C（Y）数据，执行菜单命令“Plot”→“3D XYY”→“3D Ribbons”，或单击三维绘图工具栏中的按钮 ，绘制图形如图 4-36 所示。

A3DXYZ - 3D XYZ.dat *

	A(X)	B(Y)	C(Y)
Long Name			
Units			
Comments			
F(x)=			
Sparklines			
1	-15	-15	945.51563
2	-15	-14	918
3	-15	-13	950.04688
4	-15	-12	892.82813
5	-15	-11	940.25
6	-15	-10	937.75
7	-15	-9	786.35938
8	-15	-8	732.17188
9	-15	-7	805.1875

3D XYZ

图 4-35　“3D XYZ”数据文件工作表

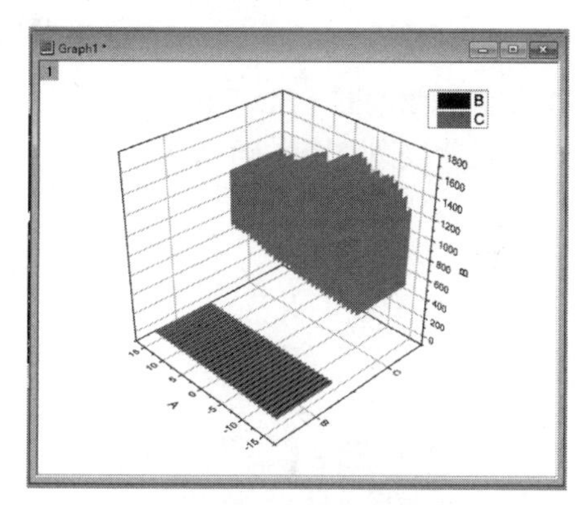

图 4-36　三维条带图

3. 三维墙状图（3D Walls）

以“…\Sample\Matrix Conversion and Gridding\3D XYZ.dat”数据文件为例说明三维墙状图的绘制。选中全部数据，执行菜单命令“Plot”→“3D XYY”→“3D Walls”，或单击三维绘图工具栏中的按钮 ，绘制的三维墙状图（3D Walls）如图 4-37 所示。

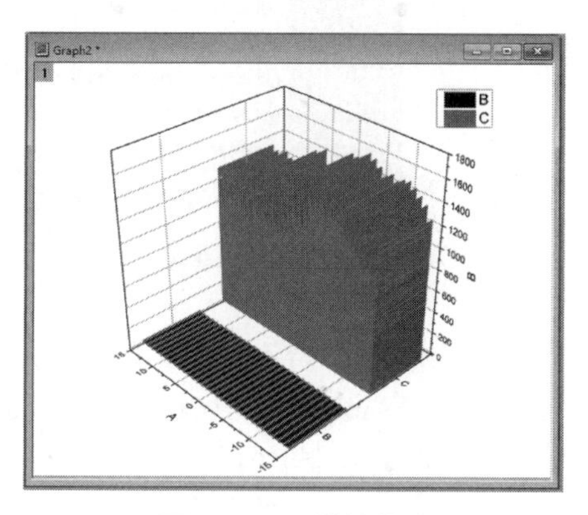

图 4-37　三维墙状图

4.2.3　三维符号图和三维矢量图

Origin 2022 中绘制三维符号图和三维矢量图的种类主要有：三维棒状图（3D Bars）、三维散点图（3D Scatter）、三维抛物线图（3D Trajectory）、三维误差棒状图（3D Error Bar）、三维 XYZ XYZ 矢量图（3D Vector XYZ XYZ）和三维 XYZ 微分矢量图 6 种绘图模板。

选择菜单命令“Plot”→“3D”，如图 4-38 所示，在打开的二级菜单中选择绘制方式进行绘图；或者单击三维绘图工具栏中的符号按钮 ，在打开的二级菜单中，选择绘图方式进行绘图，如图 4-39 所示。

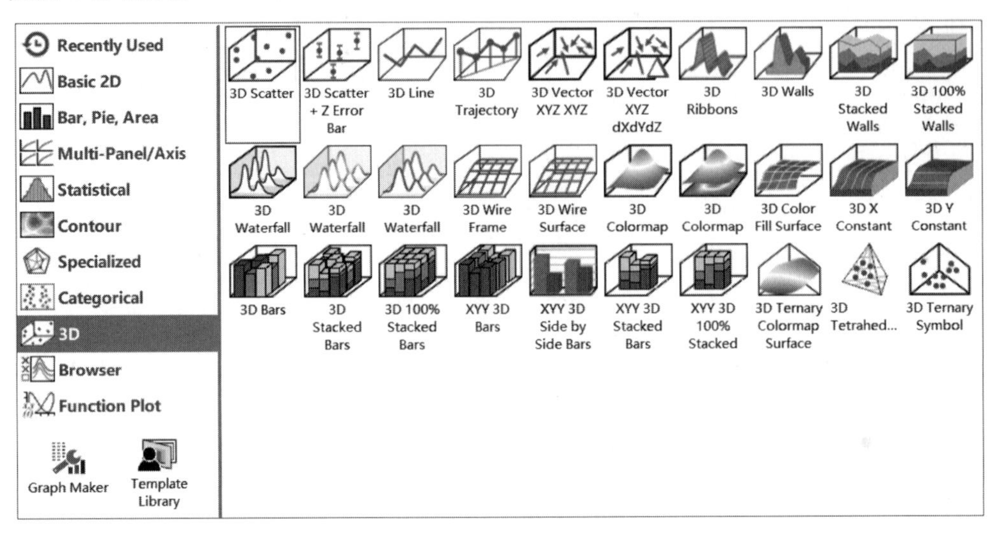

图 4-38　选择菜单命令

1. 三维抛物线图（3D Trajectory）

三维抛物线图如图 4-40 所示。

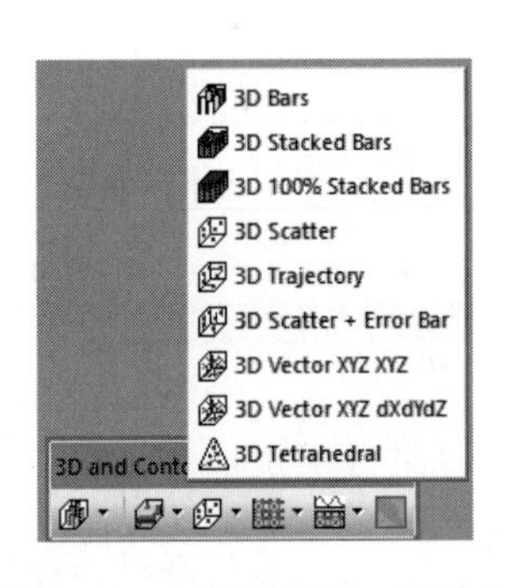

图 4-39　三维符号图二级菜单

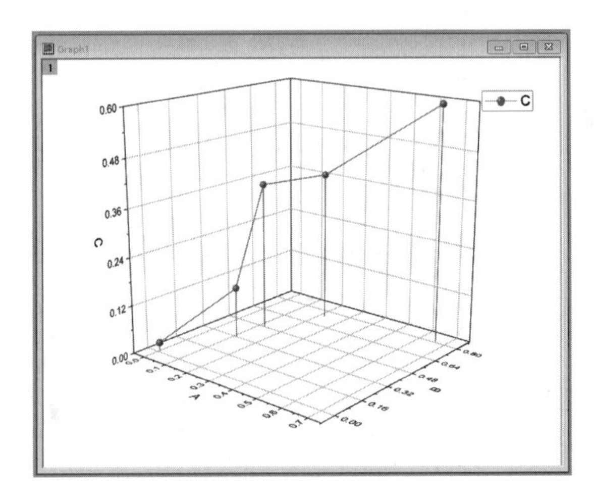

图 4-40　三维抛物线图

2. 三维 XYZ XYZ 矢量图（3D Vector XYZ XYZ）

以“…\Sample\Matrix Conversion and Gridding\Direct.dat”数据文件为例说明三维 XYZ XYZ 矢量图的绘制。打开“Direct.dat”数据工作表并增添和设置每列属性如图 4-41 所示。选择前 6 列数据，绘制的三维 XYZ XYZ 矢量图如图 4-42 所示。

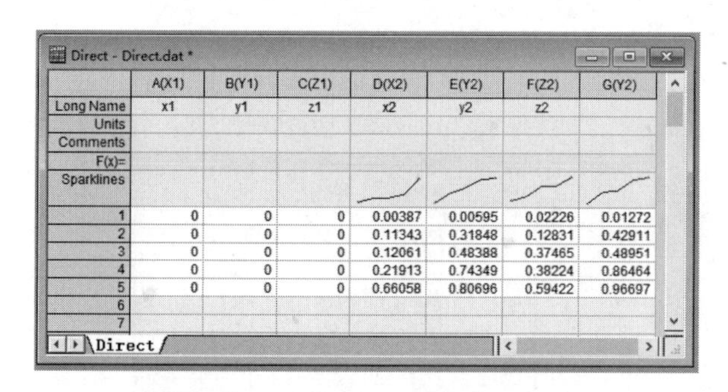

Direct - Direct.dat *

	A(X1)	B(Y1)	C(Z1)	D(X2)	E(Y2)	F(Z2)	G(Y2)
Long Name	x1	y1	z1	x2	y2	z2	
Units							
Comments							
F(x)=							
Sparklines							
1	0	0	0	0.00387	0.00595	0.02226	0.01272
2	0	0	0	0.11343	0.31848	0.12831	0.42911
3	0	0	0	0.12061	0.48388	0.37465	0.48951
4	0	0	0	0.21913	0.74349	0.38224	0.86464
5	0	0	0	0.66058	0.80696	0.59422	0.96697
6							
7							

图 4-41 “Direct.dat”数据工作表

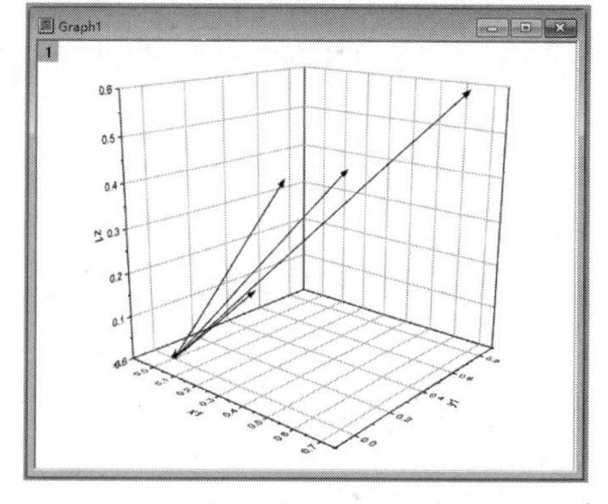

图 4-42 三维 XYZ XYZ 矢量图

4.2.4 三维棒状图

以“…\Sample\Matrix Conversion and Gridding\Direct.dat”数据文件为例说明三维棒状图的绘制。选择“Direct.dat”中的前 3 项，均采用默认值，其三维棒状图如图 4-43 所示。

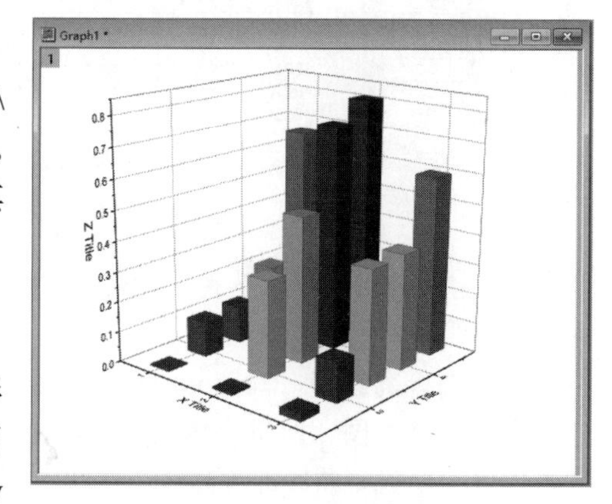

图 4-43 三维棒状图

4.2.5 三维等高线图

Origin 2022 中的等高线图（Contour）有彩色等高线图（Contour-Color Fill）、黑白等高线图（Contour-B/W Lines+Labels）、灰度等高图（Gray Scale Map）、热图（Heatmap）、含注释热图（Heatmap with Labels）、Polar Contour theta（X）r（Y）、Polar Contour r（X）theta（Y）、三角等高线图（Ternary Contour）8 种绘图模板。

选择菜单命令“Plot”→“Contour”，如图 4-44 所示，在打开的二级菜单中选择绘制方式进行绘图，或者单击三维绘图工具栏符号按钮，在打开的二级菜单中，选择绘图方式进行绘图。等高线图（Contour）的二级菜单如图 4-45 所示。

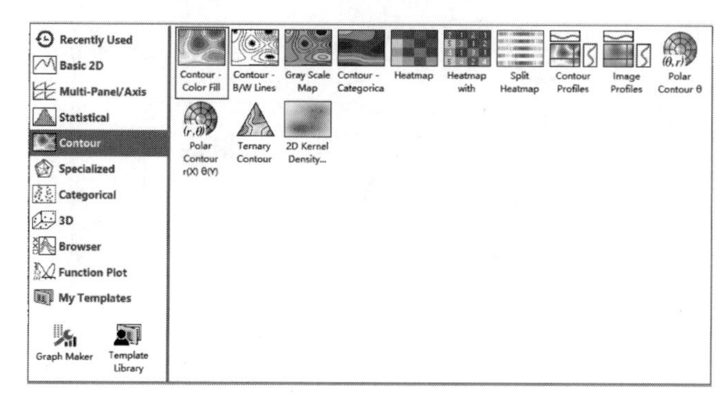

图 4-44 等高线图绘图菜单命令

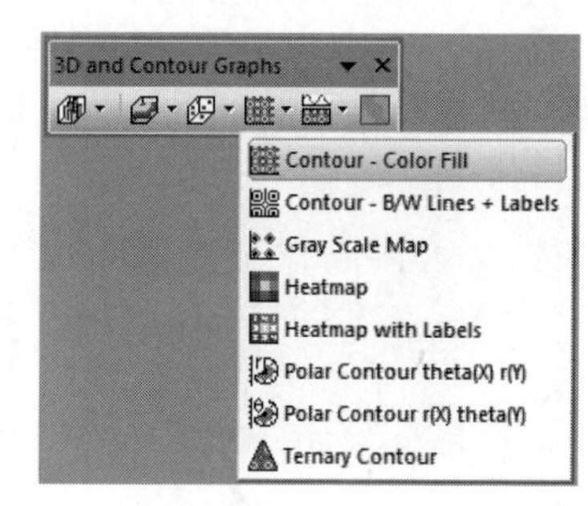

图 4-45 等高线图（Contour）二级菜单

1. 彩色等高线图（Contour-Color Fill）

以“…\Sample\Graphing\3D Surface&Contour.dat”数据文件为例说明彩色等高线图的绘制。

1）导入“3D Surface&Contour.dat”数据文件，如图 4-46 所示。

A3DSurfaceCon - 3D Surface & Contour.dat *

	A(X)	B(Y)	C(Y)	D(Y)	E(Y)	F(Y)	G(Y)	H(Y)	I(Y)	J
Long Name										
Units										
Comments										
F(x)=										
1	1026	1026	1030	1018	1029	1028	1005	1035	1023	
2	1004	1026	1015	1014	1015	1018	1033	1024	1020	
3	1001	1024	1022	1019	1024	1041	1007	1018	1019	
4	1024	1010	1018	1036	1020	1016	1016	1014	1027	
5	1038	1028	1027	1050	1042	1021	1022	1025	1017	
6	1025	1026	1014	1024	1020	1018	1023	1014	1018	
7	1013	1026	1029	1035	1029	1040	1028	1022	1034	
8	1022	1032	1014	1016	1003	1022	1024	1031	1002	
9	1029	1018	1031	1019	1018	1027	1025	1013	1036	
10	1004	1029	1020	1041	1015	1019	1033	1020	1023	
11	1016	1031	1012	1022	1008	1028	1005	1038	1021	
12	1016	1048	1029	1032	1042	1021	1014	1009	1138	
13	1035	1032	1030	1022	1027	1044	1039	1008	1017	
14	1040	1033	1012	1006	1028	1037	1035	1013	1018	
15	1024	1013	1025	1026	1019	1030	1029	1022	1014	
16	1024	1008	1008	1005	1022	1016	1019	1019	1003	
17	1025	1021	1011	1009	1028	1012	1087	1018	1027	
18	1023	1023	1010	1014	1022	1031	1016	1028	1018	
19	1025	1016	1021	1029	1016	1020	1028	1016	1026	

3D Surface & Contour

图 4-46 “3D Surface&Contour.dat”数据文件

2）选择全部数据，选择菜单命令“Plot”→“Contour”→“Contour-Color Fill”，绘制的彩色等高线图如图 4-47 所示。

2. 黑白等高线图（Contour-B/W Lines+Labels）

黑白等高线图，即黑白线 + 数字标记的等高线图。在 XOY 坐标平面上，将相同 Z 值的数据点连成一条封闭曲线即等高线，在线上用数字标出 Z 值。一系列等高线及其数字标记组成的栅格就形成了等高线图。默认底色为白色。仍以“3D Surface&Contour.dat”数据文件为例说明黑白等高线图的绘制。

1）导入“3D Surface&Contour.dat”数据文件，并将该数据文件工作表置为当前窗口，选择菜单命令“Plot”→“Contour”→“Contour-B/W lines”绘图。

2）图形颜色、数字格式、有无标记和数字分级等内容，均可在“Plot Details”对话框中设置。黑白线 + 数字标记的等高线图如图 4-48 所示。

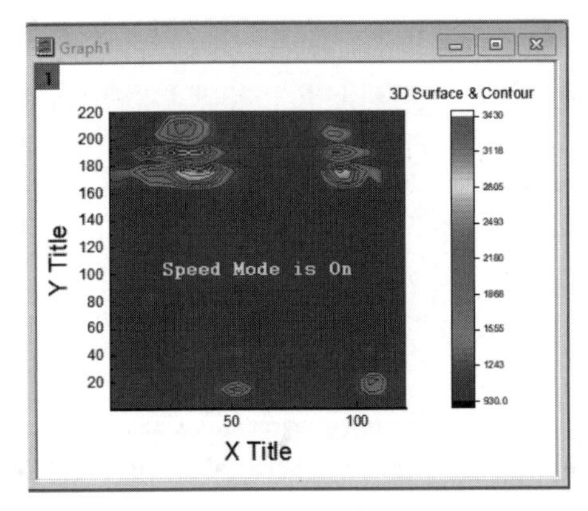

图 4-47 “3D Surface&Contour.dat”数据文件的彩色等高线图

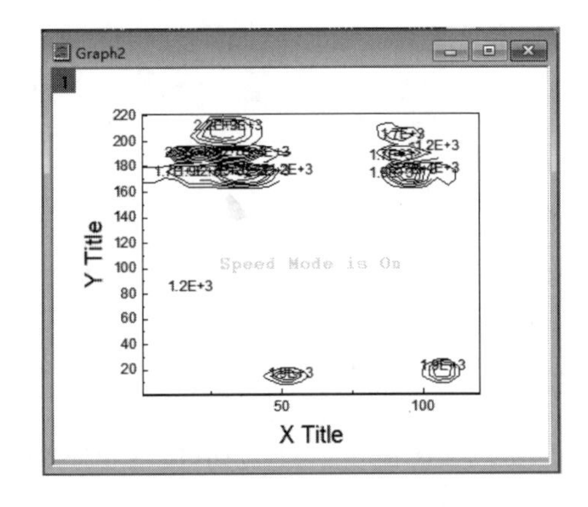

图 4-48 黑白线 + 数字标记的等高线图

4.2.6　三维散点图

三维散点图也称三维相关图，是一种分析三个变量之间关系的工具，用于确定三个变量之间的相关程度。三个变量分别在三个坐标轴上，其交点以图形方式呈现了它们之间的关系模式。通常用于检验因果关系并识别其中的成因。以“…\Sample\Graphing\3D Scatter.dat”数据文件为例说明三维散点图的绘制。

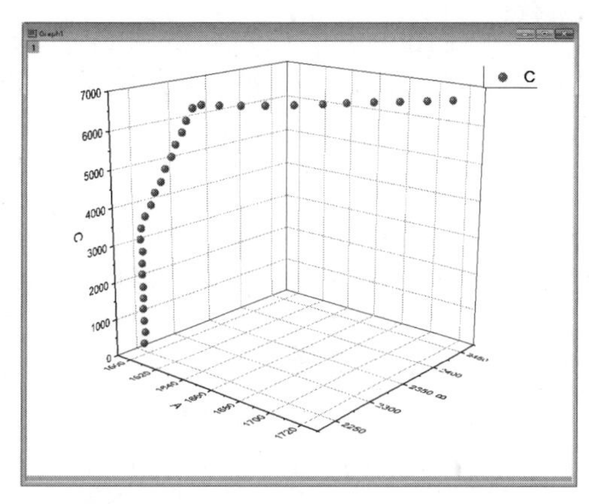

图 4-49　“3D Scatter.dat”数据文件的三维散点图

1）导入“3D Scatter.dat”数据文件，将 C（Y）调整为 C（Z），选择菜单命令“Plot”→“3D”→“3D Scatter”，绘制三维散点图，如图 4-49 所示。

2）双击图 4-49 所示的曲线，打开“Plot Details-Plot Properties”对话框，在左侧面板选择“Original”选项，在“Symbol”选项卡中“Size”下拉列表框中选择“Col（C）”选项，设置比例系数为 0.005。设置颜色为“Map：Col（E）”，透明度（Transparency）为 25%，设置如图 4-50a 所示。

3）在图 4-50b 所示对话框的左侧面板中选择“3D Scatter”选项，选择“Fully Independent”单选按钮，确保每一项都能单独被定义。

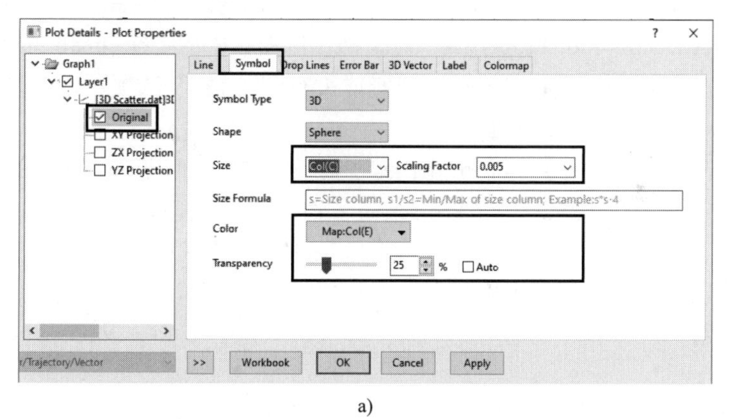

a)

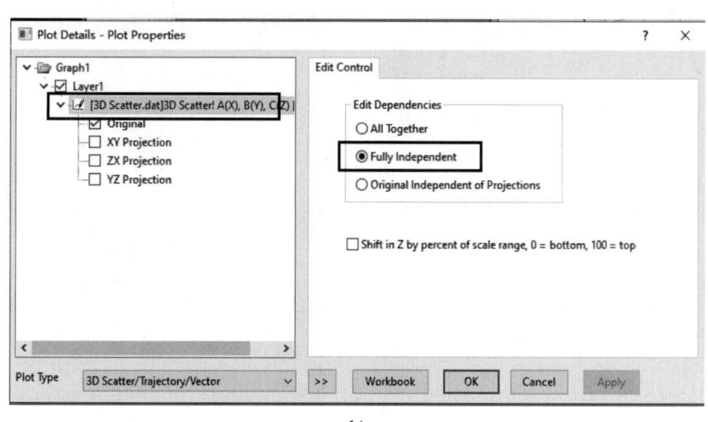

b)

图 4-50　“Plot Details-Plot Properties”对话框设置

4）在图 4-50 中分别勾选“XY Projection（XY 投影）”“ZX Projection（ZX 投影）”YZ Projection（YZ 投影）”复选框，向这 3 个面分别投影，结果如图 4-51 所示。

除此之外，还可绘制带有误差带的三维散点图，可选择菜单命令“Plot”→“3D”→“3D Scatter +Z Error Bar”，读者可自行练习。

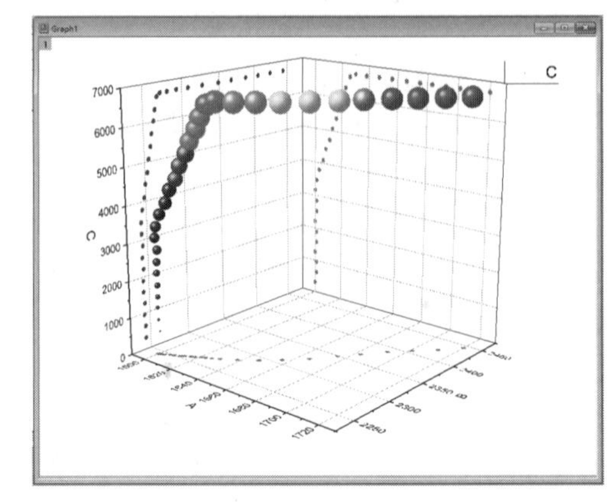

图 4-51 “3D Scatter.dat”数据文件的三维散点图

4.2.7 三维投影图

三维投影图是将三维空间曲线投影到某一个平面所形成的曲线图形。以“…\Sample\Graphing\Tenary1.dat”数据文件为例说明三维投影图的绘制。

1）导入“Tenary1.dat”数据文件，选择 C（Z）列数据，选择菜单命令“Plot”→“3D”→“3D Trajectory”，绘制三维投影图，如图 4-52 所示。

2）双击图 4-52 所示的曲线，打开“Plot Details-Plot Properties”对话框，在面板左侧选择“Layer1”选项，选中“Plane”选项卡，将“XY Position”选项设置为“At Position=0.2”，单击“Apply”按钮。

3）选择“Plot Details-Plot Properties”对话框左侧面板中的“Original”选项，选择“Drop Lines”选项卡，选择“Parallel to Z Axis（投影线平行于 Z 轴）”选项。勾选“Line”选项卡中的“Enable Connect Symbols”复选框。

4）分别勾选“Plot Details-Plot Properties”对话框左侧面板中“XY Projection（XY 投影）”“ZX Projection（ZX 投影）”“YZ Projection（YZ 投影）”复选框，向这 3 个面分别投影。

5）双击图 4-52 中的 X 轴，打开“X Axis-Layer1”对话框，在左侧面板中选择“Y”，在“Show”选项卡的“Show Axis”下拉列表框选择“None”选项，即不显示 Y 轴数据，最终投影图如图 4-53 所示。

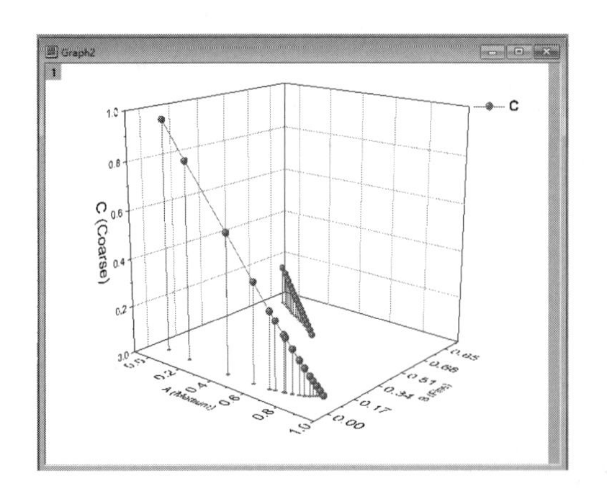

图 4-52 “Tenary1.dat”的三维投影图

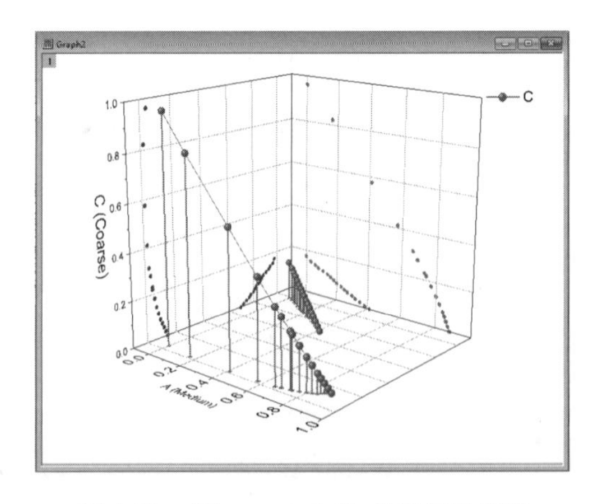

图 4-53 “Tenary1.dat”的最终投影图

4.3　三维模板绘图和三维函数绘图

4.3.1　三维模板绘图

本节以“…\Sample\Graphing\African_Population.dat”数据文件为例说明三维模板绘图。

1）导入“African_Population.dat”数据文件如图 4-54 所示，选中 C（Z）列数据，选择菜单命令“Plot”→“3D”→“3D Bars”，绘制三维条形图，如图 4-55 所示。

Africanpopula - African_population.dat

	A(X)	B(Y)	C(Z)	D(Y)
Long Name	Age Group	Population	Population	Population
Units		million	million	million
Comments		male-2010	female-2010	male-2050
F(x)=				
Sparklines				
1	0-4	15.4267	15.0117	9.27
2	5-9	13.4204	13.08944	9.238
3	10-14	11.92	11.64616	9.15
4	15-19	10.736	10.52617	8.93
5	20-24	9.646	9.5354	8.61
6	25-29	8.6265	8.21996	8.266
7	30-34	6.82	6.76084	7.877
8	35-39	5.45	5.41933	7.345
9	40-44	4.388	4.45714	6.598
10	45-49	3.62	3.77074	5.69
11	50-54	2.98	3.17473	4.852
12	55-59	2.386	2.58509	4.15

African_population

图 4-54　“African_Population.dat”数据文件

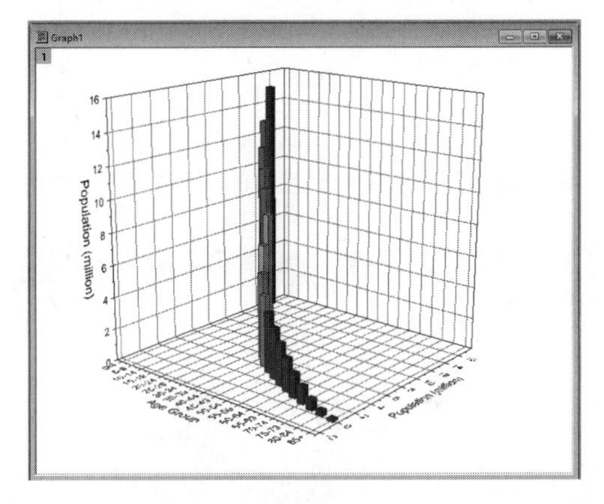

图 4-55　“African_Population.dat”三维条形图

2）双击绘制的三维条形图（见图 4-55），打开“Plot Details-Plot Properties”对话框，在“Error Bar”选项卡中选择“Enable”选项，可选择相应列数据作为条形图的误差棒，得到可带误差棒的三维条形图。

3）按 <F7> 键或者选择菜单命令“Preferences”→“Theme Organizer…”，打开“Theme Organizer”对话框，选择“B&W Publication”绘图模板，单击“Apply”按钮，关闭该对话框，获得最终三维条形图如图 4-56 所示。

4.3.2　三维函数绘图

三维函数绘图有三维函数 [$z=f(x, y)$] 和三维参数 [$x=f_1(u, v)$, $y=f_2(u, v)$, $z=f_3(u, v)$] 两种形式。选择菜单命令“Plot”→“Function Plot”→“New 3D Plot”，或者选择菜单命令“File”→“New”→“Function Plot”→“3D Function Plot…”，或者单击标准工具栏中的函数绘图按钮，打开“Create 3D Function Plot”对话框。本节以“Saddle”三维函数为例说明三维函数绘图。

1）选择菜单命令“File”→“New”→“Function Plot”→“3D Function Plot…”，打开“Create 3D Function Plot”对话框，单击该对话框“Theme”选项右边的三角形按钮，选择“Saddle（System）”选项，设置 X 轴和 Y 轴的参数范围均为 [−1, 1]。设置好的对话框如图 4-57 所示。

2）单击“OK”按钮，获得“Saddle”三维函数图形，如图 4-58a 所示。

3）双击“Saddle”三维函数图形，打开“Plot Details-Plot Properties”对话框，对图形适当修饰和设置，得到如图 4-58b 所示的图形。

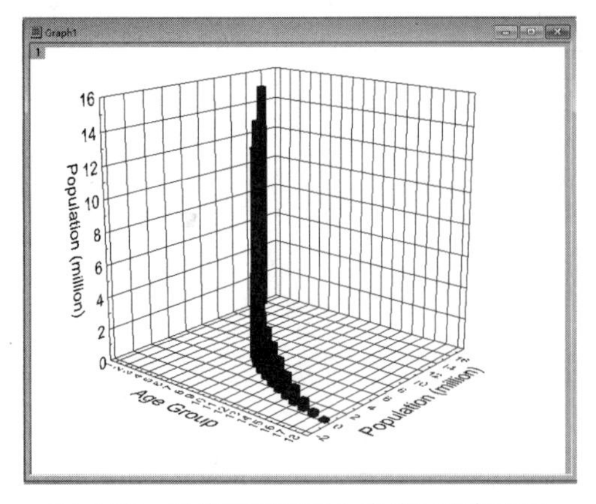

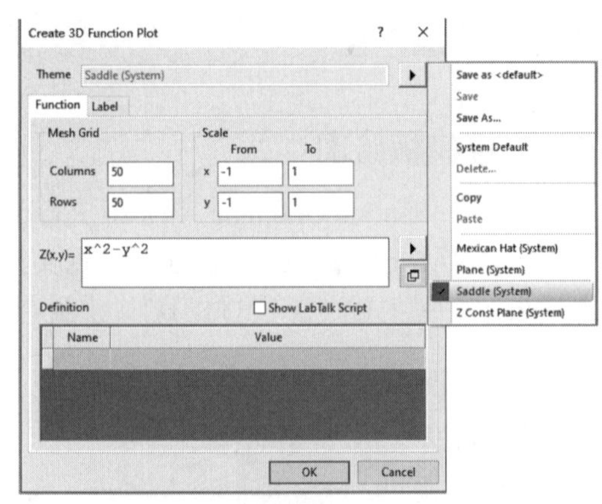

图 4-56　三维模板绘图生成的三维条形图　　图 4-57　设置好的“Create 3D Function Plot”对话框

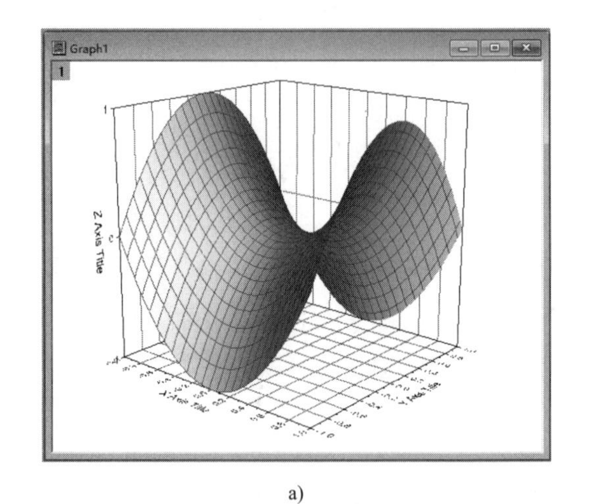

a)

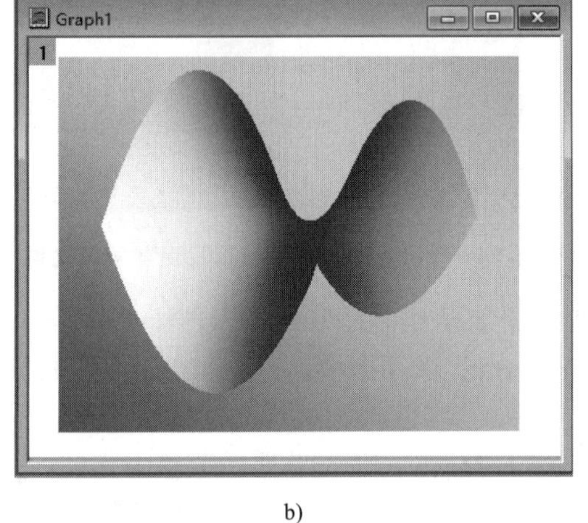

b)

图 4-58　“Saddle”三维函数图形

a）生成的“Saddle”三维函数图形　b）修饰后的“Saddle”三维函数图形

Origin 2022 还可将多个函数绘制到同一图层。本节以“Mobius”三维参数函数为例说明三维函数绘图，并向其中添加一个三维函数“Z=1”。

1）选择菜单命令“Plot”→“Function Plot”→“New 3D Parameteric…”，打开“Create 3D Parametric Function Plot”对话框，单击该对话框“Theme”选项右边的三角形按钮，选择“Mobius（System）”选项，设置参数t和r范围分别为[0,2pi]和[0,1]，如图4-59所示。

2）单击“OK”按钮，获得“Mobius”三维参数函数图形，如图4-60a所示。

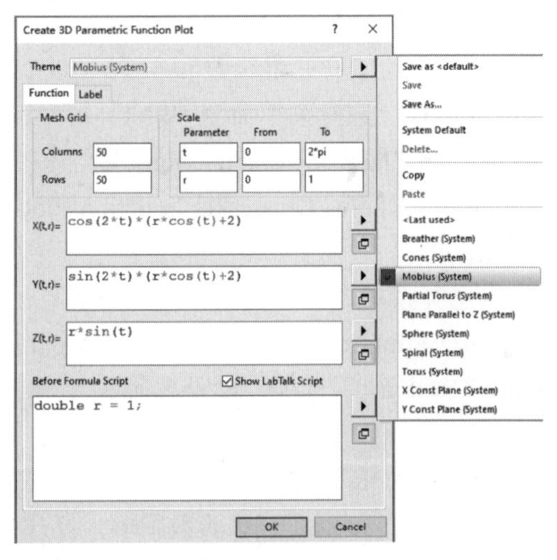

图 4-59　“Create 3D Parametric Function Plot”对话框设置

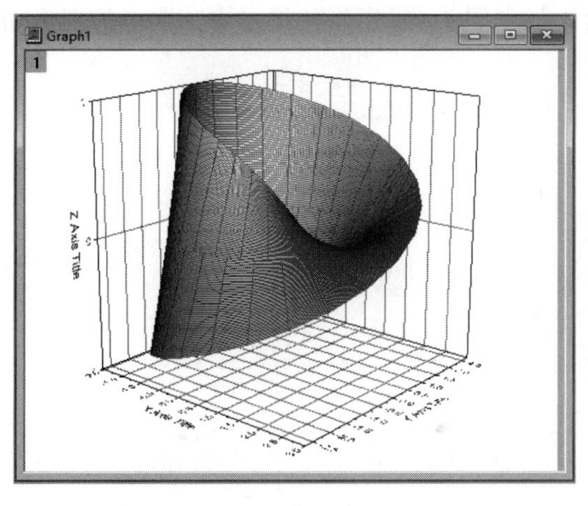

a)

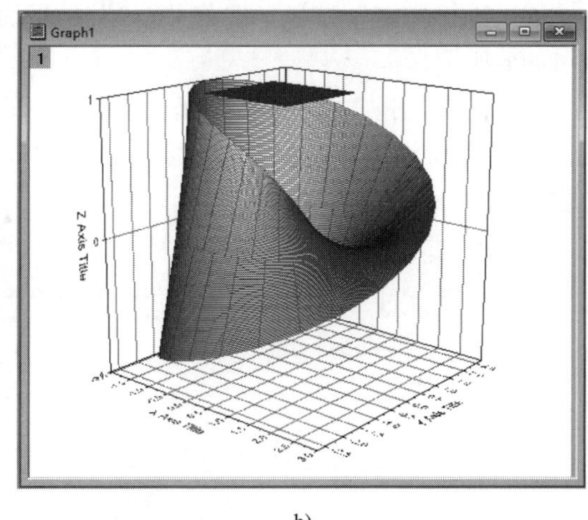

b)

图 4-60　“Mobius”三维参数函数图形

a）生成的“Mobius”三维参数函数图形　b）将新的三维参数函数添加至原图形中

3）保持刚刚创建的三维参数函数为当前对话框，选择菜单命令“File”→“New”→“Function Plot”→“3D Parametric Function Plot…”，打开“Create 3D Parametric Function Plot”对话框。设置 X 轴和 Y 轴的参数范围为 [−1 1]，Z 轴为“1”，设置该图形的绘图方式为“Add to Active Graph”，如图 4-61 所示。

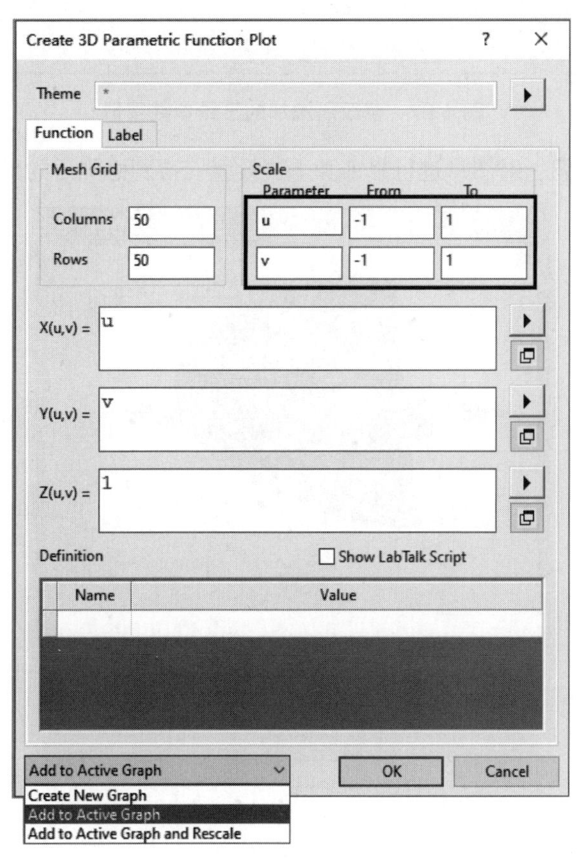

图 4-61　添加三维参数函数平面的设置

4）单击“OK”按钮，即将“Z=1”的平面添加到图 4-60a 所示的图形中，获得的图形如图 4-60b 所示。

5）双击所添加的三维参数函数平面，打开“Plot Details-Plot Properties”对话框，在左侧面板中选中所添加的三维参数函数，选择“Function”选项卡，修改所添加的三维参数函数，如图 4-62 所示。

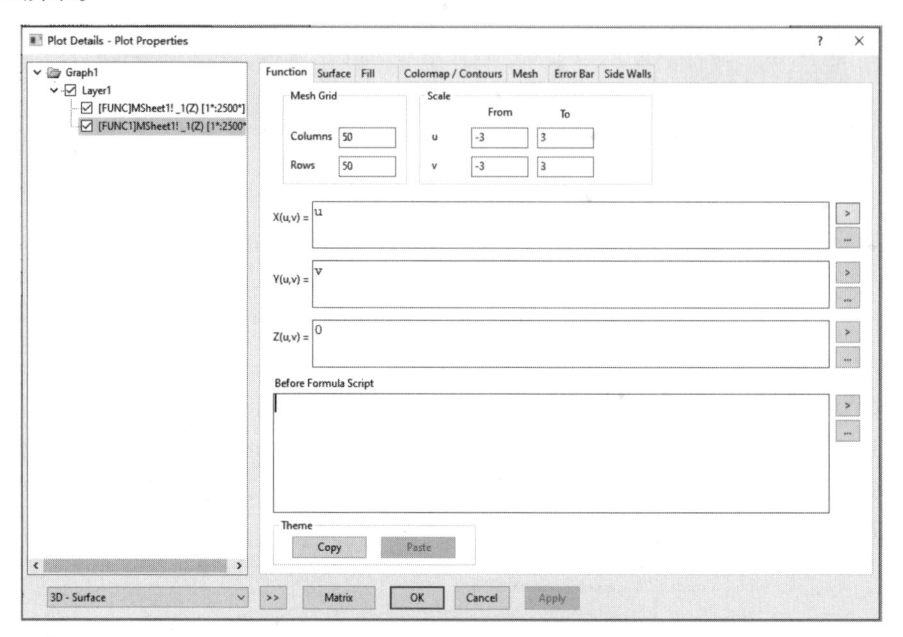

图 4-62　修改所添加的三维参数函数

6）单击“OK”按钮，对图形进行修饰和适当设置，得到修饰后的图形如图 4-63 所示。

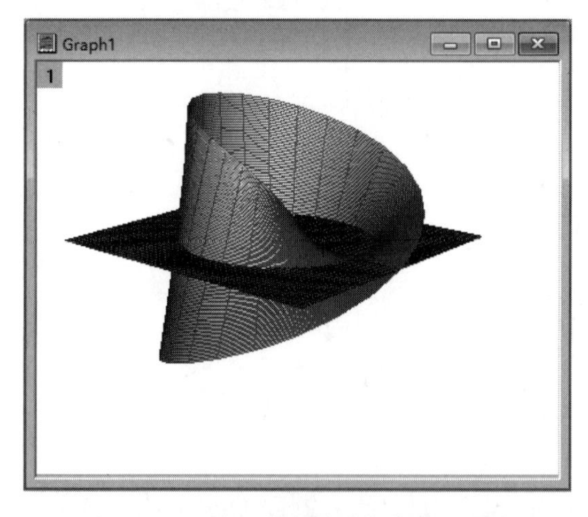

图 4-63　两个三维参数函数在同一图层

第5章

绘制多图层图形

5.1 图层概述

5.1.1 图层概念

图层是 Origin 图形窗口中的基本要素之一，它是由一组坐标轴组成的一个 Origin 对象，一个图形窗口至少有一个图层，最多可达数百个图层。图层的标记在图形窗口的左上角用数字显示，图层标记显示为当前图层。

通过单击图层标记，可以选择当前的图层，并可以通过选择菜单命令“view”→“Show”→“Layer Icons”，如图 5-1 所示，显示或隐藏图层标记。在图形窗口中，对数据和对象的操作只能在当前图层中进行。

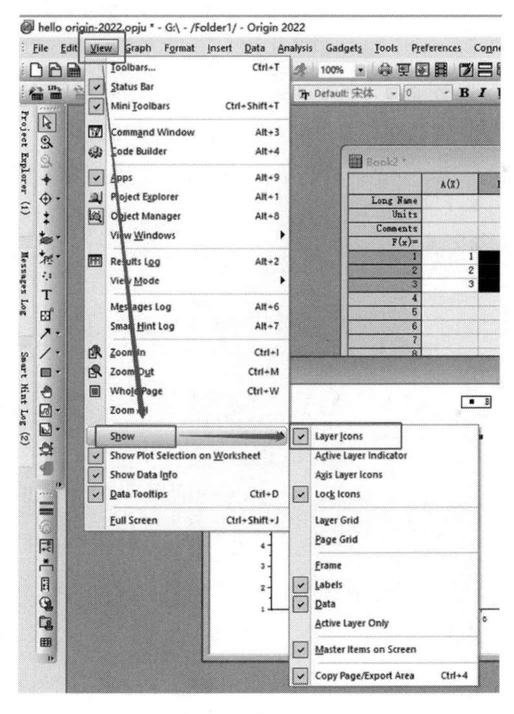

a)

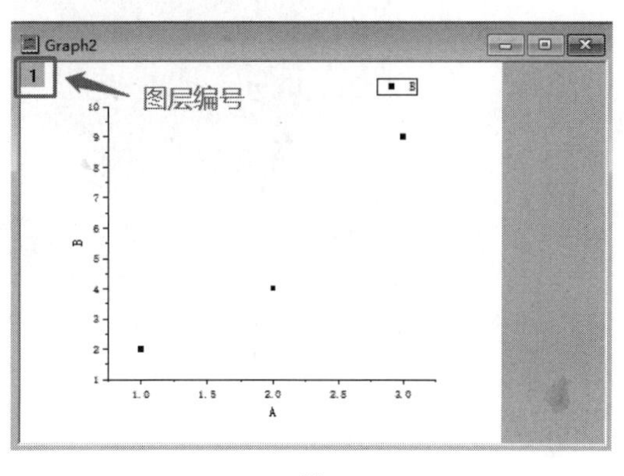

b)

图 5-1 添加图层

根据绘图要求可在图形窗口中添加新图层。以下绘图要求加入新图层。

1）用不同的单位显示同一组数据，例如摄氏温度和华氏温度。

2）在同一图形窗口中创建多个图，或者在一个图中插入另一个图。

通过选择菜单命令“Format”→“Layer Properties”，打开图形窗口中的“Plot Details-Layer Properties”对话框，如图 5-2 所示，可以清楚地了解、设置和修改图形的各图层参数。例如，图层的底色和边框，图层的尺寸和大小，以及图层坐标轴的显示等。

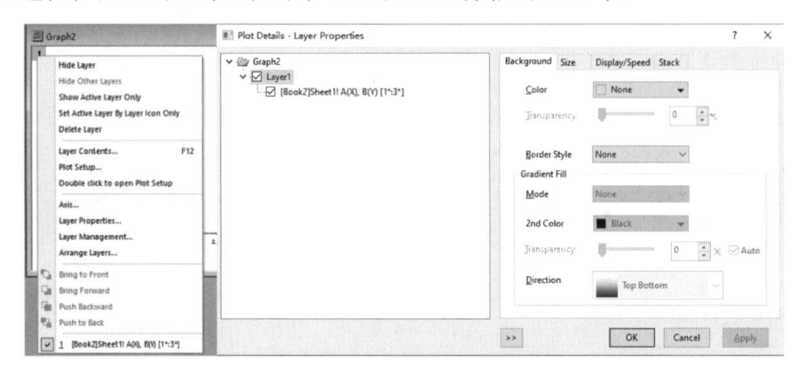

图 5-2 “Plot Details-Layer Properties”对话框

使用“Plot Details-Layer Properties”对话框左侧面板设置该图层窗口中的图层结构，类似 Windows 操作系统目录的图层结构，便于用户了解各图层中的数据。通过单击图层号，选中该图层。对话框右侧由“Background”“Size”“Display/Speed”和“Stack”4 个选项卡组成。选取其中相应的选项卡，可对当前选中的图层进行设置和修改。

5.1.2 创建二维线图

在有工作簿后，按下 <Ctrl> 键对 X、Y 和 Z 等多列数据进行选择，然后单击菜单栏命令“plot”，对绘图类型进行下一步选择。Origin 2022 绘图类型有 12 种，包括 line、symbol 等。选择好 X、Y 属性后，单击下方菜单栏中的“plot（line、line-dot、dot 等）”操作，实现二维绘图，如图 5-3 所示。

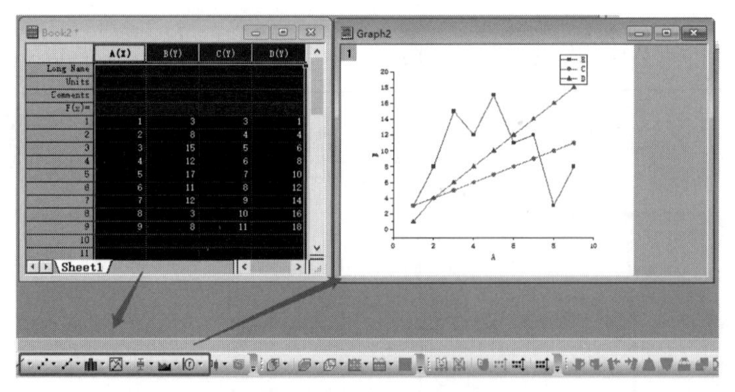

图 5-3 创建二维线图

可见，绘图的步骤是首先选择数据，通过鼠标拖动或使用组合键选中区域。设定自变量和因变量；通常最少要有一个 X 列，如果有多个 Y 列，则自动生成多条曲线，如果有多个 X 列，则每个 Y 列对应左侧最近的 X 列。

其次是选择绘图类型，典型的是点线图，绘图时系统自动缩放坐标轴以便显示所有数据点。由于是多个曲线，系统会自动以不同的图标和颜色显示，并自动根据列名称生成图例（legend）和坐标轴名称。

也可以在不选中任何数据的情况下，执行这个命令，会弹出“Plot Setup：Select Data to Create New Plot”对话框进行详细设置，如图 5-4 所示。这是 Origin 推荐的绘图方式，操作便捷性不如直接选中列数据绘图方便。

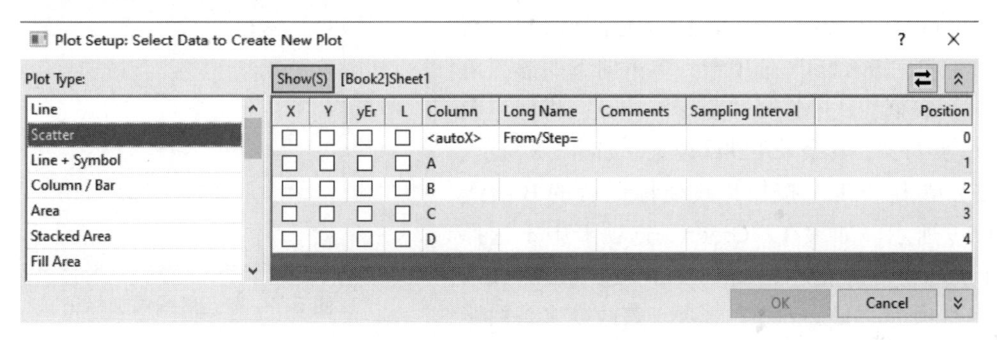

图 5-4 “Plot Setup：Select Data to Create New Plot”对话框

在这个对话框里边，顶部可以选择数据来源，即电子表格；中间部分，左侧面板可以选择具体的曲线样式，如散点图（Scatter），右侧面板可以设置列属性，而无须关注原本各列的属性设置。设置完成后单击“OK”按钮，即可生成图形。

5.1.3 创建带标记的曲线图形

有时可能需要在同一图形窗口中绘制多条曲线图形，以便对所绘制的曲线图形进行比较。其方法是：选择菜单命令“Plot”→“Basic 2D”→“Line”绘制出曲线图形，然后再向曲线添加标记，也可选择“Line+Symbol”按钮直接绘制带标记的曲线图形。

1）导入“…\Samples\Graphing\Group.dat”数据文件，如图 5-5 所示。实际应用中也可手动输入多条曲线数据，形成数据工作表。

2）选中所有数据，选择菜单命令“Plot”→“Basic 2D”→“Line”绘制出曲线图形（无标记），如图 5-6 所示。系统自动添加各条曲线图例。

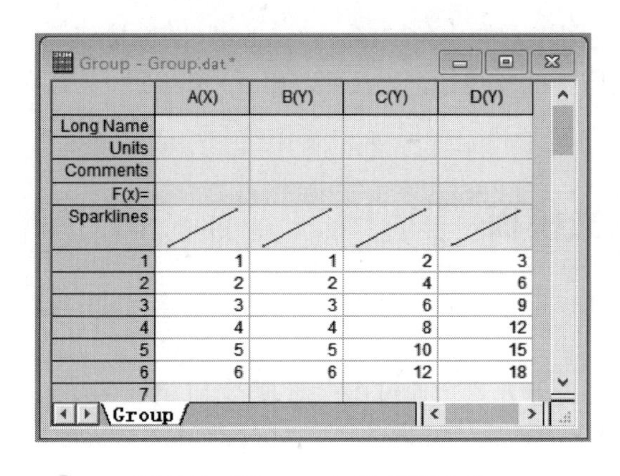

	A(X)	B(Y)	C(Y)	D(Y)
Long Name				
Units				
Comments				
F(x)=				
Sparklines				
1	1	1	2	3
2	2	2	4	6
3	3	3	6	9
4	4	4	8	12
5	5	5	10	15
6	6	6	12	18
7				

图 5-5 “Group.dat”数据文件

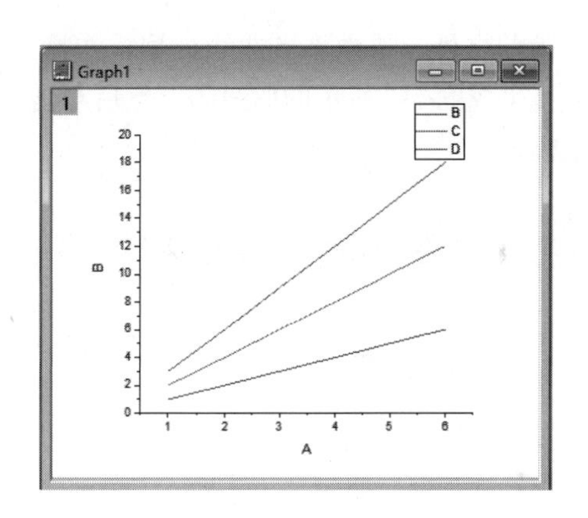

图 5-6 “Group.dat”数据文件的多条曲线图

3）选中其中任意一条曲线，右击弹出快捷菜单，选择快捷菜单命令“Change Plot to”→“Line+Symbol”，这时各条曲线自动添加系统默认的标记，形成了带标记的曲线图，如图 5-7 所示。

4）双击图 5-7 中任意曲线上的标记，弹出“Plot Details-Plot Properties”对话框，在左侧面板中选中一条曲线（选中 B 曲线），在“Group”选项卡的“Edit mode”栏中选择“Independent”选项，然后单击选择“Symbol”选项卡，单击向下的黑三角形下拉列表框，从中选择“菱形”标记，将标记大小设置为“12”，其余采用默认设置，如图 5-8 所示。

5）单击“OK”按钮，改变标记后的 B 曲线如图 5-9 所示。如果在“Group”选项卡中不选择“Edit mode”栏中的“Independent”选项，那么系统默认选项为“dependent”选项。若改变多条曲线中的任意一条曲线标记，那么所有的曲线标记将被改变，并且所有曲线标记均为相同形状的标记。因此若想使多条曲线中的标记各不相同，则必须选择“Independent”选项。

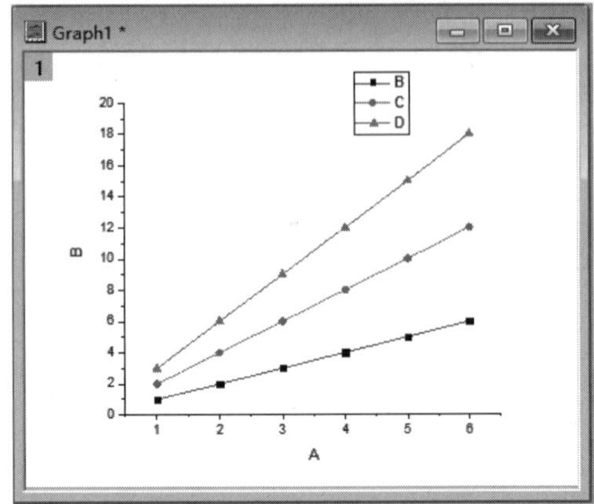

图 5-7 多条曲线添加标记

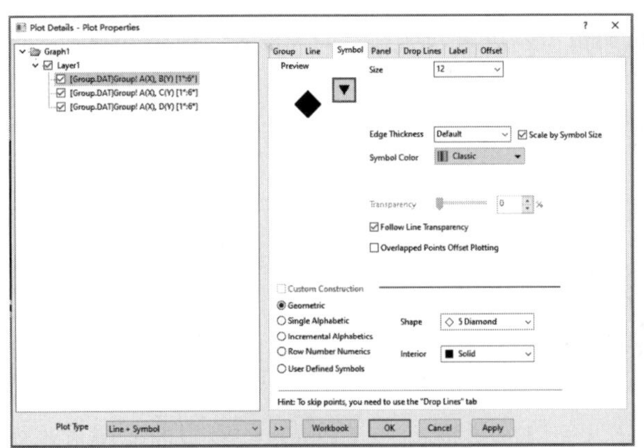

图 5-8 设置曲线标记对话框界面

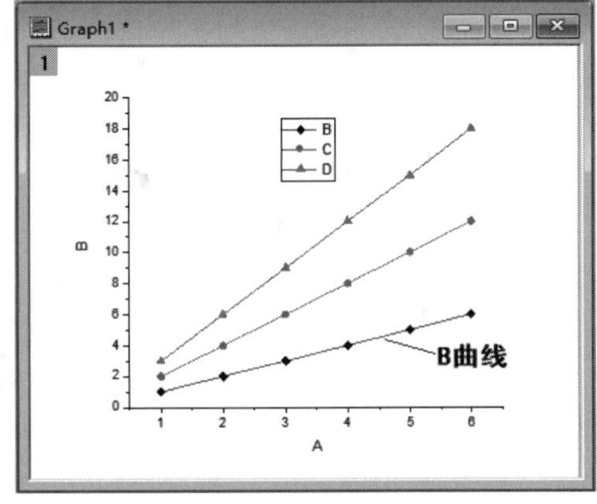

图 5-9 设置 B 曲线标记

除此之外，选中多条曲线数据，选择二维绘图工具栏中的“Line+Symbol”图标按钮，可以直接生成图 5-7 所示的曲线图。然后双击曲线图中的曲线标记，按照步骤 4）和 5）设置各条曲线标记。

5.2 多图层图形模板和用户自定义模板

5.2.1 创建多图层图形

要为图形窗口添加新的图层，主要可以通过 3 种方式：通过图层管理器（Layer Management）添加图层、通过菜单（New Layer）添加图层、通过“Graph”→“Merge Graph Windows”对话框创建多图层图形。“Layer Management”对话框如图 5-10 所示。

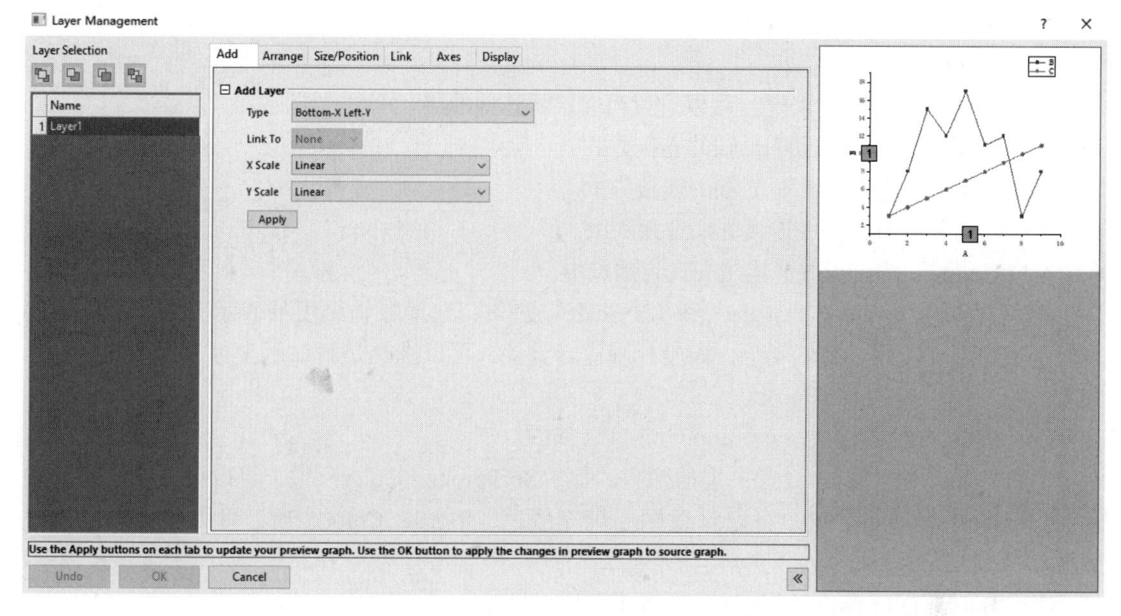

图 5-10 “Layer Management”对话框

1. 通过图层管理器添加图层

在原有图形的基础上，选择菜单命令“Graph”→“Layer Management”，打开“Layer Management”对话框。在这个对话框中，可以添加新的图层，可以设置与新建图层相关的信息。其中可设置的参数有以下几种。

（1）“Add”标签 “Type”选项：“Bottom-X Left-Y（添加默认的包含底部 X 轴和左部 Y 轴的图层）”“Top-X（添加包含顶部 X 轴的图层）”“Right-Y（添加包含右部 Y 轴的图层）”“Top-X Right-Y（添加包含顶部 X 轴和右部 Y 轴的图层）”“Insert（在原有图形上插入小幅包含底部 X 轴和左部 Y 轴的图层）”“Insert with Data（在原有图形上插入小幅包含顶部 X 轴和右部 Y 轴的图）”。

（2）“Arrange”标签

1）“Arrange Selected Layers”选项：设置是否排列选中的图层。

2）“Arrange Order”下拉列表框：设置排列对象的绘制顺序。

3）“Number of Rows”文本框：设置坐标图层到网格的行数。

4）“Number of Columns”文本框：设置坐标图层要排列到网格的列数。

5）“Add Extra Layer（s）for Grid”选项：是否为网格创建新的图层。

6）“Keep Layer Ratio”选项：是否保持坐标图形的高宽比例。

7）“Link Layers”选项：是否连接图层。

8“Show Axes Frame”选项：是否显示轴线框。

9）“Space（%of Page）”选项：设置该网格周围的空隙大小。

（3）“Size/Position”标签

1）“Resize”选项：设置尺寸大小。

2）“Move”选项：设置位置数值。

3）“Swap”选项：可以用于交换图层。

4）“Align”选项：设置对齐方式。

（4）“Link”标签

1）“Link To”下拉列表框：可以设置当前层所连接的层。

2）“X Axis”选项：设置 X 轴的连接方式。

3）“Y Axis”选项：设置 Y 轴的连接方式。

4）“Link”按钮：添加连接方式到预览中。

5）“Unlink”按钮：取消连接方式到预览中。

（5）“Axes”标签　“X Scale”和“Y Scale”选项：选择数轴刻度的表示方式。可以分别对底部、顶部、左侧、右侧 4 个方向坐标轴进行设置，可以选择是否显示坐标及标签的显示方式等。

（6）“Display”标签

1）“Color”选项组：设置图层的颜色。如“Background Color”项，可以设置图层背景颜色；“Border Fill Color”项，可以设置图层填充颜色；“Border Color”项，可以设置图层边框颜色。

2）“Border Dimensions”选项：设置图形边界尺寸。

3）“Scale Elements”选项：设置尺寸选项。

2. 通过菜单添加图层

在激活图形窗口的情况下，选择菜单命令“Insert”→“New Layer（Axes）”，可以直接在图形中添加包含相应坐标轴的图层，如图 5-11 所示。

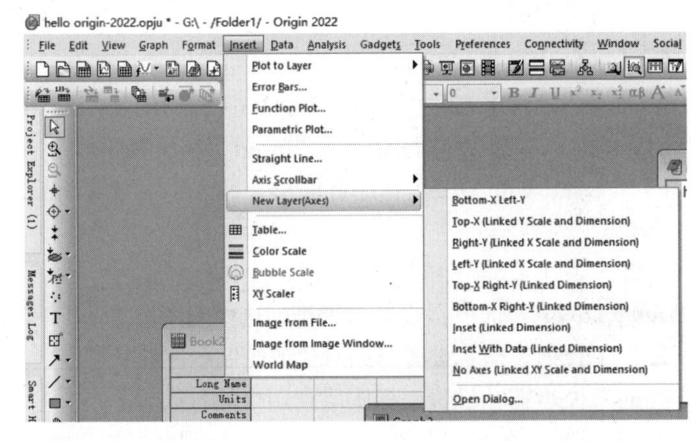

图 5-11　“Insert”→“New Layer（Axes）”菜单命令示意

可以添加的图层类型包括：“Bottom-X Left-Y（添加默认的包含底部 X 轴和左部 Y 轴的图层）”“Top-X（添加包含顶部 X 轴的图层）”“Right-Y（添加包含右部 Y 轴的图层）”“Top-X Right-Y（添加包含顶部 X 轴和右部 Y 轴的图层）”“Insert（在原有图形上插入小幅包含底部 X 轴和左部 Y 轴的图层）”“Insert With Data（在原有图形上插入小幅包含顶部 X 轴和右部 Y 轴的图）”。

另外还可以通过菜单命令“Graph”→“New Layer（Axes）”打开“New Layer（Axes）：layadd”对话框定制图层类型。除了可以使用上述基本类型以外，还可以选中“User Defined”选项进行图层订制。

其中可以定制的内容包括“Layer Axes”选项组（坐标轴位置）、“Link To”下拉列表框（链接图层）、“X Axis”下拉列表框（设置 X 轴的链接方式）和“Y Axis”下拉列表框（设置 Y 轴的链接方式）。设置完毕之后单击“OK”按钮即可添加图层，如图 5-12 所示。

3. 通过“Merge Graph Windows”对话框创建多图层图形

在这个对话框中，可以将多个图形合并为一个多层图形，这种方式对于绘制复杂图形是非常方便的。

在选中图形的情况下，通过菜单命令“Graph”→“Merge Graph Windows”可以打开“Merge Graph Windows”对话框，如图 5-13 所示。

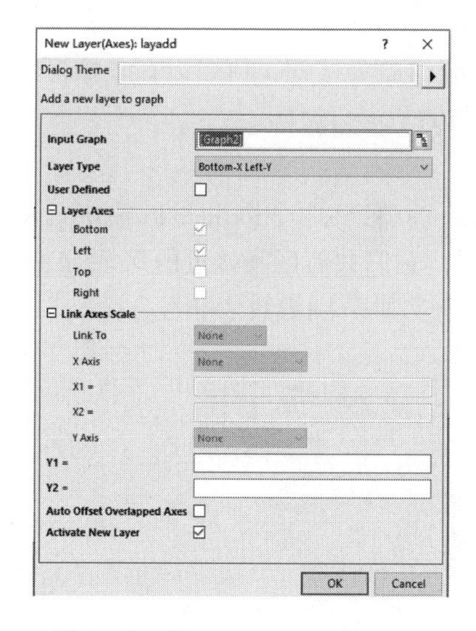

图 5-12 “New Layer（Axes）: layadd”对话框

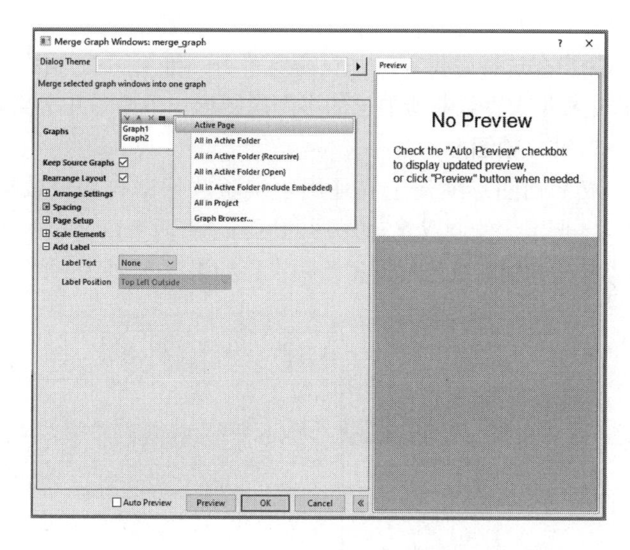

图 5-13 “Merge Graph Windows”对话框

在这个对话框的右侧是一个预览图形，设置会即时反映在这个预览图上。在左侧的设置框中，可以设置的内容包括以下几种。

1）“Merge”下拉列表框：可以选择要合并的图层，包括“Active Page（活动的页面的图层）”“All in Active Folder（所有活动文件夹的图层）”“All in Active Folder（Recursive）（所有多次打开的活动文件夹的图层）”“All in Active Folder（Open）（所有打开的活动文件夹的图层）”“All in Active Folder（Include Embedded）（所有活动文件夹的图层，包括被嵌入到其他页面中的图层）”和“All in Project（项目中的所有图层）”。

2）“Graphs”列表框：列出当前图形，可以用来选择要合并的图形。

3）“Keep Source Graphs”选项：是否保留原来的图形。

4）“Rearrange Layout”选项：是将多个图层排列到网格之中，还是以重叠的方式合并图层。

5）“Arrange Settings”选项组：可以设置“Number of Rows（网格的行数）”“Number of Columns（网格的列数）”“Add Extra Layer（s）for grid（是否为网格创建新的图层）”和“Keep Layer Ratio（是否保持坐标图形的高宽比例）”。

6）“Spacing”选项组：设置该网格的空隙大小。

7）“Page Setup”选项组：设置整个图形的尺寸大小。

8）“Scale Elements”选项组：可以利用“Scale Mode”的下拉列表设置尺寸选项和“Fixed

Factor”（当“Scale Mode”下拉列表选中此项）时，可以设置该排列网格的比例大小。设置完毕之后，单击“OK”按钮即可生成多层图形。

5.2.2 多图层图形模板

多图层图形将图形的展示提高到一个新的层次。在 Origin 中绘制多图层图形的方法很简单，它提供了多种常用的多图层图形模板，包括双 Y 轴图形模板、左右对开图形模板、四屏图形模板、九屏图形模板和叠层图形模板等。

在了解了图层概念并对 Origin 提供的常用多图层图形模板熟悉后，就可以发现用模板进行绘图是十分方便的。

用户在选择数据以后，只需要单击二维绘图工具栏上相应的命令按钮，就可以在一个图形窗口中根据数据绘制所要求的多图层图形。下面举几个简单的例子进行说明。

1. 双 Y 轴图形

双 Y 轴图形模板主要是用于实验数据中自变量数据相同，但有两个因变量的情况，如图 5-14 所示。绘制双 Y 轴图形的原因是有两个以上 Y 列数据，它们共有区间接近的 X 轴坐标，但是 Y 坐标轴的数值范围相差很大。如果以 X 轴为时间，两个 Y 轴分别为数值和百分比。

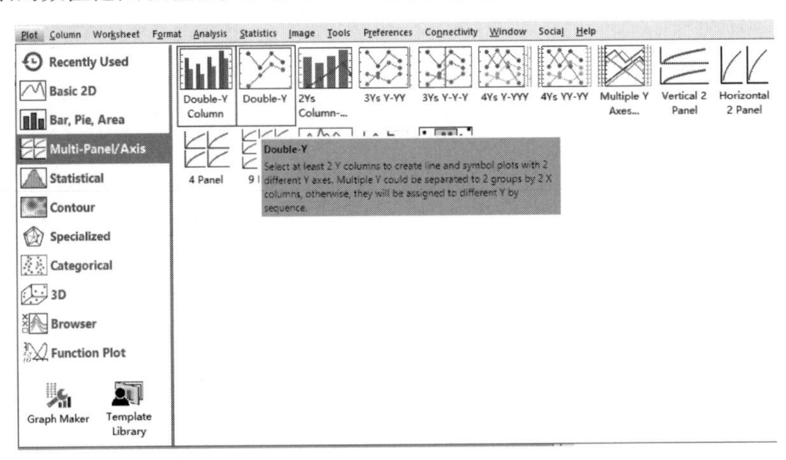

图 5-14 Origin 2022 中的双 Y 轴图形选项

如果只用一个 Y 轴绘制多曲线图形，则百分比将会被压缩成一条水平线；如果分为两个图进行绘制，又不能够集中表达出其中变化的意义。因此最好的选择是用两个 Y 轴，左侧是数值，右侧是百分比，共用一个时间轴 X 轴。

2. 局部放大图

在科技绘图中，有时需要将图形局部放大前后的数据曲线在同一图形窗口内显示和分析，此时就要用到局部放大图模板。

选中工作表中的数据，执行菜单命令“Plot”→“Specialized”→“Zoom”，或单击二维绘图工具栏中的绘制按钮，即可实现。

5.2.3 用户自定义多图层图形模板

如果需要绘制大量相同格式的图形，Origin 中又没有提供该类图形模板，则可以将自己的图形以模板的形式保存，以减少绘图时间和工序。保存的图形模板文件只存储绘图的信息和设置，并不存储数据和曲线。

当下次需要创建类似的图形窗口时，只需选择工作表数列，再选择保存的图形模板即可。

当工作表窗口为当前窗口时，单击二维绘图工具栏上的“Template Library”，或执行菜单命令“Plot”→“Template Library”，即可选择绘图模板文件（*.otp）。

将图形窗口保存为图形模板的步骤如下：

1）右击图形窗口标题栏，从弹出的快捷菜单中选择“Save Template As…”选项，如图 5-15 所示。

2）在弹出对话框的“Template Name”文本框内，输入模板文件名“LineSymb”，单击“OK”按钮，即可将当前激活的图形窗口保存为自定义绘图模板，如图 5-16 所示。

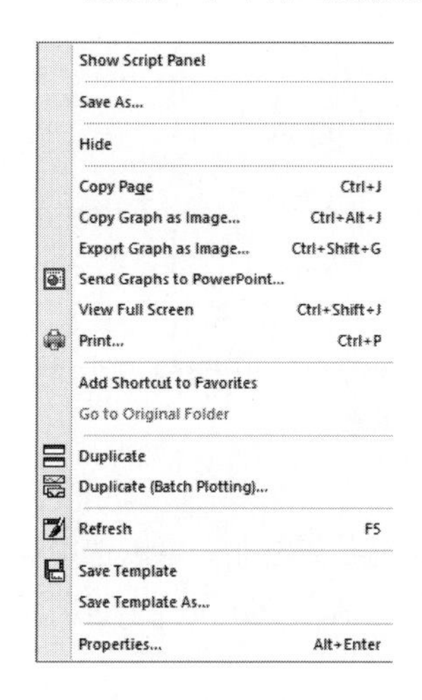

图 5-15　弹出的快捷菜单

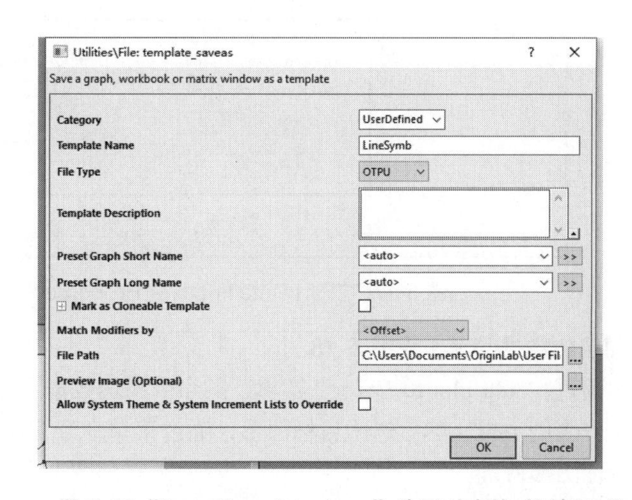

图 5-16“Save Template As…”选项对应的对话框设置

这时可以看到有多图层模板及模板图形，在“Template Library”对话框中，还可以看到该模板文件存放在目录下。单击“Plot”按钮，这时 Origin 绘制出和模板完全相同的图形窗口，说明模板创建成功。

5.3　图层管理

1. 调整图层

要调整图层的位置和尺寸，可以通过以下 3 种方法进行：

1）单击图层对象之后，通过直接拖动光标调整图层，这种方法最简单直观，缺点是无法精确量化。

2）在“Layer Management”对话框中的“Size / Position”标签下调整图层（详细操作见 5.2 节中“Layer Management”对话框设置部分）。

3）在“Plot Details-Layer Properties”对话框中调整图层。其中“Layer Area”选项可以设置图层的位置；这种方法对于精确定位是非常方便的，其中“Unit”选项一般保持“% of Page”即可，这样就可以保持与页面的相对大小，调整过程中尽量单击“Apply”而不是“OK”按钮，这样就可以在不关闭当前对话框的情况下，调整图形的位置和大小。“Worksheet, maximum points per curve”文本框可以设置工作表数据的最大数据点数量；“Matrix,

Maximum points per dimension X”和“Matrix，Maximum points per dimension Y”文本框可以设置矩阵数据的最大数据点数量。设置完毕后，单击“Apply”或“OK”按钮即可完成图层调整，如图 5-17 所示。

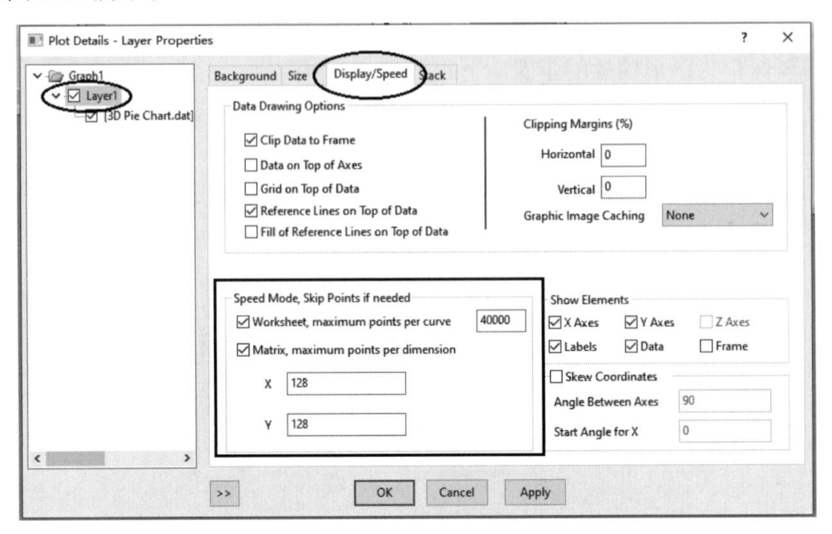

图 5-17 “Plot Details-Layer Properties”对话框设置

2. 图层的数据管理（见图 5-18）

（1）通过“Add Plot to Layer”菜单下的命令添加数据　在现有图形基础上，可以选中需要添加的工作表的数据，然后选中目标图形，通过菜单命令“Graph→“Add Plot to Layer”添加数据到目标图形窗口。

（2）通过“Plot Setup”对话框管理图形数据　在选中图形的情况下，通过菜单命令“Graph”→“Plot Setup”可以对图形的数据进行管理（参见第 3 章）。

（3）通过导入数据管理图形数据　在选中图形窗口的情况下，可以通过菜单命令“Data”→“Import”将数据导入到图形之中（参见第 2 章）。

（4）通过“Layer n”对话框管理图形数据　在图形窗口左上角的图层序号上右击，选择“Layer Contents”命令，可以打开“Layer n”对话框（参见第 3 章多条曲线的绘图操作）。

3. 图层形式的转换

（1）将单层图形转换为多层图形　以下列数据为例，将单层图形转换为多层图形，可以按照以下方法进行。选中数据工作表，通过“Plot”中的绘图菜单命令生成单层图形窗口。再选中该图形窗口，单击图形工具栏上面的“Extract to Layers”按钮，在弹出对话框中可以设置分解后图层的排列格式：“Number of Rows（网格行数）”和“Number of Columns（网格列数）”，设置好之后单击“OK”按钮即可将单层图形分解为多层图形。

（2）将多层图形转换为多个独立的图形窗口　要将多层图形分解为多个独立的图形窗口，可以在选中需要分解的图形后，单击图形工具栏中的“Extract to Graphs”按钮打开“Graph Manipulation：laytext ”对话框，进行相应的设置之后单击“OK”按钮即可完成分解操作。其中可设置的有“Extracted Layers（要分解的图层，以“ ”分隔始末图层序号，如“2：4”则为分解 2、3、4 号这 3 个图层到独立的图形窗口中）”“Keep Source Graph（是否保留原来的图形）”和“Full Page for Extracted（是否重新计算并显示分解后图形的尺寸大小）”。

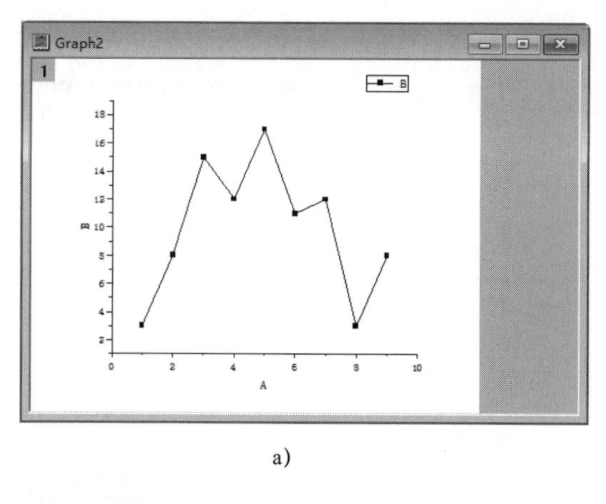

a)

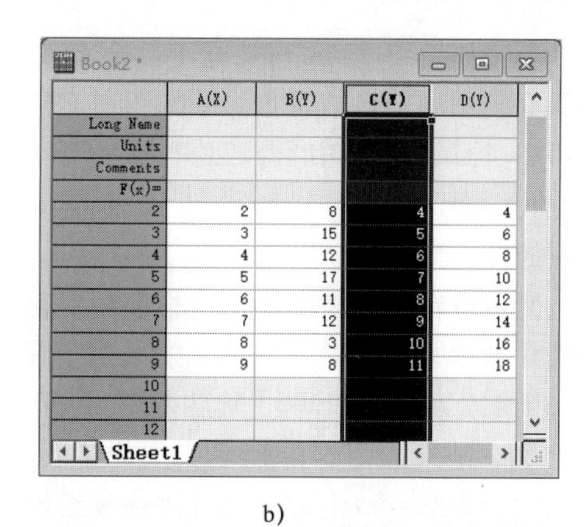

	A(X)	B(Y)	C(Y)	D(Y)
Long Name				
Units				
Comments				
F(x)=				
2	2	8	4	4
3	3	15	5	6
4	4	12	6	8
5	5	17	7	10
6	6	11	8	12
7	7	12	9	14
8	8	3	10	16
9	9	8	11	18
10				
11				
12				

b)

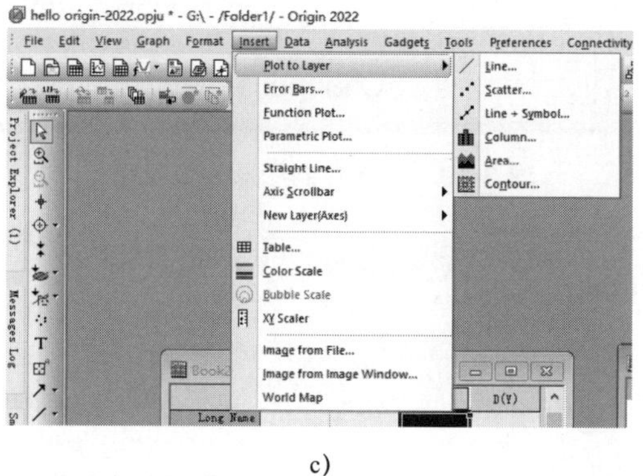

c)

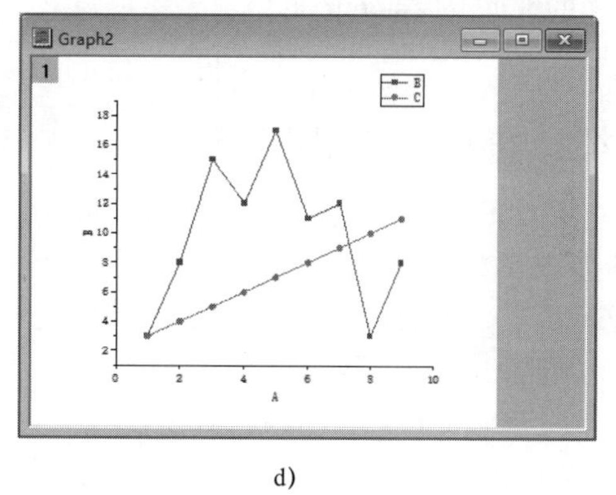

d)

图 5-18　图层的数据管理

a）原图　b）选中数据列表　c）“Add Plot to Layer”子菜单　d）添加新曲线后的图形

4. 链接图层

如果建立图层之间的链接，那么当其中一个图层的坐标刻度发生变化时，对应的链接层的坐标刻度也随之变化。也就是说，通过图层之间的链接关系，方便同时缩放和调整坐标轴。

要将图层链接起来，可以在选中图形窗口的情况下，通过菜单命令“Format ”→“Plot”，打开“Plot Details”对话框，在“Link Axes Scales”标签下设置。其中“Link”下拉列表框可以设置要链接的图层序列。

5.4　插入和隐藏图形元素

5.4.1　插入图形和数据表

要在一个图形中插入另一个图形，首先选择一个图形对象，然后进行复制，再粘贴到目标窗口，复制后效果如图 5-19 所示。

复制的方法有两种，分别是使用“edit”编辑菜单中的“copy page”和“copy”两个命令。前者是指复制这个图形窗口，最终粘贴完成后，除了可以对图形进行缩放外，不能再进行编辑，而且也不会随着目标图形的变化而变化，就像是一个绘图对象一样处理，也不会新建图层。

但是如果使用“copy”命令就会有很大的不同。使用“copy”命令进行复制和粘贴，会自动建立新图层，粘贴后各部分的图形对象都可以进行编辑，图形会随着数据的变化而变化，因此这种方法其实是另一种建立涂层的方法。

复制、粘贴表格的操作也很简单，首先选中数据表格中的数据（无须全选，只需选中部分单元格即可），然后在图形窗口中粘贴，结果如图 5-19 所示。实现了图、表的混合排版，双击表格可以进一步编辑其中的数据，返回后图形中的表格也随之改变。

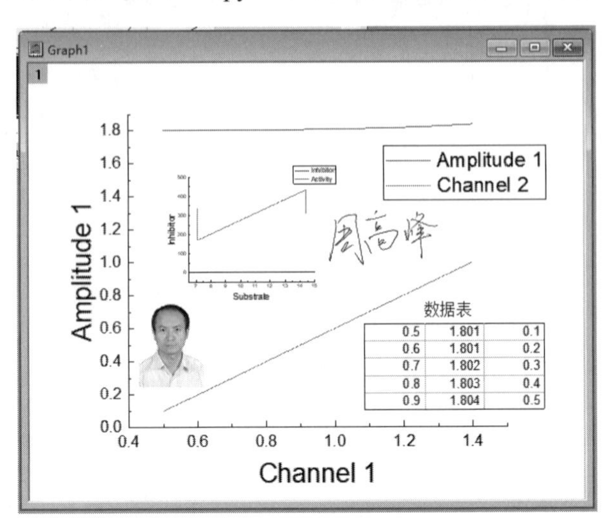

0.5	1.801	0.1
0.6	1.801	0.2
0.7	1.802	0.3
0.8	1.803	0.4
0.9	1.804	0.5

图 5-19　插入复制图形的效果图

5.4.2　隐藏和删除图形元素

要设置图形中需要显示的内容，可以在选中图形的情况下，执行菜单命令“View”→“Show”，选择需要显示的内容，可选的内容如下。

1）“Layer Icons”：图层标记。

2）“Active Layer Indicator”：活动图层标记。

3）“Axis Layer Icons”：图层坐标标记。

4）“Object Grid”：对象网格。

5）“Layer Grid”：图层网格

6）“Frame”：框架。

7）“Labels”：标签。

8）“Data”：数据。

9）“Active Layer Only”：活动图层。

10）“Master Items on Screen”：主屏幕上的项目。

另外，在“Plot Details”对话框的“Display”标签下的“Show Elements”选项中，也可以设置要显示的图形内容，如图 5-20 所示。

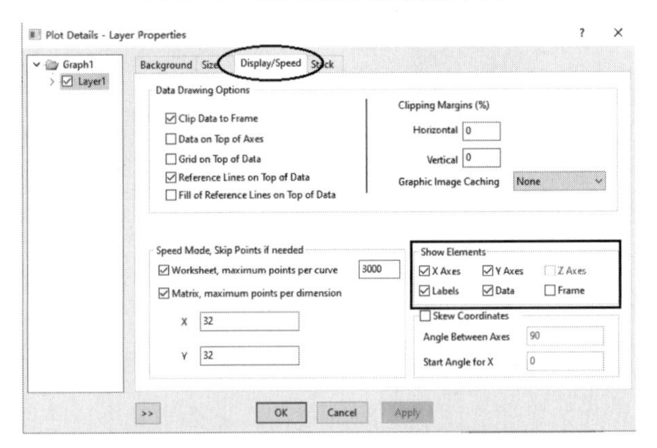

图 5-20　“Plot Details-Layer Properties”对话框中设置图形的内容

需要删除图层时，只要用鼠标选中相应的删除图层标记并右击，在弹出的快捷菜单中执行“Delete Layer”命令即可，如图 5-21 所示。

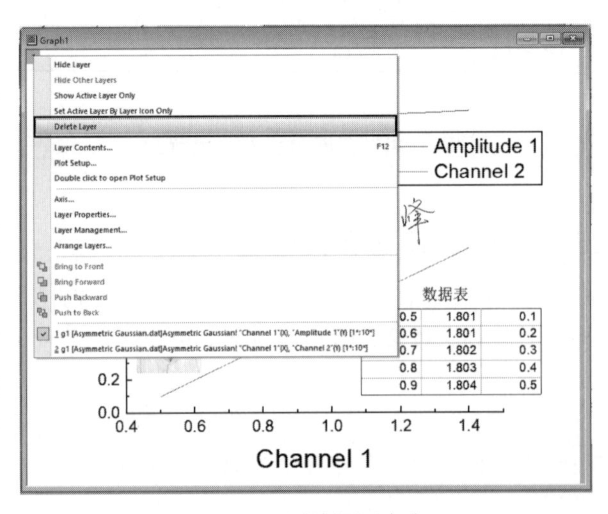

图 5-21　删除图层命令

5.5　绘制图数轴

Origin 中的二维图层具有一个 XY 坐标轴系，在默认情况下仅显示底部 X 轴和左侧 Y 轴，通过设置可完全显示 4 条轴。Origin 中的三维图层具有一个 XYZ 坐标轴系，与二维图坐标轴系相同，在默认的情况下不完全显示所有轴，但通过设置可完全显示 6 条轴。

5.5.1　图数轴类型

Origin 中的坐标轴系可在“Axis”对话框中进行设置。打开“Axis”对话框的最简单方法是双击坐标轴。“Axis”对话框打开时，当前被选择的数轴在“Axis”对话框的标题栏上显示“X Axis - Layer 1”，与此同时，在“Axis”对话框左侧的“Selection”列表框中也有相应显示。

“Axis”对话框中的选项卡提供了强大的坐标轴编辑和设置功能，几乎能满足所有科学绘图的需要。下面就其中刻度和类型“ Scale ”选项卡进行介绍。

“Horizontal”图标在默认时表示选择底部和顶部 X 轴，但如果选择了菜单命令“Graph”→“Exchange X - Y Axis”或对棒状图、浮动棒状图和堆叠棒状图进行编辑，则“Horizontal”图标与左右两侧 Y 轴关联。

“Vertical”图标在默认时表示选择左右两侧 Y 轴，但如果选择了菜单命令“Graph”→“Exchange X - Y Axis”或对柱状图、浮动柱状图和堆叠柱状图进行编辑，则“Vertical”图标与底部和顶部 X 轴关联。

“Z Axis”图标默认时选择前后两侧 Z 轴。除此以外，还有“Bottom”“Top”、“Left”、“Front”、“Right”、“Back”图标，它们分别表示单一底部 X 轴、顶部 X 轴、左侧 Y 轴、右侧 Y 轴、前侧 Z 轴和后侧 Z 轴。

当选择了坐标轴后，在“Scale”选项卡右侧，进行坐标轴起止坐标和类型的选择。在“From”和“To”文本框中输入起止坐标。在“Type”下拉列表框中选择坐标轴的类型。Origin 2022 中的“X Axis-Layer 1”对话框如图 5-22 所示。

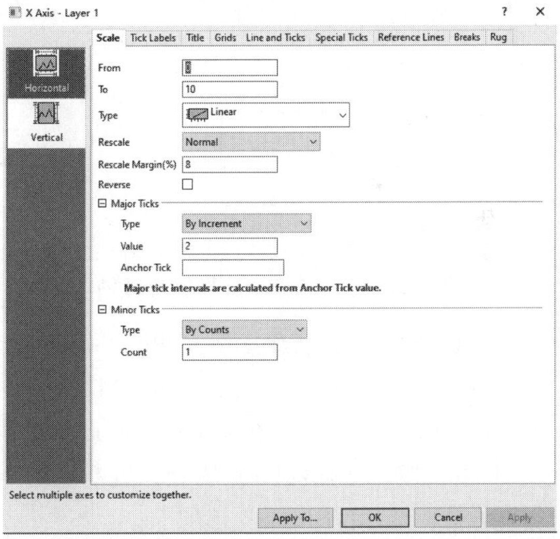

图 5-22　Origin 2022 中的“X Axis-Layer 1”对话框

5.5.2　图数轴设置

1. 双温度坐标图数轴设置

在科技绘图中，有时需要将数据用不同的坐标在同一图形上表示。例如，在图形窗口中，温度坐标系需要 X 轴用摄氏温标和热力学温标表示温度范围 0~100℃，可通过 Origin 图数轴设置实现这一要求。具体步骤如下：

1）双击图形窗口中的 X 坐标轴，打开“X Axis-Layer 1”对话框中的“Scale”选项卡。

2）在“From”和“To”文本框中分别输入“0”和“100”；

3）在“Type”下拉列表框中选择“Offset Reciprocal”坐标，并在“Major Ticks”选项组的“Type”下拉列表框中选项“By Increment”，在“Type”文本框中输入“10”，如图 5-23 所示，单

击“OK”按钮关闭“X Axis-Layer 1”对话框。

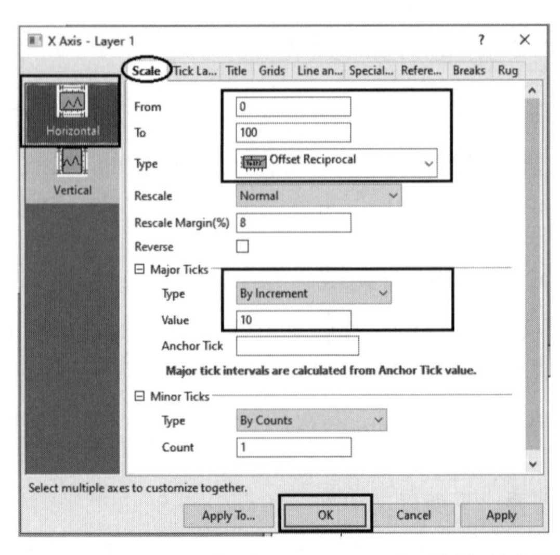

图 5-23 Origin 2022 中“X Axis-Layer 1”对话框基本设置

4）在图形窗口中右击，在弹出的快捷菜单中选择菜单命令“New Layer（Axes）”→“Top-X（Linked Y Scale and Dimension）”，在原图形中添加新图层。

5）打开 Layer2 的“Plot Details”对话框中的“Link Axes Scales”选项卡。

在“X Axis Link”选项组中选择“Custom”单选按钮，并在“X1”文本框中输入“1/（X1+273.14）”，在“X2”文本框中输入“1/（X2+273.14）”，如图 5-24 所示，单击 OK 按钮，关闭“Plot Details”对话框，完成了对图形坐标轴的修改，如图 5-25 所示。

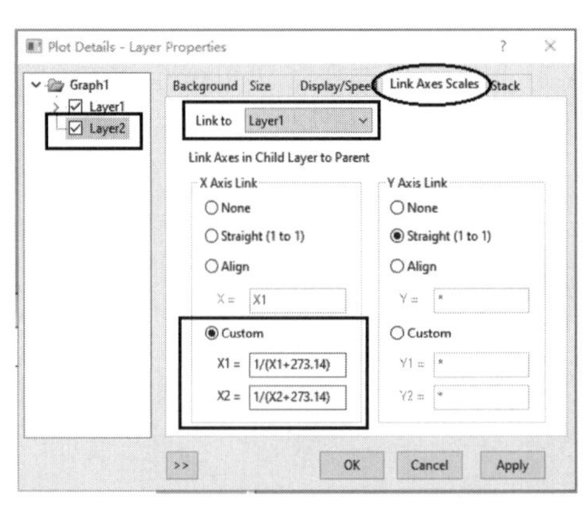

图 5-24 设置“Layer2”图层数轴

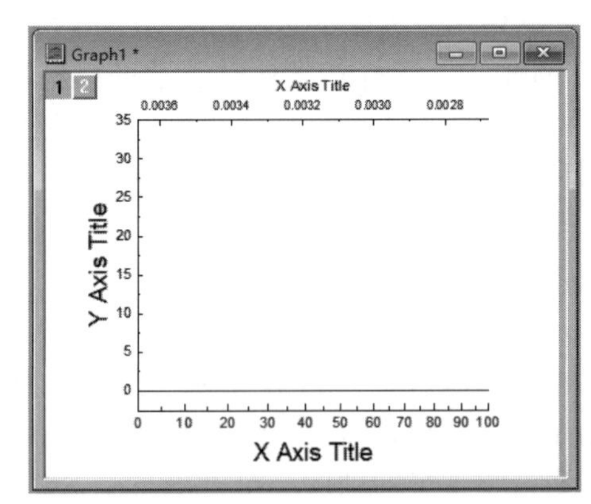

图 5-25 摄氏温标和热力学温标的数轴设置结果

2. 在二维图形坐标轴上插入断点

有时为了能重点显示二维图形中的部分重要区间，而将不重要的区间隐藏，这时可在图形坐标轴上插入断点。在坐标轴上插入断点的步骤如下：

1）通过双击图形窗口中需要设置断点的坐标轴（以底部 X 轴为例），打开“X Axis-Layer 1”对话框，选择“Breaks”选项卡。

2）选择断点数，并列表中选择断点的起止位置，如图 5-26 所示。单击“OK”按钮，关闭“X Axis-Layer 1”对话框，设置断点后的图形如图 5-27 所示。

3. 调整坐标轴位置

通常在默认情况下，坐标轴的位置是固定的，但有时根据图形特点，需要改变坐标轴位置。改变坐标轴位置的步骤如下：

1）通过双击图形窗口中需要改变位置的坐标轴（以底部 X 轴为例），打开“X Axis-Layer1”对话框，选择“Line and Ticks”选项卡。

2）在左侧的“Selection”列表框中，选择“Bottom”选项，改变 X 轴位置。

3）在“Axis Position”下拉列表框中，选择“At Position”，并在文本框中输入调整值“5”。

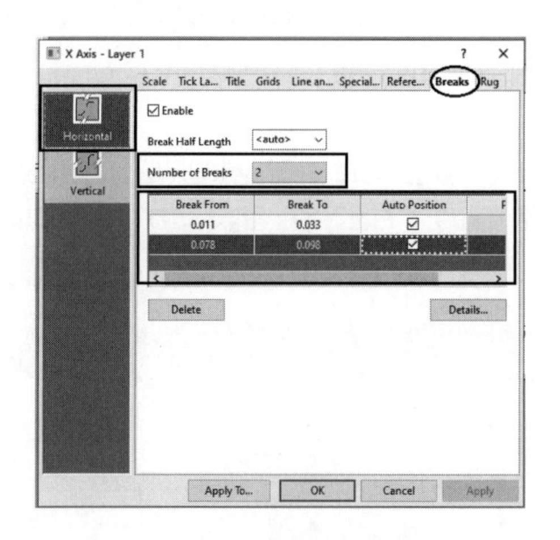

图 5-26　设置 X 轴的断点

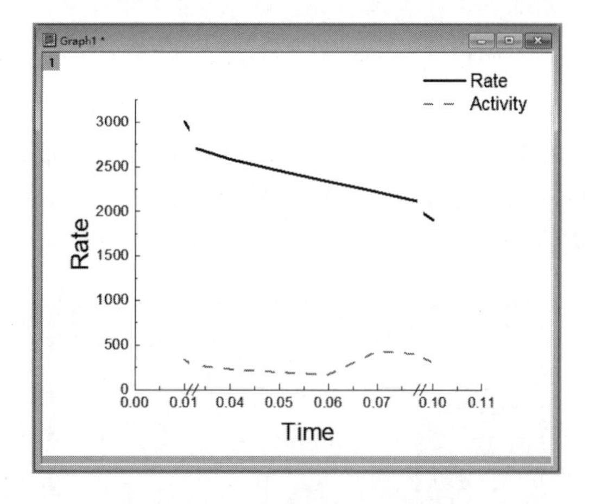

图 5-27　设置断点后的图形

4）对 Y 轴做类似调整。调整后的坐标轴如图 5-28 所示。

4. 创建 4 象限坐标轴

1）选择菜单命令“File”→“New”→“Graph”，新建一个图形窗口，双击 X 轴打开“X Axis-Layer 1”对话框。

2）选择“Line and Ticks”选项卡，选择“Selection”中的“Bottom”。在“Axis Position”下拉列表框中选择“At Position”，在“ Percent / Value ”中输入“0”，将 X 轴移到 Y 值为 0 的位置。

3）选择“Selection”中的“Horizontal”，再选择“Scale”选项卡，设置 X 轴范围为 [−10，10]。

4）选择“Selection”中的“Left”，按照步骤 2）和 3）设置 Y 轴，创建的 4 象限坐标轴如图 5-29 所示。

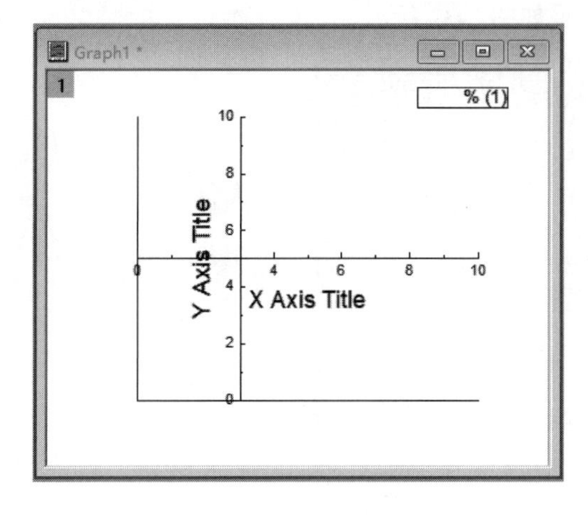

图 5-28　调整坐标轴位置

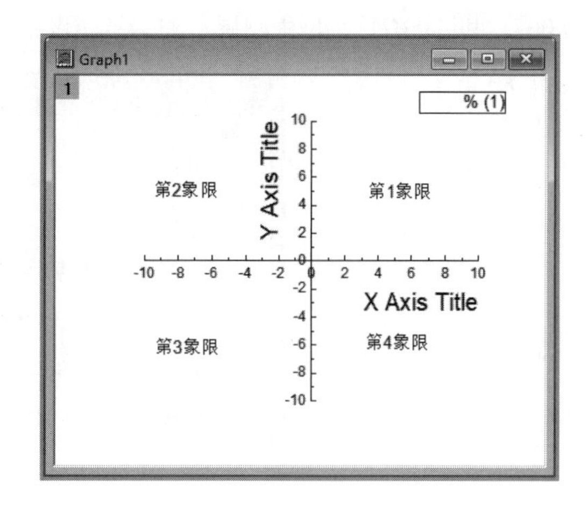

图 5-29　创建的 4 象限坐标轴

5.6　多图层图形综合举例

多图层图形的绘制在 Origin 科技绘图中经常用到，如多图层相关联图形、多坐标图形、插入放大多图层图形等。本节主要介绍插入放大多图层图形。

1）导入“Origin 2022\Samples\Graphing\Inset . dat”数据文件如图 5-30 所示。单击选中 Inset 工作表的“A（X）”列和“B（Y）”列，选择菜单命令“Plot”→“Basic 2D”→“Line”，创建“ Line ”图如图 5-31 所示。

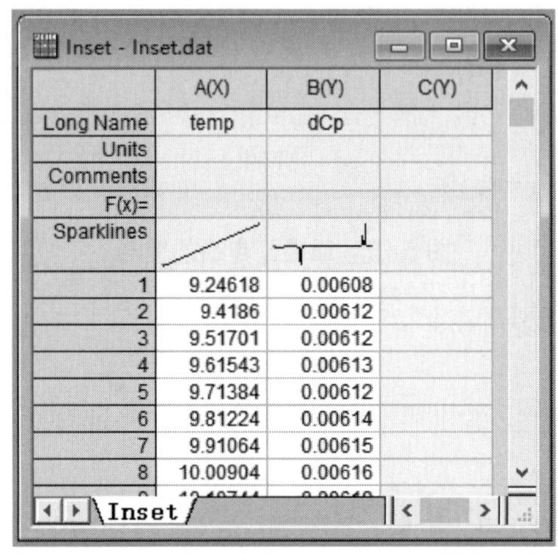

图 5-30　“Inset.dat”数据文件

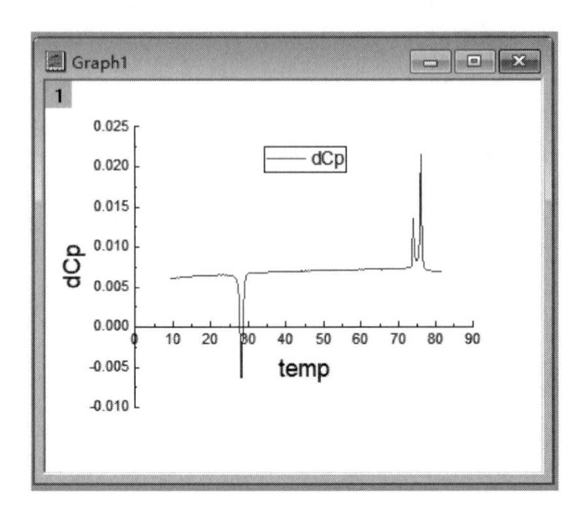

图 5-31　“Inset.dat”数据文件曲线图

2）在图形窗口选中图层 1 并右击，在弹出的快捷菜单中选择“Layer Management…”快捷菜单，或者选择“Graph”→“Layer Management…”，加入一个具有与原图相同数据的新图层。将新图层放置在原图的左上方，并调整图形大小。

3）将新图层上的 X 坐标轴起止坐标设置为“70”和“80”，Y 坐标轴起止坐标设置为“0.007”和“0.021”，增大图层上的字号，设置结果如图 5-32 所示。

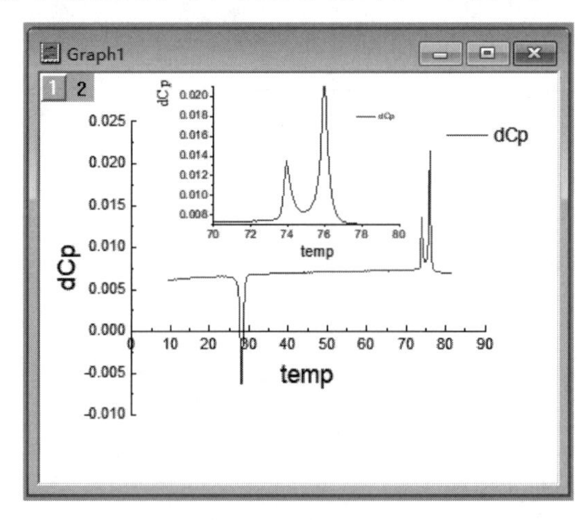

图 5-32　增加新图层显示原曲线中的局部数据

第6章

图形版面设计与图形输出

Origin 图形版面设计（Layout）窗口将项目中工作表窗口数据、图形窗口图形，以及其他窗口形成一个整体，进行图形排列和展示，以加强图形的表现效果。同时，图形版面设计窗口也是唯一能将 Origin 图形与工作表数据一起展示的工具。在图形版面设计窗口中的工作表和图形都被当作绘图对象，可以任意排列。排列这些绘图对象可创建定制的图形展示，以供打印或剪贴板输出。此外，Origin 图形版面设计图形还可以保存成多种图形文件格式。

6.1 使用 Layout 图形窗口

6.1.1 向 Layout 图形窗口中添加图形、工作表等

单击 Layout 工具栏上的图标或选择菜单中的命令，可以向 Layout 图形窗口中添加图形和工作表。可以利用文本工具或者剪贴板粘贴，将文本添加到 Layout 图形窗口。用 Tools 工具栏中的绘图工具可以加入实体、线条和箭头。以 Origin 提供的“…\Samples\Graphing\Layout.dat”数据文件为例说明图形、工作表的添加。导入“Layout.dat”数据文件，选中 B（Y）列数据绘制散点图，选择菜单命令“Analysis”→“Fitting”→“Fit Linear”进行线性拟合。这样就创建了一个数据窗口和一个图形窗口。下面结合所创建的窗口说明创建 Layout 图形窗口版面页的过程。

1. 新建 Layout 图形窗口

具体步骤如下：

1）单击标准工具栏上的“New Layout”命令按钮，或者选择菜单命令“File”→“New”→“Layout”，则 Origin 打开一个空白的 Layout 图形窗口。

2）Layout 图形窗口默认为横向窗口，通过右击 Layout 图形窗口的灰色区域，在弹出的快捷菜单中选择“Rotate Page”，则 Layout 图形窗口将旋转为纵向。Layout 图形窗口的命名是在 Layout 后面加上数字，如 Layout1、Layout2 等。新建 Layout 图形窗口如图 6-1 所示。

2. 向 Layout 图形窗口加入图形或工作表对象

将预先添加的“Layout.dat”数据文件及其散点图加入到 Layout 图形窗口中。具体方法如下：

1）向图 6-1b 所示的纵向 Layout 图形窗口添加工作表和图形窗口，选择 Layout 图形窗口，右击弹出快捷菜单，选择菜单命令“Add Graph…”或者“Add Worksheet…”。

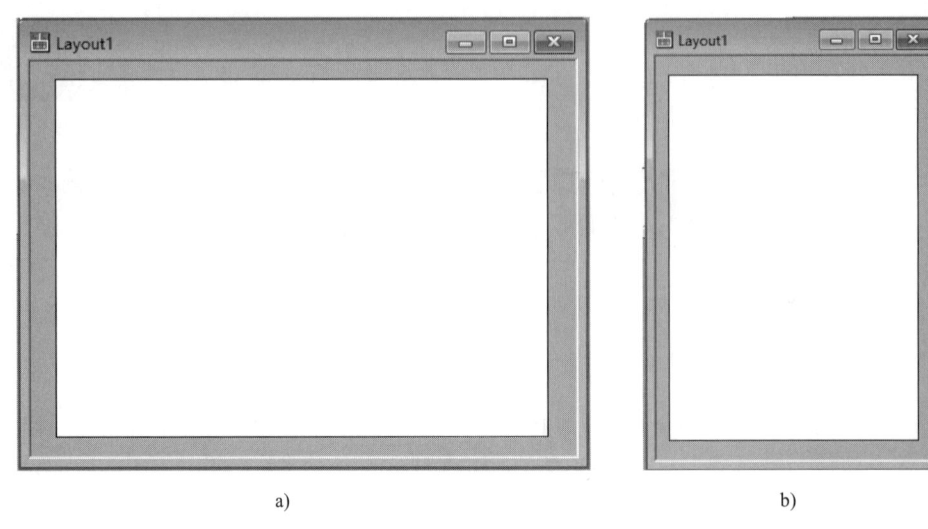

图 6-1 Layout 图形窗口
a）横向 b）纵向

2）在打开的“Graph Browser”对话框中，选择想要加入的图形。添加工作表则需选择菜单命令“Add Worksheet…”，打开“Sheet Browser”对话框。当选定后，单击“OK”按钮，确定加入 Layout 图形，如图 6-2 所示。

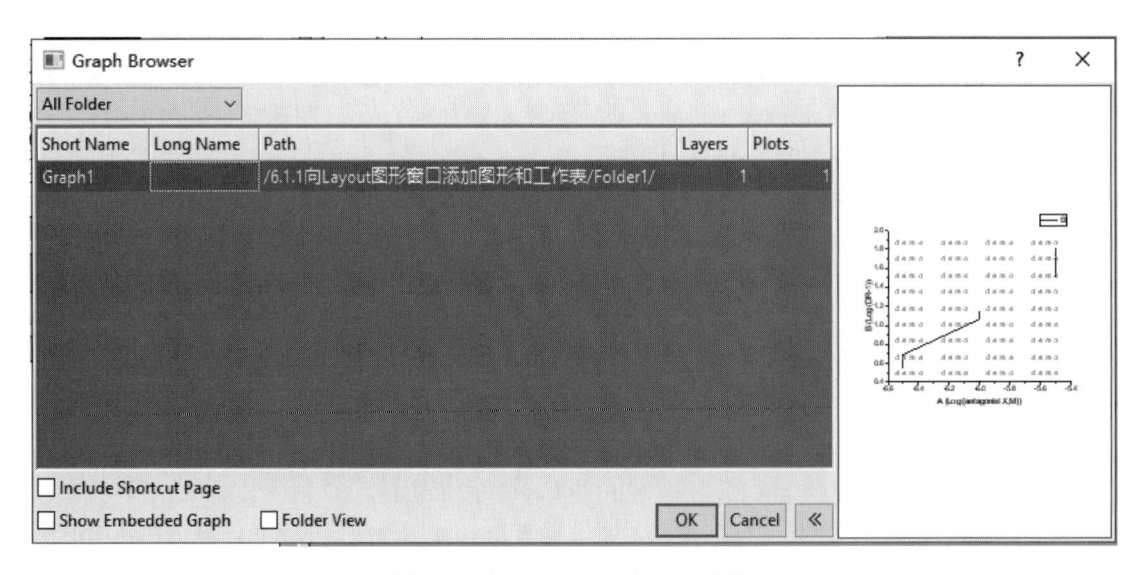

图 6-2 “Graph Browser”对话框

3）在 Layout 图形窗口中，单击鼠标，确定加入对象及其放置的地方。用鼠标拖曳图形或者工作表的方框，可以改变其大小和尺寸。

4）释放鼠标左键，则该对象在 Layout 图形窗口中显示。

如果放置对象原来是图形窗口，则该图形窗口中的所有内容将在 Layout 图形窗口中显示出来；如果放置对象原来是工作表窗口，则在 Layout 图形窗口中仅仅显示工作表的单元格数据和栅格，不显示工作表中的标签。

向 Layout 图形窗口中添加文本与向其他图形窗口中添加文本的方法相同。除此之外，还可利用快捷菜单向图形窗口中添加图片，创建矩阵表格。图 6-3 所示的是加入了工作表、“中原工学院”校徽图片、线性拟合结果表和所创建的拟合图形窗口和矩阵表格。

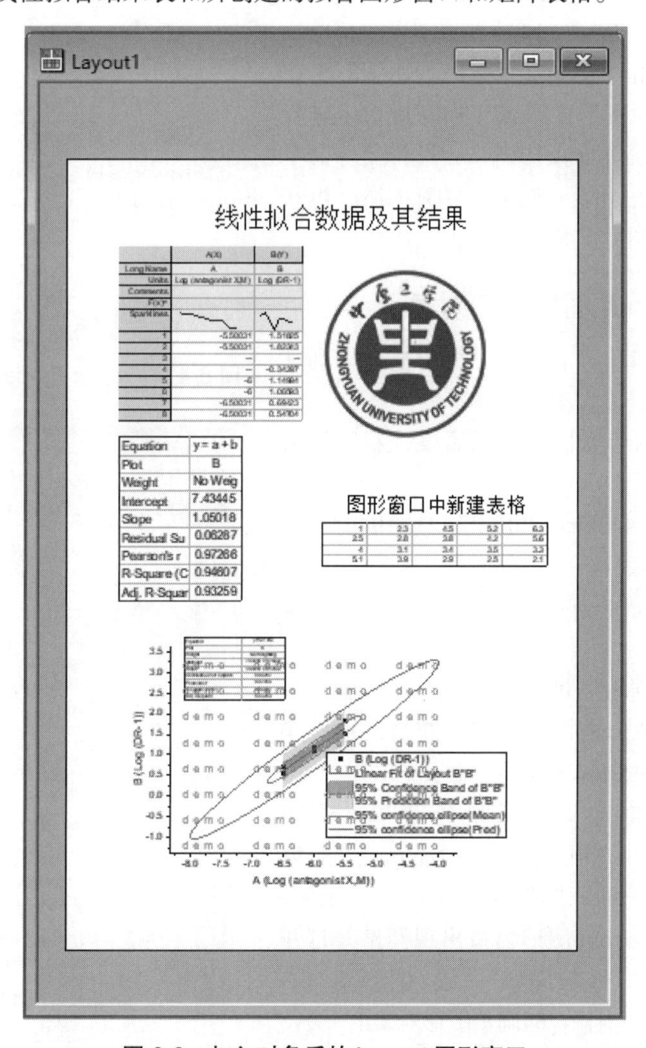

图 6-3　加入对象后的 Layout 图形窗口

6.1.2　编辑 Layout 图形窗口对象

在 Layout 图形窗口中，图形窗口和工作簿窗口作为图形对象加入其中。Origin 软件提供了定制 Layout 图形窗口对象的工具。所加入的对象可以在 Layout 图形窗口中移动、改变尺寸和背景，但是不能直接编辑图形对象。

用鼠标拖曳 Layout 图形窗口中的对象，可以轻松移动和改变对象尺寸。在 Layout 图形窗口中右击编辑图形对象，在弹出的快捷菜单中选择“Properties…”，打开“Object Properties-Table”对话框。在“Dimensions”选项卡中可设置 Layout 图形窗口中的对象尺寸，在“Image”选项卡中可设置对象背景，在“Programming”选项卡中可设置对象性质和编写脚本程序。图 6-4 所示为“Object Properties-Table”对话框。

如果需要编辑 Layout 图形窗口中的对象本身，则需要回到原图形窗口或工作簿窗口。在 Layout 图形窗口中，右击需要编辑的图形对象，打开快捷菜单，选择“Go to Window”，则回到原图形窗口或工作簿窗口；或者双击对象本身直接回到原图形窗口或工作簿窗口。在原图形窗口或工作簿窗口中进行修改后，再返回到 Layout 图形窗口，选择菜单命令“Windows”→“Refresh”，或者单击按钮，更新显示 Layout 图形窗口，完成对象修改。

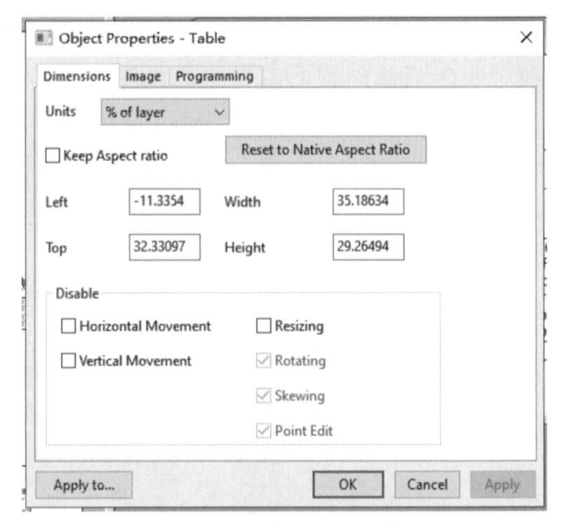

图 6-4 “Object Properties-Table”对话框

6.1.3 排列 Layout 图形窗口对象

Layout 图形窗口中，有以下三种方法可排列其中的图形对象：

1）在 Layout 图形窗口中显示栅格，利用栅格线辅助排列图形对象。

2）用对象编辑（Object Edit）工具栏中的工具排列图形对象。

3）设置“Object Properties-Table”对话框，排列图形对象。

1. 利用栅格排列图形对象

1）将 Layout 图形窗口置为当前窗口，选择菜单命令“View”→“Show Grid”，显示栅格。

2）右击图形对象，打开快捷菜单，选择“Keep Aspect Ratio”选项。这将使 Layout 图形窗口中的图形对象和它的原图形窗口保持对应比例。图 6-5 所示为设置 Layout 图形窗口出现栅格并打开快捷菜单的情况。

图 6-5 Layout 图形窗口出现栅格并打开快捷菜单

3）用右侧的水平调整句柄调整图形对象的大小。

4）用同样的方法调整其他图形对象、工作表对象和插入图片对象。

5）借助栅格，调整文本和矩阵表格的位置，使其在 Layout 图形窗口的水平正中位置。

2. 利用对象编辑（Object Edit）工具栏排列图形对象

1）选择菜单命令“View”→“Toolbars”，打开对象编辑工具栏，如图 6-6 所示。

图 6-6 对象编辑（Object Edit）工具栏

2）选中 Layout 图形窗口中的对象（多个图形对象长按 <Shift> 键并单击，或者按住鼠标左键画出包含多个图形窗口对象的矩形范围）。

3）选择对象编辑工具栏中的工具排列图形对象。

3. 利用“Object Properties-Table”对话框设置排列图形对象

1）右击 Layout 图形窗口中需要编辑的图形对象，弹出快捷菜单，选择“Properties…”菜单命令，打开“Object Properties-Table”对话框。

2）选择“Dimensions”选项卡，设置对象的尺寸和位置。若采用“Object Properties-Table”对话框设置和排列图形窗口中的对象，可以实现多个对象的精确定位。

在 Layout 图形窗口中，分别添加图片、所创建的矩阵、曲线图形窗口和数据文件工作表，用对象编辑工具排列其中的对象，结果如图 6-7 所示。

图 6-7 利用对象编辑工具排列图形窗口中的对象

6.2 与其他应用程序共享 Origin 图形

Origin 使用了 Windows 操作系统中常用的对象共享技术，即对象接入与嵌入（Object Linking and Embedding，OLE）技术。利用该技术可以将 Origin 图形对象链接或者嵌入到任何支持 OLE 技术的软件中，典型的软件有 Word、Excel 或 PowerPoint 等。这种共享方式保持了 Origin 对图形对象的控制，只需在相应程序中双击图形对象即可打开 Origin 编辑。编辑修改后只要再执行更新命令，文档中的图形即可同步更新。Origin 保存了图形对象的原始数据，不必担心图形文件丢失问题。

有两种方式共享 Origin 图形，第一种是采用输入方式，输入的 Origin 图形仅能显示，不能用 Origin 工具编辑。第二种是共享方式，共享 Origin 图形不仅能显示 Origin 图形，还能用 Origin 工具编辑。当 Origin 中的原文件改变时，在其他应用程序中也发生相应的更新。

在其他 OLE 兼容应用程序中，嵌入和链接 Origin 图形的主要差别是数据存储位置。采用嵌入共享方式，数据存储在应用程序文件中；采用链接共享方式，数据存储在 Origin 程序文件中。选择采用嵌入或链接共享方式的主要依据如下：

1）如果要减小目标文件的大小，可采用创建链接的方式。

2）如果要在不止一个目标文件中显示 Origin 图形，应采用创建链接方式。

3）如果仅有一个目标文件包含 Origin 图形，可采用嵌入图形的方式。

6.2.1　在其他应用程序中嵌入 Origin 图形

在其他应用程序中嵌入 Origin 图形共有三种方式，下面分别叙述。

1. 通过剪贴板嵌入 Origin 图形

通过剪贴板嵌入 Origin 图形的方法步骤如下：

1）在 Origin 中激活需要嵌入的图形。

2）选择菜单命令“Edit”→“Copy Page”，将图形输入剪贴板。

3）在其他应用程序中（以 WPS 2019 为例），选择菜单命令“编辑”→“粘贴”，或者“开始”选项卡→“粘贴”→“匹配当前格式”，这样就可以将 Origin 的图形嵌入到应用程序文件中，成为其中的一个对象。

2. 插入 Origin 图形窗口文件

当 Origin 图形窗口文件输出为图形文件（*.jpg、*.bmp、*.png 等），需要在其他应用程序中作为对象插入时，可采取以下方法步骤：

1）在其他应用程序中（以 WPS 2019 为例），选择菜单命令“插入”→“对象”，打开“插入对象”对话框，选择“由文件创建”，如图 6-8 所示。

2）单击“浏览…”按钮，打开对话框，选择需要插入的图形对象文件，单击“插入”按钮。

3）在“插入对象”对话框中，确认不勾选“链接”复选框，单击“确定”按钮。Origin 图形就被嵌入到 WPS 2019 应用程序的文件中了。

3. 创建并插入新的 Origin 图形

在目标应用程序（以 WPS 2019 为例）文件中新建一个 Origin 图形窗口，并将 Origin 图形对象插入进来，具体步骤如下：

1）在 WPS 2019 中，选择菜单命令“插入”→“对象…”，打开“插入对象”对话框。

2）选择“新建”单选按钮，在对象类型列表框中选择“Origin Graph”，如图 6-9 所示。

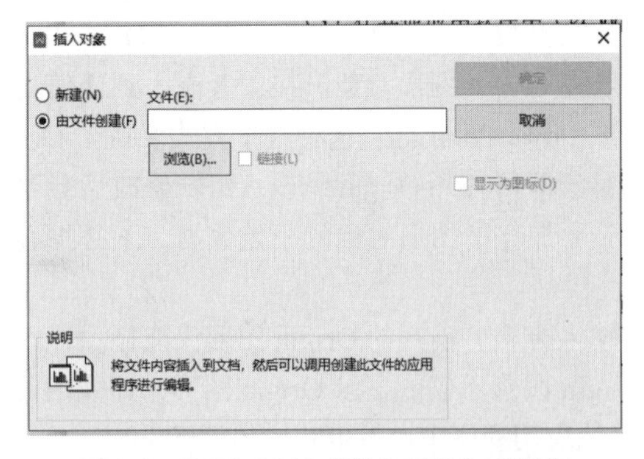

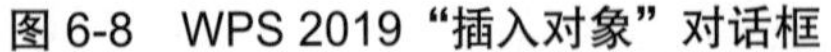
图 6-8　WPS 2019“插入对象”对话框

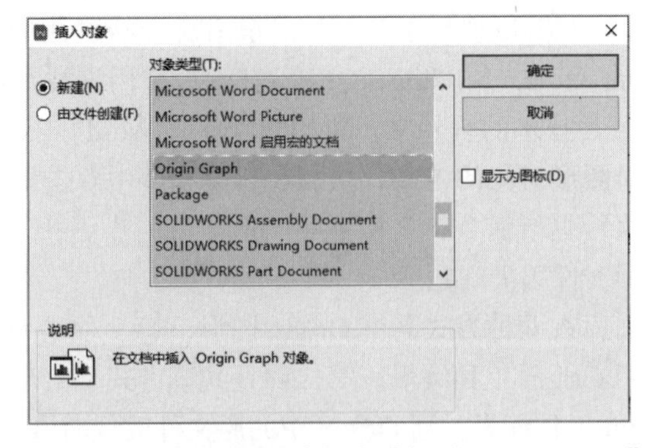

图 6-9　在对象类型列表框中选择“Origin Graph”

3）单击“确定”按钮，启动 Origin，进入图形窗口；同时，应用程序中显示该 Origin 图形。

4）在 Origin 中创建的图形窗口中绘图。完成绘图后，选择菜单命令“File”→“Update+文件名”（其中“文件名”是应用程序中编辑文件的名称），这时目标应用程序文件中已插入了刚刚创建的 Origin 图形。

Origin 图形通过嵌入插入目标应用程序文件中以后，它仍然可以用 Origin 工具编辑，方法是在目标应用程序（以 WPS 2019 为例）中双击 Origin 图形启动 Origin，这样就可以在 Origin 中编辑图形了。完成编辑以后，选择菜单命令“File”→“Update+ 文件名”，则关闭 Origin，返回到目标应用程序。

6.2.2　图形发送至 PPT 和 Word 中

以 Origin 提供的“…\Samples\Graphing\waterfall.dat”数据文件为例说明图形发送至 PPT 和 Word 中。导入“waterfall.dat”数据文件，全选数据，选择菜单命令“Plot”→“3D”→“Waterfall”，生成瀑布图。

1. 利用 Apps 工具“Send Graphs to PowerPoint”将图形发送至 PPT 中

1）将 Origin 中的图形窗口置为当前窗口。

2）在 Origin 主界面右侧双击 Apps 工具“Send Graphs to PowerPoint”，弹出“Send Graphs to PowerPoint”对话框，设置如图 6-10 所示。

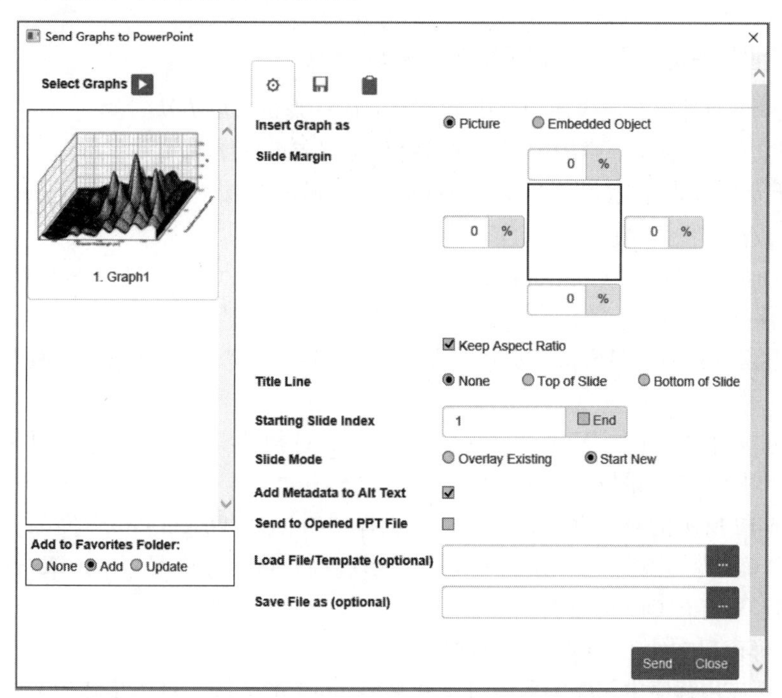

图 6-10　“Send Graphs to PowerPoint”对话框发送图片设置

3）单击“Send”按钮，将图形发送至 PowerPoint 中。如果 PowerPoint 没有打开，这时系统会自动打开电脑中已安装的 PowerPoint 应用程序，并将图形作为一张幻灯片放入其中，放置幻灯片中的位置可以在“Send Graphs to PowerPoint”对话框的“Starting Slide Index”文本框中设置。如果有多个图形窗口，均会显示在“Send Graphs to PowerPoint”对话框的左侧区域，可以选择其中的某几个图形一起发送至 PPT 中。

4）发送完成后，可在 PowerPoint 应用程序中看到所发送的 Origin 图形，可移动和缩放图形。单击“Close”按钮完成将图片发送 PPT 中的操作，关闭对话框。

如果在“Send Graphs to PowerPoint”对话框中将图形以图片（Picture）模式插入 PPT 中，则 PPT 中的图形是不能在 Origin 中编辑的。如果将图形以嵌入对象（Embedded Object）插入 PPT 中，则双击 PPT 中的 Origin 图形后可以在 Origin 中编辑图形，编辑更新返回即可。

2. 利用 Apps 工具“Send Graphs to Word”将图形发送至 Word 中

1）将 Origin 中的图形窗口置为当前窗口。

2）在 Origin 主界面右侧双击 Apps 工具“Send Graphs to Word”，弹出“Send Graphs to Word”对话框，设置如图 6-11 所示。

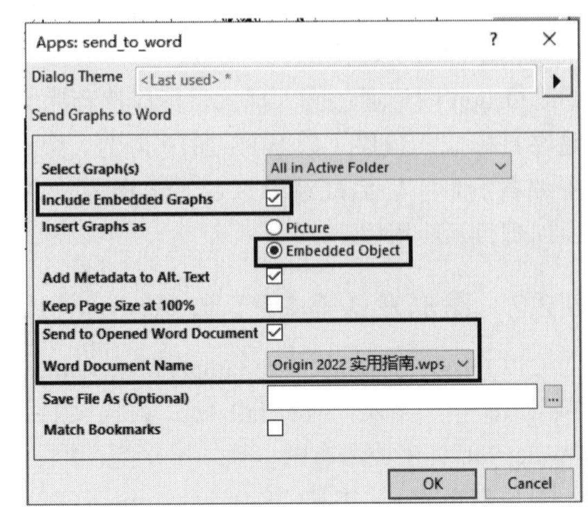

图 6-11 “Send Graphs to Word”对话框发送图片设置

3）单击“OK”按钮完成图形发送。图片被发送到已打开的 Word 文档中。

6.2.3 在其他应用程序中创建 Origin 图形链接

Origin 提供了两种在其他应用程序中创建 Origin 图形链接的方法。

1. 将项目文件（*.opju）中的图形创建链接到目标应用程序中

若在目标应用程序中创建项目文件中 Origin 图形的链接，以“…\Samples\Curve Fitting\ConData.dat”数据文件为例说明，其实现步骤如下：

1）启动 Origin，打开“ConData.dat”数据文件，选择 A（X）和 B（Y）两列数据，绘制散点曲线图，保存项目文件“6.2.3 在其他软件中创建 Origin 图形链接”。

2）将图形窗口置为当前窗口，选择菜单命令“Edit”→“Copy Page”，将图像复制到剪贴板中。

3）在目标应用程序（如 WPS 或 Word2003）中，选择“编辑”→“选择性粘贴…”，打开“选择性粘贴”对话框，如图 6-12 所示。

4）在图 6-12 所示的对话框中，列表框中选择“Unicode Origin Graph 对象”，选择“粘贴链接”，单击“确定”按钮。这样便将 Origin 图形链接到目标应用程序中。双击应用程序中链接的 Origin 图形可打开 Origin 进行图形编辑。

2. 创建图形窗口文件（*.oggu）的链接

若要在目标应用程序中创建图形窗口文件（*.oggu）的链接，具体步骤如下：

1）在目标应用程序中，选择“插入”→“对象”，打开“插入对象”对话框，如图 6-9 所示。

2）选择“由文件创建”，单击“浏览…”按钮，打开“浏览”对话框，选择需要插入的“*.oggu”或者“*.ogg”文件，单击“插入”按钮。

3）在“插入对象”对话框中，勾选“链接”复选框，单击“确定”按钮，如图 6-13 所示。Origin 图形文件就被链接到 WPS 应用程序文件中。

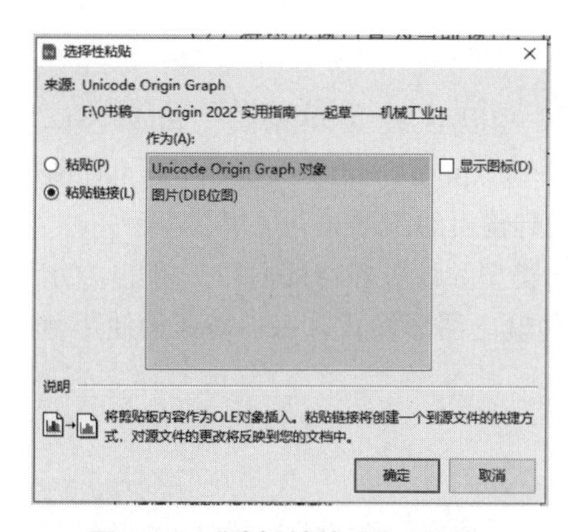

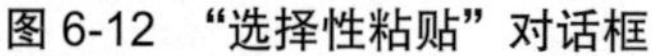

图 6-12　“选择性粘贴”对话框

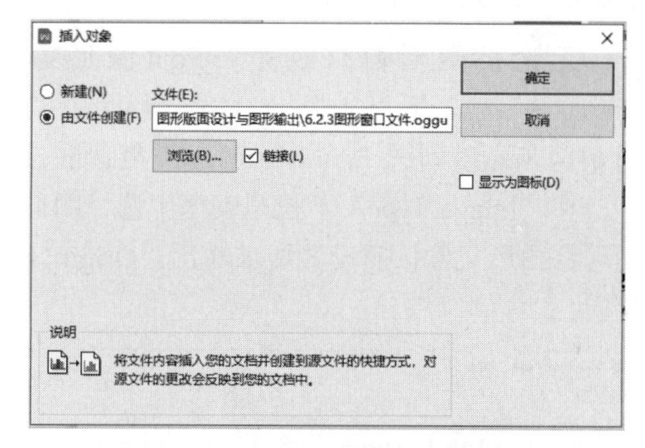

图 6-13　“插入对象”对话框设置

若在应用程序中建立了 Origin 图形文件的链接，则该图形可以用 Origin 编辑。其具体方法如下：

1）启动 Origin，打开包含链接原图形的项目文件或者图形窗口文件。

2）在 Origin 中完成修改图形后，选择菜单命令“File”→“Update+ 文件名”（其中“文件名”是应用程序中编辑文件的名称），这时目标应用程序文件中已插入了刚刚创建的 Origin 图形。

此外，还可以直接在目标应用程序文件中双击链接图形，启动 Origin，在图形窗口中显示图形。完成图形修改后，选择菜单命令“Edit”→“Update Client”，则目标应用程序文件中所链接的图形完成更新。

6.3　图形格式选择与输出

6.3.1　选择图形输出格式

输出图形文件类型取决于图形的应用。如果图形用于出版印刷，建议使用“*.tif”“*.tga”“*.eps”和“*.pdf”等输出图形文件类型。如果图形用于网络发布，则输出图形文件类型主要考虑文件的大小和浏览器对图形支持的格式等，最常用的格式有“*.jpg”“*.gif”和“*.png”。

如果图形用于其他应用程序，可选择该应用程序自身的图形类型或支持的图形类型。Origin 能直接输出为其他应用程序自身的图形类型见表 6-1。

表 6-1　Origin 能直接输出为其他应用程序自身的图形类型

图形类型	应用程序	图形类型	应用程序
*.ai	Adobe Illustrator	*.pcx	PC Paintbrush
*.bmp	Window Paint	*.pdf	Adobe Acrobat
*.cgm	Word Perfect	*.psd	Adobe Photoshop
*.dxf	AutoCAD	*.wmf	MS Office
*.emf	MS Office	—	—

6.3.2 图形输出

无论是图形窗口还是 Layout 图形窗口，都可以选择菜单命令“File”→“Export Graphs…”，或者“File”→“Export Page…”，打开“Export Graphs : expGraph”对话框，如图 6-14 所示。勾选“Auto Preview”复选框，可以看到输出的图形。

在“Image Type”下拉列表框中选择图形的输出类型。设置好对话框后，单击“OK”按钮便可将图形文件按照设置要求输出。Origin 支持多种输出图形格式，每种格式的使用范围并不相同。

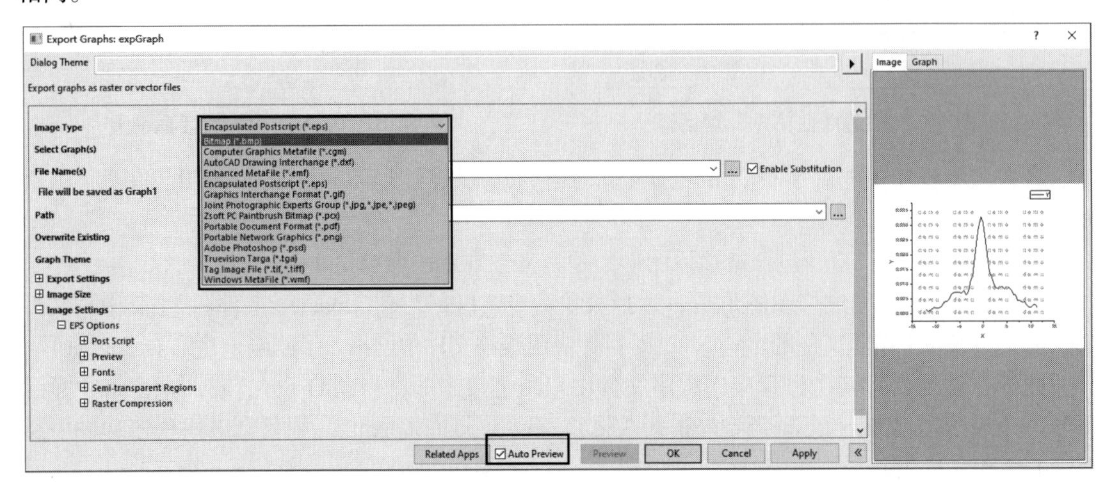

图 6-14 “Export Graphs : expGraph”对话框设置

要讨论图形输出格式的问题，首先需要明白图形输出格式可以分为两大类：一类是矢量图（Vector），这种图形以点、直线和曲线等形式保存在文件中，文件体积很小，可以无级缩放而不失真，适合于各种各样的分辨率（既适合屏幕显示，也适合打印输出）。另一类是位图或称为光栅图（raster），这类图形保存后文件体积很大，一般不宜放大，若放大可能出现失真，受制于图形的分辨率，使用场合不同，分辨率也要不同。

这样，窗口图形便可被保存为图形文件，可以插入到任何可识别这种文件格式的应用程序中。

6.3.3 通过剪贴板输出图形

通过剪贴板输出图形的具体方法如下：

1）将图形窗口置为当前窗口，选择菜单命令“Edit”→“Copy Page”，图形即可被复制到剪贴板中。

2）在目标应用程序中，选择菜单命令“编辑”→“粘贴”，即可完成通过剪贴板将 Origin 图形和 Layout 图形窗口输出到目标应用程序。

通过剪贴板输出的图形默认比例为 40，该比例为输出图形与图纸的比例。选择 Origin 中菜单命令“Preferences”→“Options”，打开“Options”对话框，选择“Page”选项卡，在“Copy Page Settings”选项组中的“Ratio”下拉列表框中设置输出比例。在该选项卡中，还可以设置输出图形的分辨率，默认的分辨率为 300dpi。图 6-15 所示为“Options”对话框中的“Page”选项卡。

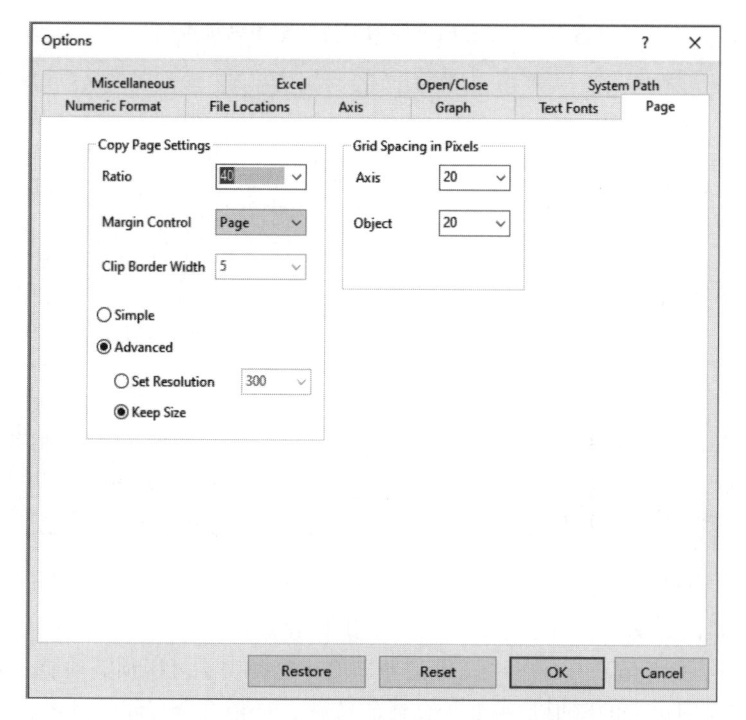

图 6-15　“Options”对话框的“Page”选项卡

6.4　图形输出打印设置

Origin 提供了菜单命令来控制图形窗口中元素的显示，其菜单命令为“View”→“Show”。在打开的下拉菜单中选中想要显示在打印图形中的元素“Element”，即在图形窗口中显示的元素都可以打印输出。相反，如果元素没有显示在图形窗口中，那么就不能打印出来。因此，在打印之前，需要对其显示元素选项进行选择。

6.4.1　元素显示控制

选择菜单命令“View”→“Show”，即可打开元素显示控制下拉菜单，如图 6-16 所示。在图 6-16 中，选项前面的对号表示该项已经被选中，即可以显示和打印。元素显示控制下拉菜单中各项意义见表 6-2。

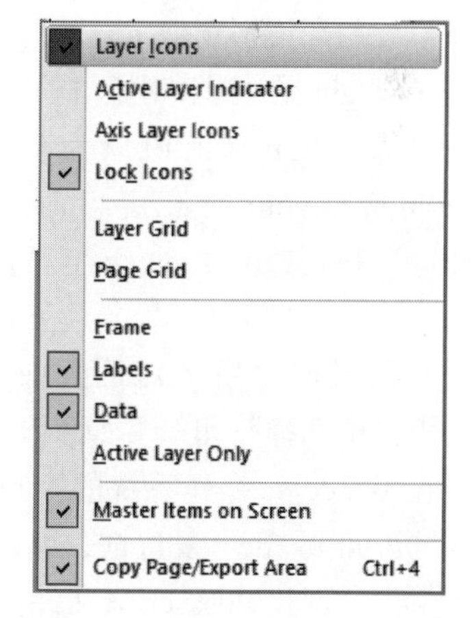

图 6-16　元素显示控制下拉菜单

元素显示控制的主要内容：图层图标、图层指示器、页面栅格、图层栅格、图层边框、图例、数据曲线、坐标轴图层图标等。

6.4.2　设置和预览打印页面

打印页面设置的步骤如下：

1）选择菜单命令“File”→“Page Setup…”，打开页面设置对话框。

表 6-2 元素显示控制下拉菜单中各项意义

元素名称	意义
Layer Icons	显示 / 隐藏图层图标
Active Layer Indicator	显示 / 隐藏激活的图层图标
Axis Layer Icons	显示 / 隐藏坐标轴图层图标
Lock Icons	锁定 / 解除图层图标
Layer Grid	显示 / 隐藏图层栅格
Page Grid	显示 / 隐藏页面栅格
Frame	显示 / 隐藏激活图层边框
Labels	显示 / 隐藏图例
Data	显示 / 隐藏数据
Active Layer Only	仅显示 / 隐藏激活的图层
Master Items on Screen	将 Master 中的模板应用到图形中
Copy Page/Export Area	复制页 / 输出所选区域

2）在页面设置对话框中选择纸张的大小和方向，单击“OK”按钮，即可完成打印页面设置。这时图形窗口内的图形以所选定的纸张大小和方向显示。

与 WPS 一样，Origin 在打印一个图形文件之前，也提供了打印预览功能。大家可以通过打印机预览，查看绘图页上的图形是否处于合适的位置、是否符合打印纸的要求、图形大小是否恰当等。选择菜单命令“File”→“Print Preview”，打开打印机预览界面。这时 Origin 不允许进行其他操作。

6.4.3 设置打印对话框

1. 打印图形窗口

Origin 的打印对话框与打印的窗口有关。当 Origin 当前窗口为图形窗口、函数窗口或者 Layout 图形窗口时，选择菜单命令“File”→“Print Preview”，打开“Print”对话框，如图 6-17 所示。

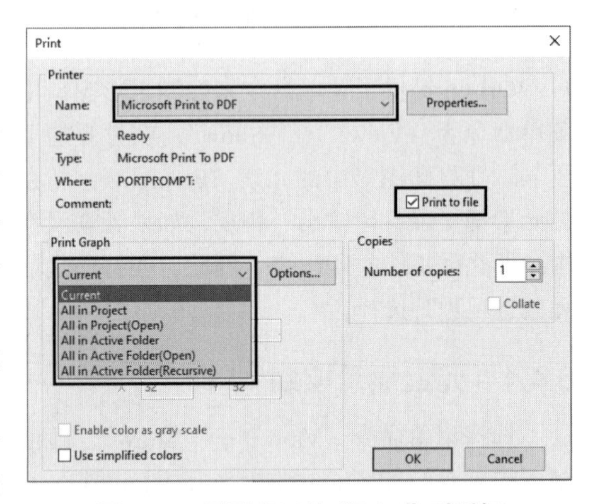

图 6-17 图形窗口的“Print”对话框

在图 6-17 所示对话框中的“Name”下拉列表框中选择打印机。如果没有适当的打印机，可在 Windows 操作系统的控制面板中添加。勾选“Print to file”复选框，可以将所选窗口打印到文件，创建 PostScript 文件。

图 6-17 所示的“Print Graph”下拉列表框中给出了多个选项，分别表示打印项目中当前图层、项目中所有图层、项目中打开的图层、所有活动文件夹的图层、所有打开的活动文件夹的图层、所有多次打开的活动文件夹的图层。

图 6-17 所示的“Worksheet data，ship points”和“Matrix data，Maximum points”复选框用来控制打印图形上曲线的点数，以提高打印速度。勾选该复选框后，系统便会打开文件对话框，要求输入每条曲线的最大数据点数。当数列的长度超过规定的点数时，Origin 便会去除超过的点数，在数列内均匀取值。

“Enable color as gray scale”复选框：当使用黑白打印机时，Origin 默认把所有的非白颜色都视为黑色。如果选择这个选项，Origin 将启用灰度模式打印彩色图形。设定“Number of copies”数值表示可重复打印图形的份数。若勾选“Collate”复选框，则在重复打印过程中对图形进行校对处理。

2. 打印工作表窗口或者数据矩阵窗口

当前窗口为工作表窗口或矩阵窗口时，“Print”对话框如图 6-18 所示。

若勾选“Selection”复选框，则可以规定打印的行和列的起始序号和结束序号，从而确定打印某个范围内的数据。当前窗口若为记事本窗口或者 Excel 工作记录表时，“Print”对话框的设置与其他应用程序的打印窗口设置相同，此处不再赘述。

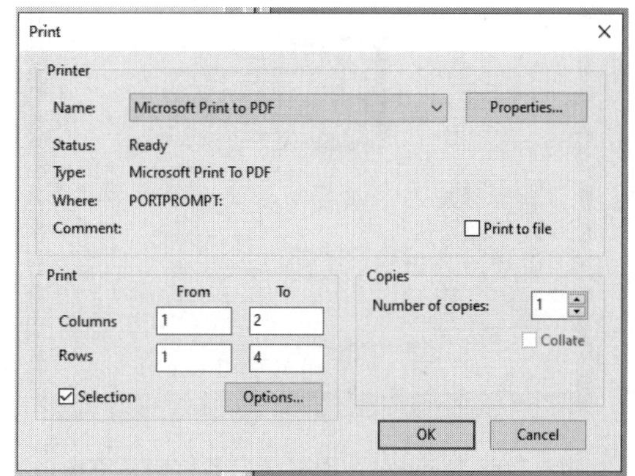

图 6-18　工作表窗口或矩阵窗口的“Print”对话框

3. 打印到文件

打印到 PostScript 文件的步骤如下：

1）将要打印的窗口置为当前窗口，选择菜单命令“File”→“Print”，打开“Print”对话框。

2）在“Name”下拉列表框中选择一台 PostScript 打印机。

3）在“Print”对话框中勾选“Print to file”复选框。

4）单击“OK”按钮，打开“Print to File”对话框，如图 6-19 所示。

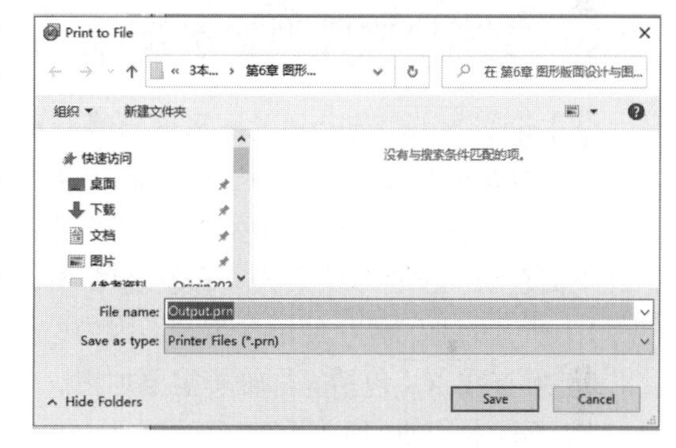

图 6-19　“Print to File”对话框

5）在图 6-19 所示的对话框中，选择一个保存文件的位置，并输入文件名，单击“Save”按钮。这样，该窗口就打印到指定的文件了。

6.5　图形打印

如果想直接打印图形，可以在 Origin 中进行图形打印，一般的步骤是“Page Setup”→“Page Preview”→“Print”，其操作相对简单。

图 6-18 是打印对话框，对话框中的一些选项是工作表或矩阵窗口的最大列进行设置，也可以调整打印的颜色。由于打印默认的当前页面为对应的纸张大小，因此会整页输出打印。

Origin 图形版面设计窗口（Layout 图形窗口）可以将项目中的工作表窗口数据、图形窗口图形、外部图片、其他窗口、创建矩阵和文本构成一幅图像，进行排列和展示，以加强图形的表现效果。同时，Layout 图形窗口也是唯一能够将 Origin 图形与工作表数据放在一起展示的工具。

如第 6.1 节所述的内容，Layout 图形窗口中的工作表和图形都被当作图形对象。排列这些图形对象可创建定制的图形展示（Presentation），实现在 Origin 中打印或者向剪贴板输出。

此外，Origin 图形版面设计图形还能够以多种图形文件格式保存，具体内容见第 6.3 节所述。图 6-20 所示为 Layout 图形窗口的打印预览窗口，图 6-21 所示为 Layout 图形窗口的排列与展示。

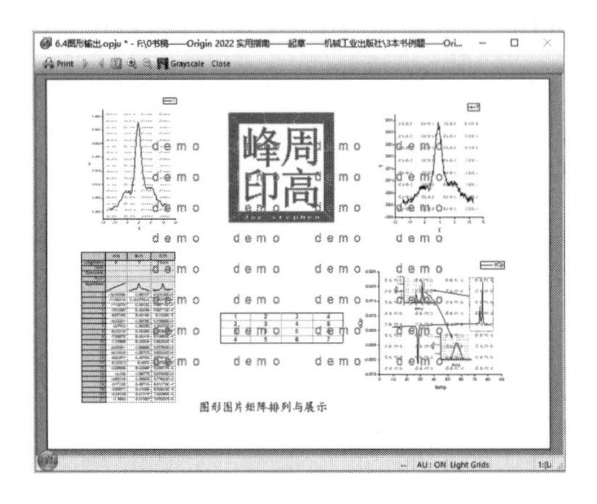

图 6-20 “Layout”图形窗口的打印预览窗口

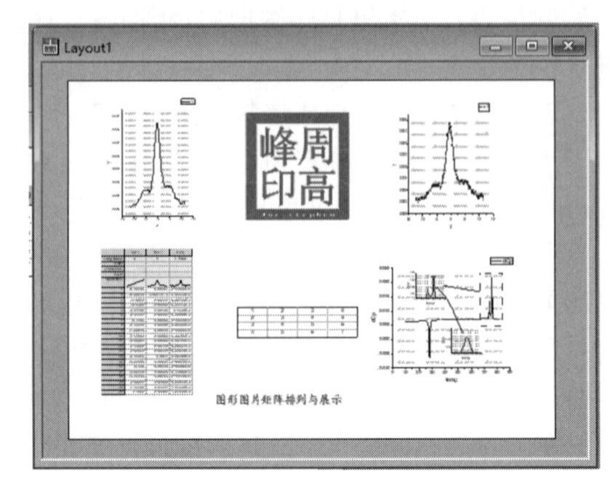

图 6-21 “Layout”图形窗口的排列与展示

6.6 学术论文图形输出技巧

学术论文的出版与普通的图形输出略有不同，首先最终出版的论文要求图形很小，如图形宽度最小为 6cm（因为分栏排版）。然而，这么小的图形仍然有清晰阅读坐标、数据、数据曲线、多曲线比较等要求，即要求图形“可读性”很高，因此需要做一些特殊处理。

下面总结一下学术论文撰写和发表时的图形处理技巧，供大家参考：

1）所有的曲线颜色使用深色调，因为论文最终以黑白双色印刷。

2）所有线条（包括坐标轴）需要加粗。

3）不同曲线使用不同的符号，符号大小应调大。

4）所有图形中出现的文字，包括标题、坐标轴数值、标记等，全部调到 36Point。

5）字形的选择原则上是最终清晰可读，文字部分可以加粗，坐标轴数值不要加粗。

6）如果输出时出现乱码，则需要将出现乱码的符号字体改为中文字体。

7）将图形输出为 EMF 或 EPS 格式，在文档中插入图形，保持图形纵横比的基础上调整大小，并以此为基础，使用激光打印机打印，可获得满意的质量。

8）在论文出版前，出版社一般要求单独提供图形文件。按照出版社的要求，一般要求是 TIF 格式，600dpi。TIF 文件打包压缩后通过邮件或网络投稿发送给出版社。

第 7 章

曲线拟合

在产品试验和科学研究时经常需要处理数据，对试验数据进行线性拟合、非线性拟合，以便描述不同变量之间的关系，从而找出函数关系，建立数学模型或经验公式，用于指导生产实践或给出某种科研结论。

Origin 2022 提供了强大的有关线性拟合、多项式拟合和非线性拟合的函数拟合功能，其中最具代表性的就是最小二乘法和非线性曲面拟合。Origin 2022 继承了以前版本的所有函数并用于曲线拟合，这些函数表达式和功能能够满足绝大多数科技工程中的曲线拟合要求。它还在拟合过程中根据需要定制输出拟合参数方面进行了改进，提供了具有专业水准的拟合分析报表。同时，Origin 2022 提供拟合函数管理器（Fitting Function Organizer）、拟合函数库（Fitting Function Library）和拟合 App 以改进用户自定义拟合函数设置，这可方便实现用户自定义的拟合函数编辑、管理和设置。与 Origin 内置函数一样，用户自定义拟合函数在定义后也可放置在 Origin 中，以便拟合调用。

7.1 拟合菜单和拟合类型

7.1.1 拟合菜单

在“Analysis”→“Fitting”二级菜单下，Origin 2022 可直接使用的菜单回归命令有线性回归、多项式拟合、非线性拟合和非线性曲面拟合等。其中，非线性拟合和非线性曲面拟合需要分别打开非线性拟合对话框和非线性曲面拟合对话框。调用拟合菜单命令如图 7-1 所示。

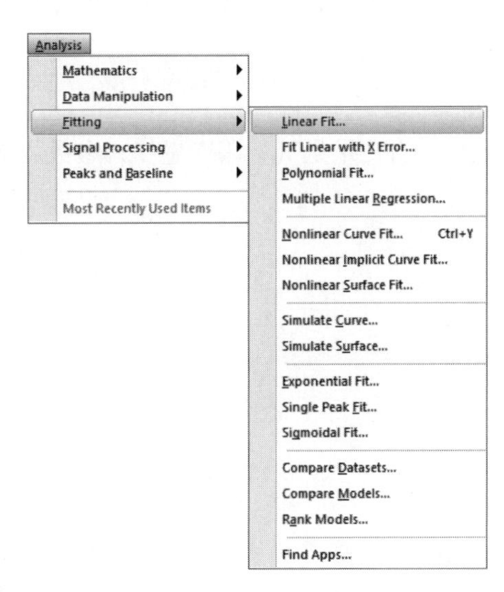

图 7-1 “Analysis”→“Fitting”二级菜单下的拟合菜单命令

采用菜单拟合时，必须激活所要拟合的数据或曲线，然后在“Fitting”菜单下选择相应的拟合类型进行具体拟合。拟合类型主要有：线性拟合、非线性拟合、指数拟合、多项式拟合和多元线性回归。

在 Origin 2022 中，大多数拟合菜单命令是不需要输入拟合参数的，拟合将自动完成。一些拟合可能要求输入参数，但是系统也能够根据拟合数据给出默认值进行拟合。因此这些拟合方法是非常适合初学者的。

当拟合完成后，拟合曲线便会出现在图形窗口中，Origin 2022 会自动创建一个工作表，用于存放输出回归参数的结果。

所谓的回归（Regression）分析也可以称为拟合（Fitting），回归是要找到一个有效的变量关系，拟合则是要找到一个最佳的匹配方程，尽管两者有所差异，但其基本含义相同。回归分析就是要找到自变量和因变量之间确定的函数关系。进行拟合时，大家需要根据实际状况和需要选择拟合模型，不可随便选择。

回归分析的基本过程如下：

1）确定拟合变量。包括自变量、因变量及其个数。

2）确定数学模型。即自变量和因变量之间的函数关系。确定数学模型时需要注意两点：一是依据现有数据或者通过数据转换找到尽可能简单的模型，因为模型越简单，处理起来越方便，关系也越容易确定；二是模型中相关参数是否有物理意义，这一点是非常重要的，因为科研和工程研发中的试验模型并不是纯粹的数学函数，而是有着明确的物理意义，计算参数是为了解决工程研发或者科学研究中的问题，因此如果引入的参数没有明确的物理意义，那么所选的模型将不是一个很好的模型，即使拟合函数将所给数据拟合得非常好。

3）利用计算机反复计算逼近，必要时人工干预。利用计算机计算的好处有两点：一是运行速度快，二是计算过程精确，不会出现人工的错漏现象。但是如果所选模型有问题，那么运算结果将相差甚远，因此必要时必须进行人工干预。

4）根据运算结果，特别是依据确定的系数进行检验。理论上相关系数越接近 1 越好，但是也要结合常识对结果参数的物理意义（特别是其取值范围）进行必要的判断，从而进行适当取舍。

5）若结果不满意，则重新修改模型参数再次运算。

7.1.2 线性拟合

线性拟合是数据分析中最简单但最重要的一种分析方法，其主要目标就是寻找数据集中数据增长的大致方向，以便排除某些误差数值，以及对未知数据做出预测。线性拟合的函数为

$$Y_i=A+BX_i \tag{7-1}$$

式中，自变量是 X_i，因变量 Y_i，参数 A（截距）和参数 B（斜率）由最小二乘法求得。

$$A=\bar{Y}-B\bar{X} \tag{7-2}$$

$$B=\frac{\sum_{i}^{N}\left(X_i-\bar{X}\right)\left(Y_i-\bar{Y}\right)}{\sum_{i}^{N}\left(X_i-\bar{X}\right)^2} \tag{7-3}$$

通过选择菜单命令“Analysis”→“Fitting”→“Linear Fit…”，打开“Linear Fit…”拟合对话框，在该对话框中进行拟合设置，即可完成线性拟合。例如，某电压控制电动机输出角速度的数据如图 7-2 所示，用线性拟合分析它们之间的关系。

线性拟合步骤如下：

1）选中工作表中的数据，绘出散点图，如图 7-3a 所示。从图 7-3a 可以看出该数据存在线性关系，可试用线性拟合。

2）选择菜单命令“Analysis”→“Fitting”→“Linear Fit…”→“Open dialog…”进行线性拟合，打开“Linear Fit”对话框，如图 7-4a 所示。

3）在图 7-4a 中，可以选择和设置拟合输出的参数。例如，在“Linear Fit”对话框中，单击“Fitted Curves Plot”选项卡，打开该选项卡后可在图形上输出置信区间，如图 7-4b 所示。

4）设置完成后，单击“OK”按钮即可完成线性拟合。对其线性拟合直线和主要结果在散点图 7-3b 中给出，从拟合结果可以看出，该控制电压与电动机输出角速度之间的线性关系明显。

Book1 *

	A(X)	B(Y)
Long Name	控制电压	输出角速度
Units	V（伏）	ω
Comments		
F(x)=		
1	0.1	30
2	0.2	32
3	0.5	38
4	1	42
5	3	50
6	5	58
7	5.6	65
8	7	67
9	8.5	69
10	11.2	75
11	13	86
12	15	88
13	20	95
14		

Sheet1

图 7-2　某电压控制电动机输出角速度的数据

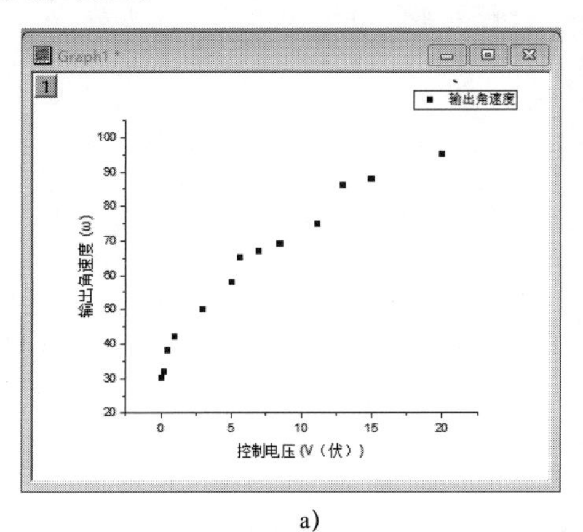

a)

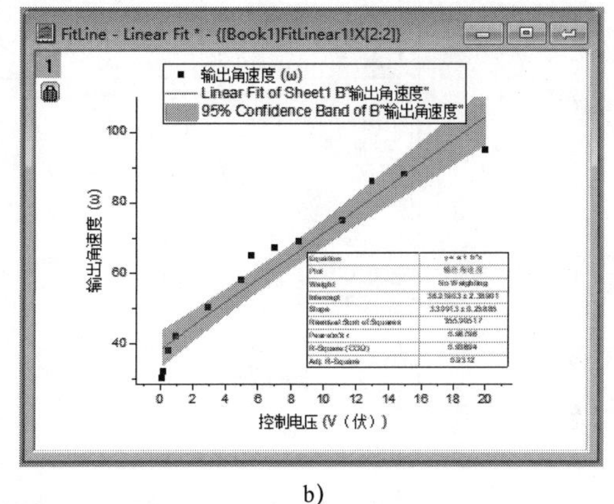

b)

图 7-3　线性拟合结果

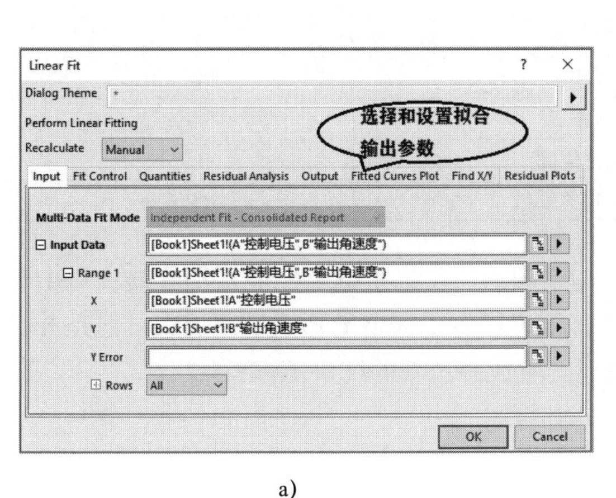

a)

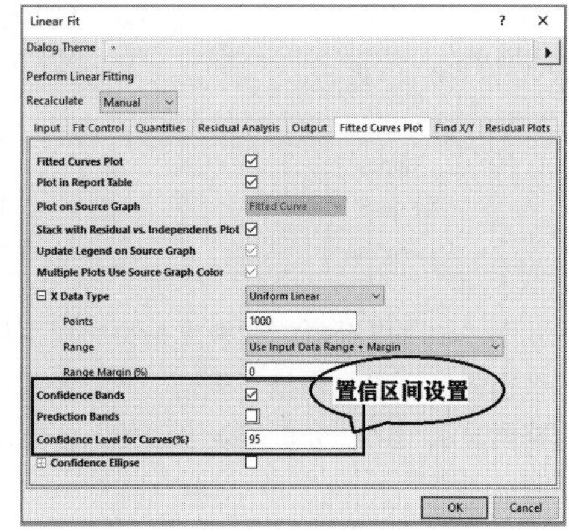

b)

图 7-4　“Linear Fit”对话框

5）线性拟合设置完成后，Origin 根据输出设置自动生成了专业性较强的拟合参数分析报表和拟合数据工作表，如图 7-5 所示。从拟合参数分析报表可以看出：Origin 2022 较以前版本更加专业，内容更加丰富。拟合参数分析报表中的参数见表 7-1。

图 7-5　专业性较强的拟合参数分析报表和拟合数据工作表

表 7-1　拟合参数分析报表中的参数

参　数	含　义	数　值
Intercept	截距 A	38.21903
Slope	斜率 B	3.30913
R-Square	拟合优度	0.9312
Pearson's r	线性相关系数	0.96796

由图 7-5 可以看出：该报表是按照树形结构组织的，可以根据需要展开和收缩；每个节点处的数据内容可以是数据、表格、图形和说明；报表以电子表格的形式呈现出来，但是并没有把表格线显示出来；分析报表附带的一些数据还会生成一个新的结果工作表。

7.1.3　非线性拟合

除了线性拟合外，实际中的大部分数据都不能呈现出一种直线关系，因此需要进行非线性拟合。Origin 使用“Nonlinear Curve Fitting…”菜单命令进行非线性拟合。“Nonlinear Curve Fitting…”对话框中设置了 200 余种非线性拟合函数，能够适应各学科数据拟合的要求，也可使用具体参数定制。

下面以 Origin 自带的非线性数据文件“Gaussian.dat”说明非线性拟合。

1）导入数据。导入“…\Program Files\OriginLab\Origin 2022\Samples\Curve Fitting\Gaussian.dat”数据文件，选择 B 列绘制散点图，如图 7-6 所示，观察拟合数据是否存在线性关系。显然，散点图不存在明显的线性关系，应进行非线性拟合。

2）选择菜单命令“Analysis”→“Fitting”→“Nonlinear Curve Fit…”进行非线性拟合，打开“Nonlinear Curve Fit”对话框，如图 7-7 所示。

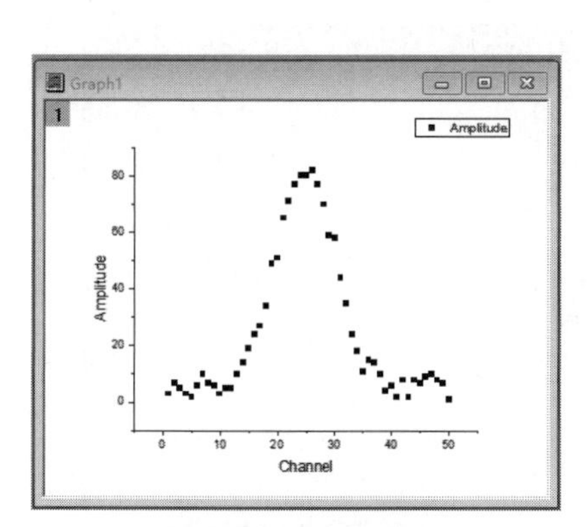

图 7-6　B 列散点图

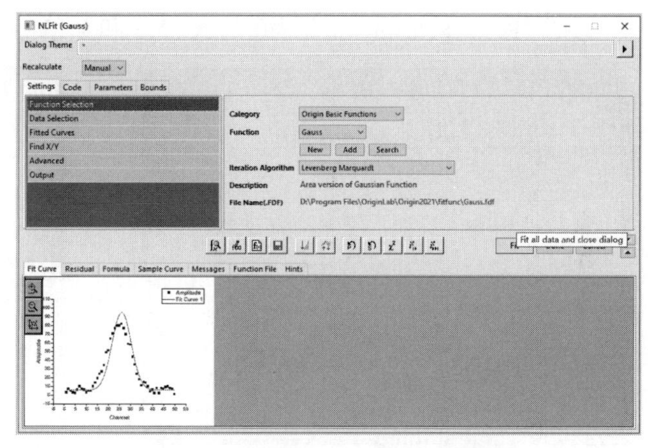

图 7-7　“NLFit（Gauss）”对话框

3）选择函数。在“Settings”列表框中选择“Function Selection”选项，在“Category”下拉列表框中选择“Origin Basic Functions”函数，在“Function”下拉列表框中选择“Gauss”函数，再单击“Fit（拟合）”按钮即可，如图 7-7 所示。

4）查看结果。所形成的拟合结果报表如图 7-8 所示。

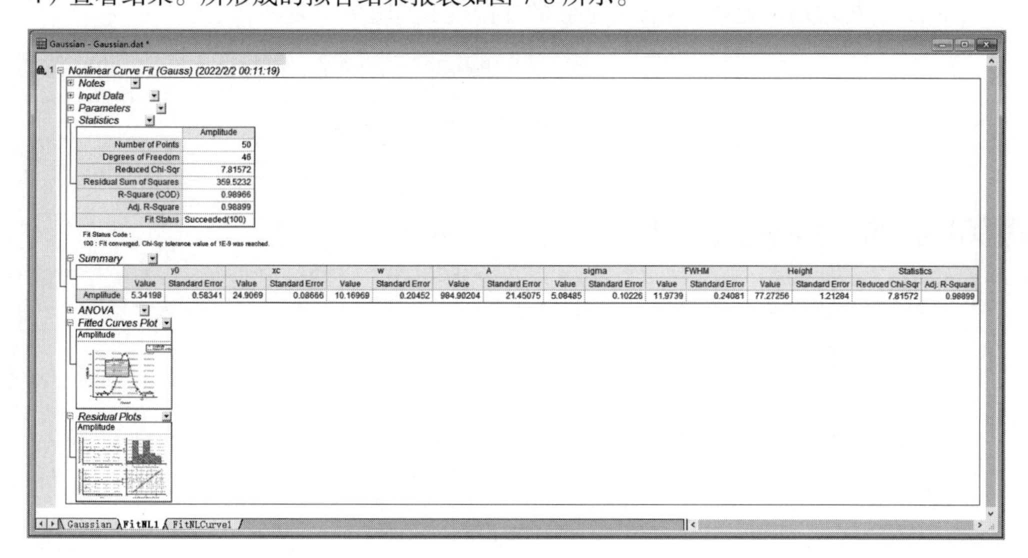

	Amplitude
Number of Points	50
Degrees of Freedom	46
Reduced Chi-Sqr	7.81572
Residual Sum of Squares	359.5232
R-Square (COD)	0.98966
Adj. R-Square	0.98899
Fit Status	Succeeded(100)

	y0		xc		w		A		sigma		FWHM		Height		Statistics	
	Value	Standard Error	Value	Standard Error	Value	Standard Error	Value	Standard Error	Value	Standard Error	Value	Standard Error	Value	Standard Error	Reduced Chi-Sqr	Adj. R-Square
Amplitude	5.34198	0.58341	24.9069	0.08666	10.16969	0.20452	984.90204	21.45075	5.08485	0.10226	11.9739	0.24081	77.27256	1.21284	7.81572	0.98899

图 7-8　拟合结果报表

由 Gauss 函数所生成的拟合曲线如图 7-9 所示。

除非线性曲线拟合外，还有非线性曲面拟合，将在第 7.3 节详细讲解。

7.1.4 多项式拟合和多元线性回归

1. 多项式拟合

多项式拟合方程式见式（7-4），其中 x 为自变量，y 为因变量，多项式的级数为 1 ~ 9。

$$y = A + B_1x + B_2x_2 + \cdots + B_nx^n \qquad (7\text{-}4)$$

现以“Origin 2022\Samples\Curve Fitting\Polynomial Fit.dat”数据文件为例，说明多项式拟合。

1）导入“…\Program Files\OriginLab\Origin 2022\Samples\Curve Fitting\ Polynomial Fit.dat”数据文件，选择“Polynomial Fit”工作表中的 A（X）和 C（Y）列为数据，绘制散点图如图 7-10 所示。

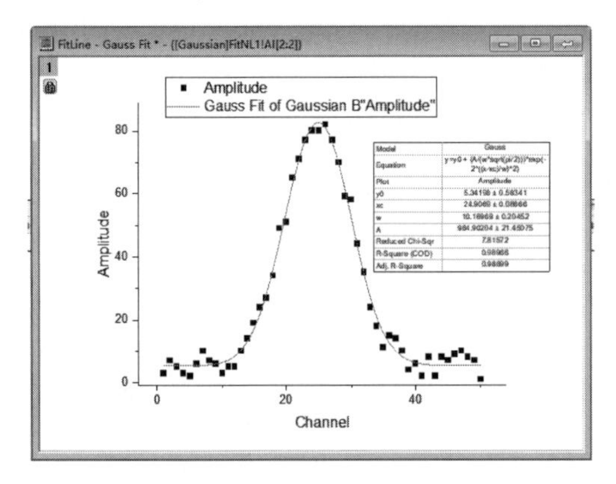

图 7-9 由 Gauss 函数所拟合的曲线

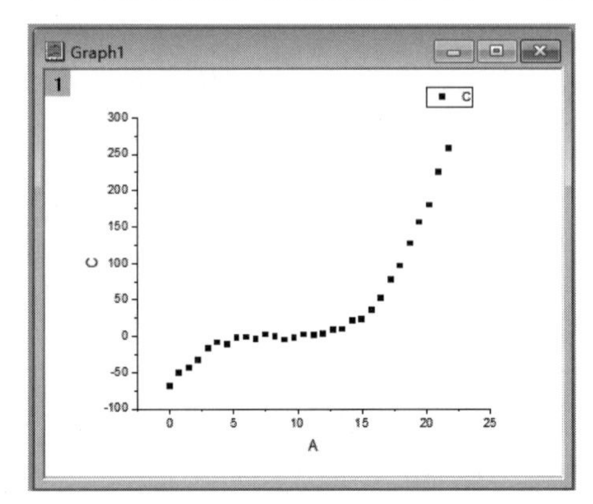

图 7-10 “Polynomial Fit”数据散点图

2）选择菜单命令“Analysis”→“Fitting”→“Polynomial Fit…”进行多项式拟合，打开“Polynomial Fit”对话框，在对话框中设置回归区间和采用试验法，得出多项式的级数（本例级数为 3），如图 7-11 所示。其拟合曲线和拟合结果在拟合图上给出。

3）同时，根据输出设置自动生成专业级的分析报表如图 7-12 所示。

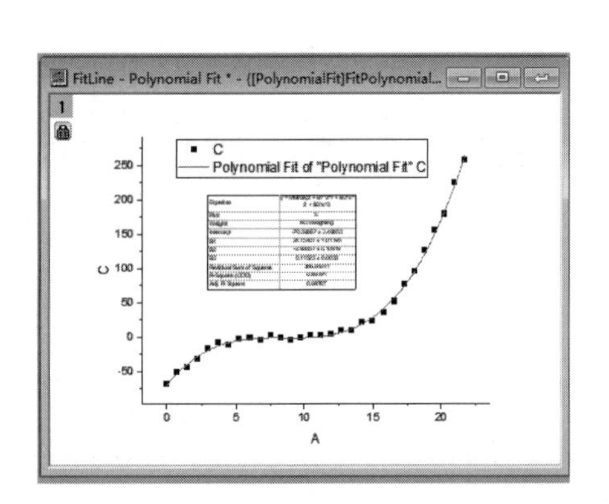

图 7-11 多项式拟合曲线及原散点图

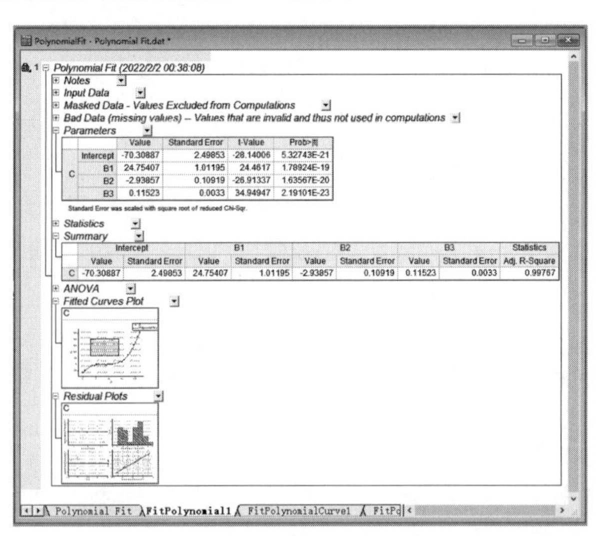

图 7-12 多项式拟合分析报表

若想获得更多的多项式拟合信息，可以在“Polynomial Fit”对话框中设置和选择完成。

2. 多元线性回归

在工业生产中，通常还会遇到多个自变量和一个因变量之间的线性关系，如三元一次函数 $z=f(x, y, z)$、多变量的线性相关和 MISO 多输入单输出控制系统等。式（7-5）就是一般的多元线性方程。Origin 在进行多元线性拟合时，需将工作表中一列设置为因变量（Y），将其他列设置为自变量（X_1，X_2，…，X_n）。

$$Y = A + B_1X_1 + B_2X_2 + \cdots + B_nX_n \tag{7-5}$$

现以“Origin 2022\Samples\Curve Fitting\Multiple Linear Regression.dat”作为数据文件，说明多元线性回归。

1）导入“…\Samples\Curve Fitting\ Multiple Linear Regression.dat”数据文件，如图 7-13 所示。

2）选择菜单命令“Analysis”→“Fitting”→“Multiple Regression…”进行多元线性回归，打开“Multiple Regression”对话框，如图 7-14 所示。

MultipleLinea - Multiple Linear Regressio...

	A(X)	B(Y)	C(Y)	D(Y)
Long Name	Indep1	Indep2	Indep3	Dep
Units				
Comments				
F(x)=				
Sparklines				
1	0.86059	0.10833	0.39905	4.64309
2	0.40585	0.46352	0.03873	0.70746
3	0.4422	0.86004	0.85081	1.27993
4	0.75474	0.65302	0.3881	2.6205
5	0.43946	0.83964	0.37438	0.15203
6	0.08667	0.20258	0.22584	0.39628
7	0.11512	0.32317	0.20211	0.27545
8	0.0575	0.28853	0.30746	-0.44884
9	0.18952	0.48456	0.54935	0.74341
10	0.6969	0.33286	0.78622	3.86449
11	0.31175	0.39712	0.44166	1.44993
12	0.04392	0.19712	0.61421	0.80391
13	0.8022	0.54451	0.60963	3.77007
14	0.4747	0.87841	0.8748	1.50155

Multiple Linear Regressi

图 7-13　多元线性回归数据表

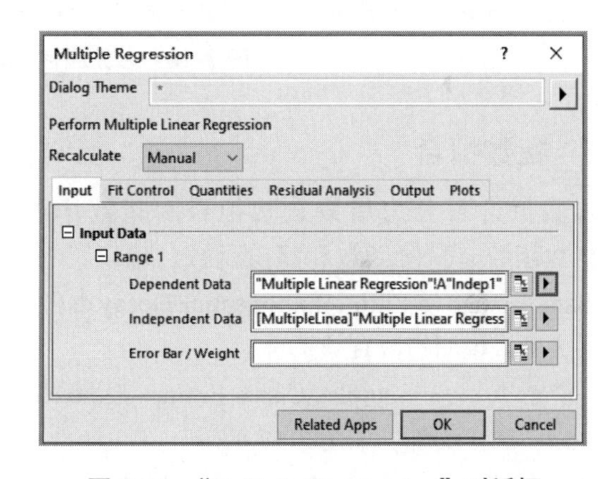

图 7-14　“Multiple Regression”对话框

在图 7-14 所示的“Multiple Regression”对话框中，选择“Input”选项卡“Range1”选项中的“Dependent Data”自变量选项右侧的三角按钮▸，选择“Select Columns…”，同样地选择“Independent Data”因变量选项右侧的三角按钮▸，选择“Select Columns…”，弹出“Column Browser”对话框，设置因变量（Y），和自变量（X_1，X_2，X_3），如图 7-15 所示，单击“OK”按钮确定。

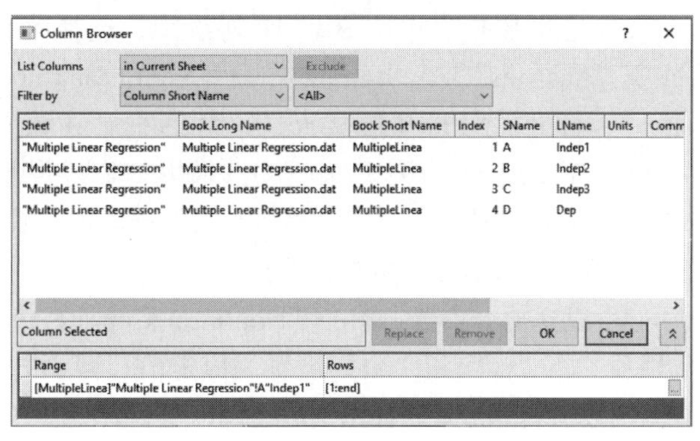

图 7-15　设置因变量和自变量

3）根据输出设置生成的分析报表如图 7-16 所示。

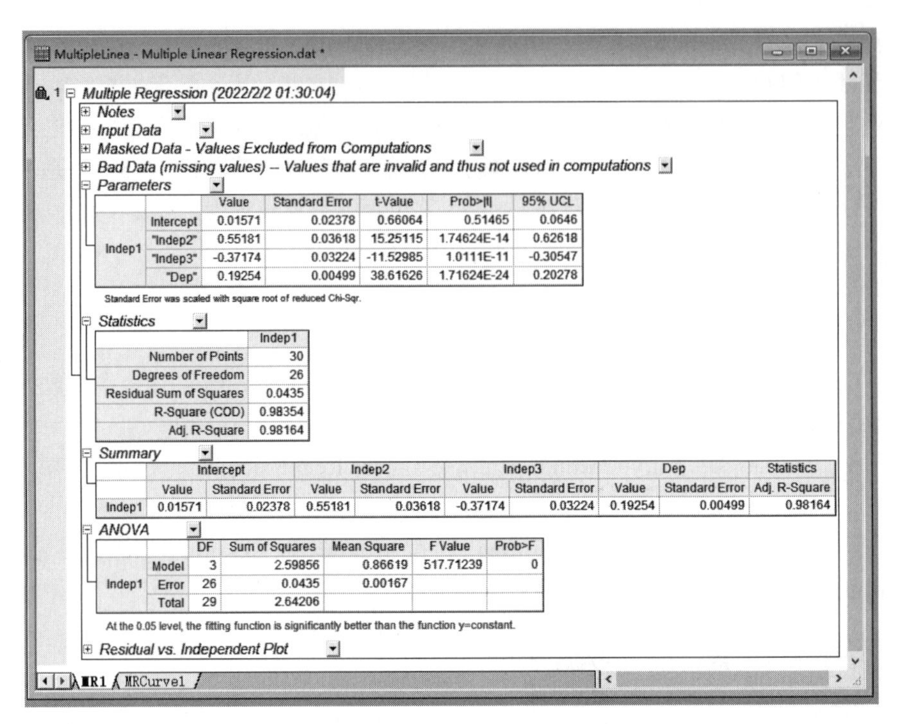

MultipleLinea - Multiple Linear Regression.dat *

1 Multiple Regression (2022/2/2 01:30:04)

Notes

Input Data

Masked Data - Values Excluded from Computations

Bad Data (missing values) -- Values that are invalid and thus not used in computations

Parameters

		Value	Standard Error	t-Value	Prob>|t|	95% UCL
Indep1	Intercept	0.01571	0.02378	0.66064	0.51465	0.0646
	"Indep2"	0.55181	0.03618	15.25115	1.74624E-14	0.62618
	"Indep3"	-0.37174	0.03224	-11.52985	1.0111E-11	-0.30547
	"Dep"	0.19254	0.00499	38.61626	1.71624E-24	0.20278

Standard Error was scaled with square root of reduced Chi-Sqr.

Statistics

	Indep1
Number of Points	30
Degrees of Freedom	26
Residual Sum of Squares	0.0435
R-Square (COD)	0.98354
Adj. R-Square	0.98164

Summary

	Intercept		Indep2		Indep3		Dep		Statistics
	Value	Standard Error	Value	Standard Error	Value	Standard Error	Value	Standard Error	Adj. R-Square
Indep1	0.01571	0.02378	0.55181	0.03618	-0.37174	0.03224	0.19254	0.00499	0.98164

ANOVA

		DF	Sum of Squares	Mean Square	F Value	Prob>F
Indep1	Model	3	2.59856	0.86619	517.71239	0
	Error	26	0.0435	0.00167		
	Total	29	2.64206			

At the 0.05 level, the fitting function is significantly better than the function y=constant.

Residual vs. Independent Plot

MR1 MRCurve1

图 7-16 多元线性回归分析报表

7.1.5 指数拟合

指数拟合可分为指数衰减拟合和指数增长拟合。指数函数有一阶函数和高阶函数。现以“Origin 2022\Samples\Curve Fitting\Exponential Decay.dat”数据文件为例，说明指数衰减拟合。

1）导入“…\Samples\Curve Fitting\ Exponential Decay.dat”数据文件，如图 7-17 所示。

ExponentialDe - Exponential Decay.dat *

	A(X)	B(Y)	C(Y)	D(Y)
Long Name	Time	Decay 1	Decay 2	Decay 3
Units	sec	a.u.	a.u.	a.u.
Comments				
F(x)=				
Sparklines				
1	0.01	302.37	216.59	147.34
2	0.02	276.29	184.8	118.61
3	0.03	257.62	164.88	102.3
4	0.04	242.03	154.42	86.29
5	0.05	231.04	145.81	76.86
6	0.06	215.03	138.44	70.04
7	0.07	203.59	128.47	64.5
8	0.08	195.18	127.59	60.74
9	0.09	188.67	126.75	54.55
10	0.1	178.68	121.02	47.99
11	0.11	174.98	119.57	50.31
12	0.12	169.79	113.52	47.5
13	0.13	165.31	115.44	44.63

Exponential Decay

图 7-17 指数衰减拟合数据表

图 7-17 中包含了 Decay1、Decay2 和 Decay3 三列呈现指数衰减的数据。Sparklines（简略图）行也用曲线展示出了各列数据的变化趋势。

2）选中数据表中的 B（Y）列绘图，选择菜单命令“Analysis”→“Fitting”→“Nonlinear Curve Fit…”，打开“NLFit（ExpDec1）”对话框。在该对话框的“Function”下拉列表框中选择用一阶指数衰减函数进行拟合。在该对话框下侧面板选择“Fit Curve”选项卡，可以直接观察数据的拟合效果，如图 7-18 所示。如果拟合效果不理想，则可以改变指数衰减阶数重新选择。

3）设置拟合参数。单击“Nonlinear Curve Fit”对话框中的“Parameters”选项卡，设置参数性质。将“y0”和“A1”设置为固定值。再单击该对话框下面的“Formula”选项卡以了解衰减函数的具体形式，如图 7-19 所示。当然，还可以通过选择“Nonlinear Curve Fit”对话框中的其他选项卡了解拟合效果。

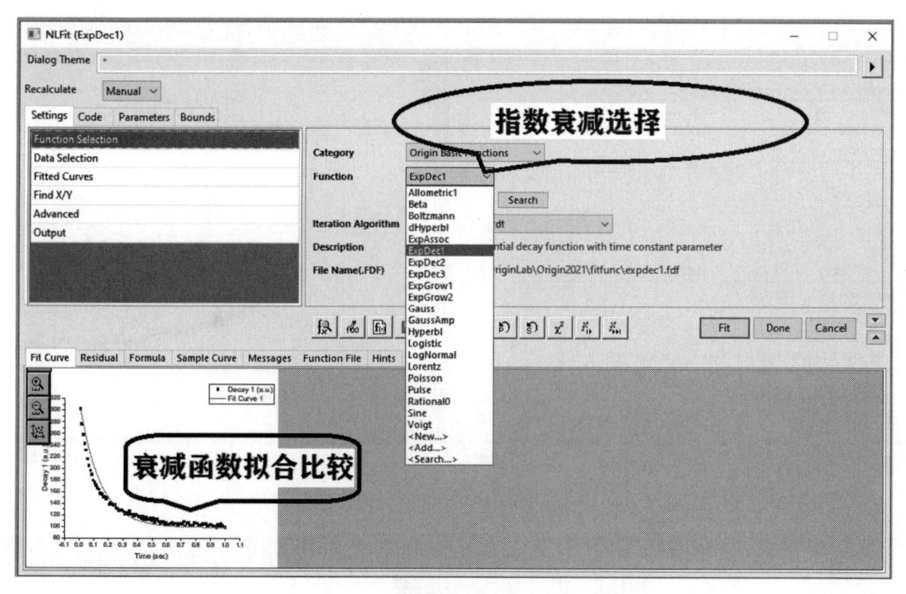

图 7-18　非线性指数衰减拟合对话框

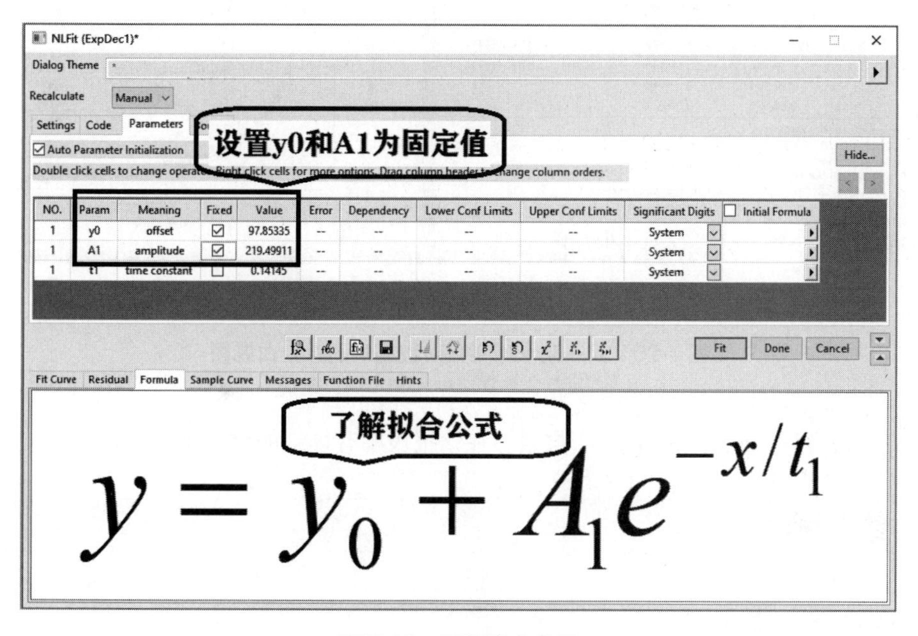

图 7-19　设置拟合参数

4）为了简化公式，在软件给定的初始值基础上，图 7-19 中的“y0”和“A1”分别固定在“98”和“218”。单击“Fit”按钮，完成对数据表用一阶指数衰减函数的拟合，如图 7-20a 中所示的拟合曲线。此外，该图中还给出了拟合参数。如果对拟合结果不满意，可重新设置“y0”和“A1”的数值。如果“y0”和“A1”不固定，单击“Fit”按钮，其拟合结果如图 7-20b 所示。对比两个拟合曲线图可以看出，图 7-20b 所示的拟合曲线图明显好于图 7-20a 所示的拟合曲线图，但拟合系数较为复杂一些。

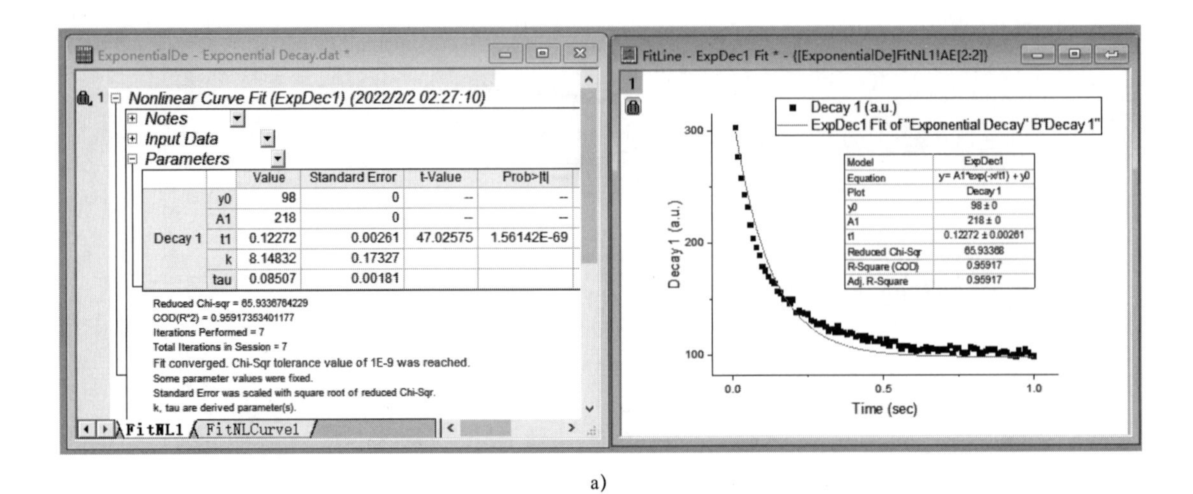

a）

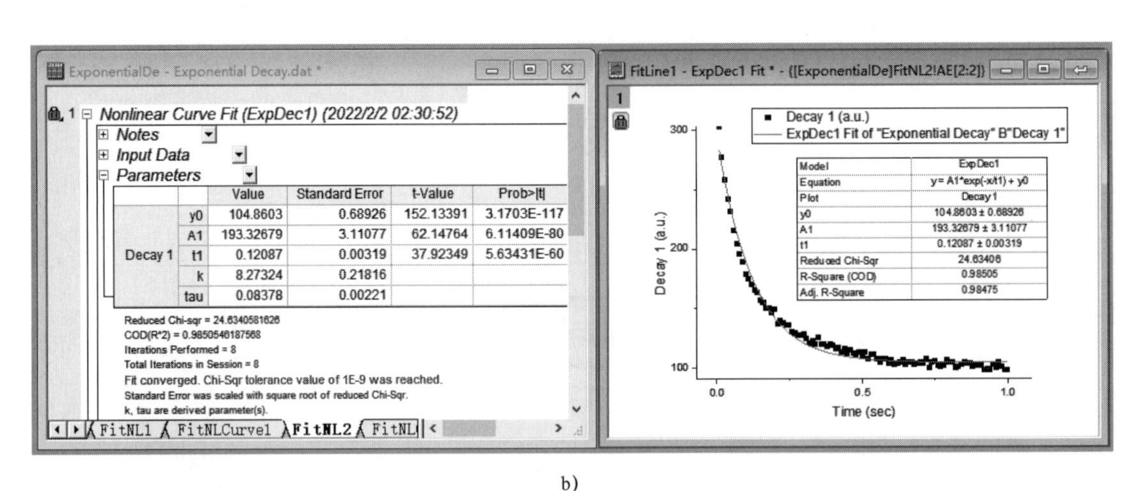

b）

图 7-20 用一阶衰减指数对数据表的拟合曲线图

a）固定拟合参数 b）不固定拟合参数

5）完成拟合后生成指数拟合分析报表，在该报表中有详细的分析结果。

7.2 线性拟合

7.2.1 线性拟合实例

本节以 Origin 所提供的“Linear Fit.dat”数据文件为例，详细说明线性拟合的相关操作。首先需要建立数据表，接着用线性拟合函数拟合出数据之间的关系，最后生成拟合报表、拟合曲线图和拟合表达式。具体实现步骤如下：

1）通过菜单命令“Data”→“Import From File”→“Import Wizard”导入数据文件，如图 7-21 所示。

2）选中要分析的数据 [图 7-21 中的 B（Y）列]，生成散点图，如图 7-22 所示。从该散点图可以看出，所选数据存在着明显的线性关系，进行线性拟合。

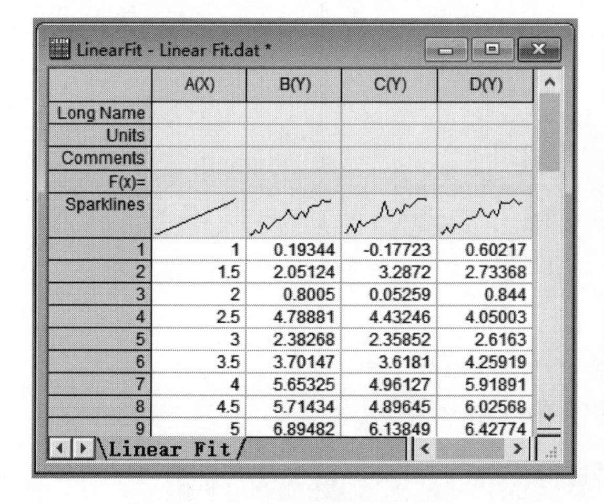

图 7-21　原始数据表

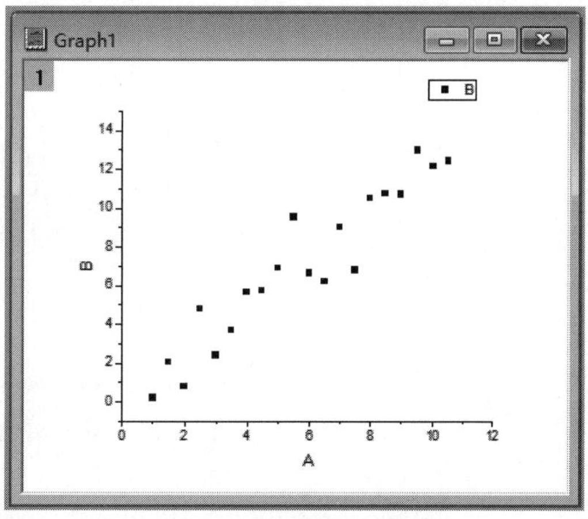

图 7-22　利用原始数据生成的散点图

3）选择菜单命令“Analysis”→“Fitting”→“Linear Fit…”，打开“Linear Fit”对话框，设置拟合参数，如图 7-23 所示。

在线性拟合对话框中，可以选择和设置拟合输出参数，图中可设置拟合范围、输出参数报告和置信区间等。例如，单击“Fitted Curves Plot”选项卡，可设置在图形上输出的置信区间，如图 7-24 所示。

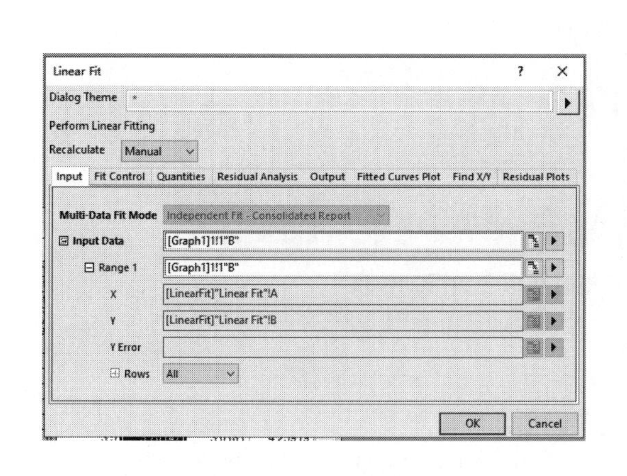

图 7-23　“Linear Fit”对话框

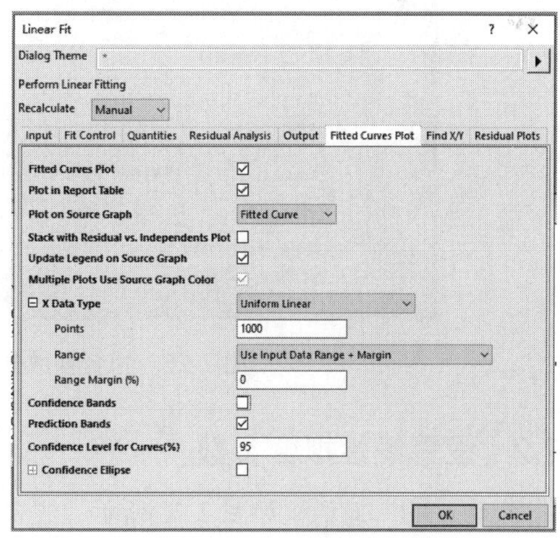

图 7-24　设置置信区间

4）完成线性拟合设置后，单击“OK”按钮，即完成了线性拟合曲线及报表的设置。其拟合直线和主要结果在散点图上显示，如图 7-25 所示。

5）同时，Origin 还生成了拟合参数分析报表和拟合数据工作表，如图 7-26 所示。

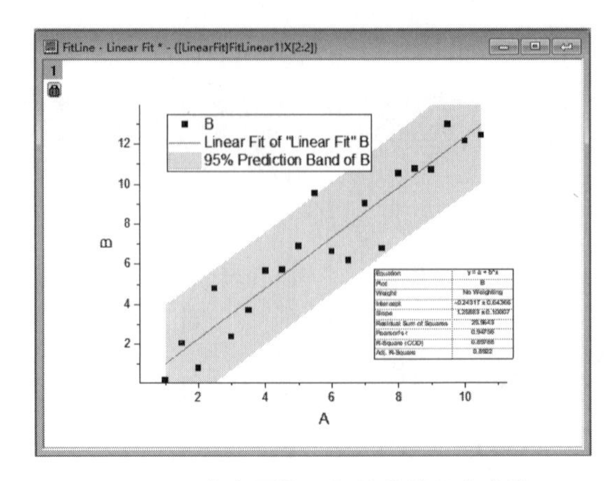

图 7-25　含有置信区间的线性拟合直线

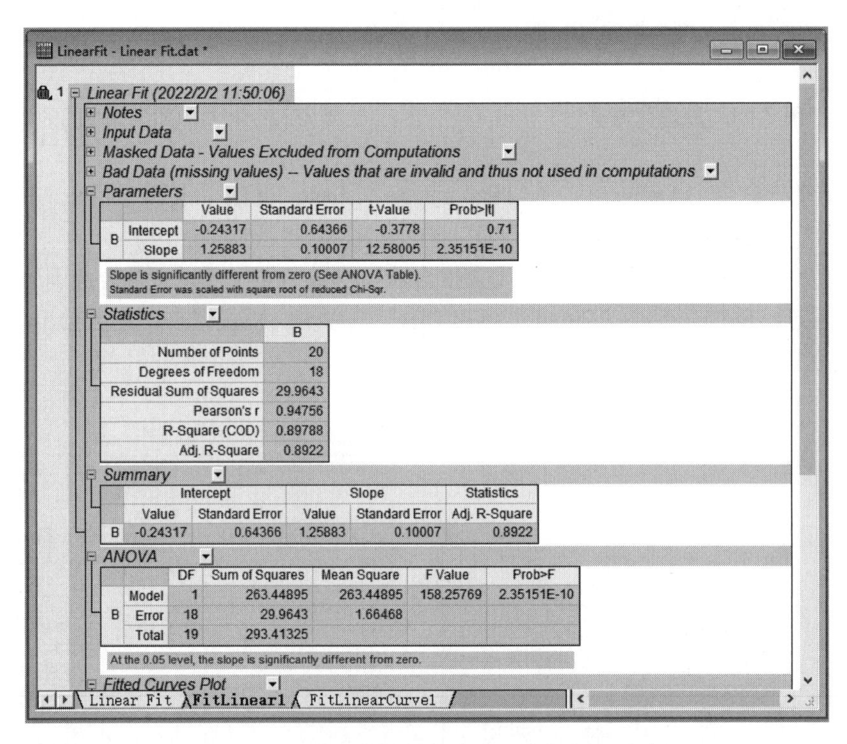

		Value	Standard Error	t-Value	Prob>|t|
B	Intercept	-0.24317	0.64366	-0.3778	0.71
	Slope	1.25883	0.10007	12.58005	2.35151E-10

	B
Number of Points	20
Degrees of Freedom	18
Residual Sum of Squares	29.9643
Pearson's r	0.94756
R-Square (COD)	0.89788
Adj. R-Square	0.8922

	Intercept		Slope		Statistics
	Value	Standard Error	Value	Standard Error	Adj. R-Square
B	-0.24317	0.64366	1.25883	0.10007	0.8922

		DF	Sum of Squares	Mean Square	F Value	Prob>F
B	Model	1	263.44895	263.44895	158.25769	2.35151E-10
	Error	18	29.9643	1.66468		
	Total	19	293.41325			

图 7-26　拟合参数分析报表和拟合数据工作表

7.2.2　设置线性拟合参数

“Linear Fit”对话框如图 7-23 所示，主要包含以下几项设置：

（1）“Recalculate”下拉列表框　在该下拉列表框中，可以选择输入数据和输出数的连接关系，主要有：“Auto（自动）”“Manual（手动）”和“None（无）”三项，如图 7-27 所示。

在图 7-27 中，“Auto”选项是当原始数据发生变化后自动进行线性拟合，“Manual”选项是当数据发生变化后，单击快捷菜单手动选择计算，“None”选项是不进行任何处理。

（2）“Input”选项卡　“Input”选项卡中的选项可用于设置输入数据的范围，也可用于选择输入数据，主要包括输入数据区域及误差数据区域，如图 7-28 所示。

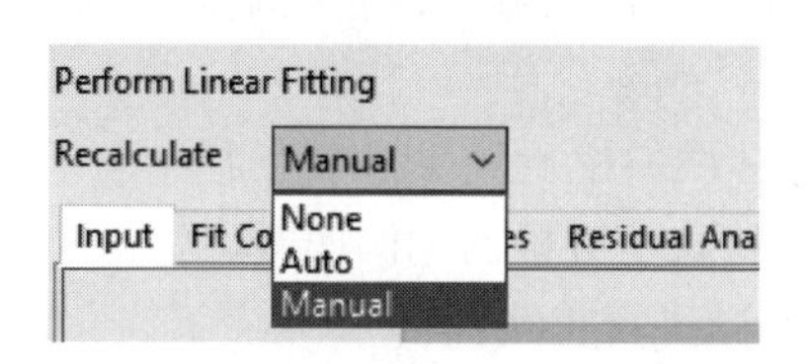

图 7-27　“Recalculate”下拉列表框

图 7-28　“Input”选项卡

图 7-28 展示的是汇总所选择的数据范围。单击图标按钮会立即弹出一个数据选择对话框如图 7-29 所示，可重新选择数据范围。单击可直接选择数据表中的列数据，如图 7-30 所示。

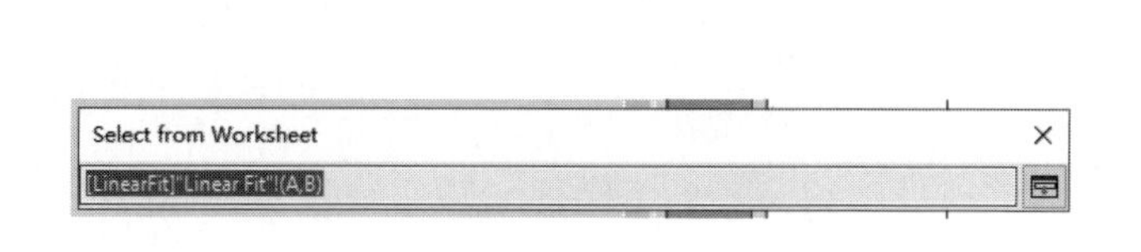

图 7-29　数据选择对话框

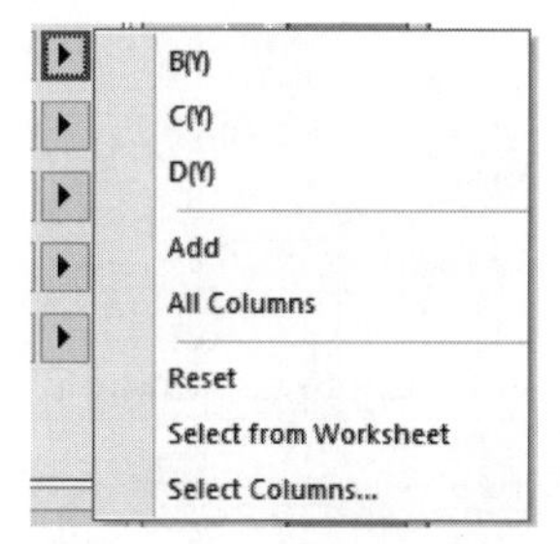

图 7-30　直接选择列数据

单击选择所需数据及其范围后，单击图 7-29 所示对话框右侧的按钮确认。该操作与 Excel 中选择数据的操作基本相同。

如果单击按钮，则会弹出如图 7-30 所示的快捷菜单，直接选择列数据，或者调整数据源。如果选择图 7-30 最后一个子菜单“Select Columns…”，则打开“Dataset Browser（数据集浏览器）”对话框，可以对当前项目中的所有数据进行选择、添加、删除和设置，如图 7-31 所示。

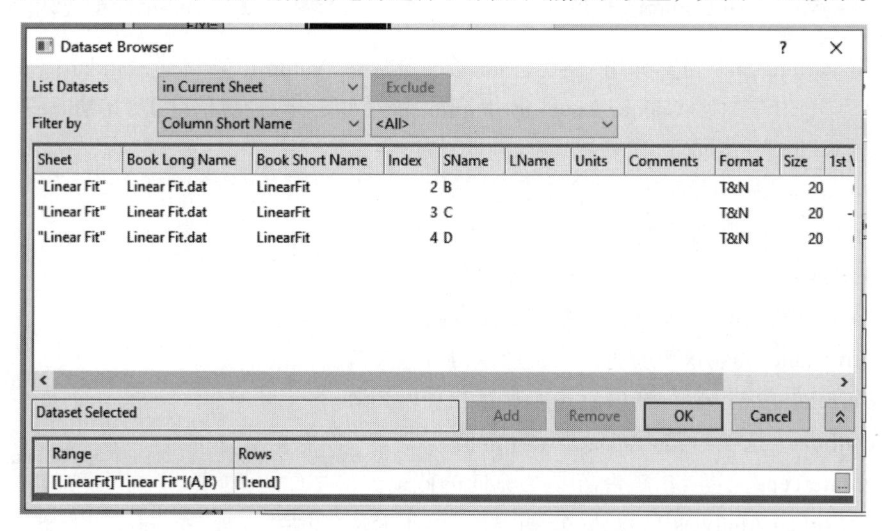

图 7-31　“Dataset Browser（数据集浏览器）”对话框

（3）“Fit Control（拟合控制）”选项卡　“Fit Control”选项卡内容如图 7-32 所示。可以设置的内容主要包括：

1）“Errors as Weight”选项：误差权重。

2）“Fix Intercept”和“Fix Intercept at”选项：设定拟合曲线截距，若截距为零则拟合曲线必须通过原点。

3）“Fix Slope”和“Fix Slope at”选项：设定拟合曲线斜率，默认斜率为 1。

4）“Scale Error with sqrt（Reduced Chi-Sqr）”选项：含平方根的比例误差。

5）“Appearance Fit”选项：使用对数坐标对指数衰减进行直线拟合。

6）“Invalid Weight Data Treatment”选项：无效权重数据处理，有两个选项，一是作为无效数据处理，二是用定义值取代无效权重数据。

（4）“Quantities（量化）”选项卡　“Quantities”选项卡内容如图 7-33 所示。

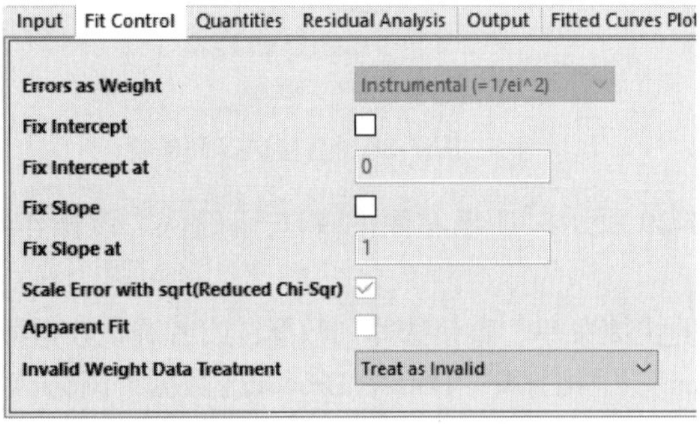

图 7-32　“Fit Control”选项卡

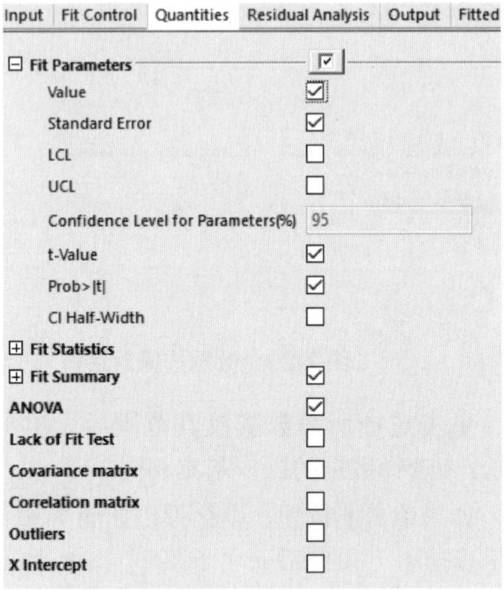

图 7-33　“Quantities”选项卡

1）“Fit Parameters”选项组：拟合参数，包括“Value（值）”“Standard Error（标准差）”“LCL”“UCL”“Confidence Level for Parameters（%）（参数置信度）”“t-Value”“Prob>|t|”和“CI Half-Width”选项。

2）“Fit Statistics”选项组：拟合参数统计。

3）“Fit Summary”选项组：拟合摘要项。

4）“ANOVA”选项：是否要进行方差分析。

5）“Lack of Fit Test”选项：是否需要拟合测试。

6）“Covariance matrix”选项：是否产生协方差矩阵。

7）“Correlation matrix”选项：是否显示相关性矩阵。

8）“Outliers”选项：是否需要显示异常值。

9）“X Intercept”选项：是否需要 X 方向的截距。

（5）“Residual Analysis（残差分析）”选项卡　“Residual Analysis”选项卡的内容如图 7-34 所示，包括“Regular（正则）”“Standardized（标准化）”“Studentized（学生化）”“Studentized Deleted（删除学生化）”选项。

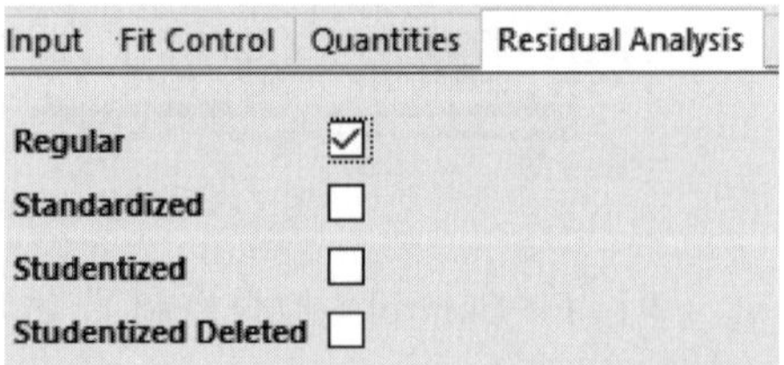

图 7-34　“Residual Analysis”选项卡

（6）“Output（输出设置）”选项卡　“Output”选项卡内容如图 7-35 所示，主要确定输出内容，定制分析报表。

1）“Graph”选项组：在拟合曲线图形上是否显示拟合结果。

2）“Dataset Identifier”选项组：数据集识辨器。

3）“Report Tables”选项组：输出报表。

4）“Fit Residuals”选项组：是否要将数据源名显示在拟合残差上。

5）“Find Specific X/Y Tables”选项组：输出时包含一个表格，自动计算 X 对应 Y 或者 Y 对应 X 的值。

6）“Optional Report Tables”选项组：报表可选项。

7）Fitted Curves：拟合曲线。

（7）“Fitted Curves Plot（输出拟合曲线）”选项卡　输出拟合曲线选项卡如图 7-36 所示。

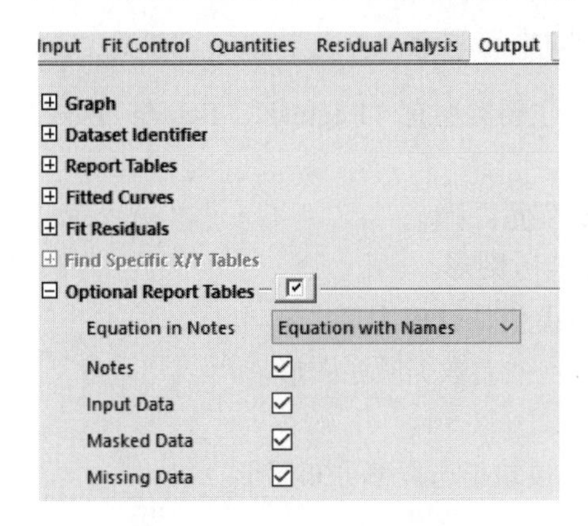

图 7-35　“Output”选项卡

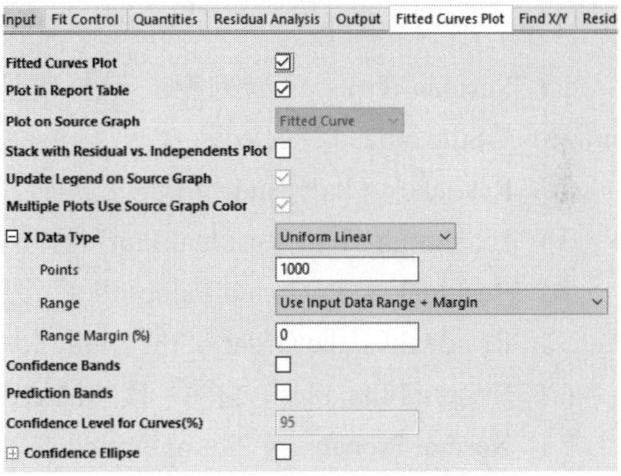

图 7-36　输出拟合曲线选项卡

1）“Fitted Curves Plot”选项：输出拟合曲线。

2）“Plot in Report Table”选项：在报表中输出拟合曲线。

3）“Plot on Source Graph”选项：在原曲线图上输出拟合曲线。

4）“Stack with Residual vs. Independents Plot”选项：残差累积独立输出。

5）“Update Legend on Source Graph”选项：更新原图比例。

6）“Multiple Plots Use Source Graph Color”选项：使用源图形颜色绘制多层曲线。

7）“X Data Type”选项组：设置 X 列数据类型，包括“Points（显示点数）”“Range（显示范围）”“Range Margin（显示范围裕度）”。

8）“Confidence Bands”选项：显示置信区间。

9）“Prediction Bands”选项：显示预测区间。

10）“Confidence Level for Curves（%）”文本框：设置曲线置信度。

11）“Confidence Ellipse”选项组：省略置信点数、平均值和预测值。

（8）“Find X/Y”选项卡　“Find X/Y”选项卡如图 7-37 所示。

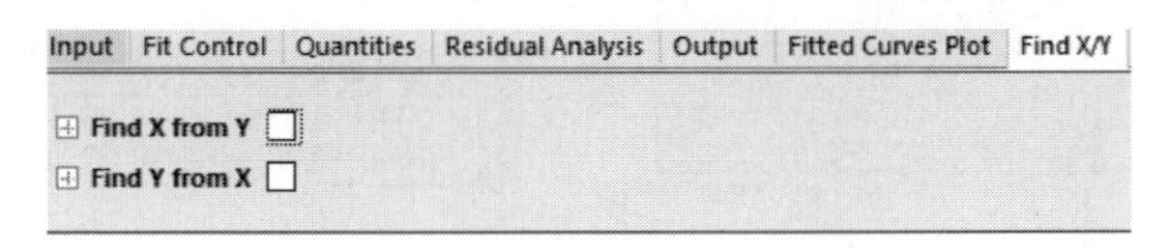

图 7-37　“Find X/Y”选项卡

“Find X/Y”选项卡主要是用于设置是否产生一个表格，显示 X 列或 Y 列中寻找另一列所对应的数据。在这里需要说明的是，只有在 X 和 Y 建立了一定的函数关系后，这种方式才有可能成立。建立这个表格，相当于无须手工运算便可得到函数结果。

（9）“Residual Plots”选项卡　“Residual Plots”选项卡如图 7-38 所示。

Input | Fit Control | Quantities | Residual Analysis | Output | Fitted Curves Plot | Find X/Y | Residual Plots

Residual Type	Regular
Residual vs. Independent Plot	☑
Histogram of the Residual Plot	☑
Residual vs. Predicted Values Plot	☑
Residual vs. the Order of the Data Plot	☐
Residual Lag Plot	☐
Normal Probability Plot of Residuals	☑

图 7-38 “Residual Plots”选项卡

1）“Residual Type”下拉列表框：选择残差类型，主要类型有“Regular”“Standardized”“Studentized”“Studentized Deleted”。

2）“Residual vs.Independent Plot”选项：残差自变量图形。

3）“Histogram of the Residual Plot”选项：残差直方图形。

4）“Residual vs. Predicted Values Plot”选项：残差值估计值图形。

5）“Residual vs. the Order of the Data Plot”选项：残差数据顺序图形。

6）“Residual Lag Plot”选项：残差滞后图形。

7）“Normal Probability Plot of Residuals”选项：残差正态概率分布图形。

7.2.3 拟合结果的分析报表

根据第 7.1 节可知，线性拟合完成后 Origin 通常会自动生成一个如图 7-26 所示的专业级的拟合分析报表，拟合分析报表通常由“Notes”“Input Data”“Masked Data”“Bad Data”“Parameters”“Statistics”“Summary”“ANOVA”“Fitted Curve Plot”和“Residual Plot”等部分构成。下面将介绍拟合分析报表中的每一个部分。

（1）“Notes”部分　该项主要记录一些报表的基本信息，如拟合报表的生成时间、拟合类型、用户名、报表状态、权重、特殊输入处理、数据过滤等，如图 7-39 所示。

（2）“Input Data”部分　显示输入数据的来源，如图 7-40 所示。

Notes

Description	Perform Linear Fitting
User Name	lenovo
Operation Time	2022/2/2 11:50:06
Equation	y = a + b*x
Report Status	New Analysis Report
Weight	No Weighting
Special Input Handling	
Data Filter	No

图 7-39 拟合分析报表“Notes”部分

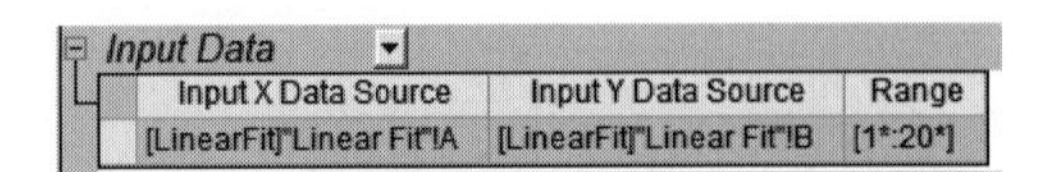
Input Data

Input X Data Source	Input Y Data Source	Range
[LinearFit]"Linear Fit"!A	[LinearFit]"Linear Fit"!B	[1*:20*]

图 7-40 拟合分析报表“Input Data”部分

（3）“Masked Data”部分　屏蔽数据，输出计算数值，如图 7-41 所示。

（4）“Bad Data”部分　坏数据，在绘图过程中丢失的数据，如图 7-42 所示。

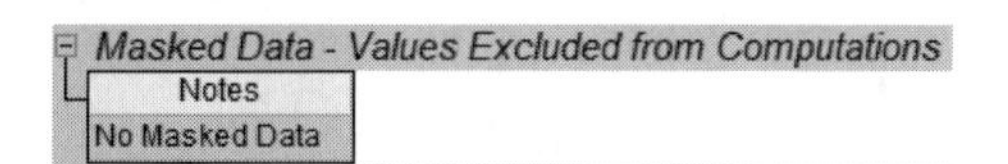

Masked Data - Values Excluded from Computations

Notes
No Masked Data

图 7-41　拟合分析报表“Masked Data”部分

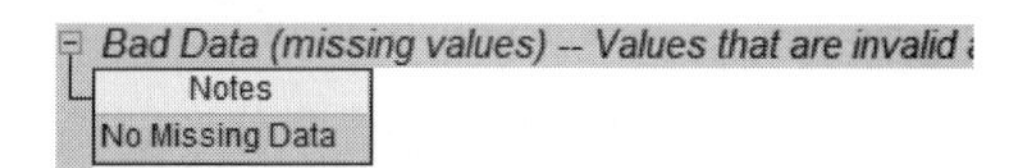

Bad Data (missing values) -- Values that are invalid

Notes
No Missing Data

图 7-42　拟合分析报表“Bad Data”部分

（5）“Parameters”部分　记录和显示截距、斜率、标准差、t 值和大于 | t | 的概率，如图 7-43 所示。

（6）“Statistics”部分　显示一些统计数据，如数据点数、自由度、残差平方和、Pearson’s r、R – Square（COD）相关系数和 Adj.R-Square 相关系数，如图 7-44 所示。R-Square（COD）相关系数越接近 ±1 则表示数据相关度越高，拟合越好，因为这个数值可以反映试验数据的离散程度，通常该数值大于 0.99 是非常有必要的。

Parameters

		Value	Standard Error	t-Value	Prob>|t|
B	Intercept	-0.24317	0.64366	-0.3778	0.71
	Slope	1.25883	0.10007	12.58005	2.35151E-10

Slope is significantly different from zero (See ANOVA Table).
Standard Error was scaled with square root of reduced Chi-Sqr.

图 7-43　拟合分析报表“Parameters”部分

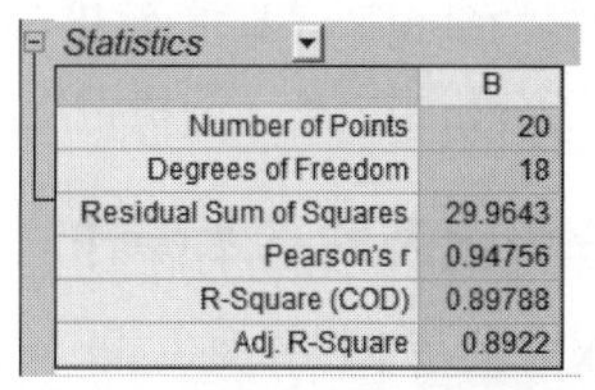

Statistics

	B
Number of Points	20
Degrees of Freedom	18
Residual Sum of Squares	29.9643
Pearson's r	0.94756
R-Square (COD)	0.89788
Adj. R-Square	0.8922

图 7-44　拟合分析报表“Statistics”部分

（7）“Summary”部分　显示摘要信息，即将上面的截距、斜率和相关系数摘录整理成表格以供查看，如图 7-45 所示。

（8）“ANOVA”部分　显示方差分析结果，如图 7-46 所示。

Summary

	Intercept		Slope		Statistics
	Value	Standard Error	Value	Standard Error	Adj. R-Square
B	-0.24317	0.64366	1.25883	0.10007	0.8922

图 7-45　拟合分析报表“Summary”部分

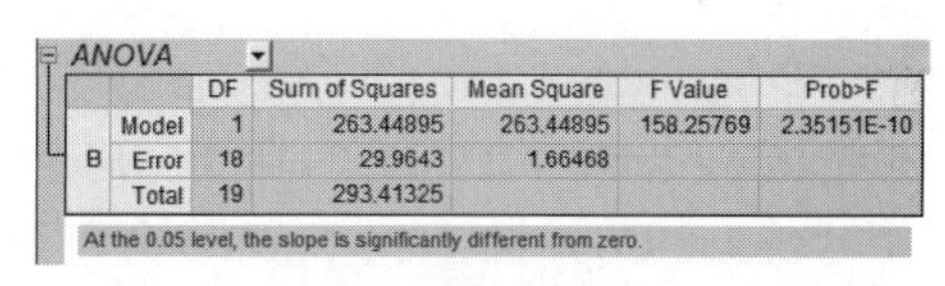

ANOVA

		DF	Sum of Squares	Mean Square	F Value	Prob>F
B	Model	1	263.44895	263.44895	158.25769	2.35151E-10
	Error	18	29.9643	1.66468		
	Total	19	293.41325			

At the 0.05 level, the slope is significantly different from zero.

图 7-46　拟合分析报表“ANOVA”部分

（9）“Fitted Curves Plot”部分　缩略显示拟合曲线图形，双击该缩略图可单独输出拟合曲线图形，如图 7-47 所示。

（10）“Residual Plots”部分　在“Linear Fit”对话框的“Residual Plots”选项下设置显示残差图表，如图 7-48 所示。

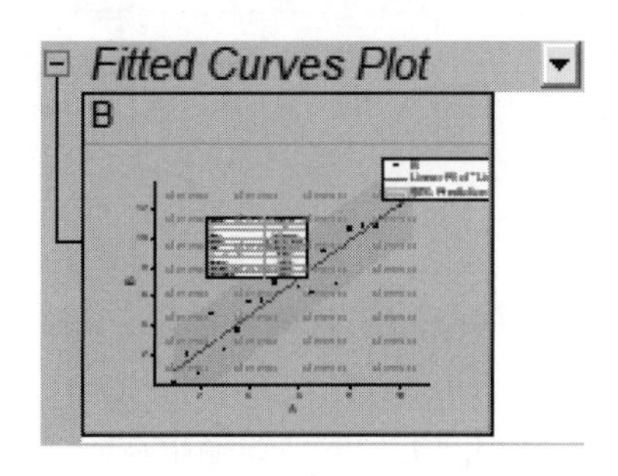

图 7-47　拟合分析报表“Fitted Curves Plot”部分

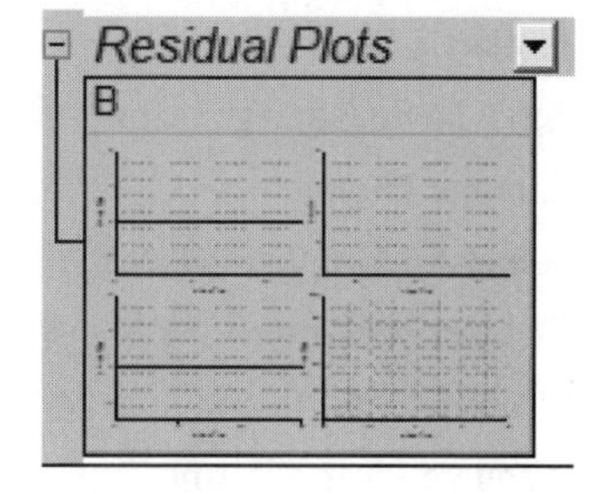

图 7-48　拟合分析报表“Residual Plots”部分

7.2.4 关于分析报表的说明

Origin 2022 的分析报表支持复杂的格式输出，分析报表中由用户自行控制的内容越来越多，这就大大提高了分析报表的灵活性，每一个部分都可以在拟合对话框中进行选择和设置。将每一个部分的输出模块汇集起来便形成了分析报表（Analysis Report Sheets）。更为重要的是，新版的分析报表不但可以用来显示拟合分析的“静态”结果，而且更像一种分析模板，能够动态更新报表（即动态报表）。

在 Origin 中，数据源可动态改变（程序会自动重新计算分析结果），或者随时调整分析参数（也会自动计算分析结果）。这种功能显然已远远超越了结果输出的范畴，极大地提高了用户的工作效率。

一份拟合分析报表通常包括以下几个方面：

1）报表按照树形结构组织，可以根据需要收缩或展开。

2）每个节点的数据输出内容可以是表格、图形、统计和说明。

3）报表的呈现形式是工作表（Worksheet），只是没有把所有表格显示出来而已。

4）除了分析报表外，分析报表附带所需的数据还会生成一个新的结果工作表。

7.2.5 分析报表的基本操作

分析报表的基本操作是右击，在弹出的快捷菜单中完成的，分析报表的快捷菜单如图 7-49 所示。下面主要简介分析报表中的一些基本操作。

1）“Copy”命令：拷贝整个分析报表。

2）“Copy All Open Tables”命令：拷贝所有打开的表。

3）“Copy All Open Tables（HTML）”命令：拷贝所有网页中打开的表。

4）“Copy Table（Text）”命令：拷贝文本表。

5）“Copy Table（HTML）”命令：拷贝网页表。

6）“Create Copy As New Sheet”命令：将拷贝内容复制到创建的新表中。

7）“Create Transposed Copy As New Sheet”命令：把表格转置后的内容复制到创建的新表中。

8）“Expand”命令：展开表格内容。

9）“Collapse”命令：折叠表格即收缩表格。

10）“Expand Recursively”命令：递归展开表格内容。

11）“Collapse Recursively”命令：递归折叠表格。

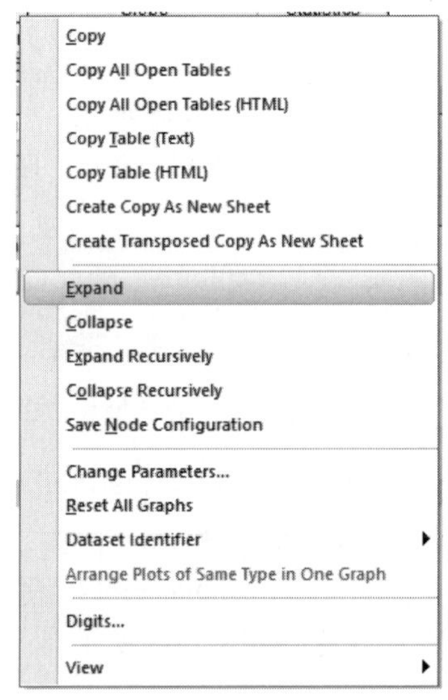

图 7-49 分析报表的快捷菜单

12）“Save Node Configuration”命令：存储节点配置。

13）“Change Parameters…”命令：调整拟合参数。

14）“Reset All Graphs”命令：重置所有曲线。

15）“Dataset Identifier”命令：数据集识辨器，可以根据范围、名称、单位、图例、注释等标识识辨数据集。

16）“Arrange Plots of Same Type in One Graph”命令:将相同类型的曲线输出在同一图形中。

17）“Digits…”命令：查看和设置拟合分析报表中数值的位数和进制。

18）“View”命令：查看拟合分析报表的列标题、行标题、行列栅格和转置。

7.2.6　编辑报表中的图形

若要编辑报表中的曲线图形，只要双击 Graph 图形，即可打开相应的 Graph 曲线图形窗口，然后进行编辑。

1. 工作表中的拟合结果数据

拟合分析报表的首要位置标签设置🔒锁定标记，以防随意改动报表内容。若需要设置这种标记，需要在拟合参数设置对话框的“Recalculate”下拉列表框中选择了“Manual”或“Auto”选项。也就是说，当外部参数（包括数据源和曲线拟合参数）发生改变时，程序会重新计算。通常情况下，不要随意改动报表中的数据。若必须改动时，可以在“Recalculate 下拉列表框中选择“None”选项，则报表中便不会显示锁定标记。

2. 分析模板

建立报表分析模板的好处是可以反复使用模板，从而大幅提高效率。通常有两种方式可以将分析模板存储起来：一种是直接保存为项目文件（*.opj），另一种是保存为工作簿（*.otw）。后者可随时加到新项目中（在当前项目中，通过文件菜单打开“*.otw”文件）。

如果要保存为分析模板，则分析报表中的“Recalculate”下拉列表框一般要设置为“Auto”选项。

不管使用哪一种方式保存分析模板，由于分析报表已经与数据源工作表关联，因此当数据源工作表发生改变后，分析报表也会自动重新计算分析结果。也就是说，用户可以导入新的数据，或者手动改变数据工作表中的数据，分析结果也会发生关联改变，无须重新设置参数。

因此，分析模板在工作中可以反复使用和反复运算，也可用于共享分析模块参数，有利于大幅提高效率。

3. 输出拟合分析报表

通过前面的实例，大家可能已经发现拟合分析报表是一个完整的报告文件，同图形文件一样，这个报表可以通过菜单命令“File”→“Export”导出，导出格式为典型的 PDF 文件、JPEG 文件、Excel 文件、ASCII 文件、Graph 等格式如图 7-50 所示，这是一种跨平台的文档格式，也是学术论文的国际通用格式，可以使用相应浏览器浏览或打印，能够保证在不同国家、不同计算机、不同应用程序平台和不同打印机上得到相同的输出结果。输出 PDF 格式的文档参数对话框如图 7-51 所示。

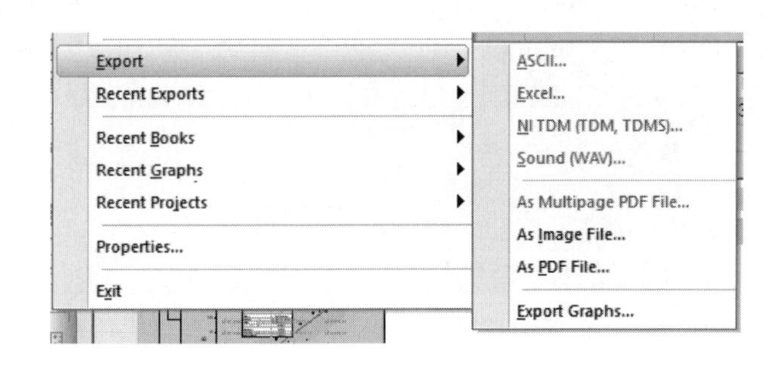

图 7-50　分析报表的典型输出格式

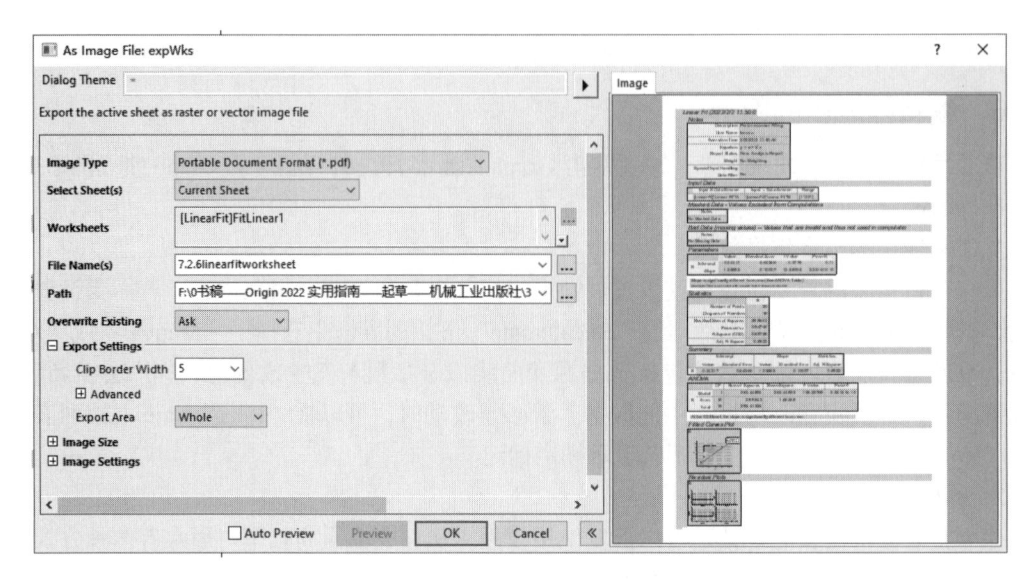

图 7-51 输出 PDF 文档参数

打开所输出的 PDF 格式分析报表如图 7-52 所示。

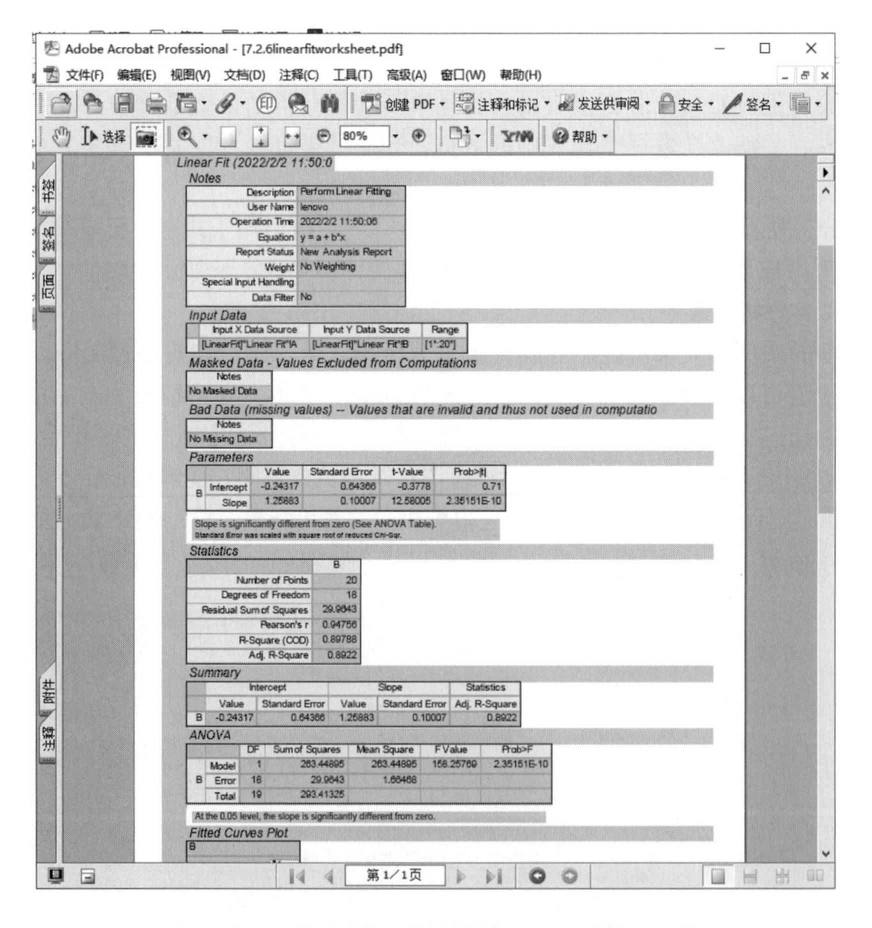

Linear Fit (2022/2/2 11:50:0

Notes

Description	Perform Linear Fitting
User Name	lenovo
Operation Time	2022/2/2 11:50:08
Equation	y = a + b*x
Report Status	New Analysis Report
Weight	No Weighting
Special Input Handling	
Data Filter	No

Input Data

Input X Data Source	Input Y Data Source	Range
[LinearFit]"Linear Fit"!A	[LinearFit]"Linear Fit"!B	[1*:20*]

Masked Data - Values Excluded from Computations

Notes
No Masked Data

Bad Data (missing values) -- Values that are invalid and thus not used in computatio

Notes
No Missing Data

Parameters

		Value	Standard Error	t-Value	Prob>|t|
B	Intercept	-0.24317	0.64366	-0.3778	0.71
	Slope	1.25883	0.10007	12.58005	2.35151E-10

Slope is significantly different from zero (See ANOVA Table).
Standard Error was scaled with square root of reduced Chi-Sqr.

Statistics

	B
Number of Points	20
Degrees of Freedom	18
Residual Sum of Squares	29.9643
Pearson's r	0.94756
R-Square (COD)	0.89788
Adj. R-Square	0.8922

Summary

	Intercept		Slope		Statistics
	Value	Standard Error	Value	Standard Error	Adj. R-Square
B	-0.24317	0.64366	1.25883	0.10007	0.8922

ANOVA

		DF	Sum of Squares	Mean Square	F Value	Prob>F
B	Model	1	263.44895	263.44895	158.25769	2.35151E-10
	Error	18	29.9643	1.66468		
	Total	19	293.41325			

At the 0.05 level, the slope is significantly different from zero.

Fitted Curves Plot

B

图 7-52 利用 Acrobat 软件打开 PDF 格式分析报表

7.3　非线性拟合

第 7.1 节中简单介绍了非线性拟合。本节将重点介绍非线性拟合的基本过程、非线性拟合对话框、非线性曲线拟合和非线性曲面拟合。

7.3.1　非线性拟合的基本过程

非线性拟合的基本过程与线性拟合是类似的。下面以实例说明非线性拟合的基本过程。

1）导入“Multiple Gaussians.dat”数据文件，工作表如图 7-53 所示。选择 C（Y）列，执行菜单命令“Plot”→“Basic 2D”→“Scatter”，绘制散点图，如图 7-54 所示。从图 7-54 所示的图形可以看出，C（Y）列数据不存在明显的线性关系，因此进行非线性拟合较为恰当。

2）打开非线性拟合对话框。执行菜单命令“Analysis”→“Fitting”→“Nonlinear Curve Fit…”→“Open Dialog…”，或者按快捷键 <Ctrl+Y>，打开非线性拟合对话框，如图 7-55 所示。

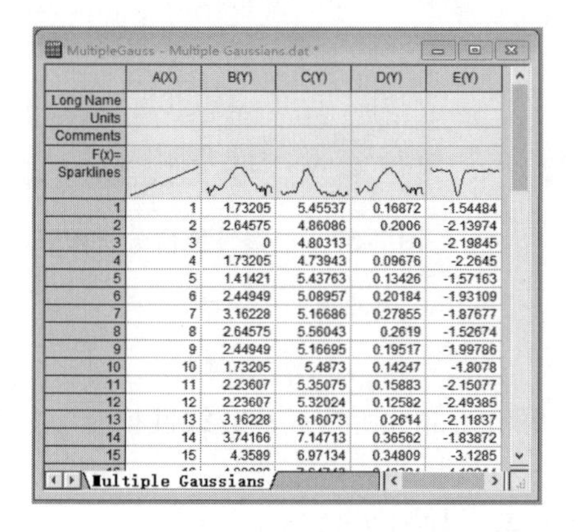
MultipleGauss - Multiple Gaussians.dat *

	A(X)	B(Y)	C(Y)	D(Y)	E(Y)
Long Name					
Units					
Comments					
F(x)=					
Sparklines					
1	1	1.73205	5.45537	0.16872	-1.54484
2	2	2.64575	4.86086	0.2006	-2.13974
3	3	0	4.80313	0	-2.19845
4	4	1.73205	4.73943	0.09676	-2.2645
5	5	1.41421	5.43763	0.13426	-1.57163
6	6	2.44949	5.08957	0.20184	-1.93109
7	7	3.16228	5.16686	0.27855	-1.87677
8	8	2.64575	5.56043	0.2619	-1.52674
9	9	2.44949	5.16695	0.19517	-1.99786
10	10	1.73205	5.4873	0.14247	-1.8078
11	11	2.23607	5.35075	0.15883	-2.15077
12	12	2.23607	5.32024	0.12582	-2.49385
13	13	3.16228	6.16073	0.2614	-2.11837
14	14	3.74166	7.14713	0.36562	-1.83872
15	15	4.3589	6.97134	0.34809	-3.1285

图 7-53　“Multiple Gaussians.dat”数据文件工作表

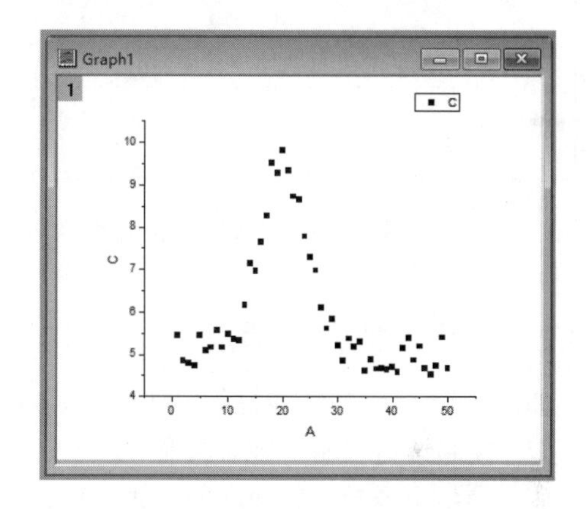

图 7-54　C（Y）列数据散点图

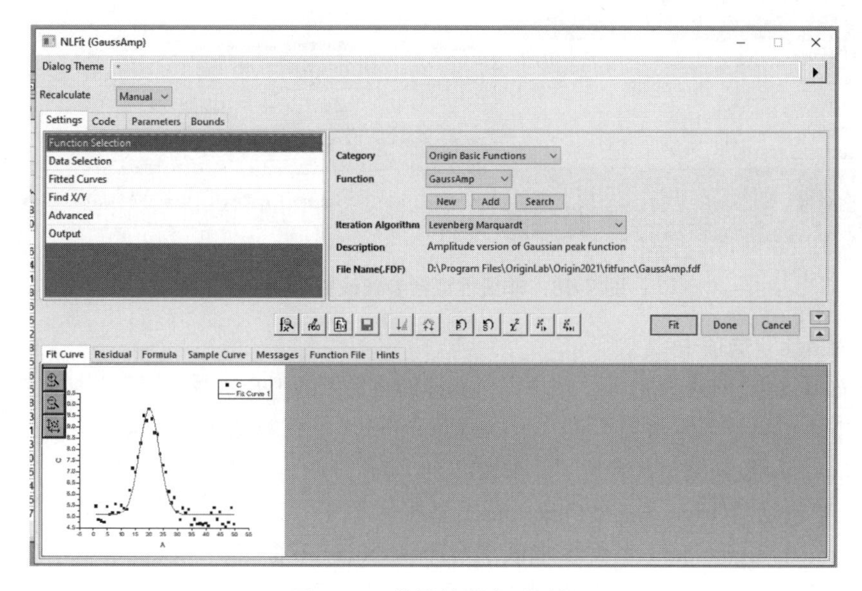

图 7-55　非线性拟合对话框

3）设置非线性拟合参数。在对话框“Category”下拉列表框中选择拟合种类，然后在“Function”下拉列表框中选择一个拟合函数（本例选择“Origin Basic Function”函数目录下的“GaussAmp”函数），再根据具体情况设置一些其他初始参数。

4）完成拟合。完成拟合参数设置后，单击“OK”按钮，即可完成拟合。

拟合生成相应的拟合曲线和拟合分析报表，如图 7-56 和图 7-57 所示。

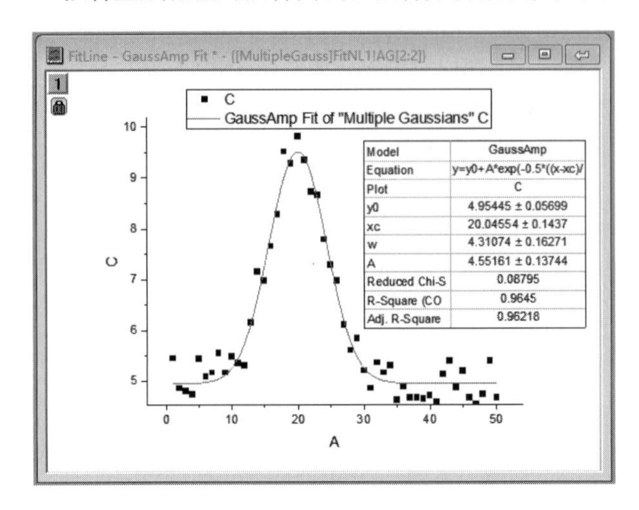

图 7-56　非线性拟合曲线

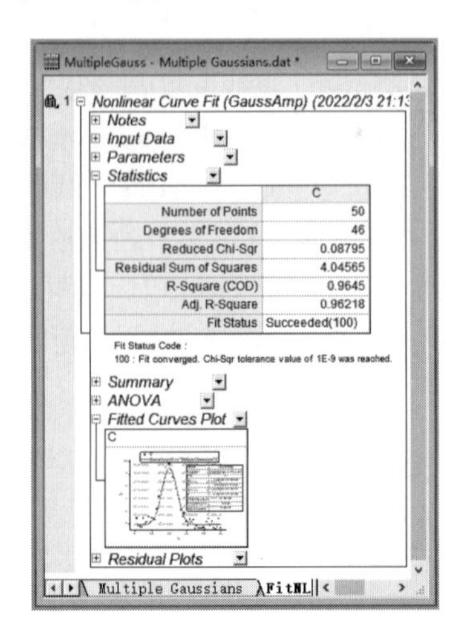

图 7-57　非线性拟合分析报表

7.3.2　非线性拟合对话框

如图 7-55 所示的非线性拟合（NLFit）对话框主要由三部分所构成：非线性拟合参数设置选项卡、控制按钮和输出显示选项卡。

非线性拟合参数设置选项卡主要用来设置拟合的参数，如图 7-58 所示。

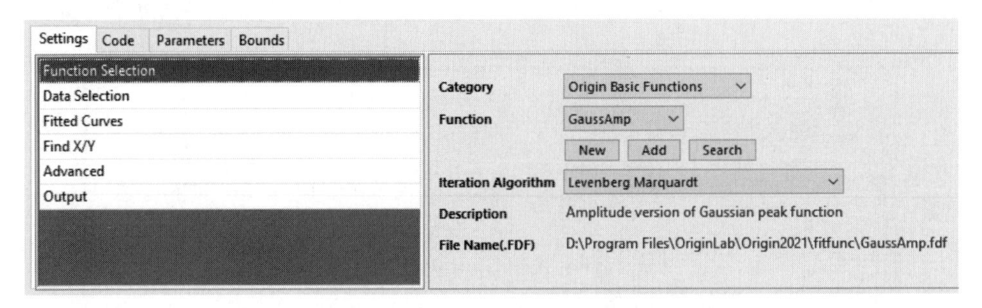

图 7-58　非线性拟合参数设置选项卡

1. “Settings”选项卡

1）“Function Selection”选项：用户可以选择即将使用的拟合函数，主要包括“Category（函数种类）”“Function（具体函数）”“Iteration Algorithm（迭代算法）”“Description（函数描述）”和“File Name（函数来源及其名称）”，如图 7-58 所示。

函数种类包括“Origin Basic Functions（基本函数）”“Exponential（指数）”“Convolution（卷积）”“Growth/Sigmoidal（生长 /S 曲线）”“Hyperbola（双曲线）”“Logarithm（对数）”“Peak Functions(峰函数)”“Piecewise(分段)”“Polynomial(多项式)”“Power(幂函数)”“Rational(有

理数)”“Waveform(波形)”“Chromatography(色谱学)”“Electrophysiology(生理学)”“Enzyme Kinetics(酶反应动力学)”“Rheology(流变学)”“Pharmacology(药理学)”“Spectroscopy(光谱学)”“Statistics(统计学)”“Quick Fit(快速拟合)”“Multiple Variables(多变量和用户自定义函数)”。

每一个函数下面都会包含多个具体函数，所有函数总量为 200 余种。

2)“Data Selection”选项：选择和设置输入数据，如图 7-59 所示。

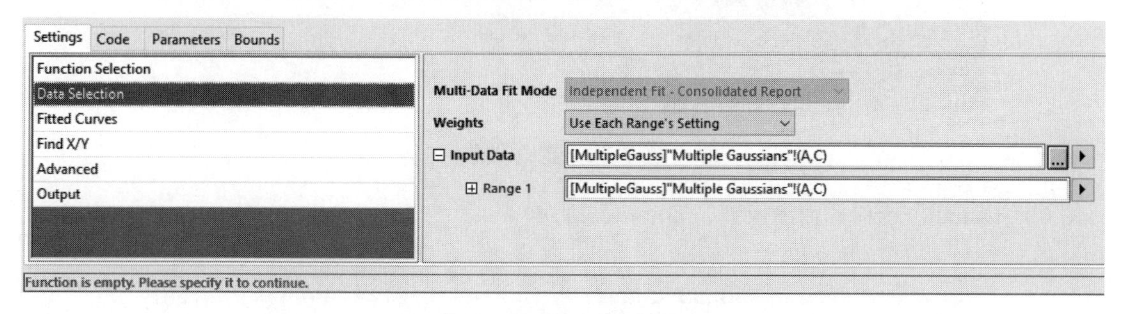

图 7-59　选择和设置输入数据

3)“Fitted Curves”选项：设置拟合图形参数，如图 7-60 所示。

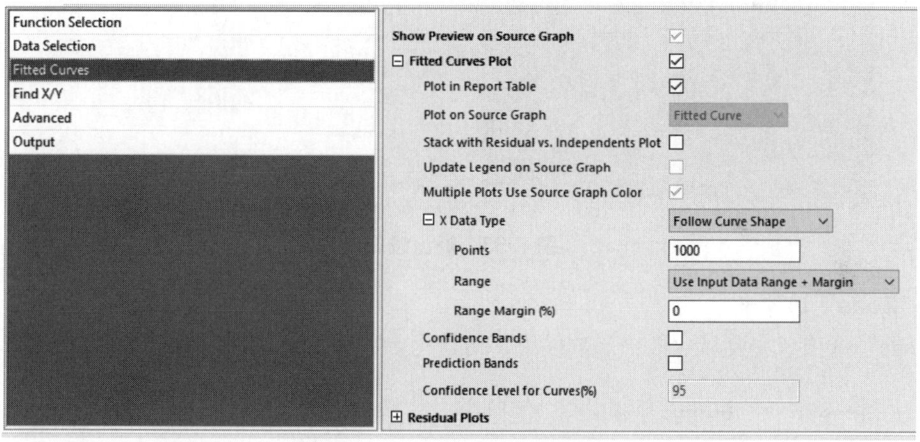

图 7-60　设置拟合图形参数

4)“Find X/Y”选项：依据拟合关系寻找数值，如图 7-61 所示。

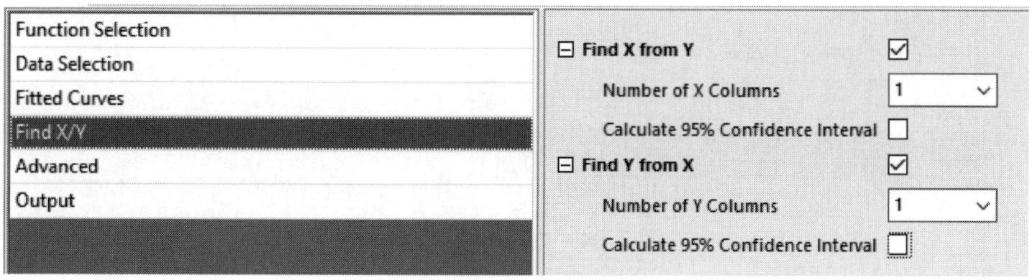

图 7-61　寻找数值

5)“Advanced”选项：高级设置，如图 7-62 所示。

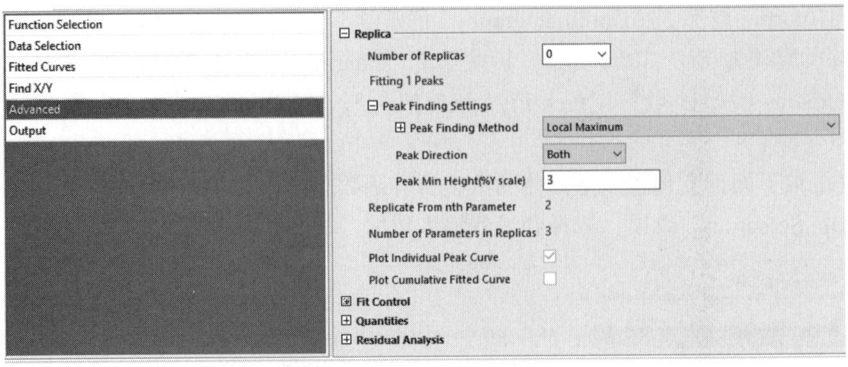

图 7-62　高级设置

6）“Output”选项：输出设置，如图 7-63 所示。

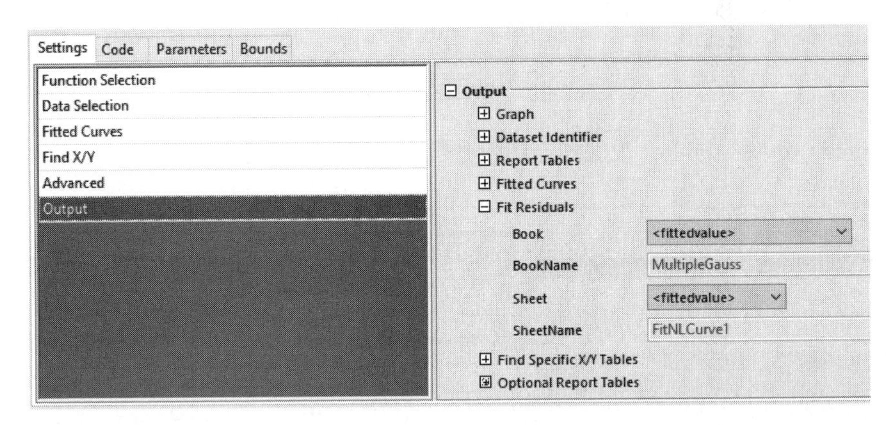

图 7-63　输出设置

2. “Code”选项卡

“Code”选项卡主要显示拟合函数代码、初始化参数和约束条件，如图 7-64 所示。

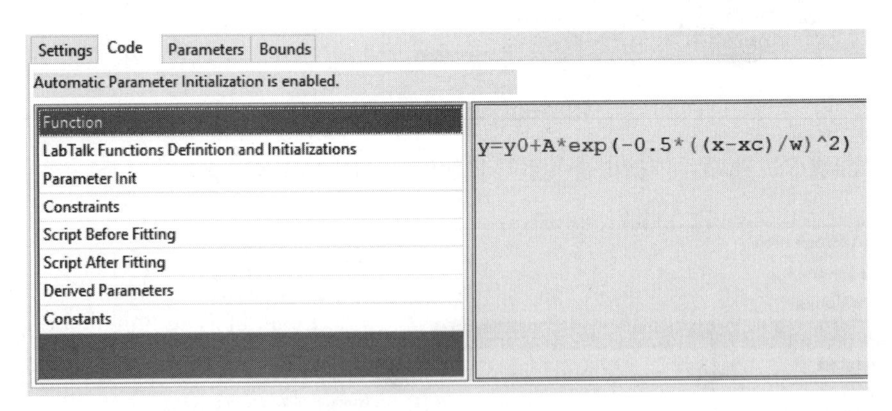

图 7-64　“Code”选项卡

3. “Parameters”选项卡

将各拟合参数列为一个表格，如图 7-65 所示。

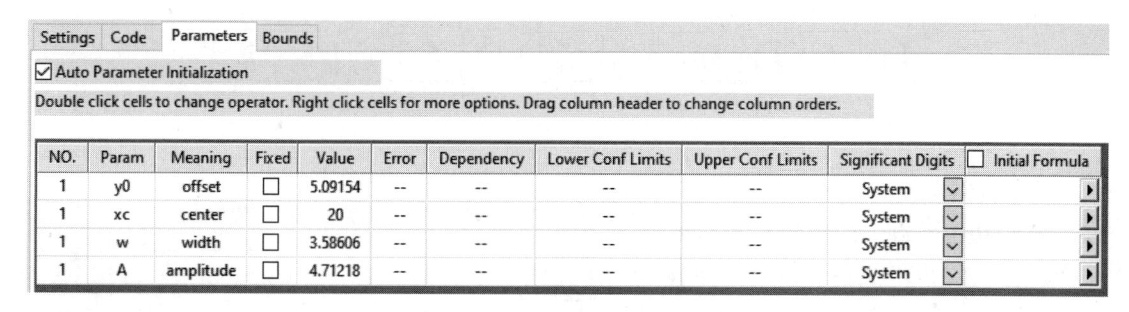

图 7-65　“Parameters”选项卡

1）“Param”：参数名称。

2）“Meaning”：参数的含义。

3）“Fixed”：是否为固定值。

4）“Value”：参数值。

5）“Error”：误差值。

6）“Dependency”：置信值。

7）“Lower Conf Limits”：参数下限。

8）“Upper Conf Limits”：参数上限。

9）“Significant Digits”：有效数字。

10）“Initial Formula”：初始公式。

4. “Bounds”选项卡

“Bounds”选项卡如图 7-66 所示，可以设置参数的上下限，包括 Lower Bounds（下限值）、LB Control（下限值与参数的关系，一般有≤、< 和 Disable3 个选项）、Param（参数名称）、Upper Bounds（上限值）、UB Control（上限值与参数的关系，一般有≤、< 和 Disable3 个选项），同时还可以修正非线性拟合的参数值（Value）。

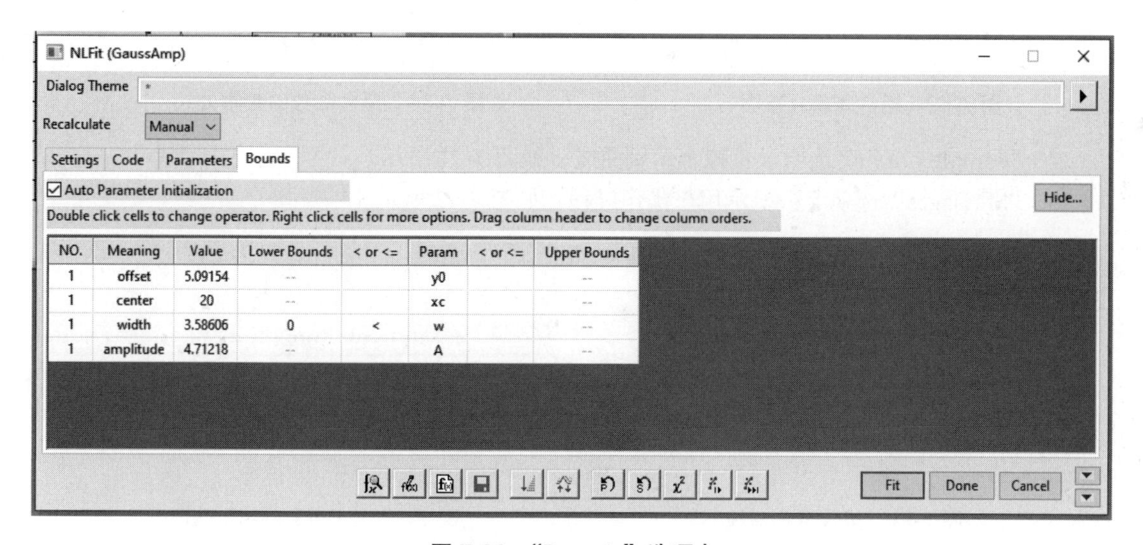

图 7-66　“Bounds”选项卡

控制按钮如图 7-67 所示。

图 7-67 控制按钮

按制按钮从左到右依次是查找拟合函数、编辑拟合函数、创建新的拟合函数、保存拟合函数 PDF 文件、重新排序峰值、排序峰值、初始化参数、给参数赋予近似值、计算 Chi-Square 值、使当前拟合函数每次运行时只执行 1 次、使当前拟合函数每次运行时不断循环执行直到结果在规定的范围内。

输出显示选项卡，如图 7-68 所示。

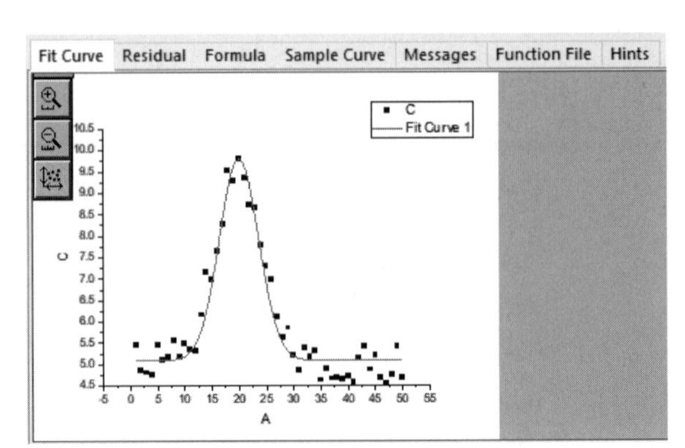

图 7-68 输出显示选项卡

1）“Fit Curve”选项卡：拟合结果预览图，如图 7-68 所示。

2）“Residual”选项卡：拟合残差分布图，如图 7-69 所示。

3）“Formula”选项卡：拟合函数的数学公式，如图 7-70 所示。

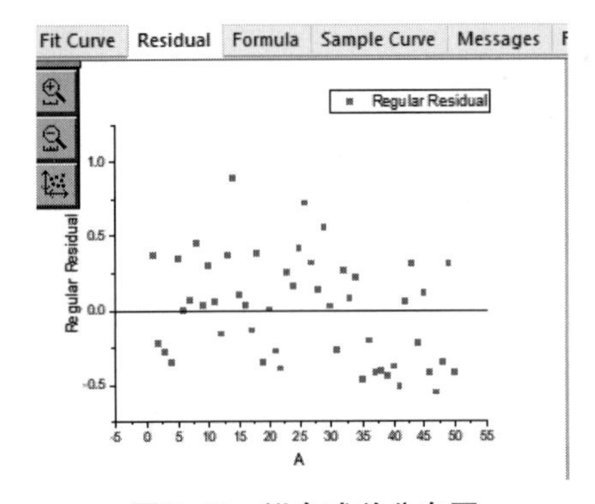

图 7-69 拟合残差分布图

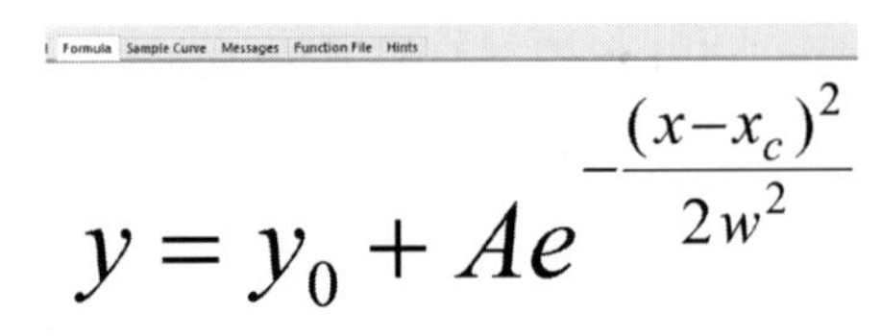

$$y = y_0 + Ae^{-\frac{(x-x_c)^2}{2w^2}}$$

图 7-70 拟合函数的数学公式

4）“Sample Curve”选项卡：拟合示例曲线，如图 7-71 所示。

5）“Messages”选项卡：显示用户操作过程，如图 7-72 所示。

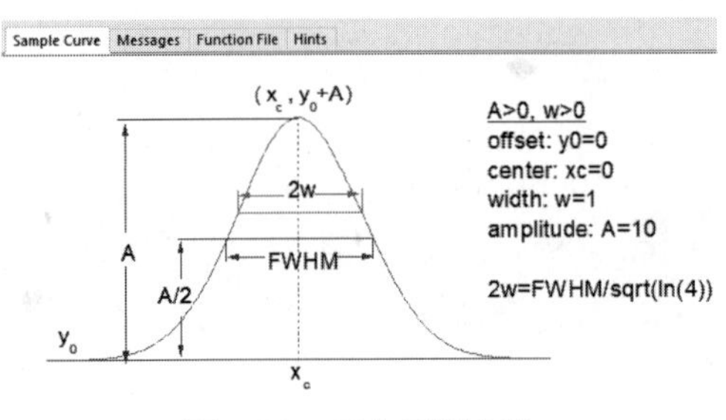

图 7-71 拟合示例曲线

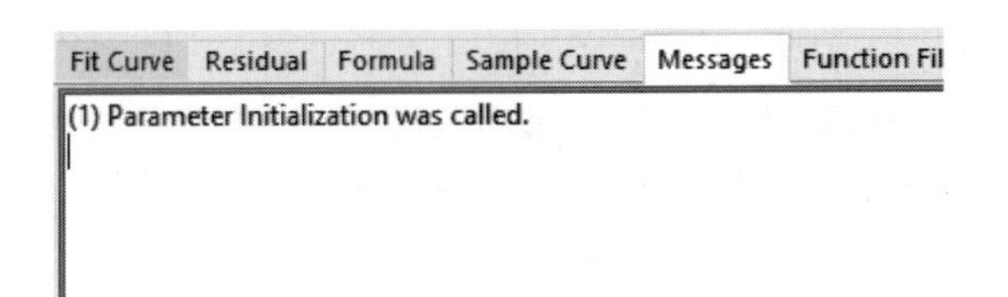

图 7-72 “Messages”选项卡

6）“Function File”选项卡：拟合函数信息文件，如图 7-73 所示。

7）“Hints”选项卡：使用提示，如图 7-74 所示。

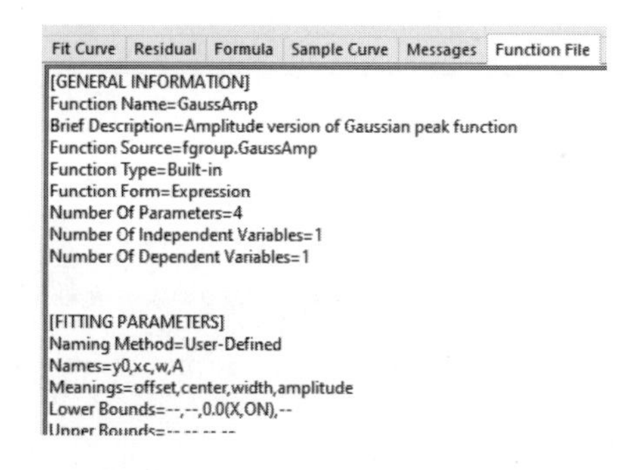

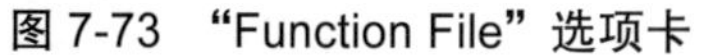

图 7-73　“Function File”选项卡

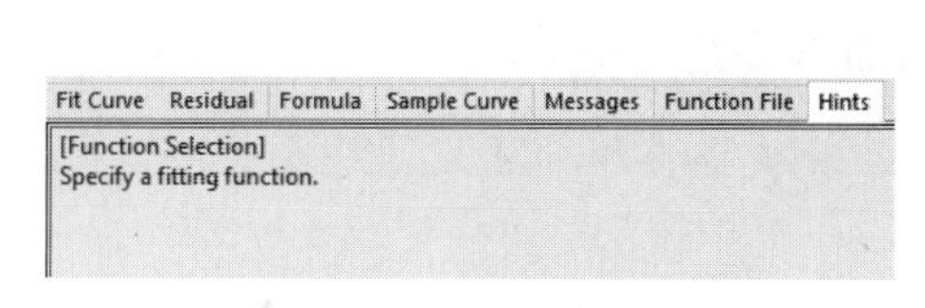

图 7-74　“Hints”选项卡

7.3.3　非线性曲线拟合

前面介绍了非线性拟合的基本过程和非线性拟合对话框，下面将通过“…\Samples\Curve Fitting\Intro_to_Nonlinear Curve Fit Tool.opj”项目文件，简要说明采用内置非线性数学函数的曲线拟合过程。

1）使用菜单命令“File”→“Open”，选择“…\Samples\Curve Fitting\Intro_to_Nonlinear Curve Fit Tool.opj”项目文件，如图 7-75 所示。当图形窗口（Graph1）为当前窗口时，选择菜单命令“Analysis”→“Fitting”→“Nonlinear Curve Fit”，打开“NLFit”对话框。在“Function”下拉列表框中，选择“Gauss”。此时，在“NLFit”对话框下侧的“Sample Curve”选项卡中显示该拟合的 Gauss 函数图形及各参数的意义，如图 7-76a 所示。

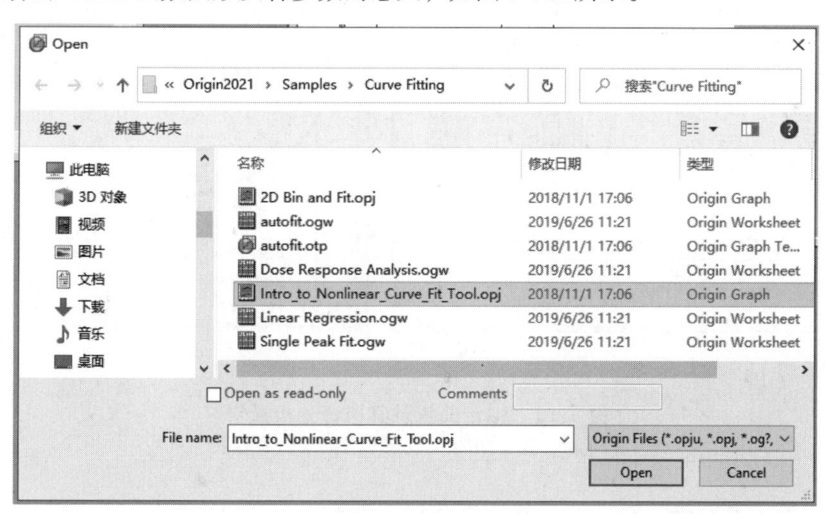

图 7-75　打开“Intro_to_Nonlinear_Curve_Fit_Tool.opj”项目文件

2）由于 Gauss 函数是 Origin 内置函数，因此该函数的各参数值都已自动赋予了初值。单击“NLFit”对话框中的“Parameter”选项卡，可以及时查看各参数赋予的初始值。单击“NLFit”对话框下侧的“Residual”选项卡，可以查看当前残差，如图 7-76b 所示。除此之外，还可以查看 Gauss 函数的非线性拟合曲线。

3）单击“Fit”按钮，即可得到拟合曲线并生成非线性拟合分析报告，分别如图 7-77a 和图 7-77b 所示。

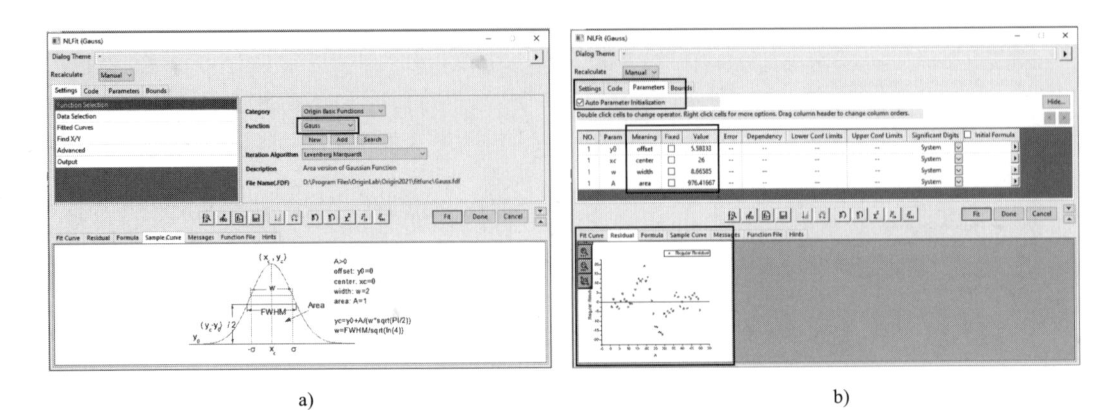

a)　　　　　　　　　　　　　　　　b)

图 7-76 “NLFit”对话框

a）查看所选拟合函数的图形及参数意义　b）查看拟合参数和残差

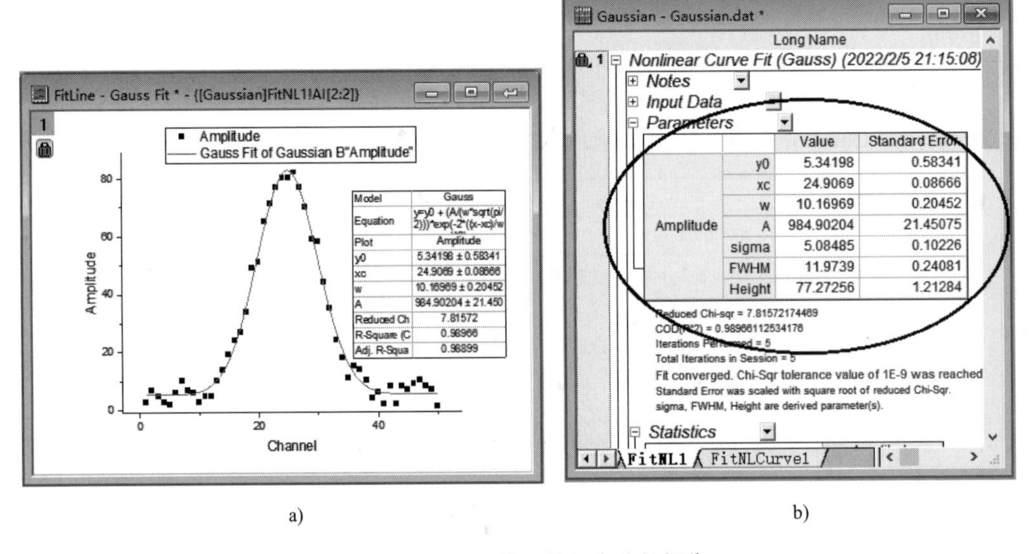

a)　　　　　　　　　　　　　　　　b)

图 7-77 拟合曲线及其拟合分析报告

a）Gauss 拟合曲线　b）非线性拟合分析报表

通过单击图形窗口左上角或非线性拟合分析报表左上角的绿色锁标记，可在弹出窗口中选择“Change Parameters”，可再次打开“NLFit”对话框，根据需要重新设置参数。例如，设置“Parameter”选项卡中的“xc”为 28，勾选“Fixed”复选框，单击“Fit”按钮，可得到新的拟合结果。此时“xc”为定值 28，重新设置参数，新的拟合曲线及非线性拟合分析报告分别如图 7-78a 和图 7-78b 所示。

上述内容简要说明了通过“NLFit”对话框实现非线性曲线拟合的过程。“NLFit”对话框中还有很多选项卡、下拉列表框等控件，用于完成各种复杂的非线性曲线拟合。“NLFit”对话框中的内容在第 7.3.2 节已做过介绍，此处不过多赘述。

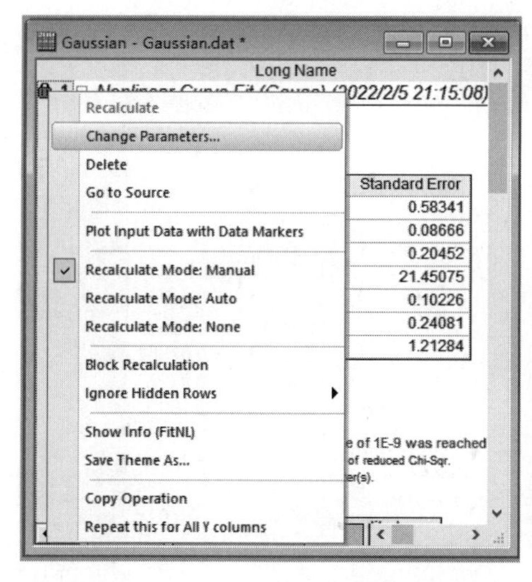

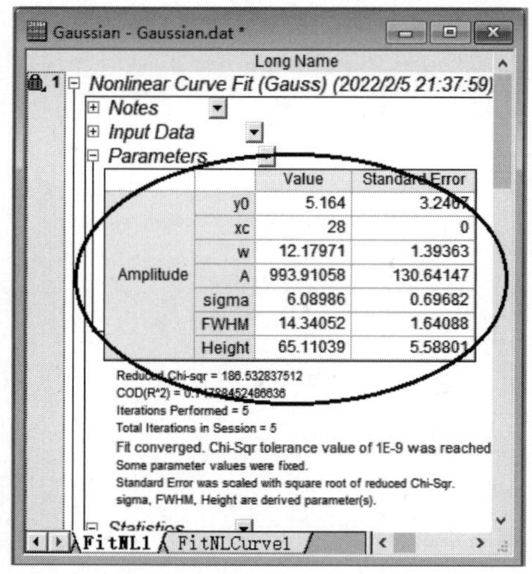

a)　　　　　　　　　　　　b)

图 7-78　新的拟合曲线及其拟合分析报告

a） Gauss 拟合曲线　b）非线性拟合分析报表

7.3.4　非线性曲面拟合

非线性曲面拟合的操作过程与非线性曲线拟合相同。如果拟合数据是工作表，工作表中需要有 XYZ 三列数据，选中工作表中的 XYZ 列数据，选择菜单命令“Analysis”→“Fitting”→“Nonlinear Surface Fit…”，即可完成非线性曲面拟合。如果拟合数据是矩阵工作表数据，选中矩阵工作表中的数据，选择菜单命令“Analysis”→“Fitting”→“Nonlinear Matrix Fit…”，即可完成非线性曲面拟合。如果拟合三维曲面，则该三维曲面必须采用矩阵绘制，也是选择菜单命令“Analysis”→“Fitting”→“Nonlinear Surface Fit…”。因为曲面拟合有两个变量，因此散点图无法表示平面的残差，必须采用轮廓线图。下面以“Origin 2022\Samples\Matrix Conversion and Gridding\XYZ Random Gaussian.dat”数据文件为例，说明非线性曲面拟合的过程。

1）导入“XYZ Random Gaussian.dat”数据文件。在默认情况下，从 ASCII 导入工作表中的格式为 XYY，因此必须将工作表转换为 XYZ 格式。具体方法为，双击 C（Y）列标题栏，在弹出的“Column Properties”对话框的“Properties”选项卡中将 C（Y）改变为 C（Z），如图 7-79 所示。执行菜单命令“Data”→“Import From File”→“Import Wizard”，打开数据导入对话框，导入数据文件“XYZ Random Gaussian.dat”数据文件，如图 7-80 所示。

2）将数据文件转换成矩阵类型。选中工作表 A（X）、B（Y）和 C（Z）列，选择菜单命令“Worksheet”→“Convert to Matrix”→“XYZ Gridding…”，打开“XYZ Gridding”矩阵转换对话框，选择“Random”转换方法转换，如图 7-81 所示。

3）将矩阵表转换成曲面。选择菜单命令“Plot”→“3D”→“3D Wire Frame”将图 7-82 所示的矩阵表转换成三维线网图，如图 7-83 所示，并置为当前窗口。

4）选择菜单命令“Analysis”→“Fitting”→“Nonlinear Surface Fit…”，打开曲面“NLFit”对话框，选择“Plane”曲面函数，如图 7-84 所示。单击“Fit”按钮生成拟合曲面和分析报表，拟合得到新的数据存放在新建的工作表中。

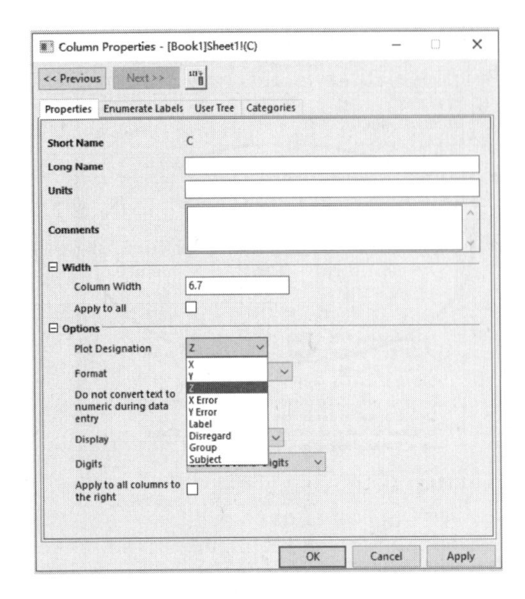

图 7-79 “Column Properties”对话框

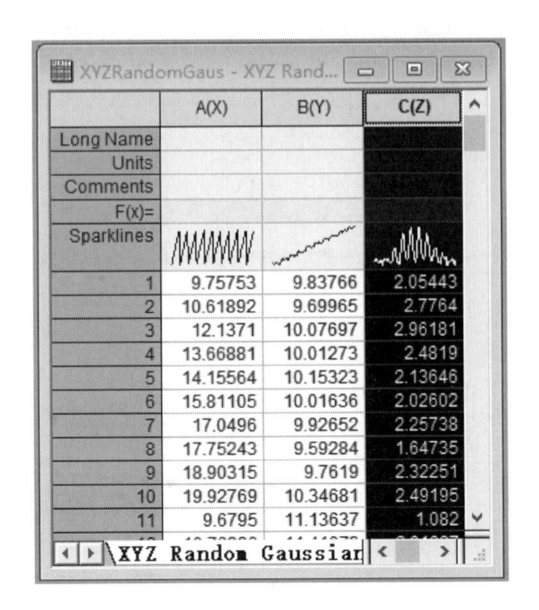

图 7-80 转换为 XYZ 后的工作表

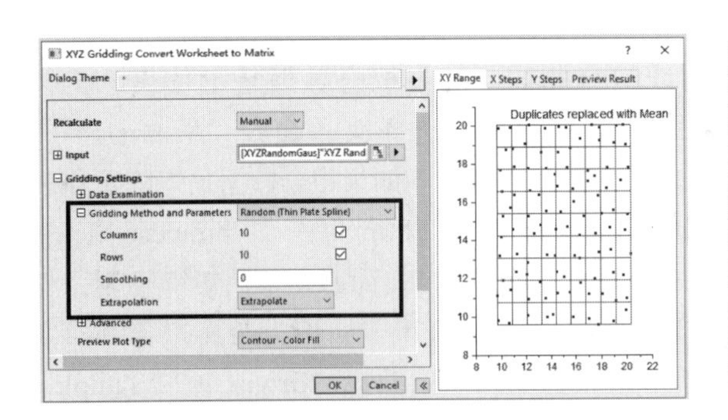

图 7-81 “XYZ Gridding”矩阵转换对话框

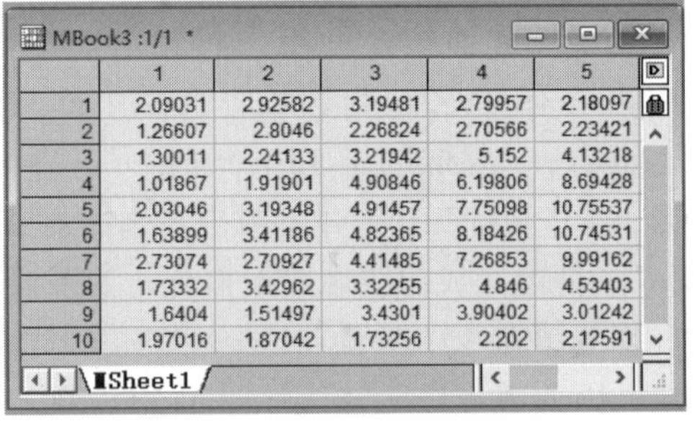

图 7-82 转换后的矩阵表

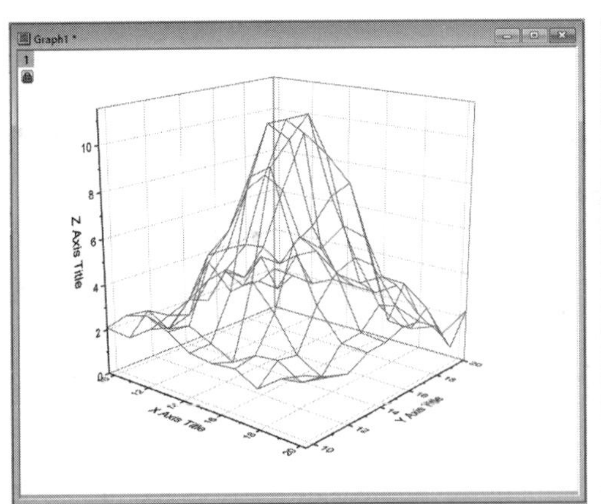

图 7-83 三维线网图

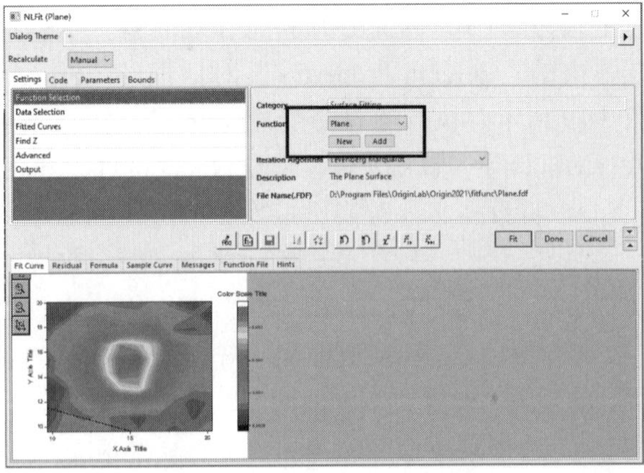

图 7-84 打开曲面“NLFit”对话框

7.3.5　模拟曲线和模拟曲面

模拟曲线是由曲线生成数据，其过程刚好与上述拟合过程相反，通过菜单命令“Analysis”→“Fitting”→“Simulate Curve”打开“Simulate Curve：Simcurve”对话框，如图 7-85 所示。这个工具是先有曲线，然后才能生成数据，即通过一定的函数（选择目录、函数名称）和相关参数，自动产生数据表，如图 7-86 所示。

模拟曲面的操作与模拟曲线类似，只不过要打开“Simulate Surface”对话框进行模拟，也是通过选择函数和相关参数产生数据表。

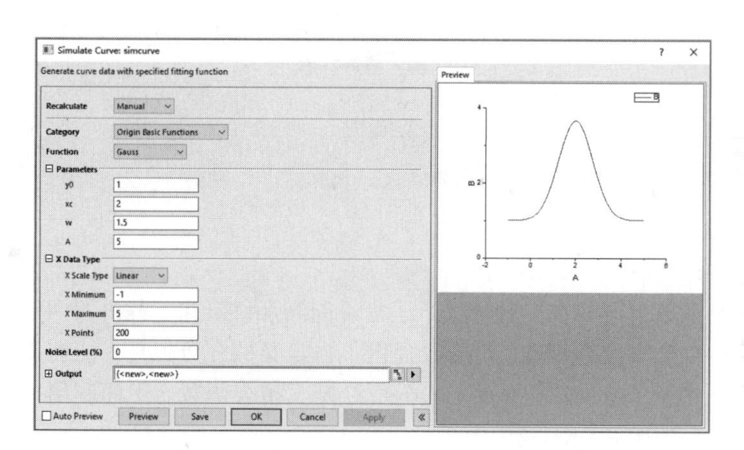

图 7-85　打开曲面“Simulate Curve：Simcurve”对话框

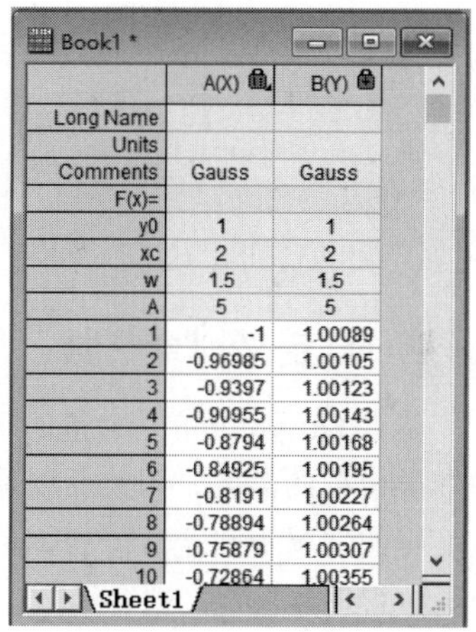
Book1 *

	A(X)	B(Y)
Long Name		
Units		
Comments	Gauss	Gauss
F(x)=		
y0	1	1
xc	2	2
w	1.5	1.5
A	5	5
1	-1	1.00089
2	-0.96985	1.00105
3	-0.9397	1.00123
4	-0.90955	1.00143
5	-0.8794	1.00168
6	-0.84925	1.00195
7	-0.8191	1.00227
8	-0.78894	1.00264
9	-0.75879	1.00307
10	-0.72864	1.00355

Sheet1

图 7-86　利用函数生成的数据表

7.4　拟合函数管理器和自定义拟合函数

在 Origin 中，所有的内置拟合函数和自定义拟合函数都由拟合管理器进行管理。每一个拟合函数都以扩展名为“*.fdf”的文件形式存放。内置拟合函数存储在 FitFunc 目录下，用户自定义拟合函数存储在 FitFunc 子目录下。

7.4.1　拟合函数管理器

选择菜单命令“Tools”→“Fitting Function Organizer”，或者按 <F9> 快捷键打开拟合函数管理器，如图 7-87 所示。

如图 7-87 所示，拟合函数管理器分为上、下面板。其中，上面板左侧为内置拟合函数（按照类别放置在不同的目录中），可以用鼠标选择拟合函数。图 7-87 中选择了“Origin Basic Functions”子目录中的“Gauss”拟合函数；上面板的中间部分是对选中函数的说明，如拟合函数的文件名称、存放位置、简要描述、参考文献、函数类型、函数模型、独立变量、响应变量、参数名称、函数形式、函数表达式等。上面板右侧为新建函数编辑按钮，用户可以新建拟合函数。下面板用于显示选中拟合函数的公式、图形和提示。

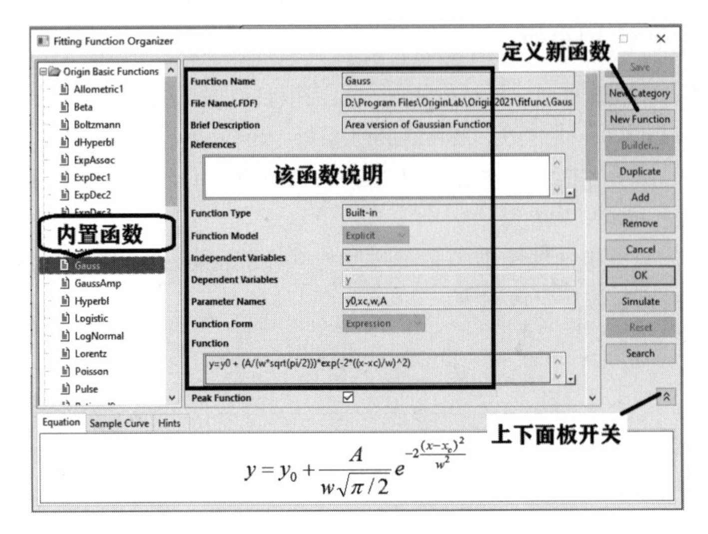

图 7-87　拟合函数管理器

7.4.2　自定义拟合函数

尽管 Origin 内置了大量的拟合函数，但是在一些情况下还是不能满足科研和工程研发中建立数学模型的需要，因此需要用户自定义拟合函数。Origin 提供了自定义拟合数工具，能在无须编程的情况下自定义拟合函数。此外，Origin 还提供了 Origin C 定义拟合函数。下面利用拟合函数管理器自定义拟合函数。

1）按照上述方法打开如图 7-87 所示的拟合函数管理器，单击上面板右侧“New Category”按钮，新建用户拟合函数目录。

2）在打开新建的自定义拟合函数对话框中，输入自定义函数“y=a*x^2+b*x+c”，如图 7-88 所示。

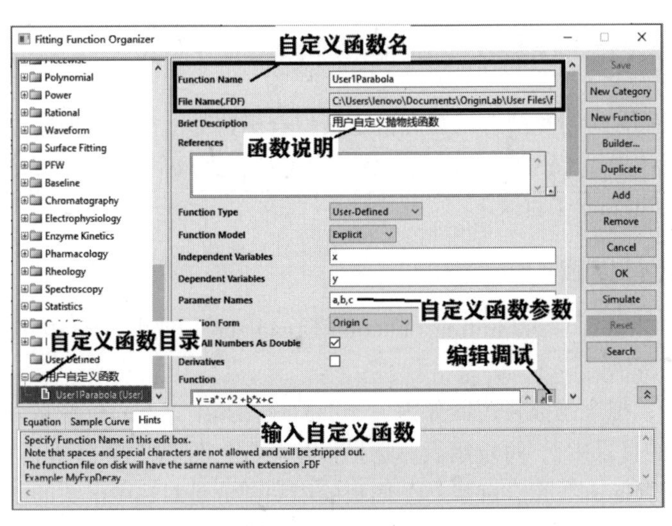

图 7-88　新建的自定义拟合函数对话框

3）单击调试按钮，打开“Code Builder”对话框，如图 7-89 所示。单击该对话框中的“Compile”按钮调试文件。如果编辑没有语法错误，则在对话框中显示编辑调试通过。

图 7-89 “Code Builder”函数编辑调试对话框

4）单击“Return to Dialog”按钮，返回到自定义函数对话框。单击“Save”按钮，保存该自定义拟合函数。至此，完成了用户自定义拟合函数的编辑和保存。

7.4.3 自定义拟合函数拟合

下面以“Origin 2022\Samples\Curve Fitting\Polynomial Fit.dat”数据文件为例，用自定义拟合函数拟合曲线。

1）导入“Polynomial Fit.dat”数据文件，如图 7-90 所示。选中数据文件中的 B（Y）列绘图。

2）选择菜单命令“Analysis”→“Fitting”→“Nonlinear Curve Fit”，打开“NLFit”对话框。在“Category”下拉列表框中，选择“用户自定义函数”；在“Function”下拉列表框中，选择“User1Parabola（User）”自定义拟合函数，如图 7-91 所示。

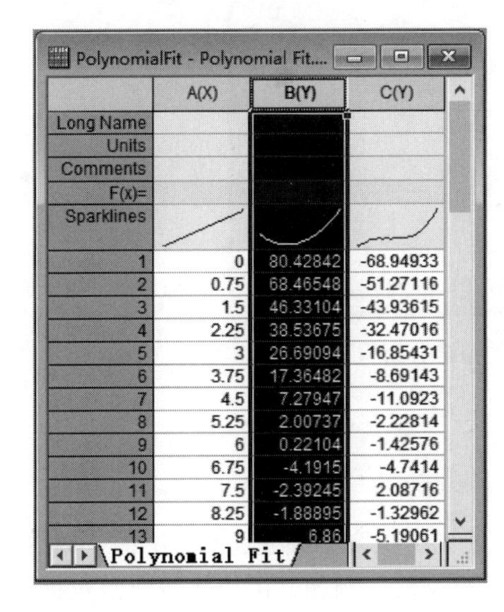

图 7-90 “Polynomial Fit.dat”数据文件

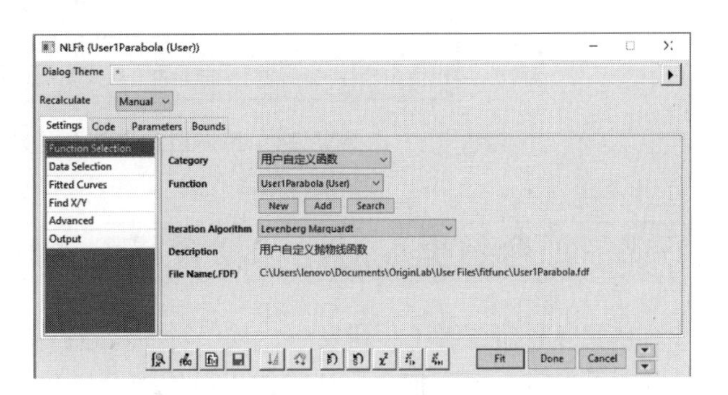

图 7-91 “NLFit”对话框设置自定义拟合函数

3）打开“Parameter”选项卡，在“Value”处输入初值，如图 7-92 所示（注意，Origin 对于其内置拟合函数会赋初值，但是对于用户自定义函数必须在使用前赋初值）。

4）单击按钮进行拟合，若达到拟合要求，单击“OK”按钮完成拟合。用户自定义拟合函数的结果如图 7-93 所示，同时生成拟合分析报表如图 7-94 所示。将结果存放到报表中，以备后续比较之用。

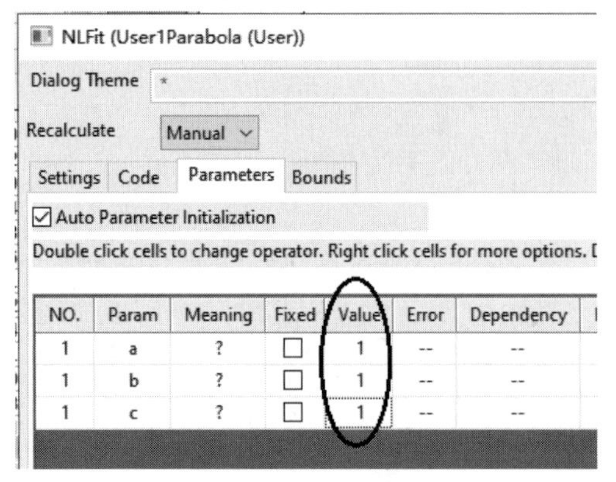

图 7-92 “NLFit”对话框设置自定义拟合参数

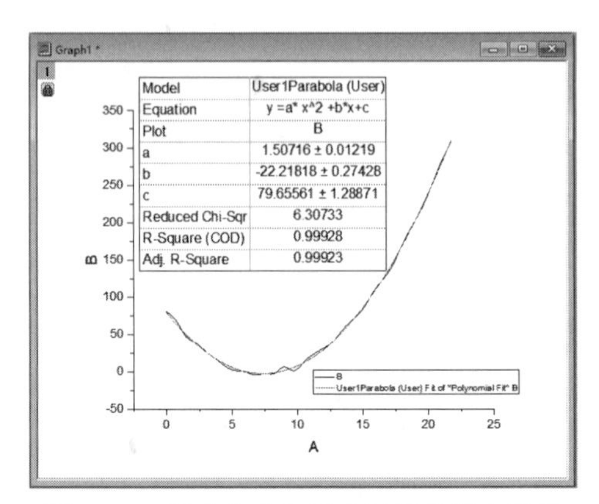

图 7-93 用户自定义拟合函数的拟合结果

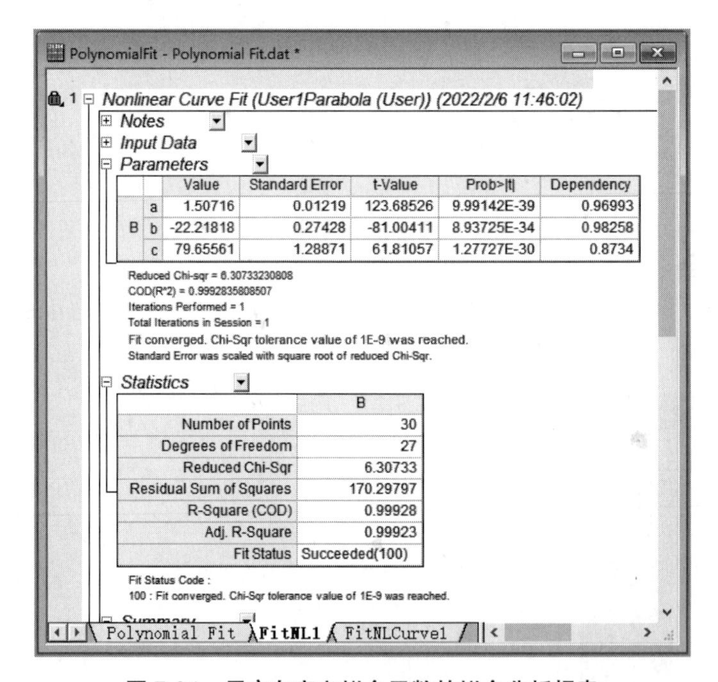

PolynomialFit - Polynomial Fit.dat *

Nonlinear Curve Fit (User1Parabola (User)) (2022/2/6 11:46:02)

Notes

Input Data

Parameters

		Value	Standard Error	t-Value	Prob>|t|	Dependency
B	a	1.50716	0.01219	123.68526	9.99142E-39	0.96993
	b	-22.21818	0.27428	-81.00411	8.93725E-34	0.98258
	c	79.65561	1.28871	61.81057	1.27727E-30	0.8734

Reduced Chi-sqr = 6.30733230808
COD(R^2) = 0.9992835808507
Iterations Performed = 1
Total Iterations in Session = 1
Fit converged. Chi-Sqr tolerance value of 1E-9 was reached.
Standard Error was scaled with square root of reduced Chi-Sqr.

Statistics

	B
Number of Points	30
Degrees of Freedom	27
Reduced Chi-Sqr	6.30733
Residual Sum of Squares	170.29797
R-Square (COD)	0.99928
Adj. R-Square	0.99923
Fit Status	Succeeded(100)

Fit Status Code :
100 : Fit converged. Chi-Sqr tolerance value of 1E-9 was reached.

Polynomial Fit FitNL1 FitNLCurve1

图 7-94 用户自定义拟合函数的拟合分析报表

7.5 拟合数据集对比和拟合模型对比

在实际科研或者工程研发中，仅仅对曲线进行拟合或确定拟合参数是远远不够的，用户有时可能需要进行多次拟合，从中找出最优拟合函数和拟合参数。例如，用户比较两组数据集，确定两组数据的样本是否属于同一总体空间；或者用户想知道某数据集是用 Gaussian 模型还是用 Exponential 模型拟合更合适。Origin 2022 提供了数据集对比和拟合模型对比工具，用于比较不同数据集之间是否有差别和对同一数据集采用哪一种模型更好。拟合对比是在拟合报表中进行对比的，因此必须首先采用不同的拟合方法进行拟合，得到包括残差平方和（RSS）、自由度（df）和样本值（N）的拟合报表。

7.5.1　拟合数据集对比

本节以“Origin 2022\Samples\Curve Fitting\Lorentzian.dat”数据文件为例，分析该数据工作表中 B（Y）数据集与 C（Y）数据集是否有明显差异。具体拟合数据集对比步骤如下：

1）导入需要拟合对比的数据。打开“…\Samples\Curve Fitting\Lorentzian.dat”数据文件，其工作表如图 7-95 所示。

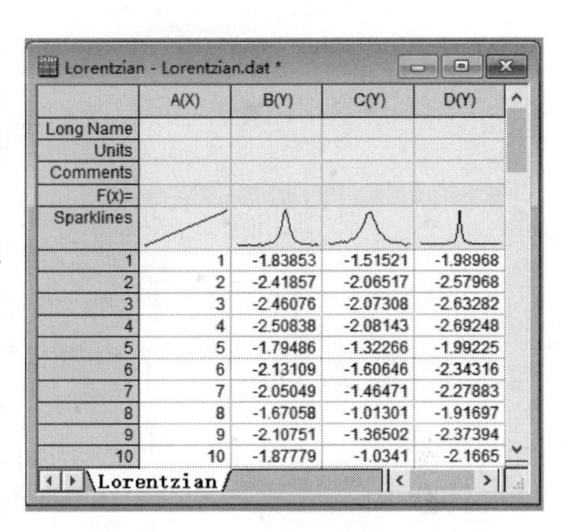

	A(X)	B(Y)	C(Y)	D(Y)
Long Name				
Units				
Comments				
F(x)=				
Sparklines				
1	1	-1.83853	-1.51521	-1.98968
2	2	-2.41857	-2.06517	-2.57968
3	3	-2.46076	-2.07308	-2.63282
4	4	-2.50838	-2.08143	-2.69248
5	5	-1.79486	-1.32266	-1.99225
6	6	-2.13109	-1.60646	-2.34316
7	7	-2.05049	-1.46471	-2.27883
8	8	-1.67058	-1.01301	-1.91697
9	9	-2.10751	-1.36502	-2.37394
10	10	-1.87779	-1.0341	-2.1665

图 7-95　“Lorentzian.dat”数据文件的工作表

2）选中 B（Y）数据集，选择菜单命令“Analysis”→“Fitting”→“Nonlinear Curve Fit”，进行拟合。

3）拟合时采用“Lorentz”模型（原因是该数据文件中“Sparklines”显示为单峰），如图 7-96a 所示；并将拟合结果输出到拟合报表中，如图 7-96b 所示。

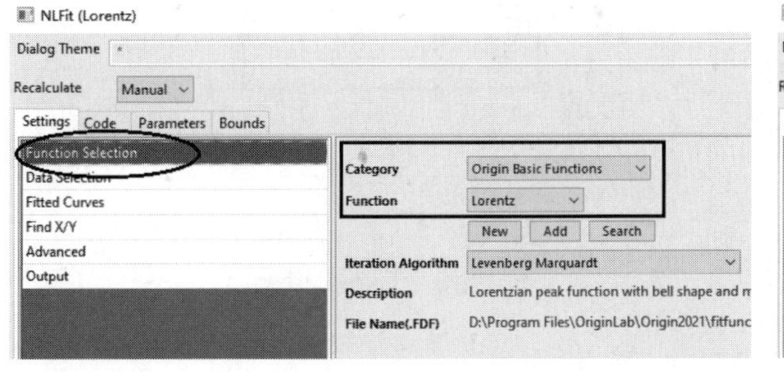

a）

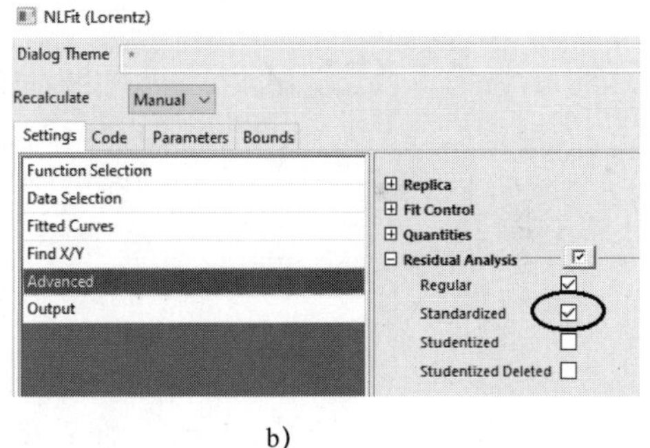

b）

图 7-96　设置拟合函数和拟合报表
a）设置拟合函数　b）设置拟合报表

4）在“NLFit”对话框单击按钮进行拟合，单击“OK”按钮完成拟合并生成拟合报表，如图 7-97a 所示。

5）同样的操作过程，选中 C（Y）数据集，完成步骤 2）~4）的操作，得到拟合报表如图 7-97b 所示。

在分别完成 B（Y）和 C（Y）两个数据集的拟合报表后，选择菜单命令“Analysis”→“Fitting”→“Compare Datasets…”，打开“Compare Datasets：fitcmpdata”对话框，如图 7-98a 所示。

在图 7-98a 所示的对话框中，分别单击“Fit Result1”和“Fit Result2”栏的...，并采用选择输入拟合报表名称（注意：此处的名称必须与报表名称一致），如 7-98b 所示，单击“OK”按钮，完成整个拟合数据集对比过程，最终得到数据比较报表，如图 7-99 所示。

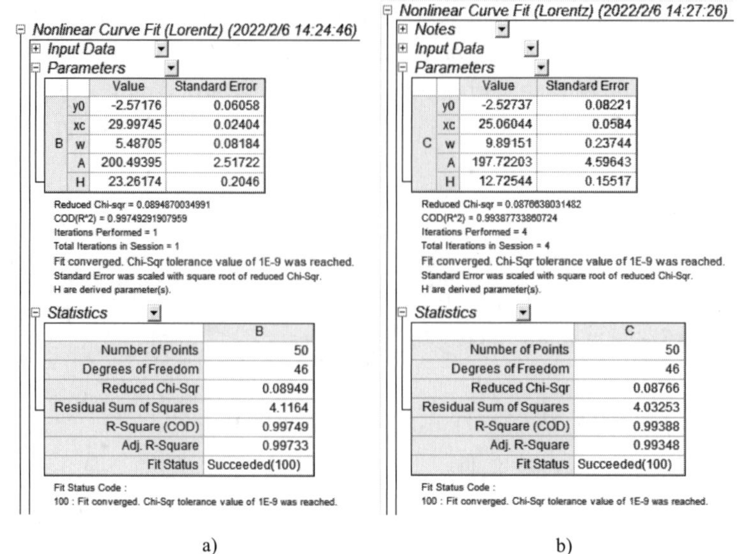

图 7-97 数据集的拟合报表

a）B（Y）数据集的拟合报表 b）C（Y）数据集的拟合报表

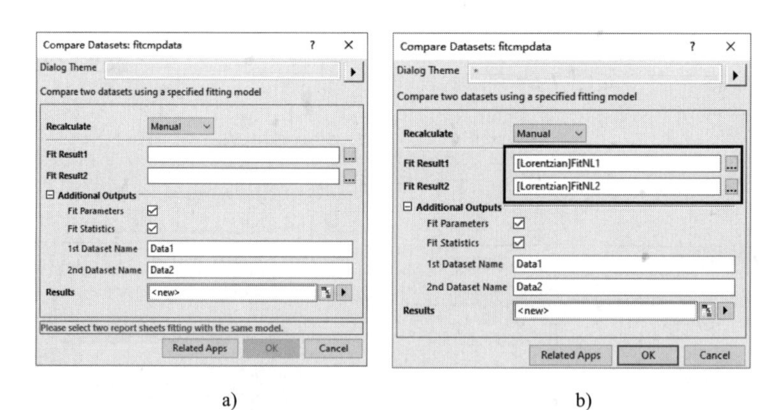

图 7-98 拟合数据集对比操作

a）“Compare Datasets：fitcmpdata”对话框 b）添加分析报表

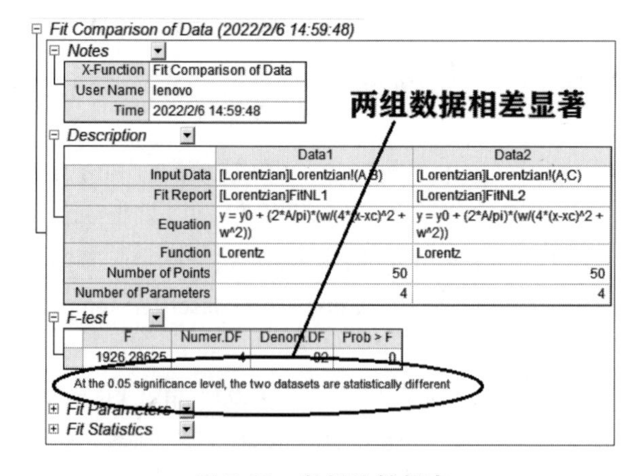

图 7-99 数据比较报表

从图 7-99 中可以看出，由于两组数据差别较大，数据比较报表给出的拟合对比信息为：在置信度为 0.95 的条件下，两数据组差异显著。通过拟合对比，证明这两个数据组不可能属于同一总体空间。

7.5.2 拟合模型对比

本节以“Origin 2022\Samples\Curve Fitting\Exponential Decay.dat”数据文件为例，采用不同模型拟合，然后比较模型好坏。一种方法采用指数衰减模型，另一种采用自定义拟合函数“UserExpDec1（User）”模型拟合。完成上面拟合后，对这两个拟合模型对比。拟合模型对比步骤如下：

1）打开“Exponential Decay.dat”数据文件，选中 B（Y）数据集，选择菜单命令“Analysis”→“Fitting”→“Nonlinear Curve Fit”，打开“NLFit”对话框，“Category”下拉列表框中选择“Origin Basic Function”，“Function”下拉列表框中选择“ExpDec1”拟合函数，单击按钮，完成拟合，单击“OK”按钮完成拟合并生成拟合报表。

2）同样地，选中 B（Y）数据集，选择菜单命令“Analysis”→“Fitting”→“Nonlinear Curve Fit”，打开“NLFit”对话框，“Category”下拉列表框中选择“用户自定义函数”，“Function”下拉列表框中选择“UserExpDec1（User）”拟合函数（按照第 7.4 节内容自行定义拟合函数“UserExpDec1（User）”，如图 7-100a 所示。

3）打开“Parameter”选项卡，在“Value”处输入初值，如图 7-100b 所示（注意，Origin 内置函数会赋予初值，而用户自定义函数必须在使用前赋予初值，否则无法拟合）。

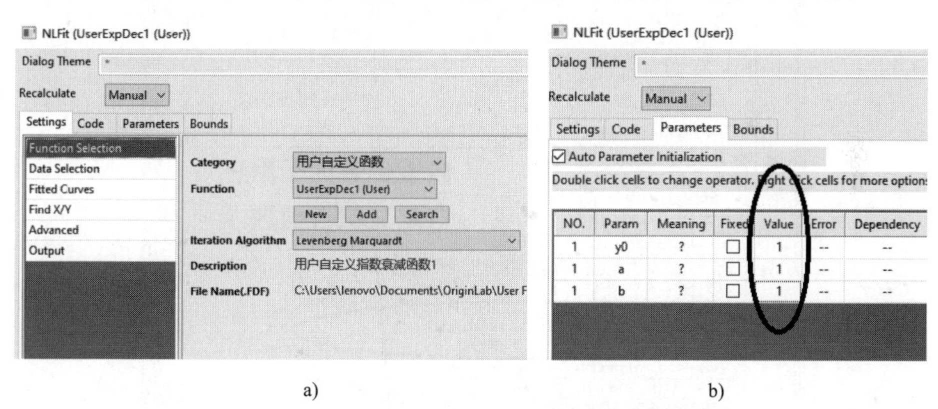

图 7-100 用户自定义拟合函数选择及参数设置

a）选择用户自定义拟合函数 b）设置用户自定义拟合参数

4）单击按钮进行拟合，单击“OK”按钮完成拟合并生成用户自定义函数拟合分析报表。

5）选择菜单命令“Analysis”→“Fitting”→“Compare Model…”，打开“Compare Models：fitcmpmodel”对话框，如图 7-101a 所示。

6）分别单击“Fit Result1”和“Fit Result2”栏的...，并采用输入拟合报表名称，如图 7-101b 所示。

7）单击“OK”按钮，完成整个拟合模型对比过程，最终得到拟合模型对比报表，如图 7-102 所示。从图 7-102 可以看出，所采用的两种比较方法结果均表明：指数衰减模型的拟合效果优于用户自定义拟合模型。

a) b)

图 7-101 模型拟合比较相关操作

a）模型拟合比较对话框 b） 选择拟合报表和比较方法

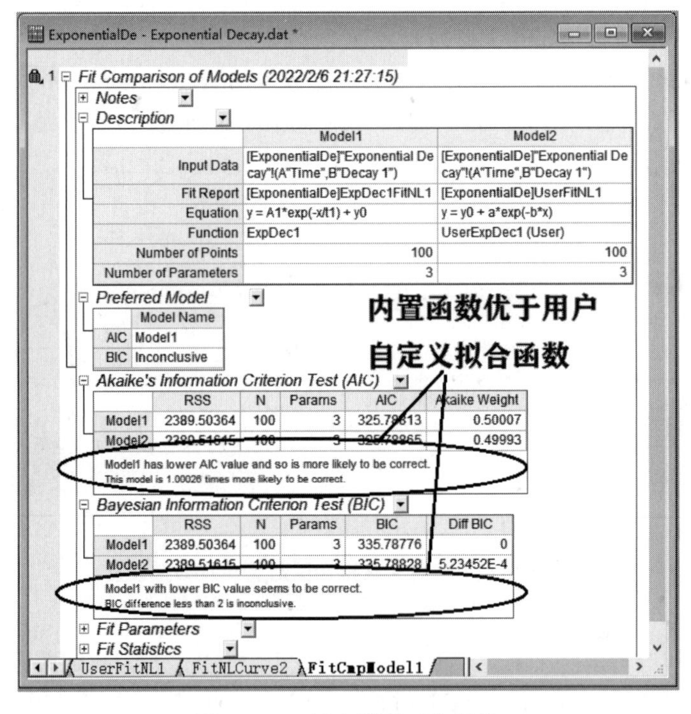

图 7-102 拟合模型对比报表

7.6 拟合结果分析

在实际拟合工作中，完成了曲线拟合、找到了拟合参数、生成了拟合报表，这些仅仅是一部分工作，用户还需要根据拟合结果（如拟合分析报表等）、专业知识、当时工况对拟合做出正确解释。然而，这部分工作是相当困难的，有时在短时间内是无法解释的。无论是线性拟合还是非线性拟合，对拟合结果的解释基本是相同的，通常情况下，用户是根据拟合的决定系数（R-square）、加权卡方检验系数（Reduced Chi-square），以及拟合结果的残差分析而得出拟合结果的优劣。

7.6.1 最小二乘法

最小二乘法（Least-Square Method）是用于检验参数的最常用方法，根据最小二乘法理论，最佳的拟合是最小的残差平方和（Residual Sum of Squares，RSS）。观测值与拟合直线的纵向距离称为残差。图 7-103 所示为使用残差示意表示出实际数据与最佳拟合值之间的关系，用残差 $(y_i - \hat{y}_i)$表示。在实际拟合中，拟合的好坏可以根据拟合曲线与实际数据是否接近加以判断，但这都不是定量判断，而残差平方和或加权卡方检验系数可以用作定量判断。

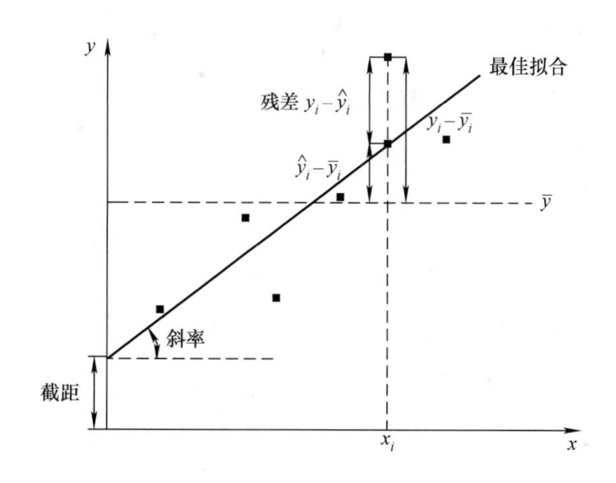

图 7-103 实际数据与最佳拟合值之间的关系

7.6.2 拟合优度

虽然残差平方和可以对拟合做出定量判断，但是残差平方和也有一定的局限性。为了获得最佳的拟合优度（Goodness of Fit），引入了决定系数（Coefficient of Determination）R^2，决定系数 R^2 的值在 0 ~ 1 变化。当 R^2 接近 1 时，表明拟合效果好，注意决定系数 R^2 不是 R（相关系数）的平方，千万不能搞混！此外，如果 Origin 在计算时出现 R^2 的值不在 0 ~ 1 之间的情况，如 R^2 是负数，则表明该拟合效果很差。

从数学的角度看，决定系数 R^2 受拟合数据点数量的影响，增加样本数量可以提高 R^2 值。为了消除这一影响，Origin 引入了校正决定系数R_{adj}^2（adjusted R^2）。尽管有了决定系数 R^2 和校正决定系数R_{adj}^2，但是在有的场合下还是不能够完全正确地判断拟合效果。例如，对图 7-104 中的数据点进行拟合，四个数据集都可以得到理想的 R^2 值。但很明显图 7-104b、c 和 d 拟合得到的模型是错误的，仅有图 7-104a 拟合得到的模型是比较合适的。因此在拟合完成时，要认真分析拟合图形，在必要时还必须对拟合模型进行残差分析，在此基础上，才可以得到最佳的拟合优度。

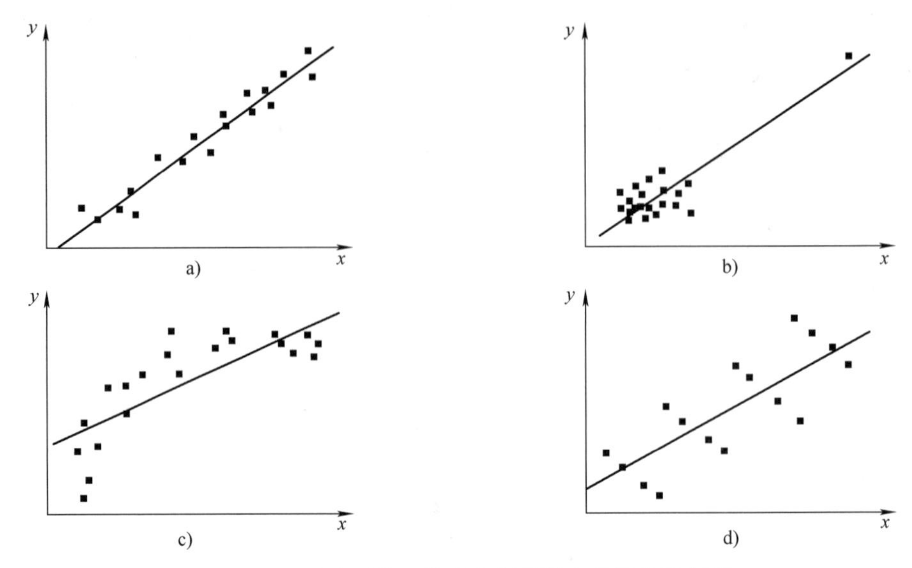

图 7-104　决定系数不能完全判断拟合效果的示意图

7.6.3　残差图形分析

Origin 提供了多种残差拟合分析图形，其中包括残差自变量图形（Residual vs. Independent）、残差数据顺序图形（Residual vs. Order of the Data）和残差估计值图形（Residual vs. Predicted Value）、残差直方图形（Histogram of the Residual Plot）等。用户可以根据需要，在“NLFit”对话框“Residual Plots”选项组中设置残差分析的输出图形，如图 7-105 所示。不同残差分析图形可以给用户提供模型假设是否正确，提供如何改善模型等有用信息。例如残差散点图显示无序，则表明优合度较好。用户可以根据需要选择相关的残差分析图形，分析拟合模型。

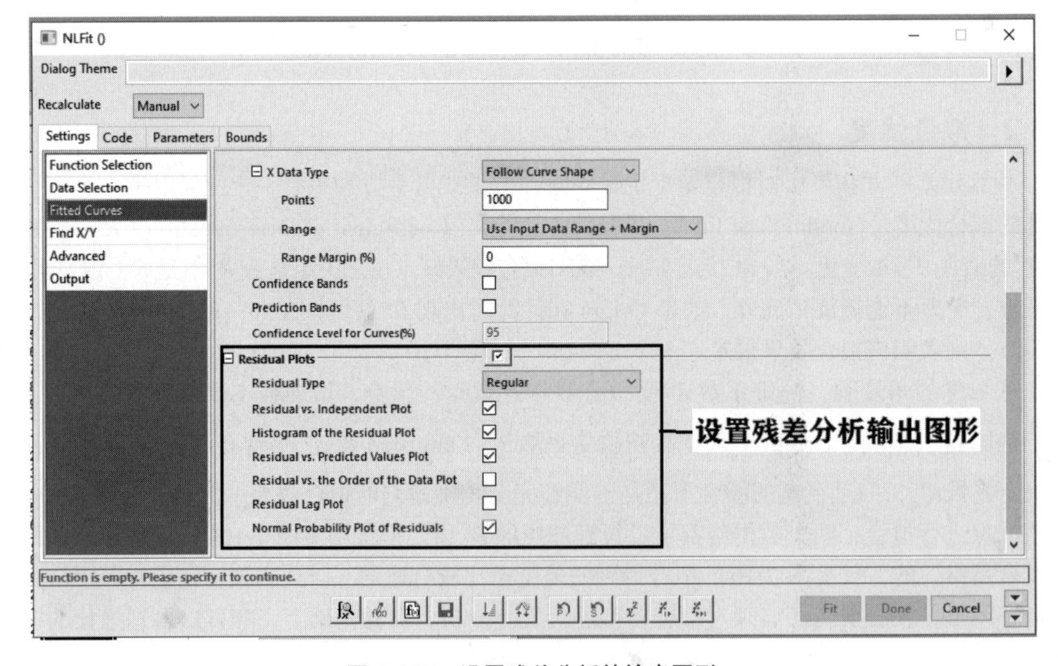

图 7-105　设置残差分析的输出图形

残差散点图可以提供很多有用的信息。例如，残差散点图显示残差值随自变量变化具有增加或降低的趋势，则表明随自变量拟合模型的误差增大或减小，如图 7-106a、b 所示；误差增大或减小都表明该模型不稳定，可以还有其他的因素影响模型。图 7-106c 所示的情况为残差不随自变量的变化而变化，这表明模型是稳定的。

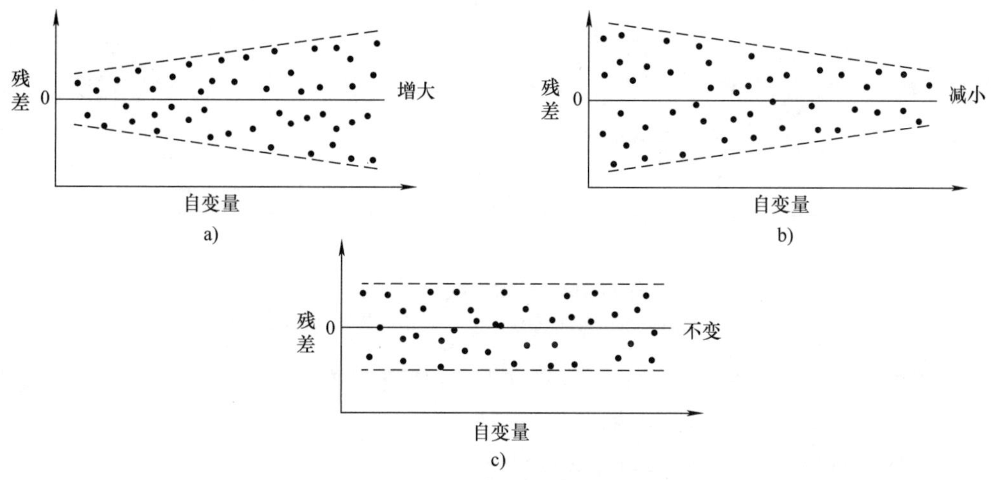

图 7-106 残差散点图随自变量变化趋势

残差数据时序图形可以用于检验与时间有关的变量在试验过程中是否漂移。当残差在 0 周围随机分布时，则表明该变量在试验过程中没有漂移，如图 7-107a 所示；反之，则表明该变量在试验过程中有漂移，如图 7-107b 所示。

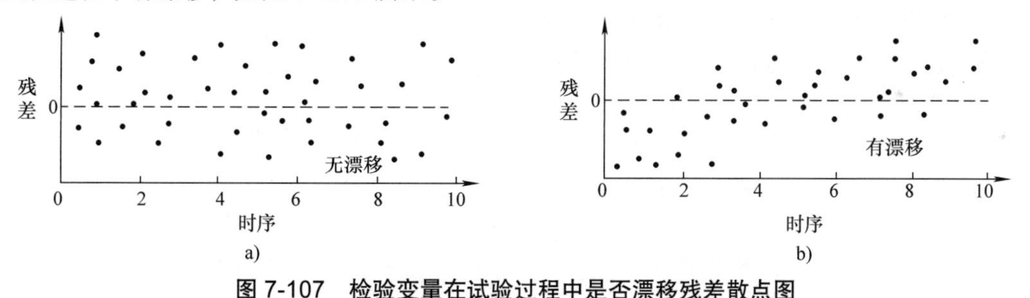

图 7-107 检验变量在试验过程中是否漂移残差散点图

残差散点图还可以提供改善模型的信息。例如，拟合得到的具有一定曲率的残差 - 自变量散点图，如图 7-108 所示。该残差散点图表明，如果采用更高次数的模型进行拟合，可能会获得更好的拟合效果。当然，这里只是说明了一般情况，在分析过程中，还要根据具体情况和专业知识展开分析。

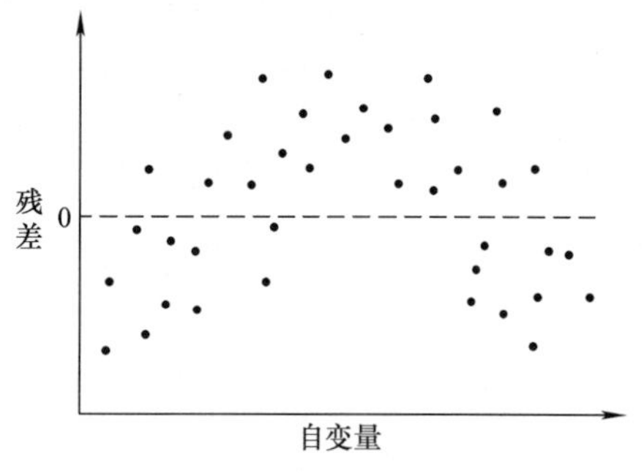

图 7-108 具有一定曲率的残差 - 自变量散点图

例如，在第 7.5.2 节中，采用了一阶指数衰减拟合函数对“Exponential Decay.dat”数据文件中的 B（Y）进行了拟合，双击拟合报表中的“Fitted Curve Plot”可显示出拟合曲线图如图 7-109a 所示。从该图中看，拟合效果还是比较好的。但是拟合报表中的拟合散点图（见图 7-109b）则带有明显的一定趋势，这表明采用一阶指数衰减函数进行拟合可能有某一个因素在拟合的过程中没有加以考虑。

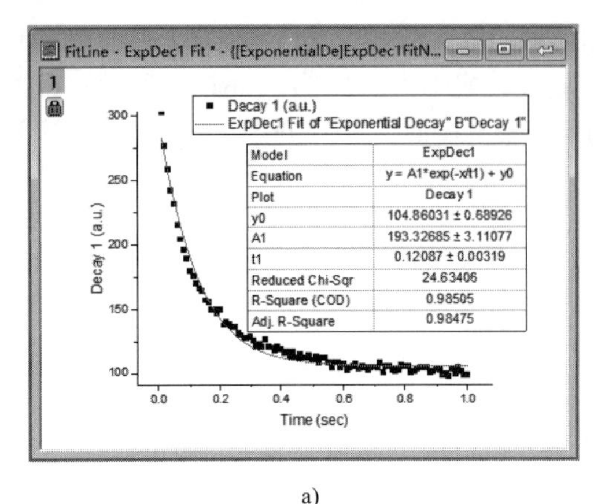

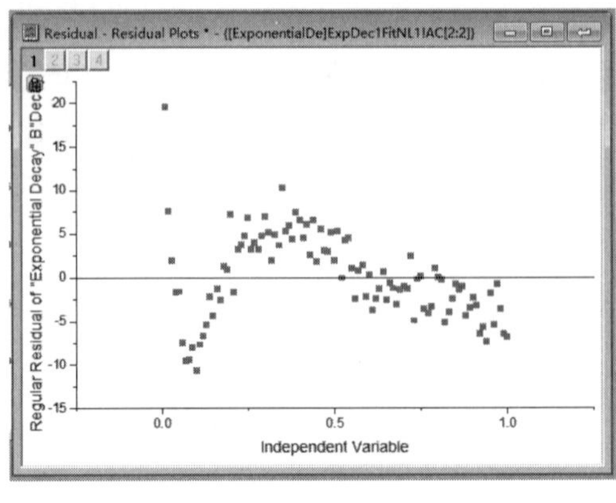

a) b)

图 7-109 一阶指数衰减拟合

a）一阶指数衰减拟合曲线图 b）一阶指数衰减拟合散点图

为了说明这一问题，采用二阶指数衰减函数对其再次进行拟合，其残差散点图如图 7-110 所示。从图 7-110 可以看出，二阶指数衰减拟合的残差散点图显示无序，这表明二阶指数衰减拟合较一阶指数衰减拟合具有较好的拟合优度。

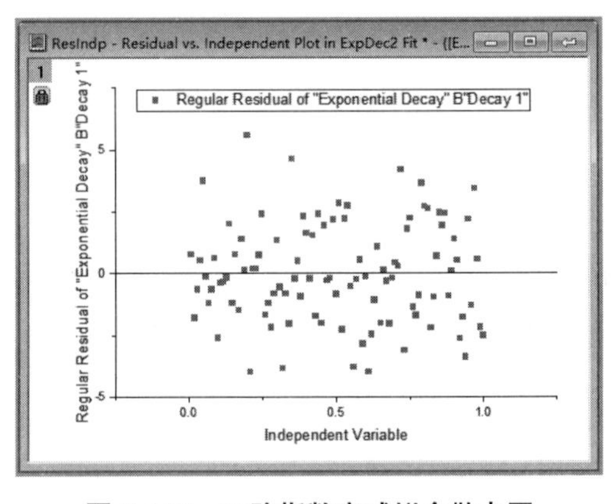

图 7-110 二阶指数衰减拟合散点图

7.6.4 置信带与预测带

置信带也称为置信区间，是拟合模型用于计算在给定置信水平（Origin 默认为 95%）的情况下，拟合模型计算值与真值差别落在置信区间之内。预测带与置信带类似，但其表达式不同，预测带一般较置信带宽。拟合模型的置信带与预测带如图 7-111 所示。

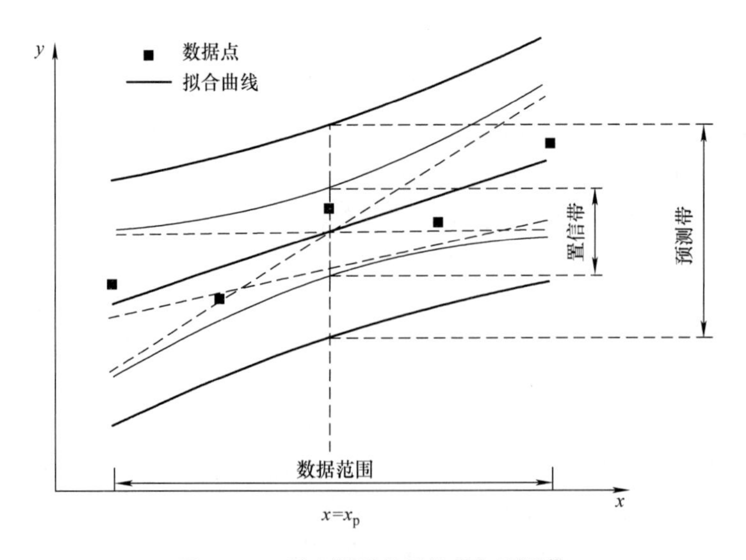

图 7-111 拟合模型的置信带与预测带

7.6.5　其他拟合后分析

在实际工作中，有时需要从拟合曲线上求取数据，这时可以打开“NLFit”对话框，通过“Settings”选项卡中的“Find X/Y”栏设置完成。例如，第 7.5.1 节对“Lorentzian.dat”数据文件中 B（Y）列数据进行了非线性曲线拟合，若想在拟合函数中读取数据，则可以打开“NLFit”对话框，在“Find X/Y”栏中设置，如图 7-112a 所示。拟合完成后，会生成一个“FitNLFindYFromX1”工作表，如图 7-112b 所示。在该工作表中输入 X 数据，则会在 Y 列输出该拟合函数的 Y 值。

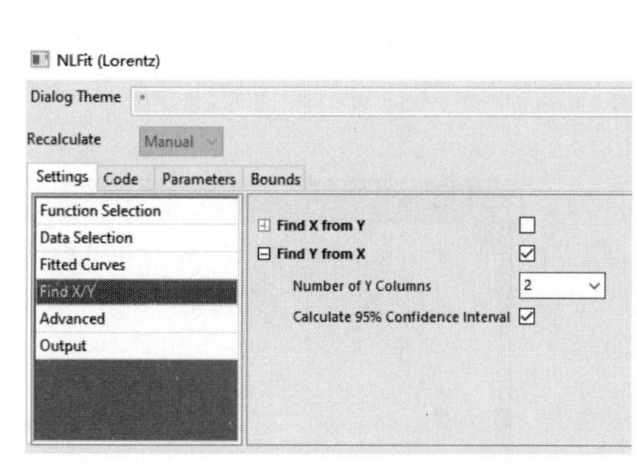

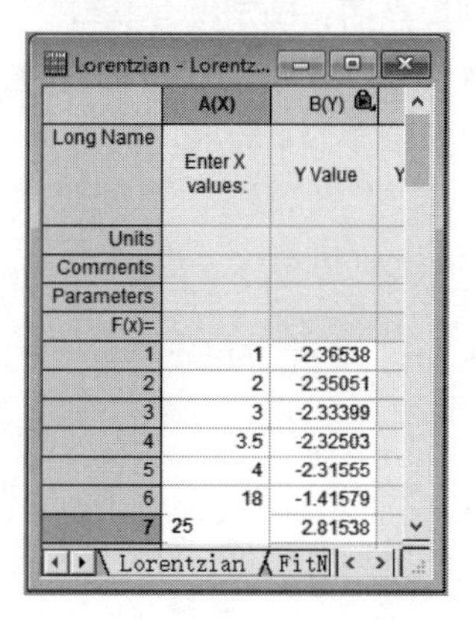

a)　　　　　　b)

图 7-112　在拟合函数中读取数据

a）设置“Find X/Y”栏　b）“FitNLFindYFromX1”工作表

7.7　曲线拟合综合举例

7.7.1　自定义函数拟合

某机电装备测试数据见表 7-2，要求根据式（7-6）进行分析拟合。

$$y = a\exp\left(-\frac{x^{p_1}}{p_2}\right) \tag{7-6}$$

表 7-2　某机电装备测试数据

试验编号	X	Y	试验编号	X	Y
1	0.03852	9.83672	8	1.89468	4.15926
2	0.25821	9.64253	9	2.56891	2.13694
3	0.51354	9.35206	10	3.42168	0.89673
4	0.71256	8.93209	11	5.11382	0.11294
5	0.85671	7.84263	12	7.32681	−0.05697
6	1.32625	6.98351	13	8.52493	0.11293
7	1.42613	5.89753	14	9.54762	0

思路分析：该问题是依据给定的拟合函数形式和现有的测试数据进行曲线拟合。首先需要绘制给定数据的散点图以粗略判断拟合类型如非线性拟合等。接着确定 Origin 中是否内置有给

定形式的拟合函数，若有则利用内置函数拟合，若没有则需要根据式（7-6）进行用户自定义拟合函数，确定拟合参数。最后完成拟合并生成拟合分析报表。

1. 输入测试数据，初步判断拟合类型

在 Origin 内建立数据文件，试验数据如图 7-113 所示，从图 7-113 可以看出，该机电装备输出值随着输入值的增大而降低，可能呈现非线性关系，因此进行非线性拟合比较恰当，只不过还需要散点图证明。

2. 绘制散点图，确定拟合类型

选取 A（X）、B（Y）两列试验数据，选择菜单命令“Plot”→“Basic 2D”→“Scatter”，绘制散点图如图 7-114 所示。从图 7-114 可以看出，输入值和输出值之间呈现非线性关系，进行非线性拟合。

Book1

	A(X)	B(Y)
Long Name	输入值	输出值
Units		
Comments		
F(x)=		
1	0.03852	9.83672
2	0.25821	9.64253
3	0.51354	9.35206
4	0.71256	8.93209
5	0.85671	7.84263
6	1.32625	6.98351
7	1.42613	5.89753
8	1.89468	4.15926
9	2.56891	2.13694
10	3.42168	0.89673
11	5.11382	0.11294
12	7.32681	-0.05697
13	8.52493	0.11293
14	9.54762	0

Sheet1

图 7-113　试验数据

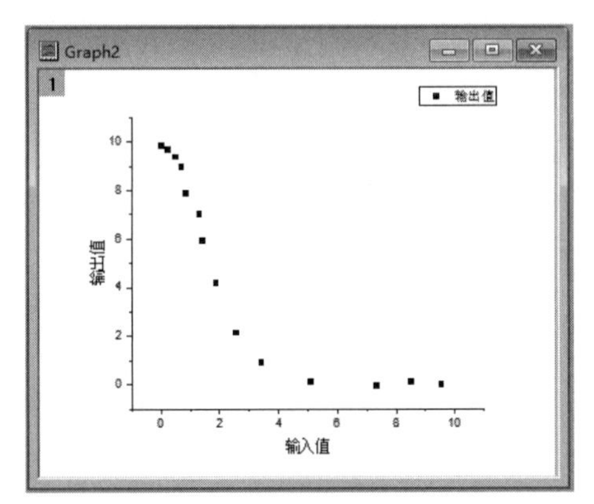

图 7-114　试验数据散点图

3. 设置用户自定义函数

选择菜单命令“Tools”→“Fitting Function Organizer”，打开拟合函数管理器对话框，查找 Origin 内置函数中是否有符合要求的给定函数模型，没有找到该函数，因此考虑采用用户自定义拟合函数。根据式（7-6）新建用户自定义函数“y=a*exp（-x^p1/p2）”，并命名“UserFunctionTest”，如图 7-115 所示。调试通过后保存。

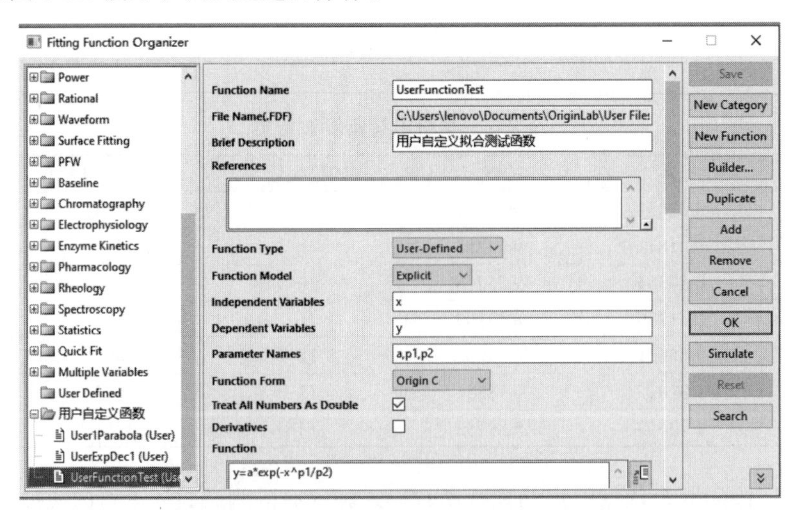

图 7-115　拟合函数管理器对话框自定义函数

4. 通过模拟初步确定模型参数

1）选择菜单命令“Analysis”→“Fitting”→“Nonlinear Curve Fit…”，打开“NLFit”对话框。在“Settings”选项卡中，选择用户自定义函数“UserFunctionTest（User）”，如图7-116a所示；单击“Parameters”选项卡，设置“a”“p1”和“p2”参数分别为“5”，并选中“Fixed”，单击“Fix”按钮完成拟合，如图7-116b所示。

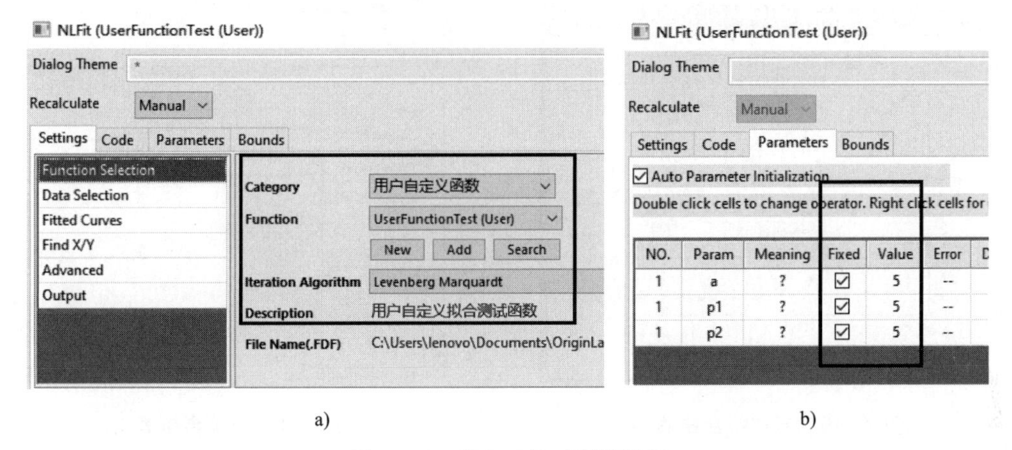

a) b)

图7-116 “NLFit”对话框设置

a）“NLFit”对话框选择自定义函数 b）“NLFit”对话框设置拟合参数

2）重复上述内容，模拟出“a=10、p1=2、p2=5”的曲线和“a=10、p1=2、p2=2”的曲线。三组参数下模拟出的曲线如图7-117所示。

5. 模型拟合

从图7-117可以看出，在三组拟合参数下模拟出的曲线中，只有第二组参数比较接近原始数据，因此将第二组数据（即a=10、p1=2、p2=5）设定为Origin非线性拟合的拟合参数，其中“a=10”设置为常数，如图7-118所示。单击拟合按钮进行曲线拟合，得到拟合曲线，如图7-119所示。拟合报表如图7-120所示。

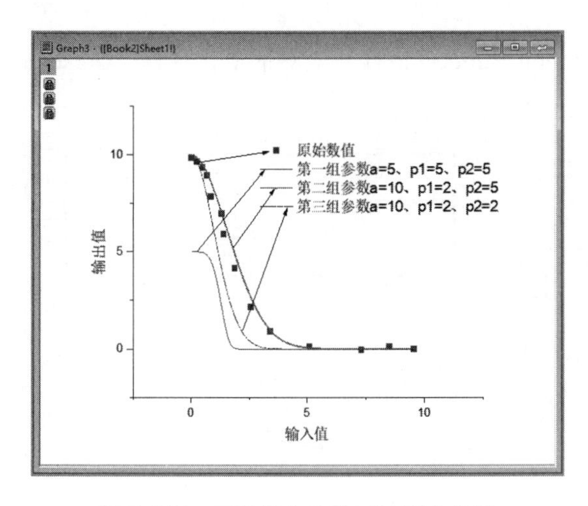

图7-117 三组拟合参数下的拟合曲线

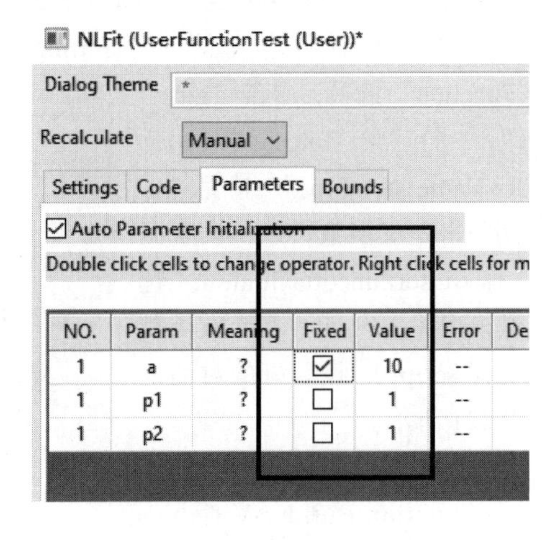

图7-118 拟合参数设置

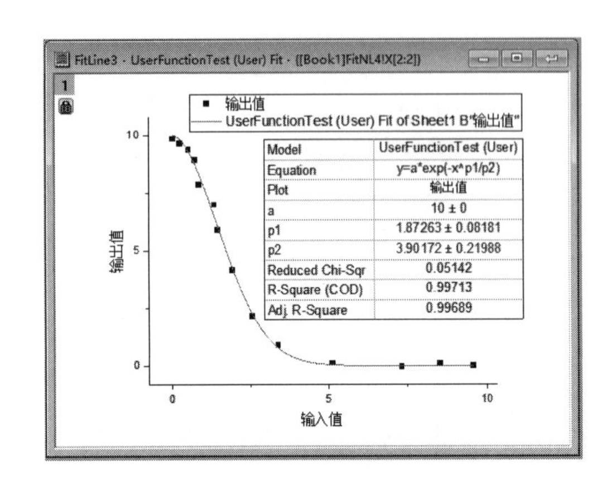

图 7-119　最终拟合曲线

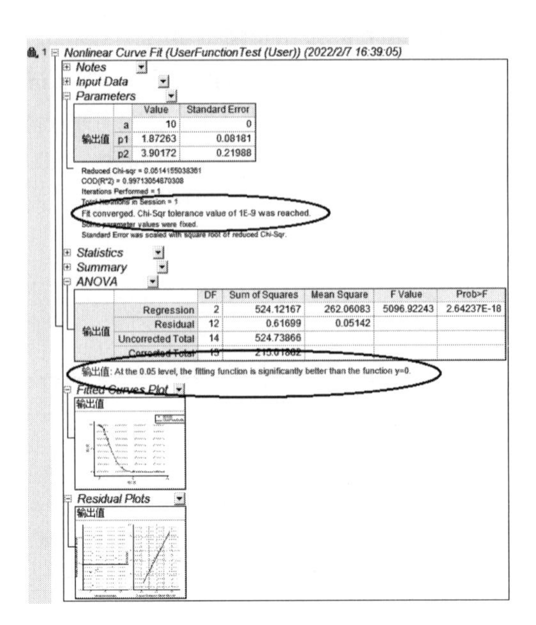

图 7-120　拟合报表

7.7.2　拟合函数创建向导

拟合函数创建向导“Fitting Function Builder”能够方便地采用多种方法建立用户自定义拟合函数，以及用工作表数据对拟合函数进行检测和函数初始化。本节将采用拟合函数创建向导，创建一个用户自定义函数并对其参数初始化，最终进行拟合。以“…\Samples\Curve Fitting\ConcentrationCurve.dat”数据文件为例，以式（7-7）为用户自定义函数。

$$y=a_0+a_1x+a_2x^2+a_3x^3+a_4x^4+a_5x^5 \tag{7-7}$$

其中，a_0、a_1、a_2、a_3、a_4、a_5为拟合参数。

1. 用拟合函数创建用户自定义拟合函数

1）选择菜单命令“Tools”→“Fitting Function Builder”，打开该对话框。选择“Create a New Function”选项，单击“Next”按钮，打开“Fitting Function Builder-Name and Type”对话框。选择用户自定义函数目录，设置函数名称（UserFunctionGuide），选择函数模型（Explicit）和函数类型（LabTalk Script），设置好的对话框如图 7-121 所示。

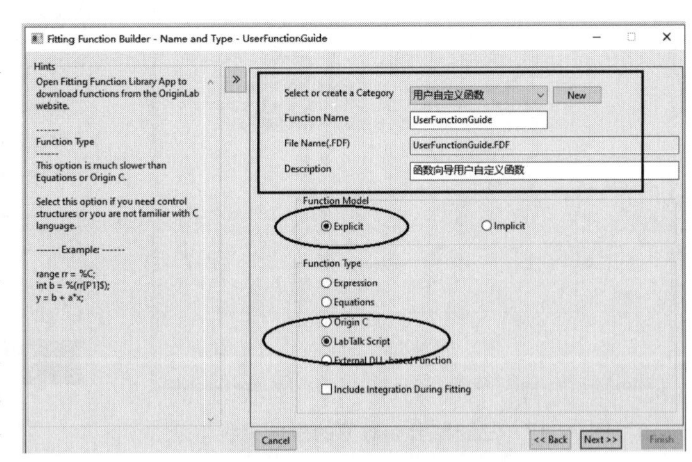

图 7-121　设置函数名称和类型

2）单击“Next”按钮，进入“Fitting Function Builder-Variables and Parameters”对话框，设置拟合变量和拟合参数，如图 7-122 所示。

3）单击“Next”按钮，进入“Fitting Function Builder-LabTalk Script Function”对话框，设置拟合函数和拟合参数，在“Constants”选项卡中设置“a0”为“1”，在“Parameters”选项卡中设置拟合参数初始值，设置好的对话框如图 7-123 所示。

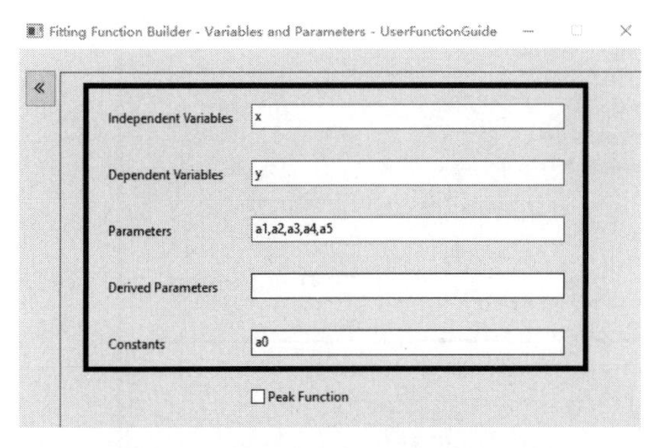

图 7-122　设置拟合变量和拟合参数

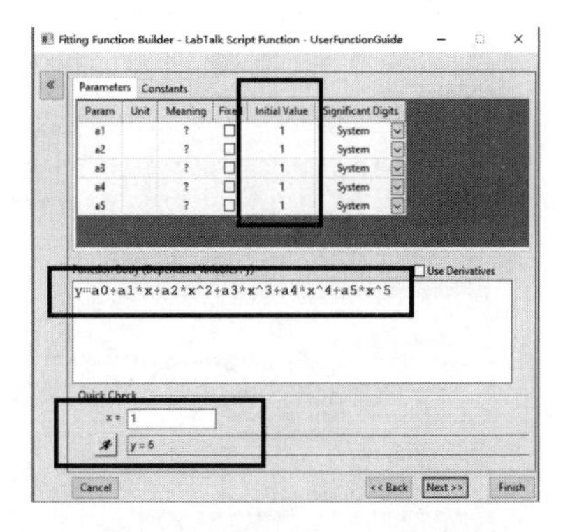

图 7-123　设置函数和拟合参数初始值

4）单击“evaluate”按钮，对设置好的拟合函数进行评估，检测该函数是否正确有效（如果正确有效，则给出评估的 y 值），如图 7-123 所示。

5）连续四次单击“Next”按钮和“Finish”按钮，完成拟合函数创建。

若想修改已创建的拟合函数，则需打开“Fitting Function Organizer”对话框，找到已创建的拟合函数进行编辑和修改，编辑和修改完成后，单击“Save”按钮和“OK”按钮即可，如图 7-124 所示。

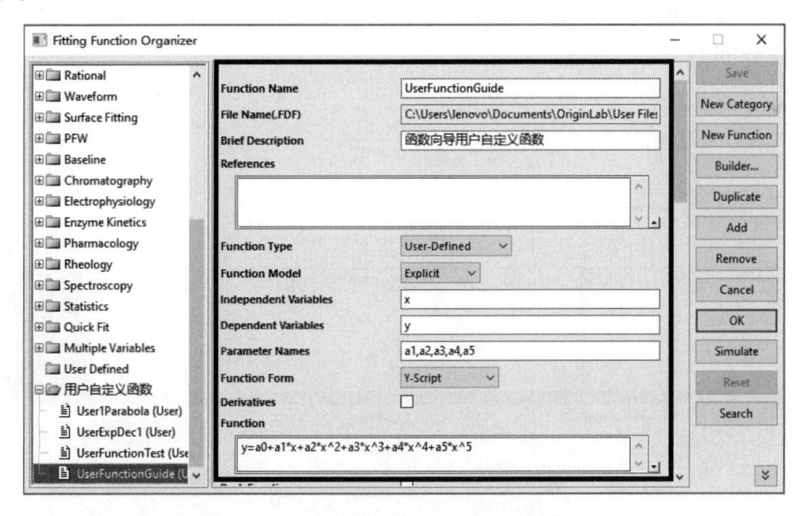

图 7-124　编辑和修改用户自定义拟合函数

2. 用户自定义拟合函数拟合

1）导入“ConcentrationCurve.dat”数据文件，选中 B（Y）列，绘制散点图。

2）将所绘制的散点图设置为当前窗口，选择菜单命令“Analysis”→“Fitting”→“Nonlinear Curve Fit”，打开“NLFit”对话框，选择“用户自定义函数”目录，在“Function”下拉列表框中选择“User Function Guide”自定义拟合函数。单击拟合按钮，拟合数据。此时在“NLFit”对话框下方的“Message”选项卡中出现拟合未收敛的错误信息，如图 7-125 所示。

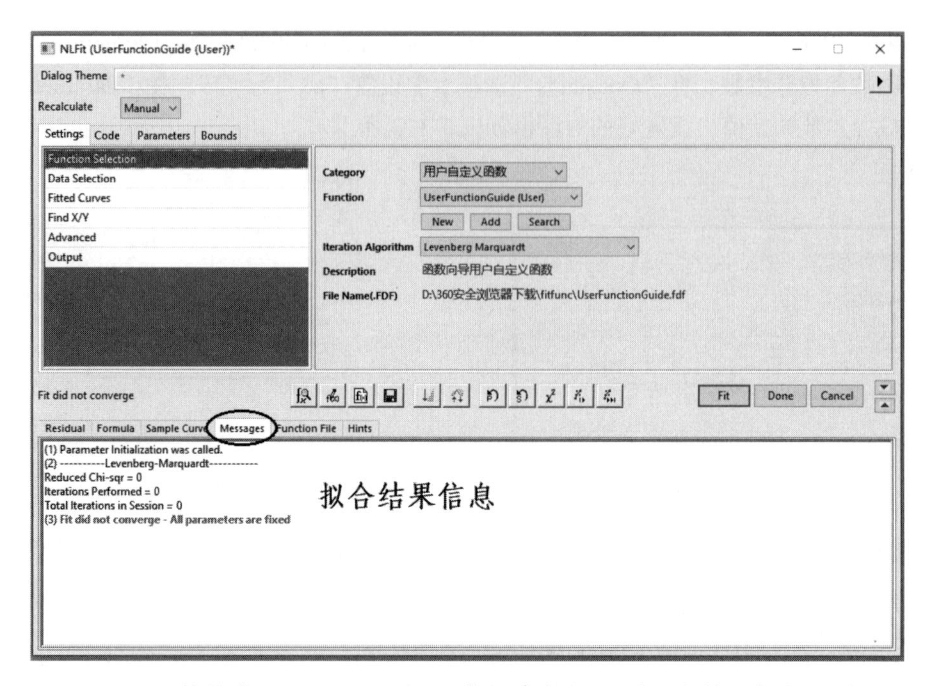

图 7-125　使用“User Function Guide”用户自定义拟合函数的拟合结果信息

3）单击初始化参数按钮，在“NLFit”对话框上面板中的“Parameters”选项卡中设置“a0=a1=a2=a3=a4=1、a5=10”为初始值，如图 7-126 所示。单击“Fit”按钮，再次拟合得到拟合曲线和分析报表（注意：该例说明参数重复定义会造成拟合结果不收敛，可以通过重新设置参数为定值解决此问题）。

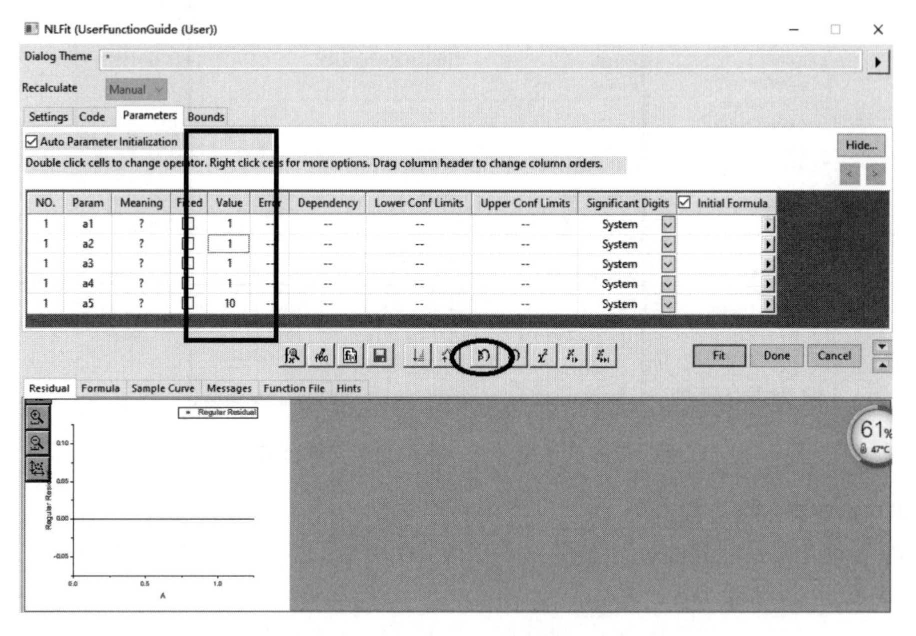

图 7-126　“NLFit”对话框拟合

拟合曲线与分析报表如图 7-127 所示。

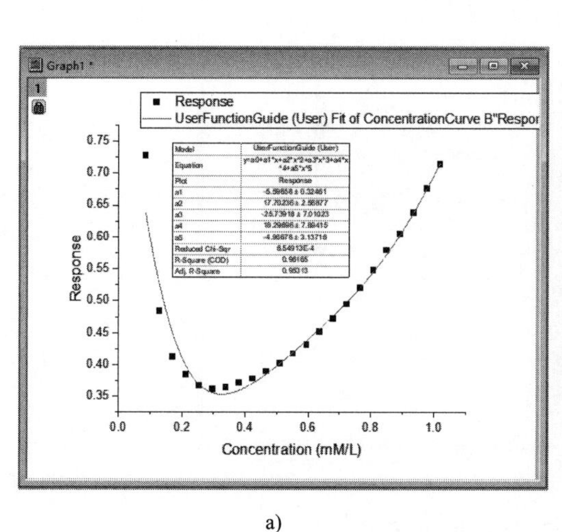

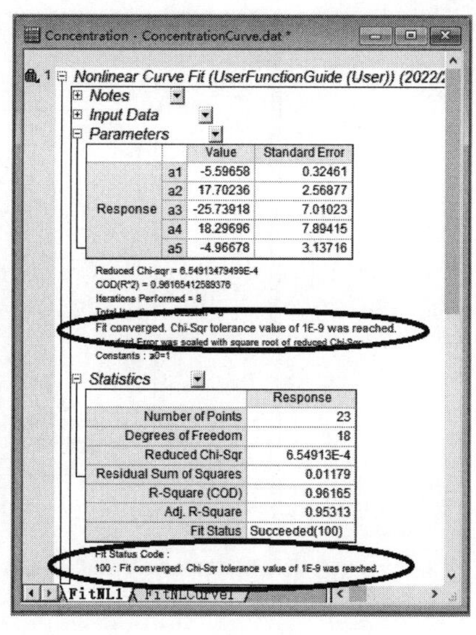

a) b)

图 7-127 拟合曲线与分析报表

a）拟合曲线 b）分析报表

7.7.3 快速拟合工具

Origin 的快速拟合工具（Quick Fit Gadget）可对图形中一条曲线或多条曲线的感兴趣区间（Region Of Interest，ROI）快速拟合。本小节示例说明。

1）导入 Origin 所提供的数据文件“…\Samples\Curve Fitting\Step01.dat”到工作表。选中工作表中 A（X）~F（Y）列，绘制散点图如图 7-128a 所示。

2）在绘制散点图为当前窗口时，选择菜单命“Gadgets”→“Quick Fit”→“Linear（System）”。在散点图上添加一个曲线拟合范围区间，如图 7-128b 所示。单击拟合范围区间矩形右上角的三角形按钮，在弹出的菜单中选择菜单命令“Expand to Full Plot（s）Range”，可以将拟合范围扩大至整个图形，如图 7-128c 所示。

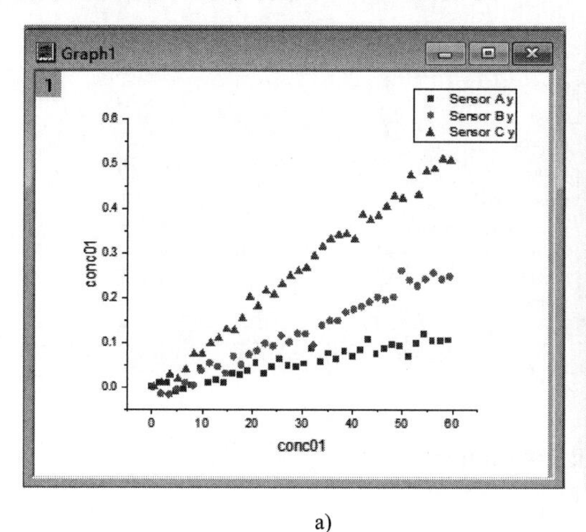

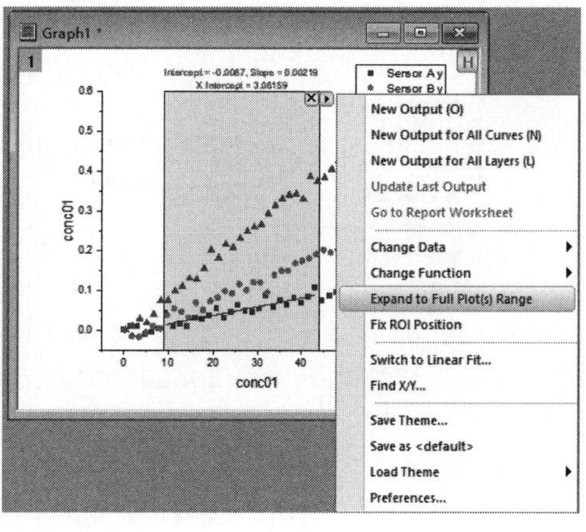

a) b)

图 7-128 拟合范围（ROI）设置

a）多条曲线散点图 b）添加拟合范围（ROI）

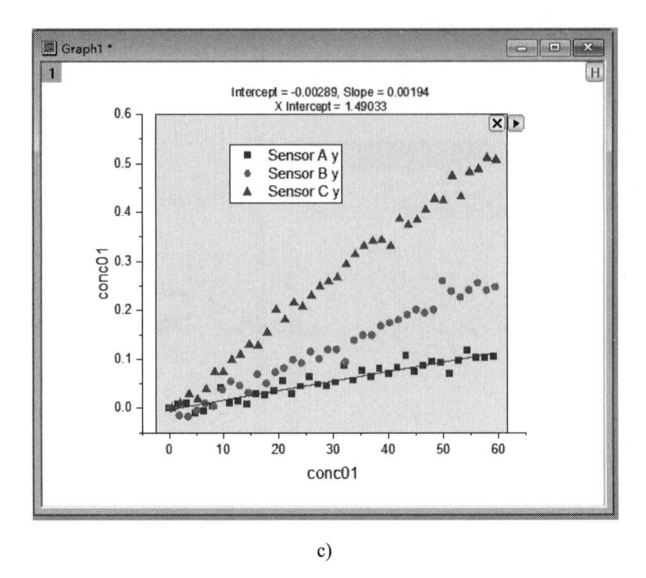

c)

图 7-128 拟合范围（ROI）设置（续）

c）将拟合范围（ROI）扩大至整个图形

3）单击图 7-128c 中矩形右上角的三角形按钮，在弹出的快捷菜单命令中选择“Performance”，打开“Quick Fit Preferences”对话框，如图 7-129a 所示。选择“Label Box”选项卡，接着在“Equation”下拉列表框中选择“Equation with Values”。在“Quick Fit Preferences”对话框中再选择“Report”选项卡，接着在“Output To”下拉列表框中选择“Worksheet”，如图 7-129b 所示。单击“OK”按钮，关闭窗口。

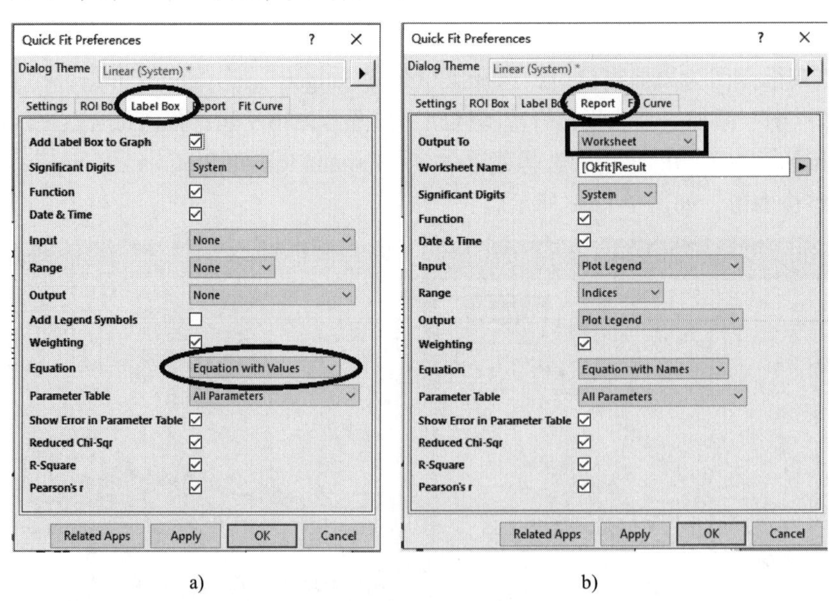

a) b)

图 7-129 “Quick Fit Preference”对话框

a）“Label Box”选项卡设置 b）“Report”选项卡设置

4）单击图 7-128c 中矩形右上角的三角形，选择“New Input”菜单命令，将工作表中“Sensor A”数据的拟合结果输出到工作表和图形上，输出后的图形如图 7-130 所示。

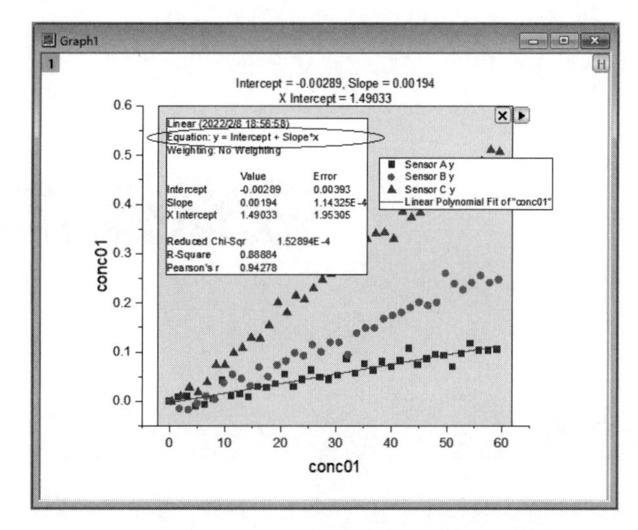

图 7-130　“Sensor A”数据拟合结果输出到图形上

5）再次打开“Quick Fit Preference”窗口，或者双击矩形区域也可打开该窗口。在“Label Box”选项卡中，取消勾选“Add Label Box to Graph”选项，单击“OK”按钮，关闭窗口。

6）单击图 7-128c 中矩形右上角的三角形按钮，在弹出的菜单中选择菜单命令“Change Data : Plot（2）Sensor B”，对“Sensor B”数据进行拟合；再次单击图中右上角的三角形按钮，在弹出的菜单命令中选择“New Input”菜单命令，将工作表中“Sensor B”数据的拟合结果输出到工作表和图形上。

7）采用同样的方法，对“Sensor C”数据进行拟合，并将拟合结果输出到工作表和图形上。

8）再次单击图 7-128c 中矩形右上角的三角形按钮，在弹出的菜单中选择菜单命令“Go to Report Worksheet”，可得到三条曲线的数据拟合结果工作表，如图 7-131 所示。

Qkfit

	A	B	C	D	E	F	G(Y)	H(yEr±)	I(Y)	J(yEr±)	K(Y)
Long Name	Function	Input	Range	Output	Equation	Weighting	Intercept	Intercept-Error	Slope	Slope-Error	X Intercept
F(x)=											
1	Linear	Sensor A y	[1*:38*]	Linear Polynomial Fit of "conc01"	y = Intercept + Slope*x	No Weighting	-0.00289	0.00393	0.00194	1.14325E-4	1.49033
2	Linear	Sensor B y	[1*:38*]	Linear Polynomial Fit of "conc02"	y = Intercept + Slope*x	No Weighting	-0.02068	0.00442	0.00478	1.27723E-4	4.3256
3	Linear	Sensor C y	[1*:38*]	Linear Polynomial Fit of "conc03"	y = Intercept + Slope*x	No Weighting	-0.00389	0.00451	0.00882	1.29786E-4	0.44109
4											
5											

Result

图 7-131　三条曲线的数据拟合结果工作表

Origin 中还有一个“Sigmoidal”函数快速拟合工具，它与“Quick Fit Gadget”类似，读者可自行参考相关书籍学习。

第 8 章

数据操作和分析

8.1 数据操作工具

Origin 2022 中的数据操作工具是工具（Tools）工具栏，该工具栏默认放置在左侧，可用来选择、读取和显示数据，如图 8-1 所示。

图 8-1 工具（Tools）工具栏

该工具栏中的工具能够动态显示选择数据点，能够动态显示屏上坐标。

8.1.1 数据显示、选择和读取工具

1. 数据显示工具

当工具工具栏上的读屏（Screen Reader）按钮、数据读取（Data Reader）按钮、数据选择（Data Selector）按钮或数据绘图（Data Draw）按钮被选中时，数据显示工具立刻被自动打开，被读取的数据会在数据显示工具上显示，如图 8-2 所示。

图 8-2 屏幕上的光标位置在数据显示工具上显示

利用个性化定制数据显示工具，可以对数据显示中的字体、颜色及背景进行设置。具体的方法是，选中数据显示工具，右击弹出快捷菜单选择“Properties”菜单命令，在弹出的“Data Display Format”对话框中设置字体、大小、字体颜色、背影颜色等，如图 8-3 所示。

Data Display Format
Font 宋体
Minimum Font Size 20
Font Color Yellow
Background Color Black
Automatically fit to display
OK
Cancel

图 8-3 “Data Display Format”对话框中个性化设置数据显示工具

2. 数据选择工具

利用工具工具栏中的数据选择（Data Selector）按钮，可选择曲线图形上的数据段。将曲线图形置于当前窗口中，单击按钮，在图形数据上标记选择数据段，使用键盘左右方向键或者拖曳光标可将数据选择标记移动到下一个数据段。当完成数据选择后，按 <Enter> 键即可完成操作。

现在导入“…\Origin 2022\Samples\Curve Fitting\Composite Spectrum.dat”数据文件，选择 A（X）和 B（Y）两列，绘制数据 Line 曲线图，如图 8-4a 所示。将曲线图置于当前窗口，单击按钮，则在图中曲线两端出现选择标记，同时数据显示工具自动打开，用 <Space> 键改变标记大小，如图 8-4a 所示。用键盘左右方向键或者拖曳光标将标记移动到需要关注的数据段，如图 8-4b 所示，系统默认选择所有数据。如果想隐藏选择数据段以外的数据，当箭头移动到目标范围时，按 <Enter> 键，此时箭头改变形状，如图 8-4c 所示。接着选择菜单命令“Data”→“Set Display Range”，则隐藏选择数据段外的数据，如图 8-4d 所示。若想编辑选择的数据段，则可选择菜单命令“Data”→“Edit Range”编辑所选数据段。若想取消对数据段的选择，则可选择菜单命令“Data”→“Reset to Full Range”。

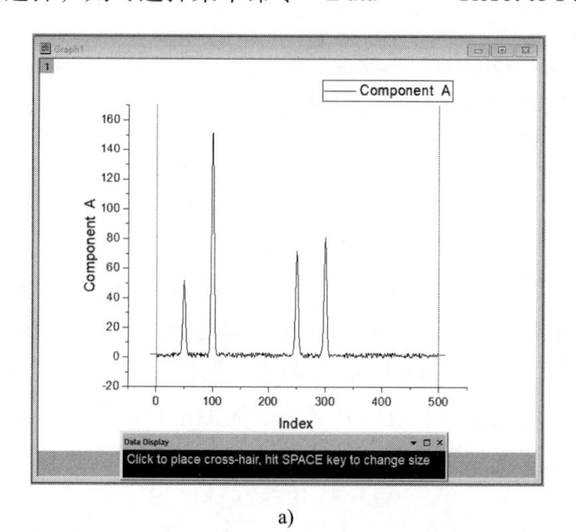

a)

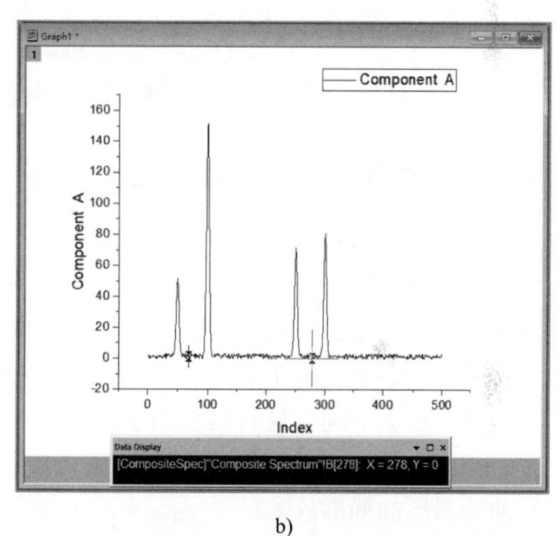

b)

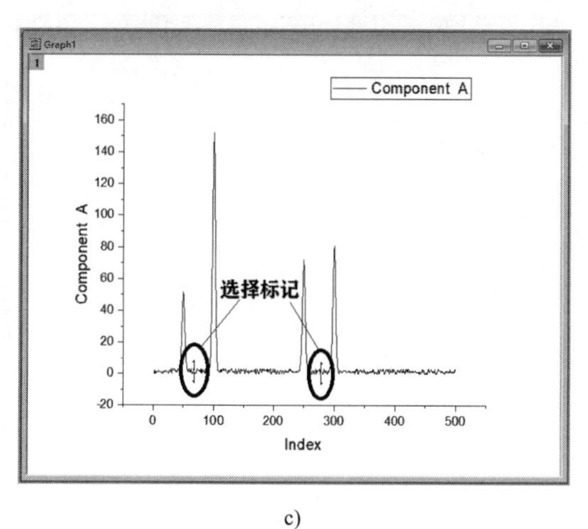

c)

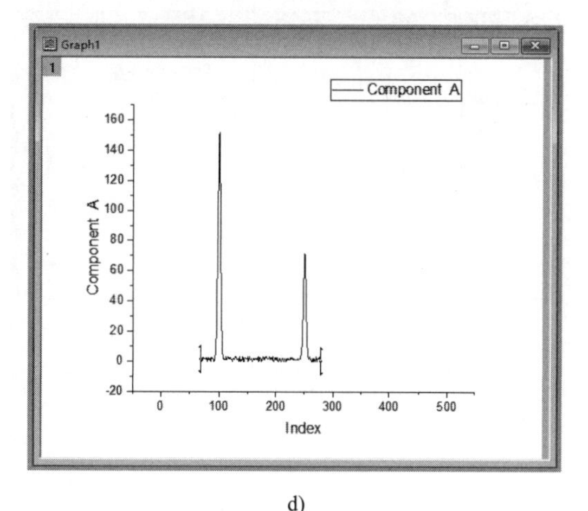

d)

图 8-4　利用数据选择（Data Selector）工具选择数据段

3. 数据读取工具

Origin 中的数据读取工具包括曲线数据点读取工具和屏幕坐标点读取工具。其主要区别是，前者用于读取曲线上的数据，后者用于读取光标当前所在屏幕位置的坐标值。用曲线数据点读取工具读取曲线上的数据后，数据显示工具中会自动显示读取数据，如图 8-5 所示。屏幕坐标点读取工具的使用方法与曲线数据点读取工具相同。

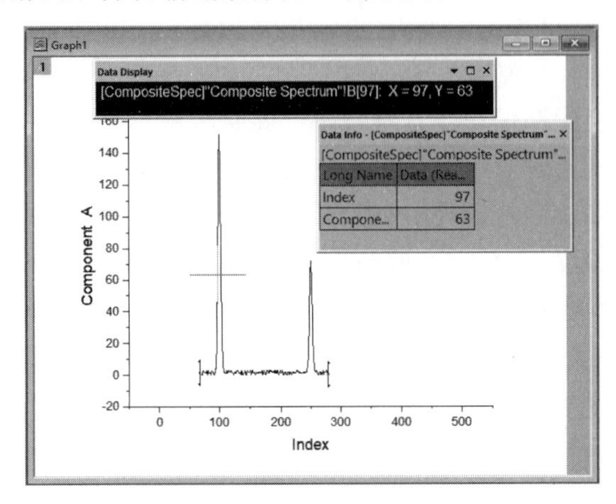

图 8-5 利用曲线数据点读取（Data Reader）工具读取数据

8.1.2 数据放大读取工具和屏蔽工具

1. 数据放大读取工具

Origin 中的数据放大读取工具与其他应用程序的放大读取工具的使用方法是相同的。将曲线图形置于当前窗口，选择工具工具栏中的数据放大读取工具，在曲线图形中出现一个矩形区域，拖曳光标可调整该矩形区域的大小和位置，如图 8-6a 所示，则该矩形区间被放大，坐标轴也随之放大。通过选择可以自动创建一个 Enlarged 图形窗口并显示放大后的曲线图形，如图 8-6b 所示。单击缩小恢复按钮，则曲线图形恢复到原始形状。除此之外，还可以在原图中进行曲线图形的局部放大。

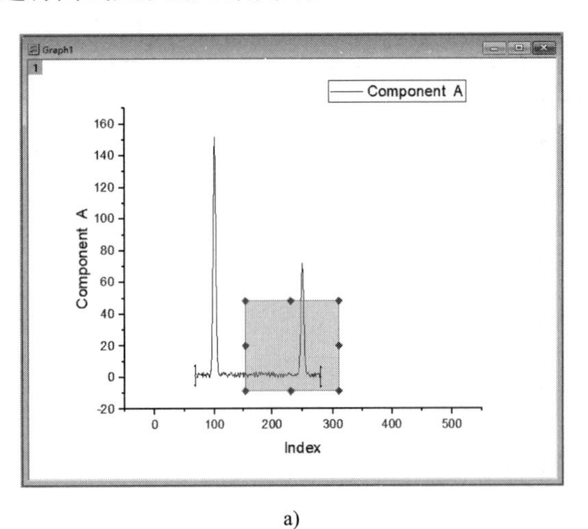

a)

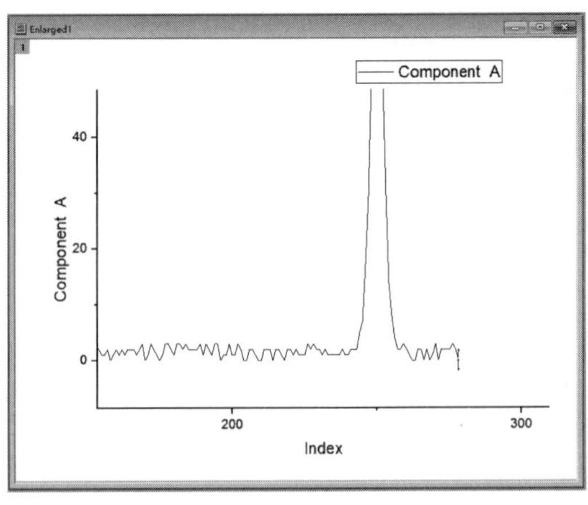

b)

图 8-6 利用数据放大工具创建放大图形

2. 数据屏蔽工具

分析数据时，有时为了突出所关心的数据而不希望与此关系不大的数据出现，这时就需要用到数据屏蔽工具。数据屏蔽工具可对数据工作表和曲线图形上的数据进行屏蔽。

当数据工作表为当前窗口时，通过单击在工作表中选择被屏蔽的某个数据或者一段数据，然后右击弹出快捷菜单，选择菜单命令“Mask”→“Apply”即可。这时被屏蔽的数据则变为红色，不再参与数据拟合或者数据分析。若取消对被屏蔽数据的屏蔽，则仍然用鼠标选择已被屏蔽的数据，右击，在弹出的快捷菜单命令中选择“Mask”→“Remove”即可。除此之外，还可在快捷菜单命令中选择“Mask”→“Change Color”命令，以改变被屏蔽数据的颜色。若选择“Mask”→“Disable Masking”命令可使屏蔽功能无效。

当曲线图形为当前窗口时，选择菜单命令“Data”→“Mask Data Range”，则在曲线图形两端自动显示数据选择标记，拖曳光标或者使用方向键移动数据选择标记至目标位置，按 <Enter> 键，此时数据曲线段被屏蔽并变为红色。若想改变被屏蔽的数据曲线段，则在曲线图形上右击鼠标，在弹出的快捷菜单中选择“Mask”子菜单下的菜单命令，即可完成屏蔽曲线的颜色修改、屏蔽取消、隐藏 / 显示等操作。

8.2　数据运算

Origin 2022 具有强大的数据运算和分析功能，可以进行简单数学运算、微积分、多条曲线取平均、插值等运算，既可以在数据工作表中进行数据运算，也可在曲线图形中进行数据运算。选择菜单命令“Analysis”→“Mathematics”，打开二级数学运算菜单。若当前窗口为数据工作表窗口，则数学运算二级菜单如图 8-7a 所示；若当前窗口为图形窗口，则数学运算二级菜单如图 8-7b 所示。

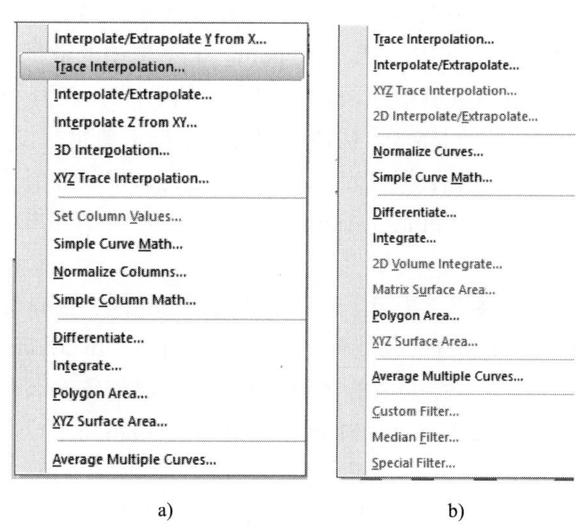

图 8-7　数学运算二级菜单

8.2.1　插值和外推

插值是指利用在某个区间中已知若干点的函数值拟合出适当的特定函数，在该区间的其他点上用所拟合出的特定函数估算出新的函数值。外推是指在当前数据曲线的数据点外，利用某种算法估算出新的数据点。

Origin 2022 可以实现多种插值，如一维插值、二维插值、三维插值、轨迹插值、微分、积分、二维卷积、多条曲线取平均等。一维插值是指给出（x，y）数据，插入 y 值；二维插值则是给出（x，y，z）数据，插入 z 值；三维插值则是给出（x，y，z，f）数据，插入 f 值。

1. 一维插值

一维插值用于 XY 曲线或者基于给定数据点的插值。图形窗口或数据工作表为当前窗口时，选择菜单命令“Analysis”→“Mathematics”→“Interpolate/Extrapolate”，弹出插值对话框“Interpolate/Extrapolate：interp1xy”，如图 8-8 所示。

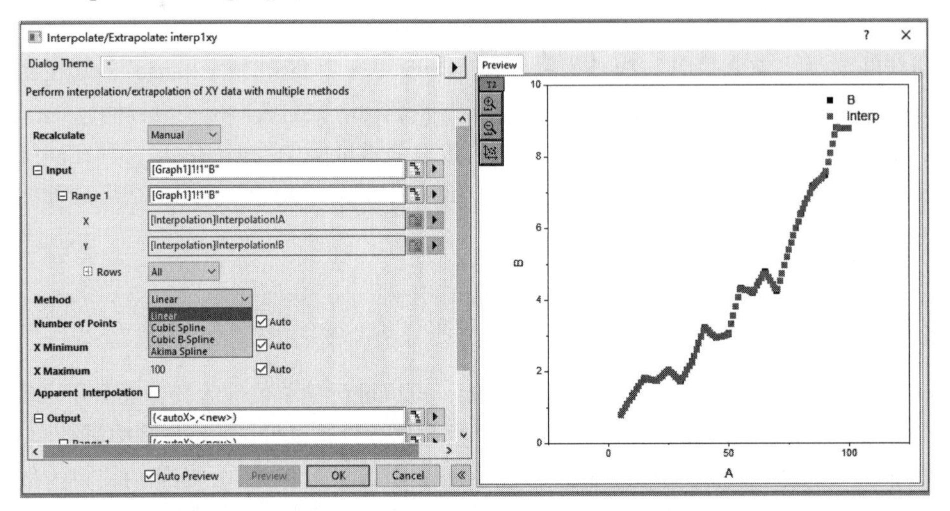

图 8-8 “Interpolate/Extrapolate：interp1xy”插值对话框

在默认的情况下，插值为线性插值（Linear），插值点数量为 100 个，默认选项为“Auto”，这时相关文本框是不可修改的。其中，“X Minimum”文本框中的数值指插值运算的最小的 X 值，“X Maximum”文本框中的数值指插值运算的最大的 X 值。取消勾选“Auto”复选框后，可以自行设置最小值和最大值。同样地，插值点数也可根据需要自行设置。Origin 中有 4 种插值方法，分别是“Linear（线性插值）”“Cubic Spline（三次方样条插值）”“Cubic B-Spline（三次方 B- 样条曲线插值）”“Akima Spline（Akima 样条插值）”。用户可在“Method”下拉列表框中选择。

对于从 X 到 Y 的插值，其操作方法与上述一维插值基本相同。选择菜单命令“Analysis”→“Mathematics”→“Interpolate/Extrapolate Y from X”，即可打开“Interpolate/Extrapolate Y from X：interp1”插值对话框。该插值与一维插值的区别是该方法从离散数据 X 估计 Y 值，并给出新的数据点。下面以“…\Origin 2022\Samples\Mathematics\Interpolation.dat”数据文件为例，介绍和说明一维插值。

1）导入“Interpolation.dat”数据文件，用数据工作表中的 A（X1）和 B（Y1）列绘制散点图，如图 8-9a 所示。

2）将数据工作表置为当前窗口，选择菜单命令“Analysis”→“Mathematics”→“Interpola te/Extrapolate”，弹出“Interpolate/Extrapolate：interp1xy”插值对话框，选择设置如图 8-8 所示，单击“OK”按钮，进行一维插值计算。插值数据存在数据工作表中，如图 8-9b 所示；插值曲线绘制在图形窗口中，如图 8-9c 所示。

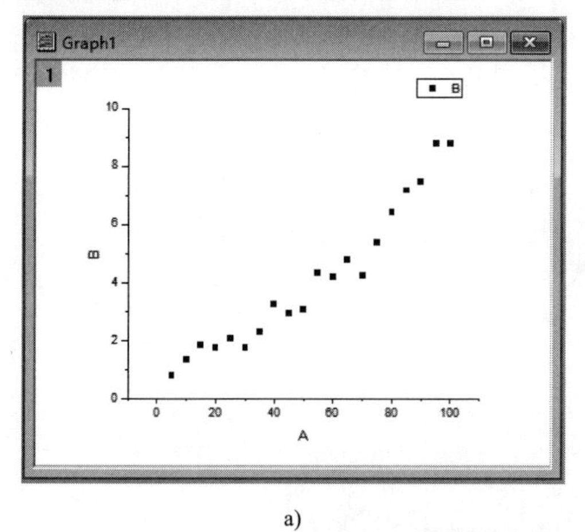

a)

b)

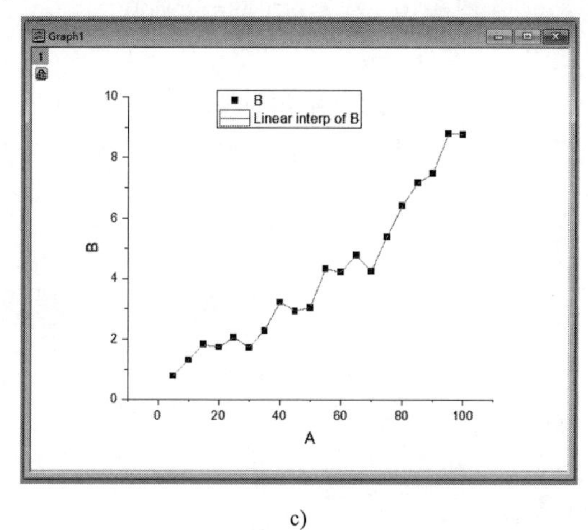

c)

图 8-9　数据散点图及一维插值

如果用户不想在某些特定点上插值，则这时需要考虑设定插值 X 的最小值和最大值。用户可以在“Interpolate/Extrapolate：interp1xy”插值对话框中指定被插值的数据点和插值曲线，然后会生成均匀间隔的插值曲线。

3）选择“Interpolation.dat”数据工作表中的 A（X1）和 C（Y1）列，绘制散点图，如图 8-10a 所示。

4）同样地，将数据工作表置为当前窗口，选择菜单命令“Analysis”→“Mathematics”→“Interpolate/Extrapolate Y From X”，打开“Interpolate/Extrapolate Y from X：interp1”插值对话框，选择设置如图 8-10b 所示。

5）单击“OK”按钮，进行从 X 到 Y 的一维插值。

从 X 到 Y 的一维插值数据如图 8-11 所示。在该一维插值中，插值范围可在数据工作表中选定。

2. 二维插值

仍以“…\Origin 2022\Samples\Mathematics\Interpolation.dat”数据文件为例，介绍和说明二维插值。

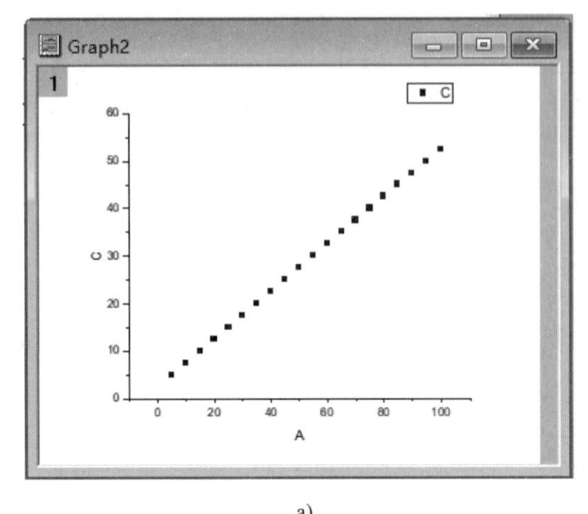

a)

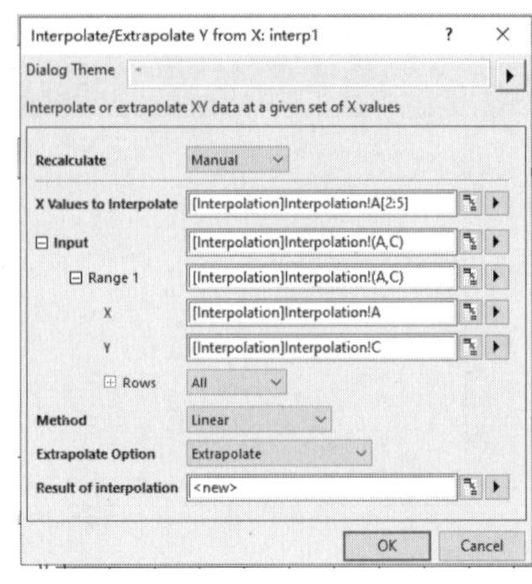

b)

图 8-10 从 X 到 Y 的一维插值

a）原始数据散点图 b）从 X 至 Y 的一维插值设置

1）导入“Interpolation.dat”数据文件，用鼠标选中 C（Y）列后右击，在弹出的快捷菜单中选择菜单命令“Set as”→“Z”，将 C（Y）列数据修改成 C（Z）列，将原始数据表改为三维数据。选择菜单命令“Plot”→“3D”→“3D Scatter”，绘制三维数据散点图，如图 8-12 所示。

Interpolation - Interpolation.dat *

从X到Y的一维插值

	A(X1)	B(Y1)	C(Y1)	D(Y#)	E(Y1)
Long Name				terpolate	Interpolate
Units					
Comments				Linear interp of B	Linear interp of C
F(x)=					
Sparklines					
1	5	0.79665	5	0.79665	7.5
2	10	1.32852	7.5	0.89873	10
3	15	1.82993	10	1.0008	12.5
4	20	1.74381	12.5	1.10288	15
5	25	2.06934	15	1.20495	

Interpolation

图 8-11 从 X 到 Y 的一维插值数据

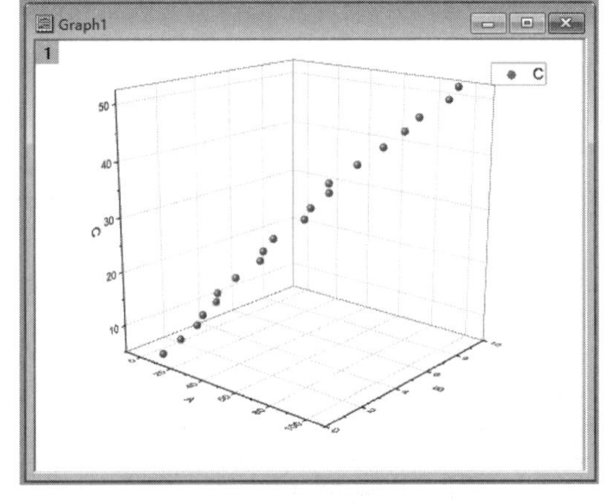

图 8-12 三维数据散点图

2）将数据工作表置为当前窗口，选择菜单命令“Analysis”→“Mathematics”→“Interpolate Z From XY”，打开“Interpolate Z From XY：interp2”二维插值对话框，选择设置如图 8-13a 所示。

3）单击“OK”按钮，进行从 XY 到 Z 的二维插值，生成的二维插值数据如图 8-13b 所示。

3. 数据外推

数据外推是指对已存在的最大或者最小的 X、Y 数据点前后添加数据。现有一组数据如图 8-14a 所示，以此数据为例，要求外推计算 X 为 0.3 和 5 时的 Y 值。

1）导入图 8-14a 所示的数据文件，选择 B（Y）列绘制其散点图，如图 8-14b 所示。

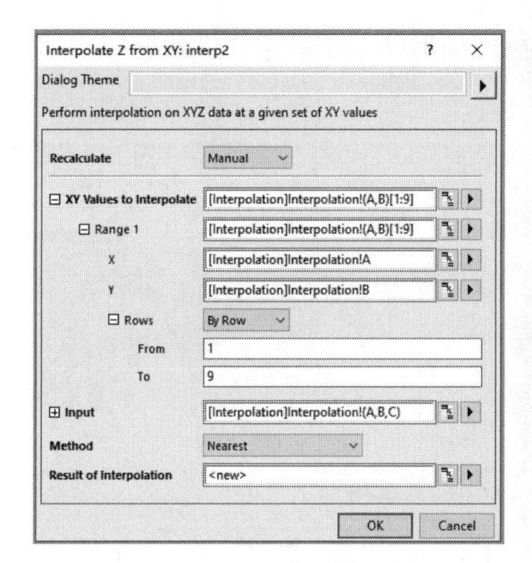

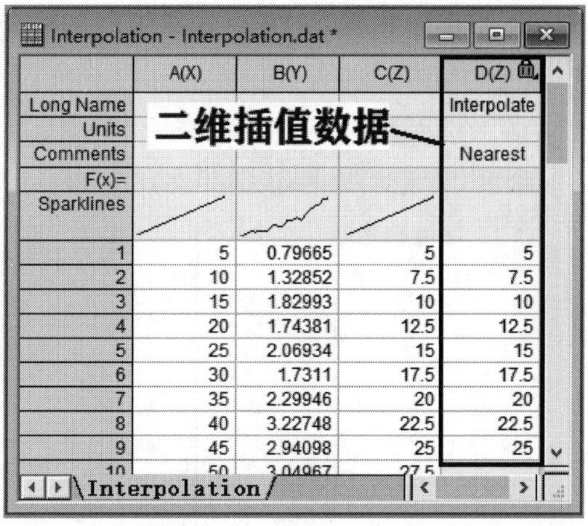

	A(X)	B(Y)	C(Z)	D(Z)
1	5	0.79665	5	5
2	10	1.32852	7.5	7.5
3	15	1.82993	10	10
4	20	1.74381	12.5	12.5
5	25	2.06934	15	15
6	30	1.7311	17.5	17.5
7	35	2.29946	20	20
8	40	3.22748	22.5	22.5
9	45	2.94098	25	25

a)　　　　b)

图 8-13　二维插值

a）二维插值设置　b）二维插值数据

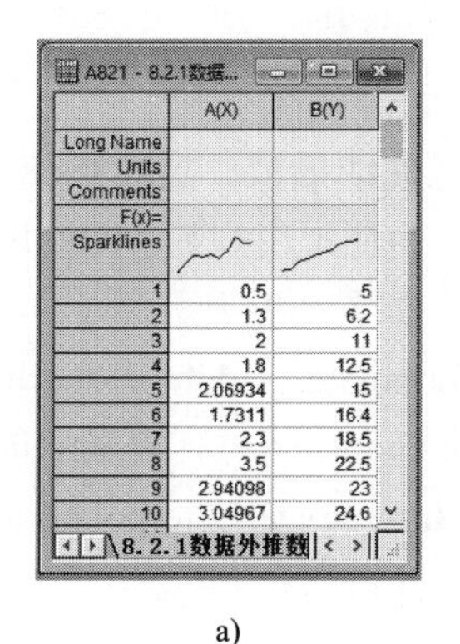

	A(X)	B(Y)
1	0.5	5
2	1.3	6.2
3	2	11
4	1.8	12.5
5	2.06934	15
6	1.7311	16.4
7	2.3	18.5
8	3.5	22.5
9	2.94098	23
10	3.04967	24.6

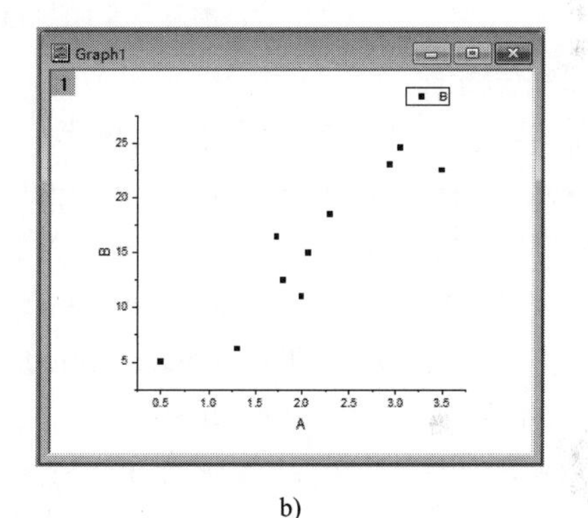

a)　　　　b)

图 8-14　数据外推使用的数据文件及其散点图

a）数据外推的数据文件　b）外推数据文件散点图

2）将图形窗口置为当前窗口，选择菜单命令“Analysis”→“Mathematics”→“Interpolate/Extrapolate”，打开“Interpolate/Extrapolate：interp1xy”插值对话框，取消勾选“X Minimum”文本框和“X Maximum”文本框后的“Auto”复选框，并分别输入“0.1”和“5”，如图 8-15 所示。

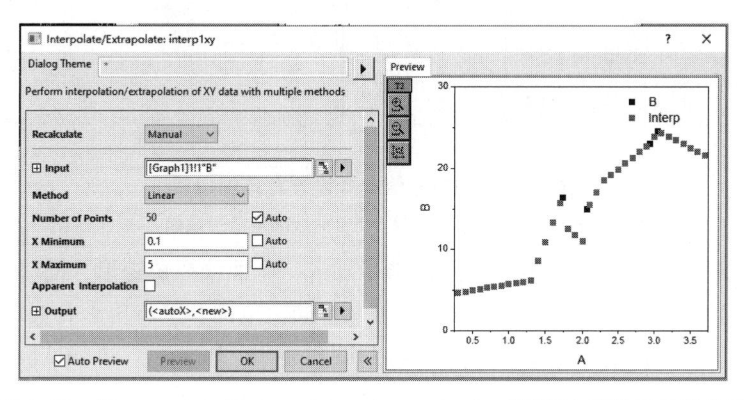

图 8-15　“Interpolate/Extrapolate：interp1xy”对话框中的数据外推设置

3）单击“OK”按钮，自动产生插值数据并绘制出插值曲线。数据外推插值后的数据文件和曲线图如图 8-16 所示。

a)

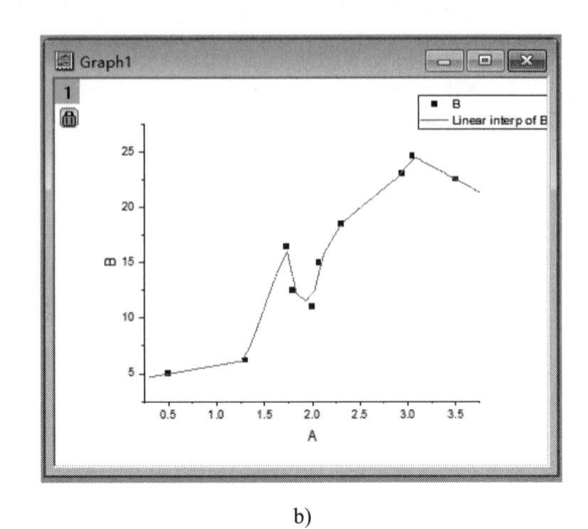

b)

图 8-16　数据外推插值后的数据文件及其曲线图

a）数据外推的插值数据文件　b）外推数据曲线图

4. 曲线插值

在实际工作中，有时可能只对图形中感兴趣的区间进行曲线插值，这时可使用“Gadget Interpolate”曲线插值工具。现以“Interpolation.dat”数据文件为例说明该工具的使用。

1）打开“Interpolation.dat”数据文件，绘制数据散点图，如图 8-9a 所示。

2）选择菜单命令“Gadget”→“Interpolate”，打开“Interpolate：addtool_curve_interp”对话框。选择“Interpolate/Exterpolate Options”选项卡，在“Method”下拉列表框中选择“Cubic Spline”插值方式；在“Fit Limits To”下拉列表框中选择“Interpolate/Exterpolate to Rectangle Edge”插值范围。选择设置如图 8-17a 所示。

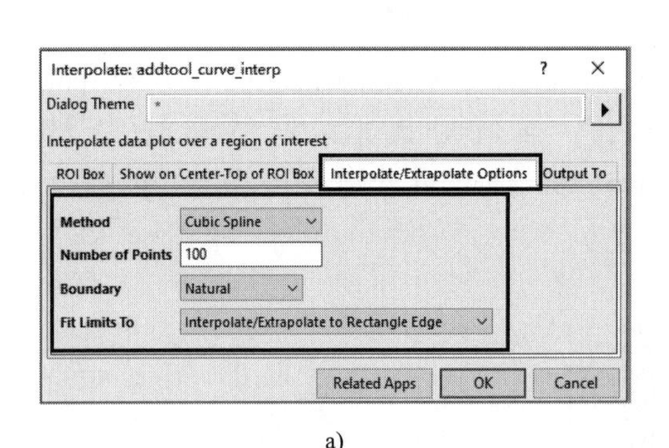

a)

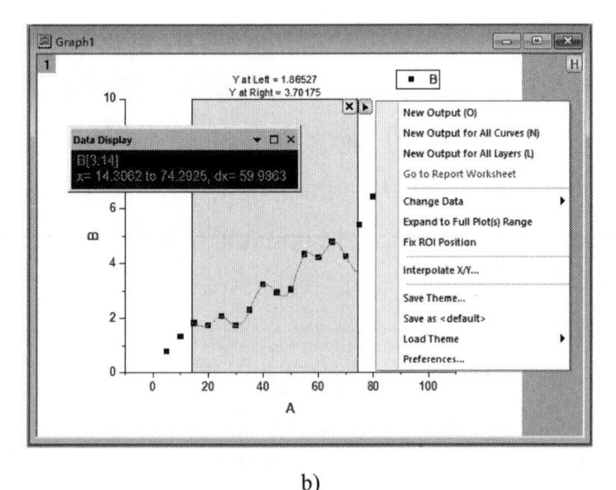

b)

图 8-17　曲线差值选择设置及范围设置

a）曲线插值选择设置　b）曲线插值范围设置

1）单击“OK”按钮，在图 8-9a 所示图形中加入一个曲线插值矩形，同时数据显示工具自动显示，如图 8-17b 所示。用光标拖曳矩形，可调整插值范围。单击矩形右上角的三角形按钮，在弹出的快捷菜单中选择菜单命令“Expand to Full Plot（s）Range”，可将插值范围扩大至整条曲线。

2）在图 8-17b 所示的图形中，选择菜单命令“Interpolate X/Y”，打开“Interpolate Y From X”对话框。对话框中给出了 X 和 Y 的范围，据此输入曲线上的 X 值，单击“Interpolate”按钮，立刻插值得到对应的曲线 Y 值，如图 8-18a 所示。除此之外，还可将曲线上的插值输入到新建的“InterpXY-Interpolation”工作表中，只要在“Output to”选项卡中选择“Worksheet”即可，如图 8-18b 所示。

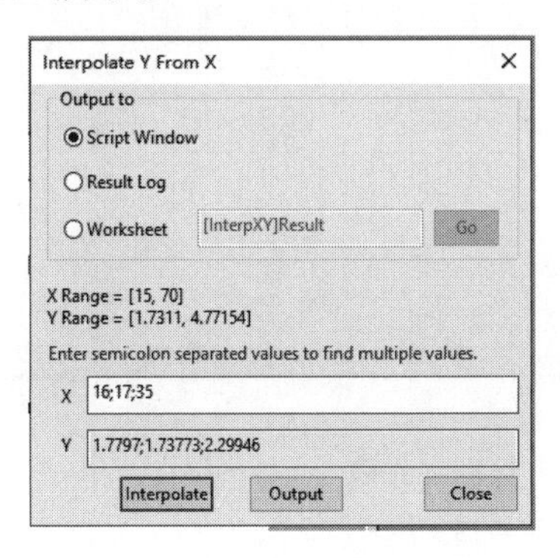

a)

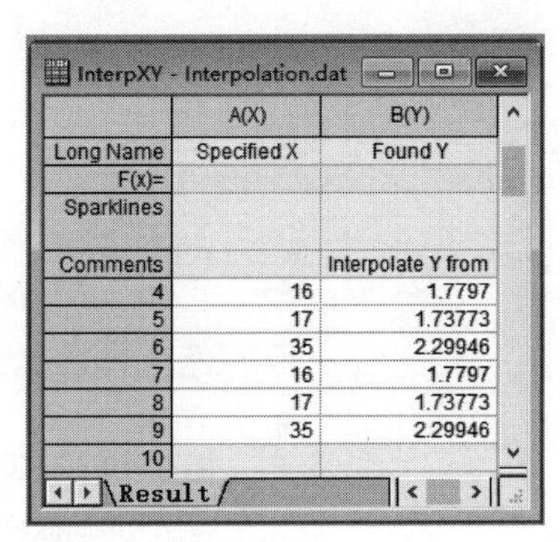

	A(X)	B(Y)
Long Name	Specified X	Found Y
F(x)=		
Sparklines		
Comments		Interpolate Y from
4	16	1.7797
5	17	1.73773
6	35	2.29946
7	16	1.7797
8	17	1.73773
9	35	2.29946
10		

b)

图 8-18　从 X 到 Y 的曲线插值及其工作表

a）从 X 到 Y 的曲线插值　b）从 X 到 Y 的曲线插值工作表

8.2.2　三维插值和轨迹插值

1. 三维插值

三维插值是指对四维数据（x，y，z，f）插入 f 的值。Origin 中通过不同颜色、大小的三维散点图查看插值效果。现在以 Origin 中的“…\Samples\Mathematics\3D Interpolation.dat”数据文件为例，展示三维插值的用法。

1）导入“3D Interpolation.dat”数据文件。

2）选择菜单命令“Analysis”→“Mathematics”→“3D Interpolation”，打开“3D Interpolation：interp3”对话框，分别将 A（X）、B（Y）、C（Z）、D（F）赋值给“Input”选项组中的“X”“Y”“Z”和“F”，再指定每一维插值的点数，选择设置如图 8-19a 所示。例如，在“Number of Points in Each Dimension”文本框中输入“6”，则表示会插值出 6×6×6 个点，这些插值点会自动保存在数据工作表中，如图 8-19b 所示。

2. 轨迹插值

轨迹插值是指根据 X 的“Index”进行插值。选择菜单命令“Analysis”→“Mathematics”→“Trace Interpolation”，打开“Trace Interpolation：interp1trace”插值对话框。轨迹插值主要有 3 种插值方法，分别是“Linear（线性插值）”“Cubic Spline（三次方样条插值）”和“Cubic B-Spline（三次方 B- 样条曲线插值）”。

导入“…\Samples\Mathematics\Circle.dat”数据文件，利用上述菜单命令打开“Trace Interpolation：interp1trace”插值对话框，将该工作表数据输入。该对话框的选择设置如图 8-20 所示。指定插值点为 150 个，单击“OK”按钮，完成插值。插值结果可存储在数据工作表中，如图 8-21a 所示，轨迹插值数据曲线如图 8-21b 所示。

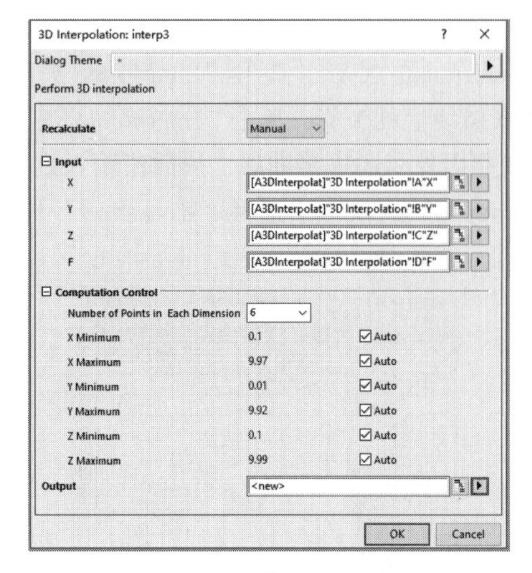

a)

A3DInterpolat - 3D Interpolation.dat

	A(X)	B(Y)	C(Z)	D(Y)
Long Name	Interp X	Interp Y	Interp Z	3D Interpolation
Units				
Comments	3D interp of "X", "Y", "Z", "F"	3D interp of "X", "Y", "Z", "F"	3D interp of "X", "Y", "Z", "F"	3D interp of "X", "Y", "Z", "F"
F(x)=				
Sparklines				
200	9.97	5.956	2.078	21.07952
201	9.97	5.956	4.056	23.1594
202	9.97	5.956	6.034	26.63736
203	9.97	5.956	8.012	31.50032
204	9.97	5.956	9.99	36.99792
205	9.97	7.938	0.1	18.53619
206	9.97	7.938	2.078	20.41205
207	9.97	7.938	4.056	20.91492
208	9.97	7.938	6.034	21.34831
209	9.97	7.938	8.012	23.64196
210	9.97	7.938	9.99	26.58114
211	9.97	9.92	0.1	18.94375
212	9.97	9.92	2.078	19.50473
213	9.97	9.92	4.056	19.06699
214	9.97	9.92	6.034	17.73019
215	9.97	9.92	8.012	15.57602
216	9.97	9.92	9.99	13.41392

3D Interpolation 3DInterpolate1

b)

图 8-19 三维插值设置及其输出数据工作表

a）三维插值设置 b）三维插值输出数据工作表

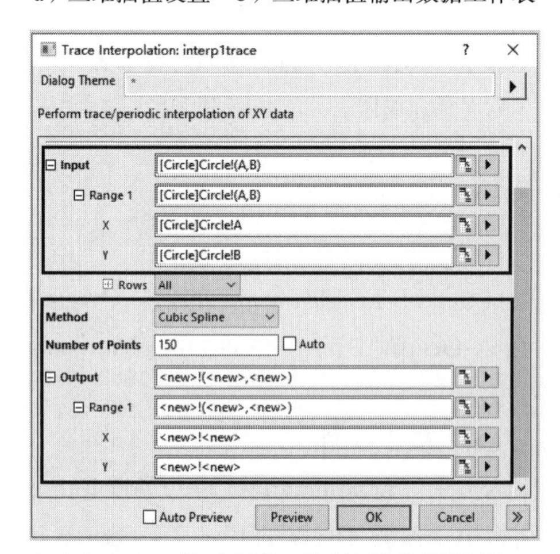

图 8-20 轨迹插值对话框的选择设置

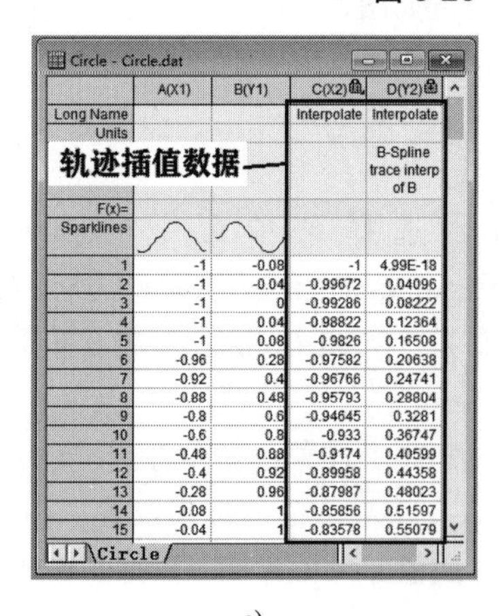

Circle - Circle.dat

	A(X1)	B(Y1)	C(X2)	D(Y2)
Long Name			Interpolate	Interpolate
Units				
Comments				B-Spline trace interp of B
F(x)=				
Sparklines				
1	-1	-0.08	-1	4.99E-18
2	-1	-0.04	-0.99672	0.04096
3	-1	0	-0.99286	0.08222
4	-1	0.04	-0.98822	0.12364
5	-1	0.08	-0.9826	0.16508
6	-0.96	0.28	-0.97582	0.20638
7	-0.92	0.4	-0.96766	0.24741
8	-0.88	0.48	-0.95793	0.28804
9	-0.8	0.6	-0.94645	0.3281
10	-0.6	0.8	-0.933	0.36747
11	-0.48	0.88	-0.9174	0.40599
12	-0.4	0.92	-0.89958	0.44358
13	-0.28	0.96	-0.87987	0.48023
14	-0.08	1	-0.85856	0.51597
15	-0.04	1	-0.83578	0.55079

Circle

a)

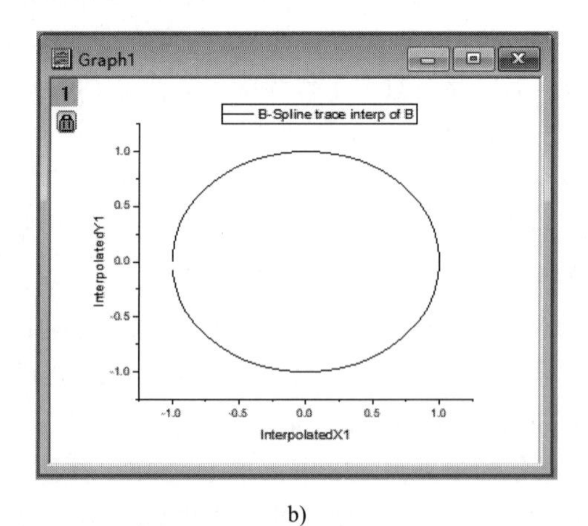

b)

图 8-21 轨迹插值数据工作表及数据曲线

a）轨迹插值数据工作表 b）轨迹插值数据曲线

除此之外，Origin 还可进行二维轨迹插值，即由 X、Y 插入 Z 值。用户可利用菜单命令 “Analysis” → “Mathematics” → “XYZ Trace Interpolation”，打开 “XYZ Trace Interpolation：interpxyz” 插值对话框。其操作与上述一维轨迹插值类似，在此不再赘述。

8.2.3　简单数学运算

简单数学运算是指对数据进行加、减、乘、除、乘方的运算。对于数据工作表为当前窗口时，进行数学运算时，可以直接利用数学工具 “mathtool” 运算。若曲线图形为当前窗口时，则需要先对 X 列数据排序，接着展开运算。数学运算不仅可以实现两组数据间、数据与常数间的运算，还可以改变当前工作表中的数据。简单数学运算的具体操作如下：

1）导入数据文件，绘制散点图（Line+symbol），打开菜单命令 “Analysis” → “Mathematics” → “Simple Curve Math”，打开 “Simple Curve Math：mathtool” 对话框，如图 8-22 所示。在 “Input1” 列表框中选择运算数据。

2）在 “Operator” 下拉列表框中可选择 “Add”“Subtract”“Divide”“Multiply”“Power”“Custom” 等选项，进行简单数学运算。

3）在 “Operand” 下拉列表框中输入运算对象属性。如果是常数，选择 “Constant”；如果是其他数据，则选择 “Reference Data”。

4）在 “Reference Data” 中输入运算对象，即可完成简单的数学运算。

示例说明：导入 “…\Origin 2022\Samples\Mathematics\Interpolation.dat” 数据文件，选择 A（X）和 B（Y）两列数据，绘制曲线图形。打开 “Simple Curve Math：mathtool” 对话框，在此对话框中，依次选择 “Add”“Constant” 并输入 5，将运算结果输出到新建的列中，展开运算。得到的运算结果如图 8-23 所示。

图 8-22　“Simple Curve Math：mathtool” 对话框设置

Interpolation - Interpolation.dat

	A(X)	B(Y)	C(Y)	D(Y)
Long Name				Math Y1
Units				
Comments				Add 5 on B
F(x)=				
Sparklines				
1	5	0.79665	5	5.79665
2	10	1.32852	7.5	6.32852
3	15	1.82993	10	6.82993
4	20	1.74381	12.5	6.74381
5	25	2.06934	15	7.06934
6	30	1.7311	17.5	6.7311
7	35	2.29946	20	7.29946
8	40	3.22748	22.5	8.22748
9	45	2.94098	25	7.94098
10	50	3.04967	27.5	8.04967
11	55	4.33074	30	9.33074
12	60	4.21074	32.5	9.21074
13	65	4.77154	35	9.77154
14	70	4.24126	37.5	9.24126
15	75	5.38935	40	10.38935
16	80	6.42088	42.5	11.42088
17	85	7.17108	45	12.17108
18	90	7.47826	47.5	12.47826
19	95	8.79324	50	13.79324
20	100	8.77198	52.5	13.77198

运算结果

Interpolation

图 8-23　简单数学运算结果

将运算结果添加到散点图中的方法：将散点图置为当前窗口，选择菜单命令 “Graph” → “Layer Contents…”，或者按 <F12> 快捷键，打开 “Layer Contents” 对话框，左侧列表框中选择“D（Y）”，再单击（Add plot）按钮，如图 8-24a 所示。接着依次单击“Apply”和“Close”按钮，完成添加曲线图形，结果如图 8-24b 所示。运算结果实现了 D（Y）= B（Y）+5 的既定运算。

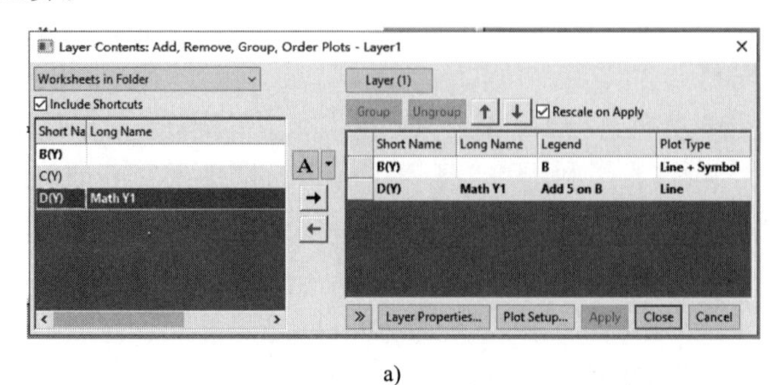

a)

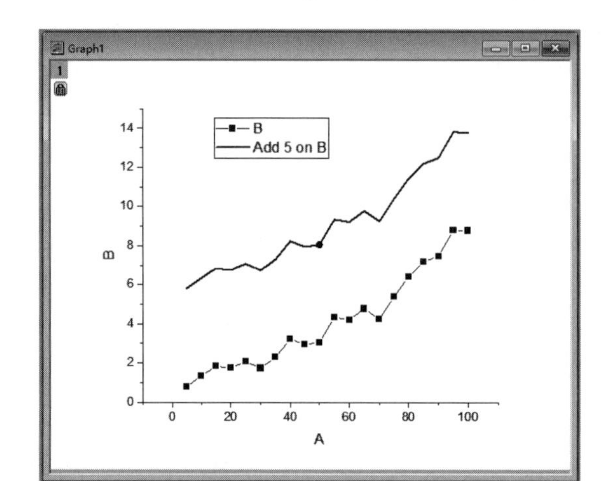

b)

图 8-24 “Layer Contents”对话框设置及添加曲线图形

a）“Layer Contents”对话框中添加运算结果 b）添加曲线图形

8.2.4 减除参考数列和参考直线

减除参考数列是指与参考数列做减法的运算。打开“Simple Curve Math：mathtool”对话框，在“Input”列表框中选择一列数据（被减数），在“Reference Data”列表框中选择另一列数据（减数），实现减法运算。在此若选择乘除则也会实现乘法和除法运算，操作基本相同。以图 8-23 所示数据工作表为例说明该运算。

1）打开图 8-23 所示数据工作表，选择菜单命令“Analysis”→“Mathematics”→“Simple Curve Math”，打开“Simple Curve Math：mathtool”对话框，在“Input1”列表框中选择“D（Y）”列数据。

2）在“Operator”下拉列表框中选择“Subtract”数学运算规则。

3）在“Operand”下拉列表框中选择“Reference Data”选项，出现“Reference Data”列表框，在该列表框中选择工作表中的 B（Y）数据。

4）在“Output”列表框中选择“New Column”选项，在原数据工作表中新建一列，将运算结果输出到该列。选择设置如图 8-25a 所示。

5）单击“OK”按钮，完成两列数相减的操作，运算结果数据如图 8-25b 所示。

Simple Curve Math: mathtool

Dialog Theme

Perform simple arithmetic on XY data

Recalculate	Manual
⊞ Input1	:erpolation]Interpolation!(A,D"Math Y1")
Operator	Subtract
Operand	Reference Data
⊞ Reference Data	[Interpolation]Interpolation!(A,B)
Use Common Range Only	☐
Rescale Source Graph	☑
⊞ Output	(<input>,<new>)

OK　Cancel

a)

Interpolation - Interpolation.dat *

	A(X)	B(Y)	C(Y)	D(Y)	E(Y)	F(Y)
Long Name				Math Y1	Math Y2	Math Y3
Units						
Comments				Add 5 on B	Subtracted by B on "Math Y1"	Multiply B on "Math Y1"
F(x)=						
Sparklines						
1	5	0.79665	5	5.79665	5	4.6179
2	10	1.32852	7.5	6.32852	5	8.40757
3	15	1.82993	10	6.82993	5	12.49829
4	20	1.74381	12.5	6.74381	5	11.75992
5	25	2.06934	15	7.06934	5	14.62887
6	30	1.7311	17.5	6.7311	5	11.65221
7	35	2.29946	20	7.29946	5	16.78482
8	40	3.22748	22.5	8.22748	5	26.55403
9	45	2.94098	25	7.94098	5	23.35426
10	50	3.04967	27.5	8.04967	5	24.54884
11	55	4.33074	30	9.33074	5	40.40901
12	60	4.21074	32.5	9.21074	5	38.78403
13	65	4.77154	35	9.77154	5	46.62529

减除参考列数据

Interpolation

b)

图 8-25　对话框选择设置及运算结果数据

a）对话框选择设置　b）运算结果数据

减除参考直线是指将一条曲线的数据值减去一条自定义直线对应点的数据值，其作用是调整数据坐标。运算结束后，更新显示图形。减除参考直线的操作步骤如下：

1）将曲线图形窗口置为当前窗口，选择菜单命令“Analysis”→“Data Manipulation”→“Subtract Reference Line”。这时，Origin 自动打开“Screen Reader”和“Display”两个工具。

2）用鼠标在曲线图形上任意选择两点，由此两点确定一条参考直线。原曲线与此参考直线相应数据点做减法运算，得到新的曲线图。同时工作表内相应的数列值也将发生变化。

示例说明：打开“…\Samples\Mathematics\Interpolation.dat”数据文件，选择 A（X）和 B（Y）两列数据，绘制散点图。将该图置为当前窗口，选择菜单命令“Analysis”→“Data Manipulation”→“Subtract Reference Line”，出现上述两个工具，如图 8-26a 所示。

用鼠标在图 8-26a 所示的曲线图上选择两点确定一条参考直线。每次在确定好一个参考点后，必须按 <Enter> 键才能确定，这时所确定的点变成了十字中心加上一个小圆圈的图形，如图 8-26a 所示。如此操作，确定两点后，原图形中的曲线与参考直线相减，得到新的曲线，如图 8-26b 所示，并给出记录文本，以记录所选择的点坐标和相减后的数据在数据工作表中的位置。

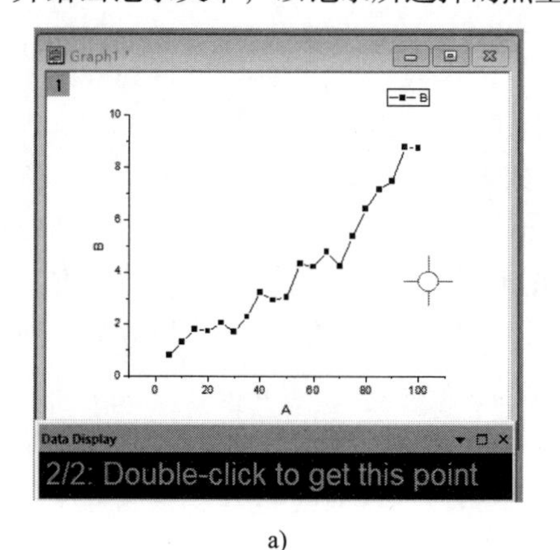

a)

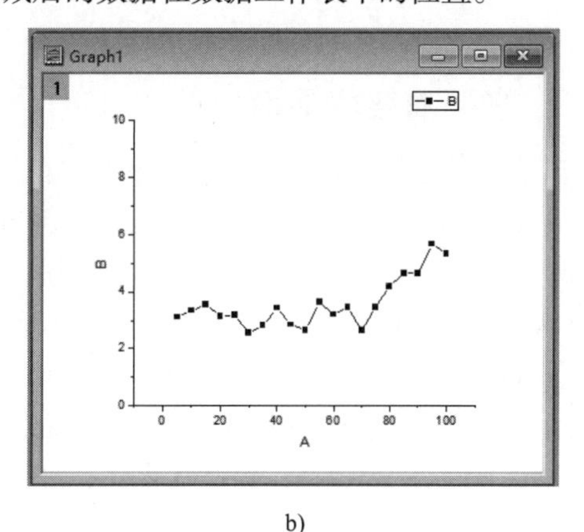

b)

图 8-26　减除参考直线示例

a） 原数据散点图　b）减去参考直线后的曲线图形

8.2.5　水平移动和垂直移动

水平移动是指选定的数据曲线沿着 X 轴方向水平移动。垂直移动则指选定的数据曲线沿着 Y 轴方向垂直移动。

垂直移动的操作步骤如下：

1）选择菜单命令“Analysis”→“Data Manipulate”→“Translate”→“Vertical Translate”，这时曲线图形上出现一条水平线，显示工具自动打开，如图 8-27a 所示。

2）选中这条水平线，长按鼠标左键移动水平线，则整个曲线随着水平线一起移动到需要的位置，显示工具显示移动的垂直距离，如图 8-27b 所示。

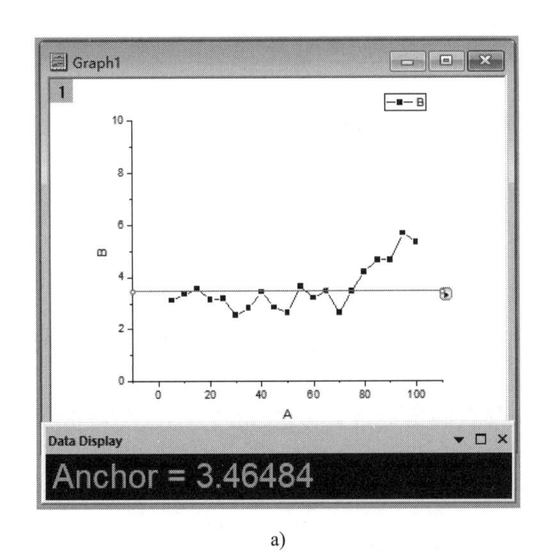

a)

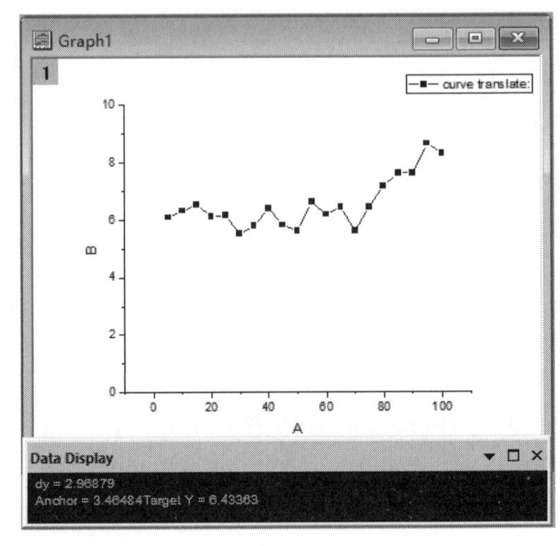

b)

图 8-27　垂直移动操作示例

a）曲线图形上出现水平线　b）垂直移动后的曲线图形

水平移动的方法与垂直移动完全相同，区别仅在于选择菜单命令“Analysis”→“Data Manipulate”→“Translate”→“Horizontal Translate”。这时水平移动距离实际上是横坐标移动前后的差值。

8.2.6　多条曲线取平均

多条曲线取平均是指对当前所激活图层中的所有数据曲线的纵坐标取平均值。选择菜单命令“Analysis”→“Mathematics”→“Average Multiple Curves…”，打开“Average Multiple Curves：avecurves”对话框，如图 8-28 所示。选择数据范围、求平均值的方法和插值方法，单击“OK”按钮，则计算出当前激活图层内所有数据曲线纵坐标的平均值，平均值数据以亮黑色曲线输出到当前图形中，同时被保存为一个新的工作表。

示例说明：打开“…\Samples\Mathematics\Interpolation.dat”数据文件，选择 A（X）、B（Y）和 C（Y）三列数据，绘制散点图，如图 8-29 所示。打开“Average Multiple Curves：avecurves”对话框，选择设置如图 8-28 所示。

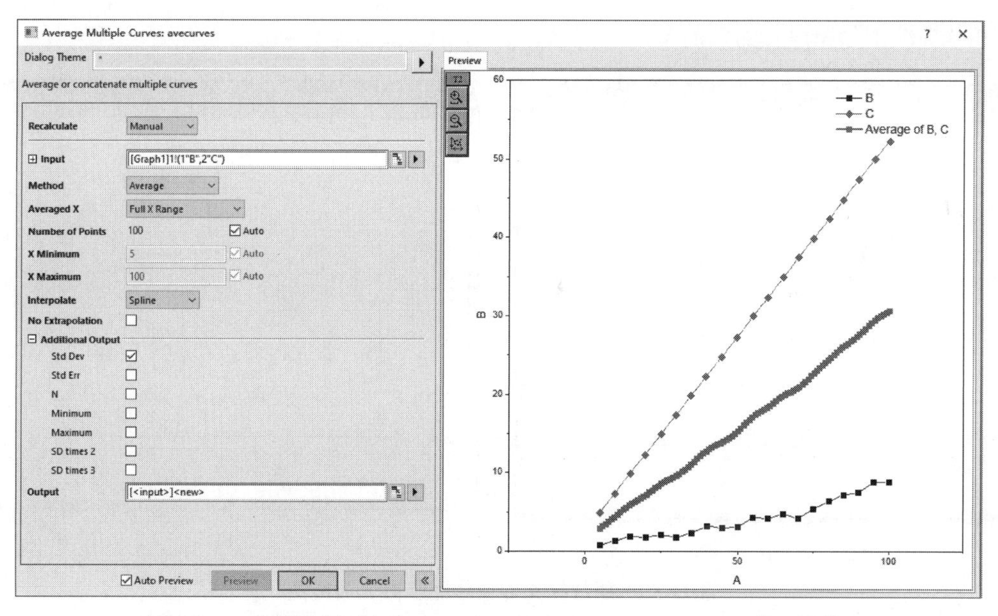

图 8-28　选择设置“Average Multiple Curves：avecurves”对话框

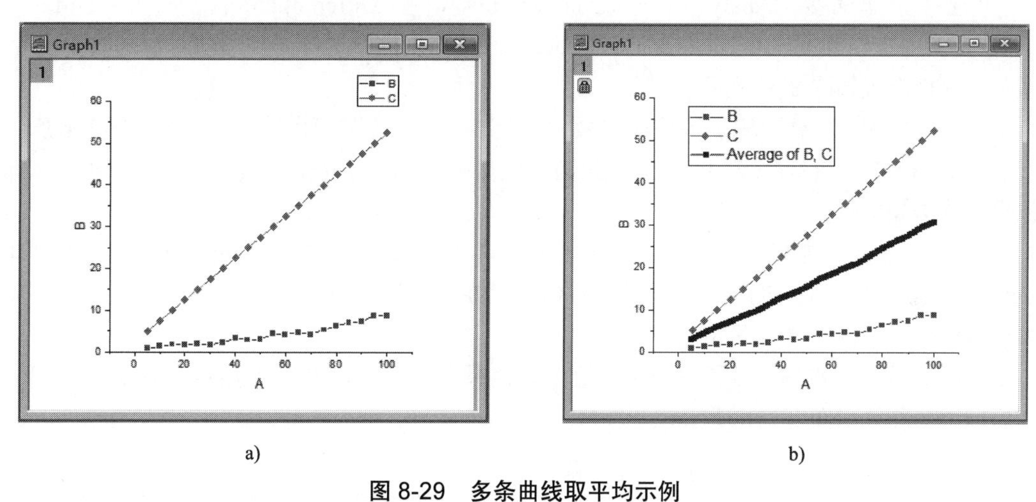

a)　　　　　　　　b)

图 8-29　多条曲线取平均示例

a）原始数据散点图　b）多条曲线的平均曲线

8.2.7　曲线数值微分及其工具

曲线数值微分就是对当前图形窗口中的曲线进行求导。微分值就是用式（8-1）计算相邻两点的平均斜率。选择菜单命令“Analysis”→“Mathematics”→“Differentiate…”，打开“Differentiate：differentiate”对话框，选择设置后完成曲线数值微分。现以“Sine Curve.dat”数据文件为例说明曲线数值微分的用法。

$$y'=\frac{1}{2}\left(\frac{y_{i+1}-y_i}{x_{i+1}-x_i}+\frac{y_i-y_{i-1}}{x_i-x_{i-1}}\right) \tag{8-1}$$

1）导入“…\Samples\Mathematics\Sine Curve.dat”数据文件，绘制的曲线图如图 8-30a 所

示。将该曲线图形窗口置为当前窗口。

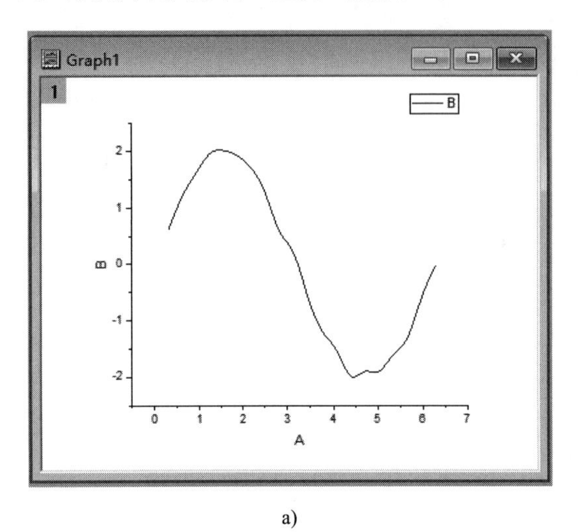

a)

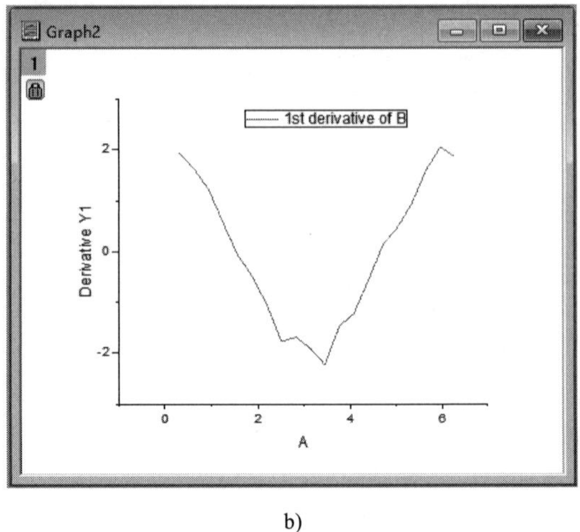

b)

图 8-30 原数据文件曲线图及微分曲线图

a）原数据文件曲线图 b）原图形的微分曲线图

2）选择菜单命令“Analysis”→“Mathematics”→“Differentiate…”，打开“Differentiate:differentiate”对话框，在“Derivative Order”下拉列表框中选择“1”，即对数据曲线进行一阶微分。选择设置如图 8-31 所示。

3）单击“OK”按钮，完成数值曲线微分设置，自动生成数值微分曲线，如图 8-30b 所示。

若只对图 8-30a 所示曲线的某个区间进行曲线微分，则可用微分工具（Differentiate）实现。具体操作方法如下：

1）将图 8-30a 置为当前窗口，选择菜单命令“Gadgets”→“Differentiate…”，打开“Differentiate：addtool_curve_deriv”曲线微分对话框。在该对话框中选择设置微分区间、微分等级和填充颜色等，选择设置如图 8-32 所示。

2）单击“OK”按钮，在图 8-30a 中给出黄色标识微分区间和数据显示工具如图 8-33a 所示，区间微分曲线如图 8-33b 所示。

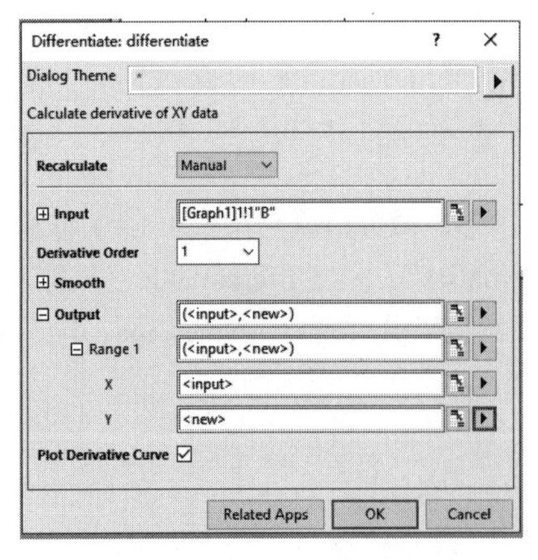

图 8-31 选择设置“Differentiate：differentiate”对话框

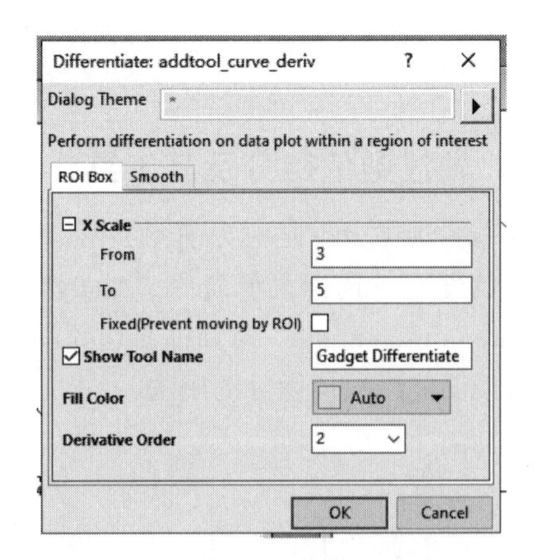

图 8-32 区间曲线微分对话框设置

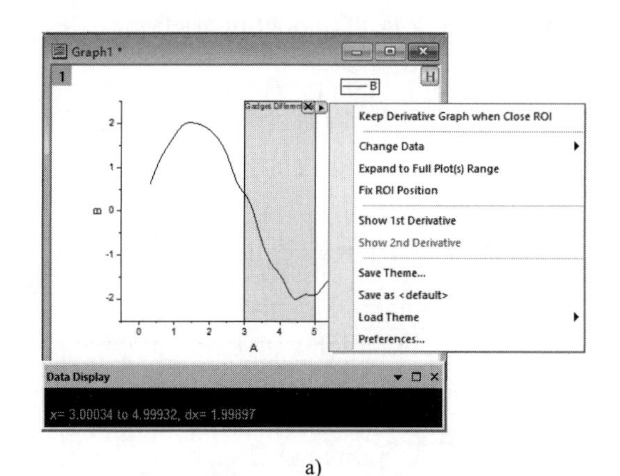

a)

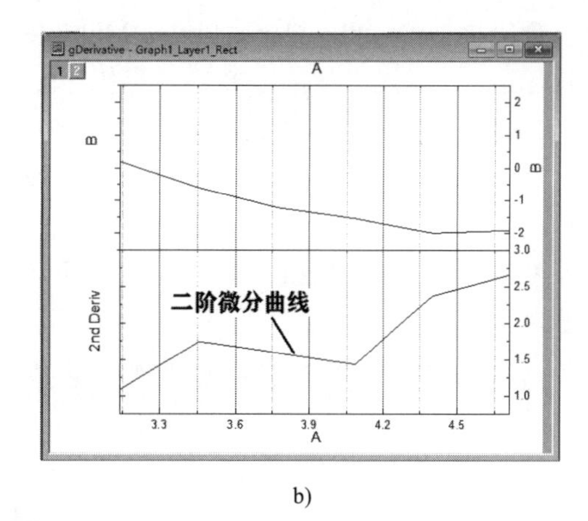

b)

图 8-33　区间曲线微分操作

a）标识曲线微分区间　b）区间微分曲线

8.2.8　曲线数值积分及其工具

曲线数值积分是指对当前窗口中所激活的数据曲线进行数值积分。仍以“Sine Curve.dat”数据文件为例说明曲线数值积分及其工具的使用。

1）导入“Sine Curve.dat”数据文件，绘制的曲线图如图 8-30a 所示。

2）将曲线图置为当前窗口，选择菜单命令“Analysis”→“Mathematics”→“Integrate…”，打开“Integrate：integ1”对话框，选择面积类型、绘制积分曲线方式，设置数据输出方式等。对话框的选择设置如图 8-34a 所示。

3）单击“OK”按钮，自动生成积分曲线图，如图 8-34b 所示，同时也生成积分数值工作表。

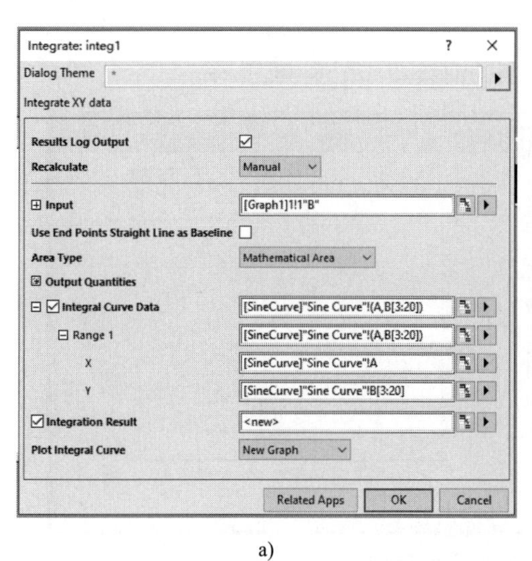

a)

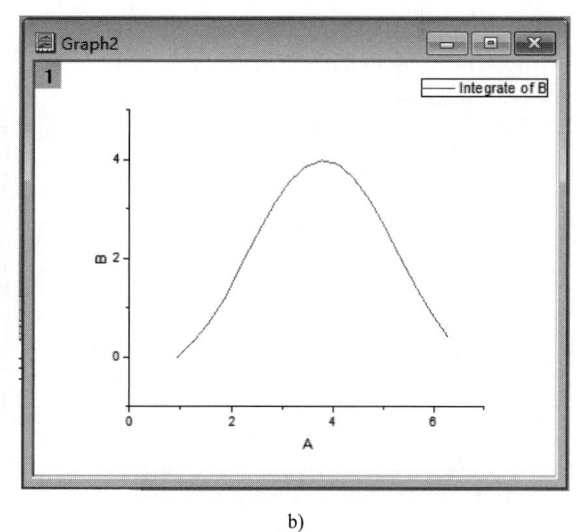

b)

图 8-34　曲线积分设置及积分曲线图

a）“Integrate：integ 1”对话框　b）积分曲线图

有时只是想对某条曲线中的部分区间求积分，这时可利用积分工具（Integate Gadget）。选择菜单命令“Gadget”→“Integrate…”，打开“Integrate：addtool_curve_integ”曲线积分对话框。现以“…\Samples\Curve Fitting\Multiple Peaks.dat”数据文件为例介绍和说明该曲线积分工具。

1）打开“Multiple Peaks.dat”数据文件，选择 C（Y）列数据绘制曲线图，如图 8-35 所示。

2）打开“Integrate：addtool_curve_integ”曲线积分对话框，参数的选择设置如图 8-36 所示。

3）单击“OK”按钮，在图 8-35 中标识出积分区间并在显示工具中给出积分值，如图 8-37 所示。

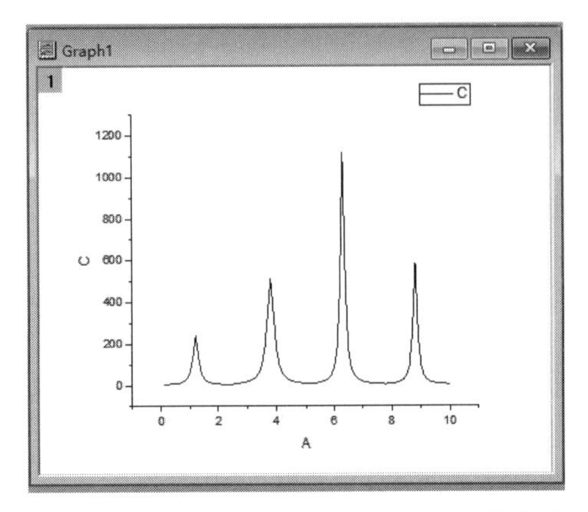

图 8-35 “Multiple Peaks.dat”数据文件曲线图

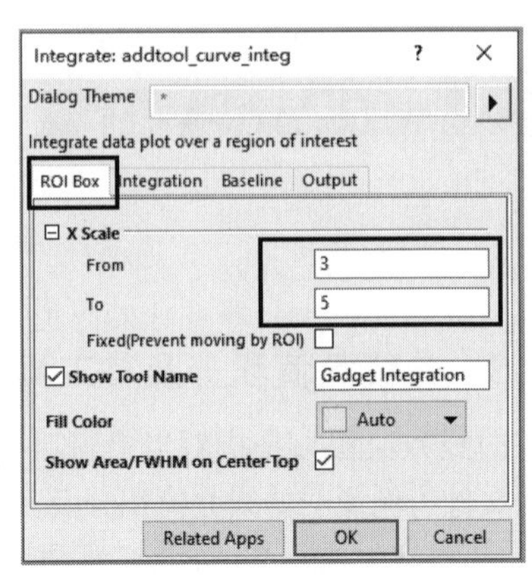

图 8-36 选择设置曲线积分对话框

8.2.9 求取曲线交叉点

曲线相交是科研中经常会遇到的图形，有时可能需要快速获取在某个区间内的曲线交叉点。这种情况下，可利用曲线交叉点计算工具（Curve Intersection Gadget）快速计算交叉点。下面以实例说明如何求取曲线交叉点。

1）打开“求取曲线交叉点 .dat”数据文件，绘制的曲线图如图 8-38 所示。

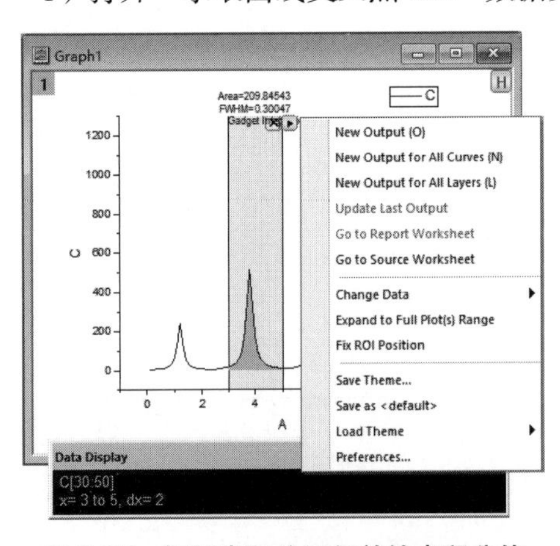

图 8-37 标识出积分区间并给出积分值

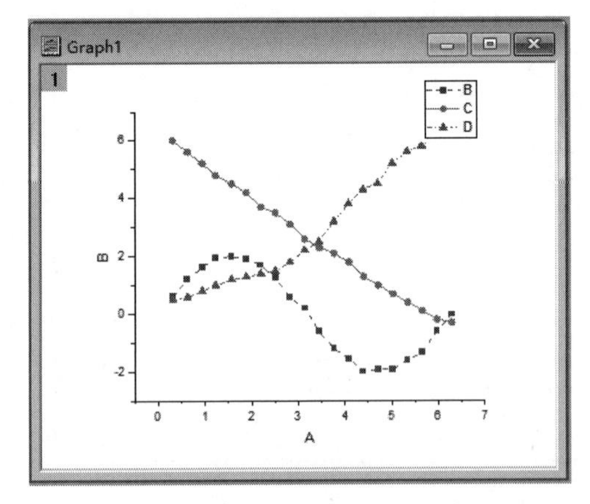

图 8-38 “求取曲线交叉点 .dat”数据文件曲线

2）选择菜单命令“Gadgets”→“Intersect…”，打开“Intersect：addtool_curve_intersect”对话框，相应的选择设置如图 8-39a 所示。

3）单击“OK”按钮，图 8-38 所示图形中加入了一个带有求取曲线交叉点数值的矩形框

[感兴趣区间（ROI）]，同时数字显示工具自动打开，显示相关数值，给出交叉点处的坐标，如图 8-39b 所示。用光标拖曳矩形框，可以调整矩形的大小和范围。单击矩形框右上角的三角形按钮，在弹出的快捷菜单中选择“Expand to full Plot（s）Range”，可将求取相交点的范围扩大至所有曲线的区间，从而求出所有的交叉点，如图 8-40a 所示。

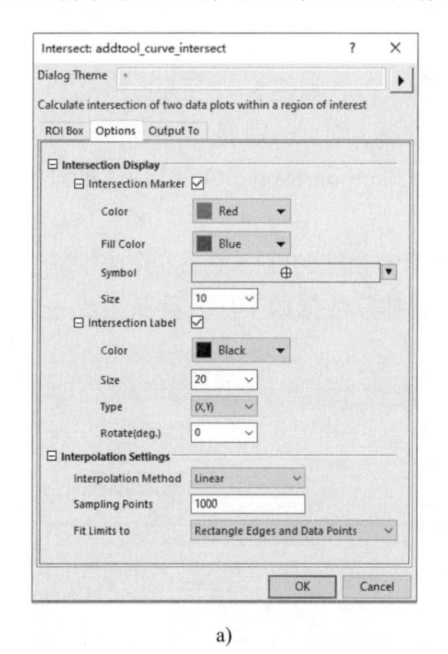

a)

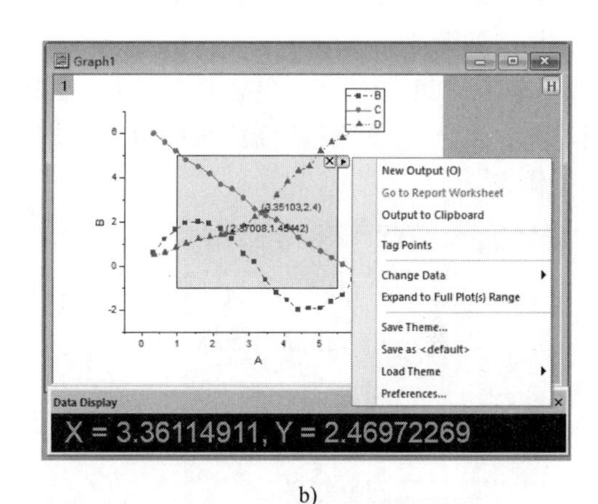

b)

图 8-39　求取曲线某个区间内的交叉点设置

a）选择设置求取曲线交叉点对话框　b）数值矩形区间（ROI）内求取交叉点

4）单击图 8-39b 所示图形中矩形右上角的三角形按钮，在弹出的菜单命令中选择“New Output”，可将图形上所有曲线的交叉点数据输出至“Script Window：LabTalk”中，如图 8-40b 所示。

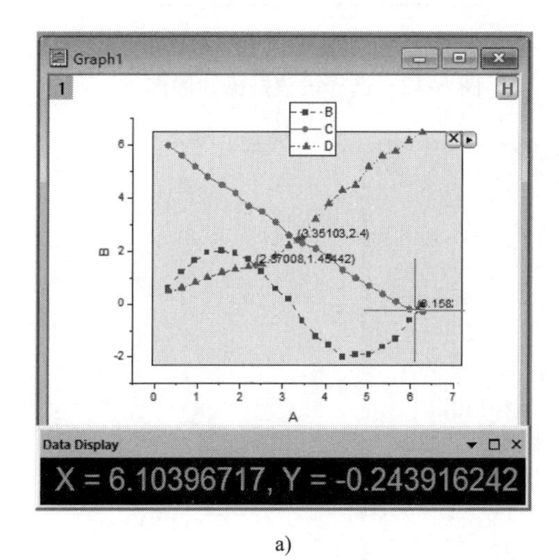

a)

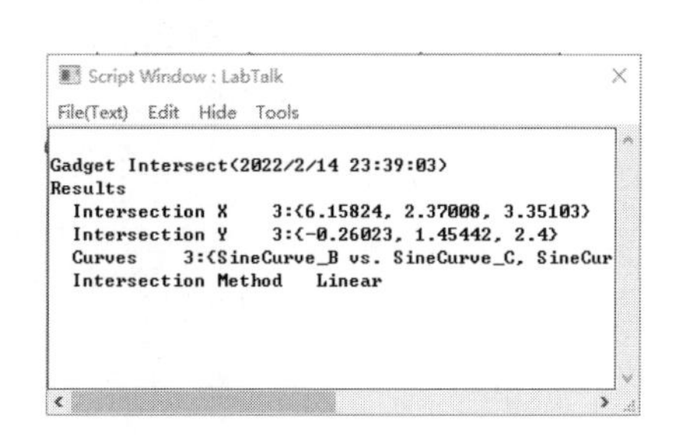

b)

图 8-40　求取曲线所有交叉点及曲线交叉点记录

a）求取曲线所有交叉点　b）曲线交叉点记录

8.2.10 数据扣除

在处理数据表的过程中，有时有些数据可能明显不符合要求。这时需要扣除已存在的数据，可选择菜单命令“Analysis”→“Data Manipulation”→“Subtract Reference Data”，打开“Subtract Reference Data：subtract_ref”对话框，选择扣除的范围等参数，实现数据扣除。示例说明如下：

1）打开“…\Samples\Spectroscopy\Baseline.dat”数据文件，如图 8-41 所示。

2）打开“Subtract Reference Data：subtract_ref”对话框，分别选择“Input（输入数据）”“Reference Data（参考数据）”等，勾选“Subtract Common Range Only”，选择设置完成后的对话框如图 8-42 所示。

3）单击“OK”按钮，更新原工作表，如图 8-43 所示。扣除的数据在原工作表中新建一列重新输入，当然也可直接更新原来的数据工作表，也可将扣除数据的工作表重新生成一个新的数据工作表。

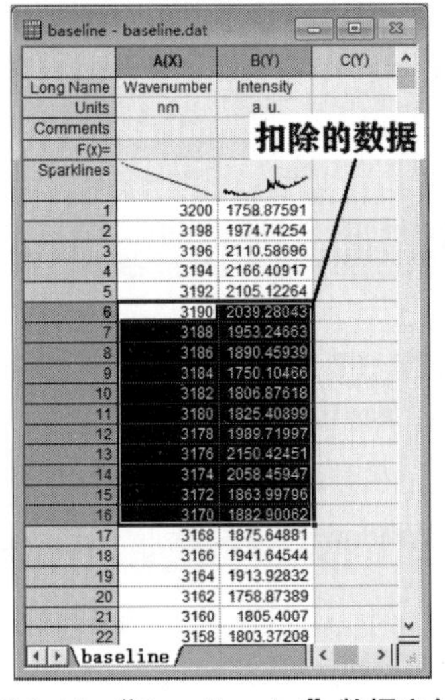

图 8-41 “Baseline.dat”数据文件

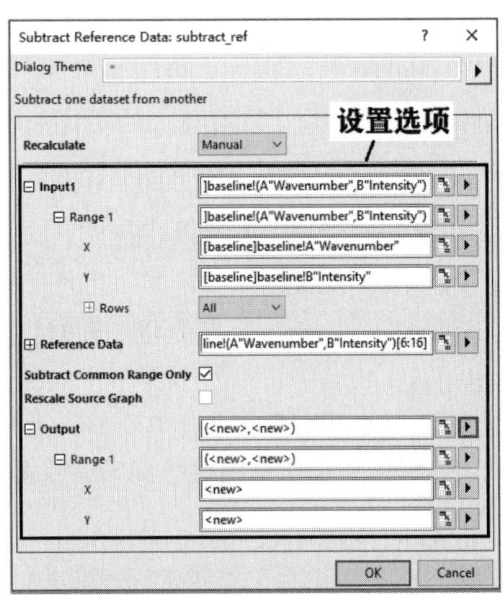

图 8-42 选择设置数据扣除选项

	A(X)	B(Y)	C(Y)	D(Y)
Long Name	Wavenumber	Intensity		Subtract Y1
Units	nm	a. u.		
Comments				Subtracted by "Intensity" on "Intensity"
F(x)=				
Sparklines				
1	3200	1758.87591		-710.5735
2	3198	1974.74254		-408.673
3	3196	2110.58696		-186.795
4	3194	2166.40917		-44.93885
5	3192	2105.12264		-20.19159
6	3190	2039.28043		0
7	3188	1953.24663		0
8	3186	1890.45939		0
9	3184	1750.10466		0
10	3182	1806.87618		0
11	3180	1825.40899		0
12	3178	1989.71997		0
13	3176	2150.42451		0
14	3174	2058.45947		0
15	3172	1863.99796		0
16	3170	1882.90062		0
17	3168	1875.64881		-26.15448
18	3166	1941.64544		20.93949

图 8-43 扣除更新后的原数据工作表

8.3　数据排列及归一化

8.3.1　工作表数据排列

工作表排序类似于记录排序，指根据某列或某些列数据的升降顺序排序。Origin 中可以进行单列、多列、整个数据工作表和指定范围的排序。单列、多列、工作表和指定范围的排序方法类似，同时还可嵌套排序。

1. 单列排序

单列数据的单列排序操作步骤如下：

1）打开数据工作表，选择其中一列数据。

2）选择菜单命令“Worksheet”→“Sort Range”，然后选择排序方法，如“Ascending（升序）”“Descending（降序）”，如图 8-44 所示。

如果对多列或部分工作表的数据排序，则仅在选定的范围内排序。其他数据排序的菜单命令也在“Worksheet”主菜单中，如图 8-44 所示。

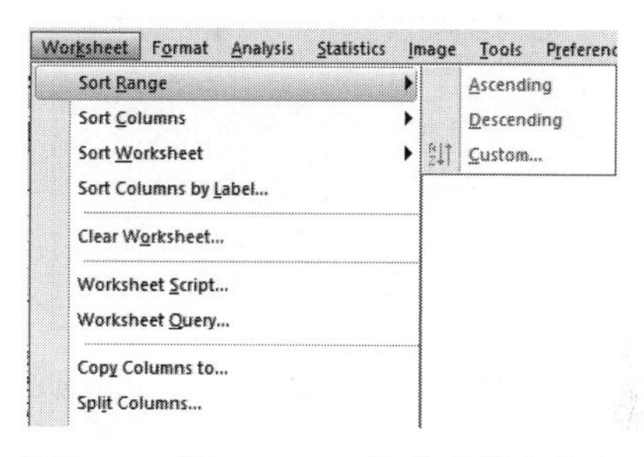

图 8-44　“Worksheet”菜单排序命令

2. 嵌套排序

若对工作表中部分数据嵌套排序，需要选择工作表中的部分数据，再选择菜单命令“Worksheet”→“Sort Columns”→“Custom…”，打开“Nested Sort”嵌套排序对话框，选择“Ascending”或者“Descending”进行排序。

如果对整个工作表嵌套排序，则可选择“Worksheet”→“Sort worksheet”→“Custom…”，打开“Nested Sort”嵌套排序对话框，如图 8-45 所示。

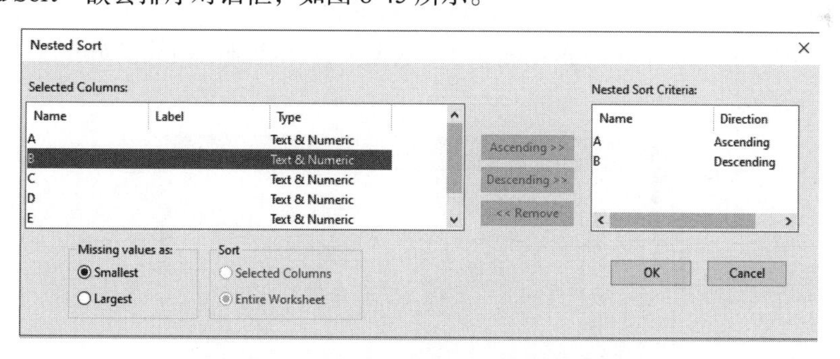

图 8-45　“Nested Sort”嵌套排序对话框

8.3.2　数据归一化

数据归一化方法有两种形式：一种是把数据变为 0 ~ 1 之间的小数，另一种是把有量纲表达式变为无量纲表达式。这主要是为了数据处理方便提出来的，把数据映射到 0 ~ 1 范围之内处理更加便捷快速，应该归纳到数字信号处理范畴之内。在 Origin 中，数据归一化主要是将工作表中所选的列数据进行归一化处理。当前，Origin 提供了 14 种数据归一化方法。具体的操作步骤如下：

1）导入需要归一化的数据工作表，选择列数据，可以是单列，也可以是多列。

2）选择菜单命令“Analysis”→“Mathematics”→“Normalize Columns”，打开“Normalize Columns：rnormalize”对话框，如图 8-46 所示。

3）选择“Normalize Methods”下拉列表框，确定数据归一化方法，如图 8-46 所示。

4）单击“OK”按钮，进行数据归一化处理。在默认情况下，归一化数据输出到原工作表中的新数列中。图 8-47 中 F（Y）列数据就是 E（Y）列数据在 0~1 之间归一化的结果。

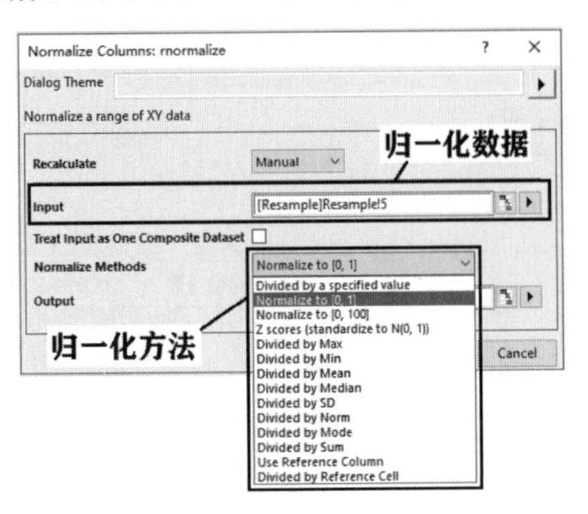

图 8-46 “Normalize Columns：rnormalize”对话框

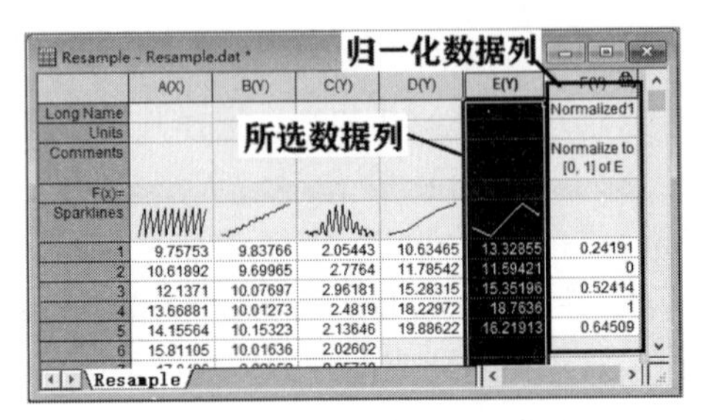

图 8-47 E（Y）数据列在 0~1 之间归一化结果

8.3.3 曲线归一化

除了数据归一化外，Origin 还可以对曲线进行归一化处理，同样也有 14 种方法将图形曲线映射到 0 ~ 1 范围之内的相应图形曲线。选择菜单命令“Analysis”→“Mathematics”→“Normalize Curve…”，打开“Normalize Curves：cnormalize”对话框，选择归一化曲线，确定归一化方法，设置归一化曲线输出。具体示例说明如下：

1）打开“…\Samples\Graphing\Group.dat”数据文件，绘制的曲线图如图 8-48 所示。将该图形窗口置为当前窗口。

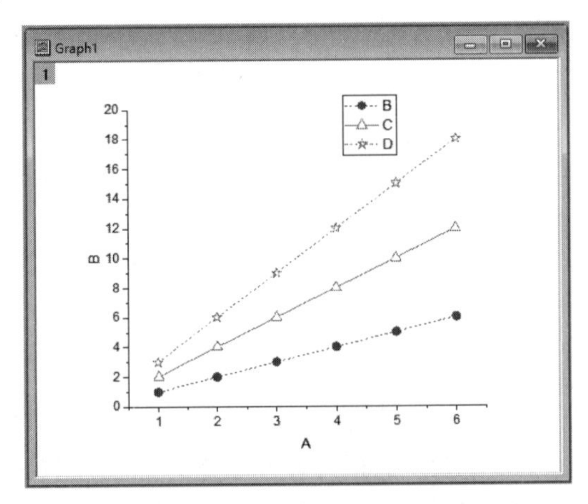

图 8-48 “Group.dat”数据文件曲线图

2）打开“Normalize Curves：cnormalize”对话框，如图 8-49a 所示。用鼠标选择图 8-48 中的三条曲线，选择“Rows”可以设置归一化范围。

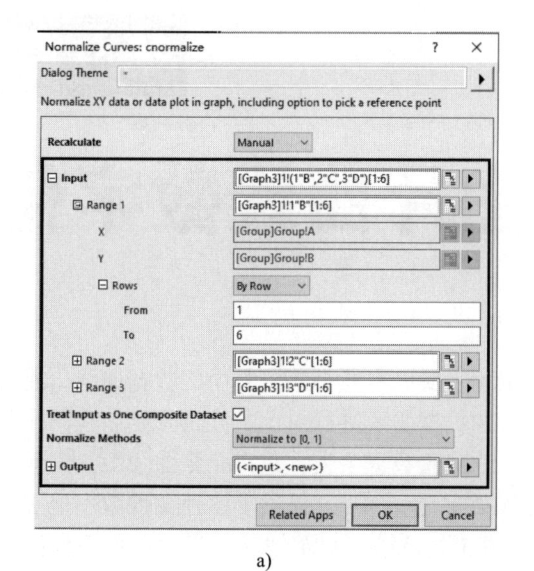

a)

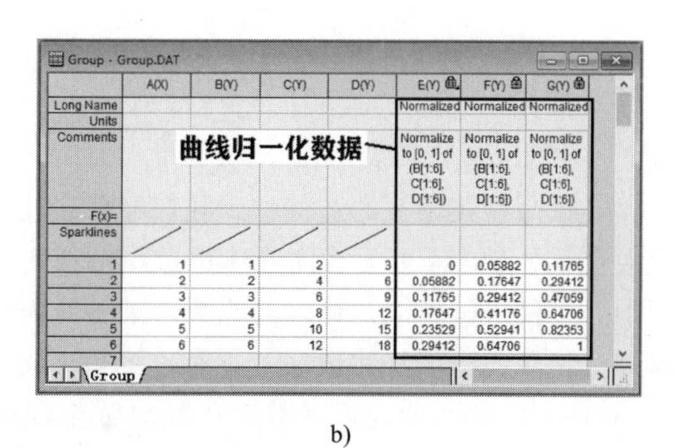

	A(X)	B(Y)	C(Y)	D(Y)	E(Y)	F(Y)	G(Y)
Long Name					Normalized	Normalized	Normalized
Units							
Comments					Normalize to [0, 1] of (B[1:6], C[1:6], D[1:6])	Normalize to [0, 1] of (B[1:6], C[1:6], D[1:6])	Normalize to [0, 1] of (B[1:6], C[1:6], D[1:6])
F(x)=							
Sparklines							
1	1	1	2	3	0	0.05882	0.11765
2	2	2	4	6	0.05882	0.17647	0.29412
3	3	3	6	9	0.11765	0.29412	0.47059
4	4	4	8	12	0.17647	0.41176	0.64706
5	5	5	10	15	0.23529	0.52941	0.82353
6	6	6	12	18	0.29412	0.64706	1
7							

b)

图 8-49　曲线归一化示例

a）曲线归一化对话框的选择和设置　b）曲线归一化数据列表

3）单击“OK”按钮，生成归一化数据，如图 8-49b 所示。曲线归一化图如图 8-50 所示。

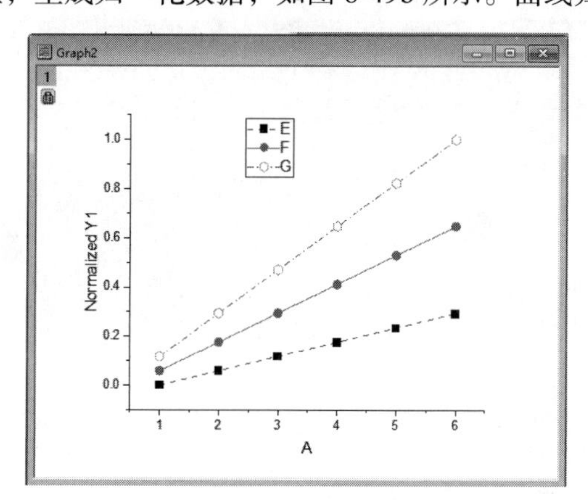

图 8-50　曲线归一化图

第9章

图片曲线数字化

在撰写科技论文的过程中，我们经常会使用工程手册、专业书籍资料中的数据曲线，或者他人在某个杂志上所发表文章中的数据曲线与自己的数据曲线进行对比，并将其绘制在同一张图中。在科研过程中，有时可能由于某种原因而导致试验数据丢失，只有一张曲线图片，但是需要分析曲线中的某些数据，这时也不得不将曲线数字化。Origin 提供了图片文件数字化工具（Digitizer），使得图片曲线数字化变得较为容易。该工具位于主菜单“Tools”中，它不仅能处理图片文件中的直角坐标系数据和对数坐标系数据，也能处理极坐标系数据和三维坐标系数据。选择菜单命令“Tools”→“Digitizer…”，即可打开“Digitizer”窗口，如图 9-1 所示。

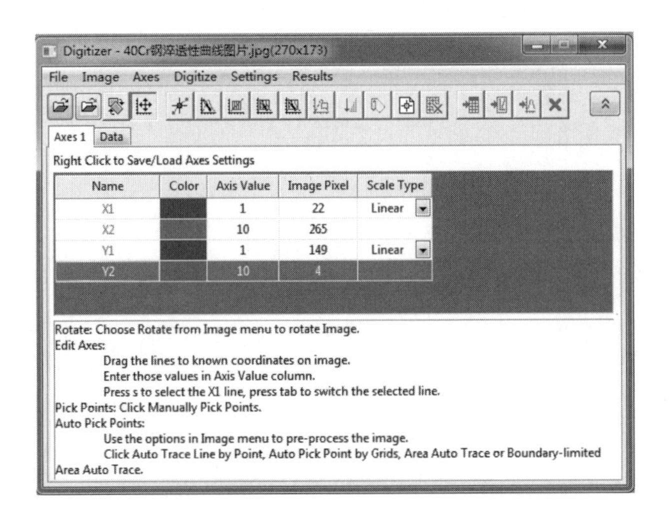

图 9-1 “Digitizer”图片曲线数字化窗口

9.1 图片曲线数字化

本节以 Origin 所提供的 40Cr 钢淬透性曲线图片为例说明图片中的曲线数字化，所提供的 40Cr 钢淬透性曲线如图 9-2 所示。

本节将以 40Cr 钢实测淬透性试验数据和文献资料图片（见图 9-2a）绘制在同一张图中进行比较，以说明图片文件数字化工具的使用。40Cr 钢实测淬透性试验数据见表 9-1。

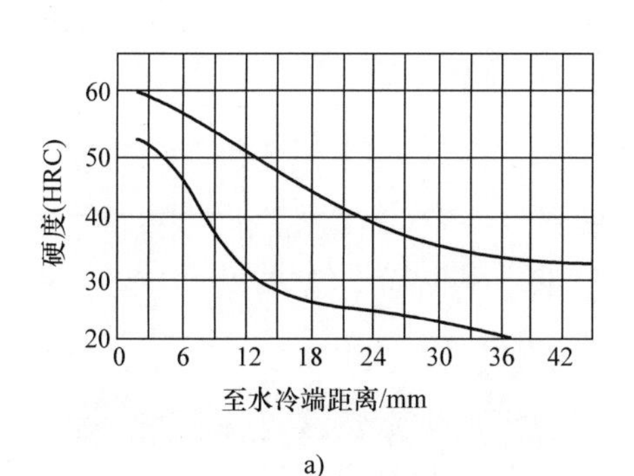

a)

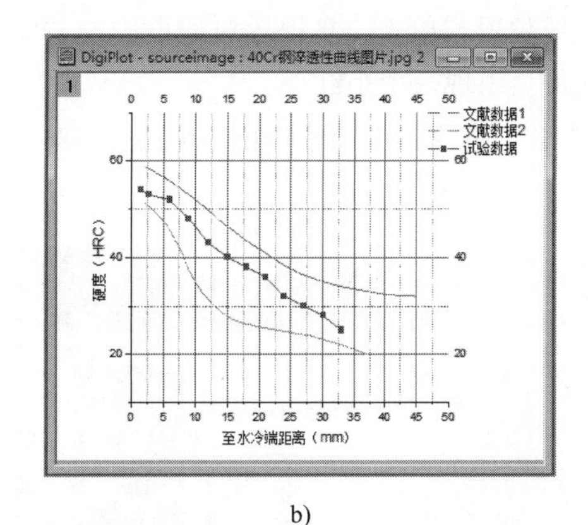

b)

图 9-2　数字化前后的 40Cr 钢淬透性曲线

a）40Cr 钢淬透性曲线　b）经数字化后 40Cr 钢淬透性曲线

表 9-1　40Cr 钢实测淬透性试验数据

距离 /mm	1.5	2.8	6	9	12	15	18	21	24	27	30	33
硬度（HRC）	54	53	52	48	43	40	38	36	32	30	28	25

1. 资料图片的输入与设置

1）将 40Cr 钢的淬透性资料图片存放为图形文件，如图 9-2 所示。运行 Origin 2022，选择菜单命令“Tools”→“Digitizer…”，打开数字化对话框。

2）将 40Cr 钢的淬透性曲线图形文件导入到数字化对话框后，呈现出了图片曲线数字化窗口，如图 9-3 所示。在模板中调整图形尺寸。

3）设置图片曲线调整窗口中的图形参数和范围，如图 9-4 所示。注意，图形参数设置的范围必须与所给图片显示的数据范围保持一致或者比其稍大。

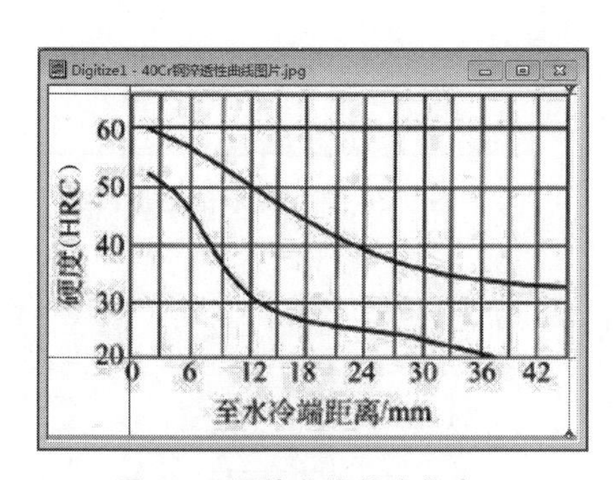

图 9-3　图片曲线数字化窗口

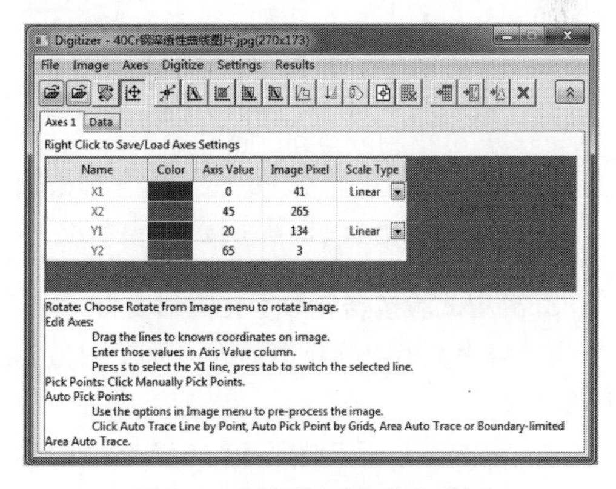

图 9-4　设置图形参数和范围

2. 图形数字化

1）选择“Data”选项卡，定义拾取曲线名称和坐标数目，如图 9-5 所示。

2）选择“Digitizer”对话框中的按钮，在图 9-3 所示的窗口中自动弹出“Get Points”对话框和“Data Display”坐标信息显示工具条，如图 9-6 所示。沿着图片中的曲线选中其中的某个点双击以便确定数字化的绘图点，确定好绘图点后，鼠标光标会立即变成十字图标以显示所选点的位置，单击信息提示对话框中的“Done”按钮。完成图片曲线上某个点的选取后，这时曲线便会出现一个小红点。

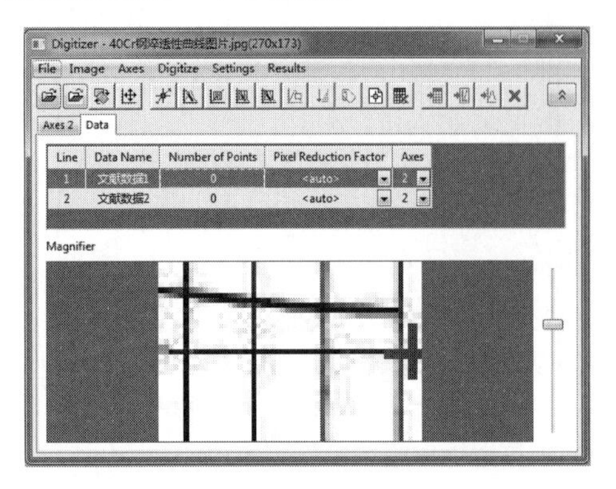

图 9-5 设置图片中曲线名称和坐标数目

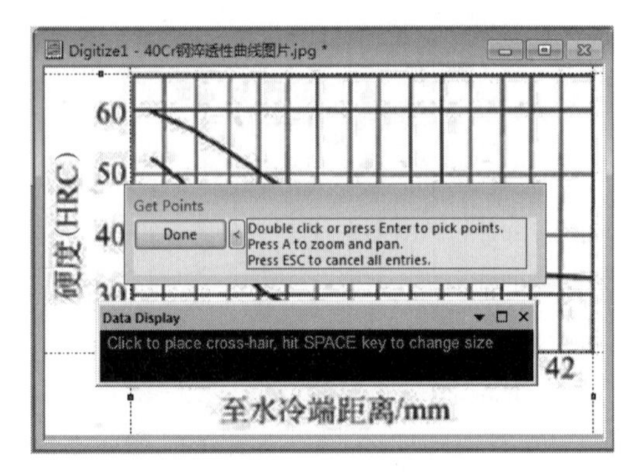

图 9-6 “Digitizer”窗口

3）在图片中的一条曲线上依次选择数字化绘图点，完成一条曲线的数字化，如图 9-7 所示。这时拾取数字化绘图点总数会在图 9-5 所示相应曲线处的“Number of Points”栏中显示。另一条曲线的操作过程是相同的。

4）选中图 9-5 中的“文献数据 1”，选择“Digitizer”窗口中的按钮，创建数字化图形窗口，如图 9-8 所示。

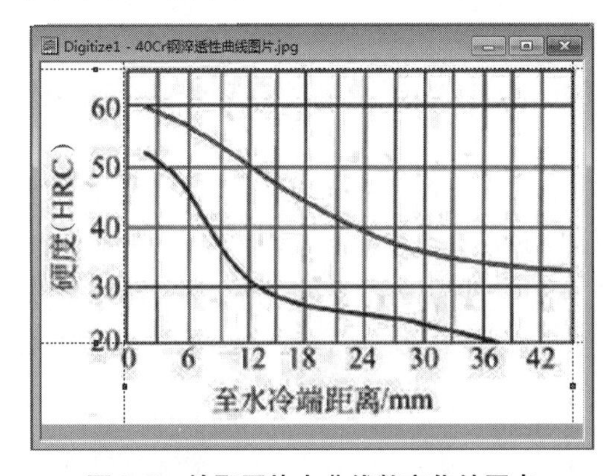

图 9-7 拾取图片中曲线数字化绘图点

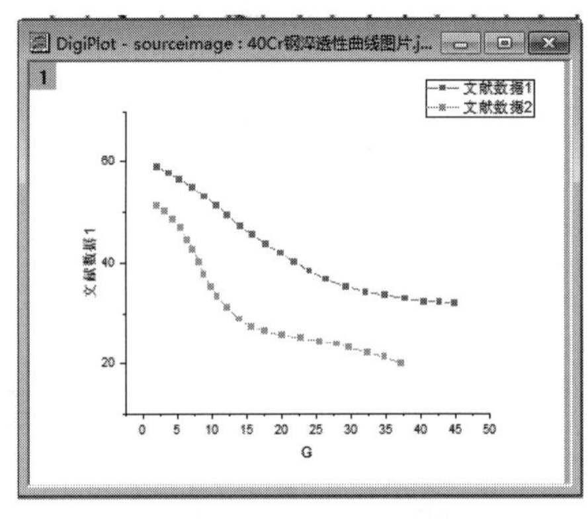

图 9-8 数字化后的图形曲线

3. 实测试验数据与数字化图形合并

1）将表 9-1 中的数据输入一张空白数据工作表中，如图 9-9 所示。

2）将图 9-8 所示图形窗口置为当前窗口，选择菜单命令“Graph”→“Layer Contents…”，打开“Layer Contents：Add, Remove, Group”对话框，选择 B（Y）列数据，单击按钮，将 B（Y）列数据迁入右侧，如图 9-10 所示。

3）单击图 9-10 中的“OK”按钮，将自己的试验数据绘入同一张图中，适当调整图中曲线线条设置和输入坐标名称，经数字化后的图形如图 9-2b 所示。

Book1

	A(X)	B(Y)
Long Name	距离/mm	硬度（HRC）
Units		
Comments		
F(x)=		
1	1.5	54
2	2.8	53
3	6	52
4	9	48
5	12	43
6	15	40
7	18	38
8	21	36
9	24	32
10	27	30
11	30	28
12	33	25
13		

Sheet1

图 9-9 图形曲线数据工作表

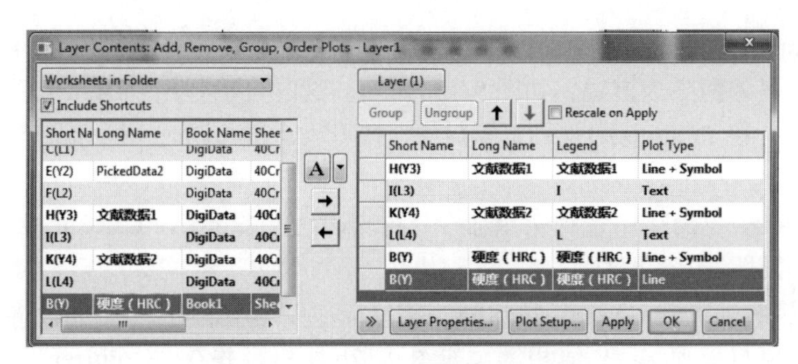

图 9-10　B（Y）列数据迁入右侧

9.2　数字化工具及其使用

9.2.1　数字化工具

在 Origin 中，曲线数据化可通过“Digitizer”窗口实现。在图 9-1 所示的“Digitizer”窗口中，主菜单有“File”“Image”“Axes”“Digitize”“Settings”“Results”命令。同时还提供了很多曲线数字化增强工具按钮，见表 9-2。

表 9-2　曲线数字化增强工具按钮

工具按钮名称	作　用
沿曲线追踪选点（Auto Trace Line by Points）	自动沿曲线追踪数据点
网格自动选点（Auto Pick Points by Grid）	用鼠标在图片中确定网格区间，自动获取网格区间数据点
区域曲线自动追踪选点（Area Auto Trace）	用鼠标拖曳出矩形区间，自动沿曲线获取数据点
有界区间沿曲线自动追踪选点（Boundary-Limited Area Auto Trace）	用鼠标拖曳出矩形区间，自动在矩形区间内获取数据点
删除曲线上的数据点（Delete Points）	删除曲线图形上的数据点
重新排序数据点（Reorder Points）	重新排序数据点

单击图 9-1 所示“Digitizer”窗口中的按钮，则窗口中下面板收回，变成了主菜单和工具条的形式，如图 9-11 所示。

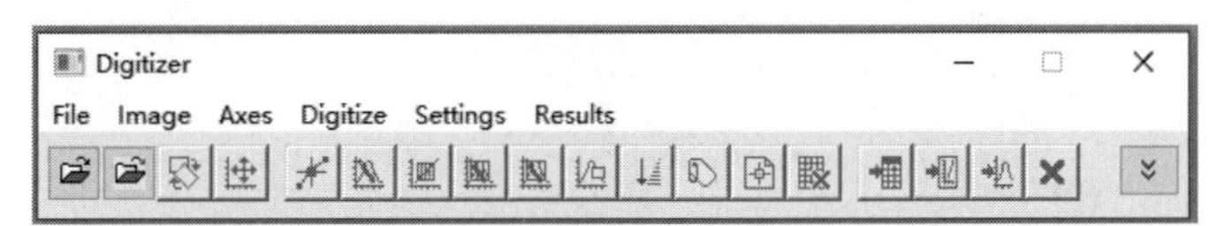

图 9-11　收回下面板后的“Digitizer”简化窗口

9.2.2　直角坐标图片曲线数字化

本节以 Origin 2022 所提供的谱线图片“TwoPeaks.bmp”为例说明谱线图片的数字化过程。

1）单击主窗口中的标准工具栏的图片数据化（Digitize image）按钮，打开“\Origin

2022\Samples\Import and Export \TwoPeaks.bmp”图片文件。该图片是带有网格线的谱线，其中一条为基线，另外两条为谱线，如图 9-12a 所示。这时自动弹出“Digitizer”窗口和“Digitizer1”图形窗口。在“Digitizer1”图形窗口中，按下<A>键，同时用鼠标调整图片的位置和大小。

2）在“Digitizer”窗口中选择菜单命令“Image”→“Remove Cartesian Gridlines”，删除图 9-12a 中的网格线（包含边框）。

3）单击编辑数轴“Edit Axes”按钮，用鼠标拖曳图中的蓝线和红线，使之分别与图片中的最小 X、Y 值与最大 X、Y 值相等，如图 9-12b 所示，并在“Digitizer”窗口的“Axes1”选项卡中修改“Axis Value”栏中的值，如图 9-13 所示。

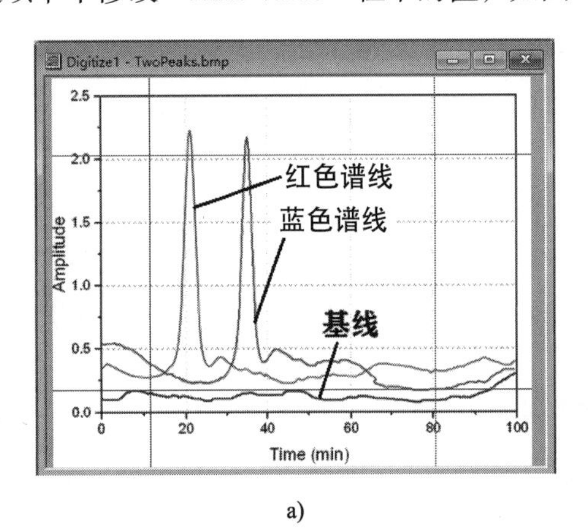

a)

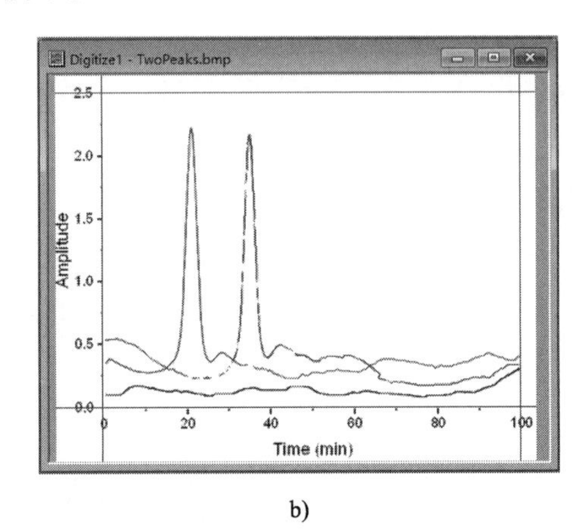

b)

图 9-12 谱线图片及其调整操作

a）谱线图片 b）删除原图片曲线中的网格线

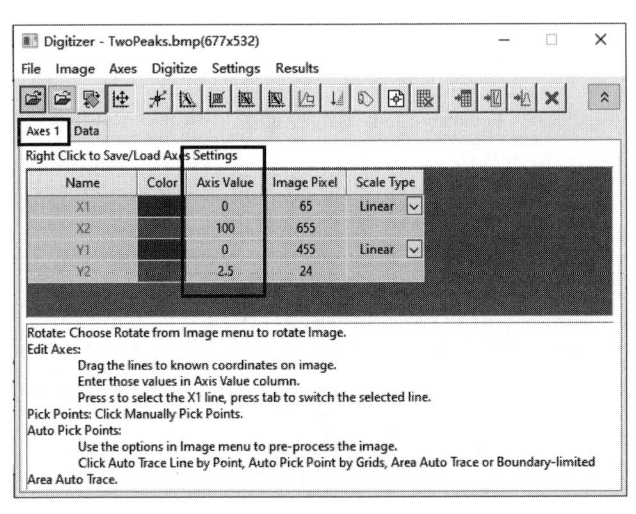

图 9-13 在“Digitizer”窗口中设置 X、Y 轴的最大值和最小值

4）手工选择曲线数据点。单击手工选点按钮，在图片中沿着红线双击选点。这时，数据显示工具自动打开，同时可以利用弹出的曲线放大窗口在图片曲线上精确选点，如图 9-14a 所示。

5）除了手工选点按钮外，还可以采用自动沿曲线追踪数据点工具按扭数字化指定曲线。单击按钮，双击蓝色谱线，Origin 自动沿着曲线追踪数据点，得到曲线上更多的数据点，如图 9-14b 所示。

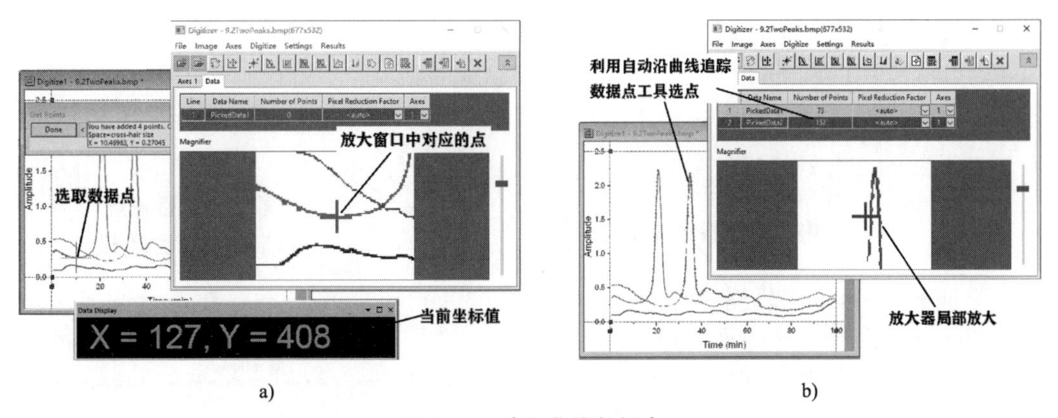

a)　　b)

图 9-14　选取曲线数据点

a）手工选取图片曲线上的数据点　b）沿图片曲线自动选取数据点

6）单击转至数据按钮（Go to Data），转至刚刚数字化得到的数据点工作表窗口，可得数据点工作表如图 9-15 所示。

DigiData - Interpolation.dat

	A(X1)	B(Y1)	C(L1)	D(X2)	E(Y2)	F(L2)
Long Name		PickedData			PickedData	
Units						
Comments						
F(x)						
Sparklines	红色谱线数据			蓝色谱线数据		
Scale Type	Linear Scale	Linear Scale		Linear Scale	Linear Scale	
1	1.00155	0.35758		21.44016	2.22079	
2	2.02911	0.37513		21.27013	2.16268	
3	4.83657	0.32248		21.1001	2.10456	
4	6.37792	0.29615		20.93007	2.04645	
5	13.27729	0.27922		20.93007	1.98834	
6	16.35999	0.33125		20.76004	1.93022	
7	17.38755	0.3839		20.76004	1.87211	
8	18.13988	0.47103		20.59001	1.81399	
9	18.91055	0.73367		20.59001	1.75588	
10	19.68122	0.99568		20.41998	1.69777	

9. 2TwoPeaks. bmp

图 9-15　图片中谱线曲线数字化后的数据点工作表

7）用网格选点工具对图 9-14b 中的基线数字化。单击“Digitizer”窗口中的新曲线（New Line）按钮，增加新曲线数据采集行，在“Data”选项卡中选择“Line”列中的第 3 行即曲线 3，将曲线 3 置为当前的采集数据曲线。单击网格选点工具按钮，在图 9-14b 所示的图片中用鼠标拖曳出一个包含基线的矩形，如图 9-16a 所示。松开鼠标左键获得矩形中的基线数据，其中包含部分谱线数据。

8）删除矩形中基线外的数据点。将曲线 3 置为当前的采集数据曲线，单击删除数据点工具按钮，删除图片曲线中多余的数据点后所获得的曲线如图 9-16b 所示。

这时，“Digitizer”窗口“Data”选项卡中，曲线 3 的数据点数量减少，双击“Data Name”栏中各数据名称，修改成相应谱线、基线的数据名称，如图 9-17 所示。

9）检查和修补数字化曲线。在“Digitizer”窗口“Data”选项卡选中蓝色谱线，这时曲线窗口“Digitizer1”中的蓝色谱线上的数据点则显示为红色，将曲线窗口“Digitizer1”最大化，观察所选谱线上的数据点是否妥当。若不妥当，则用户可以进行删除和修补，删除不在原曲线上的数据点，补充原曲线过渡处数据较少的数据点，使所选取点的数据点尽可能地符合原图片曲线。修补后的蓝色谱线数据点，如图 9-18 所示。

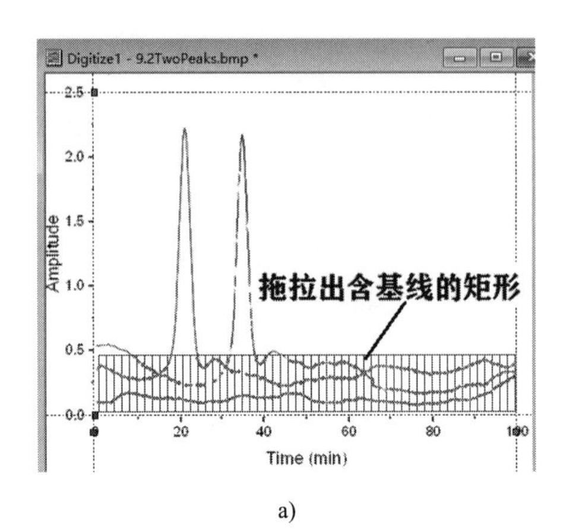

a)

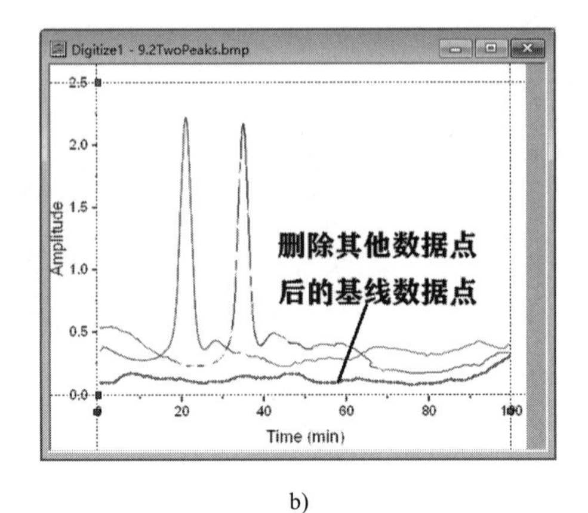

b)

图 9-16 基线数字化

a）自动网格选点工具选取数据 b）基线数字化曲线

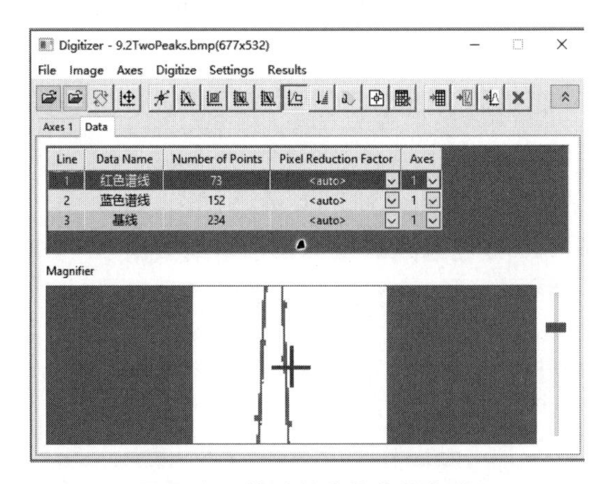

图 9-17 修改数字化曲线名称

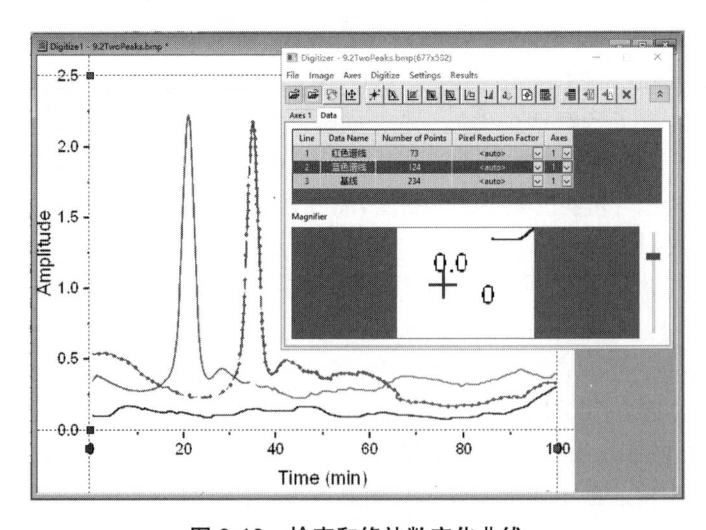

图 9-18 检查和修补数字化曲线

10）切换至曲线窗口“Digitizer1”，在“Digitizer”窗口中选择数据点排序按钮，对所有曲线进行数据排序。

11）单击转至数据按钮（Go to Data），修正原有数据工作表，在其中增补基线数据，如图 9-19 所示。

DigiData - Interpolation.dat

	A(X1)	B(Y1)	C(L1)	D(X2)	E(Y2)	F(L2)	G(X3)	H(Y3)
Long Name		红色谱线			蓝色谱线			基线
Units								
Comments		红色谱线			蓝色谱线			基线
F(x)=								
Sparklines								
Scale Type	Linear Scale	Linear Scale		Linear Scale	Linear Scale		Linear Scale	Linear Scale
1	1.00155	0.35758		15.14903	0.31466		1.5466	0.09382
2	2.02911	0.37513		13.78879	0.3379		3.2469	0.09382
3	4.83657	0.32248		12.76861	0.36115		4.94721	0.11126
4	6.37792	0.29615		11.40836	0.3902		6.64751	0.15194
5	13.27729	0.27922		10.04812	0.4367		8.34782	0.16937
6	16.35999	0.33125		8.51785	0.47156		10.04812	0.16356
7	17.38755	0.3839		6.98757	0.49481		11.74843	0.14613
8	18.13988	0.47103		5.4573	0.51805		13.44873	0.1345
9	18.91055	0.73367		3.92703	0.53549		15.14903	0.12288
10	19.68122	0.99568		2.22672	0.53549		16.84934	0.12288
11	19.68122	1.30157		33.68235	0.93647		18.54964	0.12288
12	20.19501	1.51156		33.68235	0.87836		20.24995	0.12288
13	20.70879	1.73032		33.51232	0.82025		21.95025	0.11126
14	20.70879	1.94845		33.34229	0.76213		23.65056	0.09963
15	21.22257	2.15844		33.17226	0.70402		25.35086	0.08801

9.2TwoPeaks.bmp

图 9-19　排序、修正和增补后的数字工作表

12）单击转换至图形窗口（Go to Image）按钮，再单击转换至曲线按钮，将原有图片曲线数字化，得到原图谱线的数字化谱线，如图 9-20a 所示。修饰和调整直角坐标标注，修饰后的谱线曲线如图 9-20b 所示。

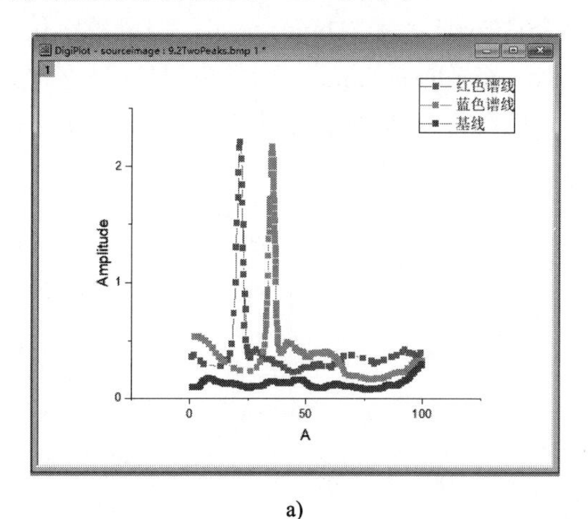

a)

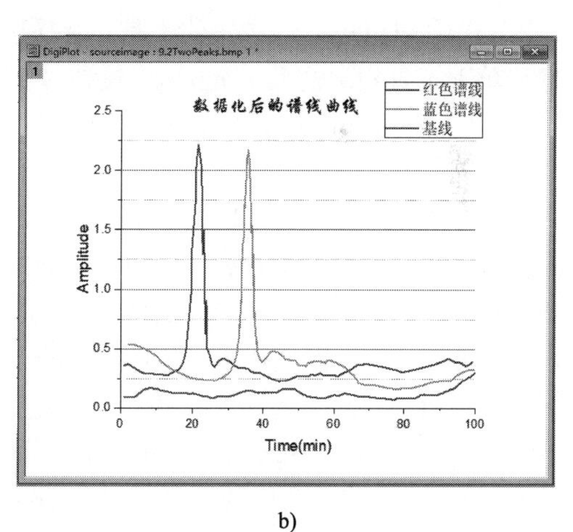

b)

图 9-20　谱线曲线

a）数字化后的谱线曲线　b）修饰后的谱线曲线

9.2.3　极坐标图片曲线数字化

在默认的情况下，“Digitizer…”数字化工具可将图片曲线转换为直角坐标系下的曲线，但是在科研工作中我们常常会用到极坐标曲线图形，需要将极坐标图片曲线数字化。这时，需要设置“Digitizer…”数字化工具坐标轴。设置完成后，其数字化过程与第 9.2.2 节的直角坐标图片曲线数字化过程完全一致。

本节以 Origin 2022 所提供的极坐标图片文件“Polar Coordinate.bmp”为例说明极坐标图片曲线的数字化过程。

1. 设置极坐标系定位点及坐标轴

1）打开“\Origin 2022\Samples\Import and Export \Polar Cordinate.bmp”图片文件，如图 9-21a 所示。

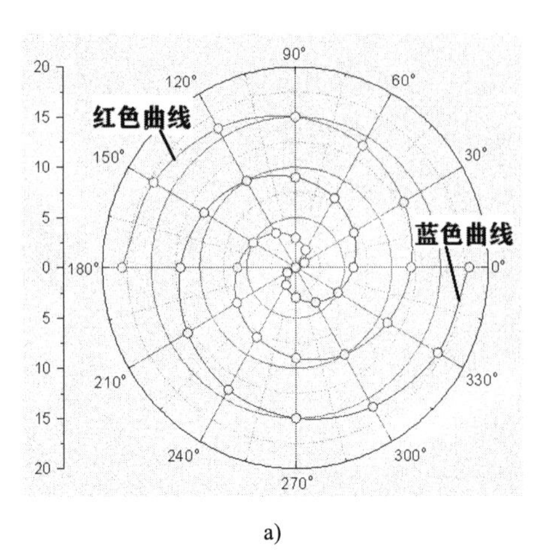

a)

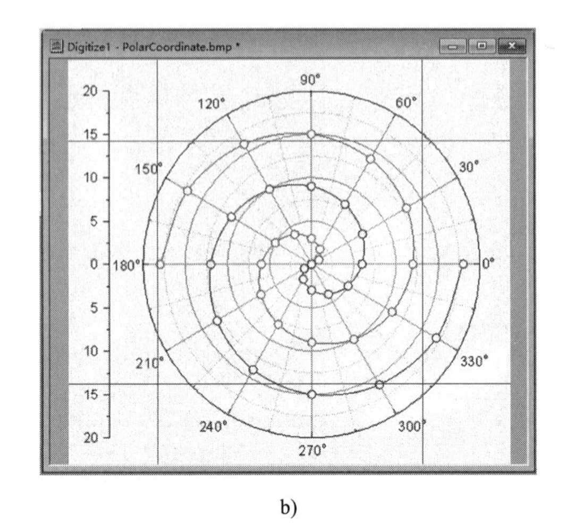

b)

图 9-21 极坐标图片曲线

a）极坐标图片曲线文件 b）“Digitizer1”窗口中的极坐标图片曲线

2）打开“Digitizer”数字化工具。选择菜单命令“Tools”→“Digitizer…”，打开数字化对话框，单击工具栏中输入（Import）按钮，将“PolarCordinate.bmp”图片文件导入数字化工具窗口中。按住键盘 <A> 键，同时用鼠标左键调整图片在图形窗口中的位置和大小，如图 9-21b 所示。

3）在“Digitizer”窗口中，选择菜单命令“Axes”→“Polar Coordinate”，打开“Polar Coordinate Settings”极坐标设置对话框，如图 9-22 所示。图 9-21a 所示极坐标曲线说明：该极坐标方向为逆时针方向，其极坐标由极径和角度 [单位为（°）] 所构成。因此，选择极坐标方向为“Counter-clockwise”，角度的单位为“Degress”，如图 9-22 所示。

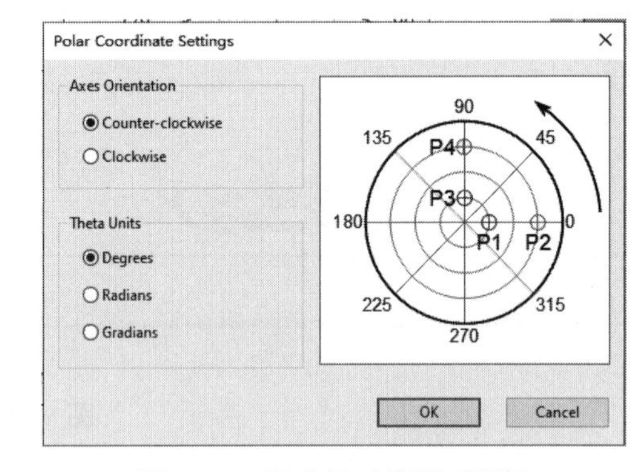

图 9-22 极坐标系设置对话框

4）单击“OK”按钮，完成极坐标系的设置。这时，图 9-21b 所示的图片曲线中出现 2 组 P1、P2 和 P3、P4 总计 4 个定位点，可用鼠标调整定位点的角度和极径。同时，“Digitizer”窗口中“Axes”选项卡中的坐标轴信息也变为极径和极角。

5）设置极径和极角范围。在“Digitizer”窗口的“Axes”选项卡中，设置 P1、P2 定位点具有相同的极角（0°）和极径（5，20），设置 P3、P4 定位点具有相同的极角（90°）和极径（5，20）。设置好的极坐标图片曲线窗口和极坐标数轴如图 9-23 所示。

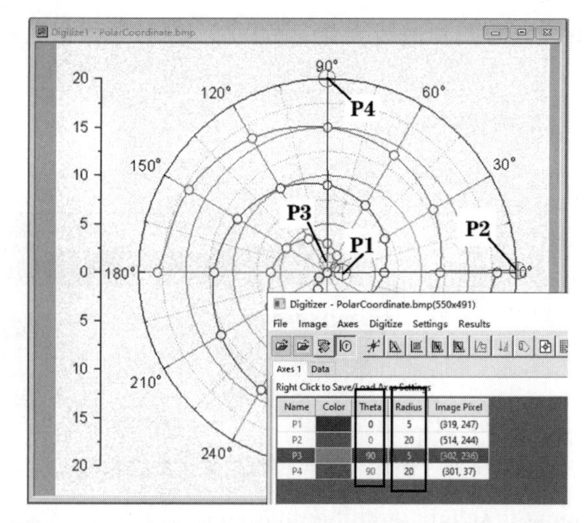

图 9-23　设置好的极坐标图片曲线窗口和极坐标数轴

2. 极坐标图片曲线数字化

该过程与谱线数字化过程相同。

1）按照谱线操作步骤，在图 9-23 所示的图片曲线上手工选取数据点。由于该极坐标曲线上有很多与极坐标的交点（图中的空心圆圈），因此建议以这些空心圆圈为选取数据点，结果如图 9-24 所示。

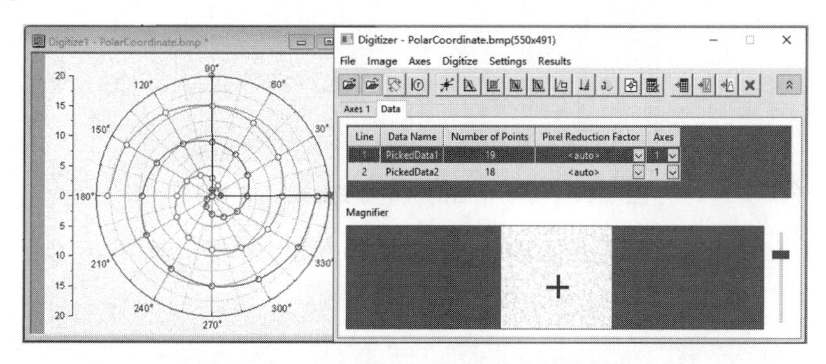

图 9-24　手工选取极坐标曲线上的数据点

2）为了使数字化后的曲线与原图片曲线更加一致，在各手工选取点之间进行自动选点，结果如图 9-25 所示。

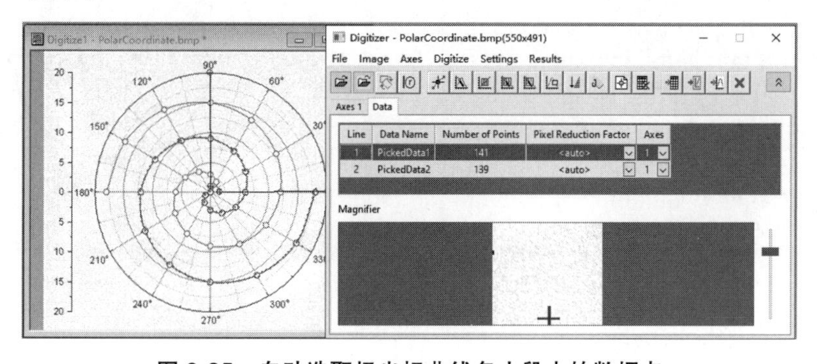

图 9-25　自动选取极坐标曲线各小段中的数据点

3）删除异常点（不符合原图片曲线变化过程的点），对数据进行排序，修改曲线数据名称，结果如图 9-26 所示。

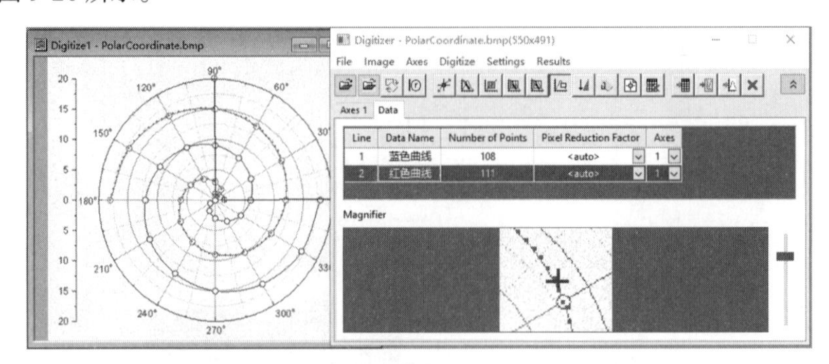

图 9-26 删除异常点和修改曲线数据名称

4）将极坐标图片曲线数据转至工作表，如图 9-27 所示。

DigiData - Interpolation.dat

	A(X1)	B(Y1)	C(L1)	D(X2)	E(Y2)	F(L2)
Long Name		蓝色曲线			红色曲线	
Units						
Comments	蓝色曲线数据			红色曲线数据		
Sparklines						
1	6.42088	8.78812		1.23613	13.62533	
2	14.71056	9.01268		5.75008	13.60178	
3	22.48958	9.26597		10.09319	13.79133	
4	25.36088	9.22102		14.47474	13.88682	
5	30.17326	9.41094		18.75005	14.04026	
6	32.61039	9.53463		23.21667	14.1074	
7	37.65231	9.61629		27.20696	14.37306	
8	43.58244	9.8484		27.40198	14.30468	
9	50.64376	9.99258		29.44106	14.22556	
10	52.49344	10.12794		33.00204	14.37932	
11	60.07468	10.19391		36.74846	14.59292	
12	63.40991	10.36802		40.25129	14.63294	

PolarCoordinate.bmp

图 9-27 数字化后的极坐标曲线数据工作表

5）将图 9-26 所示的数据转换至曲线，如图 9-28a 所示。适当修饰和调整该图，如图 9-28b 所示。

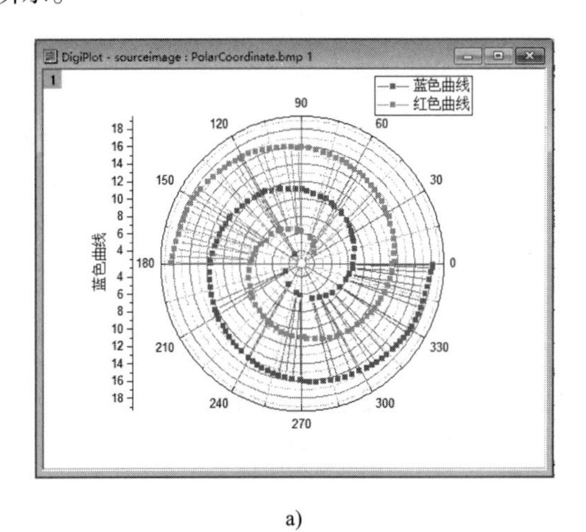

a)

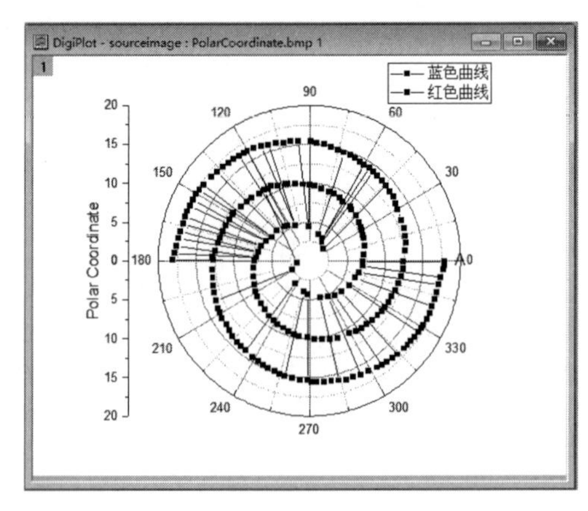

b)

图 9-28 极坐标曲线

a）数字化后的极坐标曲线 b）修饰后的极坐标曲线

9.2.4　三元坐标图片曲线数字化

三元坐标曲线在科研工作中也经常会遇到，同样地，时常也要将三元坐标系的图片曲线数字化。三元坐标系设置与极坐标系设置的过程是基本相同的。本节以 Origin 2022 所提供的三元坐标图片文件“Ternary Coordinate.bmp”为例说明三元坐标图片曲线的数字化过程。

1. 设置三元坐标系定位点和坐标轴

1）打开“\Origin 2022\Samples\Import and Export \Ternary Coordinate.bmp”图片文件，如图 9-29a 所示。

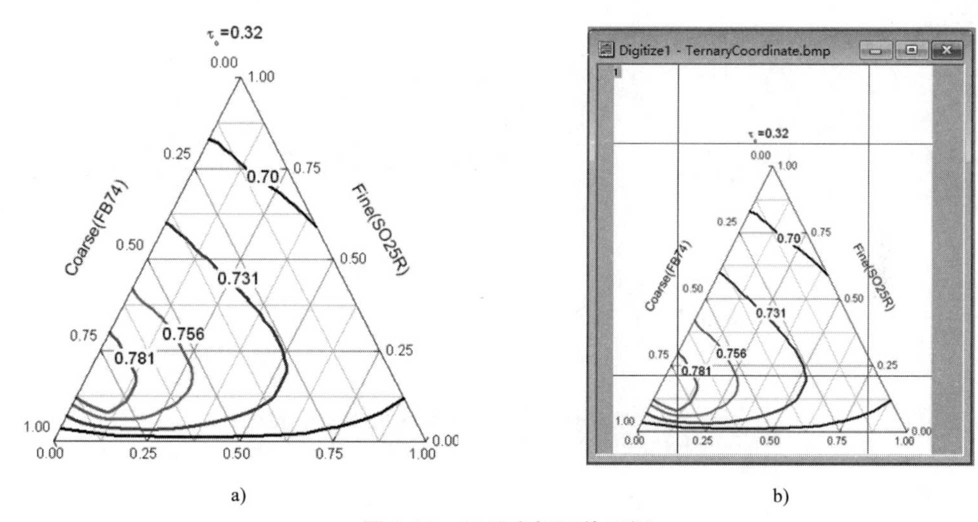

a)　　　　b)

图 9-29　三元坐标图片示例

a）三元坐标图片曲线　b）“Digitizer1”窗口三元坐标图片曲线

2）打开“Digitizer”数字化工具。选择菜单命令“Tools”→“Digitizer…”，打开数字化对话框，单击工具栏中的输入（Import）按钮，将“Ternary Coordinate.bmp”图片文件导入数字化工具窗口中。按住键盘 <A> 键，同时用鼠标左键调整图片在图形窗口中的位置和大小，如图 9-29b 所示。

3）在“Digitizer”窗口中，选择菜单命令“Axes”→“Ternary Coordinate”，打开“Ternary Coordinate Settings”三元坐标设置对话框，如图 9-30a 所示。图 9-29a 所示三元坐标曲线说明：三个坐标轴的数值变化范围为 [0，1]。因此，接受三元坐标方向为逆时针方向，选择变量变化的默认范围为 [0，1]，如图 9-30a 所示。单击“OK”按钮。

4）这时在三元坐标系图片曲线上出现 P1、P2 和 P3 三个定位点，用鼠标调整定位点的位置为三角形的三个顶角（点）。同时，在“Digitizer”窗口中选择“Axes1”选项卡，设置 P1、P2 和 P3 定位点的数值。设置好的三元坐标图片和“Digitizer”窗口中的坐标轴如图 9-30b 所示。

2. 三元坐标图片曲线数字化

与直角坐标图片曲线数字化过程相同，用“Digitizer”数字化工具对三元坐标曲线数字化，调整曲线线型，修饰三元坐标曲线，如图 9-31 所示。

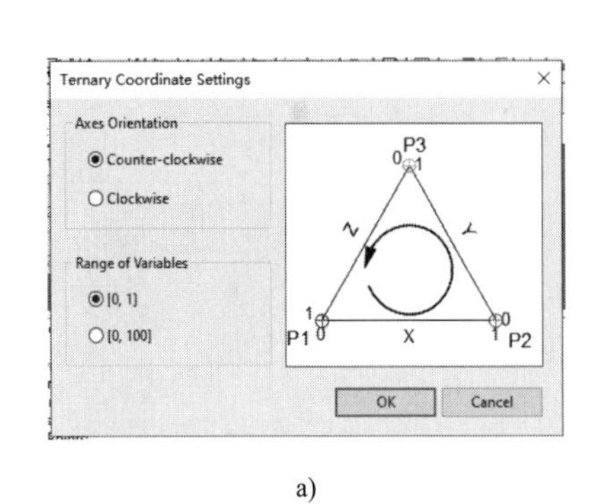

a)

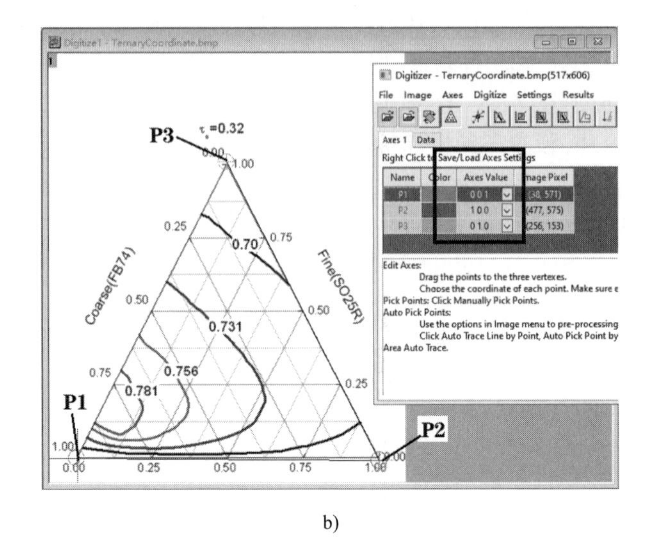

b)

图 9-30 三元坐标设置

a）选择设置三元坐标 b）设置好的三元坐标范围

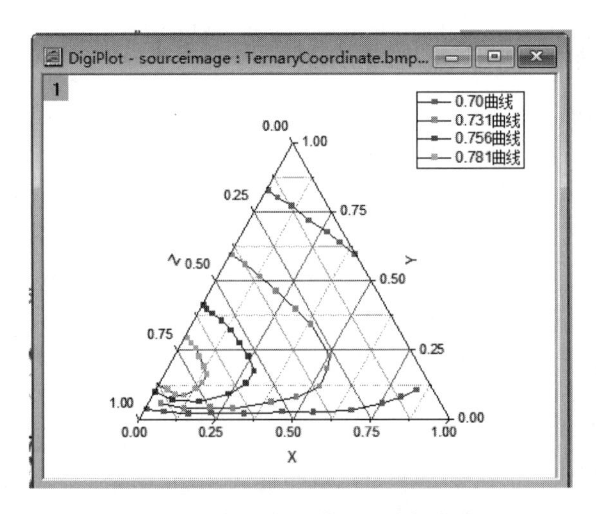

图 9-31 数字化后的三元坐标曲线

9.3 图片图像数字化

图片图像数字化主要是指将所给图片中的图像转换成数据，以便处理。图片图像数字化过程是这样的：首先需要用 Origin 打开图片图像文件，然后将图片中的图像转换为数字矩阵，最后将数字矩阵转换为图像，与原图像对比以判断图片图像是否成功数字化。Origin 支持的图片图像文件类型见表 9-3。

表 9-3 Origin 支持的图像文件类型

图像文件类型	扩展名
Bitmap	.bmp
Graphics Interchange Format	.gif
Joint Photographic Experts Group	.jpg、.jpe、.jpeg
Zsoft PC Paintbrush Bitmap	.pcx
Portable Network Graphics	.png
Truevision Targa	.tga
Adobe Photoshop	.psd
Tag Image File	.tiff
Windows MetaFile	.wmf
Enhanced MetaFile	.emf

以图像文件“9.3 中原工学院校徽 .jpg”为例说明图片图像的数字化过程。

1. 打开图片图像文件

1）打开“Image to Matrix：impImage”对话框。选择菜单命令“Data”→“Import From File”→“Image to Matrix…”，打开“Image”对话框，选择图片图像文件“9.3 中原工学院校徽 .jpg”，单击“Add files”按钮，图像文件添加至预览框，单击“OK”按钮，弹出“Image to Matrix：impImage”对话框如图 9-32 所示。

2）选择“Results Log Output”选项，如图 9-32 所示，只要选择该项，则导入图片图像的同时会在 Results Log 窗口中输出图片图像基本信息，如图 9-33 所示。

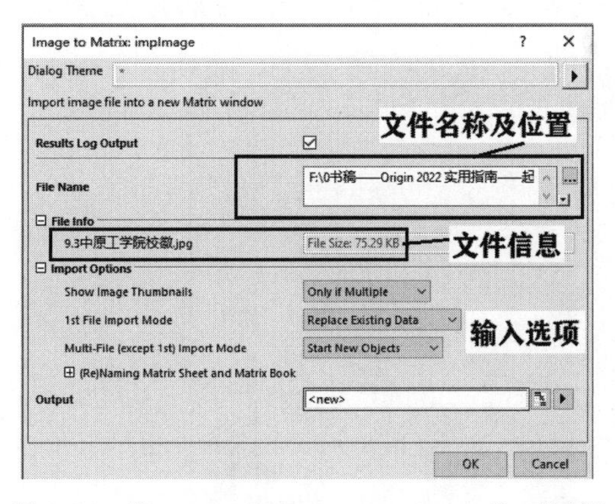

图 9-32 “Image to Matrix：impImage”对话框

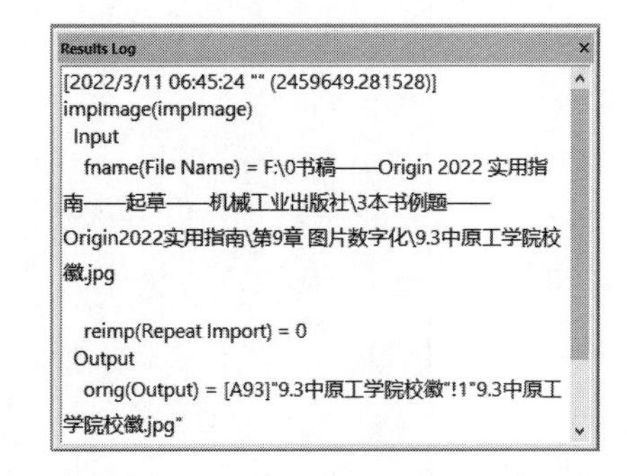

图 9-33 “Results Log”窗口图像文件基本信息

3）打开图片图像文件。单击图 9-32 中的“OK”按钮，图片图像导入矩阵窗口对话框中，如图 9-34 所示。

2. 将图片图像文件转换成数字矩阵

1）打开数据转换对话框。选择菜单命令“Image”→“Convert to Data”→“Open dialog”，

打开“Convert to Data：img2m”对话框，如图 9-35 所示。

2）在“Recalculate”下拉列表框中，选择“Manual”选项，“Type”下拉列表框中选择“short（2）”选项，如图 9-35 所示。

3）单击“OK”按钮，将图片图像转换为数据矩阵，如图 9-36 所示。

除此之外，还可以选择菜单命令“Matrix”→“Convert to Worksheet”，将原图片图像转换为数据矩阵。

3. 将数据矩阵转换为图像，进行验证

1）将图 9-36 所示的数据矩阵置为当前文件。

2）选择菜单命令“Plot”→“Contour”→“Image Plot”，以“Speed mode”速度模式将数据矩阵转换为曲线图形，如图 9-37 所示。

3）将图 9-34 所示的图片图像置为当前文件，选择菜单命令“Image”→“Arithmetic Transform”→“Extract to XYZ”，打开“Imag2XYZ”对话框，选择图片中的图像，设置参数后，单击“Apply”按钮可得相应的数据表和转换图像如图 9-38 所示。

图 9-34 导入图片图像到矩阵窗口

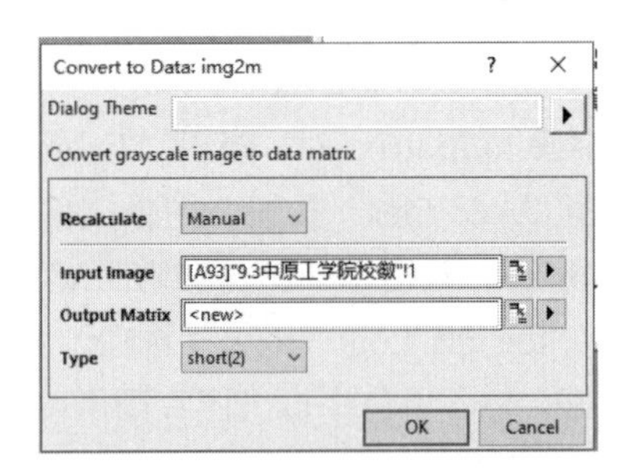

图 9-35 “Convert to Data：img2m”图像转换数据对话框

MBook2 :1/1 *

	50	51	52	53	54	55	56	57	58	59	60	61
101	65535	65535	65535	65535	65535	65535	65535	65535	65535	65535	65535	65535
102	65535	65535	65535	65535	65535	65535	65535	65535	65535	65535	65535	65535
103	65535	65535	65535	65535	65535	65535	65535	65535	65535	65535	65535	65535
104	65535	65535	65535	65535	65535	65535	65535	65535	65535	65535	65535	65535
105	65535	65535	65535	65535	65535	65535	65535	65535	65535	65535	65535	65535
106	65535	65535	65535	65535	65535	65535	65535	65535	65535	65535	65535	65535
107	65535	65535	65535	65535	65535	65535	65535	65535	65535	65535	65535	65535
108	65535	65535	65535	65535	65535	65535	65535	65535	65535	65535	65535	65535
109	65535	65535	65535	65535	65535	65535	65535	65535	65535	65535	65535	65535
110	65535	65535	65535	65535	65535	65535	65535	65535	65535	65535	65535	65535
111	65535	65535	65535	65535	65535	65535	65535	65535	65535	65535	65535	65535
112	65535	65535	65535	65535	65535	65535	65535	65535	65535	65535	65535	65535
113	65535	65278	65535	65535	65278	65535	65535	65535	65535	65535	65535	65535
114	65278	65535	65021	64764	65278	65278	65278	65535	65278	65535	65535	65535
115	65535	64250	65021	64764	65021	65278	65535	65535	65278	65535	65535	65535
116	64507	64764	64764	64507	65278	65278	65278	65021	65278	65535	65535	65535
117	64507	64250	64250	64764	64507	64507	65278	65535	65535	65535	65535	65535
118	58339	63222	64507	65278	64250	65278	65021	65278	65278	65535	65535	65535
119	18504	39835	65278	64764	64764	65278	65535	65535	65535	65535	65535	65535
120	12593	39835	65535	65021	64764	65021	65278	65535	65535	65278	65278	65535
121	16448	55255	65278	65021	64764	65535	65535	65535	65535	65535	65535	65278
122	24158	61166	65278	65021	65021	65278	65278	65535	65535	65535	65278	65021
123	34952	65535	65021	65021	65535	65535	65535	65535	65535	65535	65278	65278
124	45746	65535	65278	65278	65278	65535	65535	65535	65535	65278	65278	65535
125	56797	65278	65021	65021	65278	65535	65535	65535	65278	65535	65535	65535
126	64250	65021	65021	64764	65021	65535	65278	65535	65278	65535	65278	65021
127	65278	64764	65021	65278	65278	65278	65278	65278	65278	65278	65021	64507
128	65021	65278	65021	65278	65278	65535	65535	65535	65535	65021	65021	64764
129	64507	65021	65021	65535	65535	65535	65535	65535	65278	65278	64764	64250
130	64507	64764	65278	65278	65535	65535	65535	65535	65278	65535	65021	63993
131	65278	64764	65278	65278	65535	65535	65535	65278	65535	65021	64764	64764
132	63993	65021	65278	65021	65535	65535	65535	65278	65535	65278	65278	64764
133	63993	64764	65278	65278	65278	65535	65535	65535	65278	65535	64250	64507
134	64764	64507	65021	65278	65278	65535	65535	65535	65278	65278	64764	65021
135	64764	65278	65278	65278	65535	65278	65535	65535	65535	65021	65021	64764
136	65278	65535	65535	65278	65278	65535	65535	65535	65278	65021	64764	64764

Sheet1

图 9-36 图片图像的数据矩阵

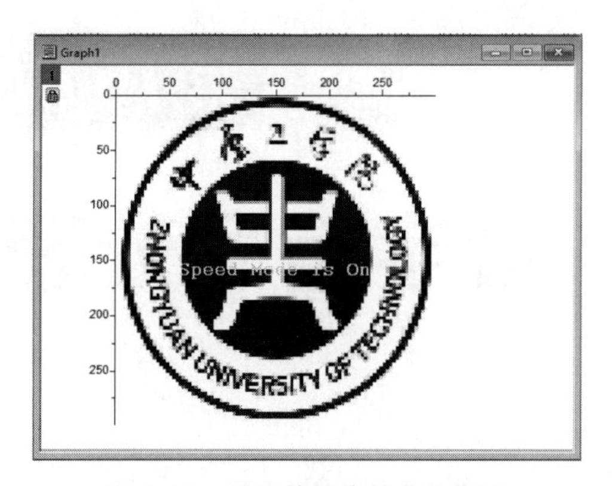

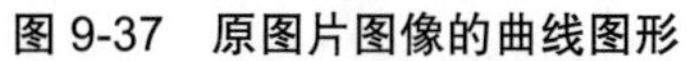
图 9-37 原图片图像的曲线图形

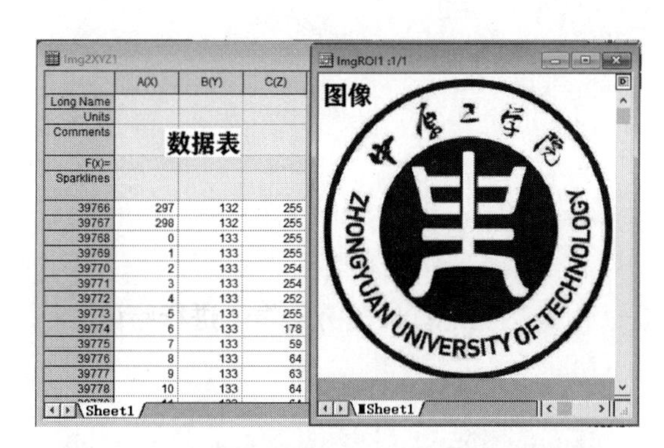

	A(X)	B(Y)	C(Z)
39766	297	132	255
39767	298	132	255
39768	0	133	255
39769	1	133	255
39770	2	133	254
39771	3	133	254
39772	4	133	252
39773	5	133	255
39774	6	133	178
39775	7	133	59
39776	8	133	64
39777	9	133	63
39778	10	133	64

图 9-38 原图片图像的三维数据表及转换图像

除此之外，还可将图片图像转换为二进制值等，相关内容读者可参阅 Origin 图像处理方面的书籍。

第10章

数字信号处理

数字信号处理（Digital Signal Processing）就是用数值计算方法对数字序列进行各种处理，把信号变换成符合需要的某种形式，达到提取有用信息便于应用的目的。信号有模拟信号和数字信号之分。数字信号处理具有精度高和灵活性强等特点，能够定量检测电动势、压力、温度和浓度等参数，因此广泛应用于科研中。Origin 中的信号处理工具主要有：数据平滑工具、FFT 滤波、傅里叶变换和小波变换。

10.1 数据平滑和滤波

10.1.1 数据平滑

Origin 提供了以下几种数据曲线平滑和滤波的方法：

1）用 Savitzky-Colay 滤波器平滑。

2）用相邻平均法平滑。

3）用 FFT 滤波器平滑。

4）数字滤波器，如低通、高通、带通、带阻和门限滤波器。

对平滑曲线进行平滑处理时，需先激活该图形窗口。选择菜单命令“Analysis”→“Signal Processing”→“Smoothing…”，打开“Smooth：smooth”对话框。可用 4 种方式对曲线进行平滑处理，“Smooth：smooth”对话框如图 10-1 所示。该对话框由左右两部分组成。右侧为拟处理信号曲线和采用平滑处理的效果预览面板，勾选中“Auto Preview”复选框时，在该面板处显示预览效果；左侧为平滑处理控制选项面板。

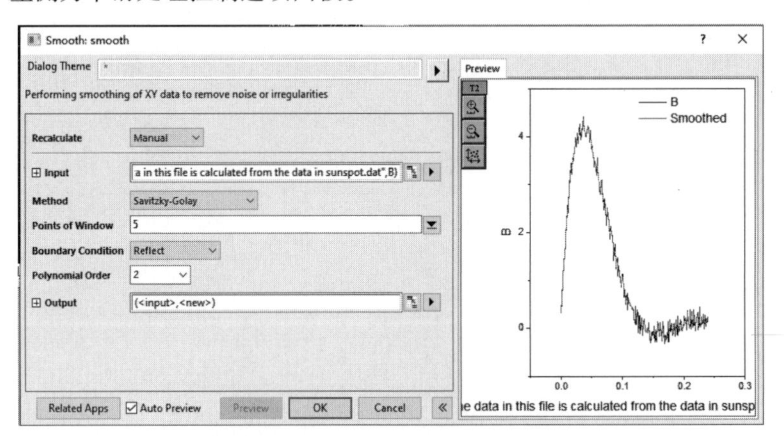

图 10-1“Smooth：smooth”对话框

左侧平滑处理控制选项面板的选项有很多。在“Input”下拉列表框中，选择拟平滑处理的数据；在“Method”下拉列表框中选择平滑处理方法。可选择的有“Savitzky-Golay”“Adjacent Averaging”“Percentile Filter”和“FFT Filter”4 种方法，以及用于小波分析的“Lowess”和“Loess”2 种方法。“Points of Window”是选择窗口中平滑的数据点数量的选项。“Boundary Condition”是边界条件的选项，可根据信号的情况选择。“Polynomial Order”是当采用“Savitzky-Golay”方法平滑处理时的多项式级数（1~5 级）选项，级数越高则精度越高。当选择“Percentile Filter”平滑方法时，则出现“Percentile”选项，该选项默认值为 50%，表示取信号数值的中值。当选择“FFT Filter”平滑方法时，则出现“Cut off Frequency”选项，该选项表示低通滤波的截止频率。“Output”为确定输出的选项。当勾选“Auto Preview”自动预览复选框时，在“Smooth : smooth”对话框右侧出现平滑处理的效果图。

以 Origin 提供的“…\Samples\Signal Processing\fftfilter1.dat”数据文件为例说明对含有噪声的数据曲线进行平滑处理，并通过绘制四屏图对比效果。

1）导入“fftfilter1.dat”数据文件，选择菜单命令“Analysis”→“Signal Processing”→“Smoothing…”，打开“Smooth : smooth”对话框。

2）分别依次采用“Savitzky-Golay”“Adjacent Averaging”“Percentile Filter”和“FFT Filter”4 种平滑命令，对数据表进行平滑处理，该平滑数据自动存储在原始数据和平滑数据工作表内，如图 10-2 所示。

fftfilter1 - fftfilter1.DAT

	A(X1)	B(Y1)	C(X2)	D(Y2)	E(X3)	F(Y3)	G(X4)	H(Y4)	I(X5)	J(Y5)
Long Name	The data in this file is calcul		Smoothed	Smoothed	Smoothed	Smoothed	Smoothed	Smoothed	Smoothed	Smoothed
Units	Year									
Comments				5 pts SG smooth of B		5 pts AAv smooth of B		5 pts PF smooth of B		5 pts FFT smooth of B
F(x)=										
Sparklines										
1	0.001	0.34391	0.001	0.33564	0.001	0.34391	0.001	0.34391	0.001	1.08857
2	0.002	0.55521	0.002	0.62686	0.002	0.65181	0.002	0.55521	0.002	1.08724
3	0.003	1.0563	0.003	0.89098	0.003	0.86388	0.003	0.97923	0.003	1.12745
4	0.004	0.97923	0.004	1.13444	0.004	1.09965	0.004	1.0563	0.004	1.21238
5	0.005	1.38473	0.005	1.28898	0.005	1.34069	0.005	1.38473	0.005	1.34022
6	0.006	1.52278	0.006	1.56548	0.006	1.52274	0.006	1.52278	0.006	1.50456
7	0.007	1.76042	0.007	1.75059	0.007	1.75182	0.007	1.76042	0.007	1.69547
8	0.008	1.96653	0.008	1.93709	0.008	1.98721	0.008	1.96653	0.008	1.90126
9	0.009	2.12463	0.009	2.23462	0.009	2.14693	0.009	2.12463	0.009	2.11023
10	0.01	2.56168	0.01	2.38752	0.01	2.29068	0.01	2.32137	0.01	2.31241
11	0.011	2.32137	0.011	2.41437	0.011	2.50251	0.011	2.47921	0.011	2.50066
12	0.012	2.47921	0.012	2.56868	0.012	2.65908	0.012	2.56168	0.012	2.67116
13	0.013	3.02567	0.013	2.8486	0.013	2.77415	0.013	2.90745	0.013	2.82327
14	0.014	2.90745	0.014	3.01723	0.014	2.99909	0.014	3.02567	0.014	2.9587
15	0.015	3.13703	0.015	3.16679	0.015	3.14708	0.015	3.13703	0.015	3.08056
16	0.016	3.4461	0.016	3.31103	0.016	3.22527	0.016	3.21917	0.016	3.19219
17	0.017	3.21917	0.017	3.35099	0.017	3.33593	0.017	3.41658	0.017	3.29632
18	0.018	3.41658	0.018	3.34196	0.018	3.4375	0.018	3.4461	0.018	3.39456

fftfilter1

图 10-2 原始数据与 4 种平滑方法处理数据工作表

3）选中该工作表的 4 组数据，选择菜单命令“Plot”→“Template Library”，选中其中的四屏图形面板（4 Panel）或者选择菜单命令“Plot”→“Multi-Panel/Axis”→“4 Panel”绘图，得到图形如图 10-3 所示。可以看出，如果采用默认参数，“Savitzky-Golay”方法的平滑处理效果最好。

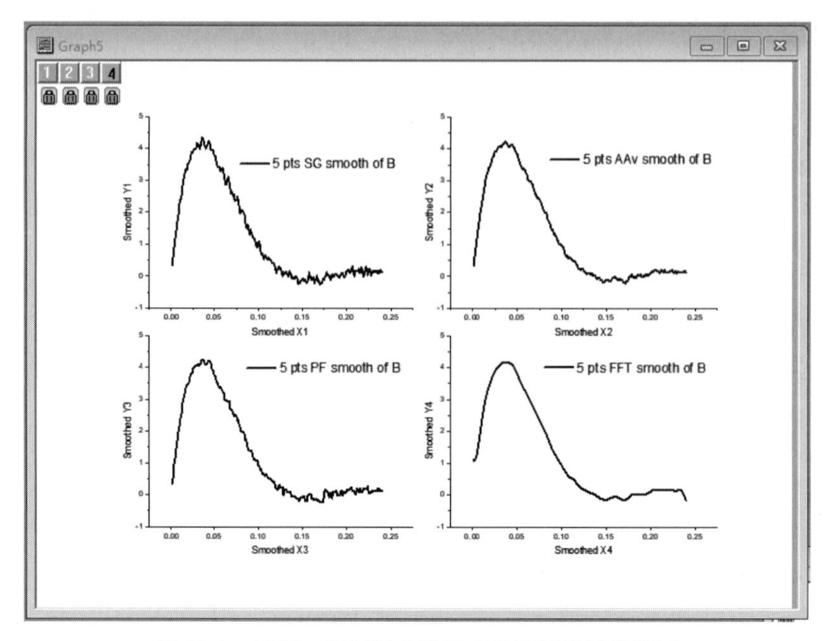

图 10-3　采用 4 种平滑方法处理的数据结果曲线图

10.1.2　数据滤波

滤波就是从总信号中选取部分频率信号，也可以说是一种能使有用频率信号通过，同时抑制或衰减无用频率信号的方法。Origin 采用傅里叶变换的 FFT 数字滤波器进行数据滤波分析。该 FFT 数字滤波器具有低通（包括理想低通和周期低通）、高通、带通、带阻和门限滤波器。低通和高通滤波器分别用来消除低频和高频噪声信号，带通滤波器用来消除特定频带以外的噪声频率成分，带阻滤波器用来消除特定频带以内的噪声频率成分，门限滤波器用来消除特定门槛值以下的噪声频率成分。

1. 低通和高通滤波器

若要消除高频或低频噪声的频率成分，就要用低通和高通滤波器。Origin 用式（10-1）计算其默认的截止频率。

$$F_c=10\times\frac{1}{\text{Period}} \tag{10-1}$$

式中，Period 为 X 列长度。

2. 带通和带阻滤波器

若要消除特定频带以外的频率成分，则需要用到带通滤波器；若要消除特定频带以内的频率成分，则需用带阻滤波器。Origin 用式（10-2）计算其默认值的下限截止频率 F_L 和上限截止频率 F_H。

$$\begin{aligned}F_L&=10\times\frac{1}{\text{Period}}\\F_H&=20\times\frac{1}{\text{Period}}\end{aligned} \tag{10-2}$$

式中，Period 为 X 列长度。

选择菜单命令“Analysis”→“Signal Processing”→“FFT Filters…”，打开“FFT Filters：fft_filters”对话框，如图 10-4 所示，可实现 6 种傅里叶方式对曲线进行数据滤波。

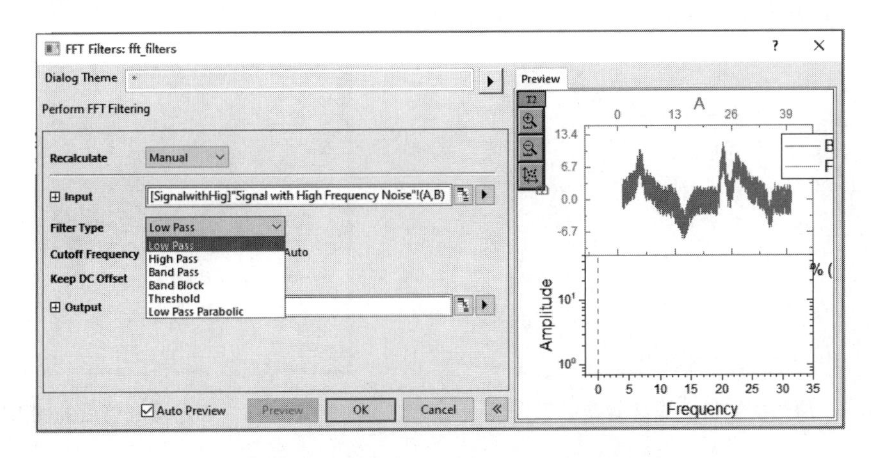

图 10-4　“FFT Filters：fft_filters”对话框

如图 10-4 所示的对话框，由左右两部分组成，左侧为数据滤波控制选项面板，右侧为拟处理信号曲线和数据滤波效果预览面板，勾选“Auto Preview”复选框时，在该面板处显示预览效果。

在“FFT Filters：fft_filters”对话框中，左侧的数据滤波控制选项面板有很多选项。在“Input”下拉列表框中，可选择拟数据滤波处理的数据。在“Filter Type”下拉列表框中，可选择滤波器的种类，如图 10-4 中选择的是“Low Pass（低通）”滤波器。当选择了“Low Pass”滤波器时，右侧预览面板显示预览。在右侧预览面板下半部分出现一条垂直红线（频率和振幅），X 坐标表示当前截止频率（Cutoff Frequency），可以用鼠标左右移动下方的垂直红线以调整幅值。

以 Origin 提供的“…\Samples\Signal Processing\Signal with High Frequency Noise.dat”数据文件为例说明 FFT 数字滤波处理，并绘图比较其效果，具体步骤如下：

1）导入“Signal with High Frequency Noise.dat”数据文件，选择菜单命令“Analysis”→“Signal Processing”→“FFT Filters…”，打开“FFT Filters：fft_filters”对话框。

2）选择“Band Pass（带通）”滤波器，调整下限截止频率为“2”，上限截止频率为“20”，如图 10-5 所示。

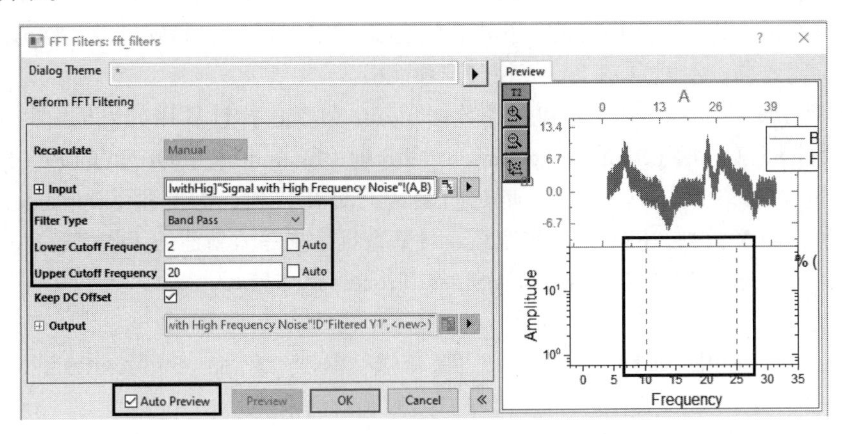

图 10-5　调整“Band Pass（带通）”滤波器的上限、下限截止频率及幅值范围

3）单击“OK”按钮，通过带通滤波器的数据就存储在工作表的新建列中了，生成的带通滤波器数据工作表如图 10-6 所示。

4）绘制带通滤波前后的图形如图 10-7 所示。

SignalwithHig - Signal with High Frequency ...

	A(X1)	B(Y1)	C(X2)	D(Y2)
Long Name			Filtered X1	Filtered Y1
Units				
Comments				2 - 20 Hz Band Pass fft filter of B
F(x)=				
Sparklines				
1	1	-1.3483	1	0.05481
2	1.01905	-0.27967	1.01905	0.16549
3	1.0381	0.85976	1.0381	1.77022
4	1.05716	1.9451	1.05716	2.38654
5	1.07621	2.80651	1.07621	3.17699
6	1.09526	3.15696	1.09526	3.52943
7	1.11431	2.99905	1.11431	3.07425

Signal with High Frequenc

图 10-6　原数据和带通滤波器数据工作表

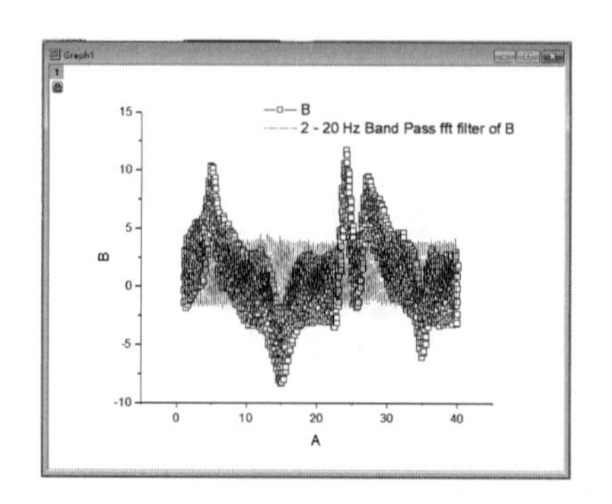

图 10-7　带通滤波前后的图形

10.2 傅里叶变换

傅里叶分析是将信号分解成不同频率的正弦函数进行叠加，是信号处理中最重要、最基本的方法之一。对于离散信号通常采用离散傅里叶变换（Discrete Fourier Transform，DFT），而快速傅里叶变换（Fast Fourier Transform，FFT）则是离散傅里叶变换的一种快速、高效的算法。正是由于有了快速傅里叶变换，傅里叶分析才被广泛应用于滤波、卷积、频域分析和功率谱估计等方面。Origin 2022 的快速傅里叶变换是指快速傅里叶变换（FFT）、反向快速傅里叶变换（Inverse Fast Fourier Transform，IFFT）和短时傅里叶变换（Short-Time Fourier Transform，STFT）等。

10.2.1 快速傅里叶变换

进行 FFT 计算时，首先在工作簿窗口中选择工作表的数列，或者在图形窗口中选择数据曲线，然后选择菜单命令“Analysis”→“Signal Processing”→“FFT”→“FFT…”，打开“FFT：fft1”对话框，如图 10-8 所示。该对话框由两部分组成，右侧为拟处理信号曲线的 FFT 计算效果预览面板，其上方为相位谱，下方为幅度谱。当勾选“Auto Preview”复选框时，在该面板处显示预览效果；左侧为 FFT 计算控制选项面板。

在“FFT：fft1”对话框中设置和选择数据，其中包括选择计算用的采样时间量（Sample Interval）和数据的实分量（Real Component）、虚分量（Imaginary）。Origin 的 FFT 运算假设数列中的自变量（Independent Variable）是时间变量，即 X 数列；因变量（Dependent Variable）是某种幅度值，即 Y 数列。FFT 运算结束后，计算数据结果写入新建的工作表窗口和 FFT 计算结果图表。以 Origin 提供的“…\Samples\Signal Processing\Fftfilter1.dat”数据文件为例说明快速傅里叶变换。

1）导入“Fftfilter1.dat”数据文件，选择菜单命令“Analysis”→“Signal Processing”→“FFT”→“FFT”，打开“FFT：fft1”对话框。

2）在“Input”选项卡中选择 B（Y）列，此列是由仪器等时间间隔采样得到的数据，其余选用默认值。单击“OK”按钮，进行快速傅里叶变换，得到 FFT 计算结果图，如图 10-9 所示。

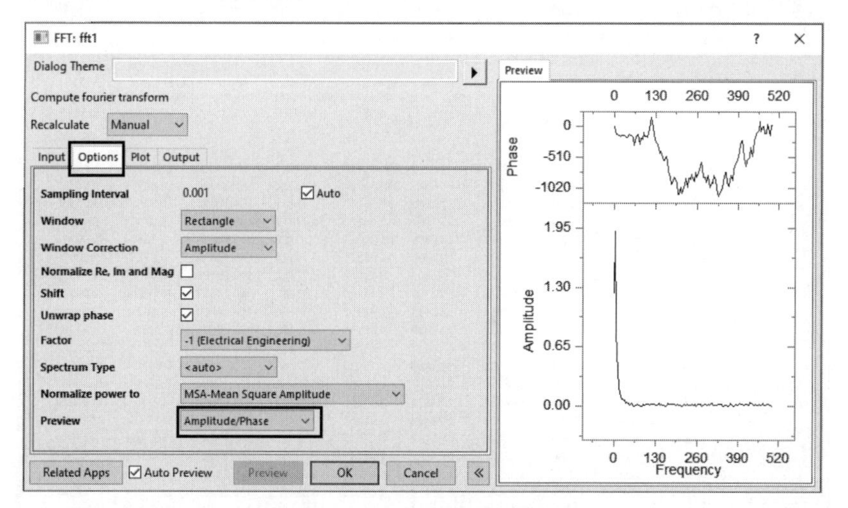

图 10-8　“FFT : fft1”对话框

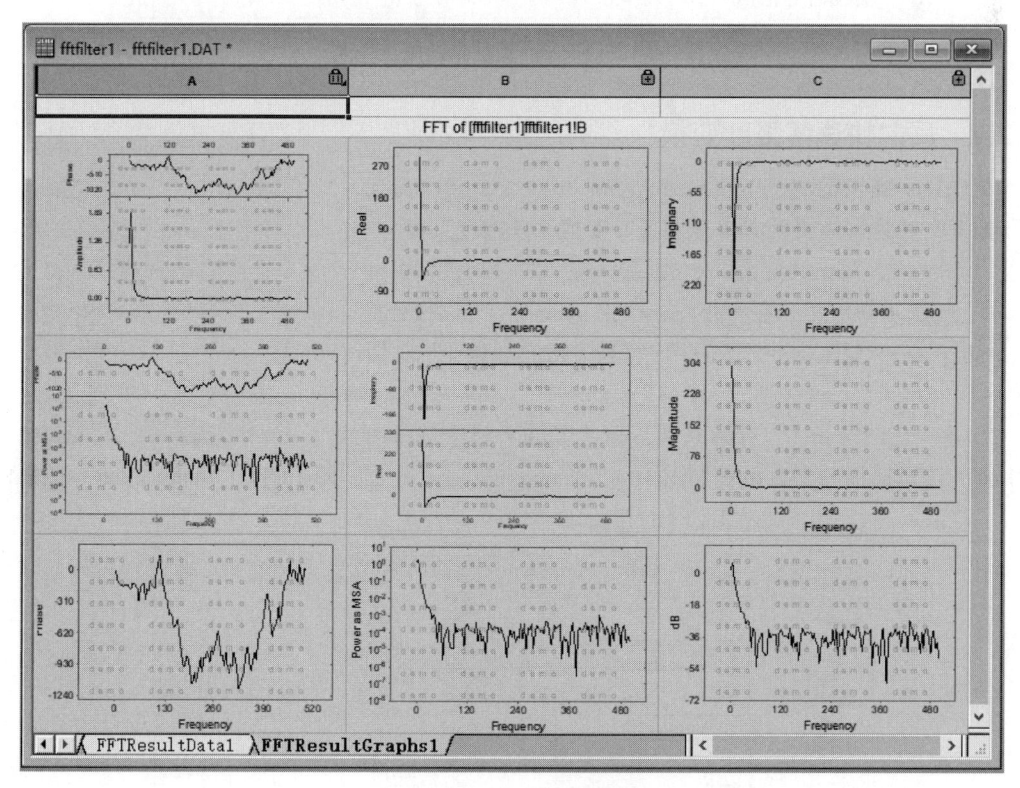

图 10-9　FFT 计算结果图

FFT 计算结果图共有 9 张图，其中最重要的是第 1 张，其上方为相位谱、下方为幅度谱。第 2 张为实分量和虚分量图，其余为幅值、相位和功率图。在计算结果数据工作表中给出了实际进行 FFT 的计算结果数据，如图 10-10 所示。

fftfilter1 - fftfilter1.DAT *

	A(X)	B(Y)	C(Y)	D(Y)	E(Y)	F(Y)	G(Y)	H(Y)	I(Y)
Long Name	Frequency	Complex	Real	Imaginary	Magnitude	Amplitude	Phase	Power as MSA	dB
Units									
Comments	FFT of [fftfilter1]fftfilter1!B	FFT of [fftfilter1]fftfilter1!B	FFT of [fftfilter1]fftfilter1!B	FFT of [fftfilter1]fftfilter1!B	FFT of [fftfilter1]fftfilter1!B	FFT of [fftfilter1]fftfilter1!B	FFT of [fftfilter1]fftfilter1!B	FFT of [fftfilter1]fftfilter1!B	FFT of [fftfilter1]fftfilter1!B
F(x)=									
Sparklines									
1	0	297.41665	297.41665	0	297.41665	1.23924	0	1.53571	1.86308
2	4.16667	84.87693 - 214.16325i	84.87693	-214.16325	230.36925	1.91974	-68.38064	1.84271	5.66487
3	8.33333	-57.55549 - 78.55276i	-57.55549	-78.55276	97.38157	0.81151	-126.23018	0.32928	-1.81409
4	12.5	-37.29397 - 25.97067i	-37.29397	-25.97067	45.44575	0.37871	-145.14753	0.07171	-8.43376
5	16.66667	-22.91941 - 14.01969i	-22.91941	-14.01969	26.86729	0.22389	-148.54609	0.02506	-12.99915
6	20.83333	-15.73269 - 6.30406i	-15.73269	-6.30406	16.94871	0.14124	-158.16413	0.00997	-17.00089
7	25	-7.88563 - 5.13563i	-7.88563	-5.13563	9.41052	0.07842	-146.92523	0.00307	-22.11135
8	29.16667	-7.96952 - 5.22588i	-7.96952	-5.22588	9.53011	0.07942	-146.74583	0.00315	-22.00166
9	33.33333	-7.09666 - 3.42409i	-7.09666	-3.42409	7.87952	0.06566	-154.24301	0.00216	-23.65362
10	37.5	-4.34792 + 0.17929i	-4.34792	0.17929	4.35161	0.03626	-182.36135	6.57518E-4	-28.81062
11	41.66667	-5.83125 + 0.44617i	-5.83125	0.44617	5.8483	0.04874	-184.37541	0.00119	-26.24304
12	45.83333	-2.80981 - 3.03803i	-2.80981	-3.03803	4.13819	0.03448	-132.7651	5.94605E-4	-29.24741
13	50	-0.6812 - 0.60277i	-0.6812	-0.60277	0.90959	0.00758	-138.49564	2.87278E-5	-42.40667
14	54.16667	-3.04181 - 1.54932i	-3.04181	-1.54932	3.41365	0.02845	-153.0084	4.04619E-4	-30.91924
15	58.33333	-2.95093 + 0.22608i	-2.95093	0.22608	2.95958	0.02466	-184.38108	3.04135E-4	-32.15904
16	62.5	0.18846 + 0.20102i	0.18846	0.20102	0.27555	0.0023	-313.15245	2.63639E-6	-52.77961
17	66.66667	-1.2407 - 0.24094i	-1.2407	-0.24094	1.26388	0.01053	-169.00997	5.54647E-5	-39.54954
18	70.83333	-1.48809 - 1.03205i	-1.48809	-1.03205	1.81095	0.01509	-145.25723	1.13872E-4	-36.42551
19	75	-1.62488 - 1.91139i	-1.62488	-1.91139	2.50871	0.02091	-130.36805	2.18529E-4	-33.5946
20	79.16667	0.20043 + 0.69004i	0.20043	0.69004	0.71856	0.00599	-286.19679	1.79279E-5	-44.45441
21	83.33333	-0.58658 + 0.13414i	-0.58658	0.13414	0.60173	0.00501	-192.88068	1.2572E-5	-45.99565

FFTResultData1 FFTResultGraphs1

图 10-10 FFT 计算结果数据工作表

10.2.2 反向快速傅里叶变换

以 Origin 提供的“…\Samples\Signal Processing\fftfilter2.dat”数据文件为例说明反向快速傅里叶变换（IFFT）。

1）导入“fftfilter2.dat”数据文件如图 10-11 所示，选择菜单命令“Analysis”→“Signal Processing”→“FFT”→“IFFT”，打开“IFFT：ifft1”对话框。

2）在“IFFT：ifft1”对话框中，在“Input”栏中选择 B（Y）列，该对话框的参数设置如图 10-12 所示。

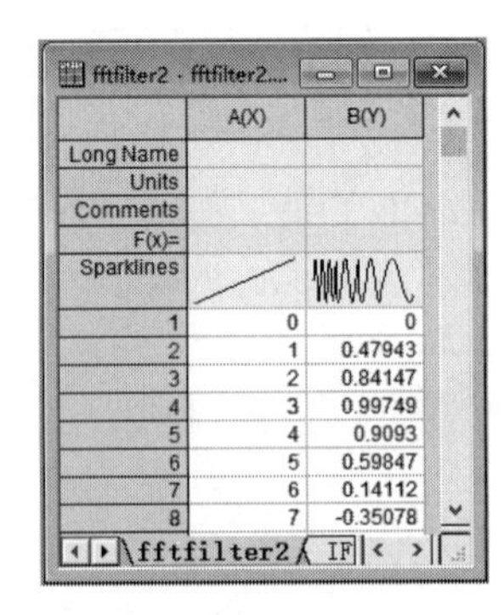

fftfilter2 - fftfilter2....

	A(X)	B(Y)
Long Name		
Units		
Comments		
F(x)=		
Sparklines		
1	0	0
2	1	0.47943
3	2	0.84147
4	3	0.99749
5	4	0.9093
6	5	0.59847
7	6	0.14112
8	7	-0.35078

fftfilter2 IF

图 10-11 “fftfilter2.dat”数据文件

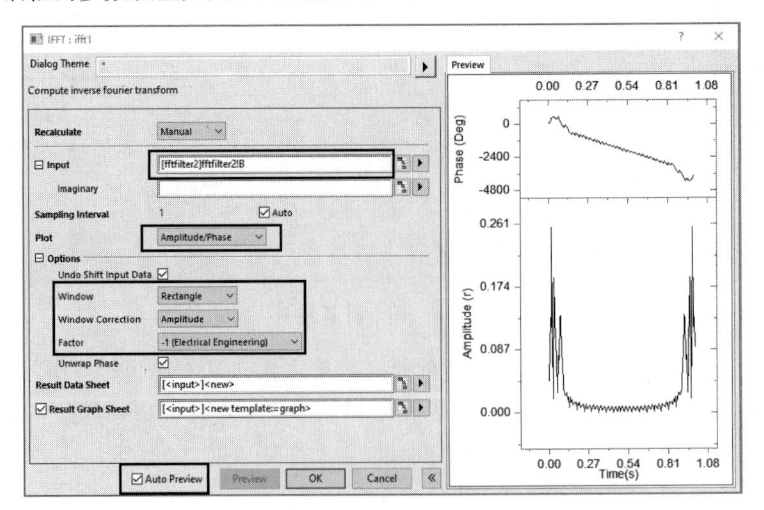

图 10-12 “IFFT：ifft1”对话框参数设置

3）单击“OK”按钮，进行 IFFT，IFFT 结果如图 10-13 所示。

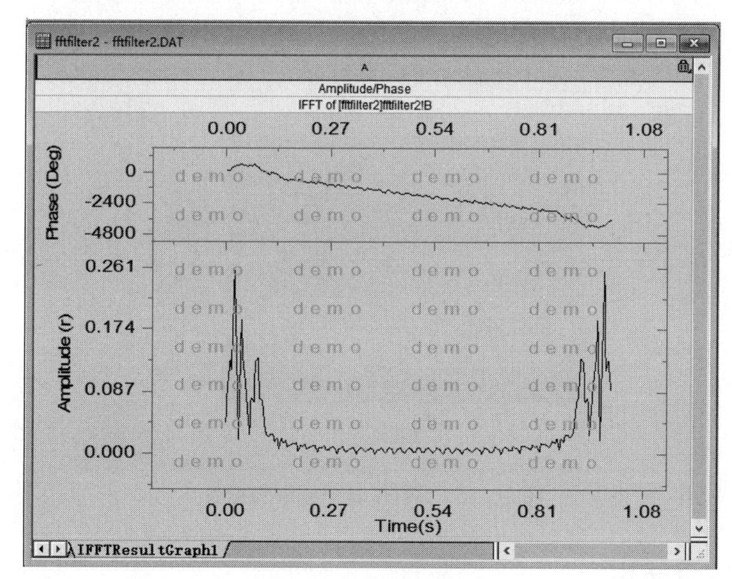

图 10-13　IFFT 结果

10.2.3　短时傅里叶变换

仍以 Origin 提供的“…\Samples\Signal Processing\fftfilter2.dat”数据文件为例说明短时傅里叶变换（STFT）。

1）导入“fftfilter2.dat”数据文件如图 10-11 所示，选择菜单命令“Analysis”→“Signal Processing”→“STFT”，打开“STFT：stft”对话框。

2）在“Input”栏中选择 B（Y）列，该对话框的参数设置如图 10-14 所示。

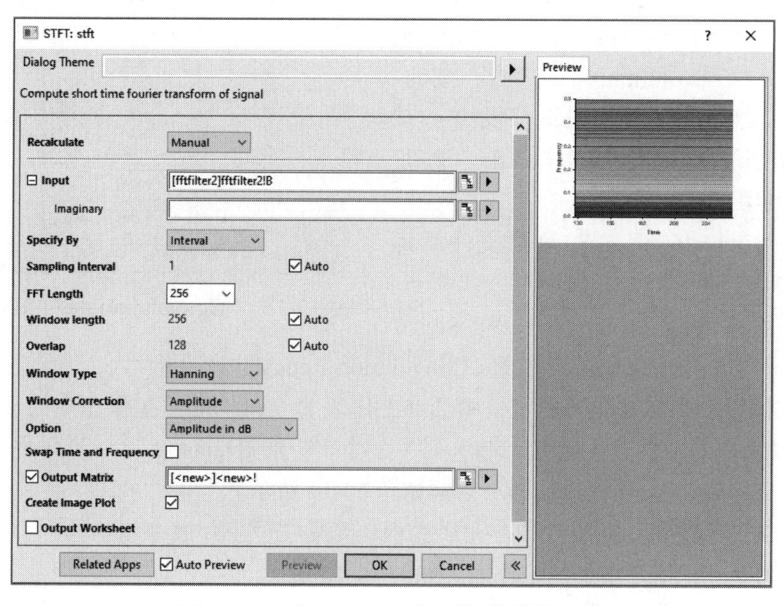

图 10-14　“STFT：stft”对话框参数设置

3）设置完毕，单击“OK”按钮，进行 STFT 运算，输出 STFT 结果图和数据表，如图 10-15 所示。

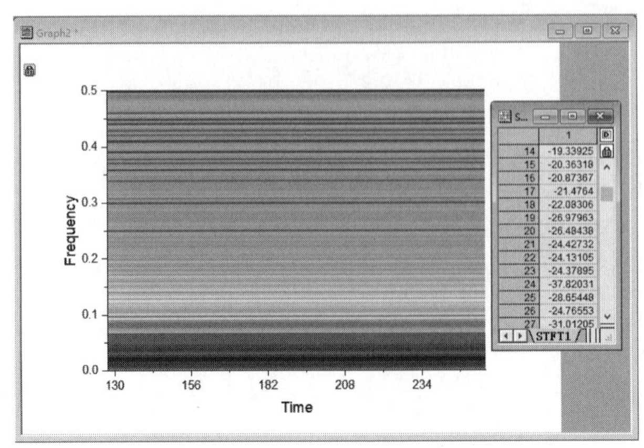

图 10-15　STFT 结果图和数据表

10.2.4　卷积和去卷积

1. 卷积

卷积（Convolution）运算是将一个信号与另一个信号混合，后一个信号通常是响应信号。对两个数列进行卷积运算是数据平滑、信号处理和边沿检测的常用过程。卷积运算是基于 FFT 的，因此 Origin 将此运算也放在 FFT 菜单中。卷积运算时，首先需要将工作表窗口或图形窗口设置为当前窗口，然后选择菜单命令“Analysis”→“Signal Processing”→“Convolution…”，打开“Convolution：conv”对话框。以 Origin 提供的“…\Samples\Signal Processing\Convolution.dat”数据文件为例说明卷积运算。

Convolution - Convolution.dat *

	A(X1)	B(Y1)	C(Y1)	D(X2)	E(Y2)
Long Name	Channel	Signal	Response	Conv X1	Conv Y1
Units					
Comments					convolution of "Signal", "Response"
F(x)=				新增两列	
Sparklines					
1	1	0.3439	7E-4	0	8.086E-5
2	2	0.5552	0.0015	1	3.038E-4
3	3	1.0563	0.0031	2	8.862E-4
4	4	0.9792	0.006	3	0.00203
5	5	1.3847	0.0111	4	0.00432
6	6	1.5228	0.0198	5	0.00856
7	7	1.7604	0.0341	6	0.01617
8	8	1.9665	0.0561	7	0.02924
9	9	2.1246	0.0889	8	0.0509
10	10	2.5617	0.1353	9	0.08549
11	11	2.3214	0.1979	10	0.13866
12	12	2.4792	0.278	11	0.21755
13	13	3.0257	0.3753	12	0.33068
14	14	2.9075	0.4868	13	0.48722
15	15	3.137	0.6065	14	0.69672
16	16	3.4461	0.7262	15	0.96803
17	17	3.2192	0.8353	16	1.30812

Convolution

图 10-16　“Convolution.dat”数据文件工作表

1）导入“Convolution.dat”数据文件，其工作表如图 10-16 所示。

2）选择菜单命令“Analysis”→“Signal Processing”→“Convolution…”，打开“Convolution：conv”对话框。

3）在该对话框的“Signal”列表框中选择工作表 B（Y1）列（工作表中的 Signal 列），在“Response”列表框中选择工作表 C（Y1）列（工作表中的 Response 列，该列是系统的输入信号和系统的输出响应），设置完成后的对话框如图 10-17 所示。

4）单击“OK”按钮，完成计算。完成卷积运算后在原工作表中增加两列，第 1 列是数据点序号，第 2 列是卷积值，增加的工作表列如图 10-16 所示。

5）选择图 10-16 所示工作表中的 B（Y1）、C（Y2）和 E（Y2）所做的曲线图如图 10-18 所示。

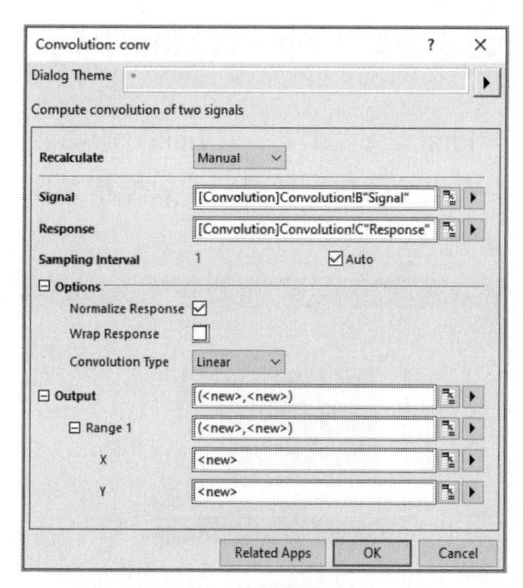

图 10-17　设置好的“Convolution：conv”对话框

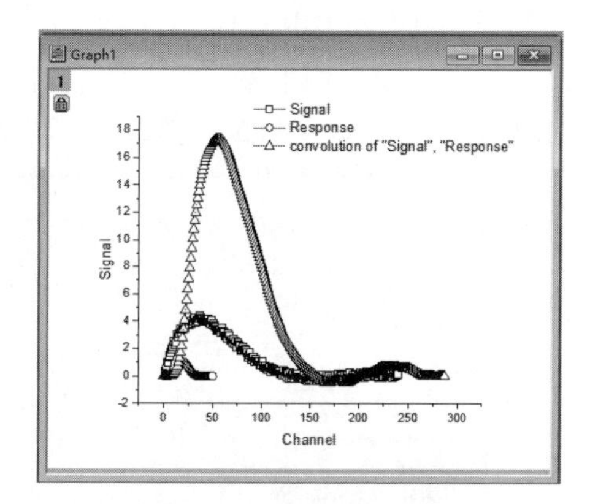

图 10-18　卷积运算曲线图

2. 去卷积

去卷积（Deconvolution）运算是卷积运算的逆过程，它是根据输出信号和系统响应来确定输入信号的。在工作表中选择两列，然后选择菜单命令“Analysis”→“Signal Processing”→“Deconvolute”，实现去卷积运算。去卷积运算的结果是在原工作表末尾增加两列，第 1 列为数据点序号（Deconv X1），第 2 列是去卷积值（Deconv Y1）。去卷积的物理意义和计算方法与卷积都是相互对应的。读者可利用 Origin 提供的“…\Samples\Signal Processing\Deconvolution.dat”数据文件自行练习，此处不再赘述。

10.2.5　相关性和相干性

1. 相关性

相关性（Correlation）运算通常用于计算分析两个信号的相似性和延时特性，两个信号相同时，则计算自相关性。相关性运算有线性相关运算和循环相关运算两种。当输入信号包含脉冲时，通常采用线性相关运算；当输入信号包含周期时，通常采用循环相关运算。相关系数用于评估两个信号的相似程度。如果两个信号相似程度高，则计算出的相关系数大；如果两个信号无线性相关，则相关系数小。

本节以 Origin 提供的“…\Samples\Signal Processing\Correlation.dat”数据文件为例说明其工作表中两列数据的相关性。具体步骤如下：

Correlation - Correlation.dat

	A(Y)	B(Y)	C(X)	D(Y)
Long Name			Time	Corr Y1
Units				
Comments				correlation of A, B
F(x)=				
Sparklines			相关性数据	
1	-0.02861	0	-80	-9.7E-17
2	0.10097	1	-79	-7.5E-17
3	0.15188	0.8	-78	-4.1E-18
4	-0.02864	0.6	-77	-1.3E-16
5	-0.09683	0.4	-76	-2.2E-17
6	-0.01719	0.2	-75	-1.1E-17
7	0.0655	0	-74	-4.1E-17
8	-0.11455	0	-73	4.55E-17
9	-0.00732	0	-72	-3.1E-17
10	0.13931	0	-71	-4.8E-17

Correlation

图 10-19　“Correlation.dat”数据文件

1）导入“Correlation.dat”数据文件，将 A（X）列设置为 A（Y）列，A（Y）和 B（Y）这两列为仪器两次采样得到的数据，如图 10-19 所示。

2）选中“Correlation”工作表中的 A（Y）列和 B（Y）列，选择菜单命令“Analysis”→“Signal Processing”→“Correlation”，打开“Correlation：corr1”对话框，设置如图 10-20 所示。

3）单击“OK”按钮，完成相关性运算。完成相关性运算后，在原工作表中增加两列相关性数据，如图 10-19 所示。新的第 1 列［即 C（X）列］为数据点序号，第 2 列［即 D（Y）列］为相关性值。

4）选中工作表中的 D（Y）列，选择菜单命令“Plot”→“2D”→“Line”绘图。用数据读取工具，读取图中最高峰的时间位置为 49（表明要比较两次采样得到的数据相关性，第二组数据需要平移 49 个单位），如图 10-21 所示。

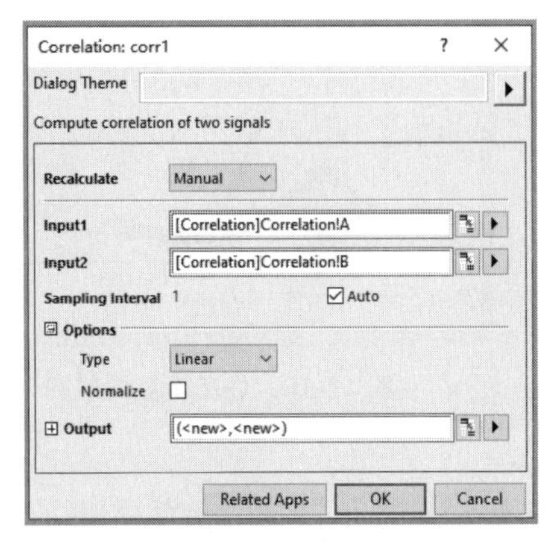

图 10-20 “Correlation：corr1”对话框设置

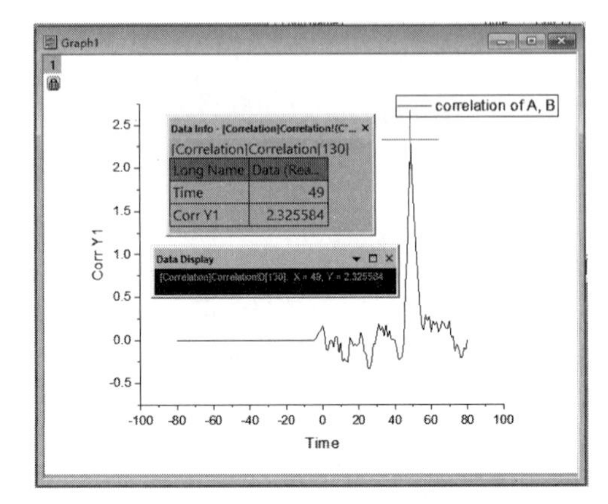

图 10-21 相关性曲线及第二组数据平移距离

5）选中“Correlation”工作表中的 A(Y）列和 B(Y）列，选择菜单命令“Plot”→“Multi-Panel/Axis”→“Vertical 2 Panel”绘图，如图 10-22 所示。打开“Plot Details-Layer Properties”对话框，设置如图 10-23 所示。关联两个图层中的坐标轴，关联后的图形如图 10-24 所示。

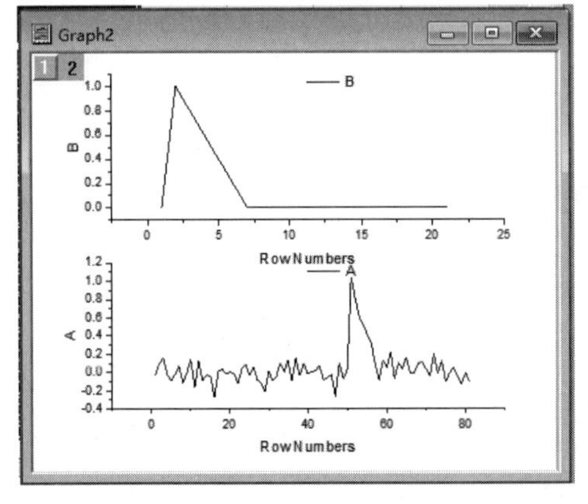

图 10-22 工作表中 A（Y）列和 B（Y）列曲线图

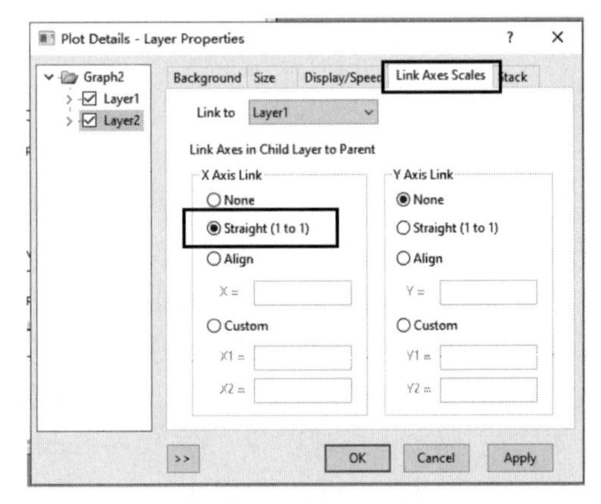

图 10-23 “Plot Details-Layer Properties”对话框设置

6）为了使图中数据可以移动，删除图绿色锁。在图中第 1 层为当前层时，选择菜单命令“Analysis”→“Data Manipulation”→“Horizontal Translate”，在图中添加一条垂直线和一个三角形。单击该三角形绘图，在弹出的菜单中去掉“Keep Tool after Translation”选项，选择“Shift Curve”命令，在打开的“Shift Curve”对话框的“Value”文本框中输入“49”，如图 10-25a 所示。

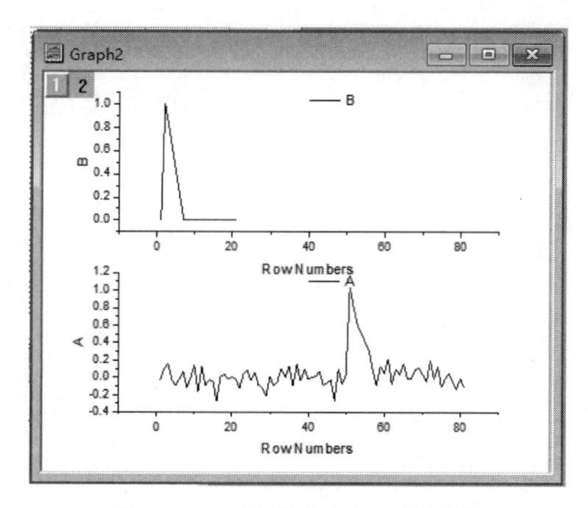

图 10-24　关联两个图层坐标轴

7）单击“OK”按钮，将图层 1 中的曲线向右平移 49 个单位，如图 10-25b 所示。此时，可以看出两组信号数据具有高度相似性。

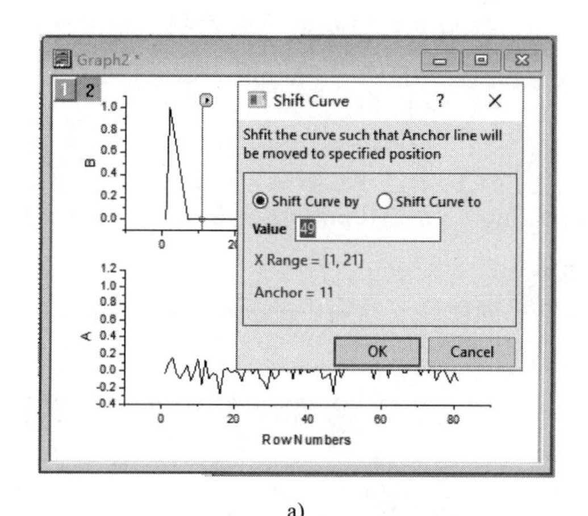

a)

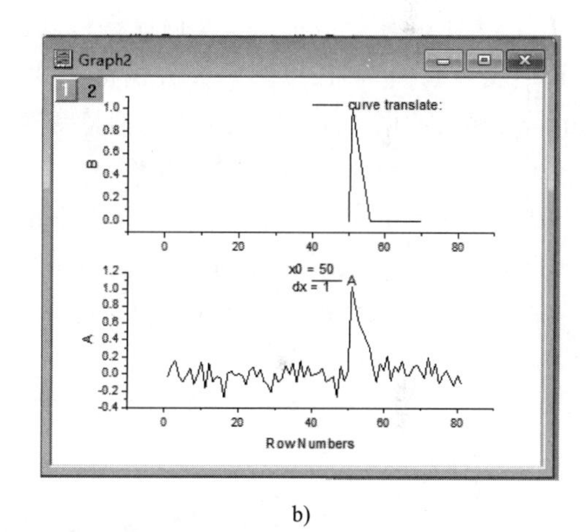

b)

图 10-25　曲线平移和比较两组信号数据相似性

a）将曲线向右平移 49 个单位　b）比较两组信号数据相似性

2. 相干性

相干性（Coherence）运算，也就是一致性运算，通常用于分析两个信号的同频率分量的线性相关程度。如果测试的两个信号在给定频率范围内有明确的关系，则相干性为 1。如果完全没有明确关系，则相干性为 0。

1）打开如图 10-19 所示的“Correlation.dat”数据文件，选中“Correlation”工作表中的 A（Y）列和 B（Y）列，选择菜单命令“Analysis”→“Signal Processing”→“Coherence”，打开“Coherence：cohere”对话框，设置如图 10-26 所示。

2）单击“OK”按钮，进行相干性运算，在原工作表中新增加两列，新增的第 1 列为数据点序号，第 2 列为相干性值，如图 10-27 所示。从 D（Y）列数据可以看出，所测试的两个信号在每个频率处的相干性值均为 1，这说明被测试的两组信号在给定的频率范围内有明确的关系。

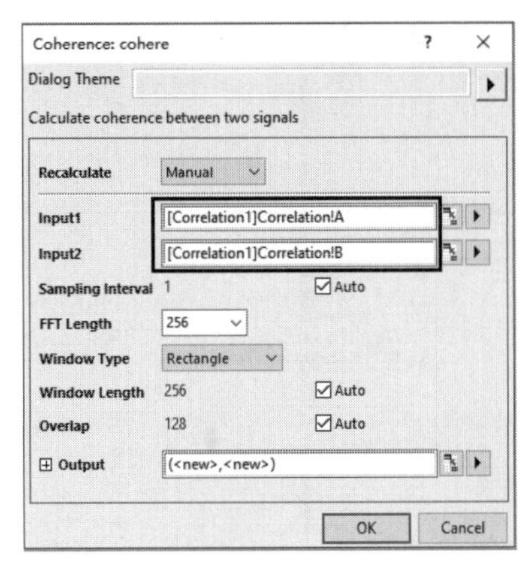

图 10-26 “Coherence：cohere”对话框设置

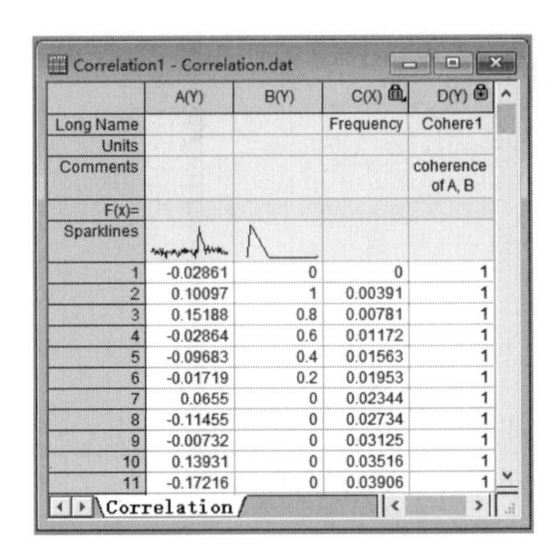

图 10-27 相干性运算结果数据表

10.2.6 希尔伯特变换

希尔伯特（Hilbert）变换是信号处理中的一个常用手段，将实信号 $u(t)$ 拓展到复平面，使其满足柯西 - 黎曼方程，其实质就是将函数 $h(t)=1/(\pi t)$ 与原始信号做卷积，将原始信号负频率成分偏移 90°，正频率成分偏移 −90°。以 Origin 提供的“…\Samples\Signal Processing\fftfilter2.dat”数据文件为例说明希尔伯特变换。

1）打开“fftfilter2.dat”数据文件。

2）选择菜单命令“Analysis”→“Signal Processing”→“Hilbert Transform”，打开“Hilbert Transform：hilbert”对话框，设置如图 10-28 所示。

3）单击“OK”按钮，完成变换。运算结果数据添加在原工作表中的新增列中，如图 10-29 所示。

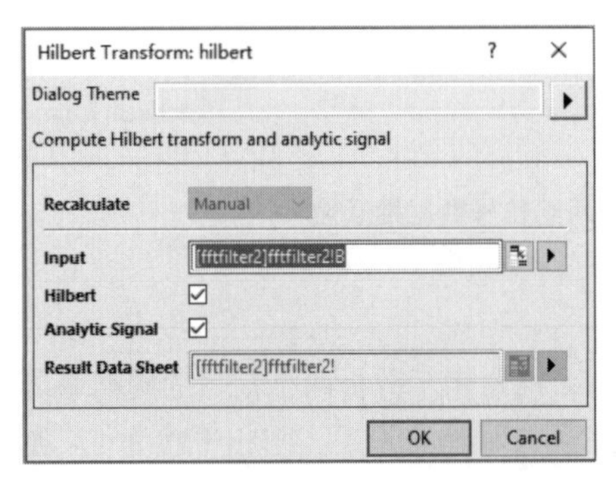

图 10-28 “Hilbert Transform：hilbert”对话框设置

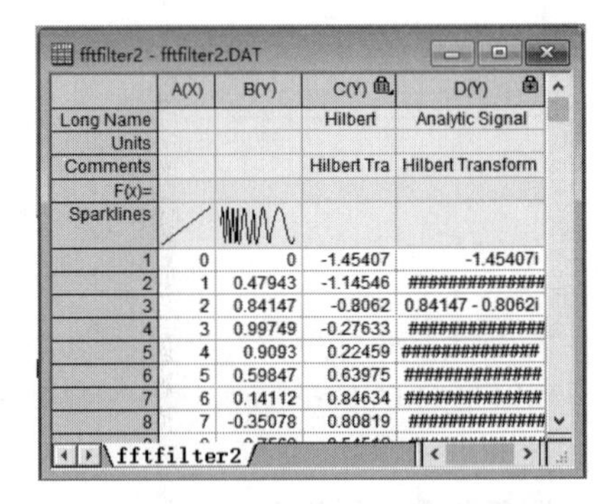

图 10-29 新增希尔伯特变换数据

4）选择工作表中 D（Y）列数据，选择菜单命令“Plot”→“2D”→“Line”绘图，如图 10-30 所示。

10.2.7 快速傅里叶变换小工具

快速傅里叶变换小工具，可以实现对某一区间的数据进行快速傅里叶变换分析。下面以 Origin 提供的“…\Samples\Signal Processing\Chirp Signal.dat”数据文件为例介绍应用 FFT 小工具对某一区间数据进行快速分析和用快速傅里叶变换降低非周期性频谱的信号泄露问题。

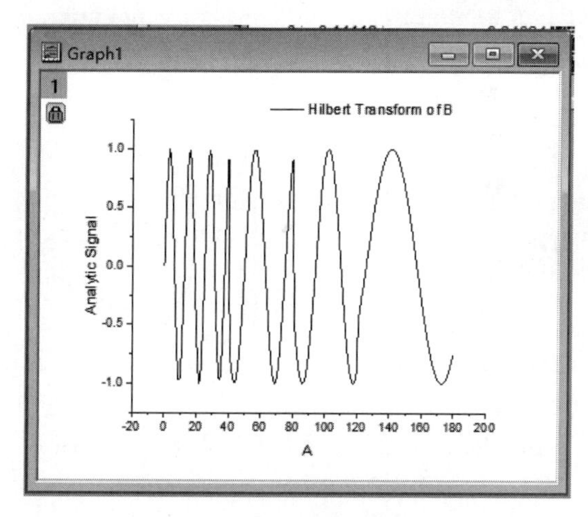

图 10-30　希尔伯特变换曲线图

1. 快速傅里叶变换小工具

1）导入“Chirp Signal.dat”数据文件，选中 B（Y）列数据绘图，如图 10-31 所示。

2）选择图形窗口为当前窗口，选择菜单命令“Gadgets”→“FFT…”，打开快速傅里叶变换小工具“FFT：addtool_curve_fft”对话框，均采用默认值，如图 10-32 所示。

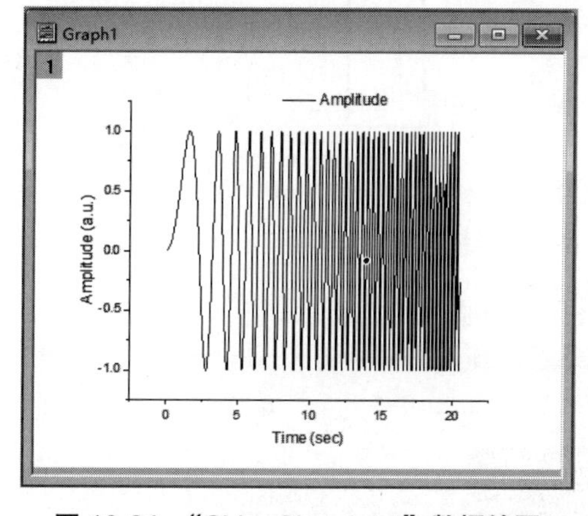

图 10-31　“Chirp Signal.dat”数据绘图

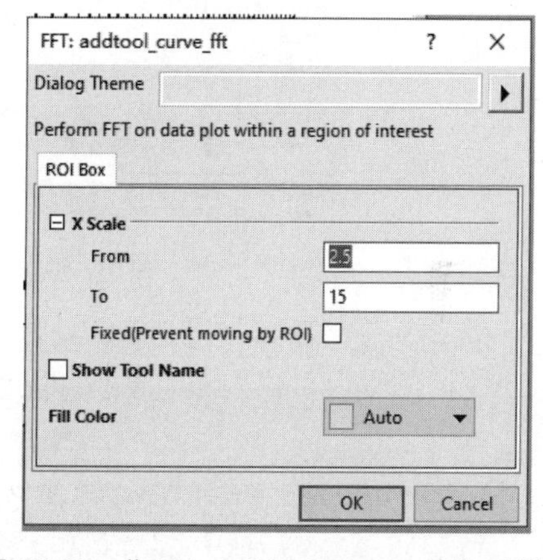

图 10-32　“FFT：addtool_curve_fft”对话框

3）单击“OK”按钮，在图形窗口中出现一个感兴趣区间（ROI），如图 10-33a 所示。与此同时创建一个显示感兴趣区间数据的 FFT 结果图，如图 10-33b 所示。通过移动或改变感兴趣区间的位置，可以了解不同区间的数据情况。

2. 降低频谱信号泄露

1）选中“Chirp Signal.dat”工作表 B（Y）列数据，选择菜单命令“Analysis”→“Signal Processing”→“FFT”→“FFT…”，打开“FFT：fft1”对话框。

2）在该对话框中勾选“Auto Preview”复选框，“Window”下拉列表框设置为“Blackman”，并保持其他设置为默认值，如图 10-34 所示，在该对话框右侧的效果图“Amplitude”中出现一个窄峰，这表明“Blackman”能够有效降低该低频谱信号的泄露。

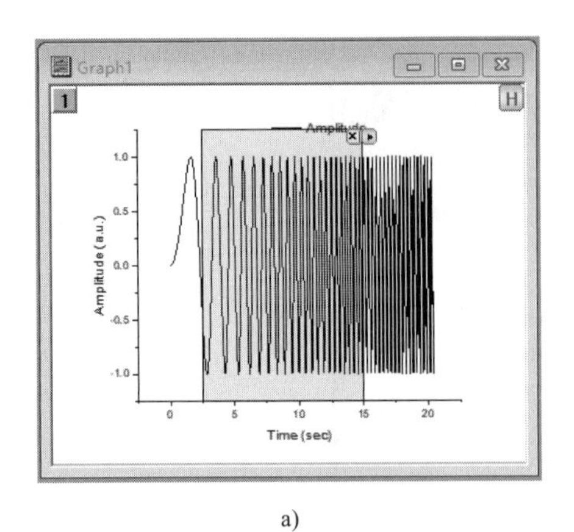

a)

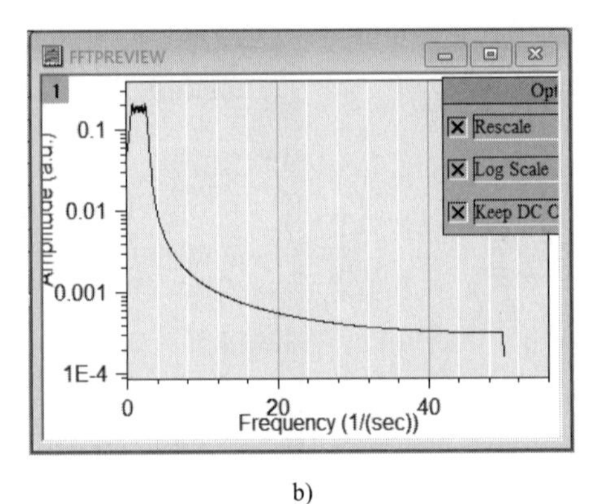

b)

图 10-33 绘图区中添加 ROI 和 FFT 结果图

a）绘图区中添加 ROI b）FFT 结果图

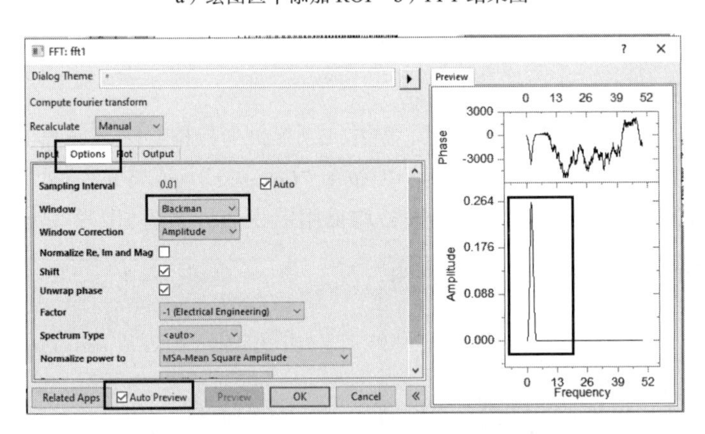

图 10-34 “FFT：fft1”对话框设置

3）单击“OK”按钮，得到分析结果数据和图形，如图 10-35 所示。

ChirpSignal - Chirp Signal.dat

	A(X)	B(Y)	C(Y)	D(Y)	E(Y)	F(Y)	G(Y)	H(Y)	I(Y)
Long Name	Frequency	Complex	Real	Imaginary	Magnitude	Amplitude	Phase	Power as MSA	dB
Units	1/(sec)	(a.u.)	(a.u.)	(a.u.)	(a.u.)	(a.u.)	Deg	(a.u.)^2	dB
Comments	FFT of [ChirpSignal]"Chirp Signal"!B"Amplitude"	FFT of [ChirpSignal]"Chirp Signal"!B"Amplitude"	FFT of [ChirpSignal]"Chirp Signal"!B"Amplitude"	FFT of [ChirpSignal]"Chirp Signal"!B"Amplitude"	FFT of [ChirpSignal]"Chirp Signal"!B"Amplitude"	FFT of [ChirpSignal]"Chirp Signal"!B"Amplitude"	FFT of [ChirpSignal]"Chirp Signal"!B"Amplitude"	FFT of [ChirpSignal]"Chirp Signal"!B"Amplitude"	FFT of [ChirpSignal]"Chirp Signal"!B"Amplitude"
F(x)=									
Sparklines									
1	0	1.18283	1.18283	0	1.18283	5.77556E-4	0	3.33571E-7	-64.76812
2	0.04883	1.35312 + 0.05927i	1.35312	0.05927	1.35442	0.00132	2.50822	8.74737E-7	-57.57093
3	0.09766	1.80944 - 0.13873i	1.80944	-0.13873	1.81475	0.00177	-4.38422	1.57038E-6	-55.02965
4	0.14648	2.36092 - 0.85292i	2.36092	-0.85292	2.51026	0.00245	-19.86319	3.00474E-6	-52.21163
5	0.19531	2.59074 - 2.27207i	2.59074	-2.27207	3.44591	0.00337	-41.25066	5.66209E-6	-49.45993
6	0.24414	1.81698 - 4.29756i	1.81698	-4.29756	4.66589	0.00456	-67.08168	1.0381E-5	-46.82732
7	0.29297	-0.72738 - 6.18918i	-0.72738	-6.18918	6.23177	0.00609	-96.70295	1.8518E-5	-44.31377
8	0.3418	-5.26597 - 6.2992i	-5.26597	-6.2992	8.21038	0.00802	-129.89479	3.21438E-5	-41.91873
9	0.39063	-10.37639 - 2.47017i	-10.37639	-2.47017	10.66636	0.01042	-166.6096	5.42504E-5	-39.64567
10	0.43945	-12.17611 + 6.17883i	-12.17611	6.17883	13.65415	0.01333	-206.90575	8.88995E-5	-37.50071
11	0.48828	-5.63361 + 16.26424i	-5.63361	16.26424	17.2123	0.01681	-250.89493	1.41269E-4	-35.48922
12	0.53711	10.26547 + 18.73255i	10.26547	18.73255	21.36091	0.02086	-298.72282	2.17575E-4	-33.61361
13	0.58594	25.75222 + 4.29225i	25.75222	4.29225	26.10748	0.0255	-350.53721	3.25012E-4	-31.8707
14	0.63477	21.66078 - 22.80998i	21.66078	-22.80998	31.45608	0.03072	-406.48029	4.71823E-4	-30.25191
15	0.68359	-10.72377 - 35.84919i	-10.72377	-35.84919	37.41876	0.03654	-466.6538	6.6765E-4	-28.74421
16	0.73242	-43.49226 - 6.79902i	-43.49226	-6.79902	44.02049	0.04299	-531.11502	9.24017E-4	-27.3329
17	0.78125	-25.73369 + 44.36114i	-25.73369	44.36114	51.28483	0.05008	-599.88218	0.00125	-26.00622

Chirp Signal FFTResultData1 FFTResultGraphs1

a)

图 10-35 分析结果数据和图形

a）分析结果数据

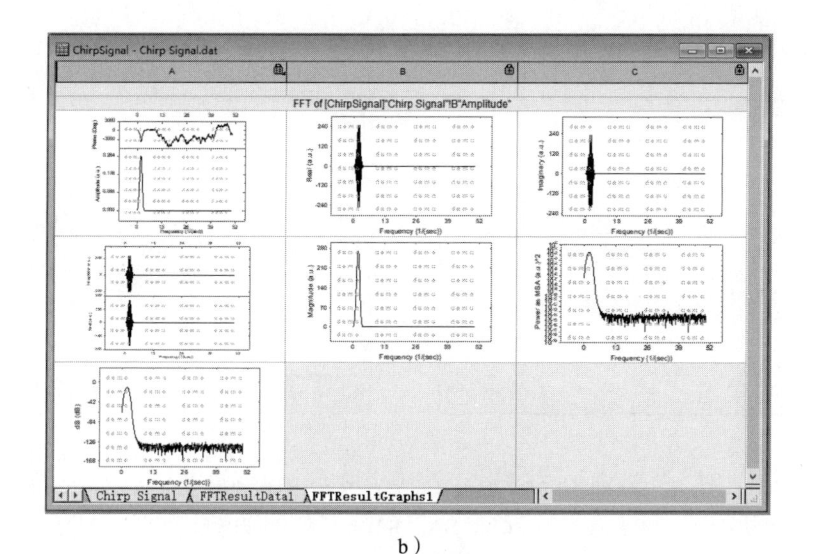

b）

图 10-35　分析结果数据和图形（续）

b）分析结果图形

10.3　小波变换

小波变换（Wavelet Transform，WT）继承和发展了短时傅里叶变换局部化的思想，同时又克服了窗口大小不随频率变化等缺点，能够提供一个随频率改变的“时间 - 频率”窗口，是进行信号时频分析和处理的理想工具。它的主要特点是通过变换能够充分突出问题某些方面的特征，能对时间（空间）频率进行局部化分析，通过伸缩平移运算对信号（函数）逐步进行多尺度细化，最终达到高频处时间细分，低频处频率细分，能自动适应时频信号分析的要求，从而可聚焦到信号的任意细节。选择菜单命令“Analysis”→“Signal Processing”→“Wavelet”→“Continuous Wavelet”，进行相应的小波变换。

10.3.1　连续小波变换

以 Origin 提供的“…\Samples\Signal Processing\fftfilter2.dat”数据文件为例说明连续小波变换。

1）建立一个空的两列数据工作表。

2）选择 A（X）列，右击，从弹出的快捷菜单中选择“Set Column Values”命令，打开设置输入值对话框，设置如图 10-36a 所示。单击“OK”按钮完成 A（X）列数据输入。同样的方法输入 B（Y）列数据，设置如图 10-36b 所示。

3）选中数据工作表中的 B（Y）列，选择菜单命令“Plot”→“2D”→“Line”绘图，如图 10-37 所示。

4）在原数据工作表中增加一数据列，输入数据如图 10-38 所示。

5）选中数据工作表中的 B（Y）列和 C（Y）列数据，选择菜单命令“Analysis”→“Signal Processing”→“Wavelet”→“Continuous Wavelet”，打开“Continuous Wavelet：cwt”对话框，

设置如图 10-39 所示。

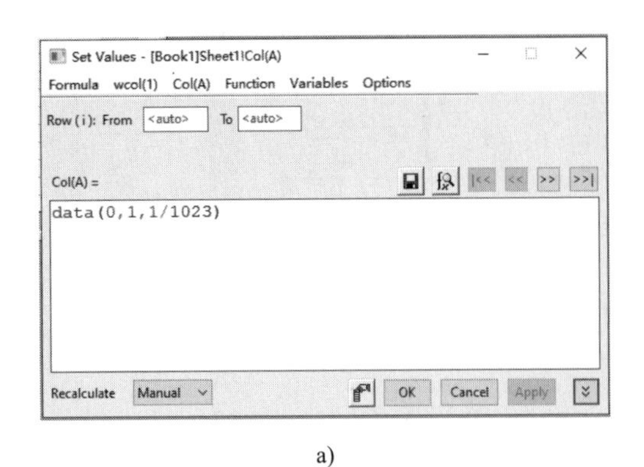

a)

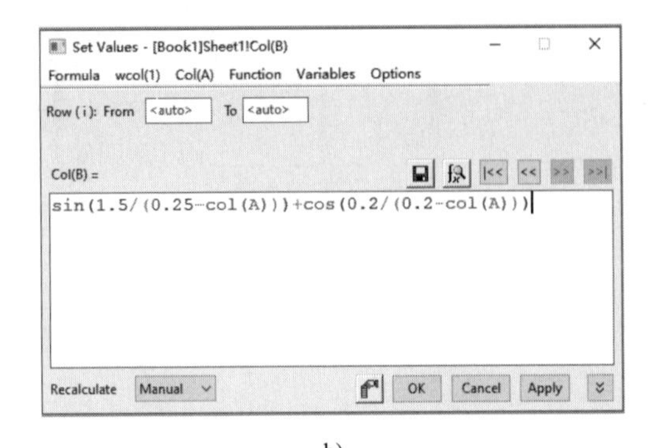

b)

图 10-36 输入 A（X）、B（Y）列数据

a）输入 A（X）列数据 b）输入 B（Y）列数据

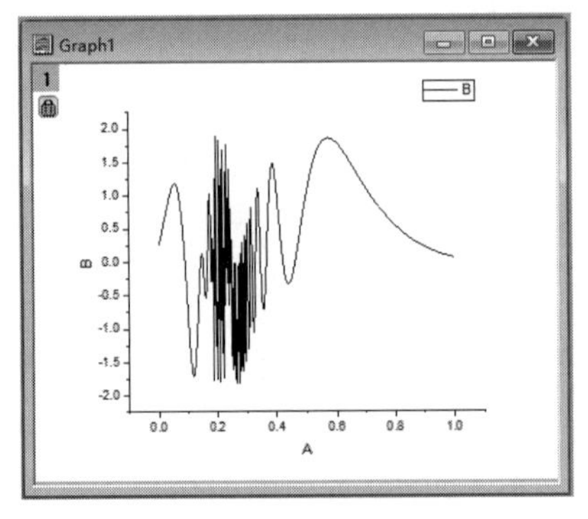

图 10-37 输入数据曲线图

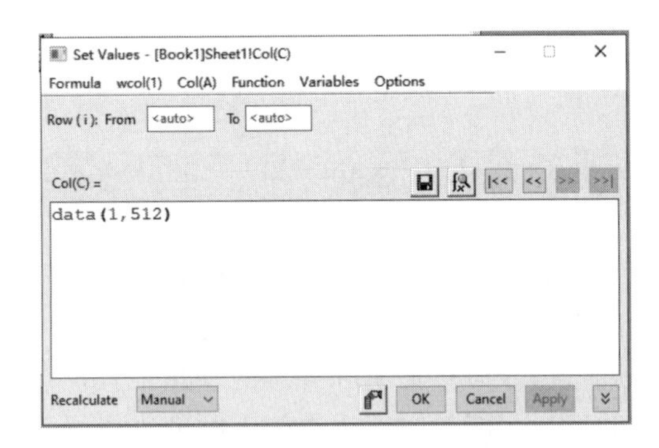

图 10-38 输入 C（Y）列数据

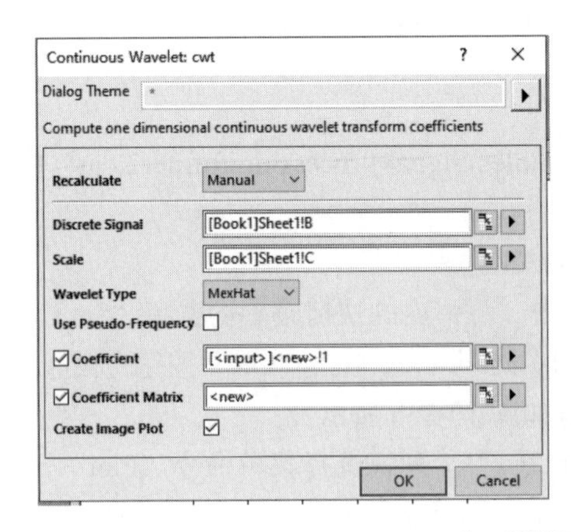

图 10-39 “Continuous Wavelet：cwt”对话框设置

6）单击“OK”按钮，双击曲线图，弹出“Plot Details-Plot Properties”对话框，设置如图 10-40 所示。经过连续小波变换后的最终图形如图 10-41 所示。

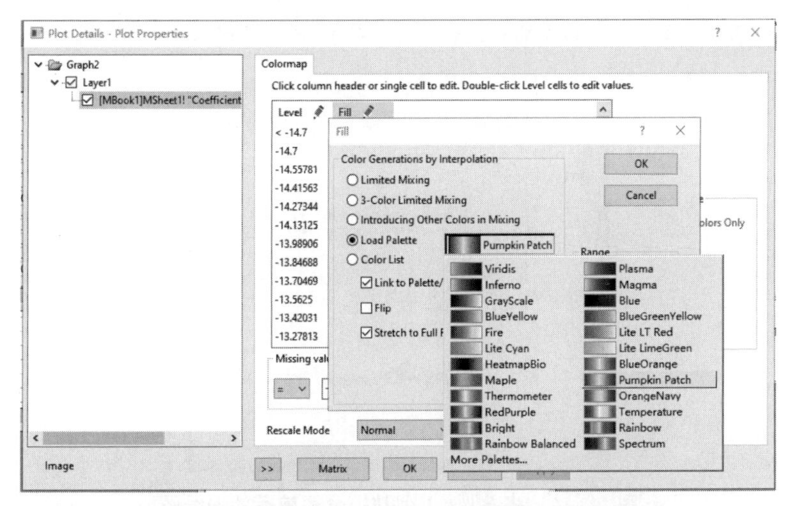

图 10-40　“Plot Details-Plot Properties”对话框设置

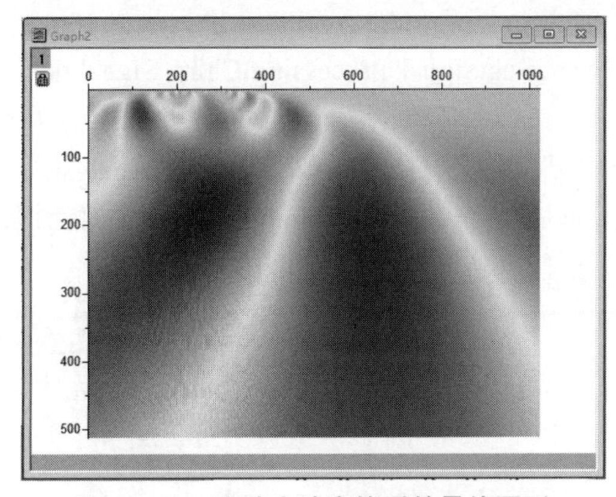

图 10-41　连续小波变换后的最终图形

10.3.2　分解和重建

1. 分解

以 Origin 提供的“…\Samples\Signal Processing\fftfilter1.dat”数据文件为例说明信号分解。

1）导入“fftfilter1.dat”数据文件，选择菜单命令“Analysis”→“Signal Processing”→“Wavelet”→“Decompose”，打开“Decompose：dwt”对话框，设置如图 10-42 所示。

2）单击“OK”按钮，进行分解运算，输出的分解数据如图 10-43 所示。

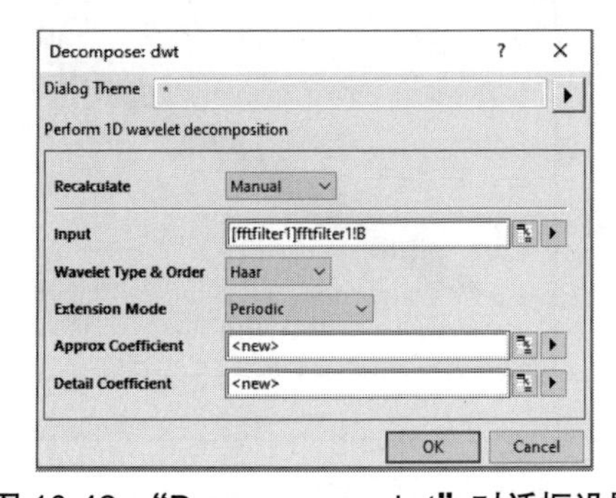

图 10-42　“Decompose：dwt”对话框设置

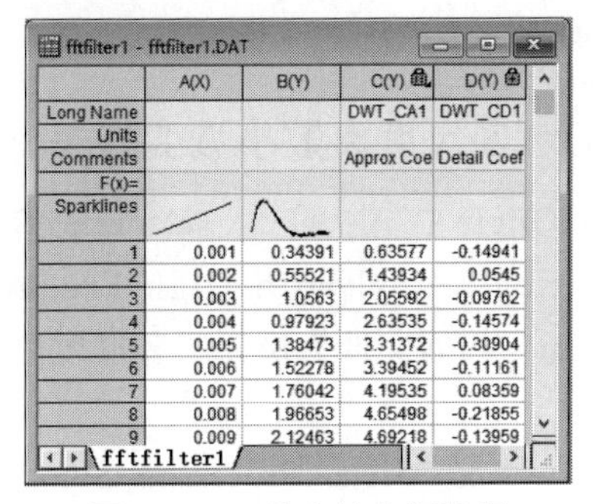

fftfilter1 - fftfilter1.DAT

	A(X)	B(Y)	C(Y)	D(Y)
Long Name			DWT_CA1	DWT_CD1
Units				
Comments			Approx Coe	Detail Coef
F(x)=				
Sparklines				
1	0.001	0.34391	0.63577	-0.14941
2	0.002	0.55521	1.43934	0.0545
3	0.003	1.0563	2.05592	-0.09762
4	0.004	0.97923	2.63535	-0.14574
5	0.005	1.38473	3.31372	-0.30904
6	0.006	1.52278	3.39452	-0.11161
7	0.007	1.76042	4.19535	0.08359
8	0.008	1.96653	4.65498	-0.21855
9	0.009	2.12463	4.69218	-0.13959

fftfilter1

图 10-43　输出的分解数据

3）选中 B（Y）、C（Y）、D（Y）列，选择菜单命令“Plot”→“2D”→“Line”绘图，如图 10-44 所示。

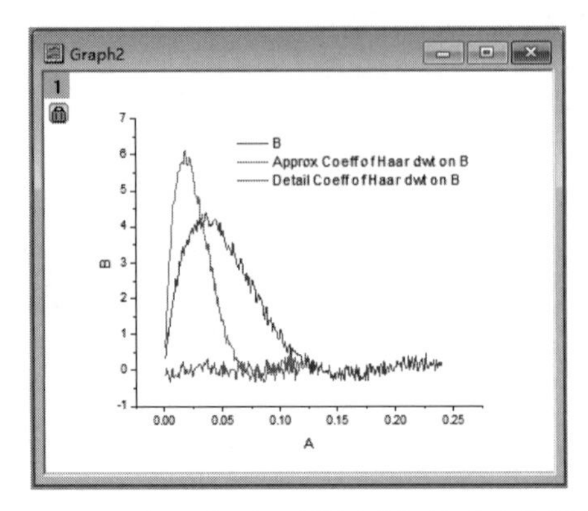

图 10-44 将 B（Y）列数据分解前后的曲线图

2. 重建

以 Origin 提供的“…\Samples\Signal Processing\Chirp Signal.dat”数据文件为例介绍重建运算。

1）导入“Chirp Signal.dat”数据文件，选择菜单命令“Analysis”→“Signal Processing”→“Wavelet”→“Reconstruction”，打开“Reconstruction：idwt”对话框，设置如图 10-45 所示。

2）单击“OK”按钮，重建后新增数据列如图 10-46 所示。

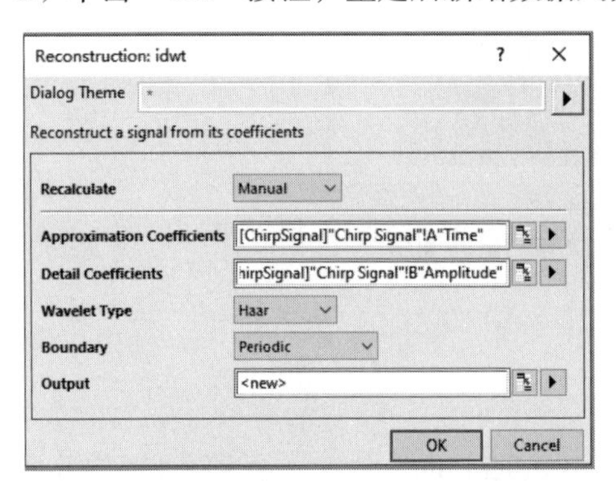

图 10-45 “Reconstruction：idwt”对话框设置

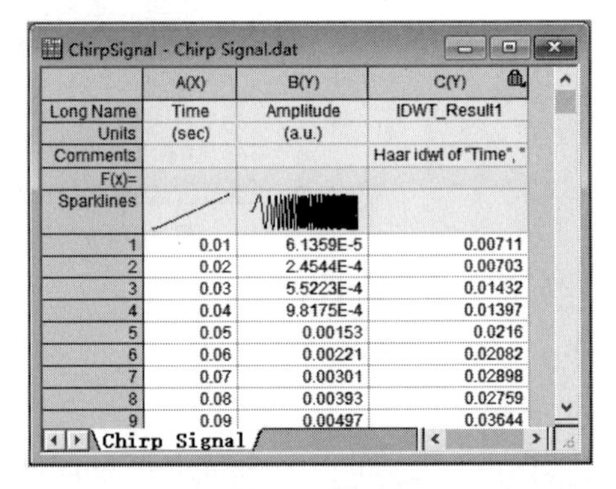

	A(X)	B(Y)	C(Y)
Long Name	Time	Amplitude	IDWT_Result1
Units	(sec)	(a.u.)	
Comments			Haar idwt of "Time","
F(x)=			
Sparklines			
1	0.01	6.1359E-5	0.00711
2	0.02	2.4544E-4	0.00703
3	0.03	5.5223E-4	0.01432
4	0.04	9.8175E-4	0.01397
5	0.05	0.00153	0.0216
6	0.06	0.00221	0.02082
7	0.07	0.00301	0.02898
8	0.08	0.00393	0.02759
9	0.09	0.00497	0.03644

图 10-46 重建数据列

3）选中 B（Y）、C（Y）列，选择菜单命令“Plot”→“2D”→“Line”绘图，如图 10-47 所示。

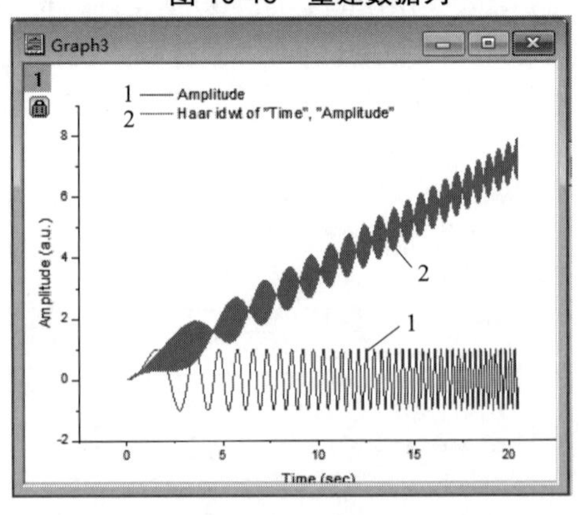

图 10-47 重建数据列曲线图

10.3.3 多尺度离散小波变换

以 Origin 提供的“…\Samples\Signal Processing\Signal with High Frequency Noise.dat”数据文件为例介绍多尺度离散小波变换。

1）导入“Signal Processing\Signal with

High Frequency Noise.dat”数据文件，其数据工作表如图 10-48 所示。

2）选择菜单命令“Analysis”→“Signal Processing”→“Wavelet”→“Multi-Scale DWT”，打开“Multi-Scale DWT：mdwt”对话框，设置如图 10-49 所示。

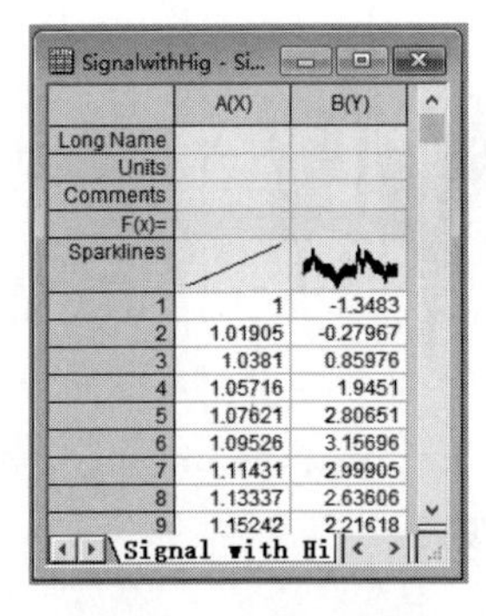

图 10-48　数据工作表

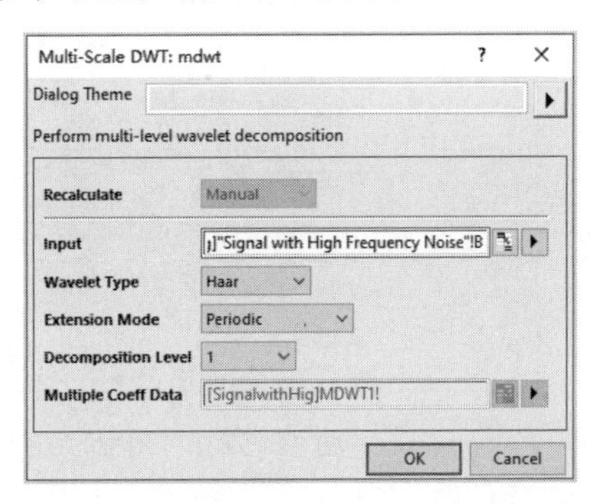

图 10-49　“Multi-Scale　DWT：mdwt”对话框设置

3）单击“OK”按钮，生成数据工作表如图 10-50 所示。

4）选中 B（Y）、C（Y）列，选择菜单命令“Plot”→“2D”→“Line”绘图，如图 10-51 所示。

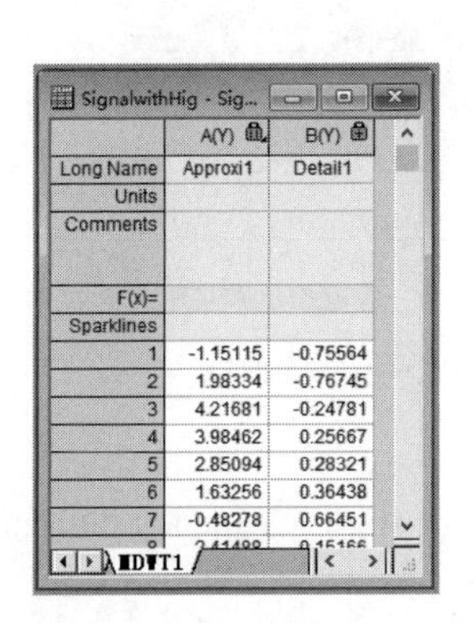

图 10-50　输出的数据工作表

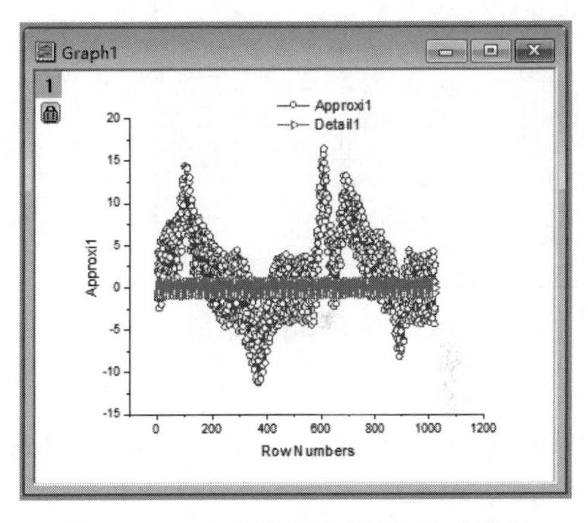

图 10-51　多尺度离散小波变换曲线图

10.3.4　除噪和平滑

1. 除噪

以 Origin 提供的“…\Samples\Signal Processing\Signal with High Frequency Noise.dat”数据文件为例介绍除噪。

1）导入“Signal Processing\Signal with High Frequency Noise.dat”数据文件，选择菜单命令“Analysis”→“Signal Processing”→“Wavelet”→“Denoise…”，打开“Denoise：wtdenoise”对话框，设置如图 10-52 所示。

2）单击“OK”按钮，除噪后输出的数据如图 10-53 所示。

3）选中 C（X2）、D（Y2）列，选择菜单命令“Plot”→“2D”→“Line”绘图，如图 10-54 所示。

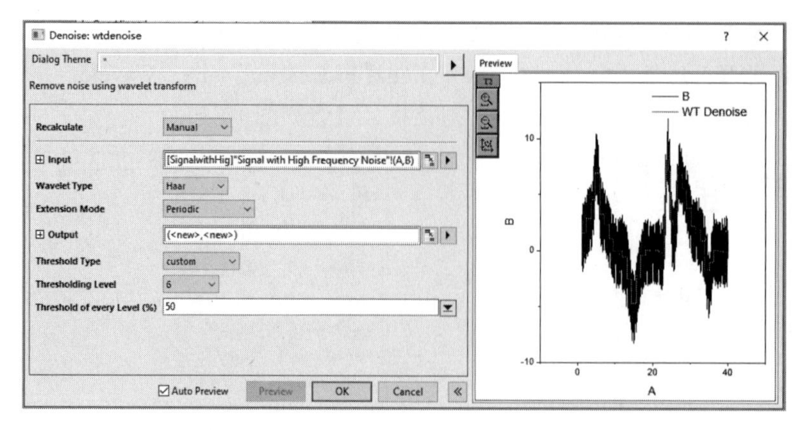

图 10-52 “Denoise：wtdenoise”对话框设置

SignalwithHig - Signal with High Frequen...

	A(X1)	B(Y1)	C(X2)	D(Y2)
Long Name			Denoised	Denoised
Units				
Comments				6 level(s) 50% threshold Haar denoise of B
F(x)=				
Sparklines				
1	1	-1.3483	1	1.58403
2	1.01905	-0.27967	1.01905	1.58403
3	1.0381	0.85976	1.0381	1.58403
4	1.05716	1.9451	1.05716	1.58403
5	1.07621	2.80651	1.07621	1.58403
6	1.09526	3.15696	1.09526	1.58403
7	1.11431	2.99905	1.11431	1.58403
8	1.13337	2.63606	1.13337	1.58403
9	1.15242	2.21618	1.15242	1.58403
10	1.17147	1.81566	1.17147	1.58403
11	1.19052	1.41205	1.19052	1.58403

Signal with High Frequen

图 10-53 除噪后输出的数据

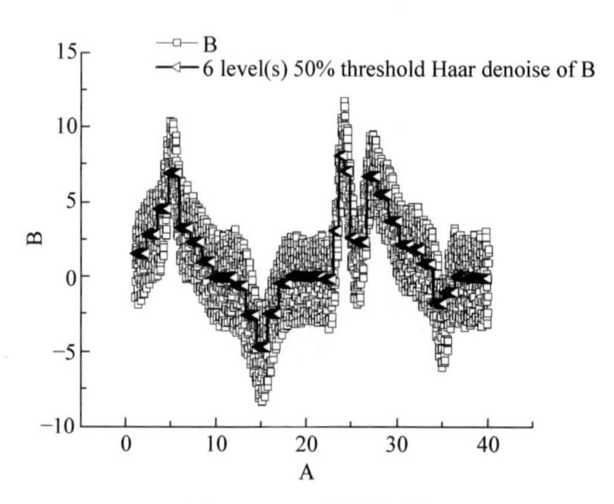

图 10-54 除噪曲线

2. 平滑

仍以 Origin 提供的“…\Samples\Signal Processing\Signal with High Frequency Noise.dat”数据文件为例介绍平滑。

1）导入“Signal Processing\Signal with High Frequency Noise.dat”数据文件，选择菜单命令“Analysis”→“Signal Processing”→“Wavelet”→“Smooth…”，打开“Smooth：wtsmooth”对话框，设置平滑百分比为 30%，如图 10-55 所示。

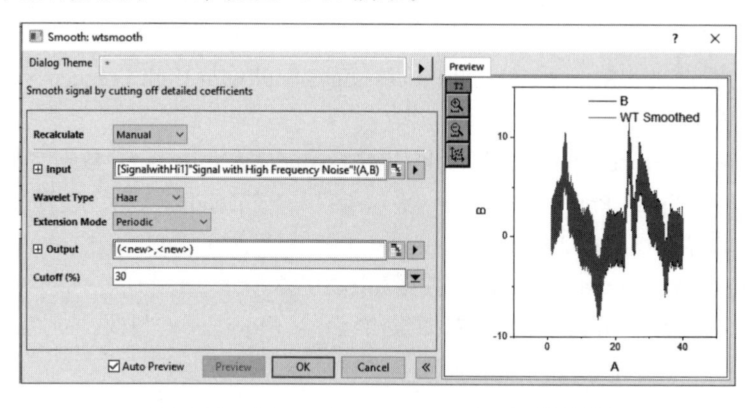

图 10-55 “Smooth：wtsmooth”对话框设置

2）单击“OK”按钮，平滑处理后得到的数据如图 10-56 所示。

3）选中 B（Y1）、C（X2）、D（Y2）列，选择菜单命令“Plot”→“2D”→“Line”绘图，如图 10-57 所示。

SignalwithHi1 - Signal with High Frequen...

	A(X1)	B(Y1)	C(X2)	D(Y2)
Long Name			WT Smoot	WT Smoot
Units				
Comments				30% cutoff Haar smooth of B
F(x)=				
Sparklines				
1	1	-1.3483	1	-1.3483
2	1.01905	-0.27967	1.01905	-0.27967
3	1.0381	0.85976	1.0381	0.85976
4	1.05716	1.9451	1.05716	1.9451
5	1.07621	2.80651	1.07621	2.80651
6	1.09526	3.15696	1.09526	3.15696
7	1.11431	2.99905	1.11431	2.99905
8	1.13337	2.63606	1.13337	2.63606
9	1.15242	2.21618	1.15242	2.21618
10	1.17147	1.81566	1.17147	1.81566
11	1.19052	1.41205	1.19052	1.41205
12	1.20957	0.89674	1.20957	0.89674
13	1.22863	0.1285	1.22863	0.1285

Signal with High Frequer

图 10-56　平滑处理后得到的数据

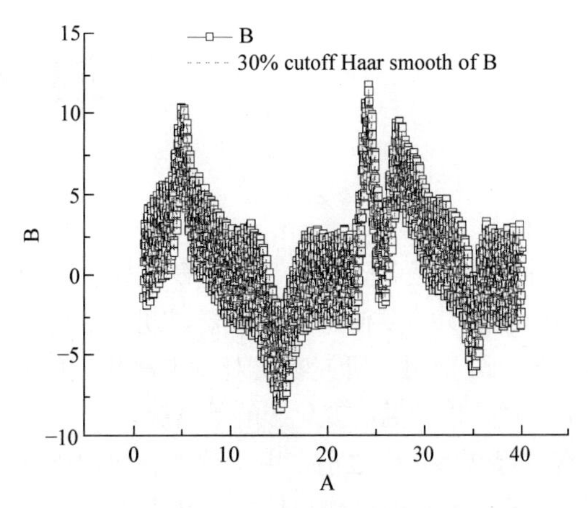

图 10-57　平滑处理所得数据曲线

第11章

峰拟合和谱线分析

对静态物质或其运动过程进行研究时，需要检测其物理或化学性质。为了快速而准确地获取其中的数据，需要使用分析仪器。现代分析仪器可以分为光（电磁波）谱、色谱、电学、热学等类型，分别用于研究物质对特定波长光的响应，固液气体之间的相互作用，电流、电压、电阻的变化，以及温度变化影响等情况。

在进行这些工作之前，由于仪器、使用条件和分析方法本身的误差，有必要对得到的图谱进行预处理，常用的操作包括扣除基线或背景、平滑等。事实上，谱线分析是一个综合的过程。在 Origin 2022 中对于基线（或递增）的扣除，菜单命令“Analysis”→“Data Manipulation”中“Substract Straight Line”和“Substract Reference Data”其实也是一个不错的选择；对于平滑，“Signal Processing（信号处理）”中有各种很好的平滑处理算法；对于峰标记，可以使用工具（Tools）工具栏中的“Annotation”标记工具;对于峰拟合，“Fitting（拟合）”菜单中提供了“Fit Single Peak”和“Fit Multi-Peaks”命令。

11.1 单峰拟合和多峰拟合

Origin 2022 具有很强的峰拟合和谱线分析功能，不仅能对单峰、多个不重叠的峰进行分析，而且当谱线峰具有重叠、噪声时，也可以对其进行分析；在对隐峰进行分峰及图谱分析时也能应用自如。

11.1.1 单峰拟合

单峰拟合实际上就是非线性曲线拟合（NLFit）中的峰拟合，其对话框与非线性曲线拟合完全一样。下面结合实例，具体介绍单峰拟合。

1）导入“Samples\Curve Fitting\Lorentzian.dat”数据文件，其工作表如图 11-1 所示。用工作表中 A（X）和 B（Y）绘制图线，如图 11-2 所示。

2）选择执行菜单命令“Analysis”→“Fit”→“Single Peak Fit”，打开“NLFit（Lorentz）”对话框，选择“Lorentz”拟合函数，如图 11-3 所示。

3）设置完成后，单击“Fit”按钮，完成拟合，拟合曲线与原始数据曲线如图 11-4 所示。输出的拟合数据报表如图 11-5 所示。

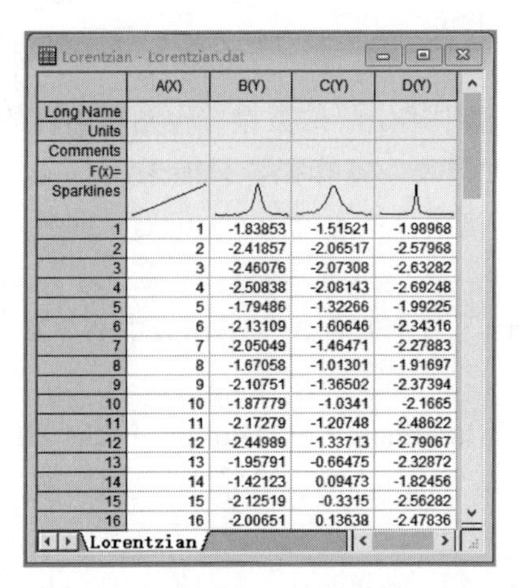

	A(X)	B(Y)	C(Y)	D(Y)
Long Name				
Units				
Comments				
F(x)=				
Sparklines				
1	1	-1.83853	-1.51521	-1.98968
2	2	-2.41857	-2.06517	-2.57968
3	3	-2.46076	-2.07308	-2.63282
4	4	-2.50838	-2.08143	-2.69248
5	5	-1.79486	-1.32266	-1.99225
6	6	-2.13109	-1.60646	-2.34316
7	7	-2.05049	-1.46471	-2.27883
8	8	-1.67058	-1.01301	-1.91697
9	9	-2.10751	-1.36502	-2.37394
10	10	-1.87779	-1.0341	-2.1665
11	11	-2.17279	-1.20748	-2.48622
12	12	-2.44989	-1.33713	-2.79067
13	13	-1.95791	-0.66475	-2.32872
14	14	-1.42123	0.09473	-1.82456
15	15	-2.12519	-0.3315	-2.56282
16	16	-2.00651	0.13638	-2.47836

图 11-1　“Lorentzian.dat”数据文件工作表

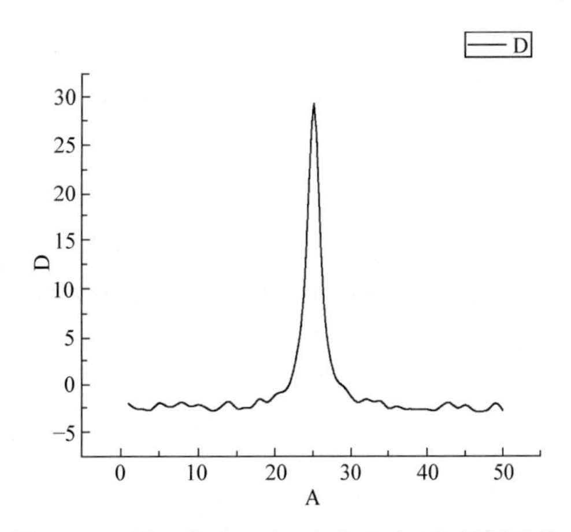

图 11-2　用工作表 A（X）和 B（Y）绘制图线

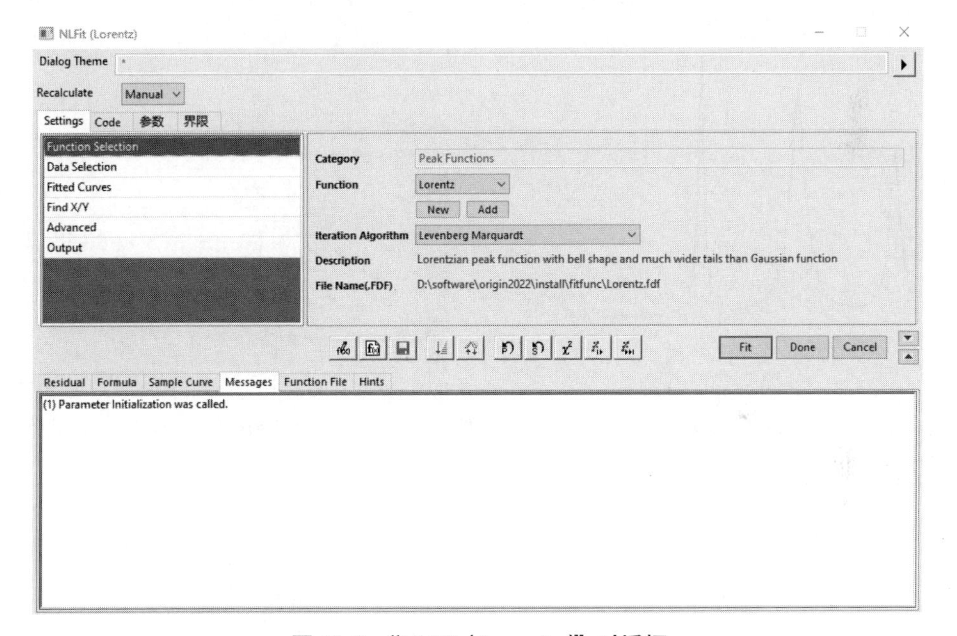

图 11-3　“NLFit（Lorentz）”对话框

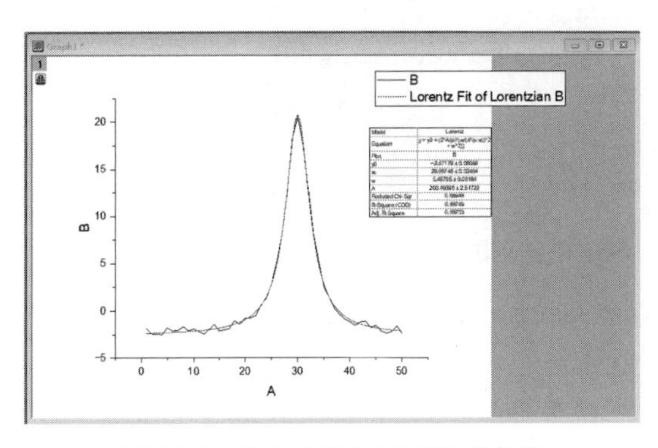

图 11-4　拟合曲线与原始数据曲线

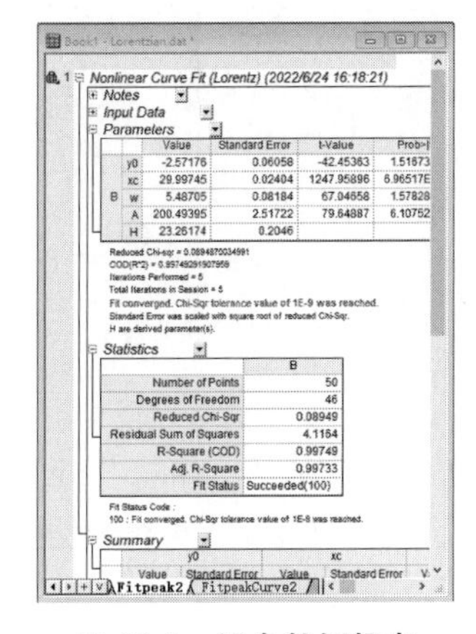

图 11-5　拟合数据报表

11.1.2 多峰拟合

多峰拟合采用对话框对数据进行拟合。用户在对话框中确定峰的数量，在图形中峰的中心处双击进行峰的拟合，完成拟合后会自动生成拟合数据报表。多峰拟合只能采用 Gaussian 或 Lorentzian 两种峰函数，若需完成更复杂的拟合，请参考谱线分析（Peak Analyzer）向导。

下面结合实例具体介绍多峰拟合。

1）导入“…Samples\Curve Fitting\Multiple Peaks.dat”数据文件，用工作表中 A（X）和 B（Y）绘制线图，如图 11-6 所示。

2）选择执行菜单命令“Analysis”→“Peaks and Baseline”→“Multiple Peaks Fit”，打开“Multiple Peaks Fit：nlfitpeaks”对话框，峰函数选择“Gaussian”，并单击“OK”按钮，如图 11-7 所示。

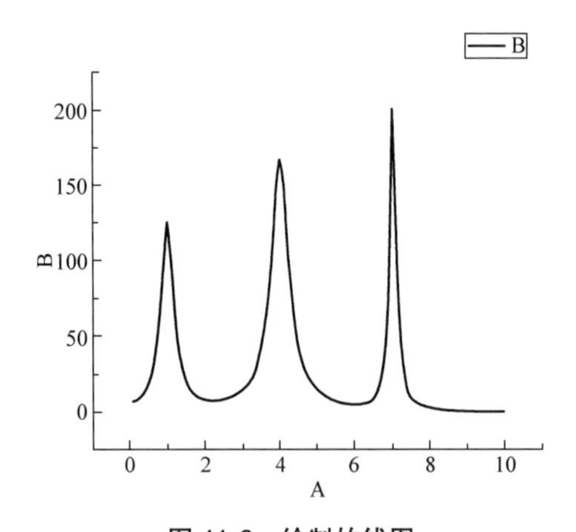

图 11-6 绘制的线图

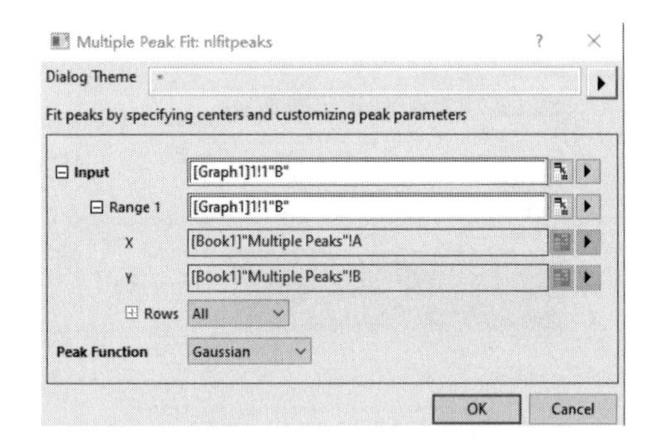

图 11-7 “Multiple Peaks Fit：nlfitpeaks”对话框

3）在线图中 3 个峰处双击，确认拟合范围，如图 11-8 所示。

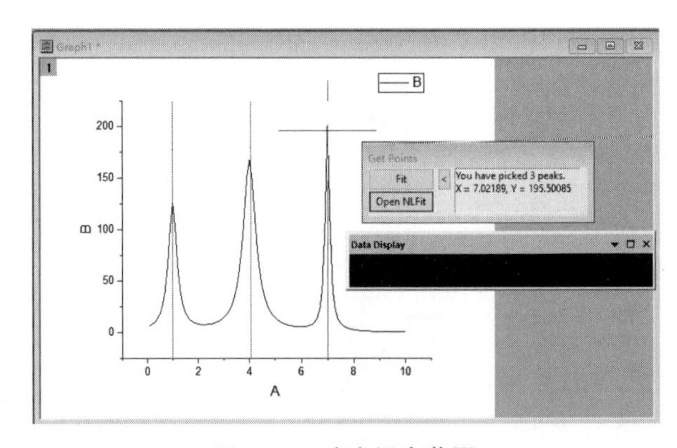

图 11-8 确定拟合范围

4）设置完成后，单击“Fit”按钮，完成拟合，拟合曲线与原始数据曲线如图 11-9 所示。完成拟合后，自动生成拟合数据报表如图 11-10 所示。

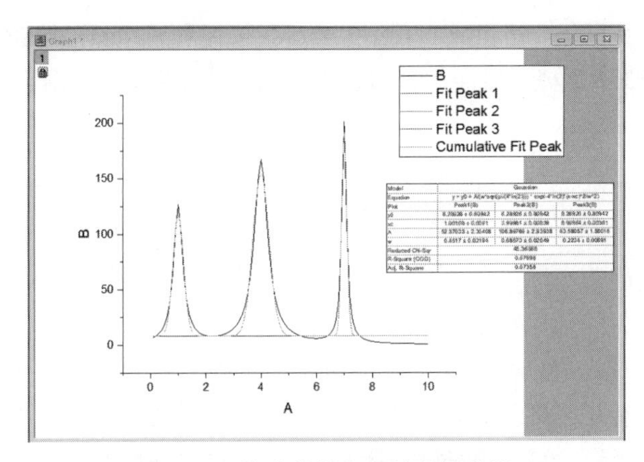

图 11-9　拟合曲线与原始数据曲线

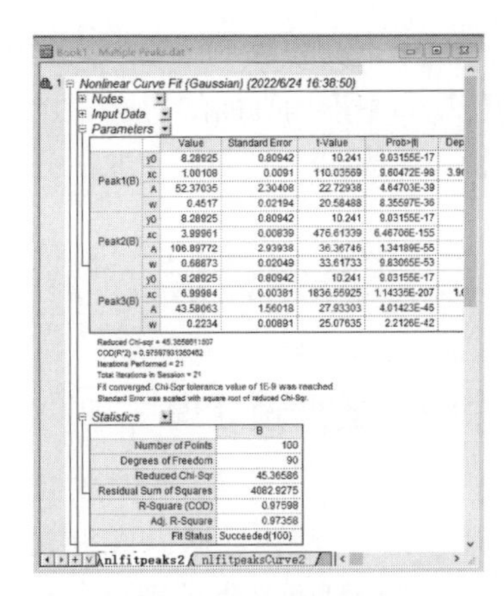

图 11-10　自动生成拟合数据报表

11.2　谱线分析向导对话框

Origin2022 将创建基线、基线与峰分析和峰拟合向导整合集成为谱线分析（Peak Analyzer）向导，能自动检测基线和峰的位置，并能对 100 多个峰进行拟合，对每个单峰能灵活选择丰富的内置拟合函数或用户自定义函数进行拟合。

用户也可以采用自定义函数创建基线。此外，用户还可以对峰的面积进行积分计算或减去基线计算。该向导提供可视和交互式界面，一步一步地引导用户进行高级峰分析。用户可用该向导创建谱线基线、寻峰和计算峰面积，以及对谱线进行非线性拟合。

谱线分析向导所能进行的分析项目包括：创建基线、多峰分析、寻峰、多峰拟合。

上述分析项目是在谱线分析向导的目标（Goal）页面中进行选择的。打开谱线分析对话框的方法是，选中工作表数据或用工作表数据绘图，并将该图形窗口作为当前窗口的条件下，执行菜单命令“Analysis”→“Peaks and Baseline”→“Peak Analyzer”→“Open Dialog”，打开“Peak Analyzer”对话框，如图 11-11 所示。“Peak Analyzer”对话框由上面板、下面板和中间部分组成。

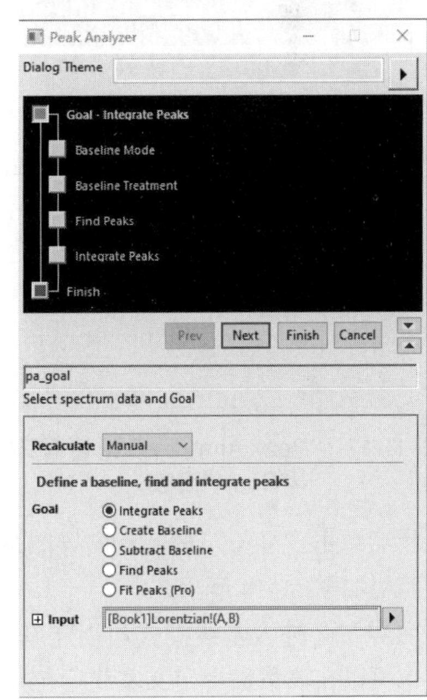

图 11-11　“Peak Analyzer”对话框

上面板（Upper panel）主要包括主题（Theme）控制和峰分析向导图（Wizard Map），前者用于主题选择或将当前的设置保存为峰分析主题为以后所用；后者用于该向导不同页面的导航，单击向导图中不同页面标记进入该页面。向导图中页面标记用不同颜色显示区别，绿色的为当前页面，黄色的为未进行页面，红色的为已进行过的页面。

下面板（Lower panel）用于调整（tweaking）每一页面中分析的选项，通过不同的 X 函数完成基线创建和校正、寻峰、峰拟合等综合分析。用户可以通过下面板的控制进行计算和选择。

位于上面板和下面板之间的中间部分由多个按钮组成。其中“Prev”按钮和“Next”按钮用于向导中不同页面的切换。“Finish”按钮用于跳过后面的页面，根据当前的主题，一步完成分析。“Cancel”按钮用于取消分析，关闭对话框。

11.3 基线分析

11.3.1 数据预处理

为获得最佳结果，在对数据进行分析之前，最好对数据进行预处理。预处理的目的是为了去除谱线的“噪声数据”。常用的数据预处理方法有去噪声处理、平滑处理和基线校正处理。有关去噪声处理和平滑处理请参考第 10 章的有关章节。通过对基线校正，能够更好地对峰进行检测。

11.3.2 用谱线分析向导创建基线

在“Peak Analyzer”对话框目标（Goal）的面板中，如图 11-12 所示。

在下面板中选择“创建基线（Create Baseline）”选项，此时，基线模式项目的面板如图 11-13 所示。

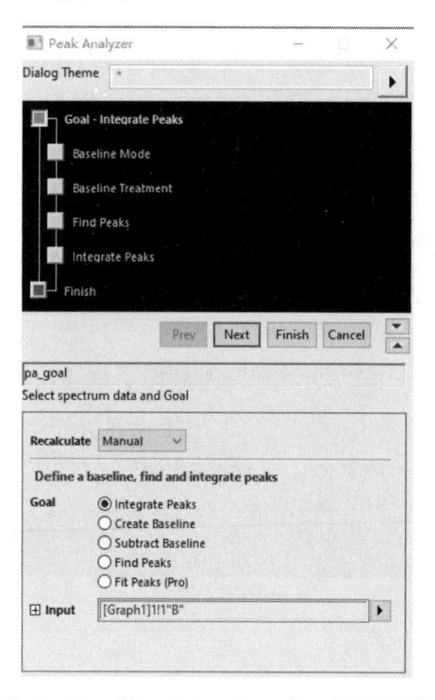

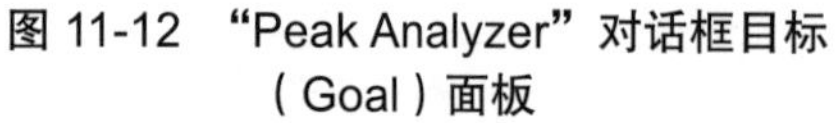
图 11-12 “Peak Analyzer”对话框目标（Goal）面板

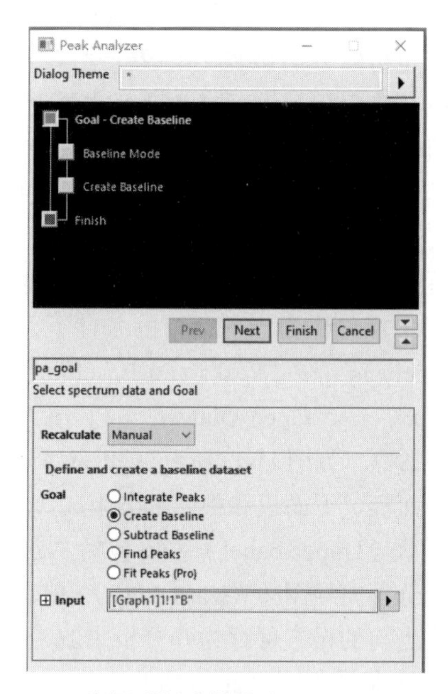

图 11-13 选择“创建基线（Create Baseline）”选项

然后单击“Next”按钮，向导图进入基线模式（Baseline Mode）页面。此时，基线模式项目上面板如图 11-14 所示。

向导图会进入基线模式和创建基线页面。在该基线模式下，用户仅可以采用自定义基线。用户也可以在该页面中定义基线定位点，而后在创建基线页面（Create Baseline）连接这些定位点，构成用户自定义基线。

单击“Next”按钮，向导图进入创建基线（Create Baseline）页面。此时，创建基线页面的面板如图 11-15 所示。

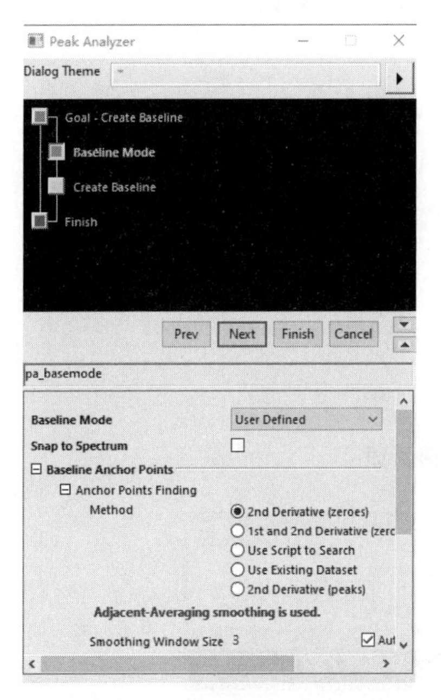

图 11-14　基线模式页面面板

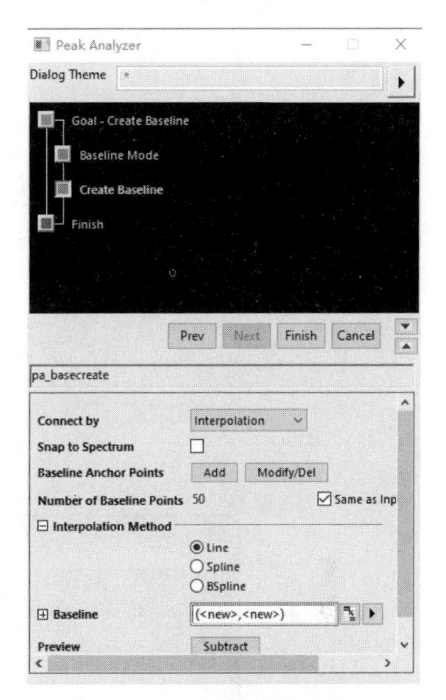

图 11-15　创建基线页面面板

在其下面板中，可以对创建的基线进行调整和修改。若用户满意创建的基线，单击“Finish”按钮，完成基线创建。

下面结合实例，具体介绍创建基线。

1）导入“…Sample\Spectroscopy\Peaks with Base.bat”数据文件，数据工作表如图 11-16 所示。用工作表 A（X）和 B（Y）绘制曲线，如图 11-17 所示。

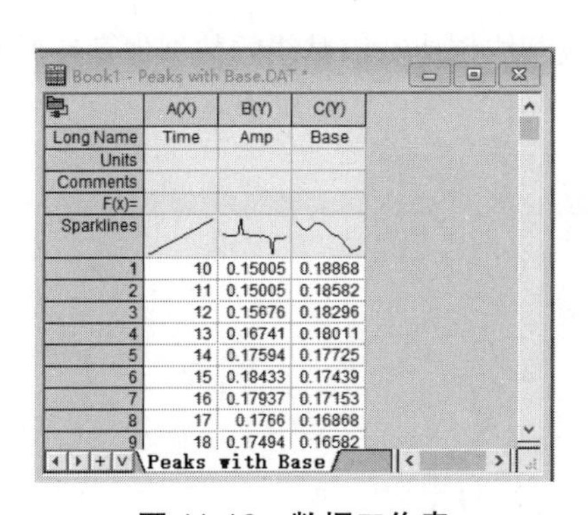
Book1 - Peaks with Base.DAT

	A(X)	B(Y)	C(Y)
Long Name	Time	Amp	Base
Units			
Comments			
F(x)=			
Sparklines			
1	10	0.15005	0.18868
2	11	0.15005	0.18582
3	12	0.15676	0.18296
4	13	0.16741	0.18011
5	14	0.17594	0.17725
6	15	0.18433	0.17439
7	16	0.17937	0.17153
8	17	0.1766	0.16868
9	18	0.17494	0.16582

Peaks with Base

图 11-16　数据工作表

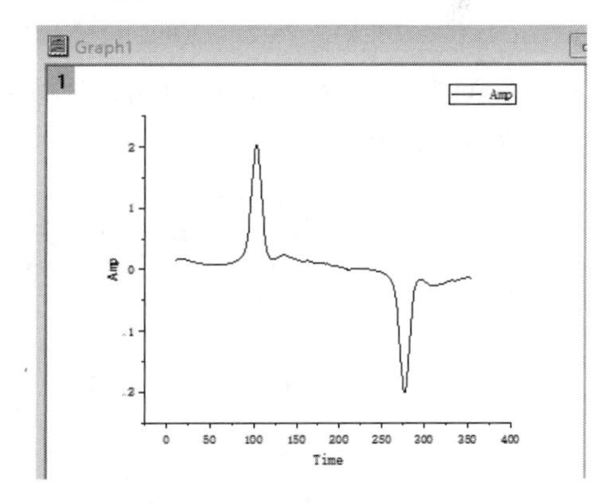

图 11-17　原有数据绘制曲线

2）选择菜单命令“Analysis”→“Peaks and Baseline”→“Peak Analyzer”，打开“Peak Analyzer”对话框。选择“创建基线（Create Baseline）”选项，进入创建基线页面。此时图中会出现一条红色的基线，如图 11-18 所示。从该图中可以看出，该基线的部分地方还不是非常理想，需要进行修改。

3）在创建基线页面下面板的“基线定位点（Baseline Anchor Points）”栏单击“Add”按

钮，在线图中添加一个定位点，而后在弹出的窗口中单击“Done”，如图 11-19 所示。

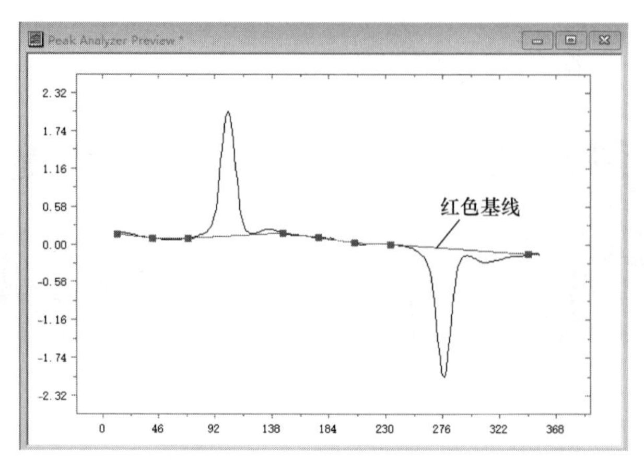

图 11-18　创建基线页面

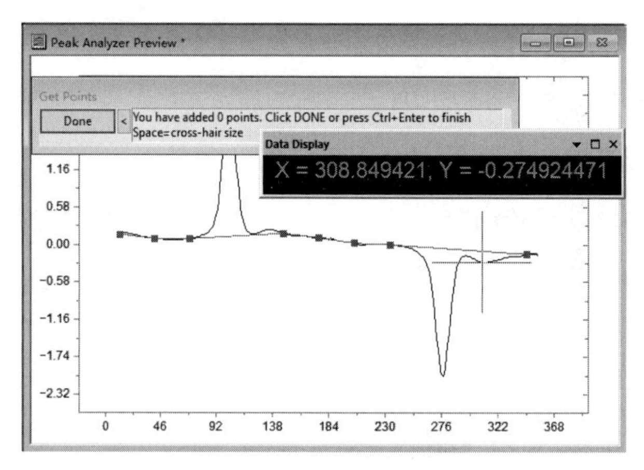

图 11-19　增加基线定位点

4）若满意创建的基线，单击“Finish”按钮，则完成基线创建。该基线的数据保存在原有工作表中，如图 11-20 所示。

Book1 - Peaks with Base.DAT *

	A(X1)	B(Y1)	C(Y1)	D(X2)	E(Y2)
Long Name	Time	Amp	Base	Baseline_	Baseline_
Units					
Comments					Baseline of "Amp"
F(x)=					
Sparklines					
1	10	0.15005	0.18868	10	0.16138
2	11	0.15005	0.18582	11	0.15907
3	12	0.15676	0.18296	12	0.15676
4	13	0.16741	0.18011	13	0.15445
5	14	0.17594	0.17725	14	0.15214
6	15	0.18433	0.17439	15	0.14983
7	16	0.17937	0.17153	16	0.14751
8	17	0.1766	0.16868	17	0.1452
9	18	0.17494	0.16582	18	0.14289
10	19	0.16954	0.16296	19	0.14058
11	20	0.16536	0.1601	20	0.13827
12	21	0.16204	0.15724	21	0.13596
13	22	0.15716	0.15439	22	0.13365
14	23	0.15436	0.15153	23	0.13133
15	24	0.15012	0.14867	24	0.12902
16	25	0.14542	0.14581	25	0.12671
17	26	0.142	0.14296	26	0.1244

Peaks with Base

图 11-20　基线数据工作表

11.4　基于谱线分析向导的多峰分析

在“Peak Analyzer”对话框目标（Goal）页面的下面板中，分析项目选择“对峰进行积分（Integrate Peaks）”选项，此时多峰分析项目的上面板如图 11-21 所示。

向导图会进入基线模式、基线处理、寻峰和对峰进行积分页面。用户可以通过谱线分析向导创建基线、从输入数据汇总减去基线、寻峰和计算峰的面积。

多峰分析项目的基线模式与前面提到的创建基线不完全相同。在多峰分析项目中，用户可以通过选择基线模式和创建基线，而后可以在扣除基线（Substract Baseline）页面中减去基线。此外，多峰分析项目中有用于检测峰的寻峰（Find Peaks）页面和用于定制分析报表的对峰进行积分（Integrate Peaks）页面。

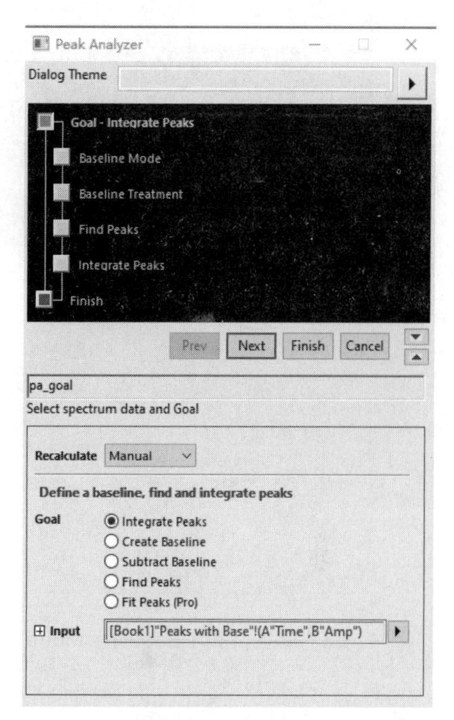

图 11-21　对峰进行积分目标（Goal）页面

11.4.1　多峰分析中的基线分析

在对峰进行积分项目中，单击“Next”按钮，向导图进入基线模式（Baseline Mode）页面，如图 11-22 所示。

此时，在该页面的“基线模式（Baseline Mode）”下拉列表框中，有“Constant”“User Defined”“User Exiting Dataset”“None”“End Points Weighted”“XPS”“Straight” 和“Asymmetric Least Squares Smoothing”八种选项，分别表示基线为常数、用户自定义、用已有数据组、不创建基线选项、结束百分点加权、XPS、直线和非对称最小二乘平滑选项。

单击“Next”按钮，向导图也进入基线处理（Baseline Treatment）页面。在该页面中，用户可以进行减去基线操作。

如果在开始页面中，选择了峰拟合项目，则用户在基线处理页面还可以考虑是否对基线进行拟合处理。基线处理页面如图 11-23 所示。

11.4.2　多峰分析中的寻峰和多峰分析

在多峰分析项目中，单击“Next”按钮，向导图也进入寻峰（Find Peaks）页面。寻峰页面的面板如图 11-24 所示。

在该页面中，用户可以选择自动寻峰和通过手工方式进行寻峰。用户还可以在“寻峰的方式设置（Peak Finding Settings）”选项组中，选择“Local Maximum”“Windows Search”“1st Derivativ”“1st Derivative”“2nd Derivative（Search Hidden Peaks）”和“Residual after 1st Derivative（Search Hidden Peaks）”等方式。

其中，二次微分“2nd Derivative（Search Hidden Peaks）”和一次微分加残差“Residual after 1st Derivative（Search Hidden Peaks）”寻峰方式对寻峰非常有效。

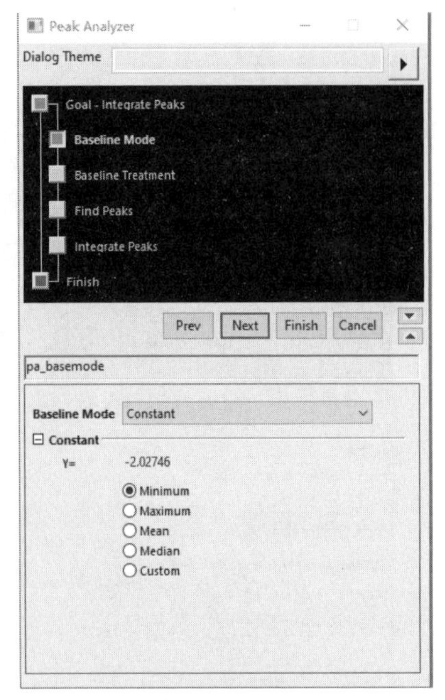

图 11-22 基线模式（Baseline Mode）页面

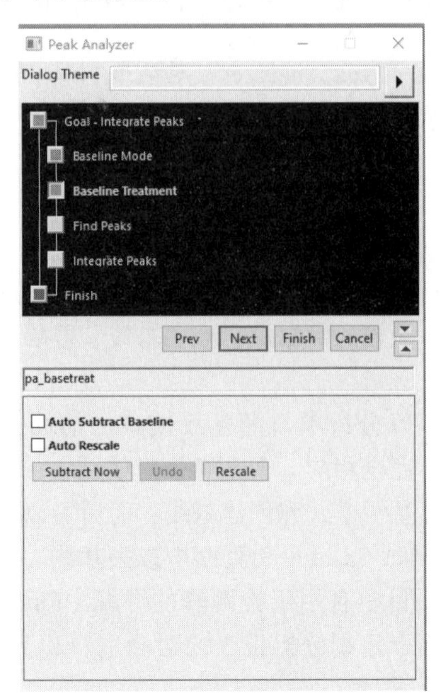

图 11-23 基线处理页面

再单击“Next”按钮，向导图也进入对峰进行积分（Integrate Peaks）页面。对峰进行积分的页面如图 11-25 所示。

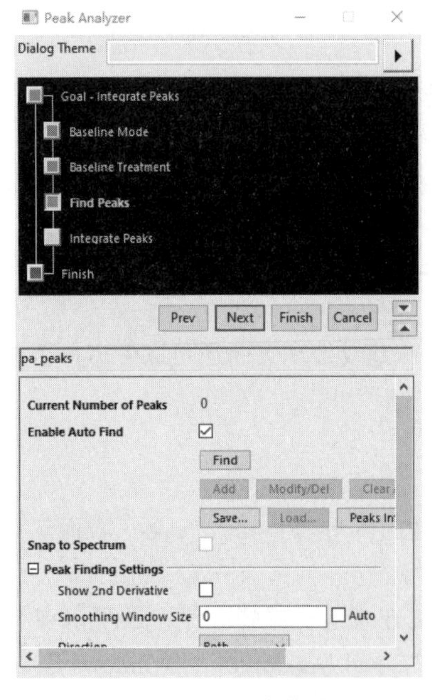

图 11-24 寻峰页面

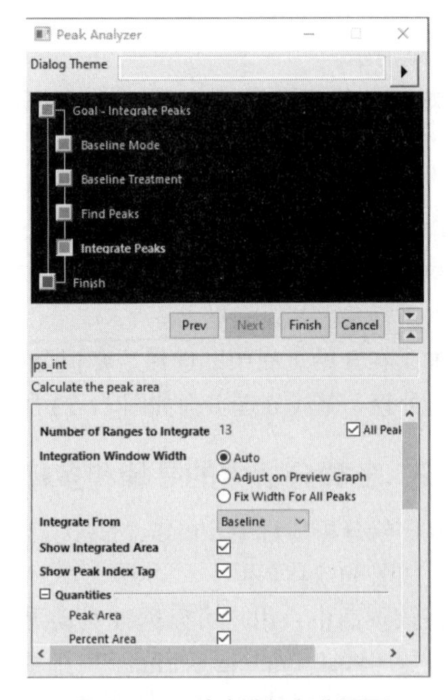

图 11-25 对峰进行积分页面

在该页面中，可以对输出的内容（如峰面积、峰位置、峰高、峰中心和峰半高宽）、输出的地方进行设置。设置完成后单击“Finish”按钮，则对峰分析的结果保存在新建的工作表中。

11.4.3　多峰分析举例

下面结合实例具体介绍谱线分析（Peak Analyzer）向导中对峰进行积分项目的使用。该例要求完成创建基线（Create Baseline）、扣除基线（Substract Baseline）、寻峰（Find Peaks）和对峰进行积分（Integrate Peaks）等内容。具体步骤如下：

1）导入“…Samples\Spectroscopy\Peaks on Exponential Baseline.dat”数据文件，用工作表中 A（X）和 B（Y）绘制线图，如图 11-26 所示。

2）执行菜单命令“Analysis”→“Peaks and Baseline”→“Peaks Analyzer”，打开“Peaks Analyzer”对话框。选择对峰进行积分（Integrate Peaks）项目，单击“Next”按钮，进入基线模式页面，在“Baseline Mode”下拉列表框中选择“User Defined”选项，该页面面板如图 11-27 所示。

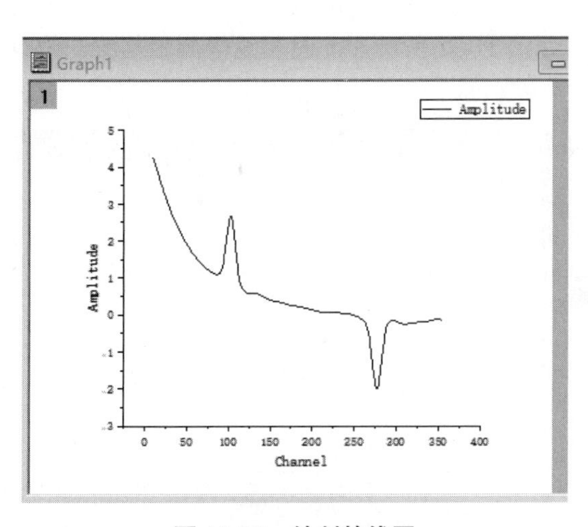

图 11-26　绘制的线图

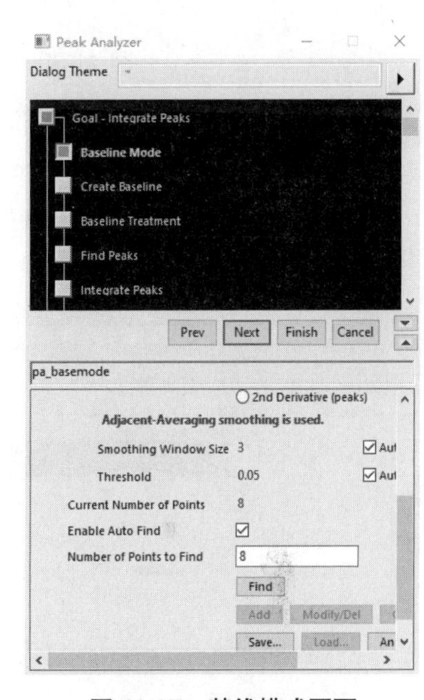

图 11-27　基线模式页面

3）勾选“Enable Auto Find”复选框，单击“Find”按钮，其线图中出现基线定位点，如图 11-28 所示。单击“Next”按钮，进入创建基线页面，该页面的下面板如图 11-29 所示。

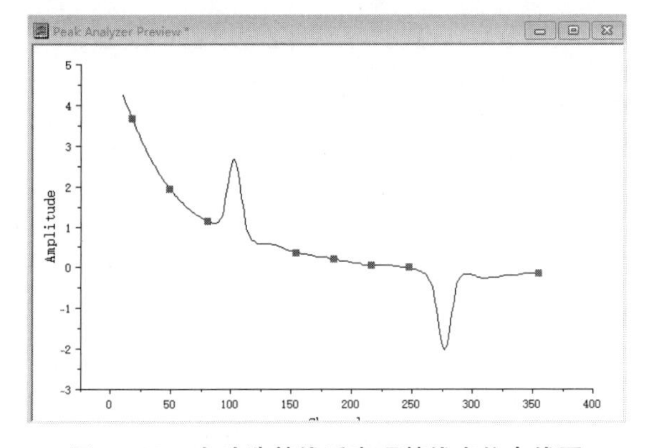

图 11-28　自动选基线后出现基线定位点线图

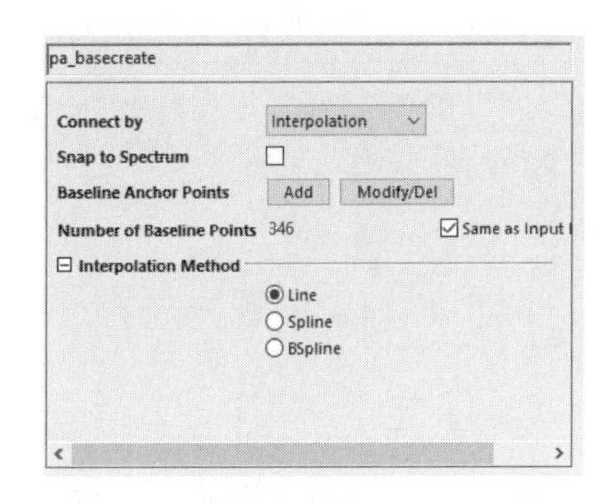

图 11-29　创建基线页面的下面板

选择创建基线的选项，此时线图中的基线定位点连接成红色的基线，如图 11-30 所示。

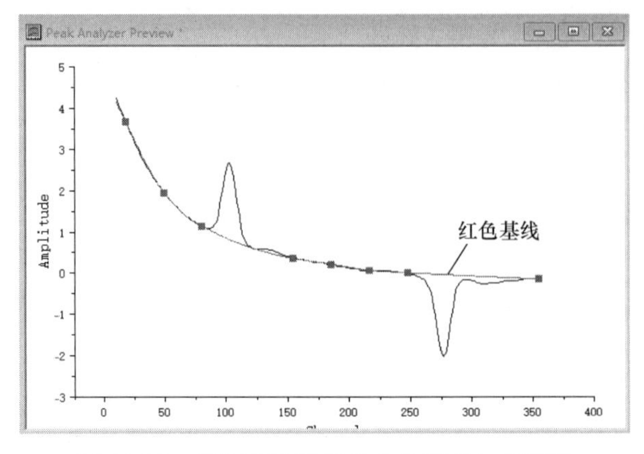

图 11-30 线图中基线定位点连接成红色基线

从图 11-30 可以看到，该基线部分地方还不是非常理想，需要修改。在创建基线页面下面板中的“基线定位点（Baseline Anchor Points）”栏单击“Add”按钮，在线图中添加一个定位点，而后在弹出的窗口中单击“Done”按钮，如图 11-31 所示。此时基线得到了修改，修改后的图形如图 11-32 所示。

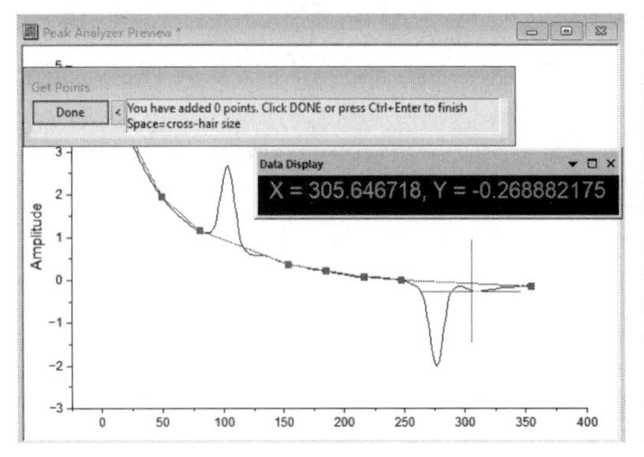

图 11-31 添加定位点位

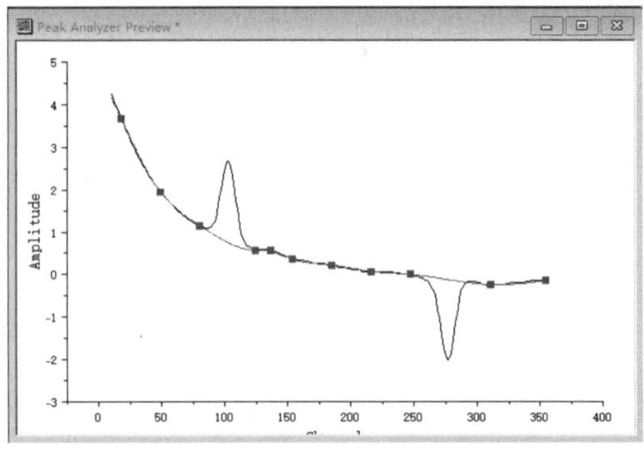

图 11-32 添加点位后的图形

4）单击“Next”按钮，进入基线处理页面，该页面的下面板如图 11-33 所示。选择“Auto Subtract Baseline”复选按钮，单击“Subtract Now”按钮，此时减去基线的线图如图 11-34 所示。

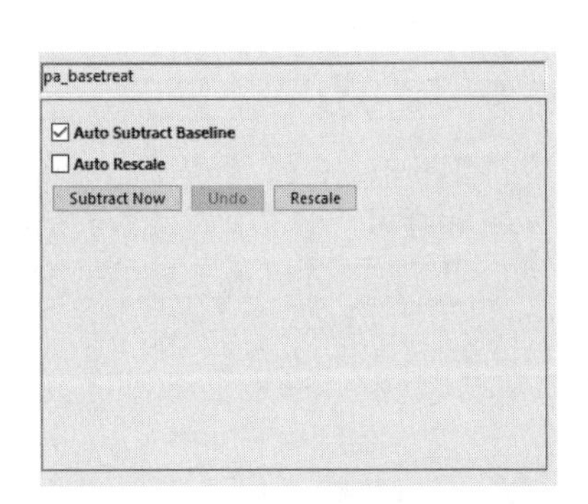

图 11-33 基线处理页面的下面板

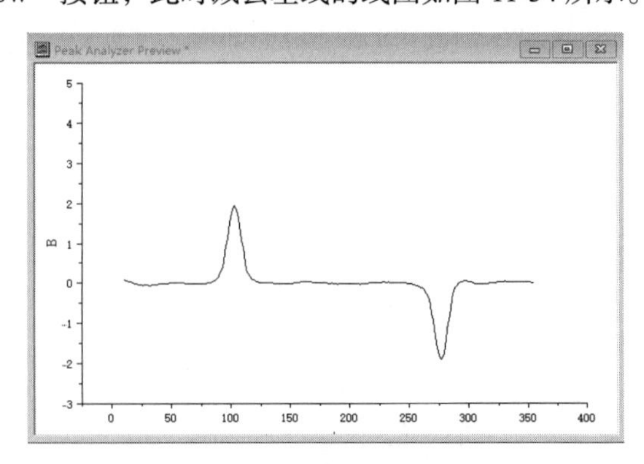

图 11-34 减去基线的线图

5）单击“Next”按钮，进入寻峰页面，该页面的下面板如图 11-35 所示。选择“Enable Auto Find”复选按钮，其余选择默认选项。

6）此时单击“Next”按钮，进入对峰进行积分页面，如图 11-36 所示。线图在图 11-35 的基础上添加两个黄色矩形方框和数字标号，表示峰的数量和位置，如图 11-37 所示。

7）在对峰进行积分页面的下面板，选择默认输出选项和内容，单击“Finish”按钮，完成对峰进行积分。其最后分析的峰曲线图如图 11-38 所示。多峰分析数据如图 11-39 和图 11-40 所示。

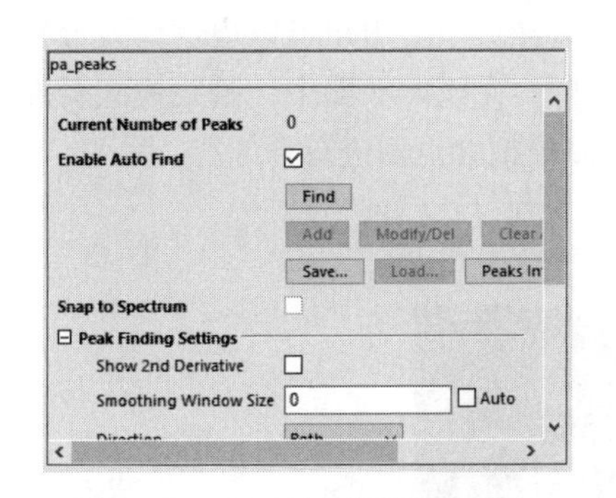

图 11-35　寻峰页面的下面板

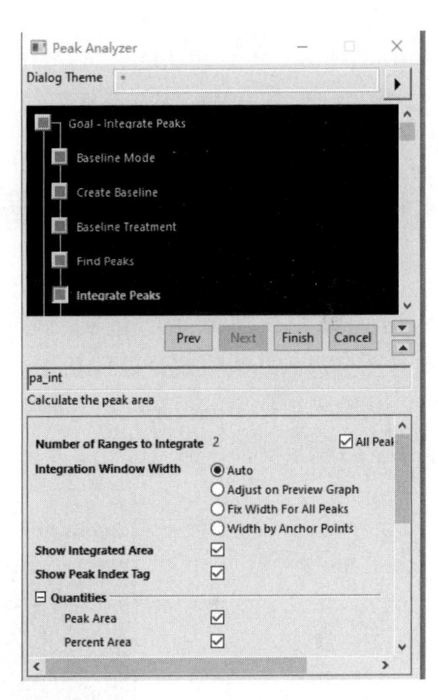

图 11-36　对峰进行积分页面

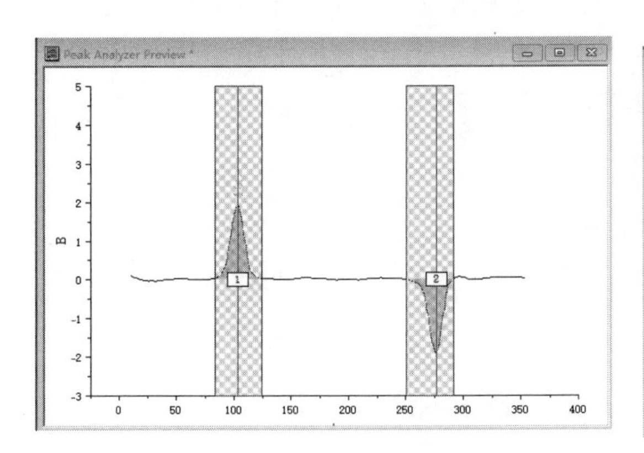

图 11-37　峰数量和位置确定

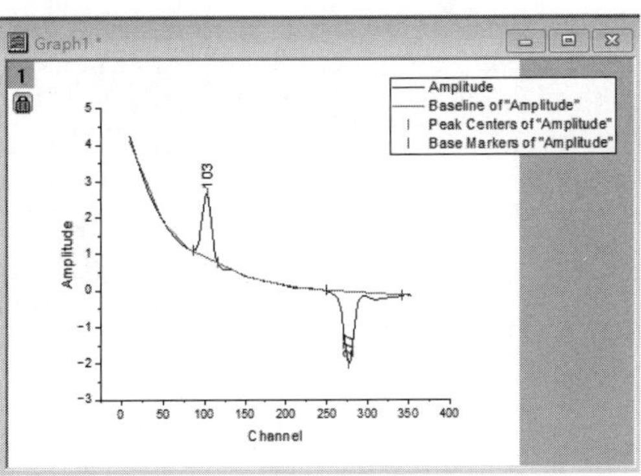

图 11-38　最后分析的峰曲线图

Book1 - Peaks on Exponential Baseline.dat *

	A(X1)	B(Y1)	C(X2)	D(Y2)	E(X3)	F(Y:
Long Name	Baseline	Baseline	Peak Centers	Peak Centers	Base Markers	Bas Marki
Units						
Comments	Baseline of "Amplitude"	Baseline of "Amplitude"	Peak Centers of "Amplitude"	Peak Centers of "Amplitude"	Base Markers of "Amplitude"	Bas Marker "Amplit
F(x)=						
1	10	4.10129	103	2.67	86	
2	11	4.04613	277	-2.01	116	
3	12	3.99097			250	-
4	13	3.93581			343	-
5	14	3.88065				
6	15	3.82548				
7	16	3.77032				
8	17	3.71516				
9	18	3.66				
10	19	3.60484				
11	20	3.54968				

Integration_Result1 Integr

图 11-39 对峰进行积分结果

Book1 - Peaks on Exponential Baseline.dat *

	A(X1)	B(Y1)	C(X2)	D(Y2)	E(X3)	F(Y:
Long Name	Baseline	Baseline	Peak Centers	Peak Centers	Base Markers	Bas Marki
Units						
Comments	Baseline of "Amplitude"	Baseline of "Amplitude"	Peak Centers of "Amplitude"	Peak Centers of "Amplitude"	Base Markers of "Amplitude"	Bas Marker "Amplit
F(x)=						
1	10	4.10129	103	2.67	86	
2	11	4.04613	277	-2.01	116	
3	12	3.99097			250	-
4	13	3.93581			343	-
5	14	3.88065				
6	15	3.82548				
7	16	3.77032				
8	17	3.71516				
9	18	3.66				
10	19	3.60484				
11	20	3.54968				

Integrated_Curve_Data1 Plot

图 11-40 对峰进行积分线图数据

11.5 基于谱线分析向导的多峰拟合

在“Peak Analyzer”对话框目标（Goal）页面的下面板中，“分析项目（Goal）”选项选择“Fit Peaks（Pro）（多峰拟合）”选项，此时多峰拟合项目的初始面板如图 11-41 所示。

向导图会进入基线模式、处理基线、寻峰和多峰拟合页面。用户可以通过谱线分析向导创建基线、从输入数据中减去基线、寻峰和对峰进行拟合。在该向导图中，基线模式页面、处理基线页面、寻峰页面都在前面进行了介绍，下面仅对多峰拟合页面进行介绍。

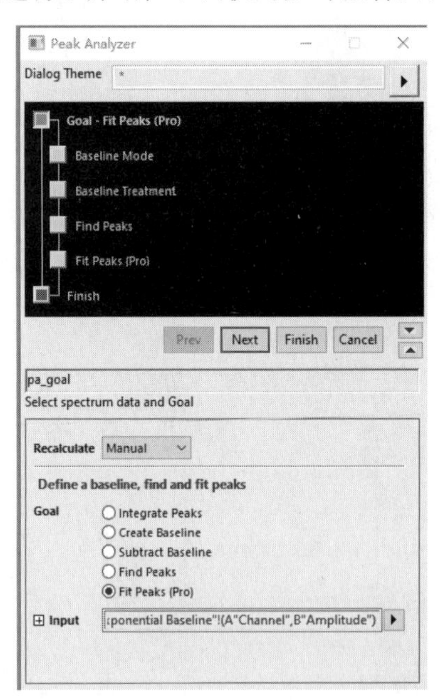

图 11-41 多峰拟合项目的初始面板

11.5.1 多峰拟合页面

用户可以通过多峰拟合［Fit Peaks（Pro）］页面，采用 Levenberg-Marquardt 算法完成对多峰的非线性拟合基线的非线性拟合和定制拟合分析报表。

多峰拟合页面的下面板如图 11-42 所示。单击“Fit Control”按钮，打开“峰拟合参数（Peak Fit Parameters）”对话框。“峰拟合参数”对话框由上面板和下面板组成，在其中部还有一些控制按钮。

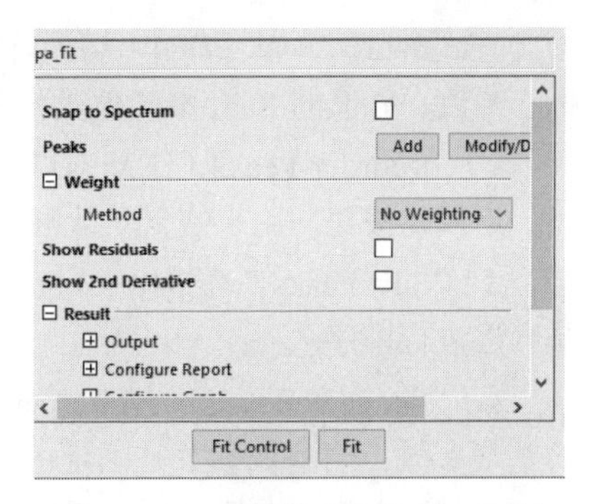

图 11-42　多峰拟合项目的下面板

“峰拟合参数”对话框上面板有“参数（Parameters）”选项卡、“界限（Bounds）”选项卡和“拟合控制（Fit Control）”选项卡组成。“参数”选项卡如图 11-43 所示。“参数”选项卡中列出了所有函数的所有参数，可以选择确定该参数在拟合过程中是否为共享，通过该上面板可以很好地监控拟合效果。

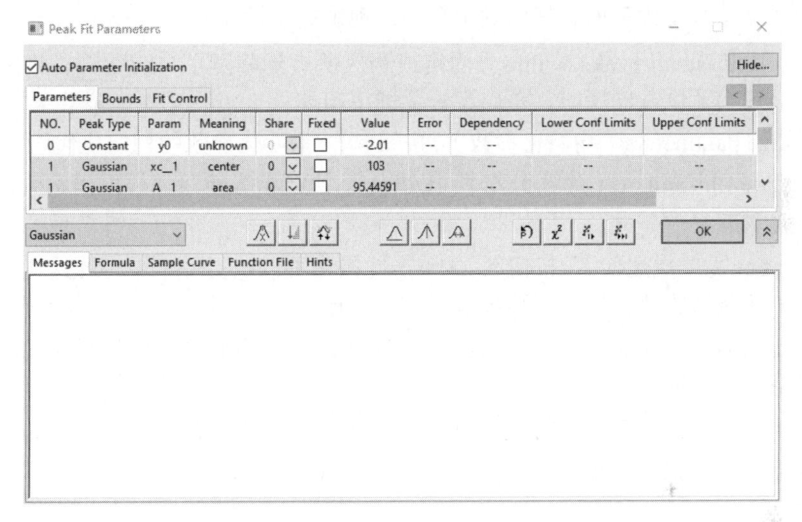

图 11-43　“参数（Parameters）”选项卡

“界限”选项卡如图 11-44 所示，用于设置函数参数的上下界限。“拟合控制”选项卡设置拟合过程中的相关参数，如图 11-45 所示。在“峰拟合参数”对话框中部有一个拟合函数下拉列表框，通过该下拉框可以对不同的峰选择不同的函数。Origin 2022 能采用内置函数和用户自定义函数进行多峰拟合。

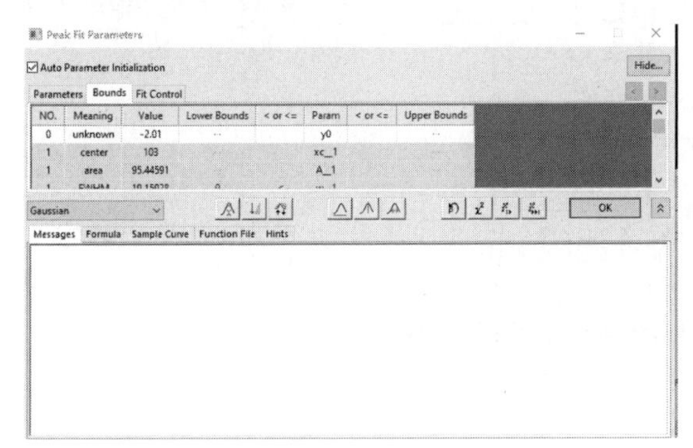

图 11-44　“界限（Bounds）”选项卡

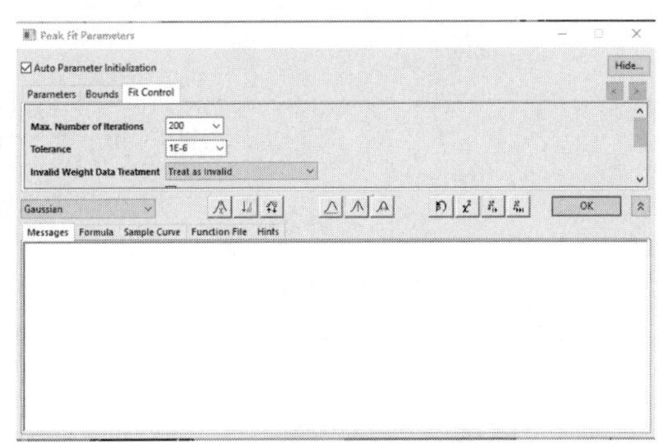

图 11-45　“拟合控制（Fit Control）”选项卡

“峰拟合参数”对话框中部按钮所代表的意义如下：

1）“Switch Peak Label（切换峰值标签）”按钮，指定峰值标签类型。它可以使用峰值指标、X 值、Y 值的 X 值和 Y 值为峰的标签。

2）“Reorder Peaks（重新对峰排列顺序）”按钮，当需要对已经排列的峰恢复默认设置时，启用此按钮，用来恢复默认顺序峰。

3）“Sort Peaks（峰排序）”按钮，打开“峰排序”。峰中心、宽度、振幅可以以递增或递减顺序进行排序。

4）“Fix or Release baseline parameters（固定或释放基线参数）”按钮，指定是否要修复的基线参数，当基线参数是固定的，将出现一个锁定图标，表示基线的参数固定；再次单击此按钮，则锁定图标消失，表示基线参数不固定。

5）“Fix or Release all peak centers（固定或释放所有峰中心）”按钮，指定是否要修复高峰中心的参数。当参数是固定的，峰值的中心会出现锁定图标。

6）“Fix or Release all peaks widths（固定或释放所有的峰宽）”按钮，指定是否要修复峰的宽度参数。峰的宽度是固定时，将出现一个锁定图标。

7）“Initialize parameters（初始化参数）”按钮，初始化参数的初始化代码（或初始值）。

8）“Calculate Chi-Square（计算卡方）”按钮，执行卡方检验，根据样本数据推断总体分布与期望分布是否有显著差异。

9）“1 Iteration（单次迭代）”按钮，单击此按钮可以执行一个单一的迭代。可以选择多种峰值中心，直到收敛为止，其结果将被显示在下面板。

10）“Fit until converged（拟合直至收敛）”按钮，单击此按钮可进行迭代，直到拟合收敛。结果将被显示在下面板。

“峰拟合参数”对话框下面板用于监视拟合效果，用户可以通过该下面板了解拟合是否收敛等信息。典型的“峰拟合参数”对话框下面板如图 11-46 所示。

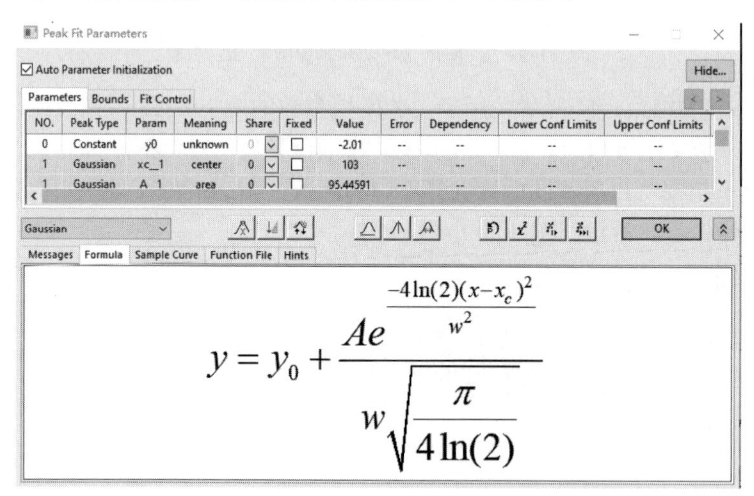

图 11-46　典型的“峰拟合参数”对话框下面板

11.5.2　多峰拟合举例

下面结合实例具体介绍谱线分析（Peak Analyzer）向导中多峰拟合项目的使用。该例要求完成创建基线、减去基线、寻峰和多峰拟合报表等内容。

1）导入“…Sample\Spectroscopy\Hidden Peaks.dat”数据文件，用工作表中 A（X）和 B（Y）绘制曲线，如图 11-47 所示。

2）执行菜单命令“Analysis”→“Peaks and Baseline”→“Peak Analyzer”，打开“Peak Analyzer”对话框。

选择多峰拟合（Fit Peaks）项目，单击“Next”按钮，进入基线模式页面。此时，在线图下出现一条红色的基线，如图 11-48 所示。

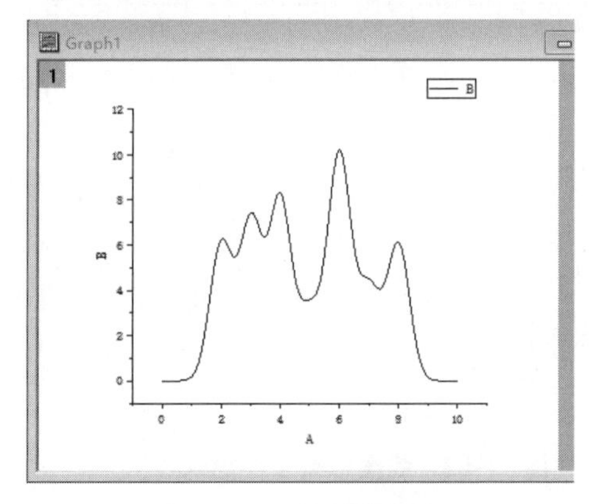

图 11-47　绘制的线图

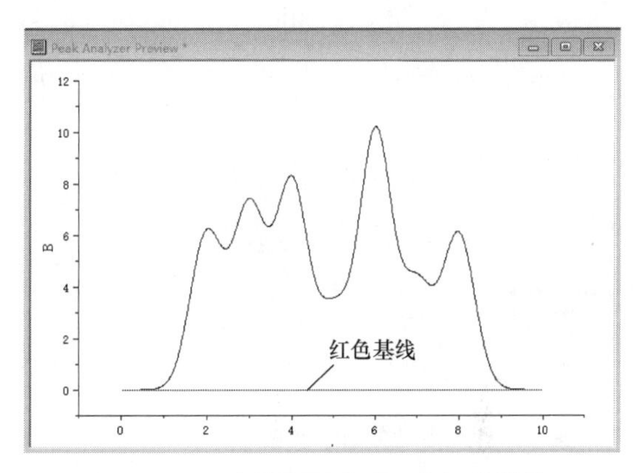

图 11-48　在线图下出现一条红色基线

根据图形可以考虑在“Baseline Mode”下拉列表框中选择“Constant”。基线模式页面如图 11-49 所示。

3）单击“Next”按钮，进入处理基线页面。勾选“Auto Subtract Baseline”复选框，如图 11-50 所示，单击“Subtract Now”按钮，可得到减去基线的线图。

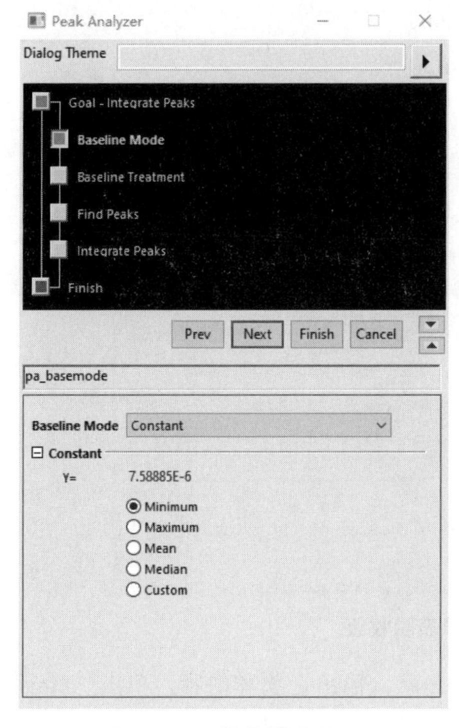

图 11-49　基线模式页面

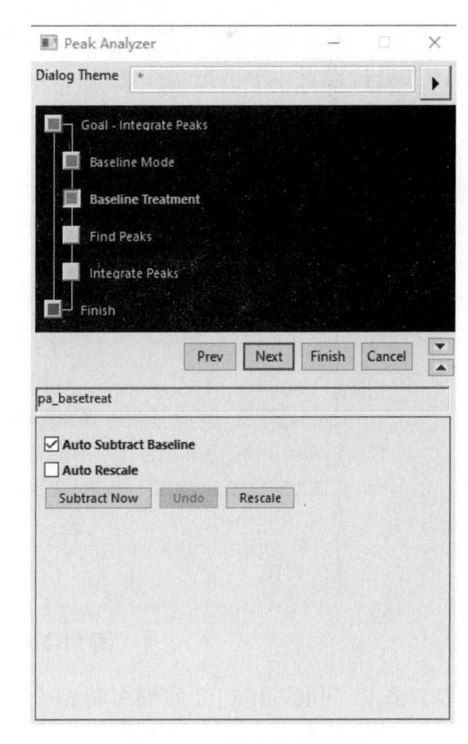

图 11-50　处理基线页面

4）单击“Next”按钮，进入寻峰页面，该页面的下面板如图 11-51 所示。线图可能会有隐峰，所以在“寻峰设置（Peak Finding Settings）”选项组的“方式（Method）”下拉列表框中选择“2nd Derivative（Search Hidden Peaks）”，搜寻隐峰。

单击该页面中的“Find”按钮，此时在线图中显示有 7 个峰，其中有 2 个隐峰，如图 11-52 所示。

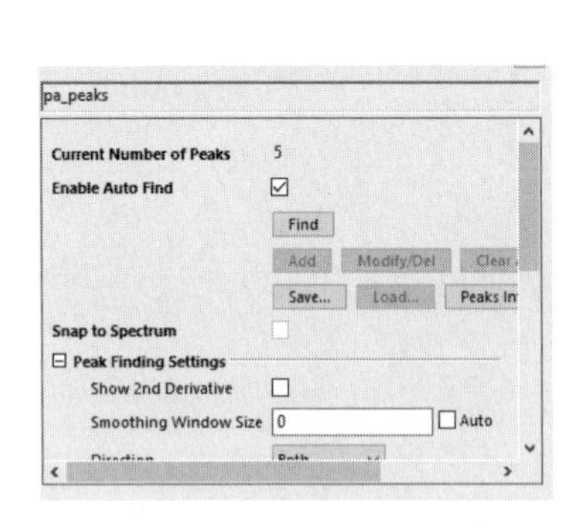

图 11-51 寻峰页面下面板

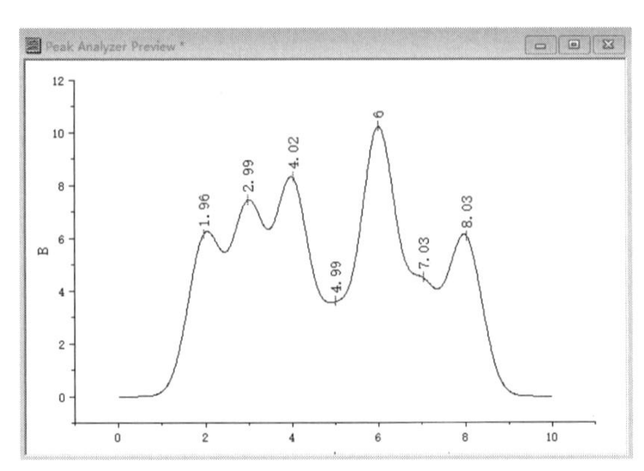

图 11-52 线图中有 2 个隐峰

5）单击“Next”按钮，进入多峰拟合页面，多峰拟合页面的下面板如图 11-53 所示。单击“Fit Control”按钮，打开“峰拟合参数（Peak Fit Parameters）”对话框。

6）在“峰拟合参数”对话框中，选择“Gassian”拟合函数进行设置。单击拟合按钮进行拟合，拟合结果表明收敛，如图 11-54 所示。

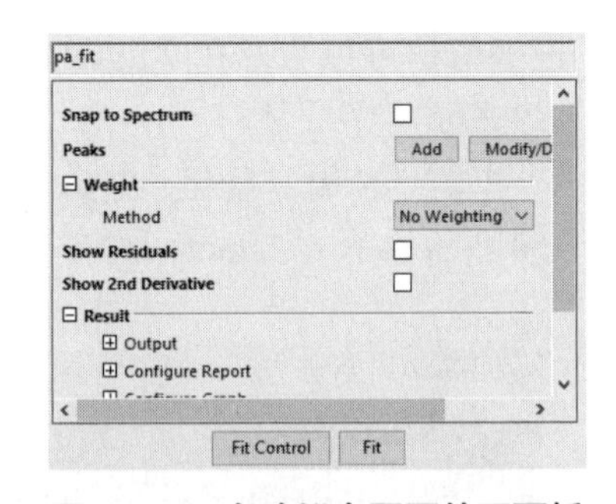

图 11-53 多峰拟合页面的下面板

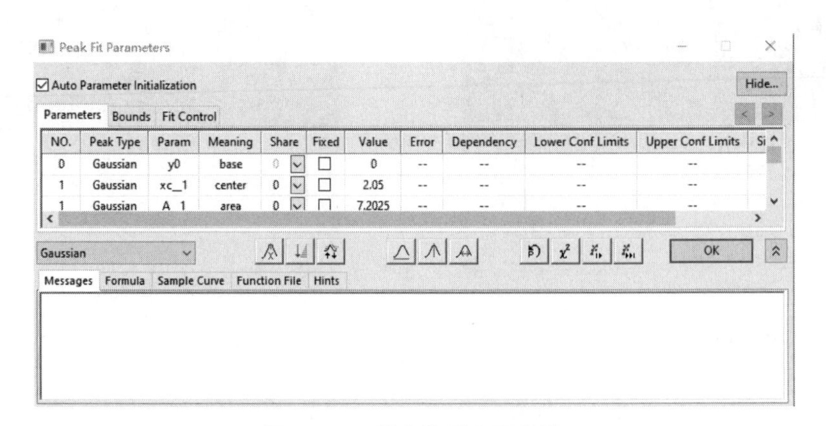

图 11-54 拟合结果表明收敛

7）单击“OK”按钮，回到多峰拟合页面。选择默认输出选项和内容，单击“Finish”按钮，完成多峰拟合。峰拟合曲线如图 11-55 所示，分析拟合数据报表如图 11-56 所示。

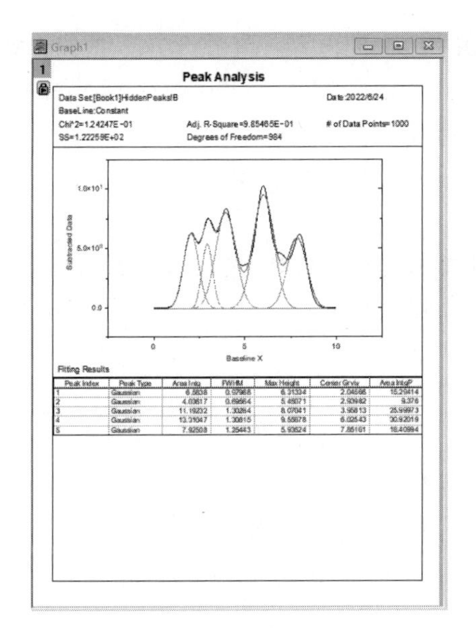

图 11-55　峰拟合曲线

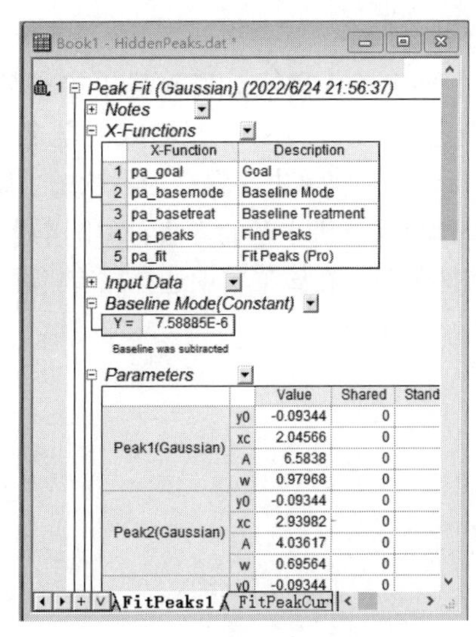

图 11-56　分析拟合数据报表

11.6　谱线分析向导主题

Origin 2022 将主题（Theme）的应用范围进一步进行了扩展。可以通过谱线分析向导上面板中的对话框主题（Dialog Theme），将谱线分析的设置保存为一主题，在下一次进行同样分析时，可以自如调用。

将谱线分析设置保存为主题的方法如下：

1）单击谱线分析向导上面板的右上角对话框主题（Dialog Theme）行最右端按钮▸，弹出快捷菜单，如图 11-57 所示。

在该菜单中选择“主题设定（Theme Setting）”，打开“主题设定（Peak Analyzer Theme Setting）”对话框，如图 11-58 所示。

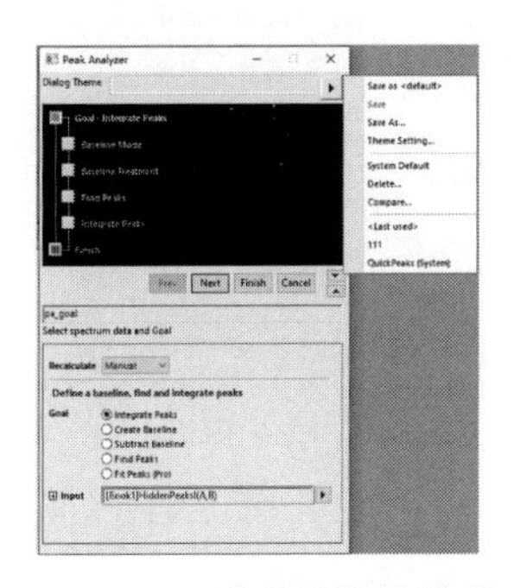

图 11-57　弹出的快捷菜单

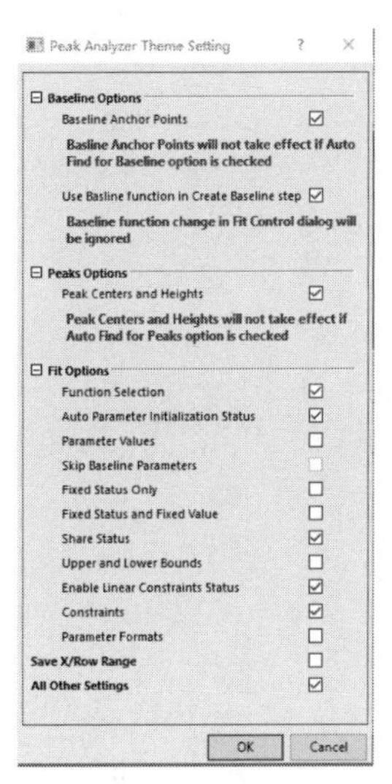

图 11-58　“主题设定”对话框

2）在“主题设定”对话框中，选择希望保存在主题中的内容。单击“OK”按钮，关闭该对话框。

3）再次单击谱线分析向导上面板的右上角对话框主题行最右端按钮▶，在弹出的快捷菜单中选择“Save As”，并输入主题名称（如 HiddenPeak1），进行保存；也可以选择“Save As<default>”，将该主题保存为默认的主题。

调用谱线分析主题的方法：单击谱线分析向导上面板的右上角对话框主题行最右端按钮▶，弹出快捷菜单。在该菜单中选择已有的主题，如图 11-57 所示。

第12章

数据批量处理

大数据时代的到来，使得我们对数据处理的需求显得越来越重要，尤其是如何快速准确地对大量数据进行处理，下面就向读者介绍利用 Origin 2022 进行数据批量处理的方法。

12.1 重复计算

在科研工作中，经常会遇到需要对大量数据进行重复计算的问题，如果逐一对单个数据进行相同的计算，则费时费力，譬如以下两个例子：

1）如图 12-1 所示，若需要将该图中 B（Y）列的所有数据都取相反数（负号），有没有不逐个修改的方法？

2）图 12-2 所示为光谱数据，对其进行对数变换，即对其中的每一列因变量数据作对数运算。如果成千上万条数据达到几百列，每一列都需要转换，逐个数据转换和逐列数据转换都需要花费大量的人力和时间，这时候就需要使用批量处理。

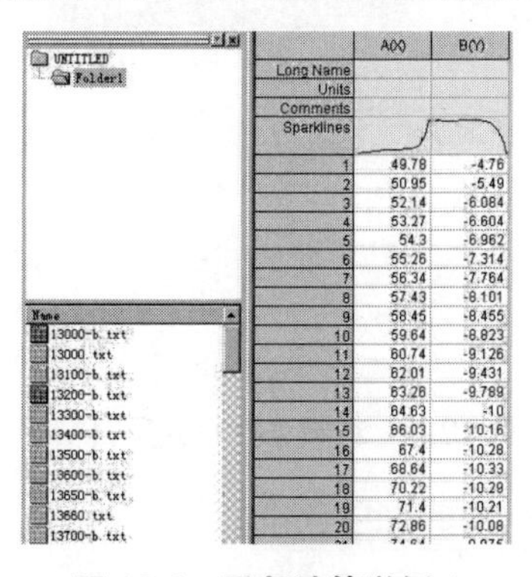

图 12-1 重复计算举例 1

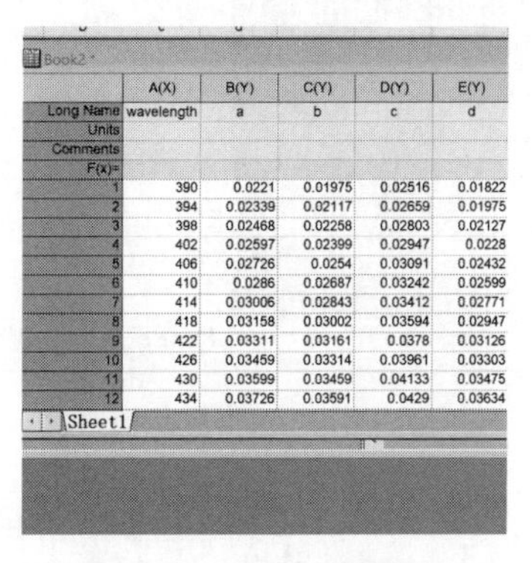

图 12-2 重复计算举例 2

为了减少重复计算，在 Origin 2022 中可以尝试利用批量处理节约时间，提高工作效率。

所谓批量处理，主要是利用制作好的模板（称为对话框主题）或脚本文件，使计算机快速执行重复动作。例如，当需要对一批图片批量进行自定义命名时，就可以利用批量处理文件快速更新；当需要批量新建文件夹时，也可以采用特定的代码设计，快速生成所需的文件夹。

12.2 对话框主题

使用 Origin 2022 对数据进行谱线图峰值分析时，通过对一个数据建立对话框主题，在进行其他数据的相同峰值分析时，利用以前建立的对话框主题，可以非常方便地进行“通过主题批量峰值分析”。

本节内容是对第 11 章中的对话框主题部分内容的延伸，读者参照以前章节内容可以更好地理解如何使用对话框主题进行批量处理。

Origin 2022 将主题（Theme）的应用范围进行了进一步扩展。通过谱线分析向导上面板中的对话框主题（Dialog Theme），将谱线分析的设置保存为一主题，在下一次进行同样分析时，可以自如调用。

以下分两个步骤进行对话框主题批量处理的讲解。

12.2.1 建立对话框主题

下面通过峰值分析中的对峰进行积分项目为例，创建对话框主题。结合实例具体介绍谱线分析（Peak Analyzer）向导中对峰进行积分项目的对话框主题的创建，具体步骤如下：

1）导入“…Samples\Spectroscopy\Two Positive Peaks.dat”数据文件，选中工作表中 A（X）和 B（Y）数据，如图 12-3 所示。

2）执行菜单命令“Analysis”→“Peaks and Baseline”→“Peak Analyzer”，打开“Peak Analyzer”对话框，在下面板中选择对峰进行积分（Integrate Peaks）项目，如图 12-4 所示。数据初始谱线图如图 12-5 所示。

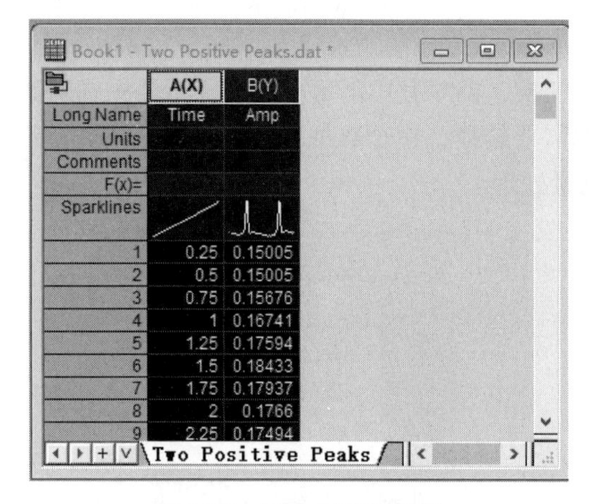

图 12-3 两个正峰值数据

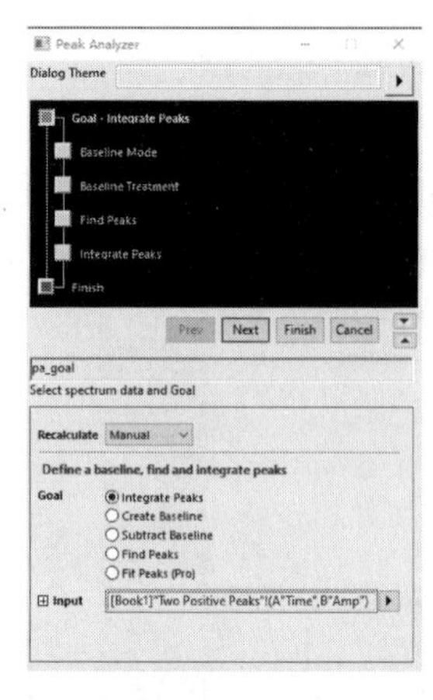

图 12-4 对峰进行积分项目初始界面

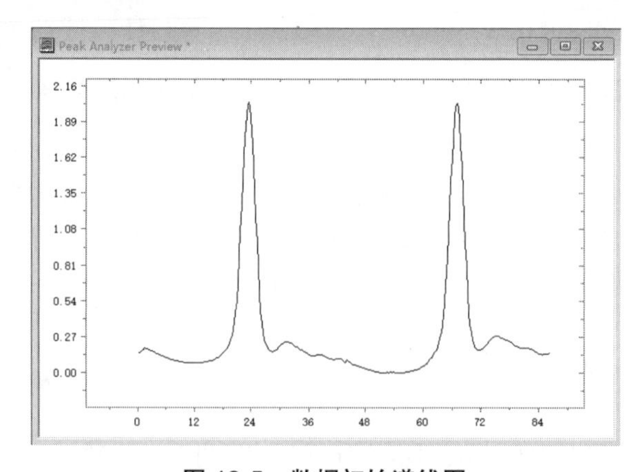

图 12-5 数据初始谱线图

3）单击“Next”按钮，进入基线模式页面，在“Baseline Mode”下拉列表框中选择“User Defined”选项，该页面面板如图 12-6 所示。

4）勾选“Enable Auto Find”复选框，单击“Find”按钮，其线图中出现基线定位点，如图 12-7 所示。单击“Next”按钮，进入创建基线页面，该页面的下面板如图 12-8 所示。

选择创建基线的选项，此时线图中的基线定位点连接成红色的基线，如图 12-9 所示。

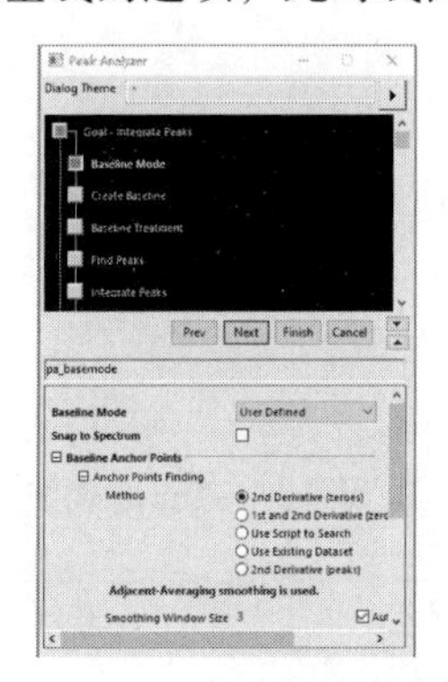

图 12-6　峰值分析基线模式页面面板

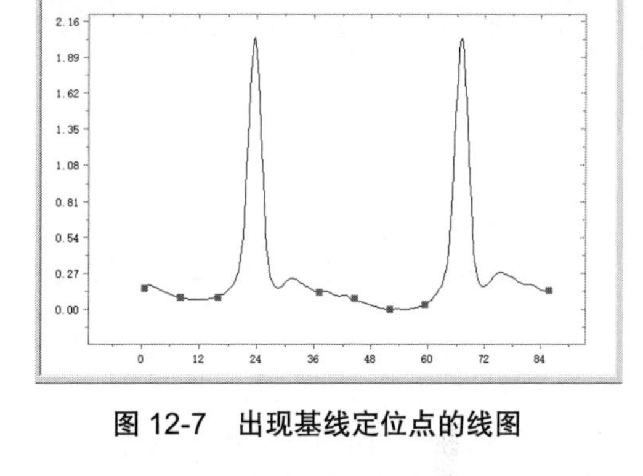

图 12-7　出现基线定位点的线图

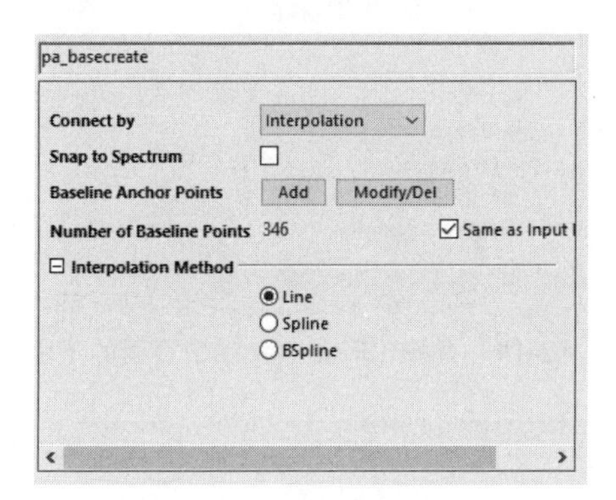

图 12-8　创建基线页面的下面板

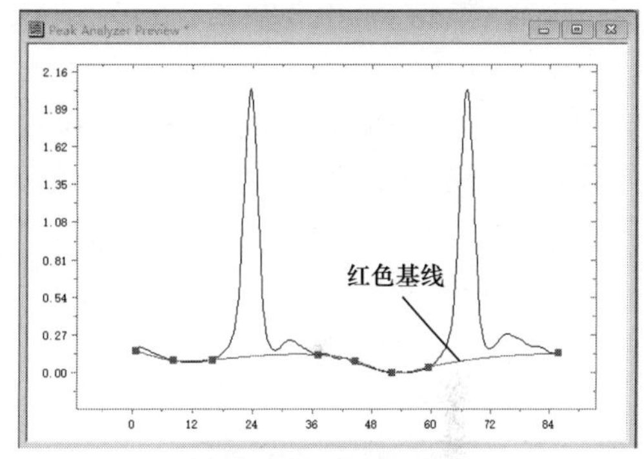

图 12-9　线图中基线定位点连接成红色基线

从图 12-9 可以看到，该基线部分地方还不是非常理想，需要修改。在创建基线页面下面板中的“基线定位点（Baseline Anchor Points）”栏单击“Add”按钮，在线图中需要添加定位点的地方双击添加定位点，而后在弹出的窗口中单击“Done”按钮，如图 12-10 所示。此时基线得到了修改，修改后的图形如图 12-11 所示。

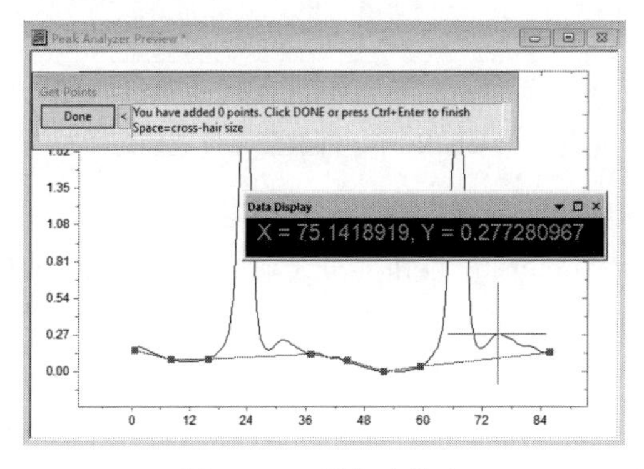

图 12-10　添加定位点

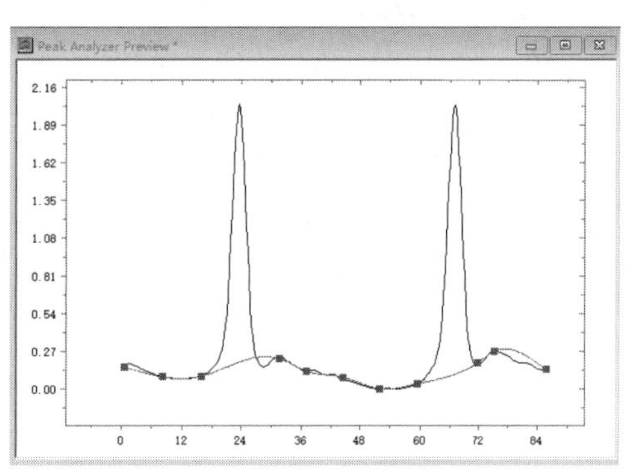

图 12-11　添加点位后的图形

5）单击“Next”按钮，进入基线处理页面，该页面的下面板如图 12-12 所示。勾选“Auto Subtract Baseline”复选框，单击“Subtract Now”按钮，此时减去基线的线图如图 12-13 所示。

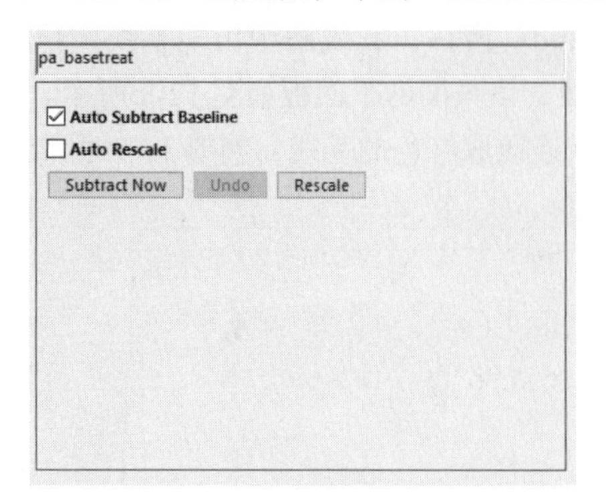

图 12-12 基线处理页面的下面板

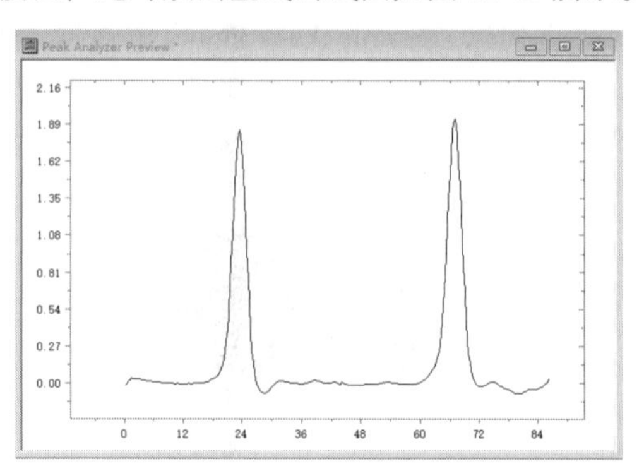

图 12-13 减去基线的线图

6）单击“Next”按钮，进入寻峰（Find Peaks）页面，该页面的下面板如图 12-14 所示。勾选“Enable Auto Find”复选框，其余选择默认选项。

7）此时单击“Next”按钮，进入对峰进行积分页面，如图 12-15 所示。此时线图添加了两个黄色矩形方框和数字标号，表示峰的数量和位置，如图 12-16 所示。

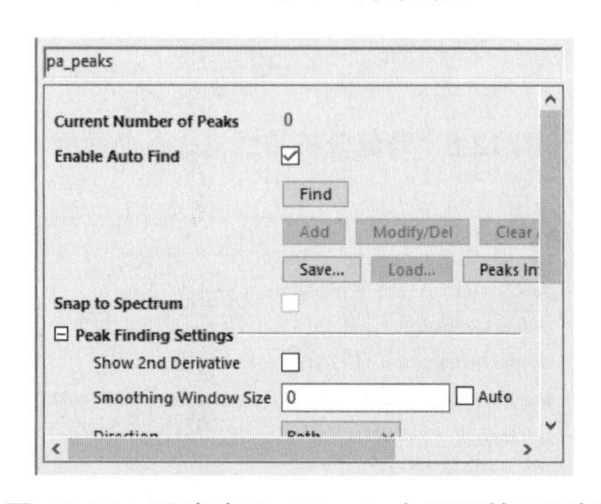

图 12-14 寻峰（Find Peaks）页面的下面板

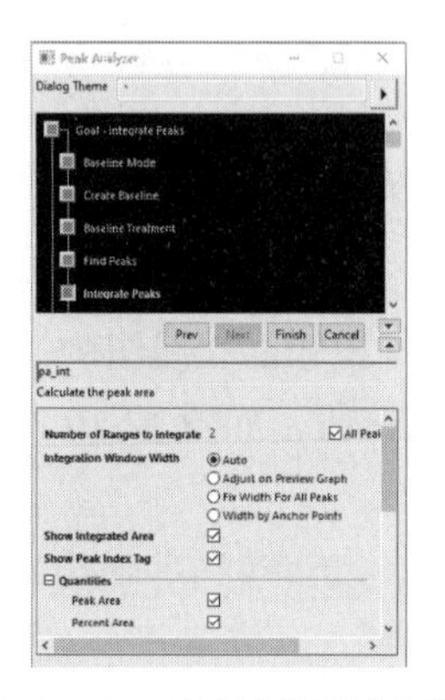

图 12-15 对峰进行积分页面

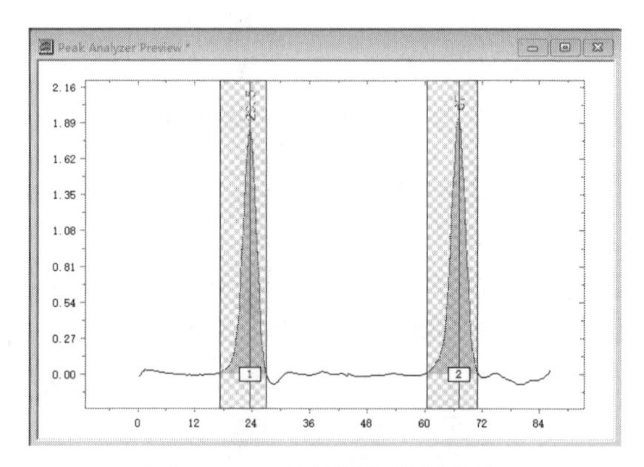

图 12-16 峰数量和位置确定

8）在对峰进行积分页面的下面板，选择默认输出选项和内容。观察此时的“对话框主题”面板，所有的峰值分析步骤都已经完成，只需单击“Finish”按钮即可完成所需要的数据分析。此时可以进行对话框主题的设定。

9）单击谱线分析向导的上面板的右上角对话框主题（Dialog Theme）行最右端按钮▸，弹出快捷菜单，如图 12-17 所示。在该菜单中选择“主题设定（Theme Setting）”，打开“主题设定（Peak Analyzer Theme Setting）”对话框，如图 12-18 所示。

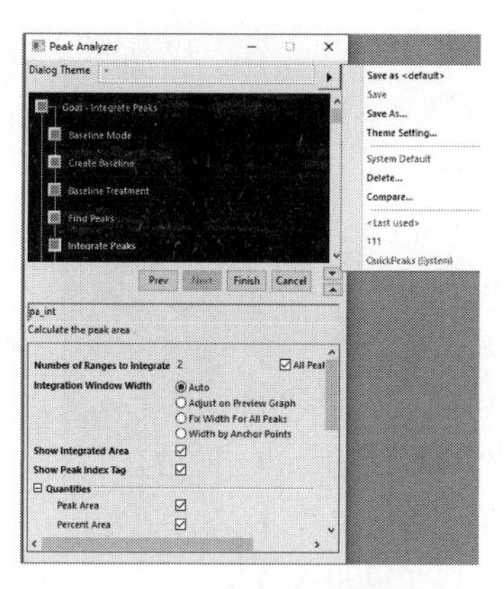

图 12-17 弹出的快捷菜单

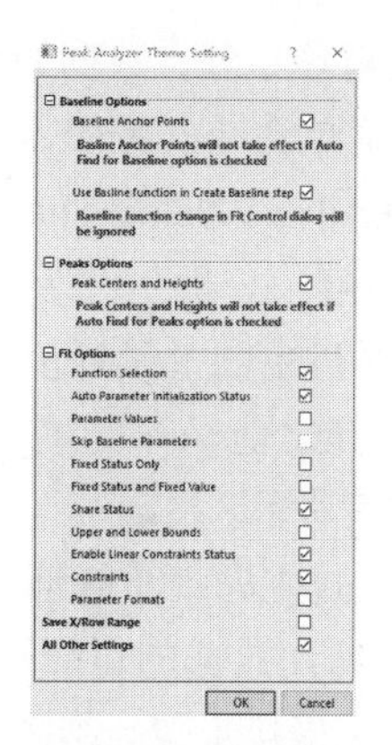

图 12-18 “主题设定”对话框

10）在主题设定对话框中，选择希望保存在主题中的内容。单击“OK”按钮，关闭该对话框。

11）再次单击谱线分析向导的上面板的右上角对话框主题，在弹出的快捷菜单选择“Save As”，并输入主题名称（如“111”），进行保存；也可以选择“Save as<default>”，将该主题保存为默认的主题，如图 12-19 所示。

12）继续对原数据进行峰积分。在图 12-15 所示的界面中，单击“Finish”按钮，完成对峰进行积分。最后分析的数据如图 12-20 和图 12-21 所示。

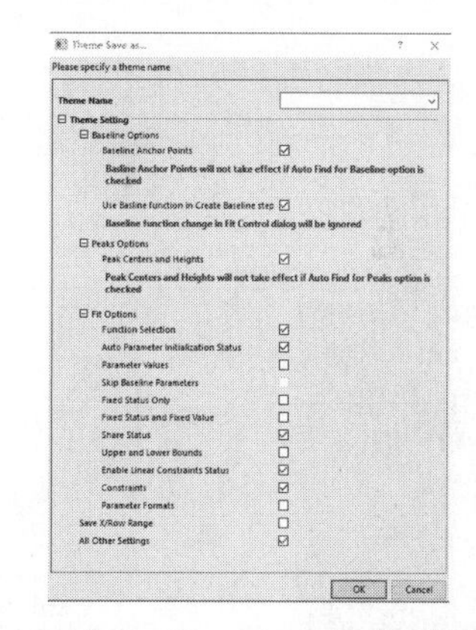

图 12-19 “Save as<default>”对话框页面

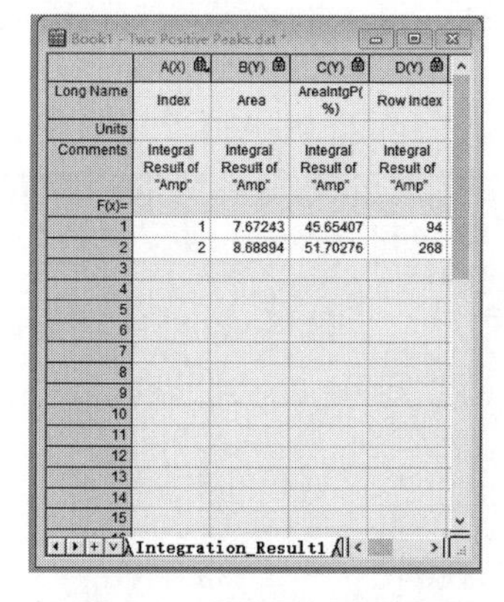

	A(X)	B(Y)	C(Y)	D(Y)
Long Name	Index	Area	AreaIntgP(%)	Row Index
Units				
Comments	Integral Result of "Amp"	Integral Result of "Amp"	Integral Result of "Amp"	Integral Result of "Amp"
F(x)=				
1	1	7.67243	45.65407	94
2	2	8.68894	51.70276	268
3				
4				
5				
6				
7				
8				
9				
10				
11				
12				
13				
14				
15				

Integration_Result1

图 12-20 对峰进行积分结果

	A(X1)	B(Y1)	C(X2)	D(Y2)
Long Name	X	Y	X	Y
Units				
Comments	Peak1 of "Amp"	Peak1 of "Amp"	Peak2 of "Amp"	Peak2 of "Amp"
F(x)=				
1	16.75	0	60.5	0
2	17	0.00482	60.75	0.00571
3	17.25	0.0111	61	0.01335
4	17.5	0.0192	61.25	0.02323
5	17.75	0.0294	61.5	0.03568
6	18	0.04193	61.75	0.05101
7	18.25	0.05613	62	0.06982
8	18.5	0.07182	62.25	0.09211
9	18.75	0.08941	62.5	0.1176
10	19	0.10958	62.75	0.14662
11	19.25	0.13316	63	0.18009
12	19.5	0.16107	63.25	0.21948
13	19.75	0.1948	63.5	0.26648
14	20	0.23601	63.75	0.32323
15	20.25	0.28686	64	0.39248
16	20.5	0.3501	64.25	0.47759
17	20.75	0.42908	64.5	0.58326

Integrated_Curve_Data1

图 12-21 对峰进行积分线图数据

12.2.2 对话框主题批量峰值分析

Origin 2022 在对不同的数据进行同样分析时，可以调用上一次保存的主题，非常方便地进行相同的计算，省却了人工设置步骤。

1）打开与上次不同的数据，进行相同的分析。例如，导入“…Samples\Spectroscopy\Electron Paramagnetic Resonance Spectra.dat”数据文件，选择工作表中 A（X）和 B（Y）数据，

对该数据进行对峰积分，数据如图 12-22 所示。

2）执行菜单命令“Analysis→“Peaks and Baseline”→“Batch Peak Analysis Using Theme”，如图 12-23 所示。打开“通过主题批量峰值分析”对话框，如图 12-24 所示。

3）在“通过主题批量峰值分析”对话框的“Theme”下拉列表框中选择之前保存的主题“111”，进行相同的数据处理，如图 12-25 所示。

4）在“通过主题批量峰值分析”对话框下面单击“OK”按钮，直接得到此数据的对峰进行积分的结果，省却了很多中间过程的人工操作步骤。结果数据如图 12-26 所示。

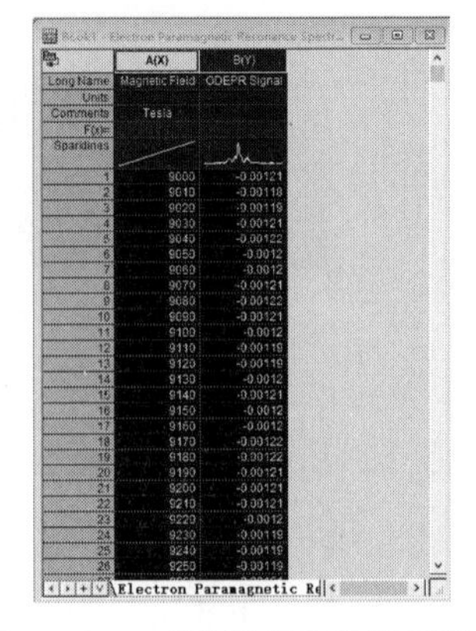

图 12-22　对峰进行积分线图数据

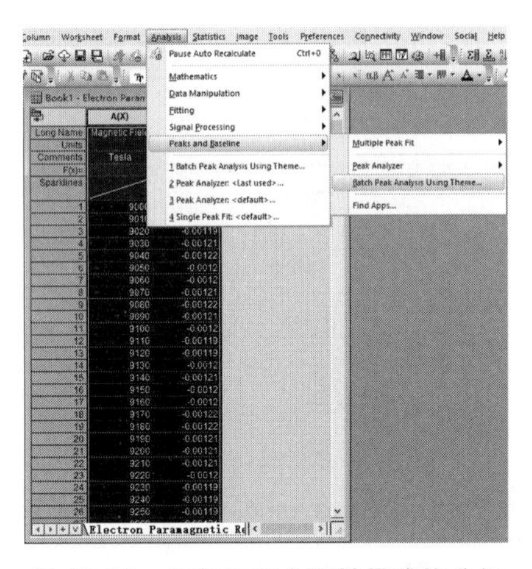

图 12-23　如何打开主题批量峰值分析

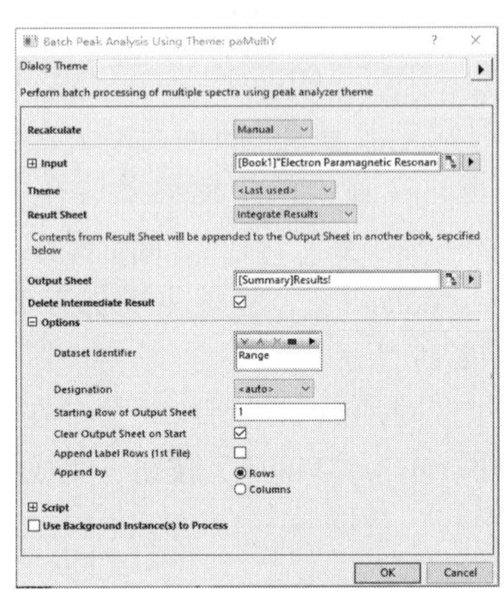

图 12-24　“通过主题批量峰值分析”对话框

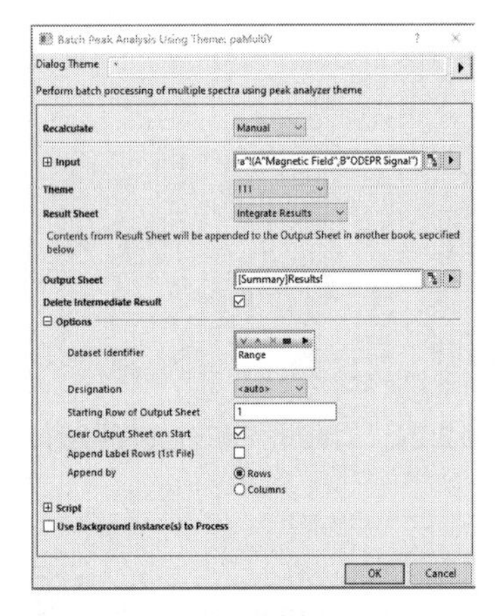

图 12-25　选择以前设定的主题

Summary *

	A(Y)	B(X)	C(Y)	D(Y)	E(Y)	
Long Name	Dataset ID	Index	Area	AreaIntgP(	Row Index	Be
Units						
Comments		Integral Re	Integral Re	Integral Re	Integral Re	Int
F(x)=						
1	[Book1]"Ele	1	0.17459	14.74213	247	
2	[Book1]"Ele	2	0.01234	1.04217	250	
3	[Book1]"Ele	3	0.01525	1.28776	256	
4	[Book1]"Ele	4	0.02015	1.70175	262	
5	[Book1]"Ele	5	0.03062	2.58547	266	
6	[Book1]"Ele	6	0.07418	6.26333	308	
7	[Book1]"Ele	7	0.01253	1.05831	311	
8	[Book1]"Ele	8	0.02745	2.31767	314	
9	[Book1]"Ele	9	0.01705	1.43967	322	
10	[Book1]"Ele	10	0.15128	12.7732	343	
11	[Book1]"Ele	11	0.18121	15.30042	347	
12	[Book1]"Ele	12	0.0284	2.39782	372	
13	[Book1]"Ele	13	0.07824	6.60614	378	
14	[Book1]"Ele	14	0.02373	2.00335	420	
15	[Book1]"Ele	15	0.01676	1.41493	426	

Results

图 12-26　通过主题批量峰值分析得到的结果

这样，经过以上步骤，我们就很顺利地通过主题批量峰值分析方便快捷地获取了需要的峰值分析信息。

12.3 批量绘图

我们在做一些实验时，需要使用相似的数据，绘制相同样式的图，用户可以使用批量绘图。设置好一个图，那么其他图只需要复制这个图的模式，可以批量绘制出多个相同样式的图，不再需要手工调整。

在本节中，我们将学习图形模板，以及如何执行批量打印。

12.3.1 图形模板创建

我们将利用生成一些数据创建一个图形，对图形进行一些简单的自定义，并将数据和图形保存为原始项目。

1. 导入数据和图形

导入“…Samples\Curve Fitting\Sensor01.dat”数据文件，其工作表如图 12-27a 所示。

单击 B（Y）列的标题，选择工作表中 B（Y）整列数据，此时整列数据背景变黑，表示已经选中，如图 12-27b 所示。再在 Origin 操作界面左下角的二维绘图工具栏中，单击最左边的“线图”按钮，将打开一个图形窗口，将数据绘制为一条折线，如图 12-28 所示。

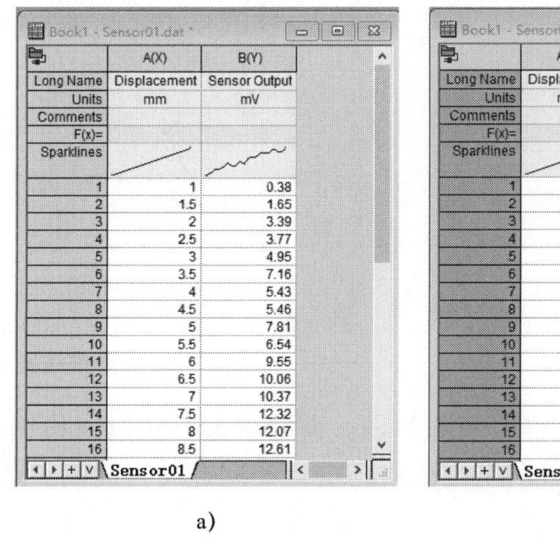

	A(X)	B(Y)
Long Name	Displacement	Sensor Output
Units	mm	mV
Comments		
F(x)=		
Sparklines		
1	1	0.38
2	1.5	1.65
3	2	3.39
4	2.5	3.77
5	3	4.95
6	3.5	7.16
7	4	5.43
8	4.5	5.46
9	5	7.81
10	5.5	6.54
11	6	9.55
12	6.5	10.06
13	7	10.37
14	7.5	12.32
15	8	12.07
16	8.5	12.61

a)

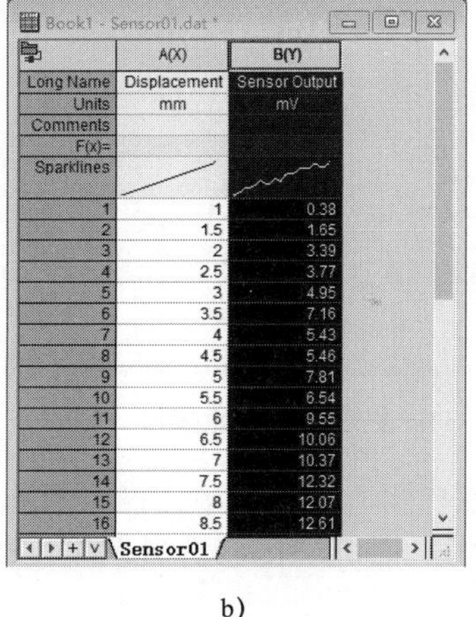

	A(X)	B(Y)
Long Name	Displacement	Sensor Output
Units	mm	mV
Comments		
F(x)=		
Sparklines		
1	1	0.38
2	1.5	1.65
3	2	3.39
4	2.5	3.77
5	3	4.95
6	3.5	7.16
7	4	5.43
8	4.5	5.46
9	5	7.81
10	5.5	6.54
11	6	9.55
12	6.5	10.06
13	7	10.37
14	7.5	12.32
15	8	12.07
16	8.5	12.61

b)

图 12-27 “Sensor01.dat”数据文件

a）工作表 b）选择 B（Y）整列数据

2. 自定义图形

现在我们将对图形进行一些简单的定制。

1）单击 X 轴，然后在弹出的小工具栏中，单击“显示网格线”按钮，在下拉列表中选择“Both”选项，如图 12-29 所示。这将为 X 轴添加主栅格线和次栅格线。对 Y 轴执行相同的操作。添加完网格线之后的图如图 12-30 所示。

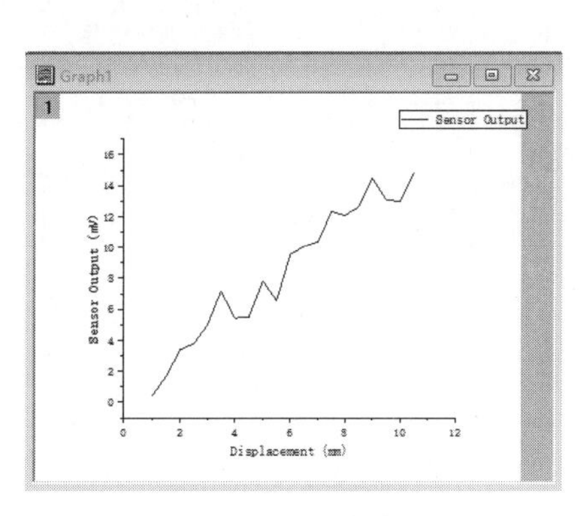

图 12-28 二维线图

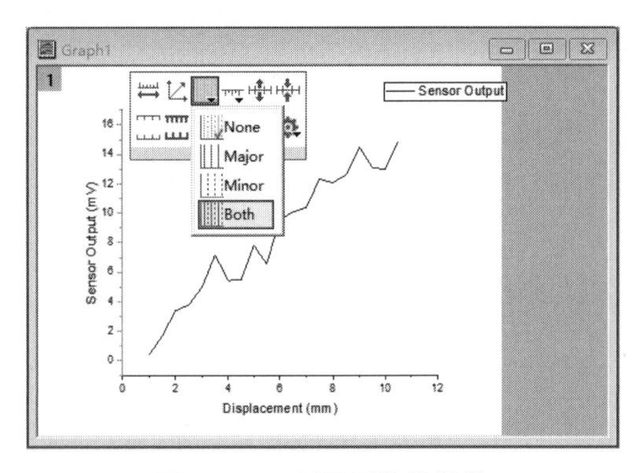

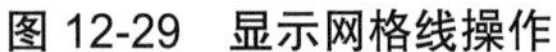
图 12-29 显示网格线操作

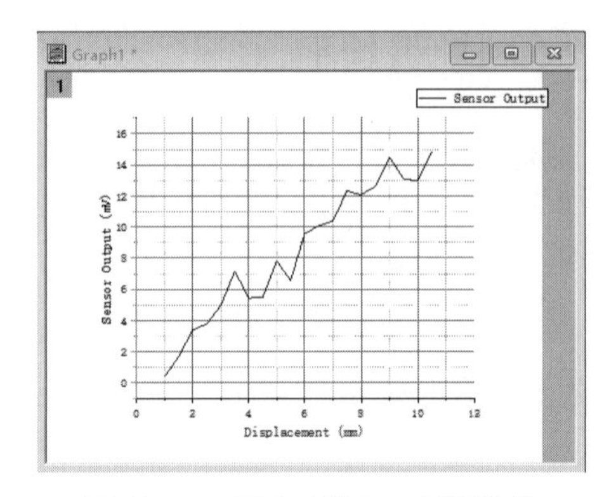

图 12-30 显示 X 轴和 Y 轴网格线

2）单击线图，在弹出的小工具栏中，单击“线条颜色”按钮将线条颜色更改为蓝色，如图 12-31 所示。在小工具栏中，使用“线宽”下拉列表按钮 0.5 将线宽更改为“3”，更改后线图如图 12-32 所示。

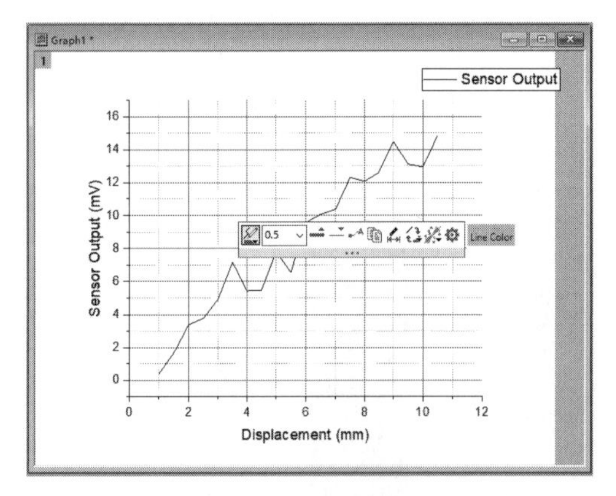

图 12-31 更改线图颜色操作

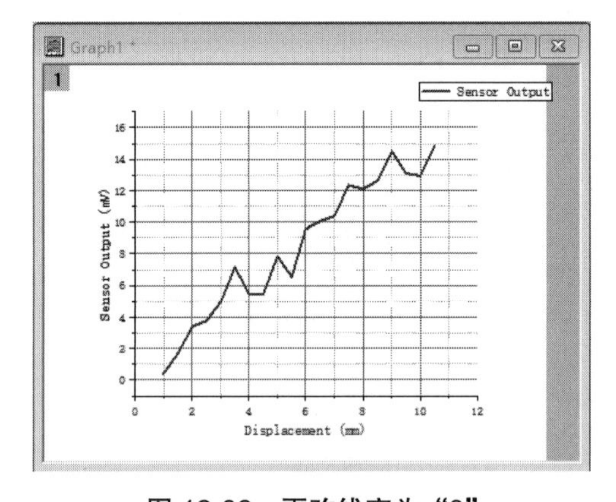

图 12-32 更改线宽为“3”

3）单击图层内部，但不要单击网格线或绘图。需要单击一次以取消选择绘图，然后再次单击以选择图层。使用“图层背景色”按钮将图层背景色更改为黄色，结果如图 12-33 和图 12-34 所示。

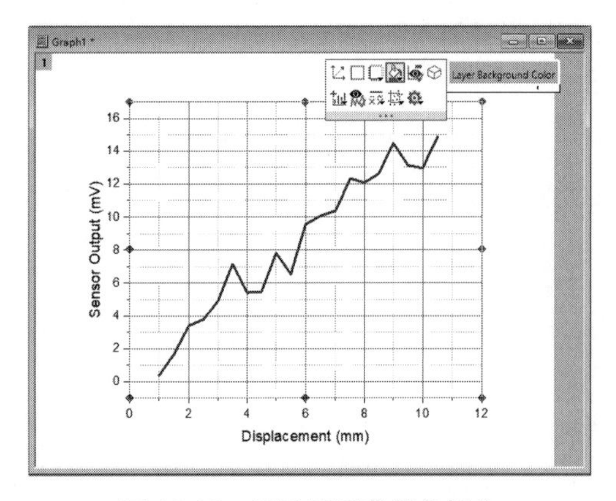

图 12-33 更改图层背景色操作

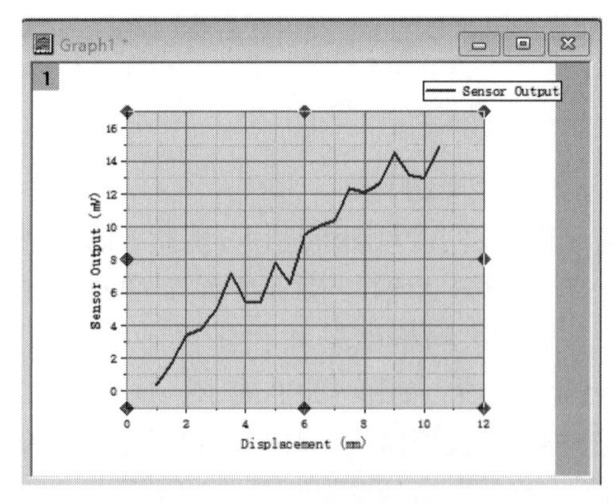

图 12-34 图层背景色更改为黄色

3. 以图形方式浏览数据

1）通过单击标题栏，确保图形窗口处于活动状态。

在输入法为英文的情况下，按住 <Z> 键并使用鼠标滚轮放大或缩小 X 轴，如图 12-35 所示。按住 <X> 键，然后使用鼠标滚轮在 X 轴上平移，如图 12-36 所示。注意：按住 <Shift> 键和 <Z>/<X> 键可在 Y 方向进行缩放 / 平移。

通过单击黄色背景，然后单击小工具栏上“重新缩放”按钮，将绘图恢复到全比例。也可以使用快捷键 CTRL+R 在图形层中重新缩放绘图。

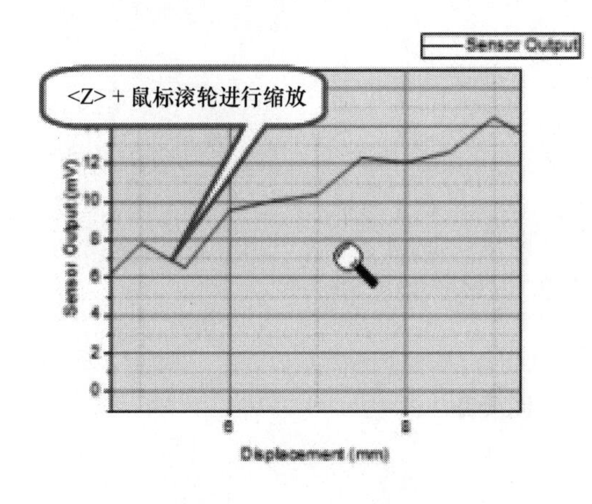

图 12-35　X 坐标缩放操作

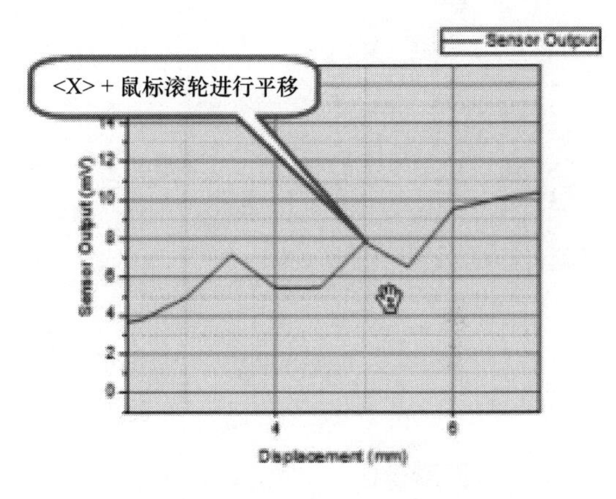

图 12-36　X 坐标平移操作

2）将光标悬停在曲线的某个点上，将显示数据点工具提示，如图 12-37 所示。

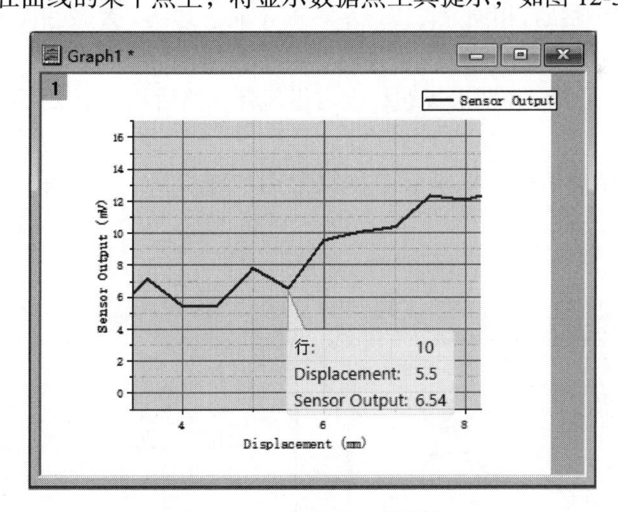

图 12-37　数据点工具提示

4. 保存项目

现在，我们将保存此原始项目以供以后使用。选择菜单命令“File”→“Save As”，弹出“Save As”对话框，选择地址并命名文件，单击“Save”即可，如图 12-38 所示。用户创建的文件（如项目、图形模板、拟合函数等）默认保存在用户文件文件夹（UFF）中。用户可以通过菜单命令“Help”→“Open Folder”访问 UFF 和其他有用的文件夹位置。

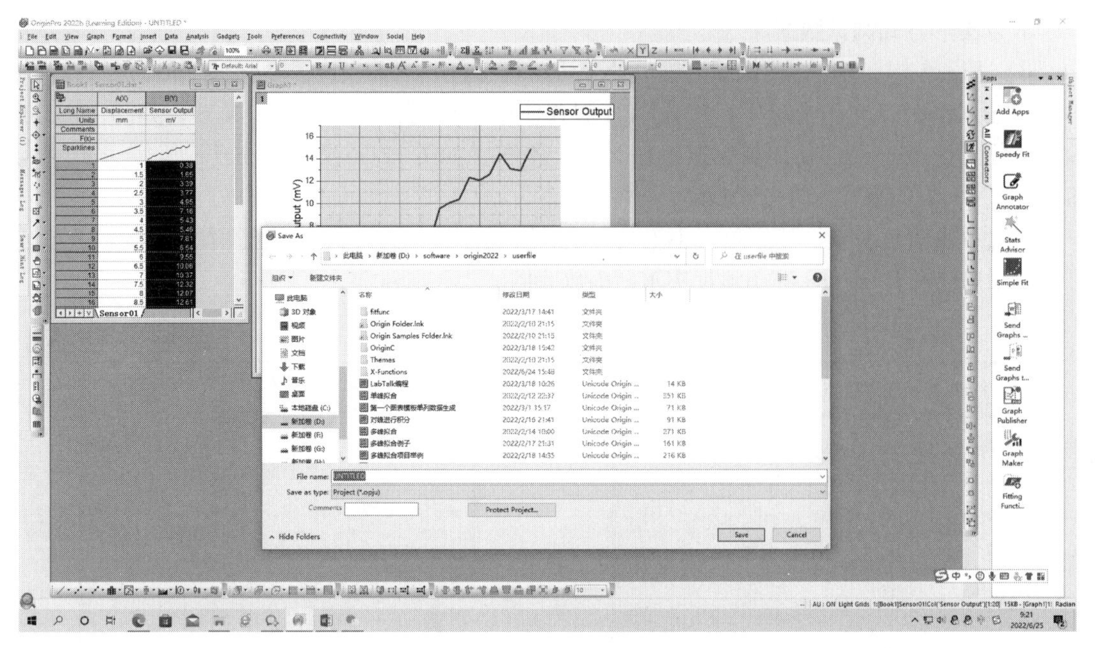

图 12-38　保存绘图项目

5. 创建图形模板

打开第 4 步中保存的项目，显示图表 Graph1，如图 12-39 所示。执行以下步骤：

1）单击 X 轴，在弹出的小工具栏中，单击“Show Opposite Axis”按钮以显示顶部 X 轴，如图 12-40 所示。对 Y 轴执行相同操作以显示右侧 Y 轴。最终，X 轴和 Y 轴显示对向轴的图形如图 12-41 所示。

2）将图形另存为模板。在图形标题栏上右击鼠标，然后从上下文菜单中选择“Save Template As…”。

3）弹出模板保存对话框，将模板名称设置为“My Line”，如图 12-42 所示，然后单击“OK”保存模板。

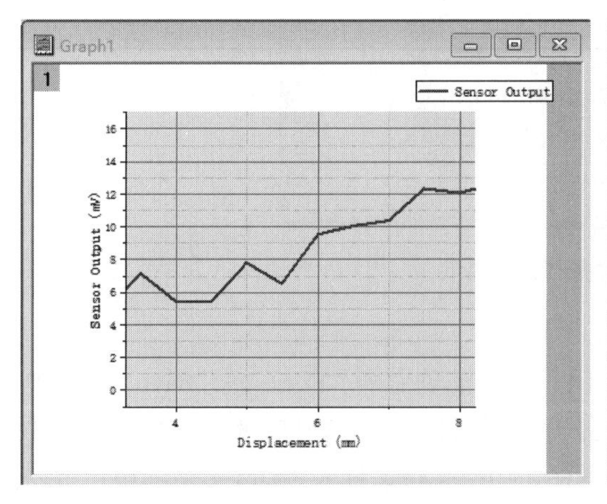

图 12-39　打开保存的图形

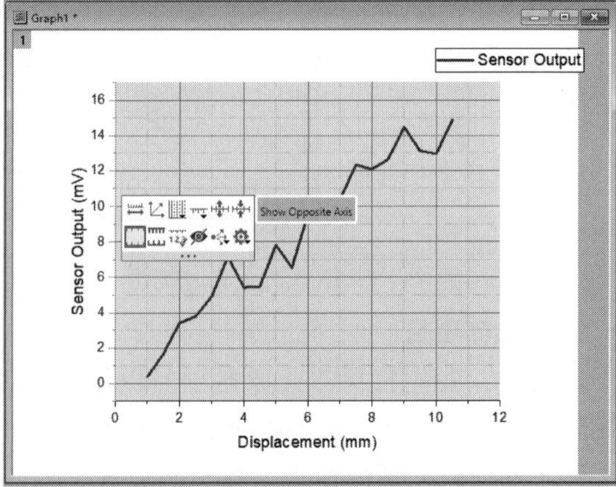

图 12-40　显示对向轴

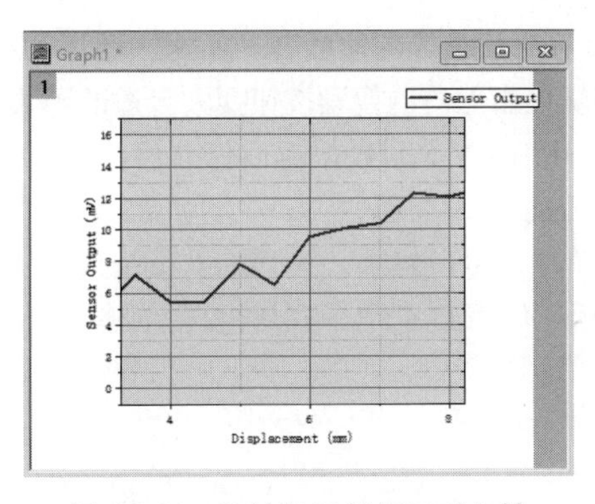

图 12-41　X 轴和 Y 轴显示对向轴

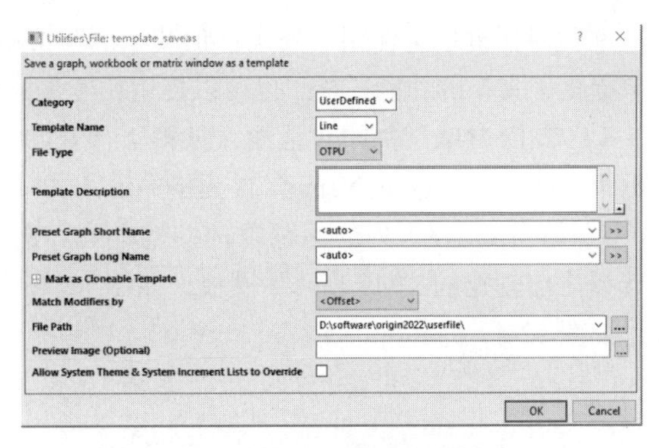

图 12-42　保存图形模板

12.3.2　单列数据模板绘图

1）我们现在将生成一列新的数据。激活工作表，右击列右侧的灰色区域，然后从关联菜单中选择“Add New Column”，如图 12-43 所示，添加 C（Y）新列。

2）在该列的 F（x）单元格内单击，然后右击并从快捷菜单中选择“Open Dialog…”，如图 12-44 所示。也可以使用快捷键 <Ctrl+Q> 完成打开对话框的操作。

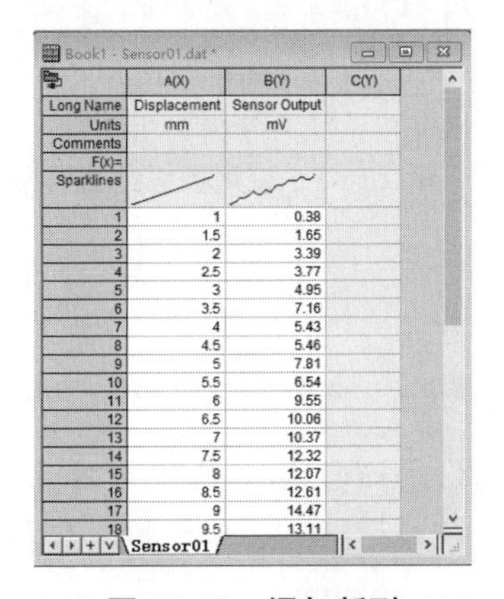

图 12-43　添加新列

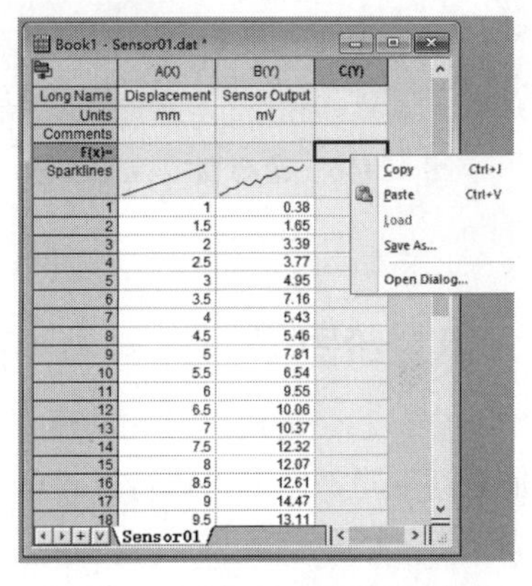

图 12-44　新列打开对话框步骤

3）打开对话框，在顶部面板中输入表达式“Mmovavg（B，2）”，如图 12-45 所示。

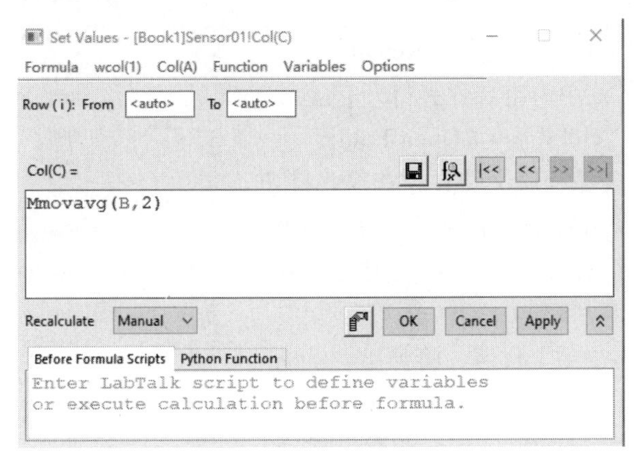

图 12-45　设置对话框

在此对话框中，使用“公式：加载示例”菜单查看有关设置列值的各种示例。而且，功能菜单提供了大量的功能选择。也可以使用位于公式编辑框右上角的搜索按钮搜索合适的函数。

4）单击“OK”关闭对话框，从第 2 行开始，使用 B（Y）列数据返回修改后的移动平均数据集。在列的“Long Name”单元格中键入“MMovAvg”。

5）单击 C（Y）列的标题以选择整个列。选择菜单命令“Plot”→“User Templates”，然后选择之前创建的“My Line”模板，如图 12-46 所示。使用 C（Y）列中的数据创建一个新图表，如图 12-47 所示。

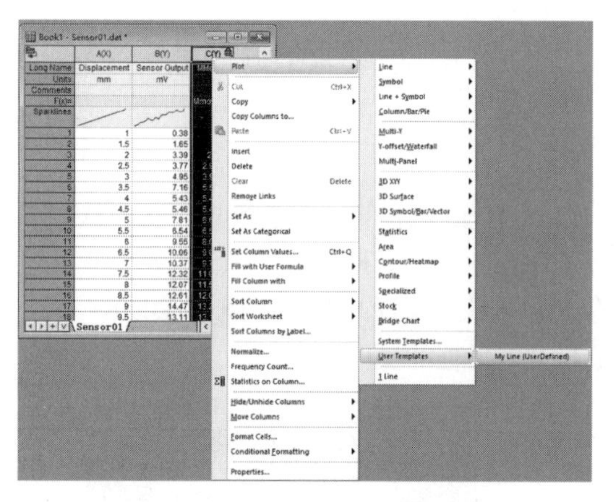

图 12-46　选择模板绘图步骤

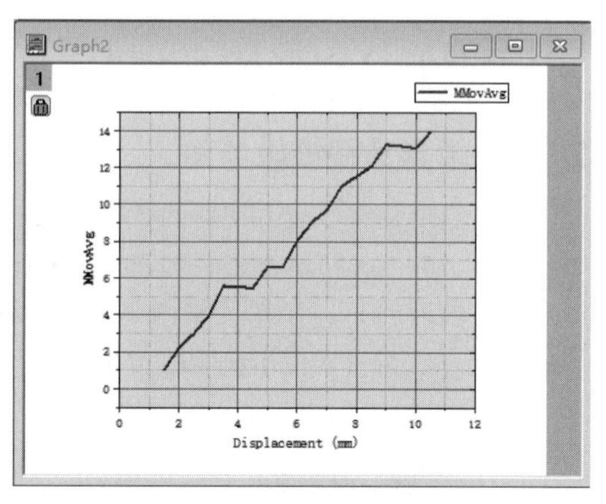

图 12-47　使用模板绘图结果

12.3.3　批量绘图

在本节中，我们将通过首先创建一个图形，然后使用其他数据克隆该图形来执行批打印。

1）转到左上角“Project Explorer”。在上面板的根目录“UNTITLED”上右击，然后在弹出的快捷菜单中选择“New Folder”，新建文件夹操作如图 12-48 所示。

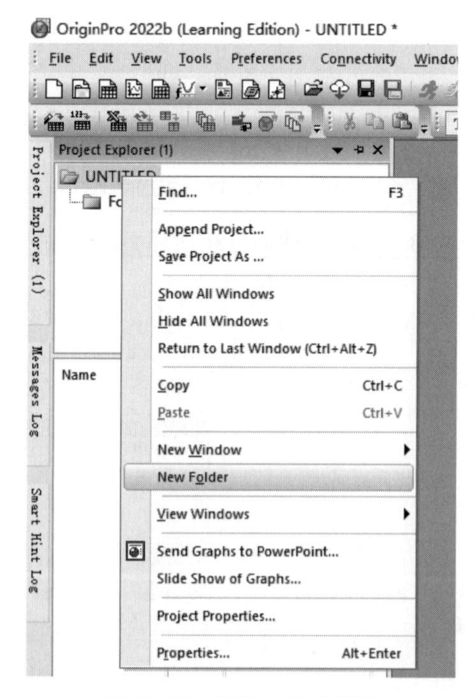

图 12-48　新建文件夹操作

2）右击新创建的文件夹，选择“Rename”，然后指定名称“批量绘图”。单击空文件夹打开它。

3）选择菜单命令“Help”→“Open Folder”→“Program Folder”以打开源程序文件夹，查找并打开“\Samples\Import and Export\ 子文件夹”。按 <Shift> 键并选择以下三个文件：“S15-125-03.dat”“S21-235-07.dat”和“S32-014-04.dat”。

4）将选定的文件拖放到工作区，将弹出“Select Filter”对话框，如图 12-49 所示，选择“VarsFromFileNameAnHeader”过滤器选项，单击“OK”按钮。

所选文件将导入三个新工作簿，如图 12-50 所示。

图 12-49　导入文件选择过滤器操作

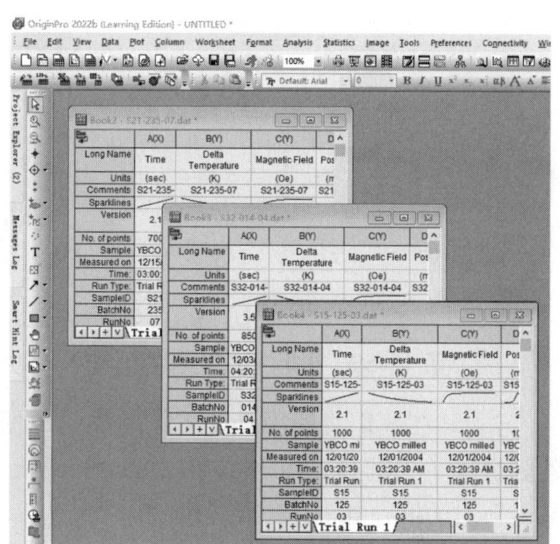

图 12-50　导入多个文件

5）选择其中一个工作簿，然后单击 B（Y）列的标题并将光标拖动到 D（Y）列，选中这三列。然后选择菜单命令“Plot”→“Multi-Panel”→“Axis：3Ys Y-YY”。Origin 将在选中列的左侧查找 X 列，并根据工作表中的第一列绘制所选数据。绘图如图 12-51 所示。

6）在一个图形上右击，然后从弹出的快捷菜单中选择“Change Plot to”→“Line”，将选定图形的绘图类型更改为“Line（线图）”，如图 12-52 所示。

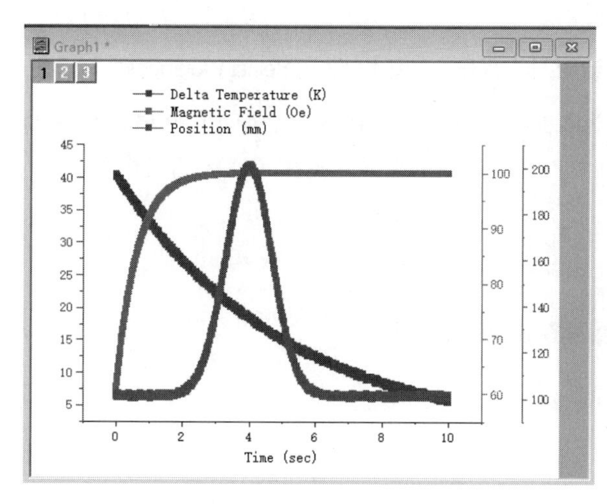

图 12-51　绘制多个文件图

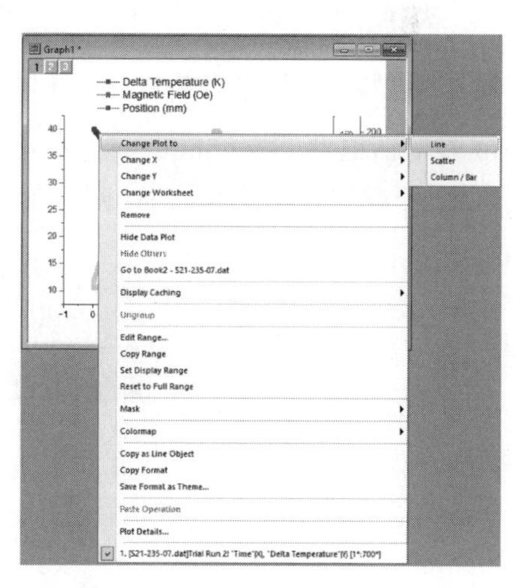

图 12-52　将绘图类型更改为“Line”

单击线图，在弹出的小工具栏中，使用线宽下拉列表框，将线宽更改为“3”，如图 12-53 所示。然后，对其他两个图进行同样的处理，得到线图如图 12-54 所示。

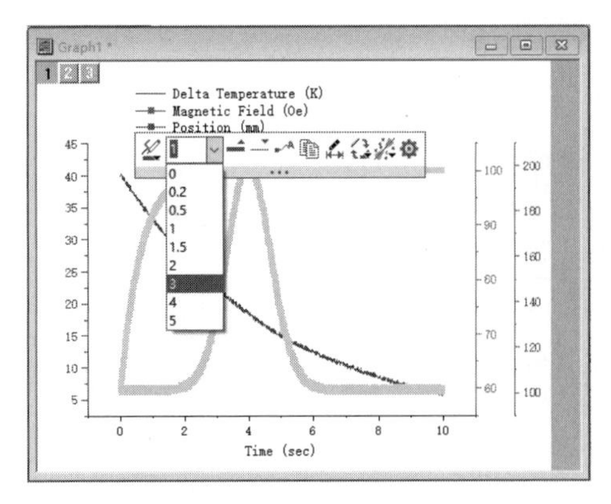

图 12-53 将折线线宽更改为“3”

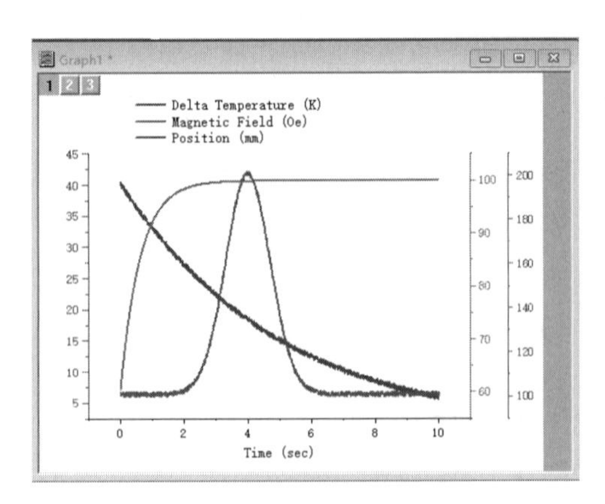

图 12-54 三条折线的线图

7）现在我们将使用其他工作簿中的数据克隆此图。在图 12-54 的标题栏上右击，在弹出的快捷菜单中选择“Duplicate（Batch Plotting）”，如图 12-55 所示。然后将打开“Select Workbook”对话框，如图 12-56 所示。

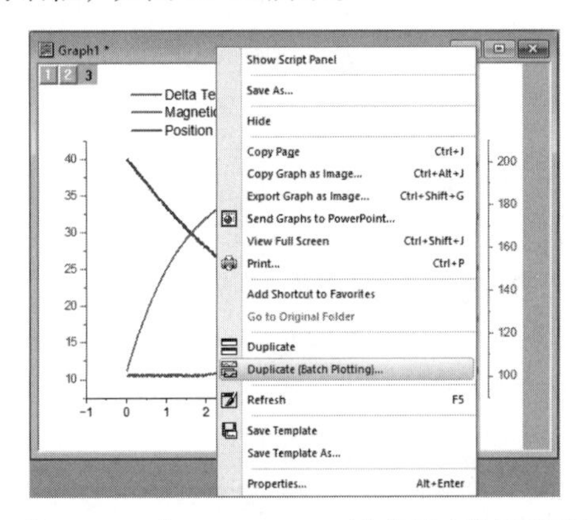

图 12-55 “Duplicate（Batch Plotting）[复制（批量绘图）]”操作　　图 12-56 “Select Workbook”对话框

8）在对话框中，按 <Shift> 键并在顶部文本框中选择两个工作簿，如图 12-57 所示。可以通过适当的下拉列表设置匹配打印列，在项目中查找与当前图形的数据配置匹配的工作表。

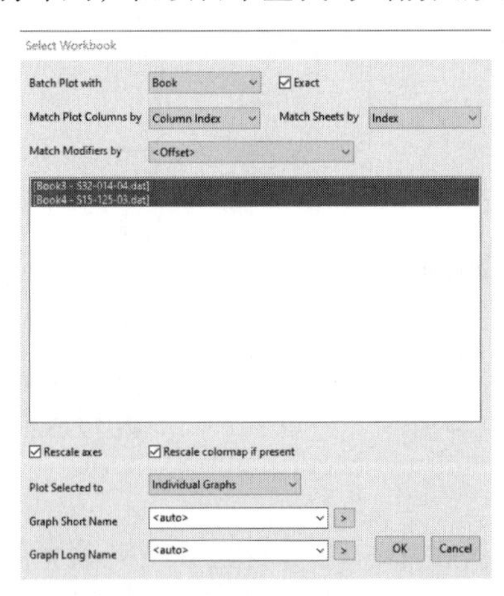

图 12-57 选择其他两个工作簿

9）单击“OK”按钮。如果提示重新缩放轴以显示所有数据，请单击“Yes”按钮，然后单击“OK”按钮。将使用其他两个工作簿中的数据创建两个类似的图表，如图 12-58 所示。

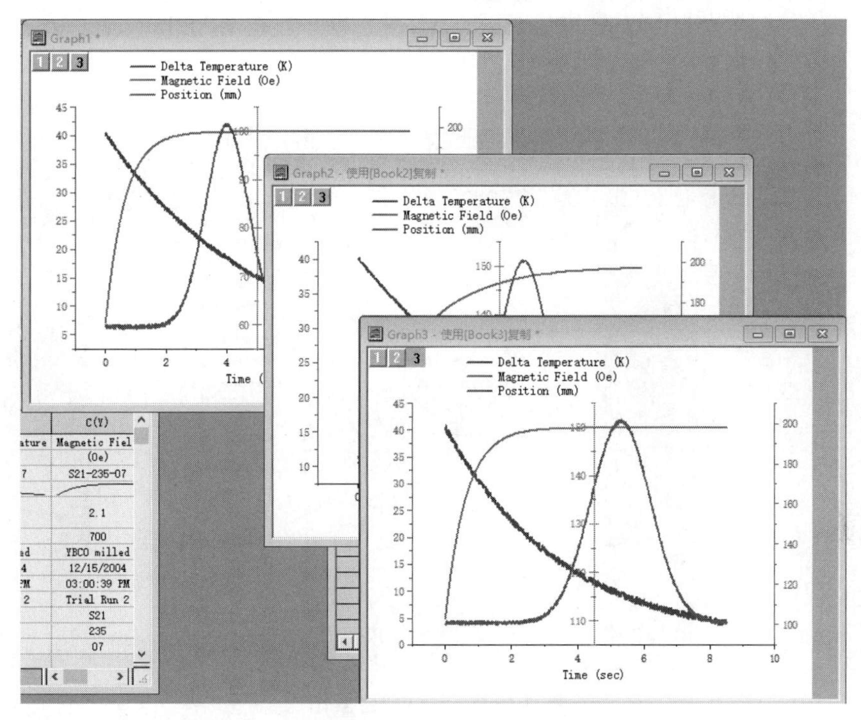

图 12-58　使用其他两个工作簿中的数据批量绘图

10）从菜单中选择“File”→“Save Project”并保存修改后的项目。

12.4　批量分析

12.4.1　批量处理多个数据集

Origin 2022 可以使用预先保存的分析模板或带有分析操作的当前活动工作簿，对多个文件或数据集执行批量分析处理。本节将重点介绍使用当前活动工作簿/分析模板对多个数据集进行批量分析。

本节将分两个步骤展示如何进行批量处理：

1）对一个样本数据进行分析，并根据所需结果创建新的报表。

2）使用当前活动工作簿（包含重新计算的分析操作）批量处理多个数据集。

具体步骤如下：

1. 对一个数据进行拟合

1）从新工作簿开始，单击按钮，使用默认导入设置导入“\Samples\Curve Fitting\Sensor01.dat”，导入数据文件，如图 12-59 所示。

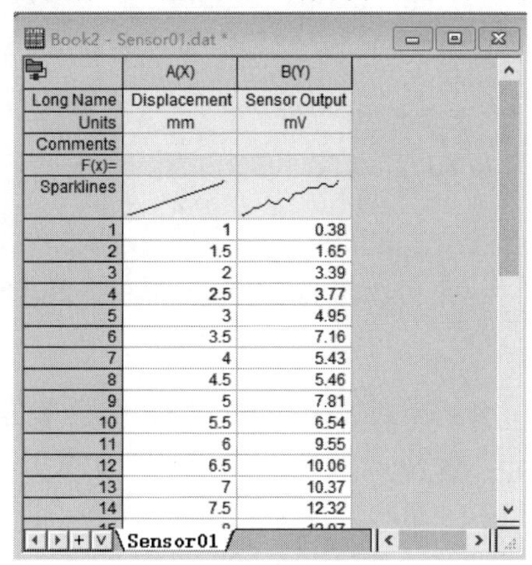

	A(X)	B(Y)
Long Name	Displacement	Sensor Output
Units	mm	mV
Comments		
F(x)=		
Sparklines		
1	1	0.38
2	1.5	1.65
3	2	3.39
4	2.5	3.77
5	3	4.95
6	3.5	7.16
7	4	5.43
8	4.5	5.46
9	5	7.81
10	5.5	6.54
11	6	9.55
12	6.5	10.06
13	7	10.37
14	7.5	12.32

图 12-59　“Sensor01.dat”数据文件工作表

2）选中 B（Y）列数据，选择菜单命令“Analysis” → “Fitting” → “Linear Fit”，如图 12-60 所示。打开“Linear Fit”对话框。将“Recalculate”下拉列表框设置为“Auto”，然后转到“Fit Control”选项卡，勾选“Fix Intercept”复选框，并在“Fix Intercept at”文本框中输入“0”。如图 12-61 所示。

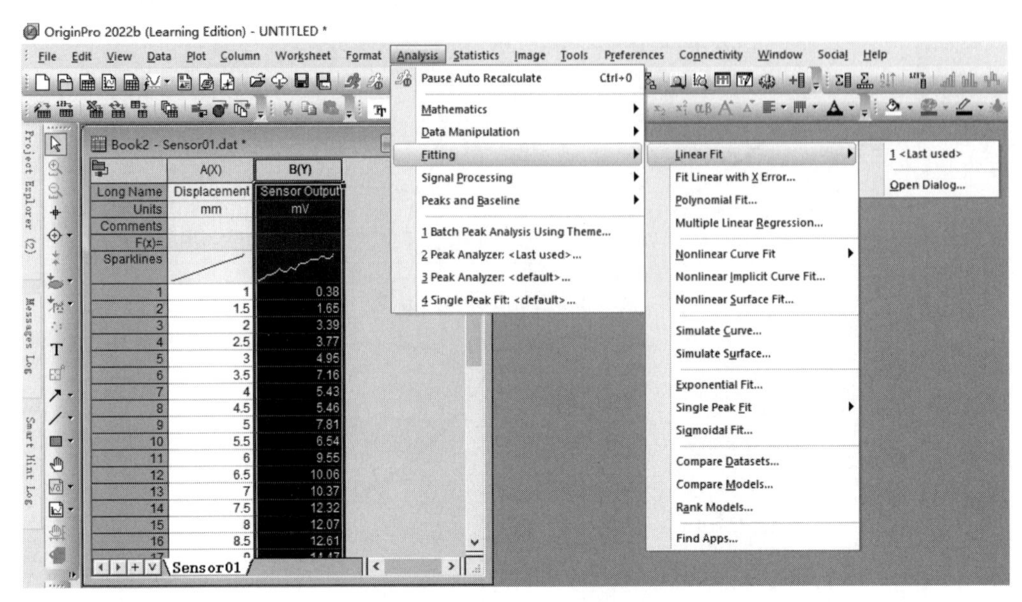

图 12-60 线性拟合操作

3）单击“OK”按钮以执行拟合，拟合报表如图 12-62 所示。

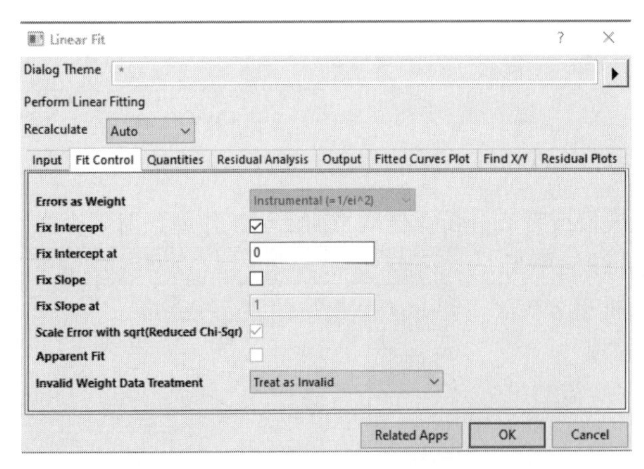

图 12-61 “Linear Fit”对话框

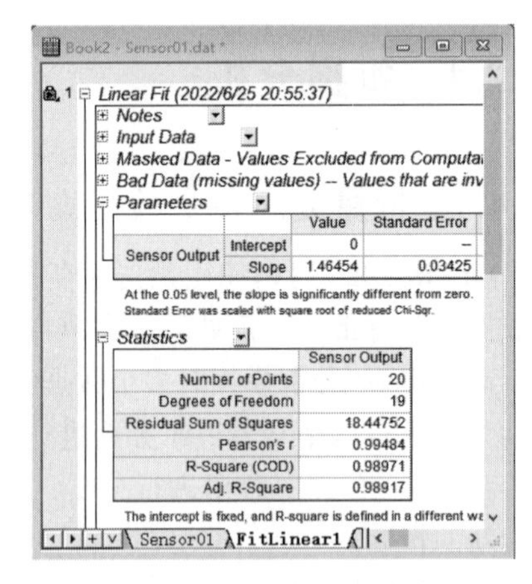

图 12-62 线性拟合报表

4）转到“FitLinear1”页面，单击“Summary”栏旁边的向下箭头按钮，选择“Create Copy As New Sheet”，如图 12-63 所示。将使用拟合结果创建一个新的工作表“Summary”，如图 12-64 所示。转到这张新工作表，将其重命名为“结果”，并删除原 A（X）列，最终的拟合结果工作表如图 12-65 所示。

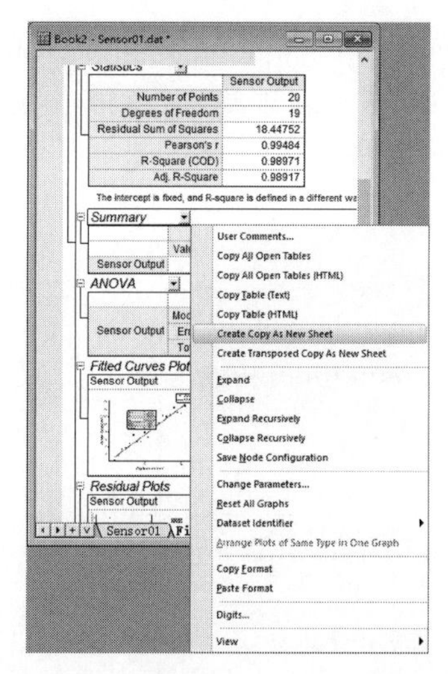

图 12-63　创建副本为新工作表的操作

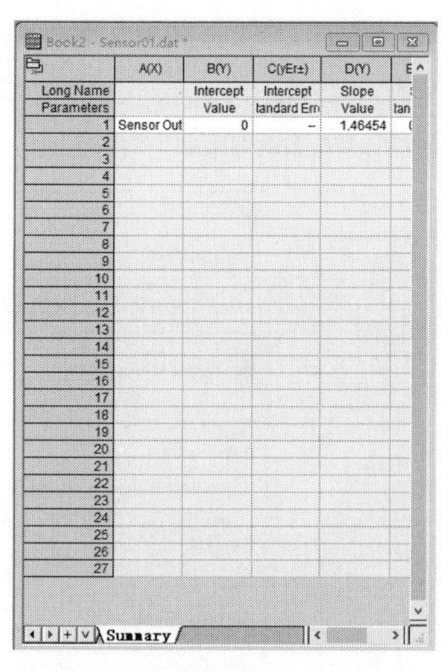

图 12-64　创建的副本新工作表

2. 使用批量处理工具在多个数据集上执行拟合

1）在工作簿处于活动状态时，从菜单中选择“File”→“Batch Processing”，或单击工具栏“Batch Processing”按钮打开“Batch Processing（批量处理）”对话框。如图 12-66 所示。

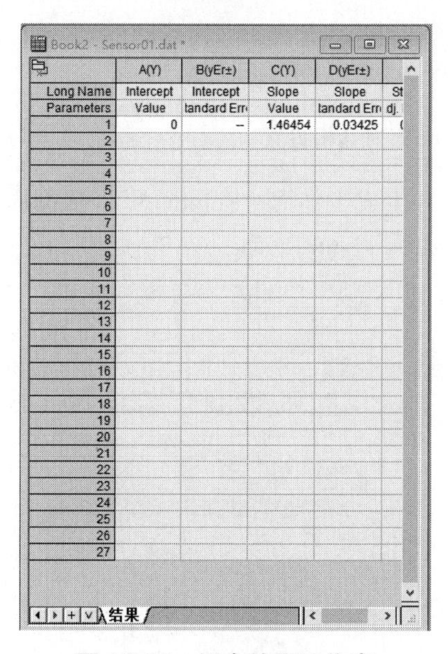

图 12-65　拟合结果工作表

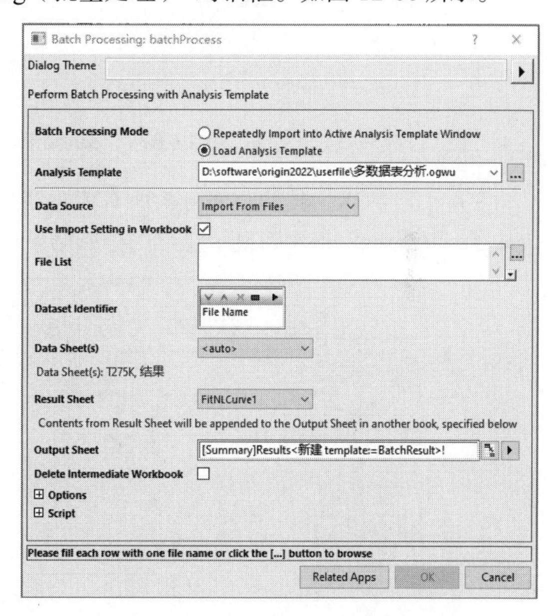

图 12-66　“Batch Processing”对话框

2）为“Batch Processing Mode”选择“Repeatedly Import into Active Analysis Template Window”单选按钮。

注意：用户还可以保存分析模板，并在批量处理例程中与负载分析模板选项一起使用。

3）在“Data Source”下拉列表框中选择“Import From Files”。

4）在“File List”文本框右侧单击浏览按钮，然后导入所有传感器数据：“<Origin EXE Folder>\Samples\Curve Fitting\Sensor##.dat”，即选择“Sensor01.dat”到“Sensor07.dat”间的全部数据。

5）在“Dataset Identifier”选项中选择文件名。

6）确保“Data Sheet（s）”下拉列表框设置为“Sensor01”。

7）确保“Result Sheet”下拉列表框设置为“结果”。如图 12-67 所示。

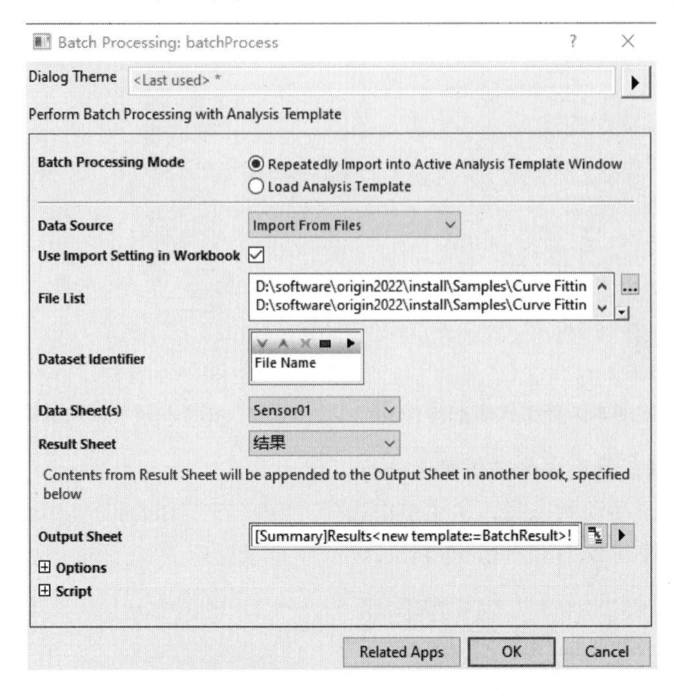

图 12-67 “Batch Processing”对话框设置

8）单击“OK”按钮。将分析所有传感器数据，并生成工作簿“Summary”，根据原始工作表中的“Results”工作表显示总结的分析结果报表，如图 12-68 所示。

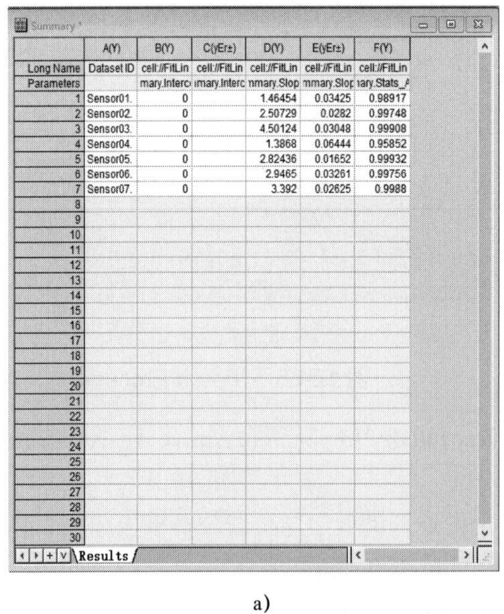

	A(Y)	B(Y)	C(yEr±)	D(Y)	E(yEr±)	F(Y)
Long Name	Dataset ID	cell://FitLin	cell://FitLin	cell://FitLin	cell://FitLin	cell://FitLin
Parameters		mary.Interc	mary.Interc	nmary.Slop	nmary.Slop	nary.Stats_
1	Sensor01.	0		1.46454	0.03425	0.98917
2	Sensor02.	0		2.50729	0.0282	0.99748
3	Sensor03.	0		4.50124	0.03048	0.99908
4	Sensor04.	0		1.3868	0.06444	0.95852
5	Sensor05.	0		2.82436	0.01652	0.99932
6	Sensor06.	0		2.9465	0.03261	0.99756
7	Sensor07.	0		3.392	0.02625	0.9988

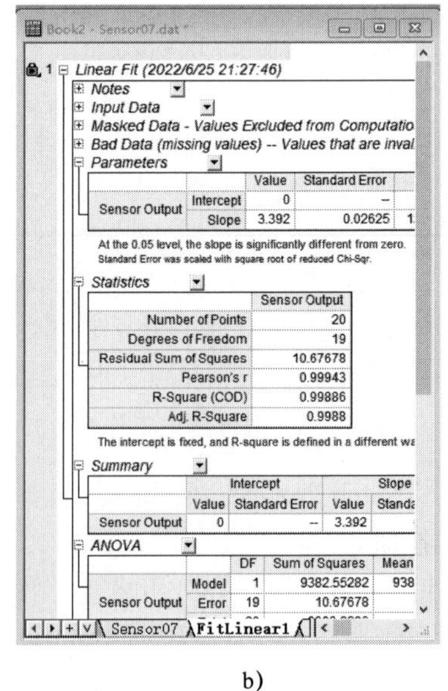

a）　　　　b）

图 12-68 批量处理拟合分析结果

a）“Results”工作表 b）分析结果报表

12.4.2　使用分析模板批量处理多个文件

Origin 可以通过导入多个文件或加载现有数据集，利用先前创建的分析模板执行批量处理分析。本节介绍如何导入具有公共文件结构的多个文本文件，然后使用为执行线性曲线拟合而设置的分析模板逐个处理这些文件。另外，用户可以使用本节中概述的步骤在活动工作簿中“克隆”导入和分析操作，虽然此操作没有像批量处理工具那样提供众多选项。

本节将向读者展示如何制作一个包含结果汇总表的分析模板，以收集批量处理的输出；使用分析模板对多个数据文件执行批量处理。因此，本节分两部分进行介绍：第一部分为设置分析模板。模板是一个空框架，其中包含一个汇总表，用于收集批量处理操作的分析输出。第二部分为使用以前保存的分析模板对多个文件执行批量处理。

1. 准备包含结果汇总表的分析模板

1）由于批量处理操作处理的是结构相似的数据文件，因此第一步是导入典型的数据文件。创建一个新工作簿，然后选择菜单命令“Data”→“Connect to File”→“Text/CSV”，如图 12-69 所示。导入“…Samples\Curve Fitting\Sensor01.dat”数据文件。默认接受 CSV 导入选项，然后单击“OK”导入数据，如图 12-70 所示。

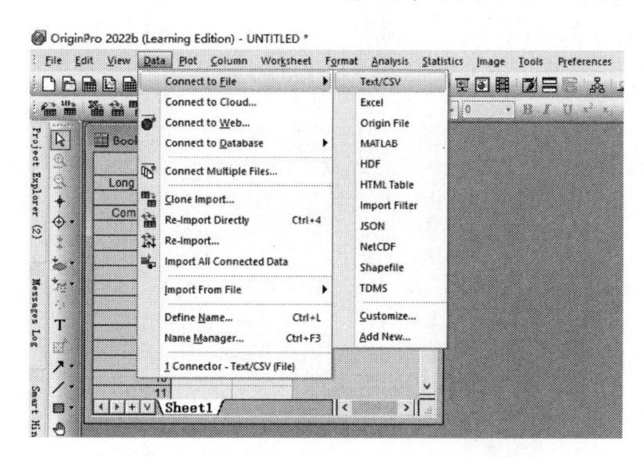

图 12-69　导入数据文件的菜单操作

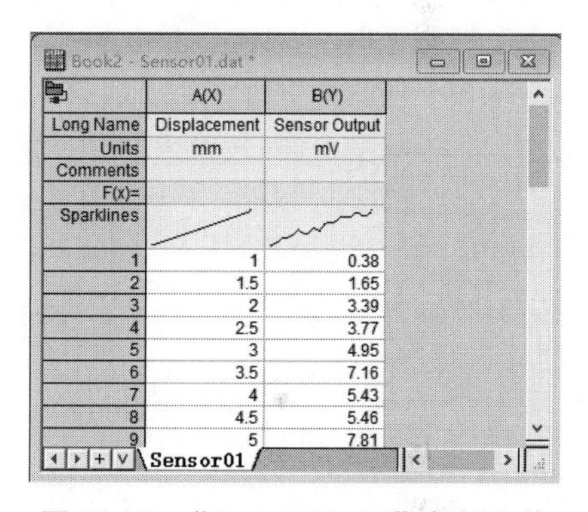

图 12-70　“Sensor01.dat”数据文件

2）对数据进行线性拟合。高亮显示 B（Y）列并选择菜单命令“Analysis”→“Fitting”→“Linear Fit”拟合，打开“Linear Fit”对话框，如图 12-71 所示。“Recalculate”下拉列表框设置为“Auto”，然后单击“OK”（注意，通过选择“Auto”，已经确保新输入将触发结果的自动重新计算）。在提醒信息对话框中选择“Yes”，然后打开“FitLinear1”报表，如图 12-72 所示。

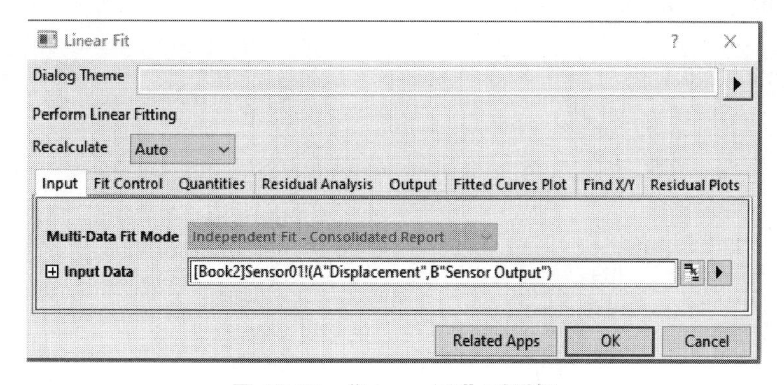

图 12-71　“Linear Fit”对话框

3）向工作簿中添加一个结果表，从中收集批量分析中的关键统计数据。转到“FitLinear1”，单击“Summary”栏旁边的向下箭头按钮，然后选择“Create Copy As New Sheet”。单击工具栏中“添加新列”按钮 两次，将两个新列添加到“Summary”工作表中，如图 12-73 所示。

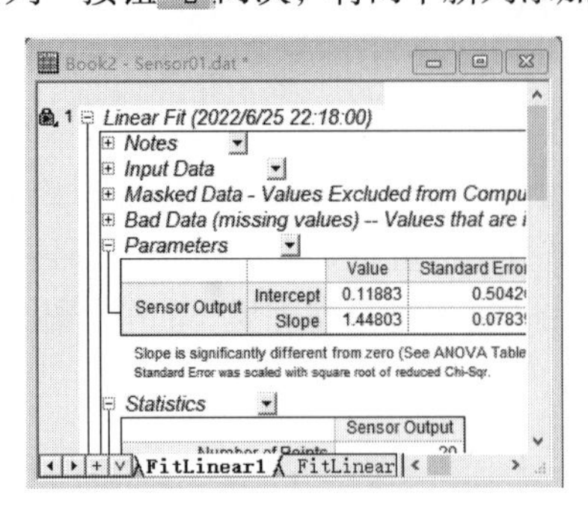

图 12-72　“FitLinear1”报表

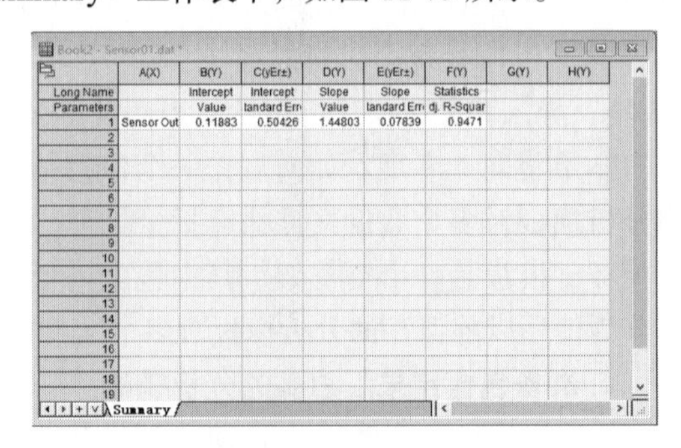

图 12-73　添加两个新列到“Summary”工作表

4）将“Pearson’r”值添加到摘要中，因此返回“FitLinear1”报表，找到“Statistics”栏，如图 12-74 所示。然后单击该值旁边的标题，右击并选择“Copy”。转到“Summary”工作表，在 G（Y）列的“Parameters”单元格中右击，然后粘贴链接。复制“Pearson’s”值，并将链接粘贴到 G（Y）列的第 1 行。结果如图 12-75 所示。

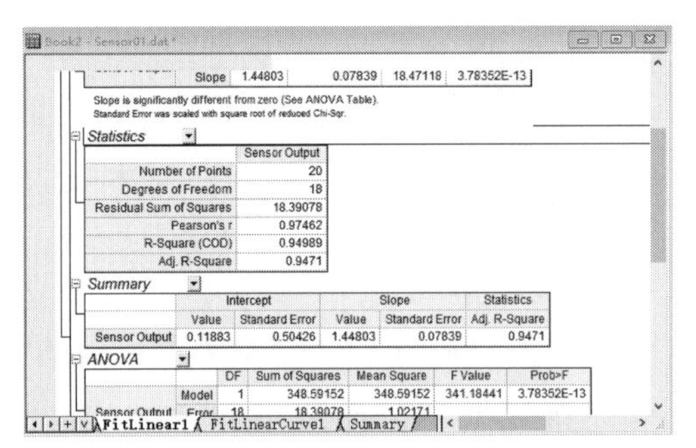

图 12-74　“FitLinear1”报表的“Statistics”栏

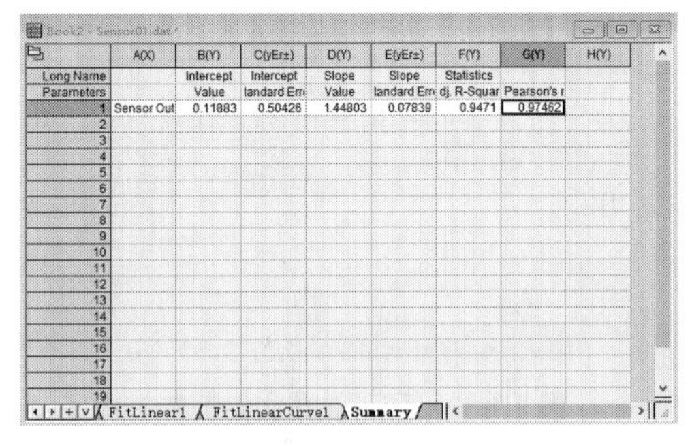

图 12-75　G（Y）列添加“Pearson’r”值

5）在“Summary”工作表中添加一个带有拟合曲线的数据图。返回“FitLinear1”，向下滚动至“Fitted Curves Plot”栏，右击并选择“Copy”，如图 12-76 所示。返回“Summary”工作表，在 H（Y）列的第 1 行中，右击并选择“Paste Link”。在该列的“Long Name”单元格中，添加“Fitted Curve”，如图 12-77 所示。

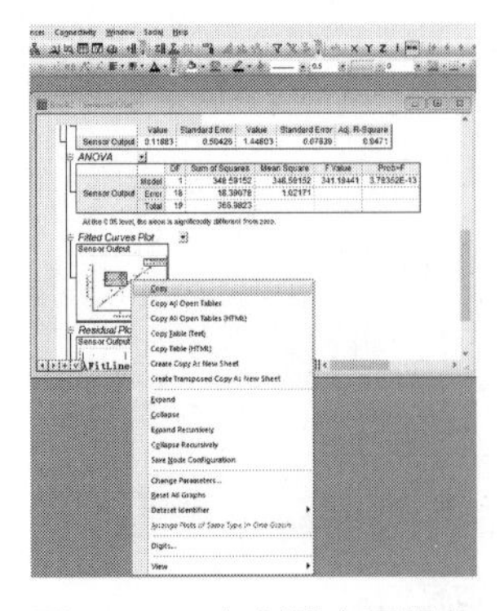

图 12-76　复制拟合图操作

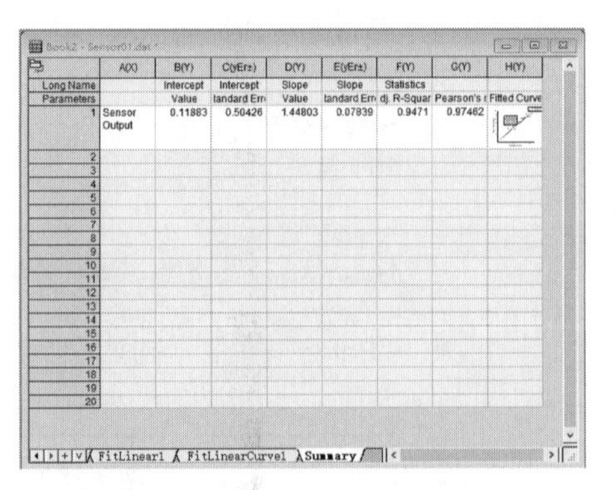

图 12-77　添加拟合曲线数据

6）将工作簿另存为分析模板。请选择菜单命令“File”→“Save Workbook As Analysis Template”，如图 12-78 所示。接受默认的用户文件位置，并将模板命名为“传感器分析”。单击“Save”按钮保存。

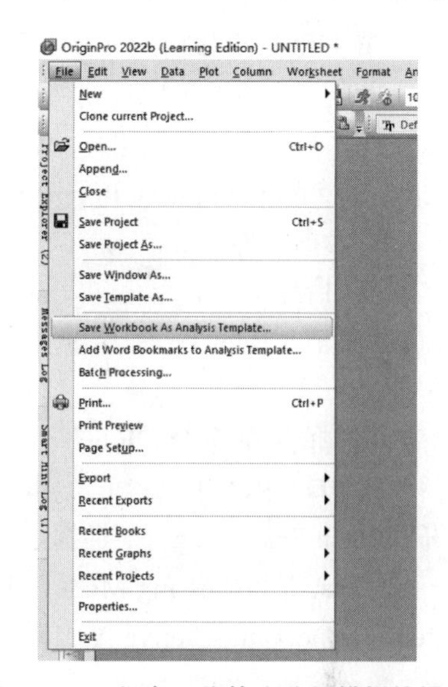

图 12-78　保存工作簿为分析模板的操作

2. 对多个数据文件执行批处理

下面使用分析模板批处理大量数据文件并获得汇总输出。

1）启动一个新项目并选择菜单命令“File”→“Batch Processing…”，或者在标准工具栏上单击批量处理按钮，将弹出“Batch Processing”对话框，如图 12-79 所示。

2）将“Batch Processing Mode”设置为“Load Analysis Template”，然后浏览到用户文件文件夹并选择“传感器分析 .ogwu”。

3）将“Date Source”下拉列表框设置为“Import From Files”，并使用“File List”文本框右侧的浏览按钮...将其设置为 <Origin EXE Folder>\Samples\Curve Fitting，并添加文件“Sensor 02.dat”至“Sensor 07.dat”。

4）将“Dataset Identifier”设置为“File Name”，用源文件名标记“Summary”工作表中的输出。

5）将“Date Sheet（s）”下拉列表框设置为“Sensor01”，“Result Sheet”下拉列表框设置为“Summary”。

6）选中“Delete Intermediate Workbook”。以上所有设置如图 12-80 所示。

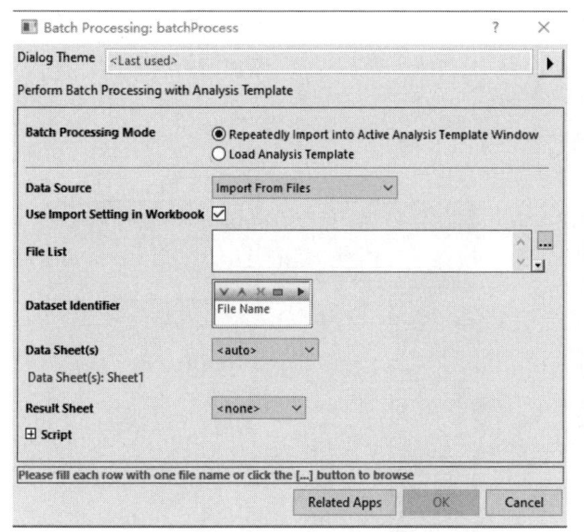

图 12-79　“Batch Processing”对话框

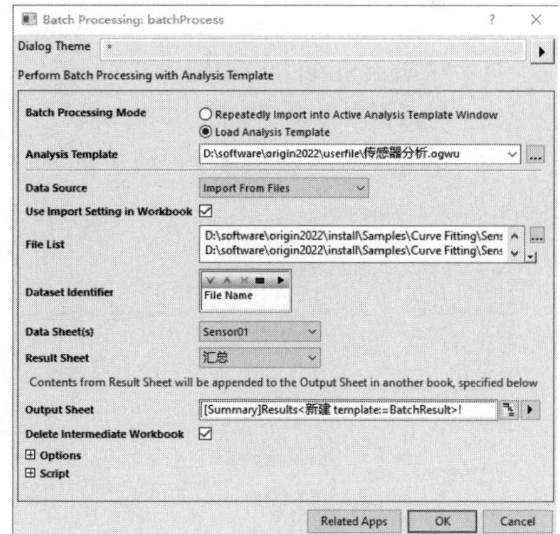

图 12-80　“批量处理”设置参数

7）单击“OK”按钮。所有数据文件都将通过生成汇总工作簿进行处理，以汇总分析每个文件，批量处理结果如图 12-81 所示。

12.4.3 外部 Excel 文件中汇总报表的批量处理

本节主要介绍如何对多个数据文件执行批量处理，以及如何将结果发送到外部 Excel 文件并保存该文件。与样本源项目相关，导入“…\Samples\Batch Processing\Summary Report in External Excel File.opj”数据文件。

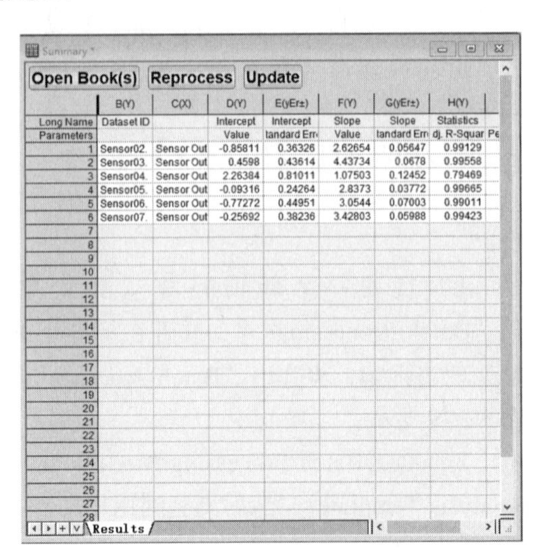

	B(Y)	C(X)	D(Y)	E(yEr±)	F(Y)	G(yEr±)	H(Y)
Long Name	Dataset ID		Intercept	Intercept	Slope	Slope	Statistics
Parameters			Value	tandard Err	Value	tandard Err	dj. R-Squar
1	Sensor02.	Sensor Out	-0.85811	0.36326	2.62654	0.05647	0.99129
2	Sensor03.	Sensor Out	0.4598	0.43614	4.43734	0.0678	0.99558
3	Sensor04.	Sensor Out	2.26384	0.81011	1.07503	0.12452	0.79469
4	Sensor05.	Sensor Out	-0.09316	0.24264	2.8373	0.03772	0.99665
5	Sensor06.	Sensor Out	-0.77272	0.44951	3.0544	0.07003	0.99011
6	Sensor07.	Sensor Out	-0.25692	0.38236	3.42803	0.05988	0.99423

图 12-81 批量处理结果

步骤如下：

1）激活“Book1”工作簿中的“原始数据”工作表。

2）选择菜单命令“File”→“Batch Processing…”，或者在标准工具栏上选择批量处理按钮，打开“Batch Processing”对话框。

3）“Batch Processing Mode”选项选择“Repeatedly Import into Active Analysis Template Window”单选按钮。

4）将“Data Source”下拉列表框设置为“Import From Files”。

5）勾选“Use Import Setting in Workbook”复选框。

6）单击“File List”文本框右侧的浏览按钮。

7）在文件类型中选择“*.csv（*.*）”，然后浏览到 Origin 的“\Samples\Batch Processing”文件夹。

8）选择文件夹中的全部 10 个“*.csv”文件，单击“Add File（s）”按钮，然后单击“OK”按钮。

9）“Dataset Identifier”选项应保留默认设置。

10）“Data Sheet（s）”应设置为“Auto”。

11）“Result Sheet”应设置为“None”。

12）对话框参数设定如图 12-82 所示。

13）单击“OK”按钮。所得结果如图 12-83 所示。

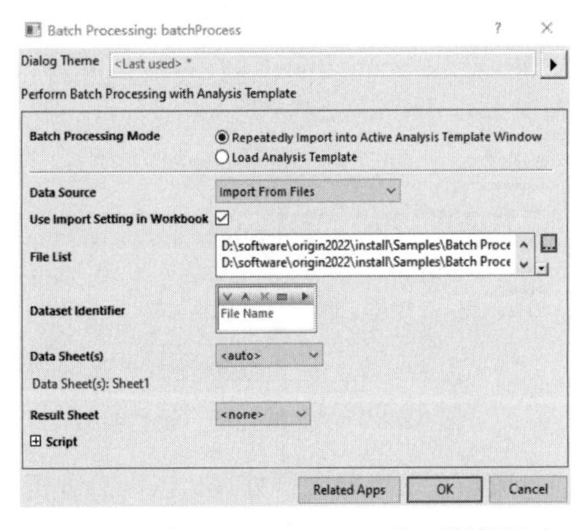

图 12-82 “Batch Processing”对话框设定

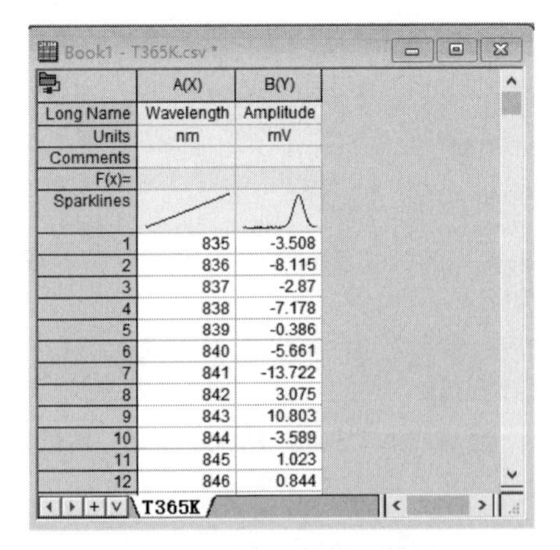

	A(X)	B(Y)
Long Name	Wavelength	Amplitude
Units	nm	mV
Comments		
F(x)=		
Sparklines		
1	835	-3.508
2	836	-8.115
3	837	-2.87
4	838	-7.178
5	839	-0.386
6	840	-5.661
7	841	-13.722
8	842	3.075
9	843	10.803
10	844	-3.589
11	845	1.023
12	846	0.844

图 12-83 批量处理结果

12.4.4　使用 Word 模板进行批量处理以进行报告

Origin 可以对多个文件执行批量处理分析，并将单元格链接的分析结果输出到外部 Word 模板以进行报告。

本节将介绍如何将书签从 Word 模板添加到特定的分析模板；将分析结果链接到 Word 模板中的书签单元格，并调整要导出的图形的大小；将一次性结果发送到 Word 模板以进行报告；对多个文件执行批量处理分析，并将结果导出到 Word/PDF 文件。

步骤如下：

在本节中，我们将使用内置的 Word 模板“Sensor Analysis Report.dotx”，位于“<Origin EXE folder>\Samples\Batch Processing”文件夹。要查看 Word 模板上的书签标签，请在 Word 文件打开的情况下选择菜单命令“文件”→“选项”以打开“Word 选项”对话框。然后选择左侧面板上的“高级”选项卡，鼠标拖动滚动条至右侧面板上的“显示文档内容”选项组，并勾选此处的“显示书签”复选框。

1. 向分析模板添加书签

1）启动 Origin。选择菜单命令“File”→“Open…”，并浏览到“<Origin EXE>\Samples\Batch Processing”文件夹，然后选择“Sensor Analysis.ogw”并打开它，如图 12-84 所示。

2）激活工作表数据。单击导入单个 ASCII 文件按钮，并浏览至“<Origin EXE folder>\Samples\Curve Fitting”文件夹，然后选择“Sensor01.dat”导入数据，选择默认配置进行分析，如图 12-85 所示。

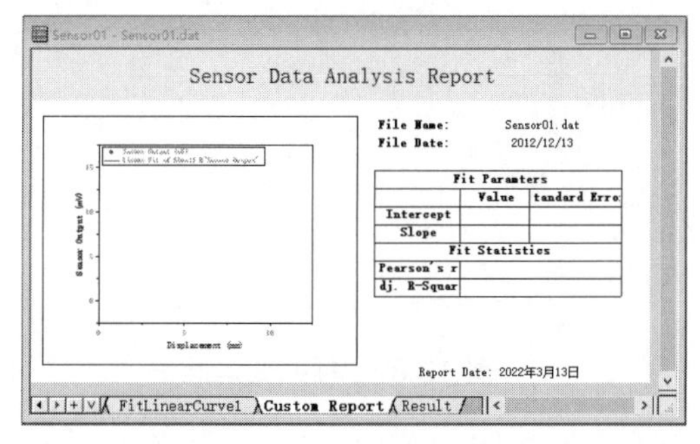

图 12-84　打开“Sensor Analysis.ogw”文件

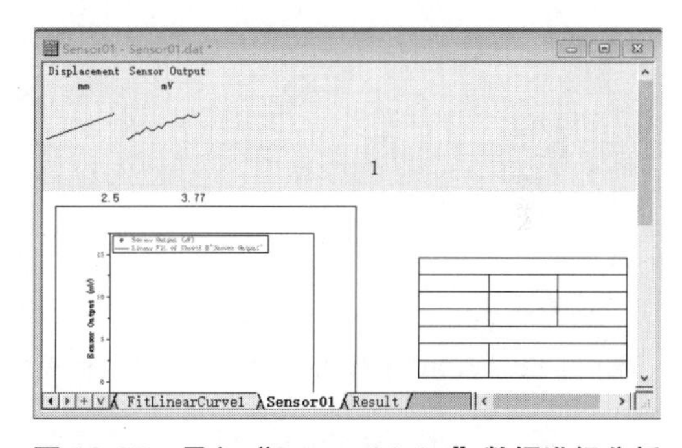

图 12-85　导入“Sensor01.dat”数据进行分析

3）转到菜单，选择菜单命令“File”→“Add Word Bookmarks to Analysis Template…”打开对话框，如图 12-86 所示。单击位于“Word template”文本框右侧的浏览按钮，并浏览至“<Origin EXE folder>\Samples\Batch Processing”文件夹，选择“Sensor Analysis Report.dotx”。

4）单击“Select Bookmarks”复选按钮下侧“Bookmarks”列表框中的所有书签条目，然后单击“OK”将书签工作表添加到活动分析模板中，如图 12-87 所示。

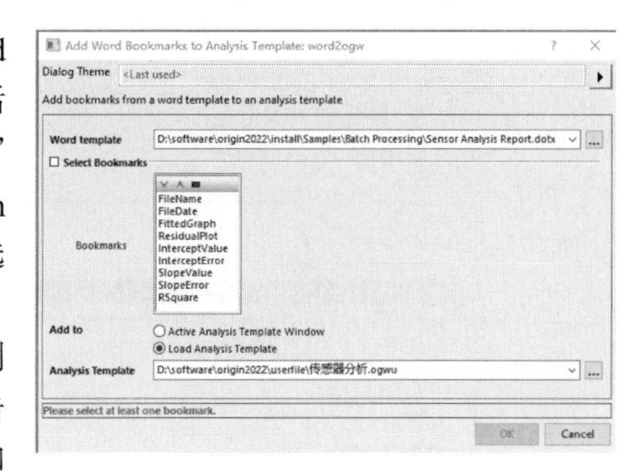

图 12-86　“Add Word Bookmarks to Analysis Template”对话框

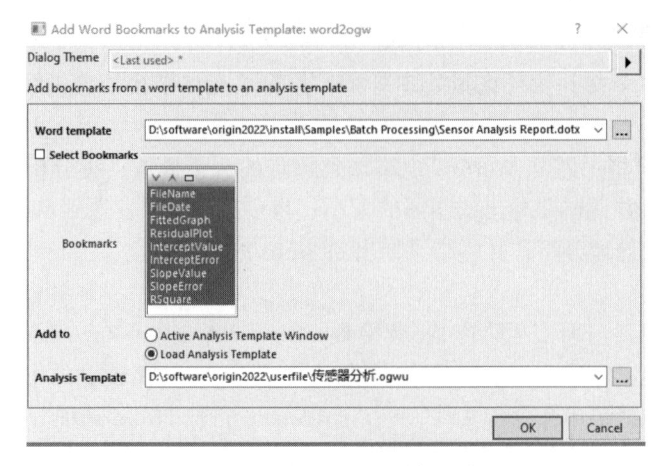

图 12-87 添加 Word 模板及书签

2. 将分析结果链接到 Word 模板

1）单击“Bookmarks”标签，如图 12-88 所示。

2）在“Links”列中，右击文件名右侧的单元格，然后在弹出的快捷菜单中选择“Insert Variables…”，插入变量操作如图 12-89 所示。

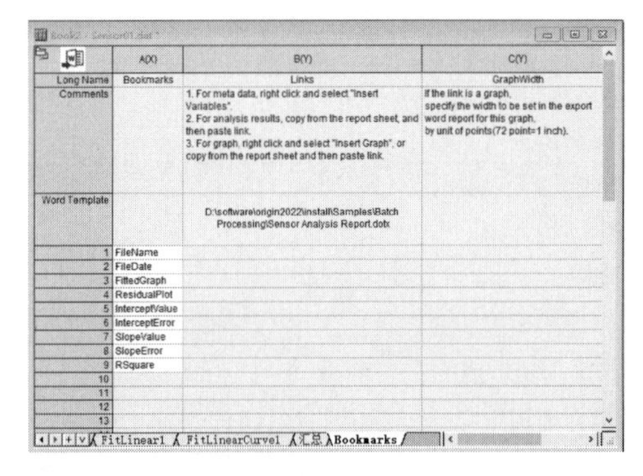

图 12-88 Word 模板的“Bookmarks”标签页

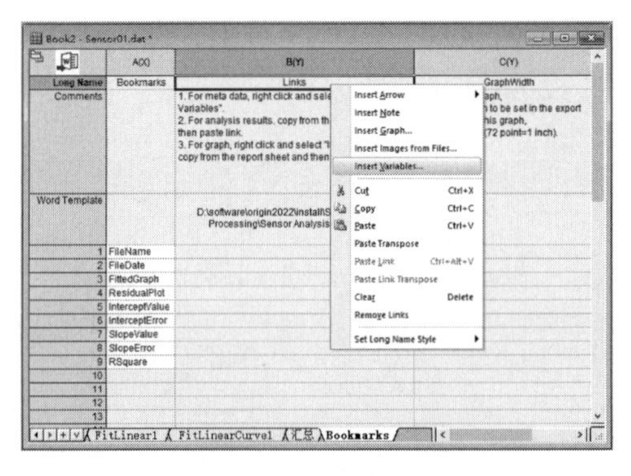

图 12-89 插入变量操作

3）在“Insert Variables”对话框中，单击“Info”选项卡，展开系统。导入节点并突出显示文件名，如图 12-90 所示。单击“Insert”按钮将文件名插入工作表单元格，如图 12-91 所示。

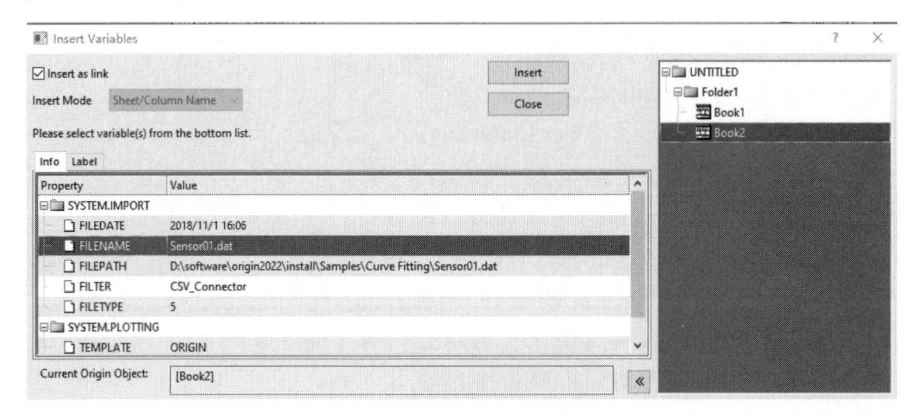

图 12-90 插入文件名操作

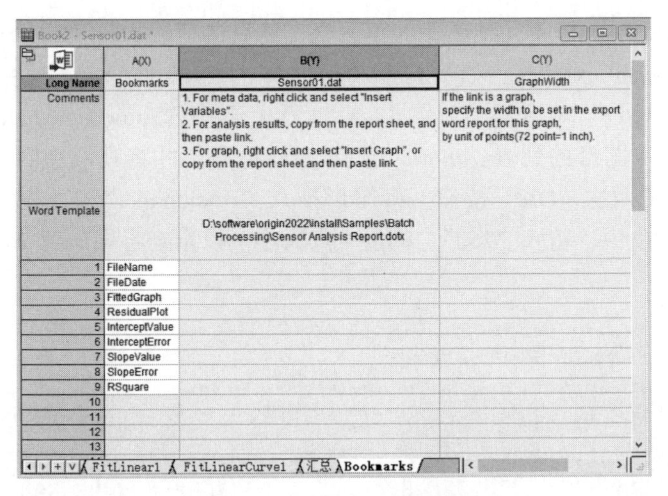

图 12-91　插入文件名结果

4）右击“FileDate”单元格右侧的单元格，再次选择“Insert Variables…”，展开系统。导入节点，高亮显示文件日期，然后单击“Insert”按钮将文件日期插入工作表单元格，如图 12-92 所示。请注意，插入的值是“Julian Day”值，Origin 在内部用于存储日期时间数据的数字，如图 12-93 所示。要以更熟悉的日期格式显示，请在单元格上右击，然后选择“Format Cells”。从“Format”下拉列表框中，选择“Date”，然后单击“OK”关闭对话框，如图 12-94 所示。

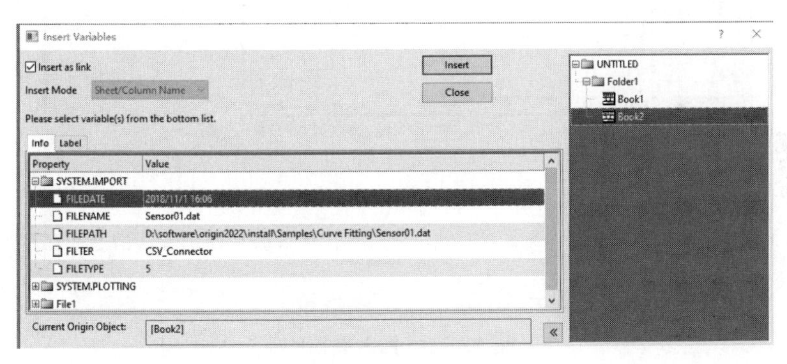

图 12-92　插入日期操作

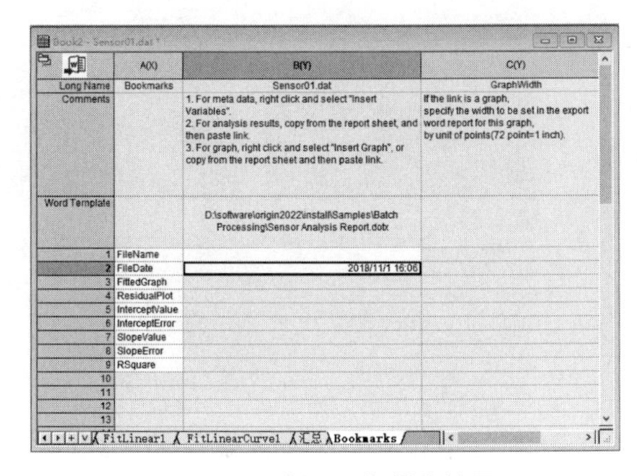

图 12-93　插入日期操作结果

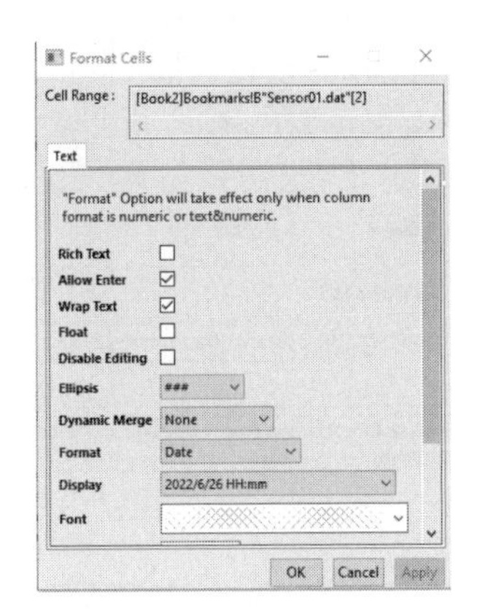

图 12-94　更改日期格式

5）右击“FittedGraph”单元格右侧的单元格，然后选择“Insert Graph…”，如图 12-95 所示。弹出“Insert Graph”对话框，如图 12-96 所示。单击“Graphs”文本框右侧的浏览按钮…，可打开“Graph Browser”对话框，如图 12-97 所示。选中“Show Embedded Graph”复选按钮以显示工作表嵌入图形的列表。单击以选择 FitLine 图形并将其添加到右侧的面板中，如图 12-98 所示。单击两次“OK”按钮，将图形插入“Bookmarks”工作表。在右侧“Graph-Width”列对应单元格中，输入“250”（单位 = 点大小）以指定将导出到 Word 的图形的大小，如图 12-99 所示。

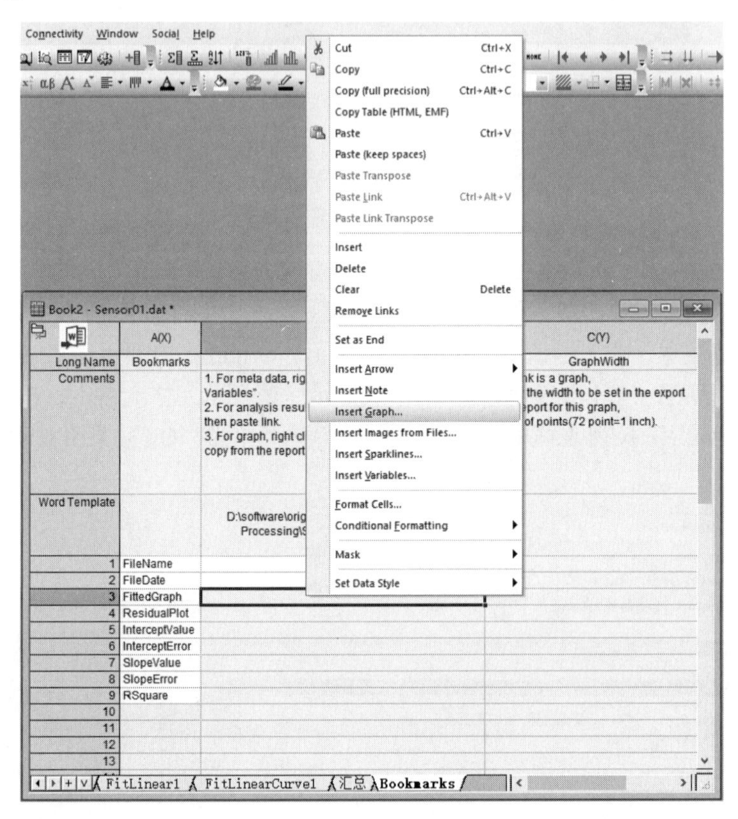

图 12-95 插入图操作

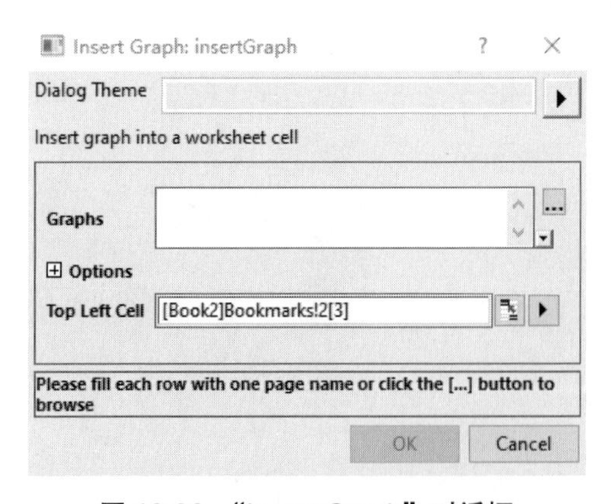

图 12-96 “Insert Graph”对话框

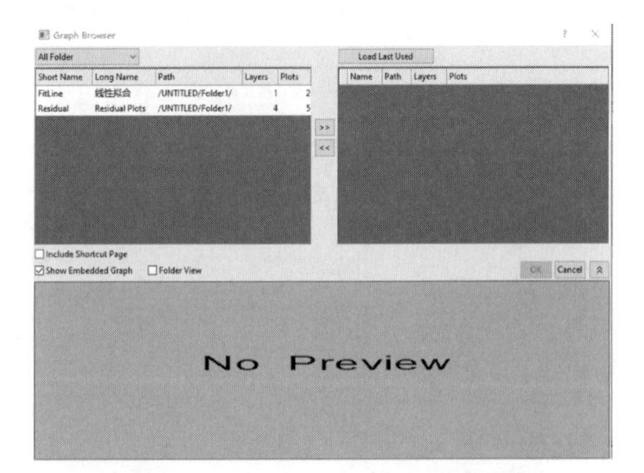

图 12-97 “Graph Browser”对话框

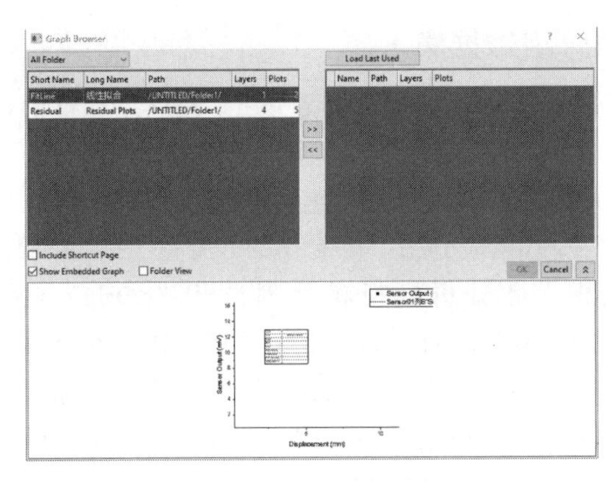

图 12-98　添加图形操作

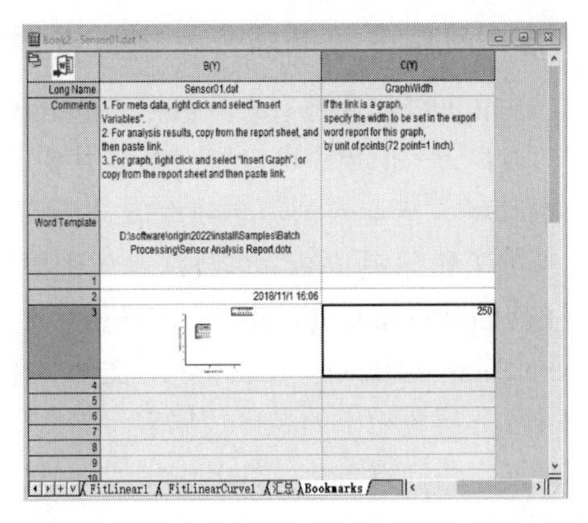

图 12-99　图形插入“Bookmarks”工作表

6）对“ResidualPlot”单元格重复上一步。

7）对于与参数值相关的书签，我们将复制并粘贴报表“FitLinear1”中的链接值。单击报表“FitLinear1”并找到参数表。单击“Intercept”和“Value”相交处的数据单元格，右击并选择“Copy”。返回“Bookmarks”工作表，右击“Value”右侧的单元格，然后选择“Paste Links”，在 Word 模板中的书签和报告工作表中的值之间创建链接。

8）重复此复制并粘贴链接操作，以填充“Link”列中的其余单元格。完成后，单击“File”→“Save Workbook As Analysis Template…”，将分析模板另存为“Sensor Analysis Template.ogw（或 .ogwu）”。

可以按照前面教程“创建自定义报表”中的步骤，将结果复制并粘贴为所需单元格的链接。

3. 将一次性结果发送到 Word 模板以创建 Word 报表

有时可能只想分析一个数据文件，然后快速创建一个 Word 报表。继续上面的例子，假设所有结果都链接到 Word 书签，如“Bookmarks”工作表所示，要为活动工作表创建一次性 Word 报表，只需单击左上角的导出到 Word 按钮 创建 Word 报表。可以在“Export Path”对话框中进一步指定 Word 报表的输出位置。如图 12-100 所示。

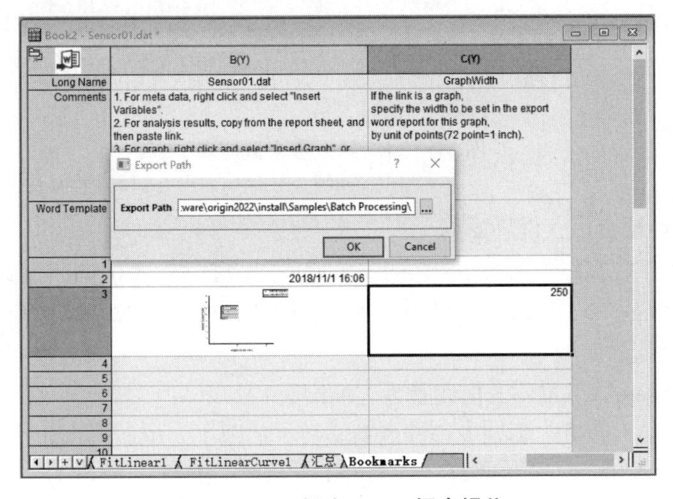

图 12-100　创建 Word 报表操作

12.4.5　使用多数据表分析模板批量处理分组数据集

Origin 可以使用带有多个数据表的分析模板对分组数据集执行批量分析。虽然不如批量处理灵活或强大，但用户可以使用本书中概述的过程在活动工作簿中“克隆”导入和分析操作。

本节将介绍如何创建多数据表分析模板，并使用分析模板对分组数据集执行批分析。分析模板的工作原理：参考多数据表分析模板进行多数据表分析。要制作的 ogw 位于“<Origin EXE Folder>\Samples\Batch Processing”文件夹中。此分析模板将处理位于“<Origin EXE Folder>\Samples\Batch Processing”文件夹中的 10 个 CSV 文件，每组 5 个。将每组的 5 个数据文件导入分析模板中的顺序数据表，并进行非线性拟合，以获得每条曲线的峰面积及其标准误差。最终，我们将对从文件名中提取的峰值面积与温度数据进行线性拟合，并输出结果。步骤如下：

1. 创建多数据表分析模板

（1）将 CSV 文件导入顺序数据表

1）创建新工作簿。选择菜单命令“Data”→“Connect Multiple Files”以打开“files2dc”对话框。

2）将数据连接器“Data Connector”下拉列表设置为“CSV”，然后浏览到“<Origin EXE Folder>\Samples\Batch Processing”文件夹并选择前五个数据文件，如图 12-101a 所示。

3）选中同一个图书框，然后单击“OK”。得到一系列的数据表，如图 12-101b 所示。

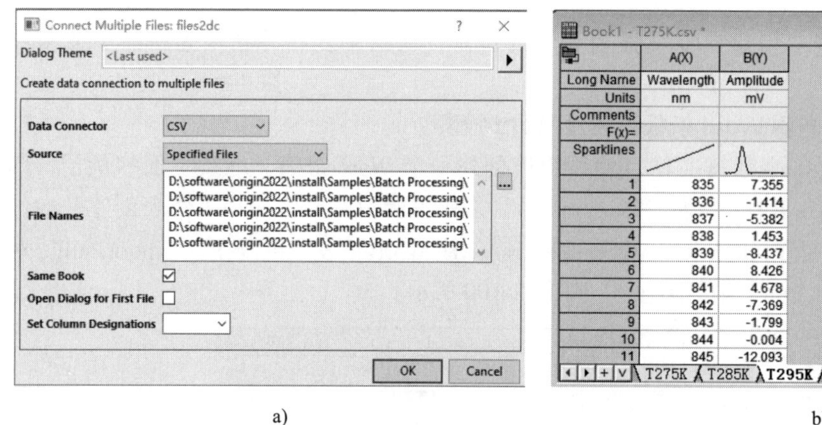

a)

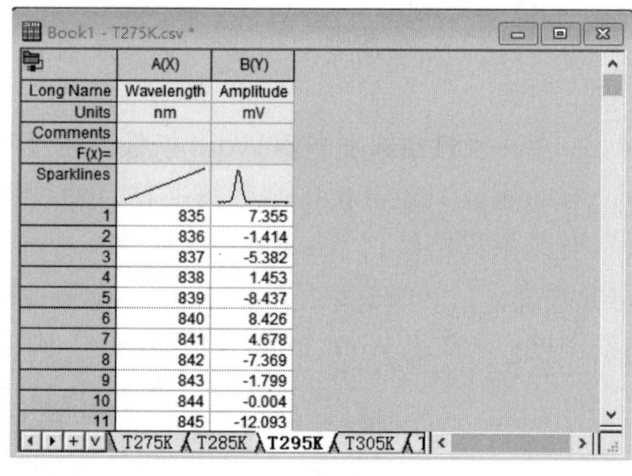

b)

图 12-101　导入多个数据表

（2）进行非线性拟合以获得峰面积

1）高亮显示“T275K”工作表中的 B（Y）列，按住 <Ctrl+Y> 键或选择菜单命令“Analysis”→“Fitting”→“Nonlinear Curve Fit”，操作如图 12-102，以打开“NLFit ( )”对话框，如图 12-103 所示。

2）将“Recalculate”下拉列表框设置为“Auto”。

3）在“Origin 基本函数”类别中选择高斯函数，如图 12-104a 所示。

4）在“Settings”选项卡中选择“Data Selection”，在输入数据项选择 T285K.csv，如图 12-104b 所示。

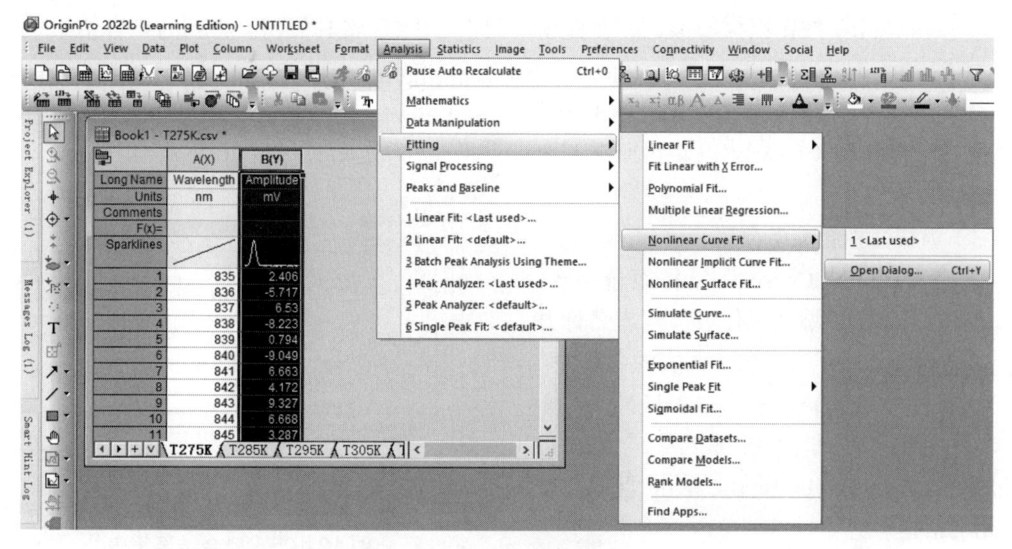

图 12-102　非线性拟合操作

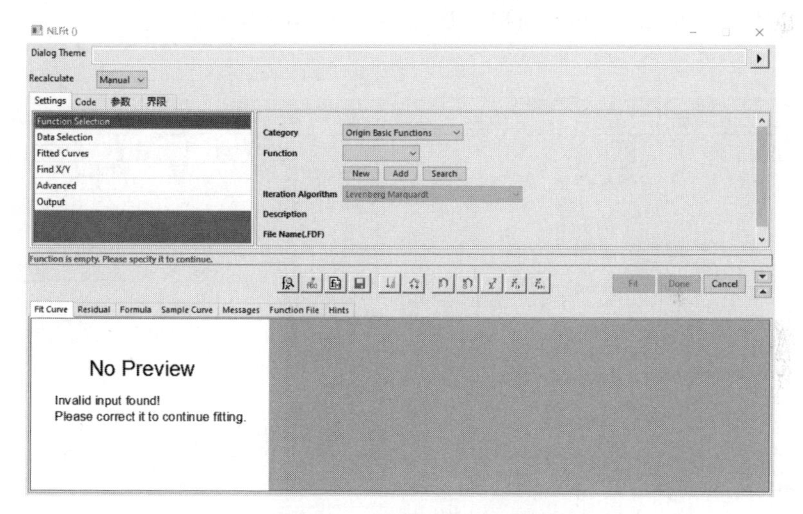

图 12-103　“NLFit ( )”对话框

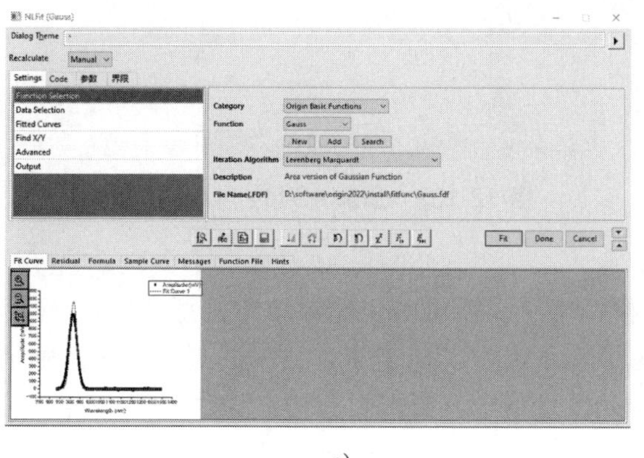

a)

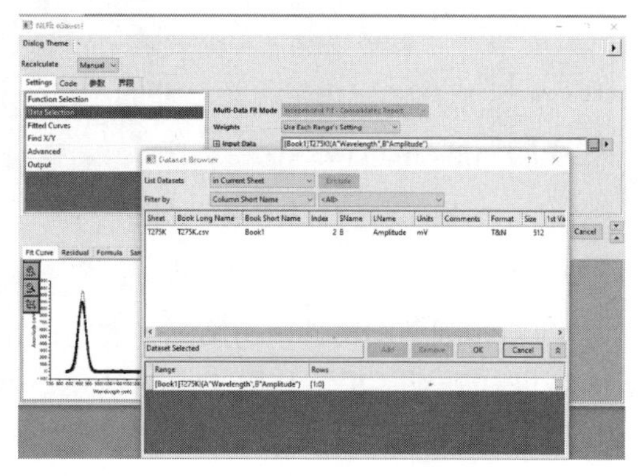

b)

图 12-104　数据选择

5）单击“Fit”按钮以执行拟合。在提示中单击“OK”将其关闭。得到的拟合结果报表如图 12-105 所示。

6）对数据“T285k”“T295K”“T305K”“T315K”重复步骤 4）~8），以获得所有五个峰的峰面积。

（3）为线性拟合准备数据

1）右击“FitNLCurve1”工作表选项卡，然后选择“Add”以添加工作表。双击名称并输入“TempData”作为添加工作表的名称。

2）按住 <Ctrl+D> 键打开“Add New Columns”对话框，在文本框中输入“2”以添加额外的列，如图 12-106 所示。单击“OK”按钮关闭对话框。

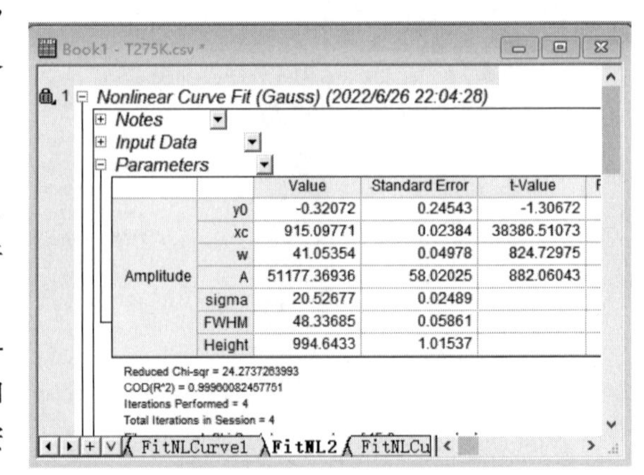

图 12-105　拟合结果报表

3）将 4 列的“Long Name”分别设置为“数据文件”“温度”“面积值”和“面积误差”，如图 12-107 所示。

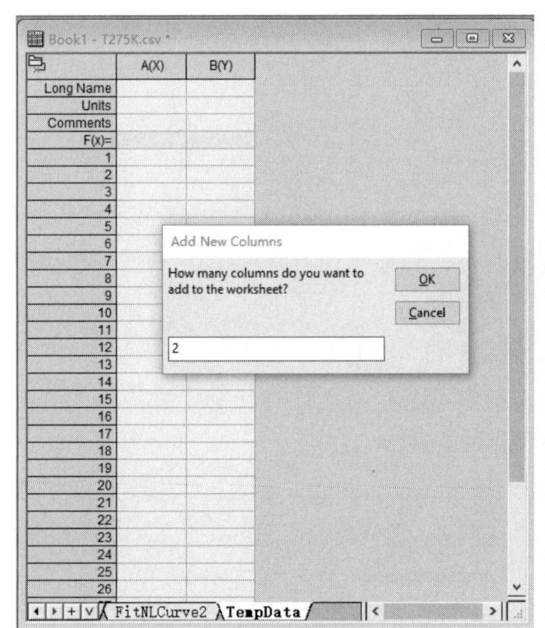

图 12-106　添加额外的列

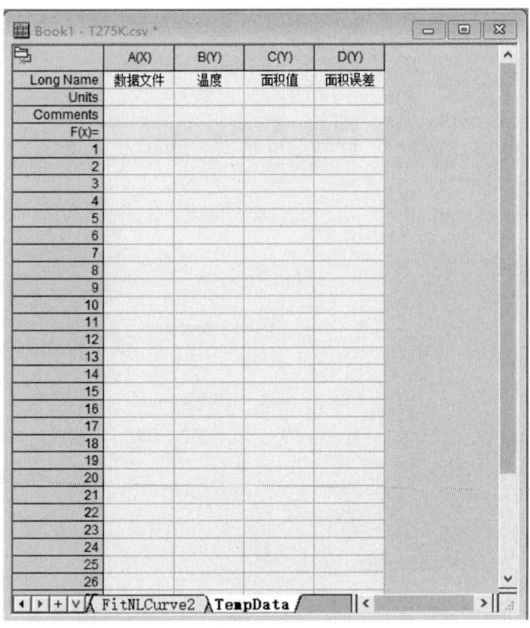

图 12-107　添加 4 列的“Long Name”

4）右击列数据文件中的第一个数据单元格，然后在弹出的快捷菜单中选择“Insert Variables”以打开对话框，如图 12-108 所示。在右侧面板中，单击选中“Book1”节点以显示“Book1”中的图纸。然后单击左面板上的“Label”选项卡，单击右面板上的“T275K”图纸，单击“Long Name”以高亮显示该行，然后单击“Insert”按钮将图纸名称插入此单元格，如图 12-109 所示。

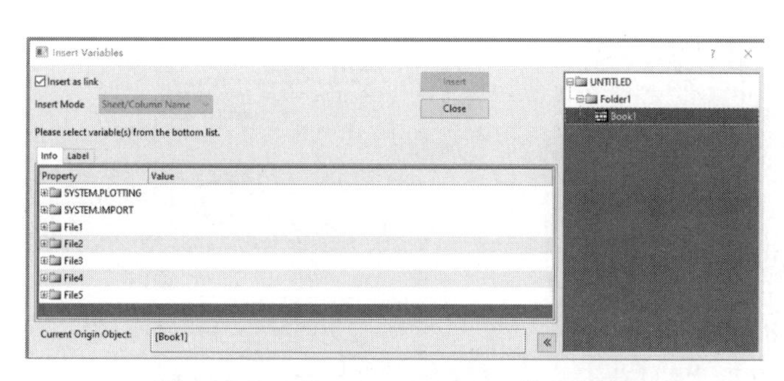

图 12-108　“Insert　Variables”对话框

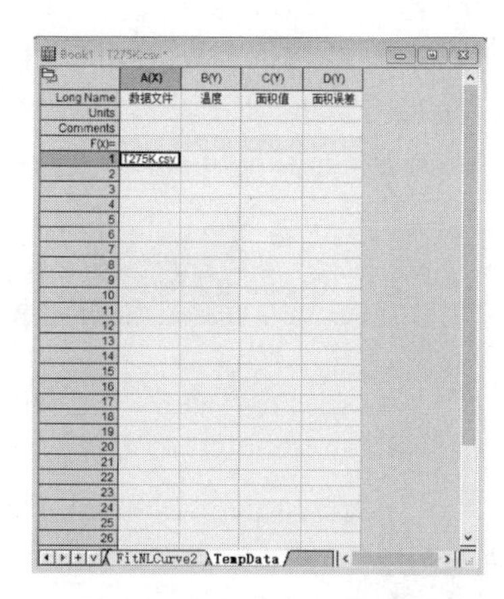

图 12-109　添加图纸名称

5）对其他四张图纸重复步骤 4），将图纸名称添加到列数据文件中。

6）接下来，要从第一列中的图纸名称中提取温度编号，为此，高亮显示“温度”列并右击以选择“Set Column Values”如图 12-110 所示。在“Col（B）=”文本框中输入公式（见图 12-110），从文件名中提取中间的 3 个数字，然后单击“OK”按钮关闭对话框并应用。

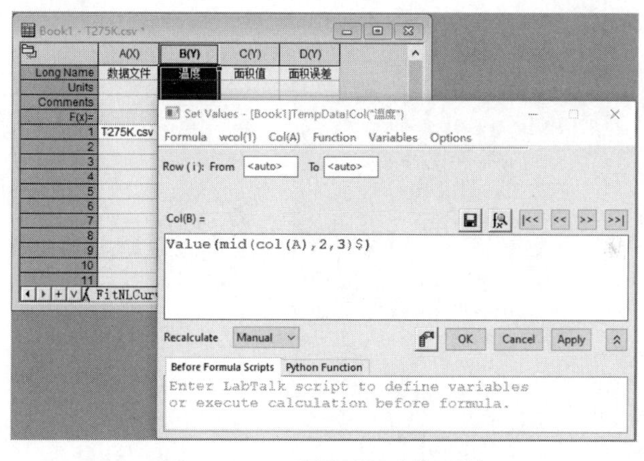

图 12-110　设置“温度”列值

7）转到工作表“FitNL1”，高亮显示“Summary”节点中变量 A 下的两个值单元格。右击选择“Copy”以复制数据。然后转到“TempData”工作表并将链接数据粘贴到“面积值”和“面积误差”列的第一行，结果如图 12-111 所示。对其他四个数据文件重复此步骤。

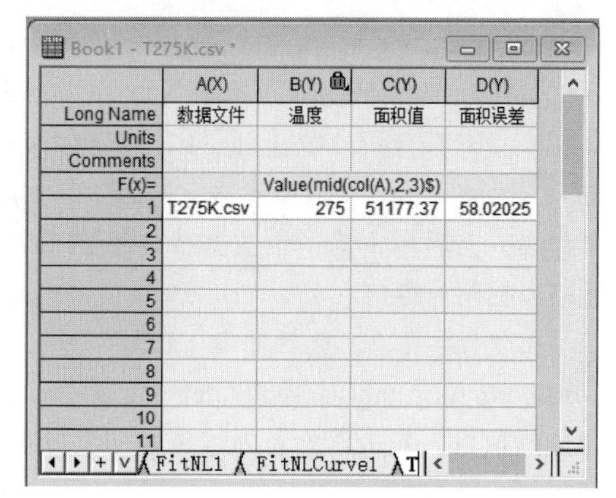

图 12-111　数据复制粘贴

8）将“面积值”列设定为 X，“面积误差”列设定为 Y。

（4）执行线性拟合并创建结果报表

1）高亮显示“面积值”和“面积误差”列，选择菜单命令“Analysis”→“Fit”→“Linear Fit”，打开“Linear Fit”对话框，“Recalculate”下拉列表框选择“Auto”，如图 12-112 所示。单击

“OK”执行线性拟合并关闭对话框。在出现的提示中单击“OK”将其关闭。得到线性拟合结果报表如图 12-113 所示。

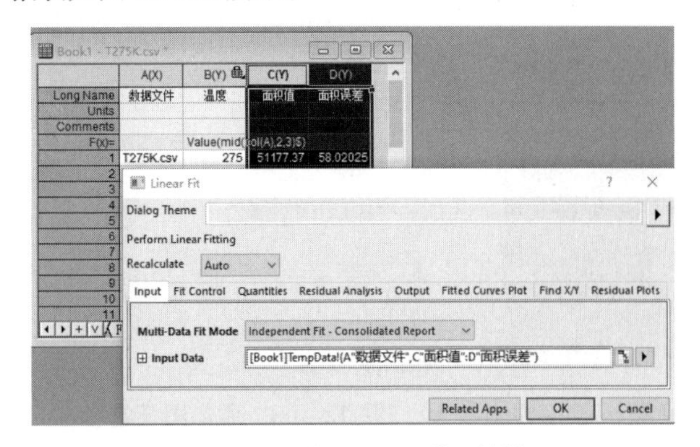

图 12-112 “Linear Fit”对话框

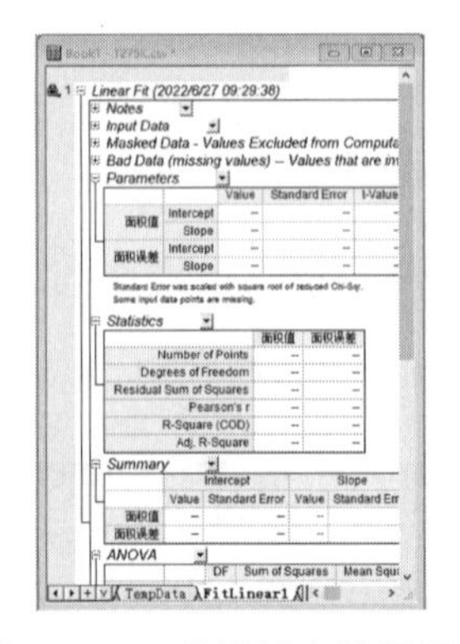

图 12-113 线性拟合结果报表

2）在选项卡“FitLinearCurve1”上右击，然后在弹出的快捷菜单中选择“Add”以添加新图纸并将其命名为“Results”，如图 12-114 所示。

3）按住 <Ctrl+D> 键可打开“Add New Columns”对话框，在文本框中输入“3”可添加三个新列，如图 12-115 所示。

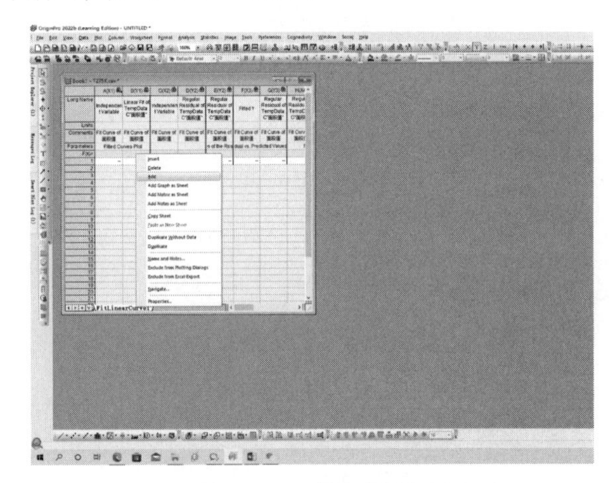

图 12-114 添加新图纸

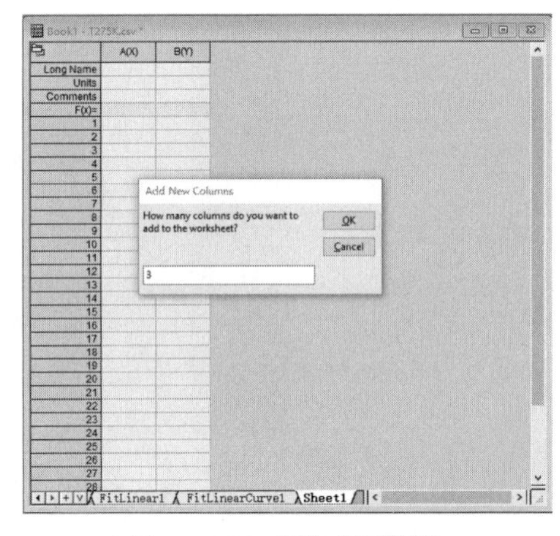

图 12-115 添加新列操作

4）将五列的“Long Name”设置为“Intercept Value”“Intercept Error”“Slope Value”“Slope Error”和“Adj.R-Square”。

5）转到工作表“FitLinear1”，复制“Summary”节点下的 5 个值单元格，返回“Results”工作表，然后单击第一个数据行中的第一个单元格以粘贴为链接。

6）转到菜单，选择命令“File”→“Save Workbook As Analysis Template…”。将其另存为分析模板，并将其命名为“多数据表分析”，如图 12-116 所示。

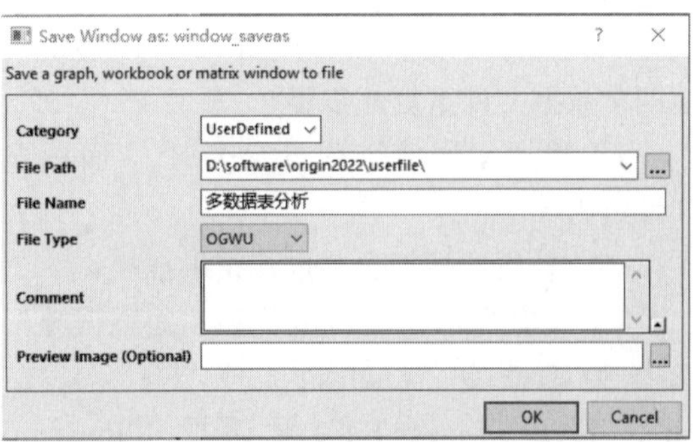

图 12-116 保存工作簿为分析模板

2. 分组批量处理分析文件

在“<Origin EXE Folder>\Samples\Batch Processing”文件夹中，有 10 个“*.csv”数据文件。假设将文件分成两组，并将它们重新排序。第一组为 T365K、T345K、T325K、T305K、T285K；第二组为 T355K、T335K、T315K、T295K、T275K。之后，我们将使用上一节中创建的分析模板处理这两组文件。

1）转到菜单“File”→“Batch Processing…”。打开对话框，单击“Analysis Template”编辑框旁边的“更多选项”按钮…，浏览到“多数据表分析 .ogwu”。

2）单击“File List”文本框右侧的更多选项按钮…，弹出“Open”对话框，如图 12-117 所示。首先，逐个拖放“*.csv”文件以重新排序，然后单击“Add File（s）”按钮将文件添加到列表中。单击“OK”按钮退出对话框。

3）在“Dataset Identifier”文本框中选择“File Name”，“Result Sheet”下拉列表框选择“Fit NLCurve1”，然后取消选中“Delete Intermediate Workbook”复选按钮，如图 12-118 所示。

图 12-117　添加文件

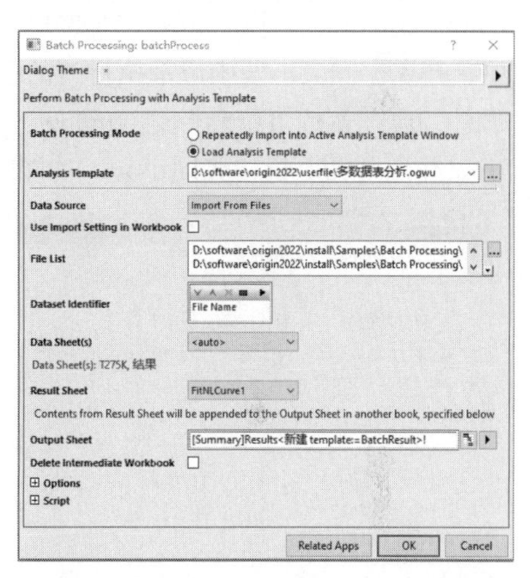

图 12-118　“Batch Processing”对话框

4）单击“OK”按钮开始处理。然后单击“OK”按钮，将批量处理对话框设置保存到使用的分析模板中。结果将输出到“Summary”工作簿，如图 12-119 所示。

请注意添加到“Summary”工作簿顶部的三个按钮：

“Open Book（s）”按钮：如果选中“Delete Intermediate Workbook”复选按钮（见图 12-118），然后确定需要它们，则可以高亮显示“Results”工作表中的相应行，然后单击此按钮重新生成已删除的中间工作簿（Intermediate Workbook）。

“Reprocess”按钮：当外部数据文件发生更改时，单击此按钮可重新运行导入和更新结果。

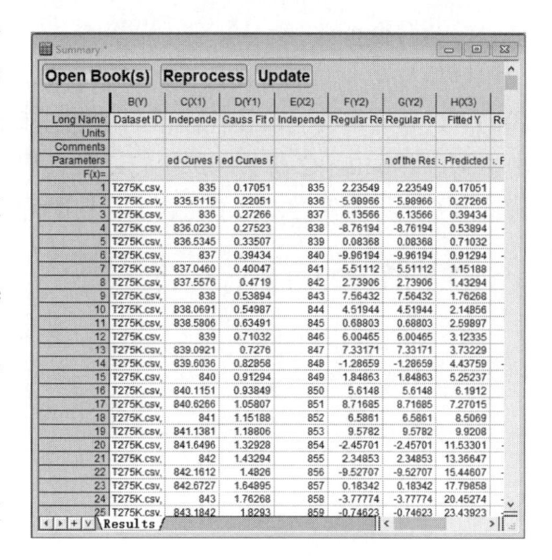

图 12-119　批处理结果

“Update”按钮：当分析的输入端发生更改时（例如，数据表中的数据屏蔽），单击此按钮可更新结果。

12.5 通过编写程序自动化处理

12.5.1 LabTalk 脚本语言

LabTalk 脚本语言是 Origin 内置的一种编程语言，使用起来比较简单。

在 Origin C 编程语言和 X-Function 出现后，LabTalk 并未取消，除了保持兼容性外，还得益于其解释性脚本语言的简便性。用户可以直接输入命令而无须其他任何复杂的操作，具有良好的交互性。

1. 命令窗口（Command Window）

通过菜单命令“Window”→“Command Window”可以打开命令窗口（Command Window）进行 LabTalk 程序的编写。只要在右侧文本框中输入合法的语句，按下 <Enter> 键便会执行程序，并在左侧文本框中记录执行过的程序，如图 12-120 所示。

另外，通过执行菜单命令“Window”→“Script Window”可以打开脚本窗口（Script Window），其作用与命令窗口大同小异，功能略有差异，如图 12-121 所示。

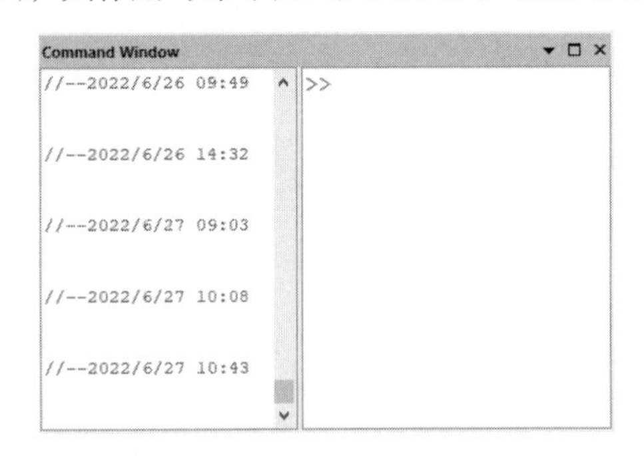

图 12-120 命令窗口（Command Window）

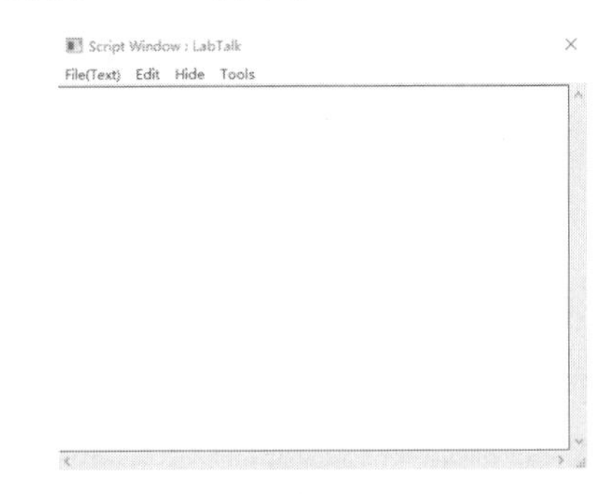

图 12-121 脚本窗口（Script Window）

2. 执行命令

要执行命令，只要在命令窗口中右侧文本框内输入代码，然后按下 <Enter> 键，即可执行代码。运算结果会立即在代码下面出现，而且会在左侧文本框中记录下曾经执行的代码（历史功能），如图 12-122 所示。每执行一行代码，变量的值就会被 Origin 记录下来，所以，可以逐行输入要执行的代码，以便完成多行代码的执行，如图 12-123 所示。

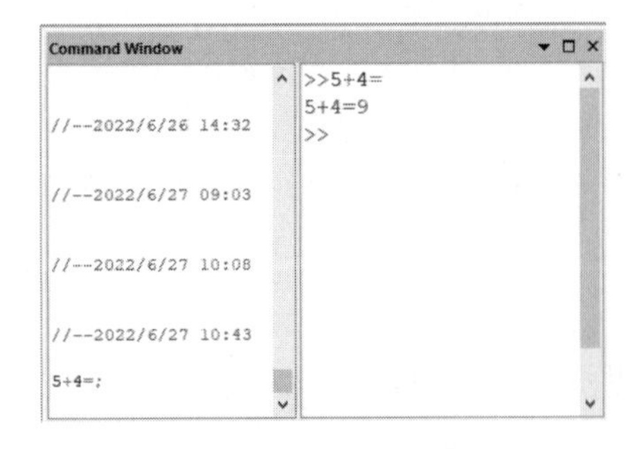

图 12-122 直接运算

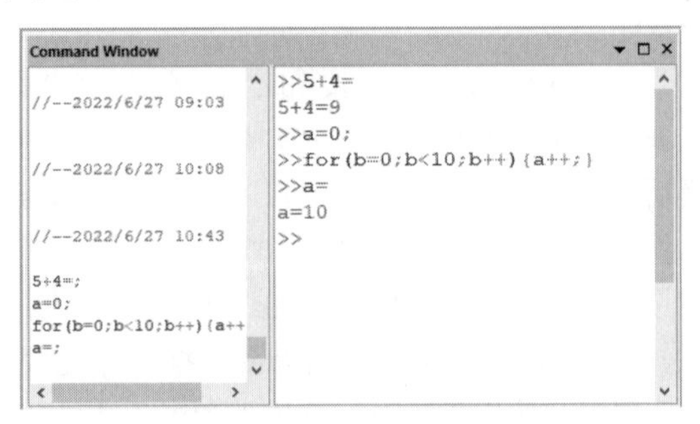

图 12-123 多行命令

在命令窗口里，输入的代码一般不宜过长，并且要注意符合语法规定，因为在这个窗口里，代码是即时检验的，一旦发生语法错误，会立即因为报错而终止。

也可以提前在其他的文本编辑器里写好代码，再粘贴到命令窗口中执行，这样能够大大提高编辑效率，如图 12-124 和图 12-125 所示。

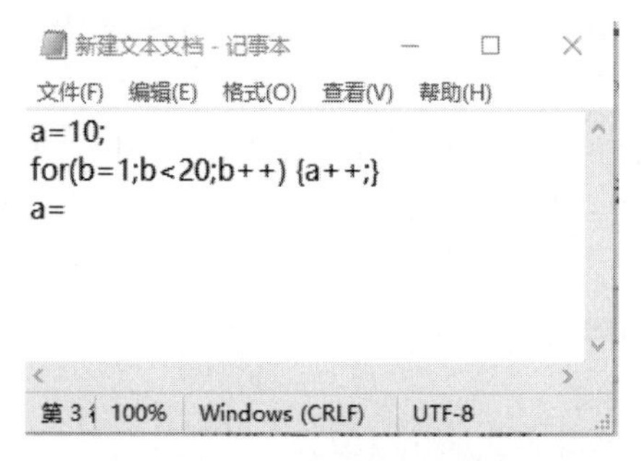

图 12-124　记事本编辑批命令

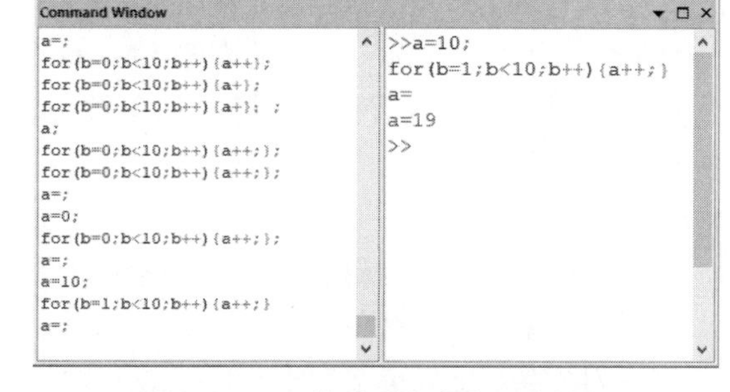

图 12-125　粘贴到命令窗口中执行

除了使用基本语句之外，还可以在语句中使用函数，如图 12-126 所示。除了在命令窗口里进行运算外，也可以从工作表中读取数据，或者输出结果到工作表中。如果工作簿或者工作表等对象不存在，会根据需要自动创建，如图 12-127~ 图 12-129 所示。

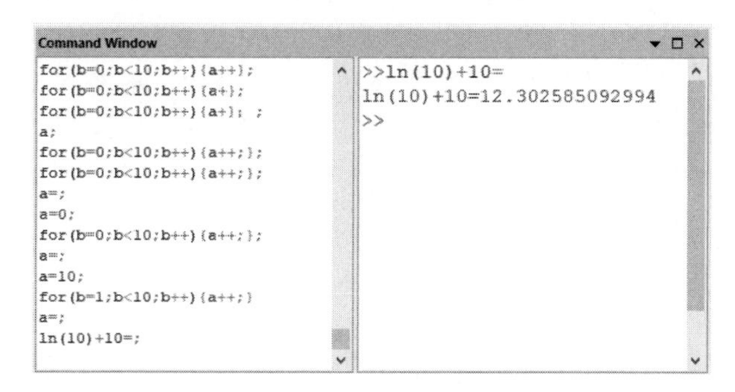

图 12-126　使用函数

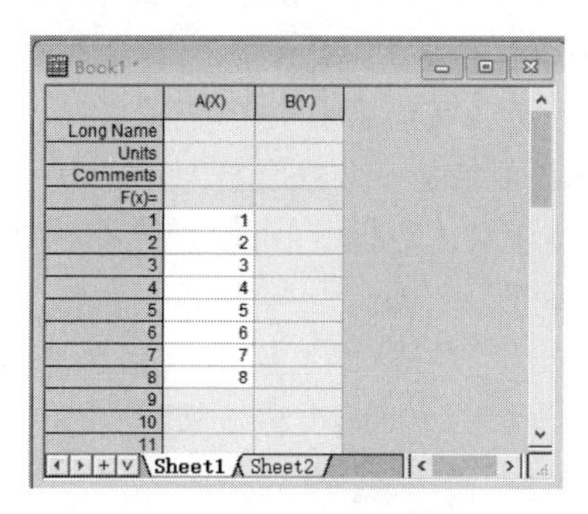

图 12-127　源数据表格

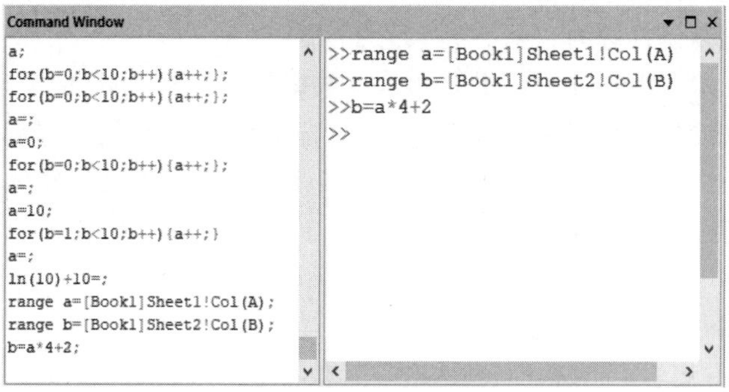

图 12-128　使用工作表中的内容进行运算

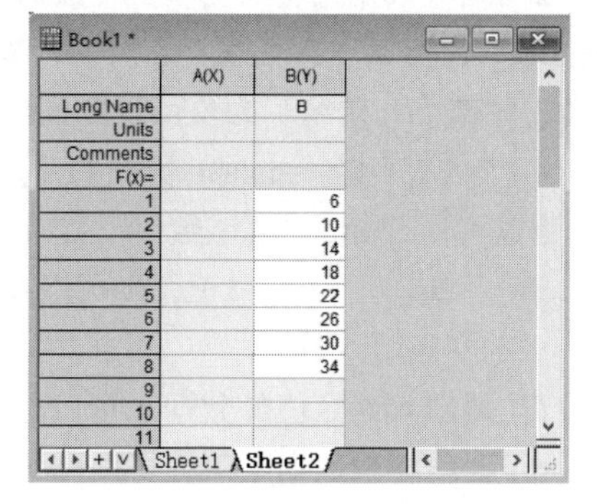

图 12-129　输出结果到工作表中

3. LabTalk 语法

（1）变量和对象

1）LabTalk 主要支持常量（Constant）整数型（Integer）、双精度（Double）、字符串（String）、字符串数组（String Array）、范围（Range）、二叉树（Tree）、图形化对象（Graphic Object）等变量类型。如 A=2；strTemp$=“hello world”；b=[Book1]Sheet2!Col（B）等。

2）现代编程语言广泛将对象（Object）作为基本概念，一个对象拥有与之相关的属性（Property），用于读写和一系列的方法（Methods）。

3）要对 Origin 进行编程，除了抽象意义上的对象概念外，主要是操作各种对象（Origin Objects），包括工作表对象、图形窗口对象、层、表、数据集等。

（2）赋值

1）字符串对象不能用于运算，数据对象可以用于运算。

2）基本格式为“对象名 = 表达式”。

3）对象名只能以英文开头，且完全由英文和数字组成。

4）如果对象不存在，则生成对象并赋值。

5）当对象名前面不带任何标识符时，则表示该对象是一个数据变量，并把表达式的值赋予该变量。例如，输入“a=7”，则“a”的值为“7”。

6）当对象名由一个“%”带 A~Z 中的一个大写字母时，如果表达式为一个字符串，则表示该对象是一个数据集，并把表达式的值赋予该变量。例如，输入“%A=Origin”，则“%A”的值为字符串“Origin”。

7）当对象名由一个“%”带 A~Z 中的一个大写字母时，如果表达式为一个数据集名，则表示该对象是一个数据集，并把表达式的值赋予该对象。

8）“$（数据）”可以把数据转换成字符串。例如，“%A=$（65）”，则“%A”的值为字符串“65”。

9）“#”或“//”后可以添加注释，注释不会被执行。例如，输入“a=7；//b=8”，则“a”的值为“7”，“b=8”没有执行，“b”仍然未被赋值。

（3）操作数据集

1）创建数据集格式为“数据集名 数据集大小”。例如，输入“Create Origin 10”，则可以创建一个名为“Origin”的工作表。

2）编辑数据集格式为“edit 数据集名”。例如，输入“edit Origin”，可以打开“Worksheet Origin”，你会发现它有 X、Y 两列，X 列默认标题为“A”，行数为 17。

3）“表名_列名”为要操作的列。例如，“Origin_A”是指 Origin 数据集中名为“A”的列。

4）“数据集名 =data（初始数字，结尾数字，间隔数字）”可以直接创建数据集，并以“初始数字”开始，“结尾数字”结尾，每间隔“间隔数字”把数字填入数据集。例如，输入“Origin=data（1，100，3）”，则可以在工作表“Origin”的 Y 列从 1 至 34 行，以 1，4，7，10，13……的顺序填入数据。

5）要填入确定值的数据，可以用“数据集名 ={ 表达式 1，表达式 2，……}”。

6）要给特定数据赋值，可以用“数据集名［下标］= 表达式”。例如：输入“Origin［3］= 100”，则可以在 Y 列的第三行填入数据“100”。

7）用“col（列号）= 表达式”可以给列赋值。例如：输入“col（2）=50”，则可以在 Y

列所有单元格填入数据 50。

8）“col（列号）[行号] = 表达式”可以给表中特定元素赋值。

9）可以用“变量 = 表名 _ 列名 [行号]”来搜索表达式在某行列位置的数值。例如，输入“Origin_A [10] =”，则输出“Origin_A [10] = × ×”。

10）需要注意的是，要使用已有的数据集，不能只写“edit 数据集名”，要先用“create 数据集名”做一个同名的数据集。

更多信息，参考 Origin 编程帮助文档。

（4）数据运算　基本数据操作见表 12-1。

表 12-1　数据操作符号表

符号	作用	表达式	等价表达式
+	加法	x+y	—
−	减法	x−y	—
*	乘法	x*y	—
/	除法	x/y	—
^	乘幂	x^y	—
&	按位与（二进制）	x&y	—
|	按位或（二进制）	x|y	—
=	赋值	x=y	—
+=	将 x 赋值为 x+y	x+=y	x=x+y
−=	将 x 赋值为 x−y	x−=y	x=x−y
*=	将 x 赋值为 x × y	x*=y	x=x*y
/=	将 x 赋值为 x ÷ y	x/=y	x=x/y
^=	将 x 赋值为 x^y	x^=y	x=x^y
++	将 x 增加 1	x++	—
--	将 x 减少 1	x--	—
>	大于	x>y	—
<	小于	x<y	—
>=	大于或等于	x>=y	—
<=	小于或等于	x<=y	—
==	等于	x==y	—
!=	不等于	x!=y	—
&&	与	x&&y	—
||	或	x||y	—
? :	x 为真时，返回 y x 为假时，返回 z	x?y : z	—

此外，还可以用函数来操作数据。这些函数中包含 sin（ ）、cos（ ）等各种复杂的数据操作方法，具体参考 Origin 编程帮助文档。

另外，在编辑矩阵时选择菜单命令“Matrix”→“Set Value”，其中选择函数下拉表格中也有列出这些函数及其用法，基本上可以直接在脚本窗口中使用。表 12-2 列出了一些常用的数学函数。

表 12-2 常用数学函数

函数	作用于返回值
prec(x, p)	返回 p 位有效数字的科学计数法表示形式的 x
round(x, p)	返回的 p 位有效数字的四舍五入所得数字 x
abs(x)	返回 x 的绝对值
angle(x, y)	返回 x、y 之间以弧度表示的角度
exp(x)	返回以自然对数 E 为底数，x 为指数的表达式的值
sqrt(x)	返回 x 的平方根
ln(x)	返回以自然对数 E 为底数的 x 的对数
log(x)	返回以 10 为底数的 x 的对数
int(x)	返回 x 的整数值
nint(x)	相当于 round（x, 0）
sin(x)	返回 x 的正弦值
cos(x)	返回 x 的余弦值
tan(x)	返回 x 的正切值
asin(x)	返回 x 的反正弦值
acos(x)	返回 x 的反余弦值
atan(x)	返回 x 的反正切值

（5）流程控制

1）程序的执行。“程序段 1；程序段 2；……；程序段 N”，即程序段之间用分号（英文）隔开，直到程序段后不带分号，按下 <Enter> 键，程序就会执行（注意输入完整之前不要换行）。

2）宏语句。“define 宏名 { 内容 }”，创建宏以后，可以直接用宏名，带代替执行宏的内容，而且宏比一般程序段的优先级高。

12.5.2 Origin C 语言

由于脚本语言（如 LabTalk）是没有经过编译的，所以在处理大量程序时，速度比较慢。而在 Origin 这种应用程序中，运算量是比较大的。

所以开发者在 Origin 中添加了 Origin C 语言，它是建立在 C/C++ 基础上的语言，Origin C 的编译器是在 ANSI C 的基础上扩充的。

如果用户没有接触过编程知识，那么如果要熟练运用 Origin C，最好先学习数据结构相关知识，这样才能够灵活地应用这一语言。

1. Origin C 语言工作环境

执行菜单命令“View”→“Code Builder”可以打开 Origin C 的代码编译器窗口，如图 12-130 所示。可以把该窗口看作一个文本编辑器，在左侧文件目录树中可以选择打开程序。在右侧是一个文本编辑器，程序基本都写在这里；右下是 LabTalk 窗口，可以用来测试写好的程序；左下窗口用来显示编译器运行情况；此外按钮可以编译当前的程序文件，按钮可以编译已修改的程序文件，按钮则是将所有程序重新编译。

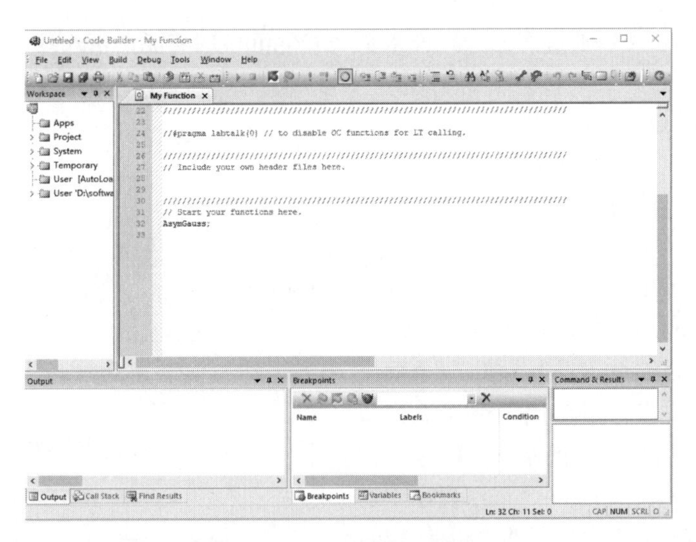

图 12-130　代码编译器窗口

2. Origin C 与其他语言对比

（1）Origin C 与 C 语言

1）与 C 语言一样，Origin C 也不是完全的 OOP 架构的语言，它主要由一些基本数据类型、全局函数和大量的类组成。

2）Origin C 不支持 C 语言的 main（ ）函数。

3）Origin C 不支持二维以上的数组，要使用二维数组，可以利用矩阵代替。例如，“matrix<int>aa（6，7）;”，可以用一个 6×7 的矩阵来替代。

4）Origin C 以“^”符号代替了 C 语言中的取幂符号“pow（x，y）”。

（2）Origin C 与 C++

1）Origin C 没有变量声明的限制。

2）Origin C 与 C++ 一样，调用函数也是根据重载函数的参数不同，决定使用哪一个函数。被重载的函数不能从 LabTalk 调用。

3）Origin C 也支持内部类。

4）Origin C 也是通过参数来传递消息的。

5）Origin C 支持默认参数。当填入的参数数量比函数所需的参数少时，函数将缺失参数位置的数字作为该位置的参数填入。

（3）Origin C 与 C#

1）与 C# 一样，Origin C 包含 Collection 类。Collection 类是一个很有用的类，可以用来方便地存放和提取对象。

2）与 C# 一样，Origin C 支持 foreach 循环，foreach 循环可以很方便地遍历一个数据集。例如，可以用“foreach（Column x in y.Columns）{printf（“%s%n”，x.GetName（））}”来输出 y 数据集中全部列的名字。

3）与 C# 一样，using 关键字可以在创建对象时代替类型，这样就不用指定对象的类型了，编译器会自动识别对象类型。例如，“using wpg=wks.GetPage（ ）”可以代替“wpg=wks.GetPage（ ）”。

4）与 C# 一样，可以通过引入头文件来扩展 Origin C 的功能，格式是“#include 文件地址及文件名”。

3. 创建和编译 Origin C 程序

在 Origin 中，打开“Code Builder”集成开发环境（IDE）。在 IDE 中单击新建按钮，打开“New File”对话框，如图 12-131 所示，选择“C File”；在“File Name”文本框中输入文件名“My Function”，勾选“Add to Workspace”和“Fill with default contents”复选框。

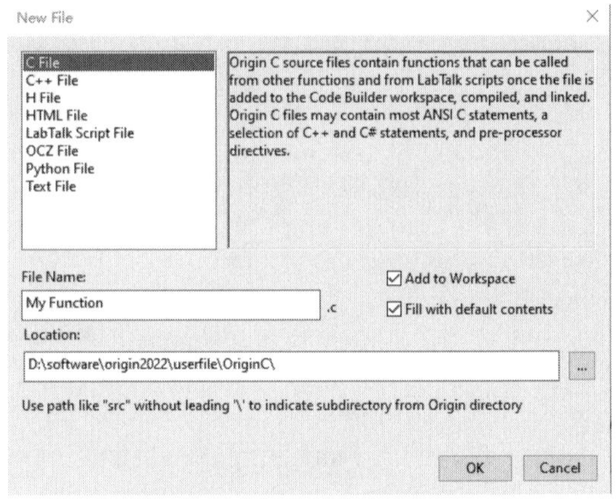

图 12-131 “New File”对话框

单击“OK”按钮，则在代码编译器窗口的多文档界面中，创建一个新的原程序。像所有 C 语言程序一样，Origin C 在原程序中必须含有头文件。Origin C 的头文件主要有“#include <Origin.h>”。

Origin C 集成开发环境（IDE）中的源程序须经过编译和链接后才能使用，单击 IDE 中的“Build”菜单，或按钮，进行编译或链接，成功后显示在“Output”提示栏中。

通过在 IDE 的 LabTalk 控制台中输入“asymgauss（1，2，3，4，5，6）=”的文本，则在其下栏中输出计算结果。通过这种方法，可以检验编译的函数“asymgauss”是否正确。

4. 使用创建的 Origin C 函数

在成功创建了 Origin C 函数之后，就能在 Origin 的脚本窗口（Script Window）中调用。例如，用上面创建的“asymgauss”函数对工作表的列输入“asymgauss”函数值，其步骤如下：

1）在 Origin 中打开一个工作表，在工作表的 A（X）列输入自然数 1~10。

2）选中 B（Y）列，右击选择命令“Set Column Values”，打开“Set Values”对话框，在对话框中输入“asymgauss（col（a），2，3，4，5，6）”，如图 12-132 所示。

3）单击“OK”键，则工作表 B（Y）列输入了对应于 A 列的“asymgauss”函数值。

12.5.3 X-Function

每个 X-Function 就是一个已经编译好的 Origin C 程序。利用这些已有的 X-Function，可以方便地对 Origin 进行操作，还可以创建一些小程序来对数据进行批量处理等操作，大大节省了时间。

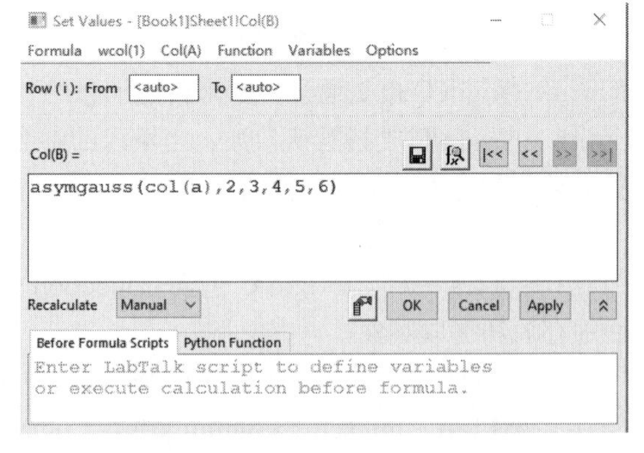

图 12-132 “Set Values”对话框

1. X-Function 的调用

X-Function 的调用，除了附在菜单命令上可以直接单击使用的一部分之外，主要是通过命令窗口（Command Window）程序中的语句来调用。其中参数以参数名后加“：”来表示，参数值用“=”赋予参数。如 Average 函数，其中参数“iy”表示输入数据的范围，使用时按照“Average iy=（col（1），col（2））method：=2”这样的格式使用，如图 12-133 所示。

另外在命令窗口里使用 X-Function 时还有函数提示功能，方便使用，如图 12-134 所示。具体的 X-Function 的作用，可以参考 Origin 的帮助文档。

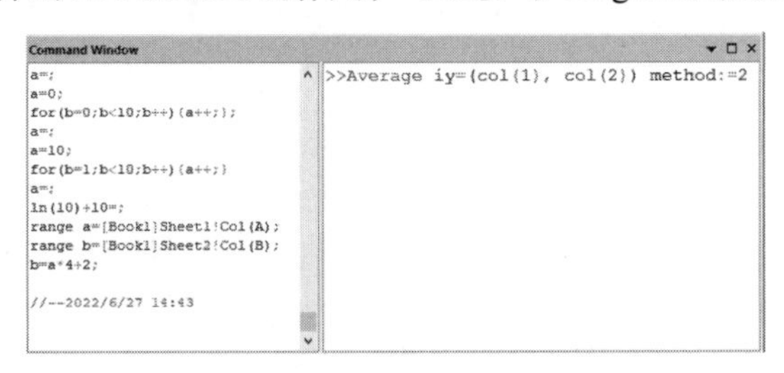

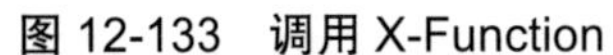
图 12-133　调用 X-Function

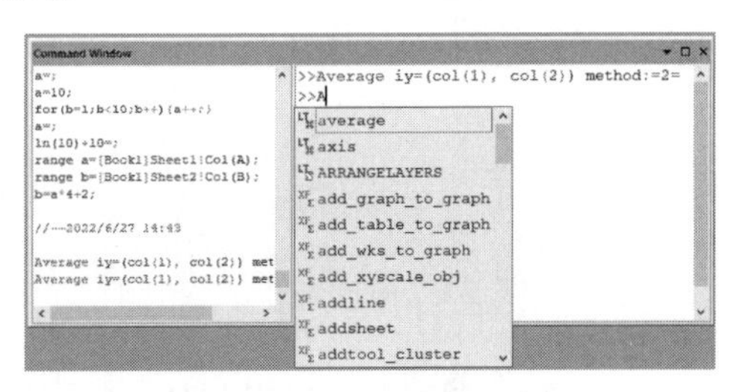

图 12-134　函数提示功能

2. 创建 X-Function

除了现有的 X-Function 之外，用户还可以创建自己的 X-Function。

通过菜单命令“Tools”→“X-Function Builder”，可以打开“X-Function Builder”对话框，如图 12-135 所示。

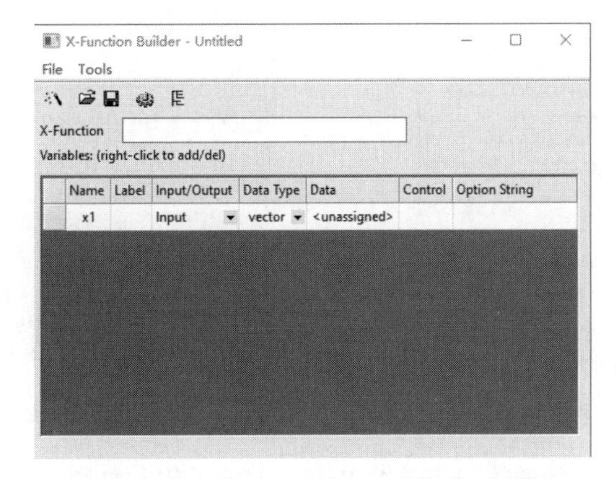

图 12-135　“X-Function Builder”对话框

首先单击“New X-Function Wizard”按钮，打开新建 X-Function 向导对话框。设置好输入、输出参数的个数和类型，如图 12-136~ 图 12-140 所示。创建各个参数之间的联系，参数的符号可以直接在代码里使用。

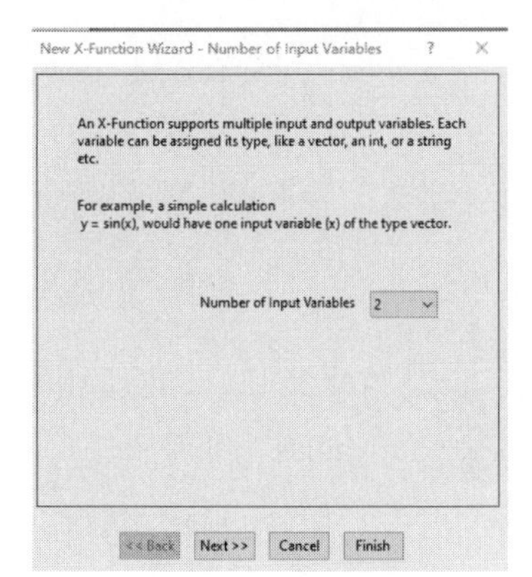

图 12-136　输入变量个数

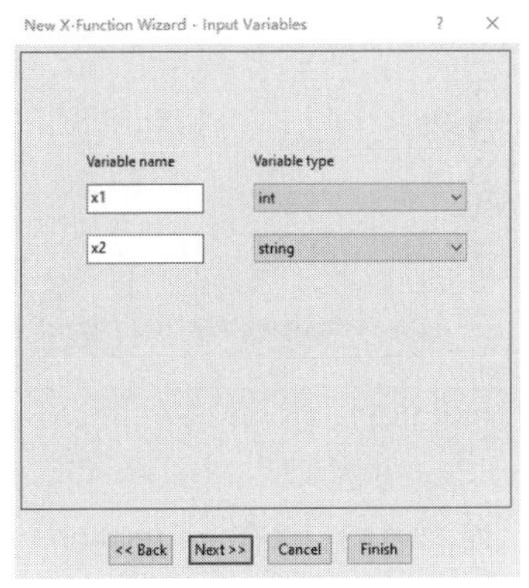

图 12-137　变量数据类型

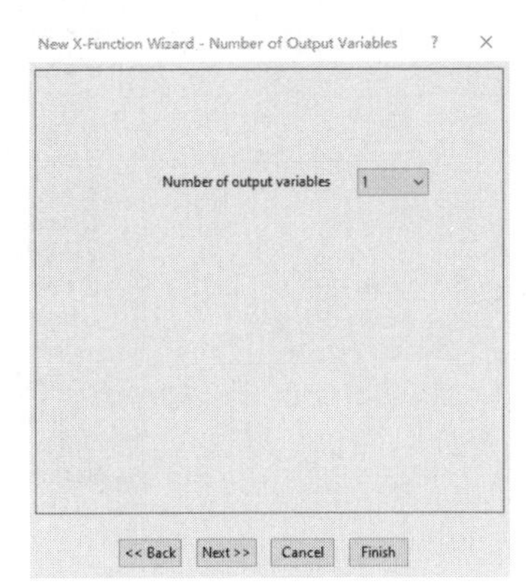

图 12-138　输出变量个数

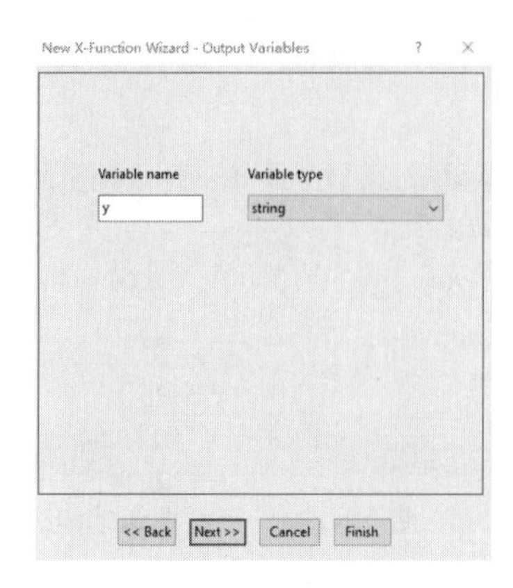

图 12-139 输出变量类型

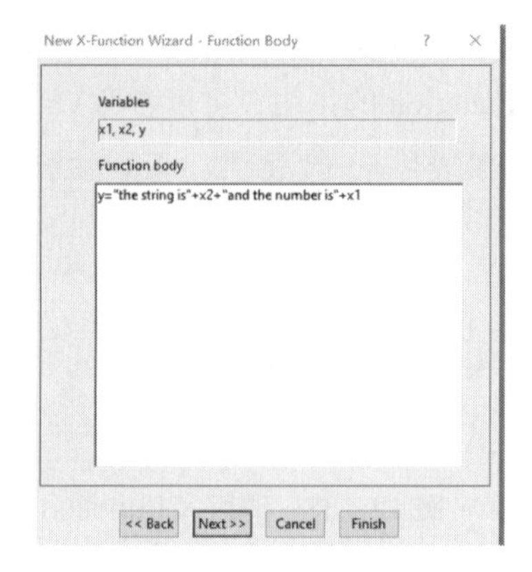

图 12-140 程序主体

设置好各参数的默认值，单击“Finish”按钮，如图 12-141 和图 12-142 所示。

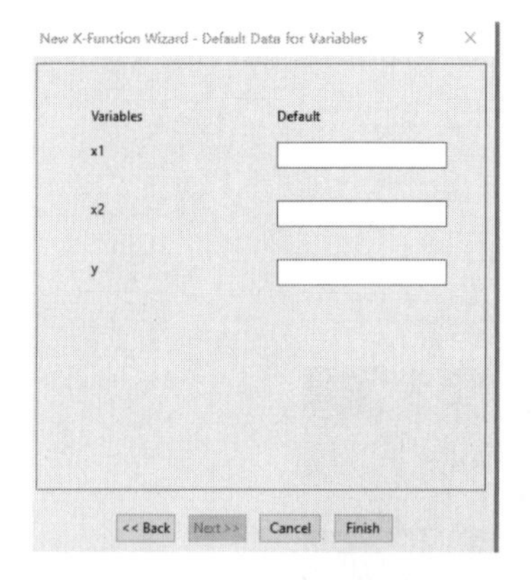

图 12-141 设置参数默认值

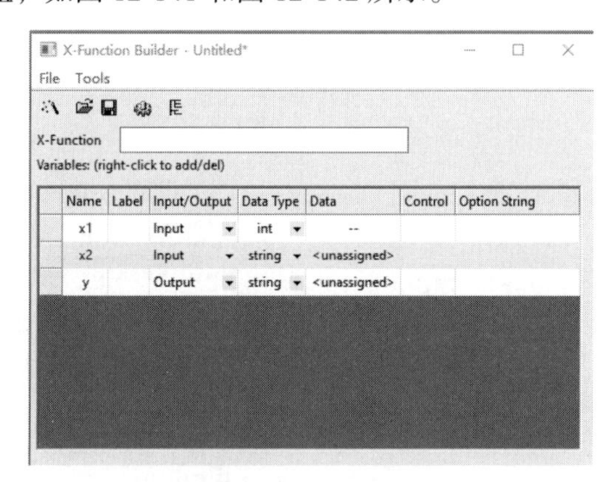

图 12-142 完成设置

之后填入函数名称，保存函数即完成 X-Function 的编辑，如图 12-143 所示。

图 12-143 保存 X-Function

可以测试用户制作的 X-Function。在命令窗口（Command Window）中输入函数以及参数并运行。

通过编写 X-Function，可以实现想要的自定义功能，并且可以重复使用，从而提高了工作效率。

3. “XF Script” 对话框

Origin 中内置了很多 X-Function，可以通过“XF Script”对话框打开。

执行菜单命令“Tools”→“X-Function Script Sample”，打开“XF Script”对话框，如图 12-144 所示。

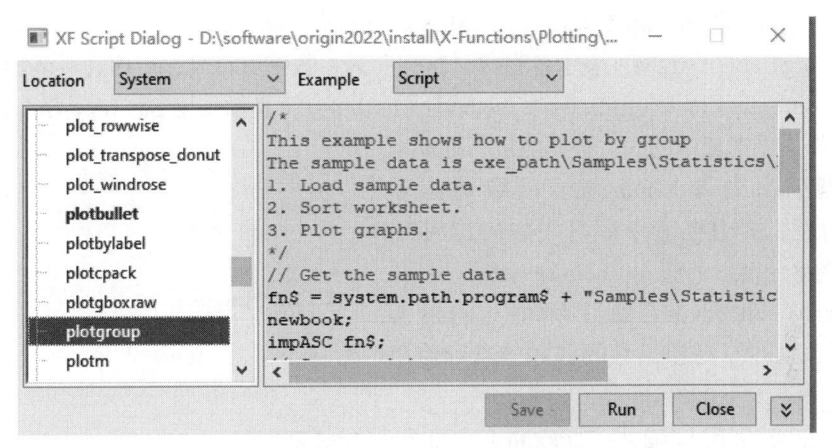

图 12-144　“XF Script” 对话框

在该对话框中可以看到部分 X-Function 的代码，并且可以了解该函数的使用。如果是系统的 X-Function，用户是不能修改的；如果是用户自定义的 X-Function，用户可以进行修改。

如图 12-144 所示，选中了系统 X-Function 例子“plotgroup”，单击“Run”按钮，则运行该 X-Function，打开数据工作表如图 12-145 所示。

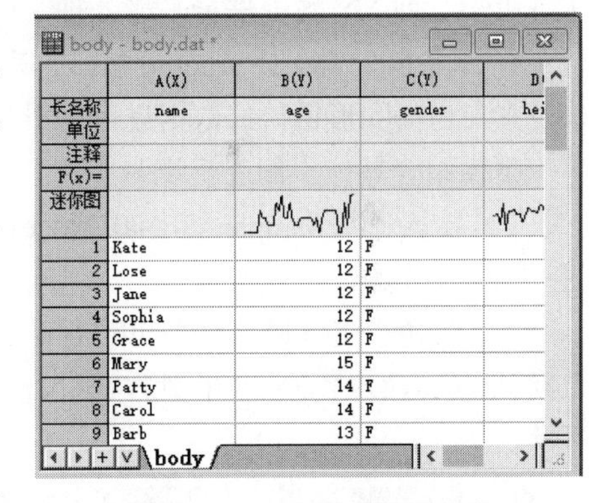

图 12-145　打开数据工作表

该函数的功能为打开“body.dat”数据文件，按男女分类绘制体重与身高的散点图。图 12-146 所示为男性体重与身高散点图，图 12-147 所示为女性体重与身高散点图。

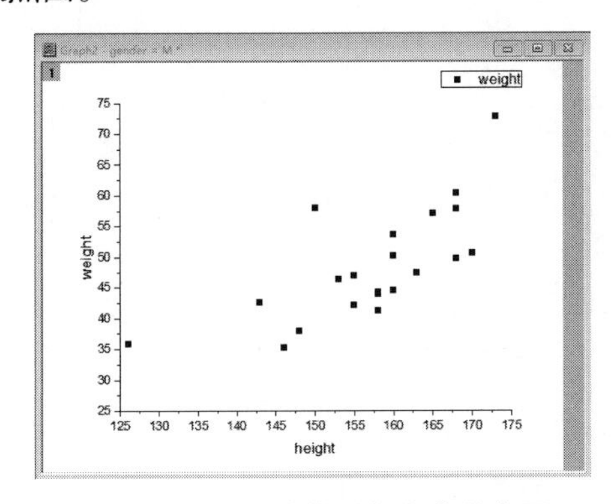

图 12-146　男性体重与身高散点图

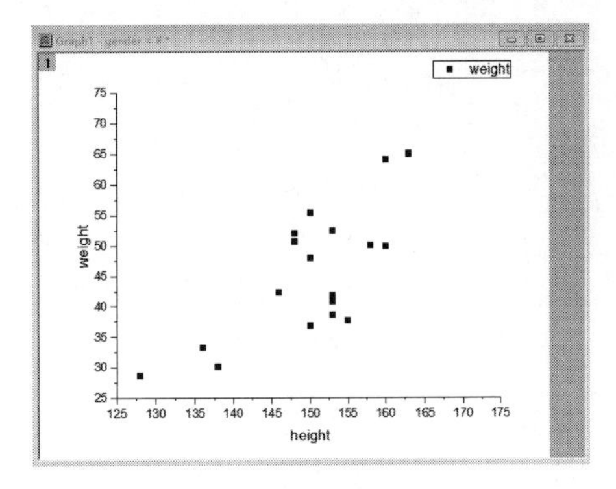

图 12-147　女性体重与身高散点图

4. 访问 X-Function

Origin 提供了大量用于数据处理的 X-Function，而其中很多 X-Function 可以通过 LabTalk 的脚本（Script）进行访问，这给了用户很大的应用 X-Function 解决各自处理工作的空间。

用户能通过脚本在命令窗口（Command Window）列出可以进行访问的 X-Function，了解其 X-Function 的函数语法。通常命令窗口位于屏幕的底部。

X-Function 函数语法通常的形式如下：

Xfname“-option” arg1 arg2…argM：=value…（argN：=value）

其中，“arg1 arg2…argM”表示各参数，“：=”为参数赋值符号，后面为具体的数值。

例如，“smooth（1，2）npts:=5　method:=1　b:=1”表示采用 Savitzky-Golay 平滑方法、反射边界条件，平滑窗口的 5 对数据点进行处理。

下面以平滑处理 X-Functions 函数对信号数据处理为例，介绍在命令窗口中如何访问 X-Function。在命令窗口中输入“help smooth”，打开 smooth 的帮助。smooth 的帮助目录如图 12-148 所示。用户可以从中了解该函数的各种信息和使用方法。

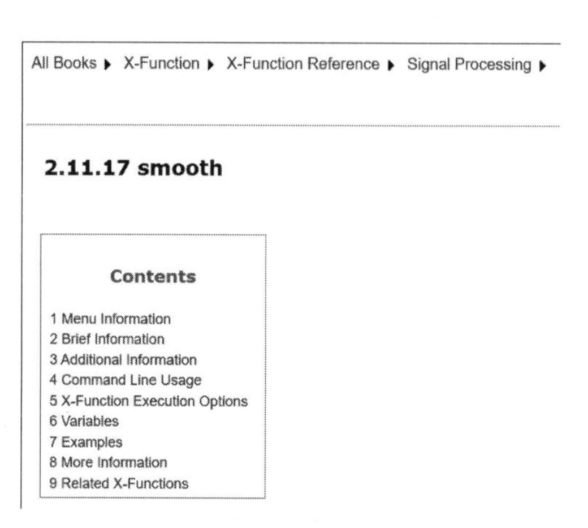

图 12-148　smooth 的帮助目录

例如，在命令窗口输入“smooth（1，2）”，则表示采用 Savitzky-Golay 滤波默认设置对当前工作表第 1~2 列 XY 数据进行平滑处理。

在命令窗口输入“smooth %c”，表示采用默认设置对当前图形窗口的数据进行平滑处理。

下面结合具体事例进行说明：

1）导入“…Samples\Signal Processing\Signal with Shot Noise.dat”数据文件，工作表如图 12-149 所示。

2）在命令窗口输入“smooth iy：=col（2）method：=1 npts：=200”（注：“method：=1”为默认的 Savitzky-Golay 平滑方法，“npts：=200”为采用平滑时窗口的数据点），如图 12-150 所示。

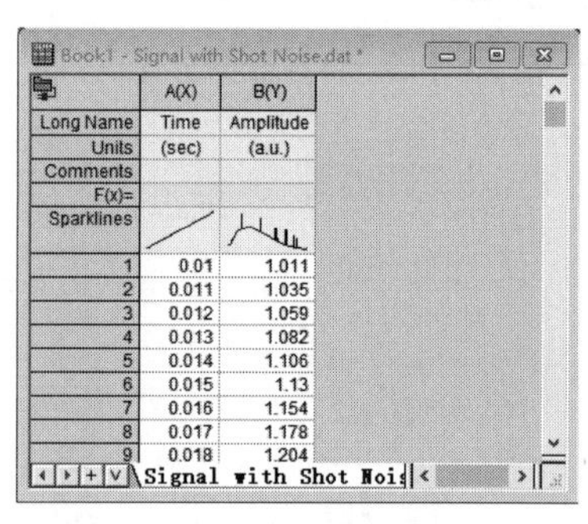

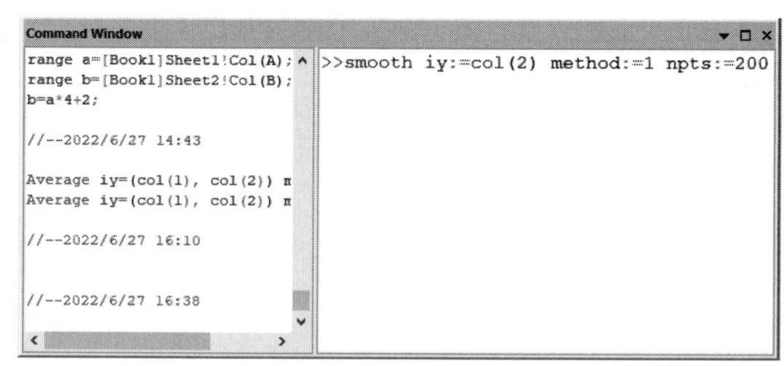

图 12-149　工作表　　　　图 12-150　命令窗口

对数据进行了平滑处理，并在工作表中新建 C（Y）列，存放平滑处理后的数据，如图 12-151 所示。平滑处理前后的图形分别如图 12-152 和图 12-153 所示。

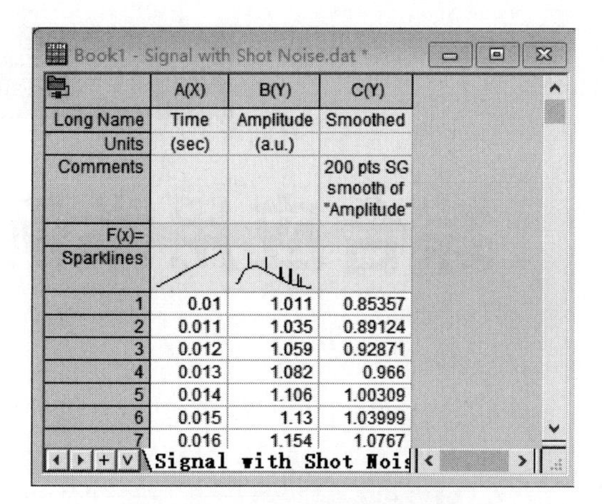

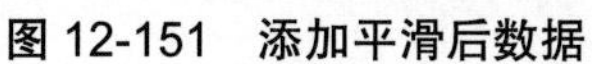
图 12-151　添加平滑后数据

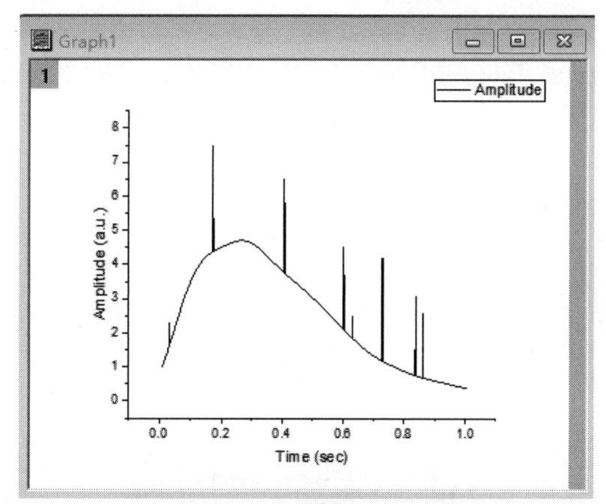

图 12-152　平滑处理前的线图

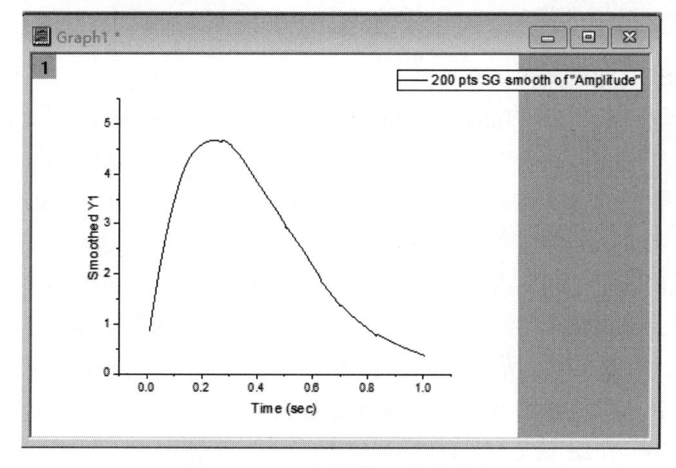

图 12-153　平滑处理后的线图

第13章

综合应用举例

13.1 读写外部数据文件

13.1.1 从数据文件和数据库中读取数据

1. 读取单个 ASCII 数据文件

选择菜单命令“Data”→“Import From File”→“Import Wizard”，或者单击工具栏按钮，打开“Import Wizard-source”对话框，即可读取单个 ASCII 文件、Binary 文件和用户自定义文件。例如，读取“\Origin2022\Samples\Import and Export \ASCII Simple.dat”数据文件，如图 13-1a 所示。用 Windows 操作系统的写字板打开“ASCII Simple.dat”数据文件，如图 13-1b 所示。对比两者的内容后，可以发现两者是相同的。在 Origin 工作表中还给出了该列数据的变化趋势，位于“Sparklines”栏，双击单元格，该单元格以图形显示。例如，双击“Signal”列的“Sparklines”，如图 13-1c 所示。如果右击工作表表头，则打开快捷菜单，选择“Show Organizer”菜单命令，即可显示该工作表的详细信息，如图 13-1d 所示。除此之外，还可利用“Import Simple ASCII”按钮（或 <Ctrl+K> 快捷键）读取单个 ASCII 数据文件。

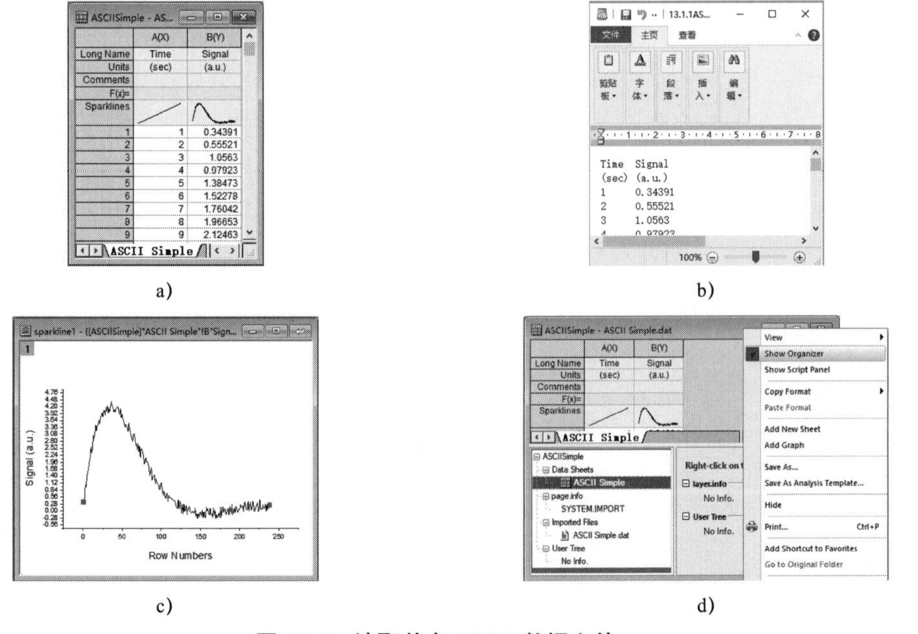

a)　b)　c)　d)

图 13-1　读取单个 ASCII 数据文件

2. 读取多个 ASCII 数据文件

读取多个 ASCII 数据文件与读取单个 ASCII 数据文件的方法是基本相同的。选择菜单命令“Data”→“Import From File”→“Multiple ASCII…”，或者打开工具栏按钮，打开“ASCII”对话框，选择和读取多个 ASCII 数据文件。选择“…\Samples\Import and Export”目录下“F1.dat”、“F2.dat”和“F3.dat”数据文件，选中“Show Options Dialog”选项，如图 13-2a 所示。单击“OK”按钮，打开“ASCII：impASC”对话框，在“Import Options”选项组的“Multi File Import Mode”下拉列表框中选择“Start New Sheets”选项，如图 13-2b 所示。

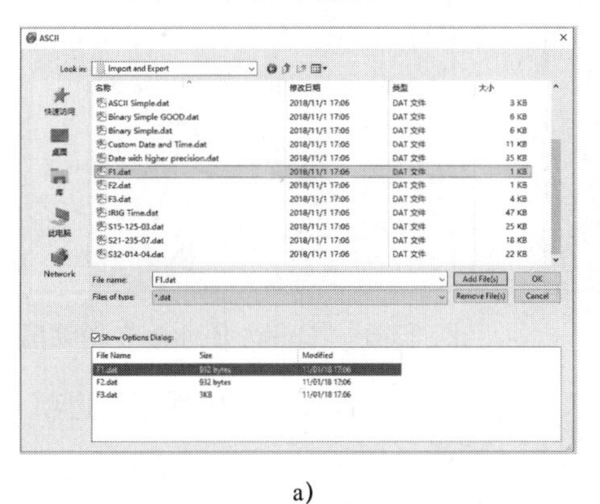

a)

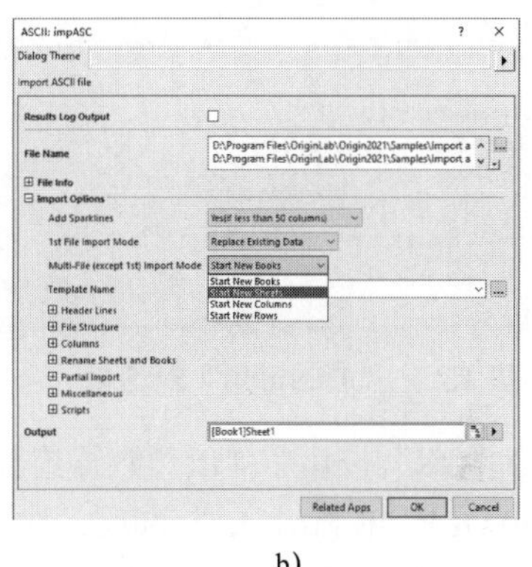

b)

图 13-2　“ASCII”对话框与“ASCII：impASC”对话框

a）打开“ASCII”对话框选择数据文件　b）“ASCII：impASC”对话框中选择

在图 13-2b 中，如果单击右上角的三角形按钮，可将多个 ASCII 数据文件的读取设置保存为主题。单击“OK”按钮，可将所选择文件同时读取到同一个工作表中的三个表单中，读取结果如图 13-3 所示。

3. 读取数据库文件中的数据

Origin 2022 仍然支持读取数据库文件，它采用结构化查询语言（Structured Query Language, SQL），可对存放在数据库中的数据进行组织、管理和检索，随后按照要求将相应数据读入到 Origin 工作表中。选择菜单命令“Data”→“Connected to Database”→“New…”，打开“Database Connecter”数据库连接器对话框，如图 13-4 所示，共有 4 种方式建立数据库连接和 SQL 查询，即可将数据库中的数据按照要求读取到 Origin 工作表中。本节以 Origin 所提供的“…\Samples\Import and Export\Stars.mdb”数据库文件为例，说明读取数据库文件的过程。

F3 - F3.dat

	A(X)	B(Y)	C(Y)
Long Name	Experiment	Data:	09/01/07
Units	Temperature:	37.2	
Comments	Time sec	Sample	Error
F(x)=			
Sparklines			
1	0	0.32975	0.00163
2	26	0.33097	0.00232
3	52	0.32563	0.00188
4	78	0.33003	0.00219
5	105	0.33067	0.00208
6	131	0.32984	0.00206
7	157	0.33607	0.00197
8	183	0.3689	0.00501
9	209	0.41027	0.00855

F1　F2　F3

图 13-3　读取的多个数据文件工作表

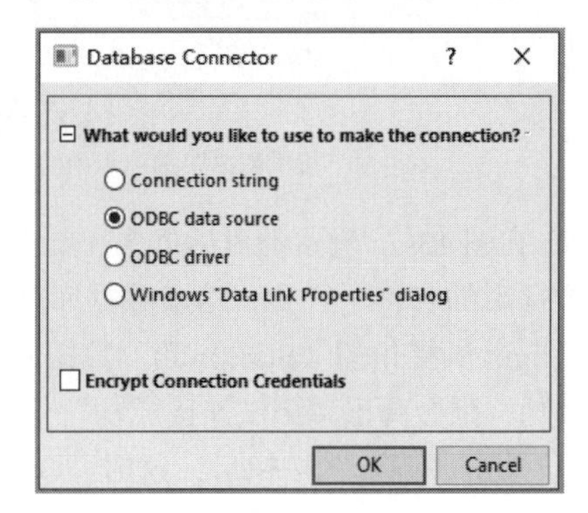

图 13-4　“Database Connector”对话框

1）选择菜单命令“Data”→“From Database”→“New...”，打开“Attention”对话框，选择“Query Builder”，如图 13-5 所示，单击“OK”按钮。

2）弹出“Query Builder”对话框，选择菜单命令“Query”→“Data Source”→“New...”，如图 13-6 所示。

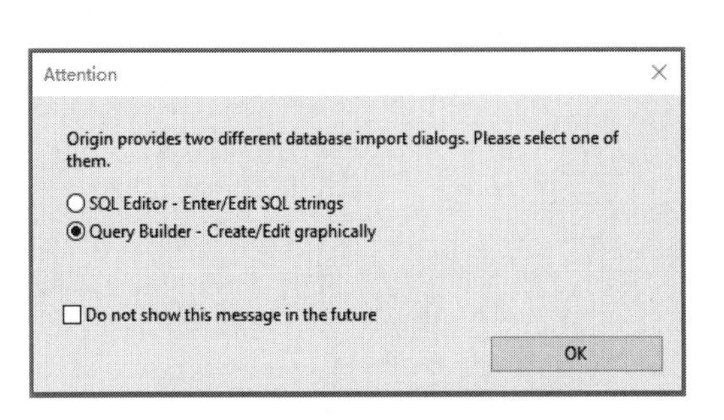

图 13-5 “Attention”对话框

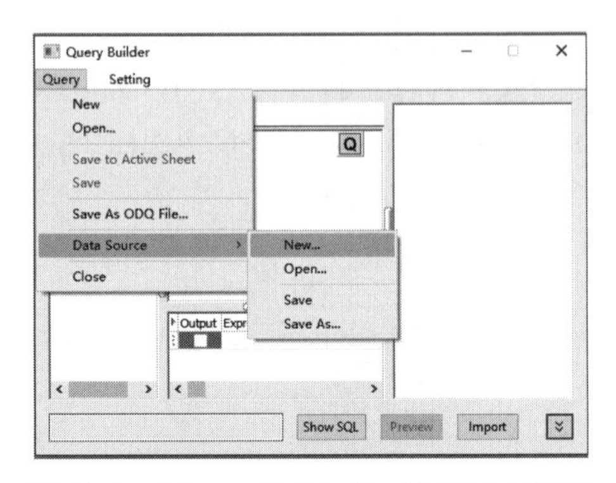

图 13-6 “Query Builder”对话框中的选择

3）单击“OK”按钮后弹出“数据连接属性”对话框，选择“提供程序”选项卡中的“Microsoft Jet 4.0 OLE DB Provider”选项，如图 13-7a 所示。

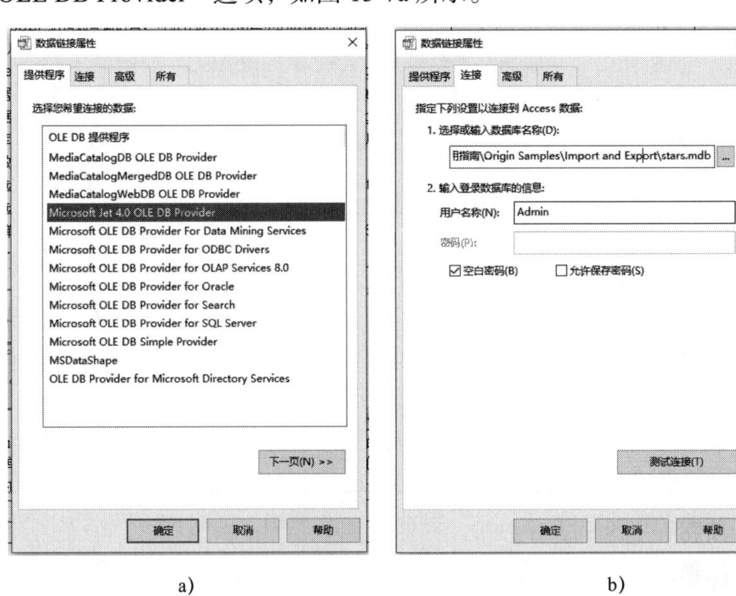

a) b)

图 13-7 “数据连接属性”对话框

a）“提供程序”选项卡中的选择 b）“连接”选项卡中的输入选择和操作

4）在图 13-7a 所示的对话框中，单击“下一页”按钮，转至“连接”选项卡。在“选择或输入数据库的名称”栏中，输入数据库路径及其名称，或者单击“…”按钮选择数据库，此处选择 Origin 所提供的“Stars.mdb”数据库文件，如图 13-7b 所示。单击“测试连接”按钮。若连接成功，则会弹出“测试连接成功”信息提示窗口。

5）单击“确定”按钮后，这时“Query Builder”对话框右侧会出现 Stars 数据库，用鼠标将其拖至“Main”选项卡的图框中进行输入数据项选择，如图 13-8 所示。

6）在图 13-8 中单击“Show SQL”按钮，弹出“Query String”对话框，如图 13-9 所示。

7）在图 13-8 中单击“Import”按钮，所选数据项输入数据工作表中，如图 13-10 所示。

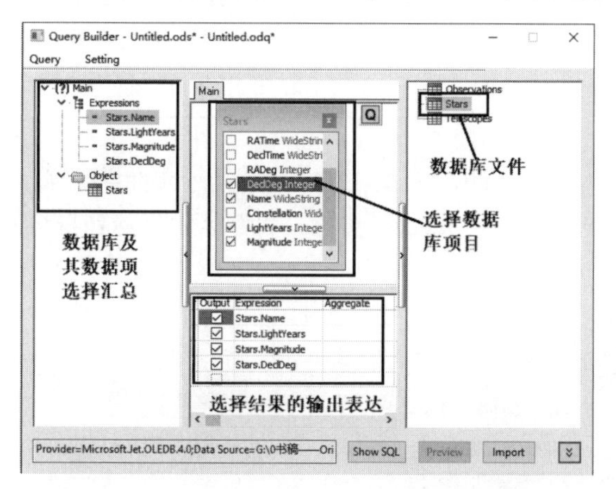

图 13-8　从数据库文件中选择输入数据项

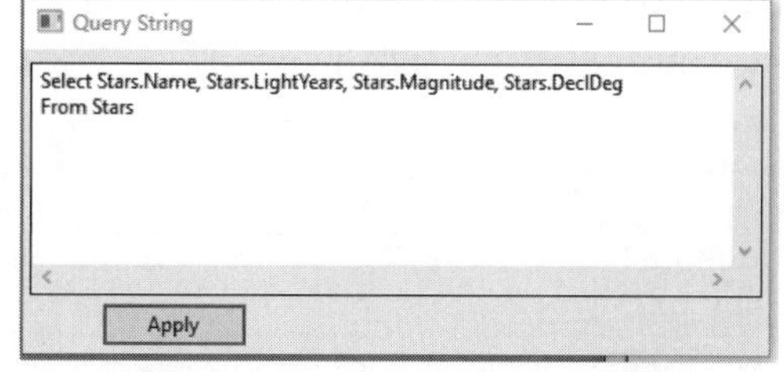

图 13-9　“Query String”对话框

除了上述读取数据文件的方式外，Origin 还提供了其他的数据文件读取数据方式，主要集中在菜单命令“Data”中。例如，利用“Data”→“Connect to File”可连接外部数据文件，可连接的数据文件类型如图 13-11a 所示。利用“Data”→“Connect to Web”可读取网络数据文件，利用“Data”→“Import From File”菜单命令可以从数据文件直接读取数据，读取数据文件的类型如图 13-11b 所示。

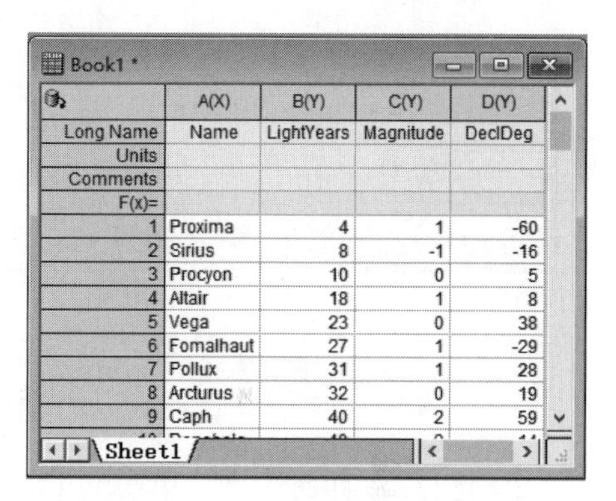

Book1 *

	A(X)	B(Y)	C(Y)	D(Y)
Long Name	Name	LightYears	Magnitude	DeclDeg
Units				
Comments				
F(x)=				
1	Proxima	4	1	-60
2	Sirius	8	-1	-16
3	Procyon	10	0	5
4	Altair	18	1	8
5	Vega	23	0	38
6	Fomalhaut	27	1	-29
7	Pollux	31	1	28
8	Arcturus	32	0	19
9	Caph	40	2	59

Sheet1

图 13-10　从数据库选读的数据项

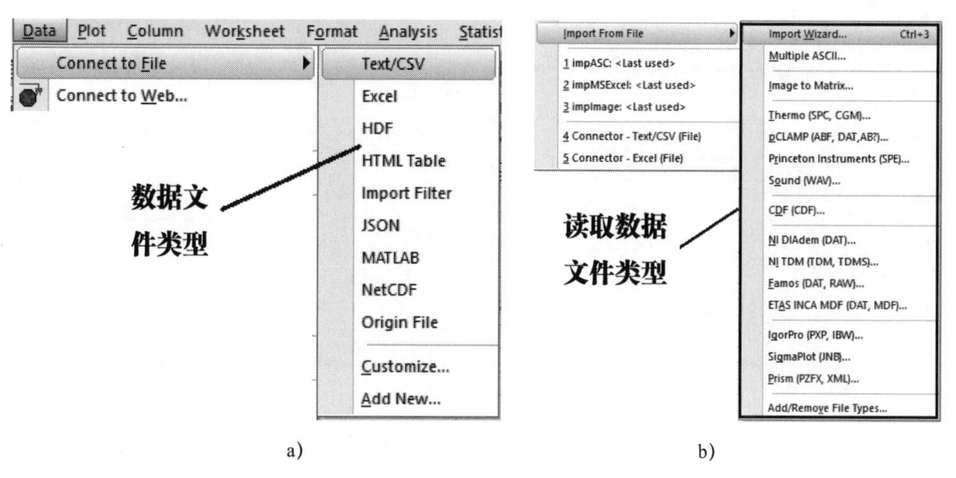

图 13-11　连接及读取数据文件类型

a）连接外部数据文件类型　b）读取外部数据文件类型

对此感兴趣的读者可以阅读 Origin 读取数据文件的相关主题或书籍。

13.1.2 从工作表中提取数据

在科研或工程中，有时需要从工作表中提取部分数据进行特定分析或判断，例如，从公民个人信息表中提取年过 70 岁男性老人的体重和身高数据。本节以 Origin 所提供的数据文件“body.dat”为例说明从工作表中提取数据的过程，提取年龄大于 15 岁且小于 17 岁，身高为 160 ~170cm 的青年。

1）打开“…\Samples\Statistics \body.dat”数据文件，如图 13-12a 所示。选择菜单命令“Worksheet”→“Worksheet Query…”，打开“Worksheet Query”窗口，将姓名、年龄和身高栏选中，单击=>输入，如图 13-12b 所示。

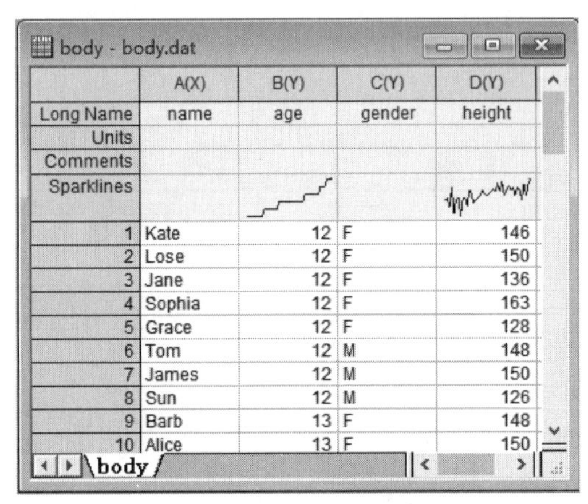

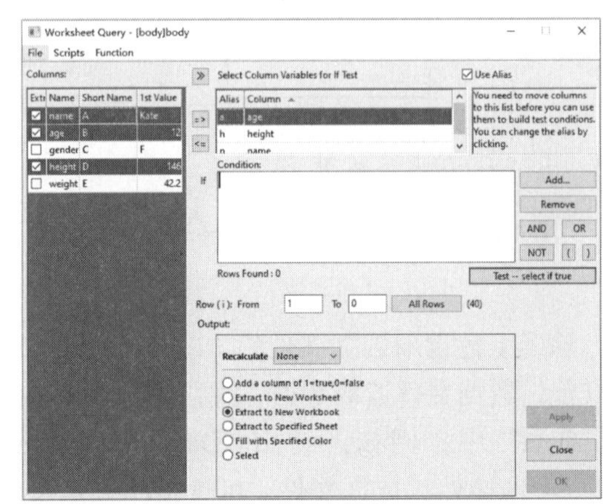

a) b)

图 13-12 “body.dat”数据文件及“Worksheet Query”窗口

a）“body.dat”数据文件 b）“Worksheet Query”窗口

2）选择 a（年龄）列，单击“Add”按钮，弹出“if…”对话框，设置 a ≥ 15 如图 13-13a 所示。单击“OK”按钮，然后再单击图 13-12b 所示窗口中的“AND”按钮添加与运算符，再次选择 a 列，设置 a ≤ 17，如图 13-13b 所示。

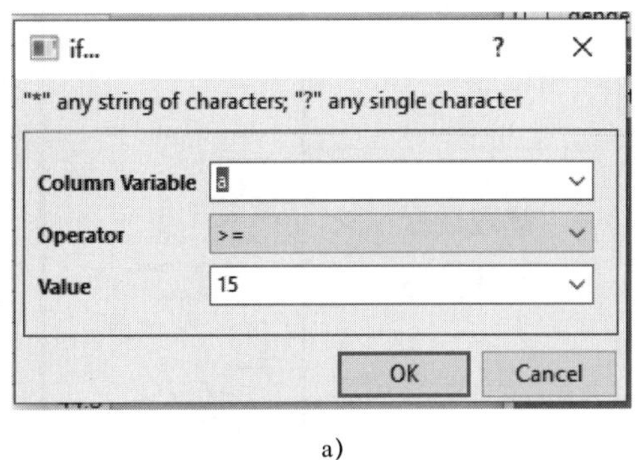

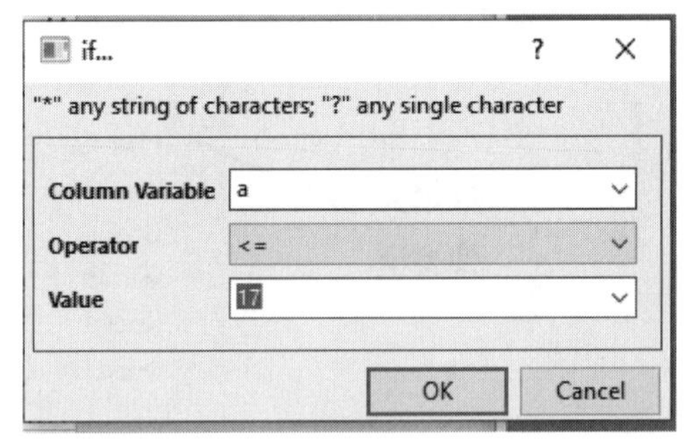

a) b)

图 13-13 设置 a 列条件

a）设置 a ≥ 15 条件 b）设置 a ≤ 17 条件

身高（h 列）的设置方法与年龄的设置方法相同，年龄大于 15 岁且小于 17 岁、身高为 160~170cm 的最终设置条件如图 13-14 所示。这时可单击“Test--select if true”按钮，预先查看工作表中符合条件的数据项（符合条件的数据项均变成了黑色背景）。

3）单击“Apply”按钮，此时创建一个新的工作表，从原工作表中提取出“年龄大于 15 岁且小于 17 岁，身高为 160 ~170cm”的数据，如图 13-15 所示。

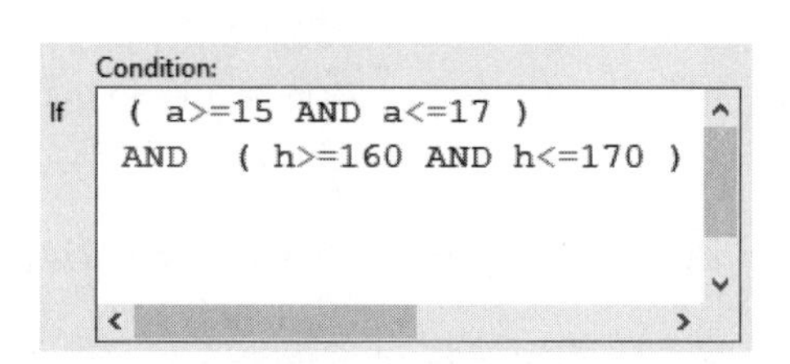

图 13-14　设置从工作表中提取数据条件

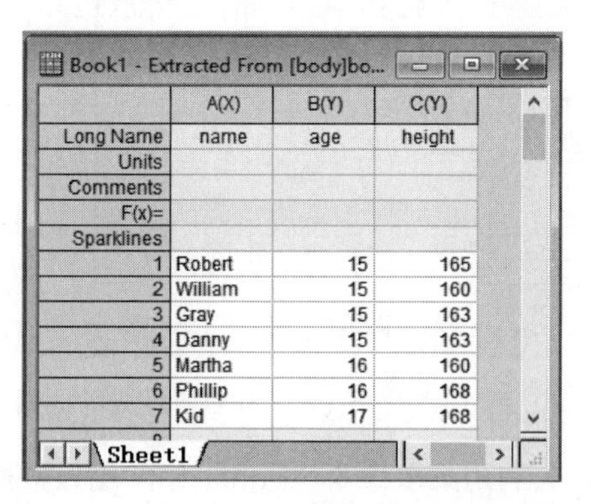
Book1 - Extracted From [body]bo...

	A(X)	B(Y)	C(Y)
Long Name	name	age	height
Units			
Comments			
F(x)=			
Sparklines			
1	Robert	15	165
2	William	15	160
3	Gray	15	163
4	Danny	15	163
5	Martha	16	160
6	Phillip	16	168
7	Kid	17	168

Sheet1

图 13-15　从工作表中提取满足条件的数据

13.1.3　向工作表输入数据

在前述读取数据内容的基础上，现说明如何向工作表输入数据。

1. 向工作表输入行号

当工作表为当前窗口时，选中要输入行号的列，右击，弹出快捷菜单，选择菜单命令“Fill Column With”→“Row Numbers”，或单击按钮，即向该列输入了行号。输入行号的工作表如图 13-16 所示。

2. 利用“Set Values”对话框输入数据

当工作表为当前窗口时，选中要输入行号的列，右击，弹出快捷菜单，选择“Set Column Values”，或者单击按钮，打开“Set Values”对话框，在该对话框中输入公式或数据，如图 13-17 所示。

Book1 - Extracted From [body]body *

	A(X)	B(Y)	C(Y)	D(Y)
Long Name	name	age	height	
Units				
Comments				
F(x)=				
Sparklines				
1	Robert	15	165	1
2	William	15	160	2
3	Gray	15	163	3
4	Danny	15	163	4
5	Martha	16	160	5
6	Phillip	16	168	6
7	Kid	17	168	7
8				

Sheet1

图 13-16　向工作表写入行号

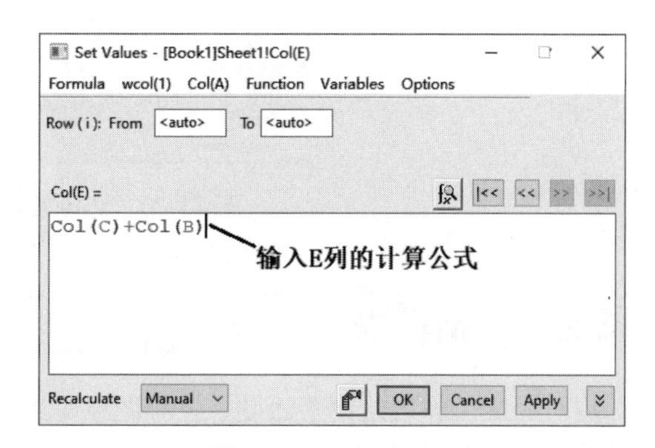

图 13-17　在 E 列输入了 Col（C）+Col（B）计算公式

单击图 13-17 所示的“OK”按钮，则在工作表中输入了新的数据，如图 13-18 所示。

3. 利用菜单命令“Formula”输入数据

若在“Set Values”对话框中，选择菜单命令“Formula”→“Power Operator（^）”，即可对工作表中指定列进行指数运算，如图 13-19 所示。

Book1 - Extracted From [body]body *

	A(X)	B(Y)	C(Y)	D(Y)	E(Y)
Long Name	name	age	height		
Units					
Comments					
F(x)=					Col(C)+Col(B)
Sparklines					
1	Robert	15	165	1	180
2	William	15	160	2	175
3	Gray	15	163	3	178
4	Danny	15	163	4	178
5	Martha	16	160	5	176
6	Phillip	16	168	6	184
7	Kid	17	168	7	185
8					

利用计算公式输入的数据

Sheet1

图 13-18 E（Y）列中所生成的数据

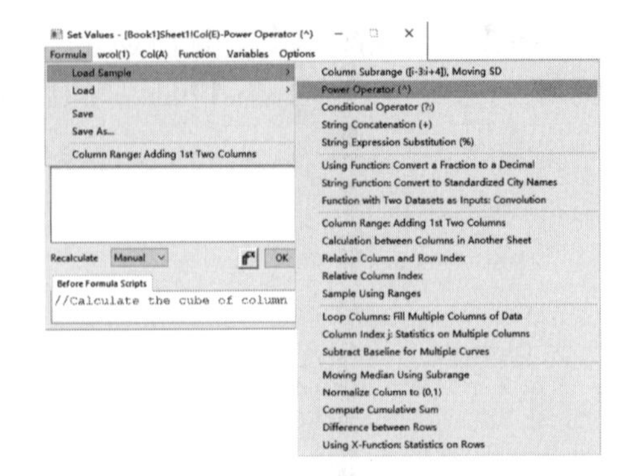

图 13-19 对工作表中指定列进行指数运算

4. 利用菜单命令“Function”输入数据

若在“Set Values”对话框中，选择菜单命令“Function”，在其中选择具体函数输入数据，如图 13-20 所示。若在“Recalculate”下拉列表框中选择了“Auto”，则工作表数据便会自动更新；若在“Recalculate”下拉列表框中选择了“Manual”，则工作表数据便不会自动更新。

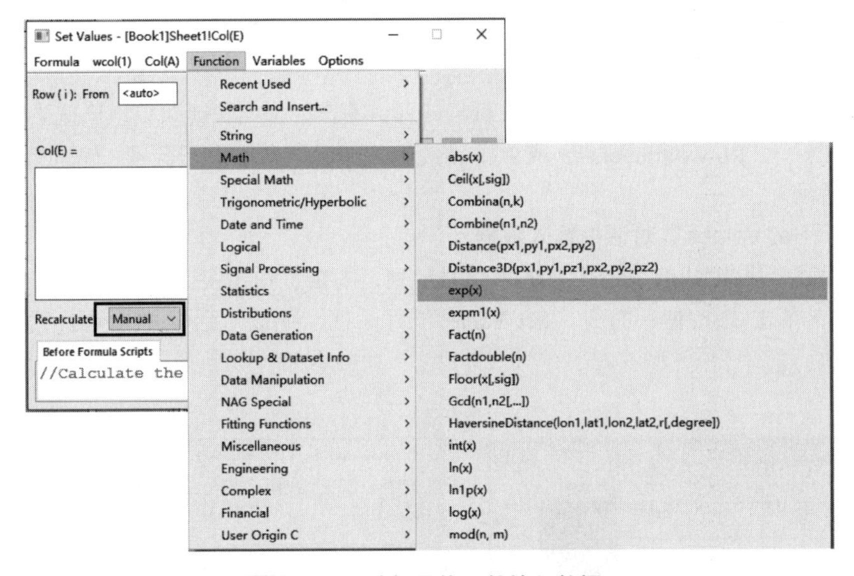

图 13-20 选择具体函数输入数据

13.2 数据转换

用 Origin 工作表绘制平面图、三维图或轮廓图，需要首先将工作表转换为矩阵数据。Origin 转换方法主要有直接转换和 XYZ 规则转换。

13.2.1 直接转换

本节将以 Origin 所提供的数据文件“…\Sample\Matrix Conversion and Gridding\Direct.dat”为例说明直接转换。具体操作步骤如下：

1）导入数据文件“Direct.dat”，其工作表如图 13-21 所示。

2）将数据文件“Direct.dat”的工作表置为当前窗口，选择菜单命令“Worksheet”→“Convert to Matrix”→“Direct”，打开如图 13-22 所示的对话框进行转换。

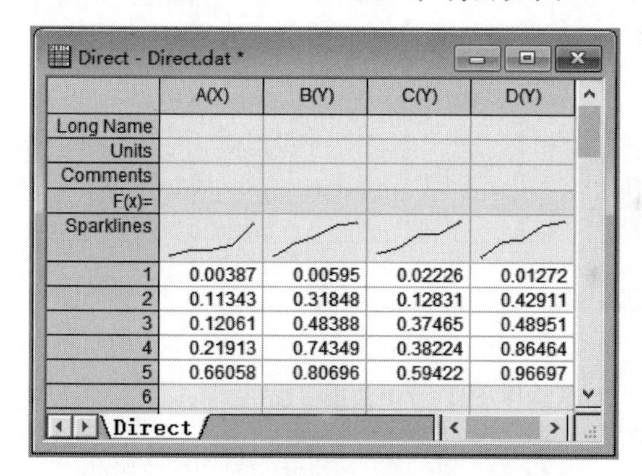

图 13-21 导入的数据文件“Direct.dat”

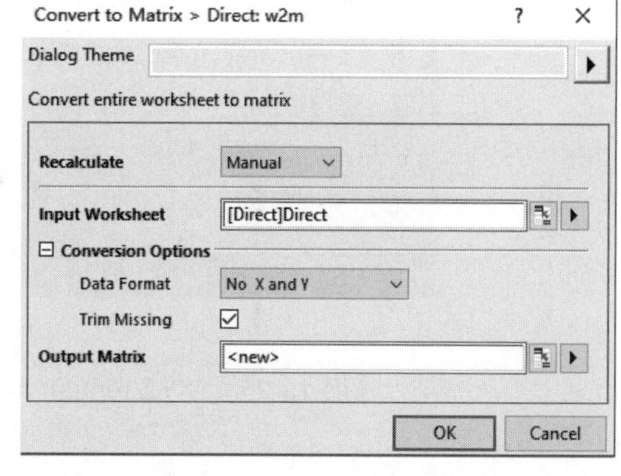

图 13-22 “Convert to Matrix”对话框

3）单击“OK”按钮，得到转换后的矩阵数据如图 13-23 所示。

4）将转换后的数据矩阵窗口置为当前窗口，选择菜单命令“Plot”→“3D”→“3D Bars”绘图，绘图结果如图 13-24 所示。

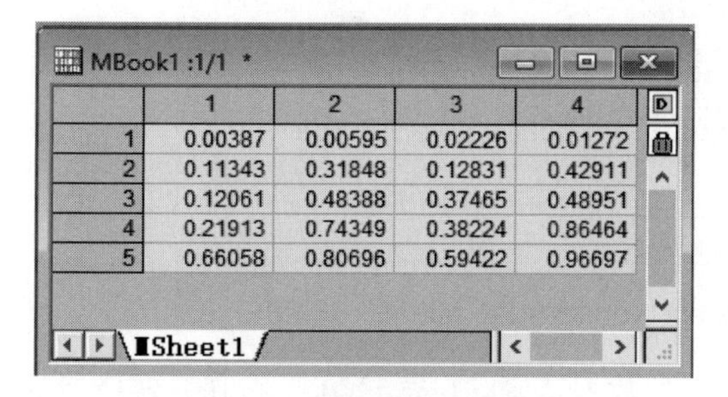

图 13-23 转换后的数据矩阵

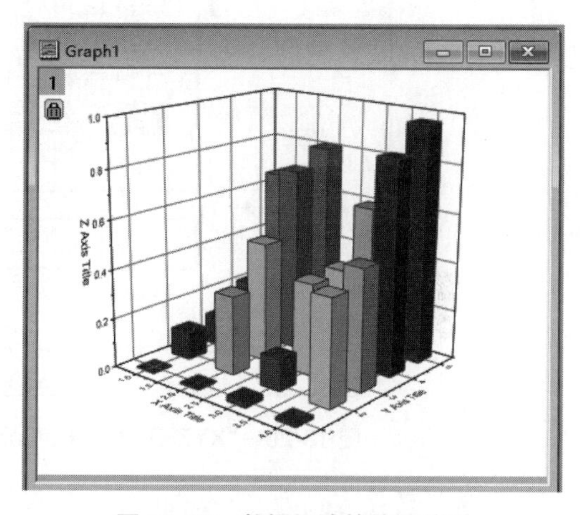

图 13-24 数据矩阵的绘图结果

13.2.2 XYZ 规则转换

XYZ 规则转换要求工作表数据的 X 列和 Y 列数据个数相同并且等间距。一般可以用 X 列、Y 列数据绘制散点图的方法验证数据是否属于规则（Regular）数据。如果用 X 列、Y 列数据绘制散点图行列规则对齐，则属于规则数据，可以采用 XYZ 规则转换。本节以“…\Sample\Matrix Conversion and Gridding\XYZ regular.dat”为例说明 XYZ 规则转换过程。

1）导入数据文件“XYZ regular.dat”，将 C 列属性改为 Z 轴，如图 13-25a 所示。

2）判断所选列是否属于规则排列数据。选中 B（Y）列数据，选择菜单命令“Plot”→“2D”→“Line”，然后选择“Line Symbol”按钮 Line + Symbol 绘图，结果如图 13-25b 所示。从图中可以看出，数据点为规则排列数据。

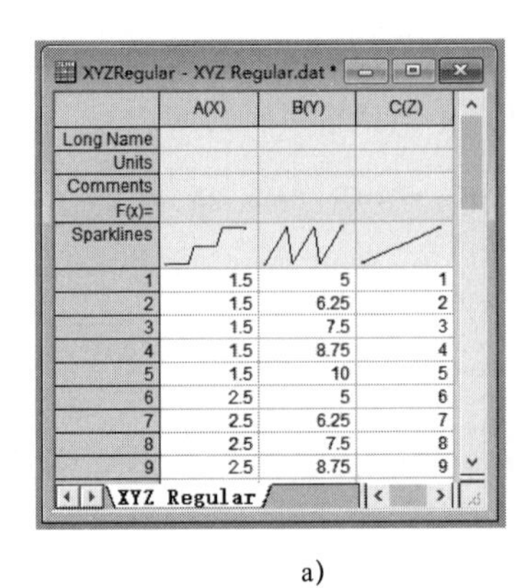

	A(X)	B(Y)	C(Z)
Long Name			
Units			
Comments			
F(x)=			
Sparklines			
1	1.5	5	1
2	1.5	6.25	2
3	1.5	7.5	3
4	1.5	8.75	4
5	1.5	10	5
6	2.5	5	6
7	2.5	6.25	7
8	2.5	7.5	8
9	2.5	8.75	9

a)

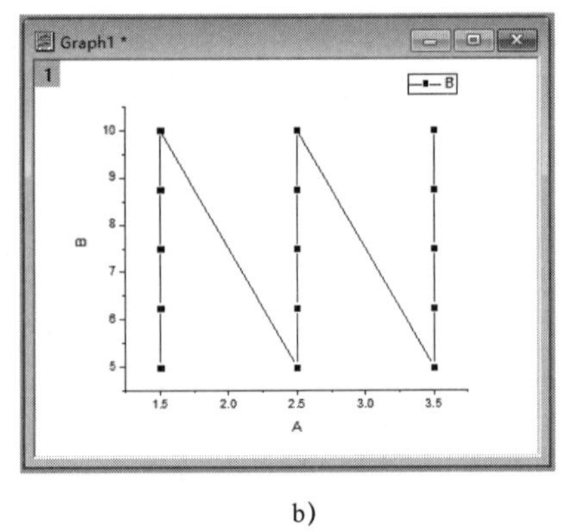

b)

图 13-25 “XYZ regular.dat”数据文件及 B（Y）数据曲线

a）“XYZ regular.dat”数据文件 b）B（Y）数据曲线

3）将工作表置为当前窗口，选择菜单命令“Worksheet”→“Convert to Matrix”→“XYZ Gridding”，打开“XYZ Gridding：Convert Worksheet to Matrix”对话框，如图 13-26 所示。

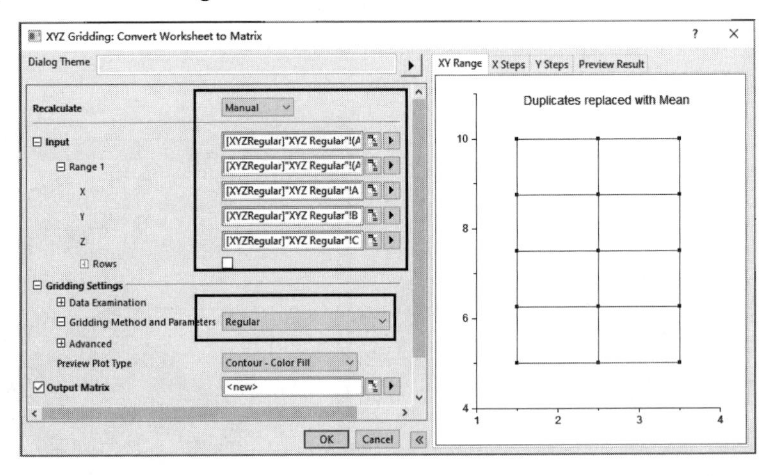

图 13-26 “XYZ Gridding：Convert Worksheet to Matrix”对话框

4）选择转换方式为“Regular”，并选择转换的数据范围。单击“OK”按钮，转换后的数据矩阵如图 13-27 所示。

5）将图 13-27 所示的数据矩阵窗口置为当前窗口，选择菜单命令“Plot”→“3D”→“3D Bars”绘图，结果如图 13-28 所示。

MBook3 :1/1 *

	1	2	3
1	1	6	11
2	2	7	12
3	3	8	13
4	4	9	14
5	5	10	15

Sheet1

图 13-27 转换后的数据矩阵

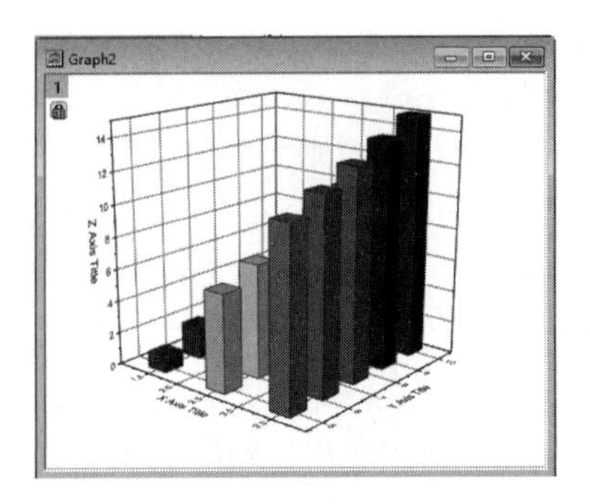

图 13-28 XYZ 规则转换数据矩阵绘图结果

13.2.3 稀疏矩阵转换

稀疏矩阵转换主要用于创建 Z 值与 XY 值要求完全一一对应的三维图形，由该转换创建的数据矩阵不需要插值处理。因此，该转换不适合创建三维表面图形。本节以“…\Sample\Matrix Conversion and Gridding\Sparse.dat”数据文件为例说明稀疏矩阵的转换过程。

1）导入数据文件“Sparse.dat”，其工作表如图 13-29 所示。

2）将工作表窗口置为当前窗口，选择菜单命令“Worksheet”→“Convert to Matrix”→“XYZ Gridding”，打开“XYZ Gridding”对话框，选择转换方式为“Sparse”，选择设置如图 13-30 所示。

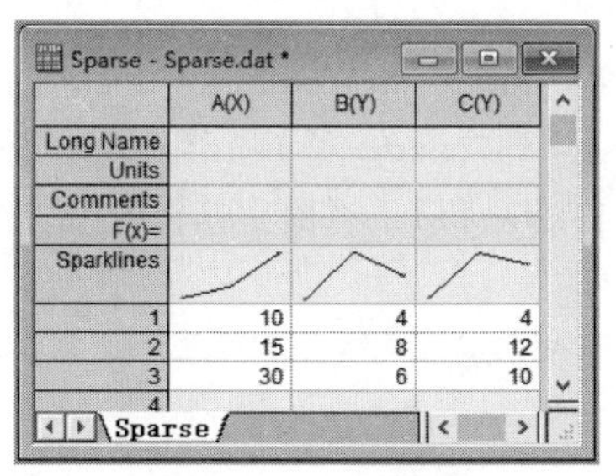

图 13-29 “Sparse.dat”数据文件的工作表

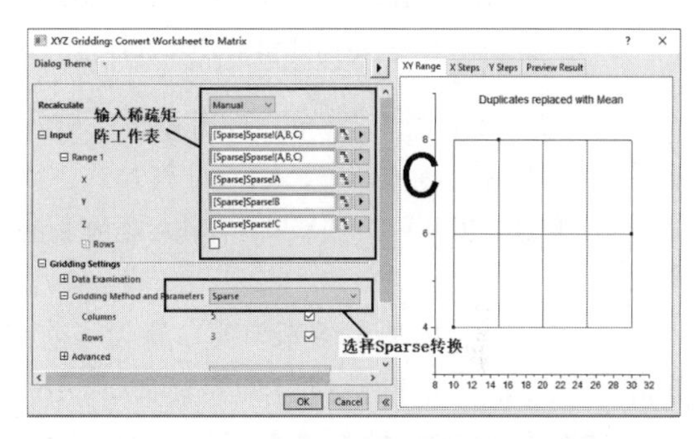

图 13-30 “XYZ Gridding”对话框的选择与设置

3）单击“OK”按钮，转换工作表数据，转换后的数据矩阵如图 13-31 所示。

4）将转换后的数据矩阵窗口置为当前窗口，选择菜单命令“Plot”→“3D”→“3D Bars”绘图，绘制结果如图 13-32 所示。

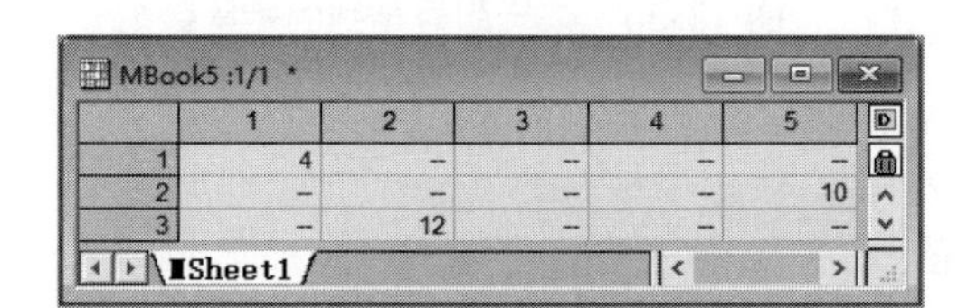

图 13-31 稀疏矩阵转换后的数据工作表

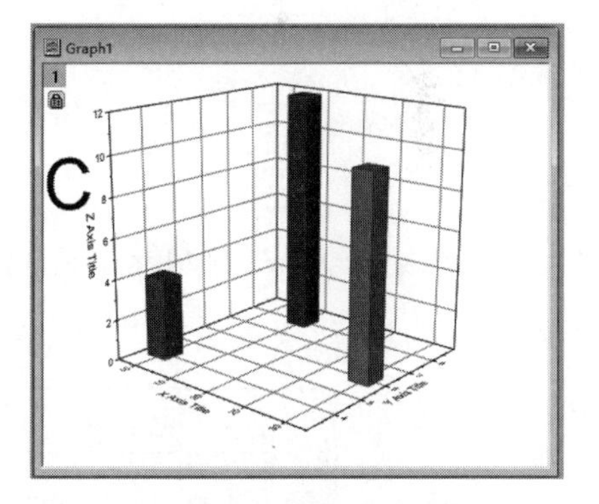

图 13-32 稀疏矩阵转换数据矩阵绘图结果

13.2.4 输入矩阵数据并绘制轮廓图

利用函数也可以输入矩阵数据，并绘制轮廓图。

1）选择菜单命令“File”→“New”→“Matrix…”，或单击按钮，新建一个矩阵窗口。选中整个矩阵，右击鼠标，弹出快捷菜单，选择“Set Matrix Dimension/Labels…”菜单命令，如图 13-33 所示。

2）在“Matrix Dimension and Labels”对话框中，设置矩阵的行和列，如图 13-34 所示。单击“OK”按钮，完成设置。

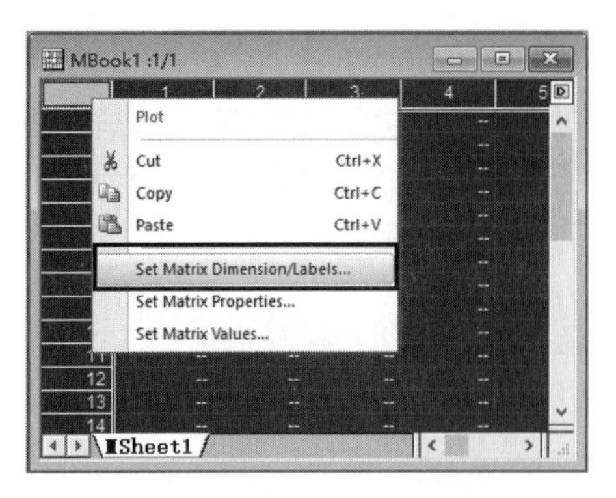

图 13-33 创建矩阵窗口及其选择

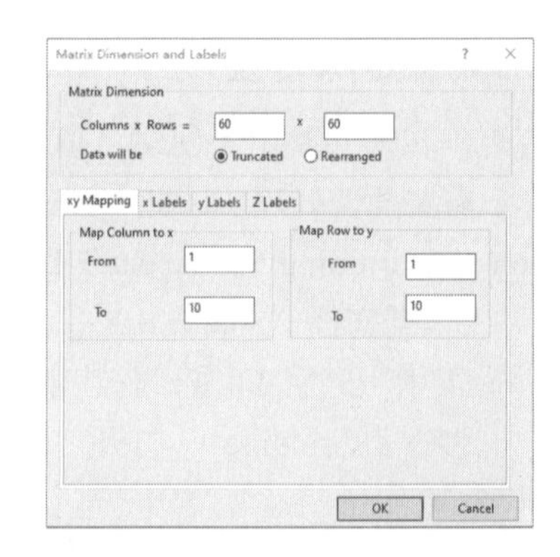

图 13-34 设置矩阵的行和列

3）再次选择整个矩阵，右击鼠标，弹出快捷菜单，选择“Set Matrix Values”菜单命令，在“Set Values”对话框中，输入计算公式“i*2*sin（x）-j*3*cos（y）”，如图 13-35 所示。

4）单击“OK”按钮，即可输入矩阵数据，如图 13-36 所示。这时，矩阵数据是按照行列号排列的。

5）将图 13-36 所示的矩阵窗口置为当前窗口，选择菜单命令“View”→“Show X/Y”，则矩阵按照 X 轴和 Y 轴排列，如图 13-37 所示。

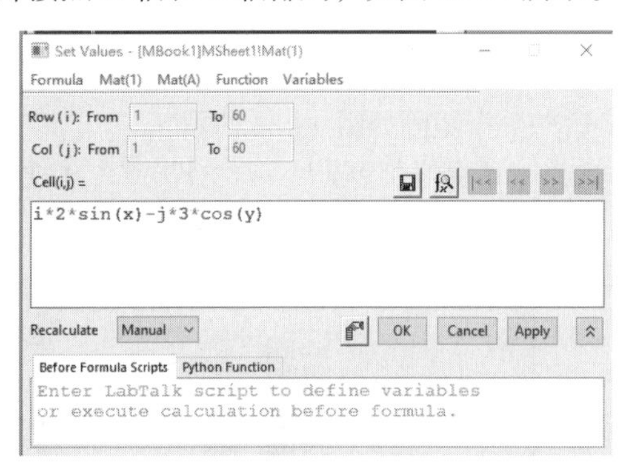

图 13-35 “Set Values”对话框中输入计算公式

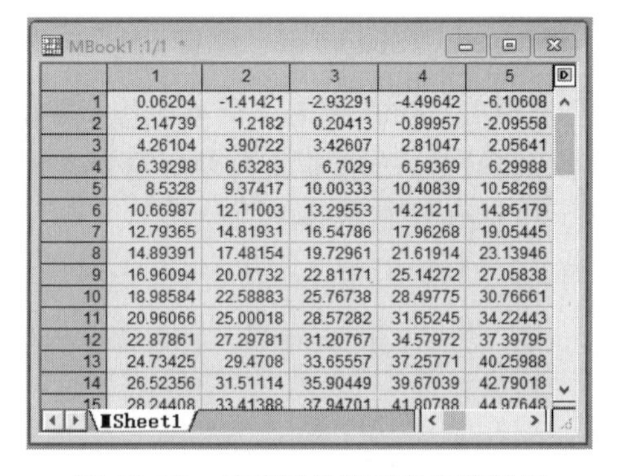

图 13-36 按行列号排列的矩阵数据

在此矩阵窗口中，X 轴数据位于矩阵上方，Y 轴数据位于矩阵左侧。

X轴数据

矩阵数据

Y轴数据

	1	1.1525423	1.3050847	1.4576271	1.6101694	1.7627118	1.9152542	2.0677966	2.2203389
1	0.06204	-1.41421	-2.93291	-4.49642	-6.10608	-7.76216	-9.46383	-11.20922	-12.99544
1.1525	2.14739	1.2182	0.20413	-0.89957	-2.09558	-3.38442	-4.76444	-6.23191	-7.78103
1.3050	4.26104	3.90722	3.42607	2.81047	2.05641	1.16312	0.13304	-1.0282	-2.31193
1.4576	6.39298	6.63283	6.7029	6.59369	6.29988	5.82042	5.15859	4.32187	3.32183
1.6101	8.5328	9.37417	10.00333	10.40839	10.58269	10.52494	10.23921	9.73488	9.02641
1.7627	10.66987	12.11003	13.29553	14.21211	14.85179	15.213	15.30064	15.12595	14.7063
1.9152	12.79365	14.81931	16.54786	17.96268	19.05445	19.82133	20.26904	20.41071	20.26658
2.0677	14.89391	17.48154	19.72961	21.61914	23.13946	24.28849	25.07275	25.50725	25.61512
2.2203	16.96094	20.07732	22.81171	25.14272	27.05838	28.55633	29.64392	30.33804	30.66469
2.3728	18.98584	22.58883	25.76738	28.49775	30.76661	32.57134	33.92012	34.83171	35.335
2.5254	20.96066	25.00018	28.57282	[illegible]	[illegible]	[illegible]	37.84576	38.92473	39.55459
2.6779	22.87861	27.29781	31.20767	[illegible]	[illegible]	[illegible]	41.37338	42.56288	43.26244
2.8305	24.73425	29.4708	33.65557	37.25771	40.25988	42.6587	44.46477	45.70249	46.40943
2.9830	[illegible]	[illegible]	35.90449	39.67039	42.79018	45.26019	47.09187	48.31147	48.95947
3.1355	[illegible]	[illegible]	37.94701	41.80788	44.97648	47.4489	49.23738	50.37007	50.89033
3.2881	29.89492	35.17728	39.78052	43.66668	46.81443	49.21957	50.89519	51.8713	52.19414
3.4406	31.47683	36.80282	41.40726	45.24979	48.30775	50.5767	52.07053	52.82112	52.87763
3.5932	32.99217	38.29521	42.83425	46.56657	49.46817	51.53435	52.77981	53.23831	52.9619
3.7457	34.44482	39.66222	44.07319	47.63261	50.31516	52.11587	53.05028	53.15401	52.48199
3.8983	35.84013	40.91456	45.14011	48.46929	50.87545	52.35337	52.91938	52.611	51.48604
4.0508	37.18478	42.06558	46.05505	49.10334	51.18246	52.28692	52.43388	51.66272	50.03416
4.2033	38.48663	43.131	46.84159	49.56618	51.27545	51.96365	51.64875	50.37202	48.19706
4.3559	39.75453	44.12851	47.52627	49.89322	51.19869	51.43668	50.62597	48.80971	46.05439
4.5084	40.99812	45.0774	48.13802	50.123	51.00036	50.76383	49.433	47.0529	43.69292

图 13-37 按 X 轴、Y 轴数据排列的矩阵数据

6）将图 13-37 所示的矩阵窗口置为当前窗口，选择菜单命令“View”→“Image Mode”，获得该矩阵图像，如图 13-38a 所示。再次回到矩阵数据模式下，选择菜单命令“Plot”→“Contour”→“Contour : Color Fill”，绘制轮廓图，如图 13-38b 所示。

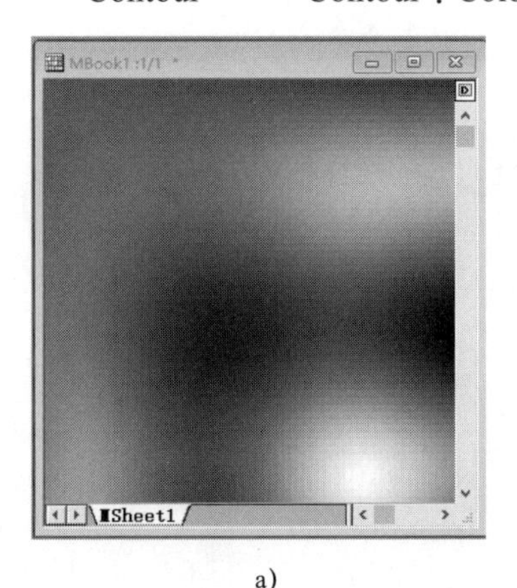

a）

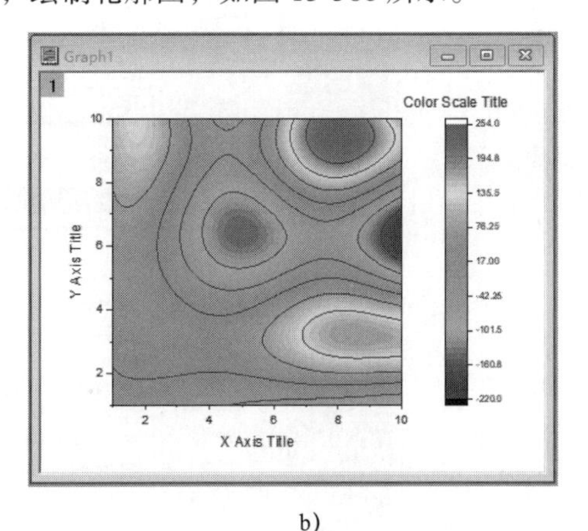

b）

图 13-38　矩阵数据的图像及轮廓图

a）矩阵数据的图像　b）矩阵数据的轮廓图

13.3　绘制二维、三维图形

13.3.1　绘制图形基础

1. 创建和使用图形模板

（1）创建图形模板

1）导入“…\Sample\Curve Fitting\Dose Response-No Inhibitor.dat”数据文件，如图 13-39a 所示。选择 B（Y）列数据绘制散点图，如图 13-39b 所示。

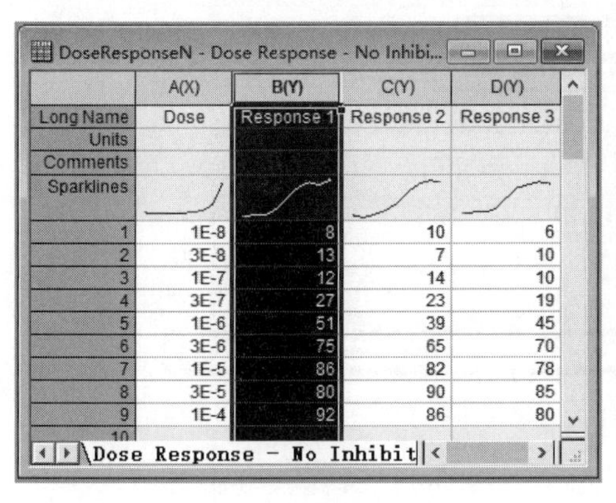

a）

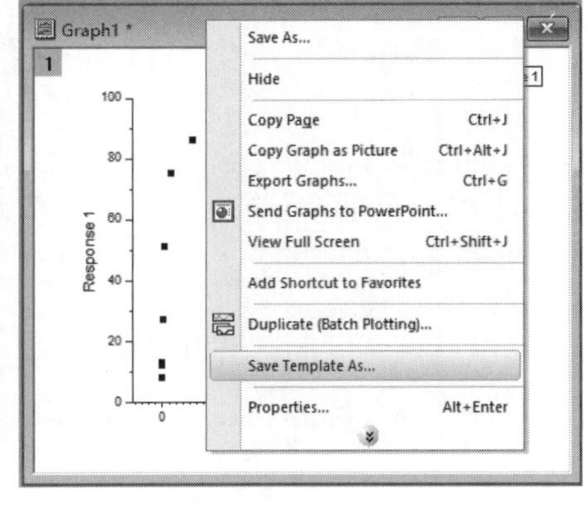

b）

图 13-39　数据文件工作表及 B（Y）列数据散点图

a）数据文件工作表　b）B（Y）列数据散点图

2）双击该图 X 轴，弹出“X Axis-layer1”对话框，选择“Scale”选项卡，在“Type”下

拉列表框中选择“Log10”，单击“OK”按钮，如图 13-40 所示。将 X 轴坐标调整为以 10 为底的对数坐标。

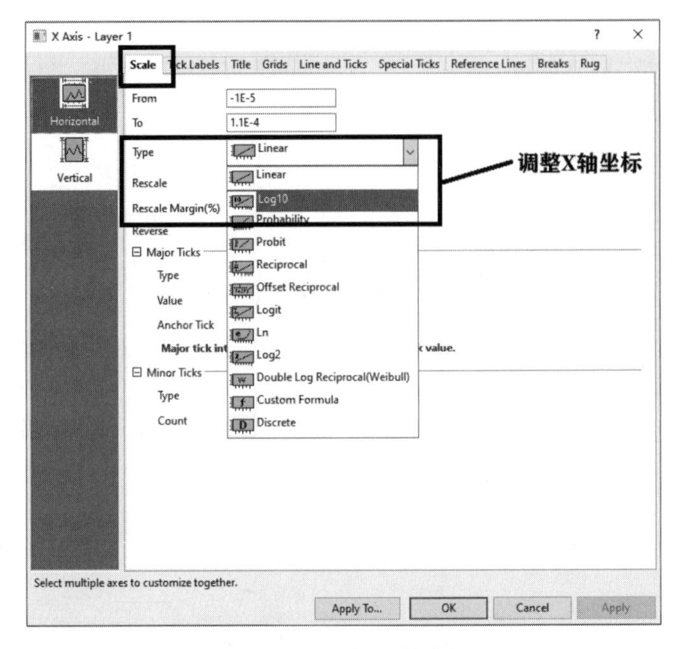

图 13-40 调整 X 轴坐标

3）右击图 13-39b 所示窗口的标题栏，在弹出的快捷菜单中选择菜单命令“Save Template As…”，或者选择菜单命令“File”→“Save Template As…”，打开“Utilities\File：template_saveas”对话框，将该图保存在“User Defined”目录下，其文件名为“Log10 for X Axis”的模板文件，如图 13-41 所示。

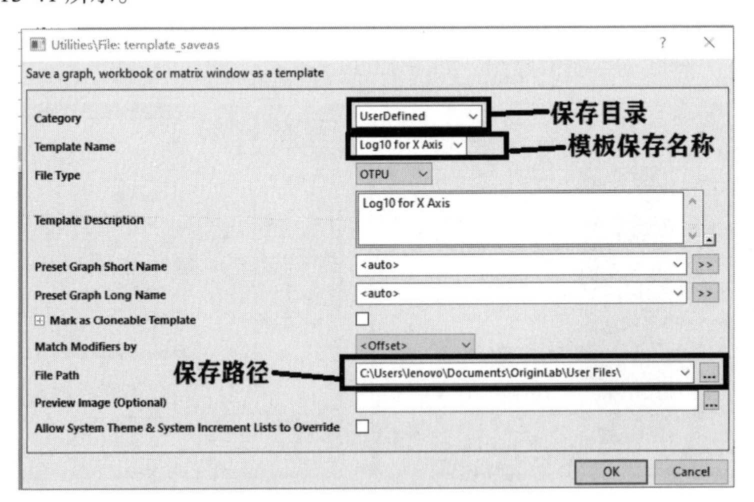

图 13-41 模板文件保存对话框

（2）利用所创建的图形模板绘图 选中“Dose Response-No Inhibitor.dat”数据文件工作表中的 B（Y）列，选择菜单命令“Plot”→“My Template”→“Log10 for X Axis”自定义模板，如图 13-42 所示。可得绘制图形如图 13-43 所示。除此之外，也可利用“Template Library”图

库选择用户自定义图形模板绘制该图形。

图 13-42　选择用户自定义图形模板

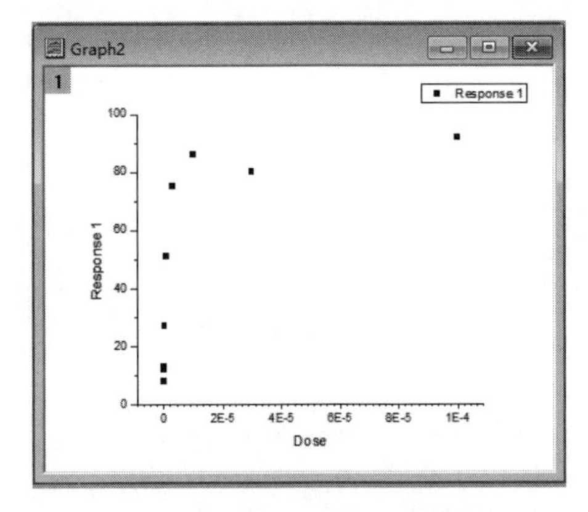

图 13-43　利用用户自定义图形模板绘图

图 13-43 所示图形形式与图 13-39b 所示图形完全相同，也就是说，利用所创建的用户自定义图形模板可以快速绘制出想要的图形形式。

2. 设置和绘制多图层图形

（1）设置和绘制图形

1）打开“…\Sample\Graphing\Layer Management.opj”项目文件，选择菜单命令“View”→“Project Explorer”，打开“Project Explorer”项目浏览器，浏览该目录下内容，如图 13-44 所示。双击“Arranging Layers”目录下的“Book1”工作表，打开数据文件工作表如图 13-45 所示。

2）双击图 13-43 所示浏览器中的“Graph1”选项，打开图形，分别选择图 1 至图 4 将图形曲线改为点线符号（Line+Symbol）图，如图 13-46 所示。

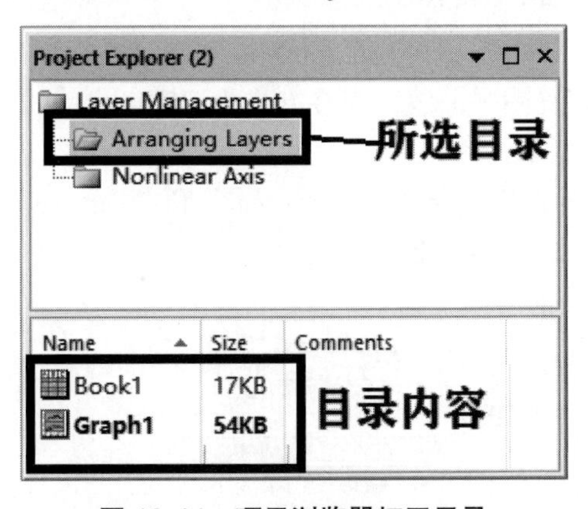

图 13-44　项目浏览器打开目录

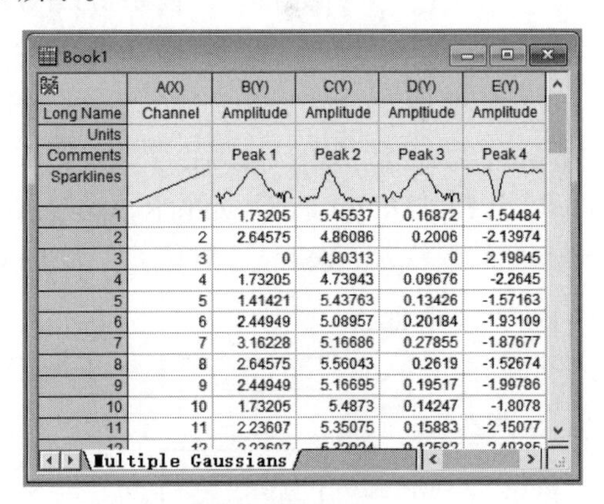

	A(X)	B(Y)	C(Y)	D(Y)	E(Y)
Long Name	Channel	Amplitude	Amplitude	Ampltiude	Amplitude
Units					
Comments		Peak 1	Peak 2	Peak 3	Peak 4
Sparklines					
1	1	1.73205	5.45537	0.16872	-1.54484
2	2	2.64575	4.86086	0.2006	-2.13974
3	3	0	4.80313	0	-2.19845
4	4	1.73205	4.73943	0.09676	-2.2645
5	5	1.41421	5.43763	0.13426	-1.57163
6	6	2.44949	5.08957	0.20184	-1.93109
7	7	3.16228	5.16686	0.27855	-1.87677
8	8	2.64575	5.56043	0.2619	-1.52674
9	9	2.44949	5.16695	0.19517	-1.99786
10	10	1.73205	5.4873	0.14247	-1.8078
11	11	2.23607	5.35075	0.15883	-2.15077

图 13-45　“Book1”工作表

3）单击图 13-46 所示窗口中左上角“1”按钮，选中图 1，在图例上右击，弹出快捷菜单，选择“Properties”菜单命令，打开“Text Object-Legend”图例对话框，在该对话框中对图 1 的图例进行设置，如图 13-47 所示。

4）双击图 13-45 中图 1 的绘图区域空白处，打开“Plot Details-Layer Properties”对话框，可以设置各图形的背景颜色、大小、显示等，选择图 1 所在的图层目录“Layer4”，在“Background”选项卡的“Color”下拉列表框中选择“Red（红色）”选项，如图 13-48a 所示。用鼠标选择“Layer4”目录下“Book1”，选择右面板中的“Symbol”选项卡，图 1 中数据点的颜色和大小，颜色为“Blue（蓝色）”，尺寸为“15”，大小单位为“Point”，如图 13-48b 所示。

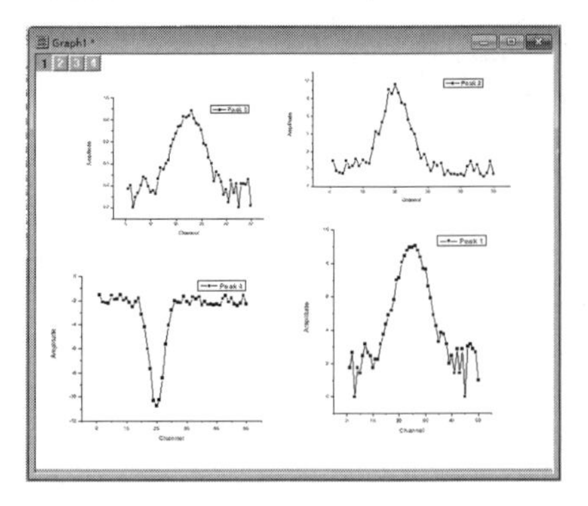

图 13-46 “Graph1”图形

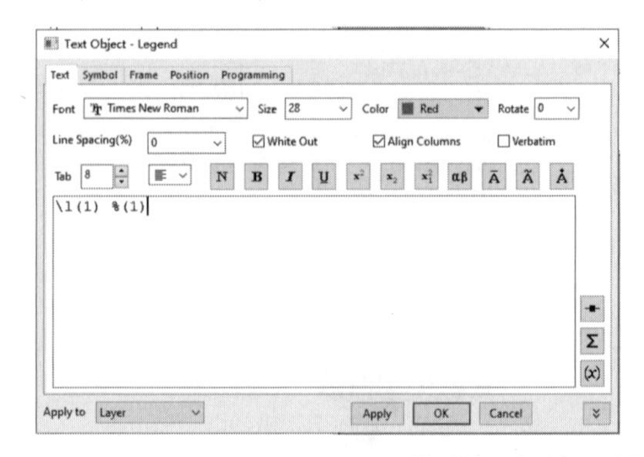

图 13-47 “Text Object-Legend”图例对话框设置

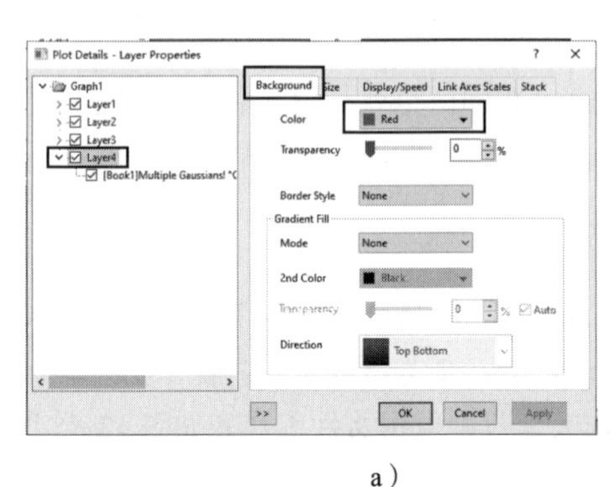

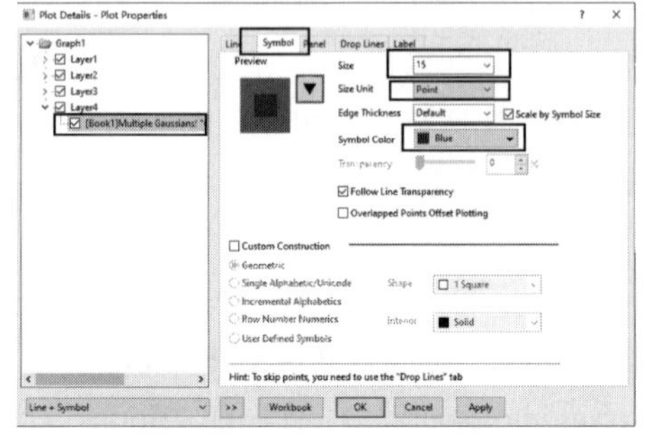

a） b）

图 13-48 设置图形背景颜色及图中数据点的颜色和大小

a）设置图形背景颜色 b）设置图中数据点的颜色和大小

5）在图 13-48b 中，选择“Line”选项卡，设置图中曲线，连接方式为“Spline”，线宽设置为“5”，颜色为“Black（黑色）”，如图 13-49a 所示。

6）选择“Drop Lines”选项卡，设置数据点垂直线，选择“Horizontal”和“Vertical”，选择垂直线的颜色为“Yellow（黄色）”，大小默认，如图 13-49b 所示。

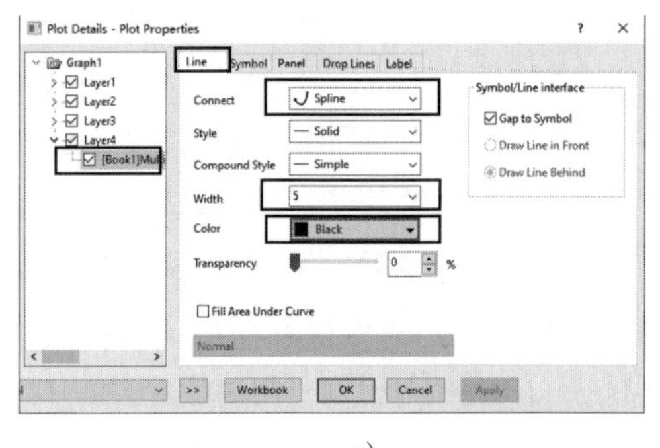

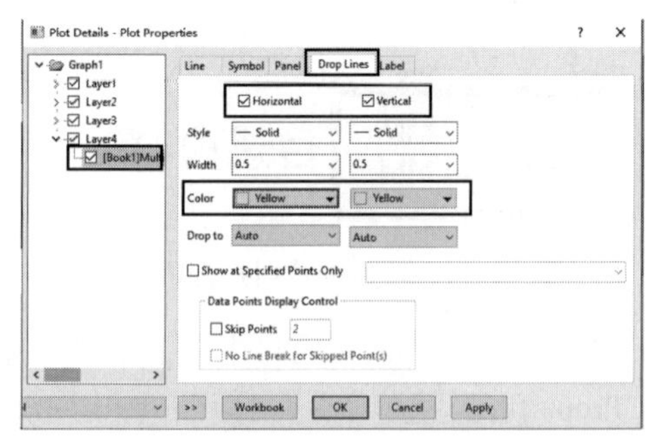

a） b）

图 13-49 “Plot Details-Plot Properties”对话框

a）设置图中连接线 b）设置图中数据点垂直线

7）同理，重复步骤 2）~6），可以分别设置图 2、图 3 和图 4。各图中的图例、背景、数据点、连接线、数据点垂直线可根据应用场合确定。

（2）拆解与合并图形

1）将图形窗口置为当前窗口，选择菜单命令“Graph”→“Extract to Graphs”，打开“Extract to Graphs：layextract”对话框，选择“Full Page to Extracted”选项，如图 13-50a 所示。拆解的图形如图 13-50b 所示。

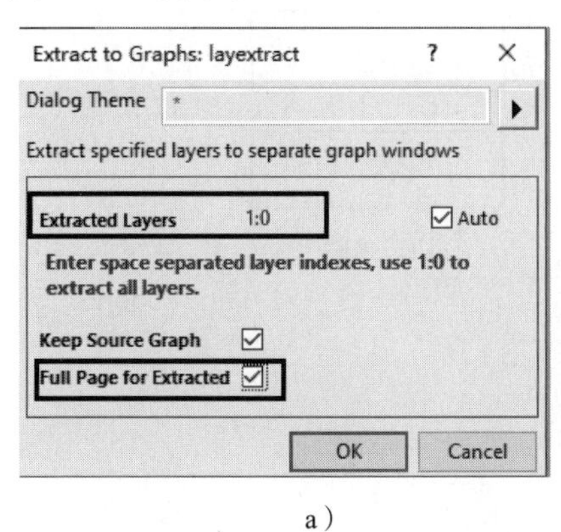

a）

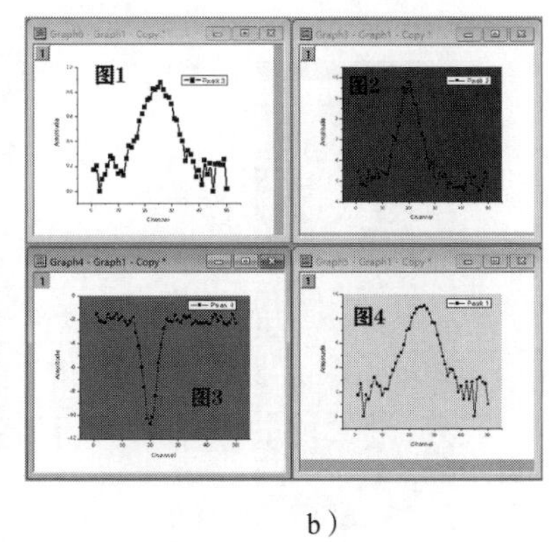

b）

图 13-50　拆解图形

a）“Extract to Graphs：layextract”对话框选择　b）拆解的图形

2）将图 13-50b 所示图形窗品置为当前窗口，选择菜单命令“Graph”→“Merge Graph Windows…”，打开“Merge Graph Windows：merge_graph”对话框，仅合并其中的两个图形（图 1 和图 3，也可进行全部图形合并），选择和设置图形排列方式、图形间隔、图形输出等，如图 13-51a 所示。合并的图形如图 13-51b 所示。

（3）管理图形的图层　如图 13-51b 所示的图形，其合并完成的图形共有 2 个，需要管理图形的图层。选择菜单命令“Graph”→“Layer Management…”，打开“Layer Management”对话框。双击图层名，将图层名重新命名为“图 1”和“图 3”。按下 <Ctrl> 键的同时用鼠标选中“图 1”和“图 3”两个图层，在“Link”选项卡中选择与“图 1”关联的同时选择 X 轴和 Y 轴 1∶1 关联。

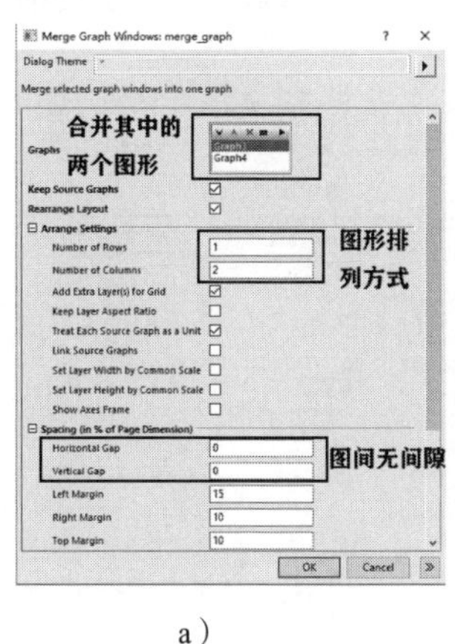

a）

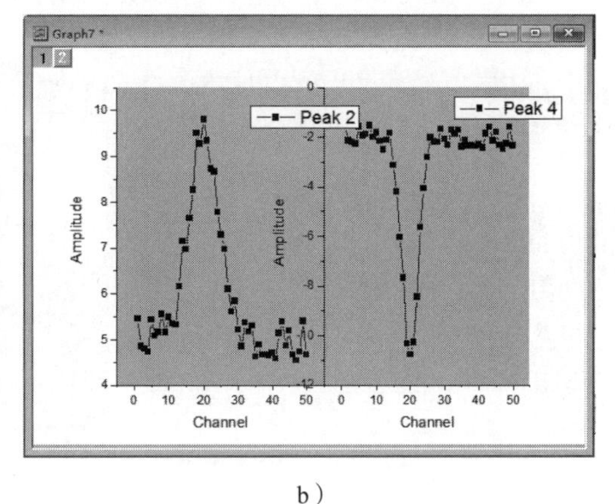

b）

图 13-51　合并图形

a）“Merge Graph Windows：merge_graph”对话框设置　b）合并的部分图形

关联设置如图 13-52 所示。单击“Apply”按钮完成关联。关联后，当图 1 的 X 坐标改变时，关联的图层也随之改变。选中某个图层，右击弹出“Delete layer”菜单命令，选中即可删除所选图层。

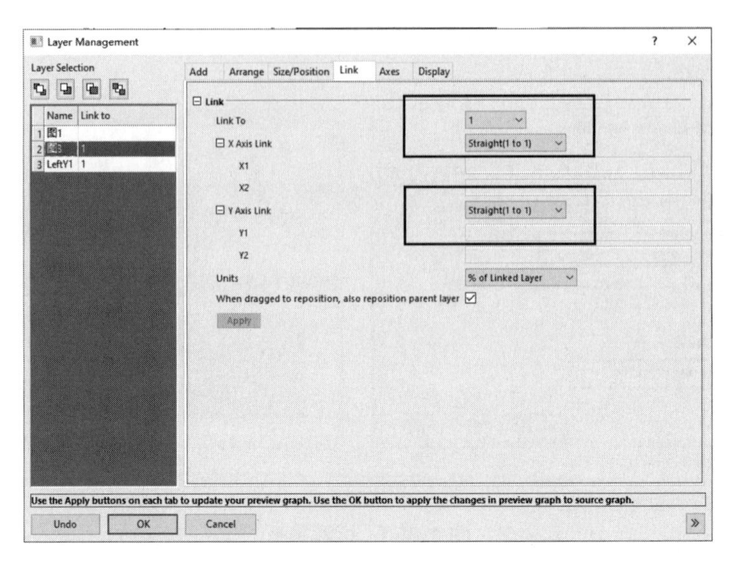

图 13-52 “Layer Management”对话框

（4）设置和管理图形数轴

1）在“Layer Section”面板中选择“图 1”图层，在右面板中选择“Axes”选项卡，在“Modify Axes”栏中分别选择“Bottom”“Left”“Top”和“Right”中的“Axes”选项；去除“Bottom”中的“Title”选项；在“Top”中“Tick”下拉列表中选择“In”，面板设置如图 13-53b 所示。单击“Apply”按钮。

2）双击图 13-51b 所示的 X 轴，打开“X Axis-Layer1”对话框，在对话框左侧面板中选择“Horizontal”图标，选择“Scale”选项卡，按照图 13-53a 所示进行设置。接着选择“Tick Labels”选项卡，“Format”页面中按照 13-53b 所示进行设置。

除此之外，根据实际情况，还可进行网格线、断点等设置。Y 轴的设置与 X 轴设置类似。

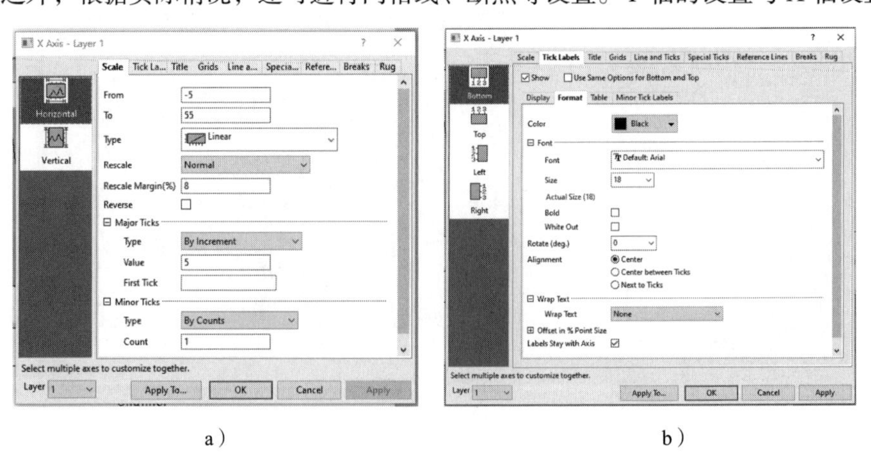

a）　　　　　　　　b）

图 13-53 “X Axis-Layer1”对话框

a）数轴比例设置　b）刻度标记设置

3）同理，重复步骤 2），双击合并图右侧的 X 轴进行设置。

4）对合并图再进行适当修饰，可得到多图层 X 轴、Y 轴关联的图形，如图 13-54 所示。

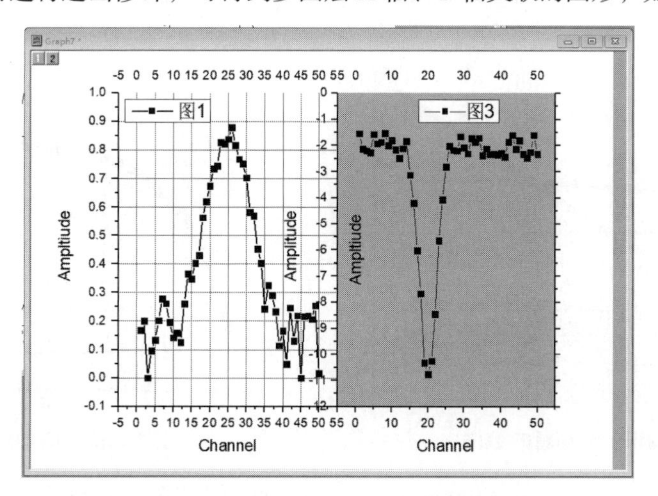

图 13-54　多图层 X 轴、Y 轴关联图形

13.3.2　绘制二维多轴系图形

在科技绘图与数据处理的过程中，有时科研人员希望将多组数据绘制在一张图形中，这时便需要采用多轴绘制图形。本节以 Origin 提供的“…\Sample\Graphing\Linked Layers2.dat”数据文件为例，回顾性说明二维多轴系图形的绘制。

1）导入“Linked Layers2.dat”数据文件，其工作表如图 13-55 所示。将工作表中 D（X2）列数据设置为 X 轴坐标。此时，前三列为一个坐标系，后两列为另一个坐标系。

2）选中工作表中 B（Y1）和 C（Y1）两列，绘制散点图。双击 X 轴，打开“X Axis-Layer1”对话框，在该对话框中选择“Scale”选项卡，将 X 轴的起止坐标分别设置为“−20”和“20”，如图 13-56 所示。同理，设置 Y 轴的起止坐标分别为“0”和“16”，在“Rescale”下拉列表框中选用“Normal”设置。

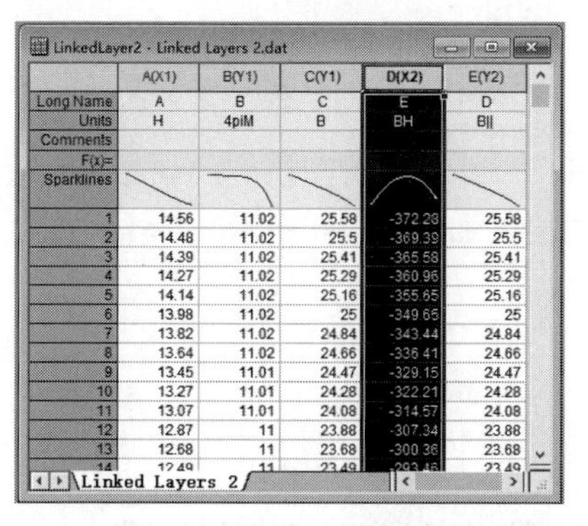
LinkedLayer2 - Linked Layers 2.dat

	A(X1)	B(Y1)	C(Y1)	D(X2)	E(Y2)
Long Name	A	B	C	E	D
Units	H	4piM	B	BH	B||
Comments					
F(x)=					
Sparklines					
1	14.56	11.02	25.58	-372.28	25.58
2	14.48	11.02	25.5	-369.39	25.5
3	14.39	11.02	25.41	-365.58	25.41
4	14.27	11.02	25.29	-360.96	25.29
5	14.14	11.02	25.16	-355.65	25.16
6	13.98	11.02	25	-349.65	25
7	13.82	11.02	24.84	-343.44	24.84
8	13.64	11.02	24.66	-336.41	24.66
9	13.45	11.01	24.47	-329.15	24.47
10	13.27	11.01	24.28	-322.21	24.28
11	13.07	11.01	24.08	-314.57	24.08
12	12.87	11	23.88	-307.34	23.88
13	12.68	11	23.68	-300.36	23.68
14	12.49	11	23.49	[illegible]	23.49

Linked Layers 2

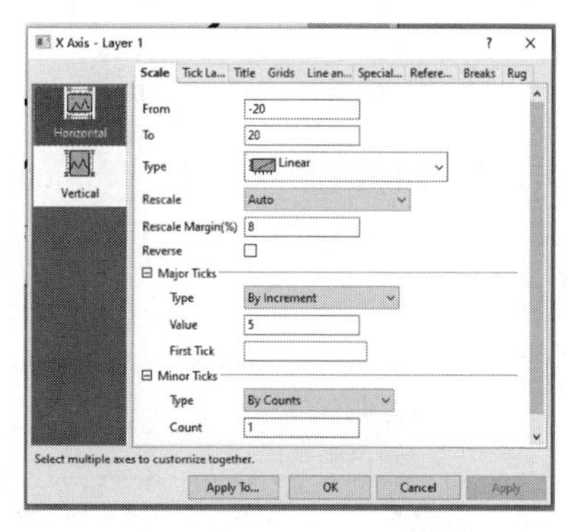

图 13-55　“Linked Layers2.dat”数据文件工作表　　图 13-56　“X Axis-Layer 1”对话框中设置 X 轴

3）在“Axis Layer”对话框左侧面板中选中 Y 轴，选择“Grids”选项卡，勾选“Opposite”复选框和“X=0”复选框。

4）图形空白处右击，弹出快捷菜单，选择“New Layer（Axes）”→“Top-X Right-Y Dimension”，如图 13-57 所示。

5）选中图层“Layer1”标记，右击弹出快捷菜单，选择“Plot Details…”菜单命令，如图 13-58 所示。

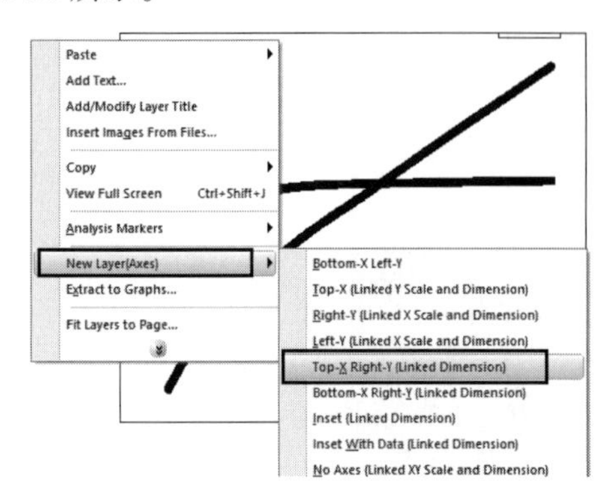

图 13-57 增加新的数轴

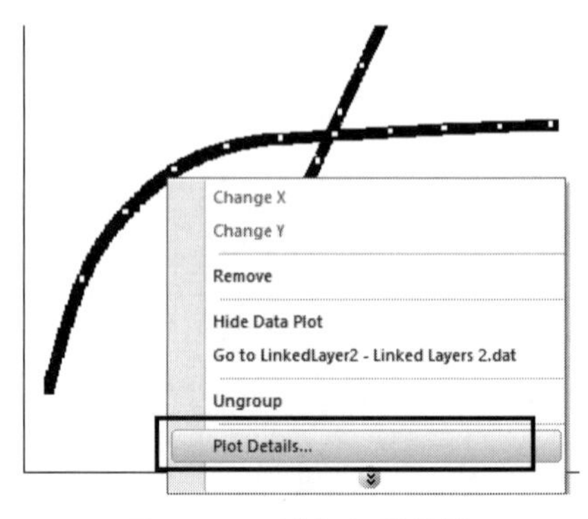

图 13-58 增加新的数轴

6）弹出“Plot Details-Layer Properties”窗口。选择“TopXRightY”页面中的“Size”选项卡，设置“Left=50”“Top=0”“Width=50”和“Height=100”。如图 13-59 所示。单击“OK”按钮，完成设置。

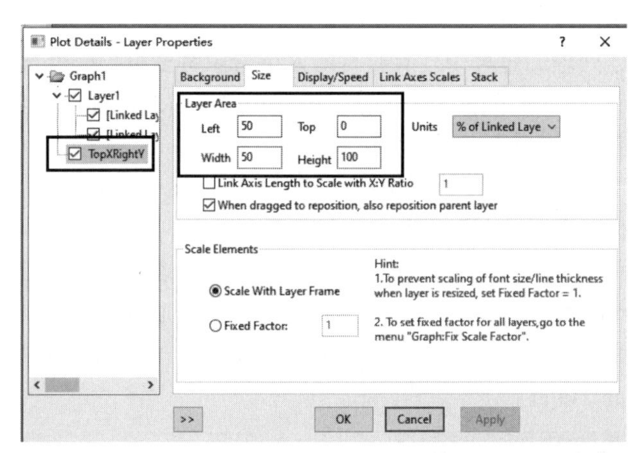

图 13-59 “Plot Details-Layer Properties”对话框中“Size”选项卡设置

7）选择菜单命令“Graph”→“Layer Contents…”，或者双击图层“Layer2”标记，弹出“Layer Contents”对话框。将“E（Y2）”添加至该图层，如图 13-60 所示。单击“OK”按钮，完成设置。

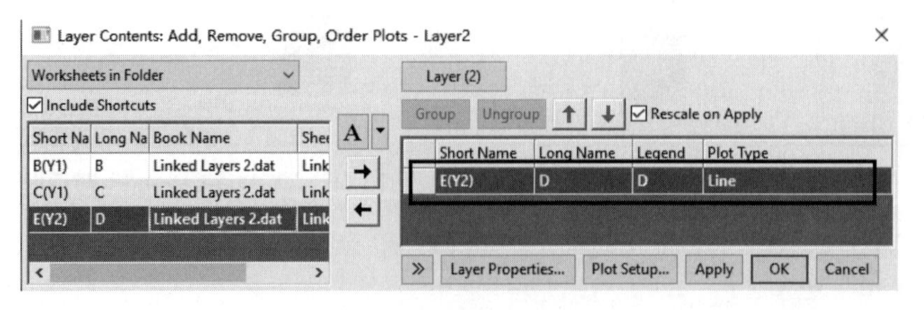

图 13-60 将“E（Y2）”曲线添加到“Layer2”中

8）选择“Layer2”标记，双击图形顶部的 X 轴，打开“Layer2”的“X Axis-Layer2”对话框，选中“Horizontal”所对应的“Scale”选项卡，设置 X 轴的范围 [0，40]；选中“Vertical”所对应的“Scale”选项卡，设置 Y 轴的范围 [0，16]；设置完成后，单击“OK”按钮，获得图形如图 13-61 所示。

9）选择栅格线，输入坐标轴标题，选择曲线线形，添加曲线标识。绘制完成的最终图形如图 13-62 所示。

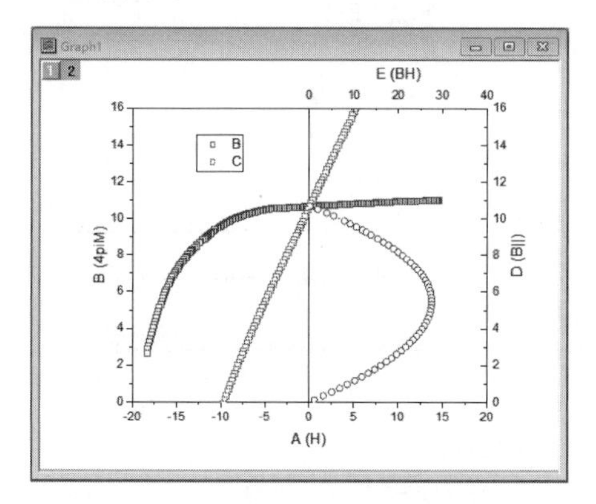

图 13-61　设置完成后所获得的图形

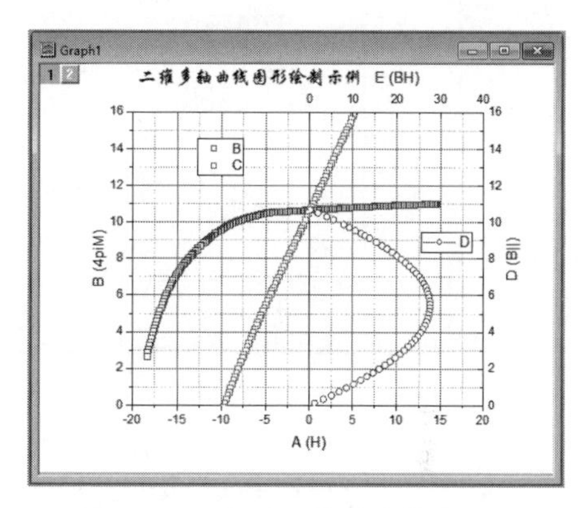

图 13-62　所绘制的最终曲线图形

13.3.3　绘制分类数据图及其统计分析

分类数据图是指将不同种类的数据或非数值数据表示成的一种图形。本节以 Origin 提供的“…\Sample\Graphing\Categorical Data.dat”数据文件为例绘制分类数据图并对其进行统计分析。

1. 绘制分类数据图

1）打开“Categorical Data.dat”数据文件，如图 13-63a 所示。其中，第 1 列至第 4 列分别为年龄、恢复程度、性别和药物种类。

2）选中图 13-63a 分类数据工作表中的 D（Y）数据，右击，在弹出的快捷菜单中选择“Sort Worksheet”→“Ascending（升序排列）”。此时工作表按照使用药物的种类分为 3 类，如图 13-63b 所示。

CategoricalDa - Categorical Data.dat

	A(X)	B(Y)	C(Y)	D(Y)
Long Name	Age	Recovery	Gender	Drug
Units				
Comments				
F(x)=				
Sparklines				
1	20	11	Male	Drug A
2	23	12	Female	Drug A
3	22	13	Female	Drug B
4	23	11	Male	Drug B
5	21	12	Male	Placebo
6	23	14	Female	Placebo
7	36	20	Male	Drug A
8	32	19	Female	Drug A
9	34	18	Female	Drug B
10	34	21	Male	Drug B

Categorical Data

a)

CategoricalDa - Categorical Data.dat

	A(X)	B(Y)	C(Y)	D(Y)
Long Name	Age	Recovery	Gender	Drug
Units				
Comments				
F(x)=				
Sparklines				
1	20	11	Male	Drug A
2	23	12	Female	Drug A
3	45	29	Male	Drug A
4	60	39	Female	Drug A
5	57	38	Male	Drug A
6	32	19	Female	Drug A
7	36	20	Male	Drug A
8	44	30	Female	Drug A
9	59	41	Male	Drug B
10	34	21	Male	Drug B

Categorical Data

b)

图 13-63　“Categorical Data.dat”数据文件及按“Drug”分类原工作表数据
a）“Categorical Data.dat”数据文件的工作表　b）按“Drug”分类原工作表数据

3）长按 <Ctrl> 键，在图 13-63a 所示的工作表中，选中按照药物所分 3 类药物的治疗效果（Recovery）分 3 次选中 B（Y）列中相应类别中的数据，选择菜单命令“Plot”→“Basic 2D”→“Scatter”分别绘制的散点图，图中用了 3 种符号分类表示治疗效果，散点图如图 13-64a 所示。

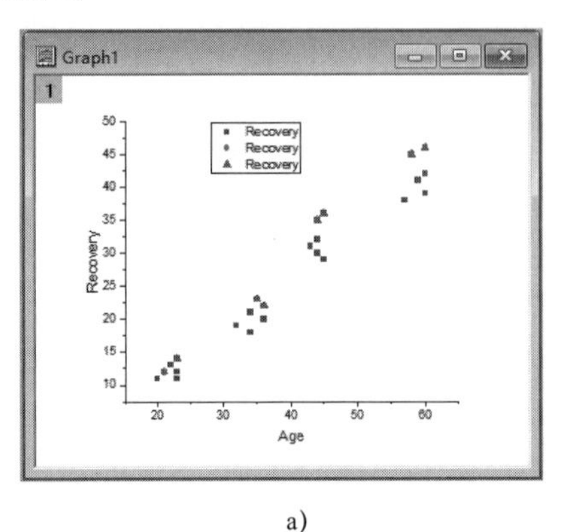

a)

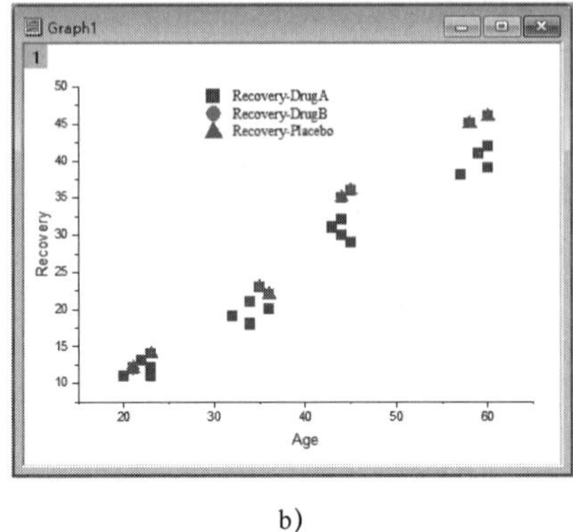

b)

图 13-64　散点图及分类统计图

a）按“Drug”分类的治疗效果散点图　b）表示治疗效果的分类统计图

4）右击图 13-64a 中所示的图例，在弹出的快捷菜单中选择“Properties”命令，打开“Text Object-Legend”对话框，按照图 13-65 所示编辑图例，获得的图形如图 13-64b 所示。

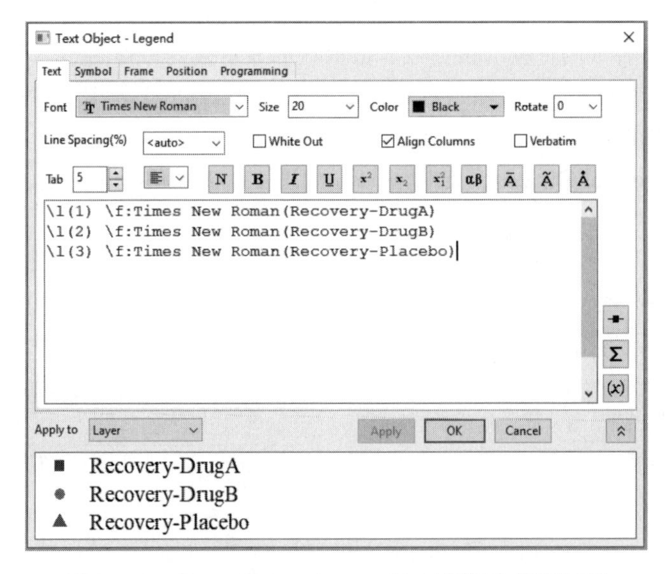

图 13-65　“Text Object-Legend”对话框中编辑图例

2. ROI 区间统计分析

1）选择菜单命令“Gadgets”→“Cluster”，打开“Cluster：addtool_cluster”对话框。在该对话框的“ROI Box”选项卡中的“Shape”下拉列表框中选择“Rectangle”，如图 13-66 所示。

2）单击“OK”按钮，分类统计图中出现一个黄色的矩形区域，即 ROI 区间，同时打开“Cluster Gadget：Editing Inner Points”对话框和数据显示器（用来显示 ROI 区间），如图 13-67 所示。用鼠标移动和调整分析区域，即可得到该区域的统计数据，如图 13-68 所示。

图 13-66　ROI 基本参数设置之一

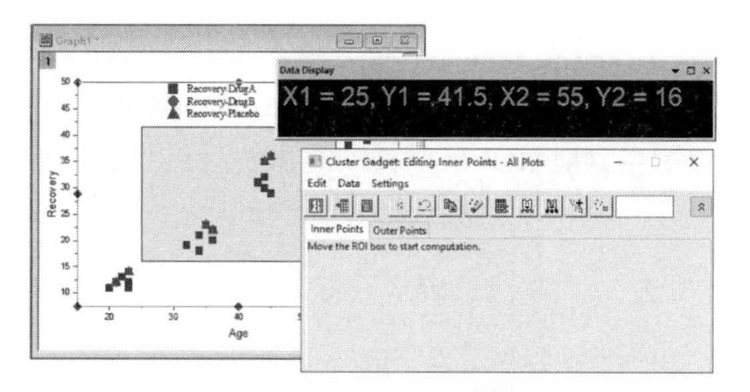

图 13-67　ROI 基本参数设置之二

3）单击“Cluster Gadget：Editing Inner Points”对话框中按钮，即可得到统计报告，如图 13-69 所示。单击按钮，可将统计数据输入到新建的数据工作表中。通过统计报告或新建数据工作表可以得出一定的结论。

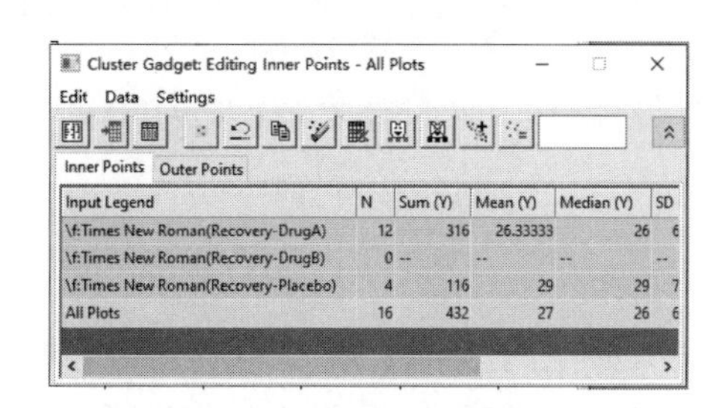

图 13-68　ROI 区间中的数据点信息

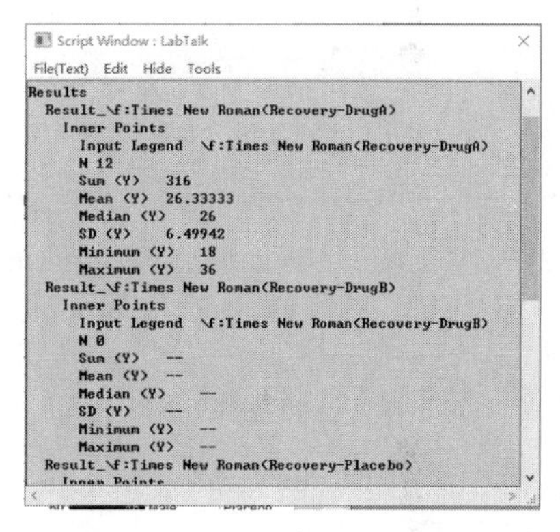

图 13-69　生成的统计报告

3. ROI 区间中部分数据统计分析

有时仅需要对 ROI 区间中的部分数据统计分析，如仅对上述 ROI 中的“Drug A”类数据统计分析。在“Cluster Gadget:Editing Inner Points”对话框中选择“Data”菜单，去掉“Plot(1)”和“Plot(2)”后，“Plot(3)”变为浅灰色。这时单击按钮，“Recovery-Placebo”行的数据被屏蔽，如图 13-70 所示。

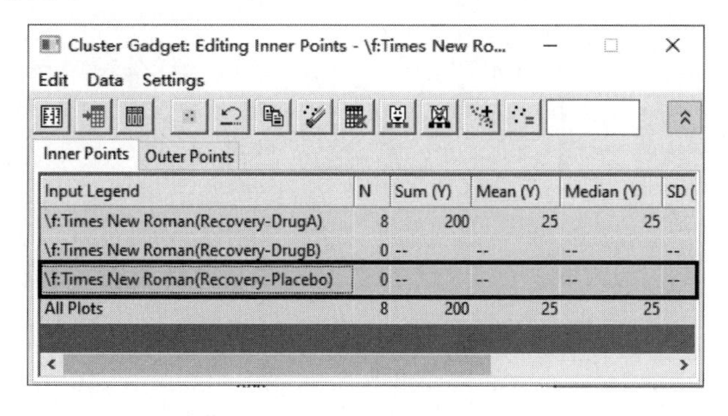

图 13-70　屏蔽“Recovery-Placebo”行之后数据统计

4.ROI 区间外的数据统计分析

1）在“Cluster Gadget：Editing Inner Points”对话框中选择菜单命令“Settings”→“Preferences”，打开“Cluster Manipulation Preferences”对话框，如图图 13-71 所示。

2）在“Calculation”选项卡中选中“Calculate Outer Points”选项，其余采用默认设置，单击“OK”按钮，此时在“Cluster Gadget：Editing Outer Points”对话框中的“Outer Points”选项则得到对 ROI 区间外的数据统计结果，如图 13-72 所示。

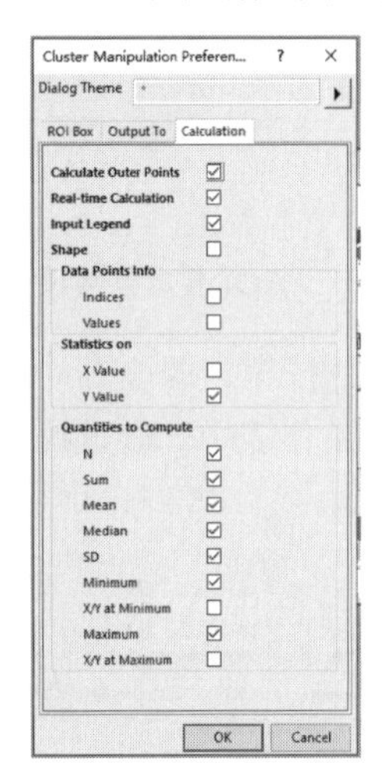

图 13-71 “Cluster Manipulation Preferences”对话框

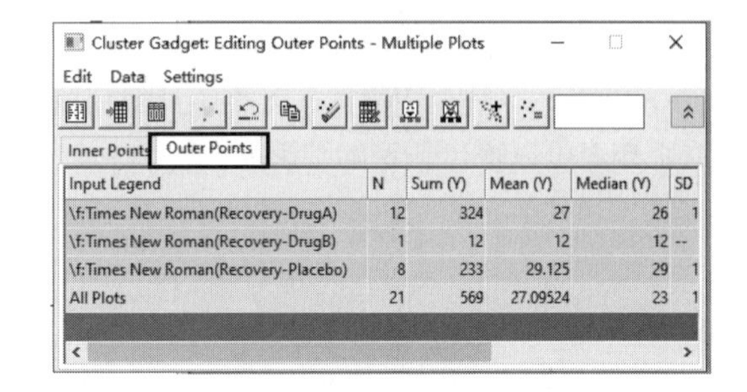

图 13-72 ROI 区间外的数据统计结果

13.3.4 绘制颜色标度图

颜色标度图（Color Scale）是采用平面图的形式表示空间三维数据。其中第三维数据采用不同颜色标度表示。本节以 Origin 提供的“…\Sample\Graphing\Color Scale1.dat”“Color Scale2.dat”和“Color Scale3.dat”3 个数据文件为例绘制颜色标度图。将这 3 个数据文件分别导入，形成 3 个工作表，每个工作表中均有“Zr”、“Zi”和“Freq”3 列试验数据。3 个数据文件工作表如图 13-73 所示。

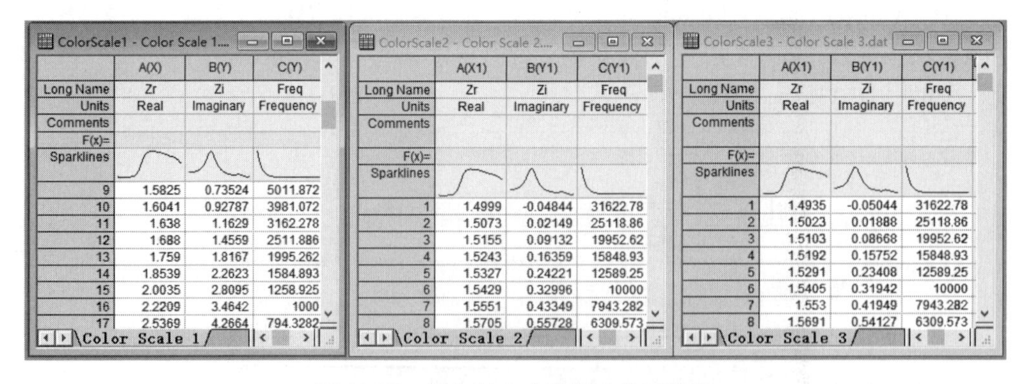

图 13-73 导入的 3 个数据文件工作表

1）新建一个图形窗口，选择菜单命令“Graph”→“Layer Contents…”，或者双击图层“Layer 1”标记，弹出“Layer Contents”对话框。如图 13-74 所示，将“Color Scale1.

dat”“Color Scale2.dat”和“Color Scale3.dat”3 个数据文件工作表中的“Zi”列添加到该图层，在该对话框的“Plot Type”下拉列表框中选择“Line+Symbol”。

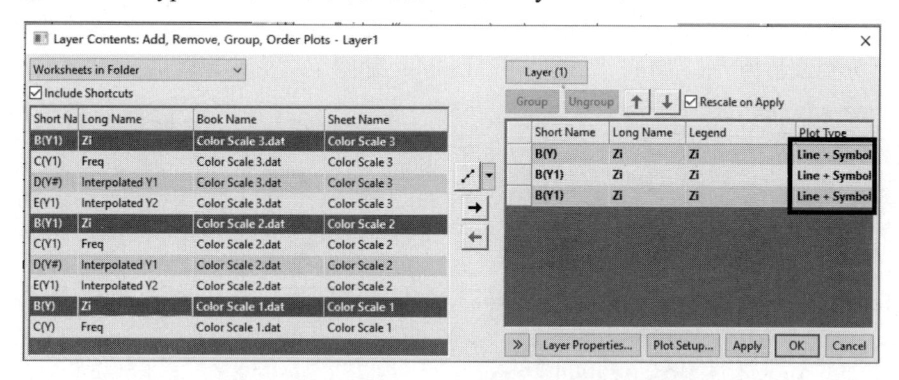

图 13-74　“Layer Contents”对话框中图层曲线的选择与设置

加入数据后，所形成的曲线图形如图 13-75 所示。

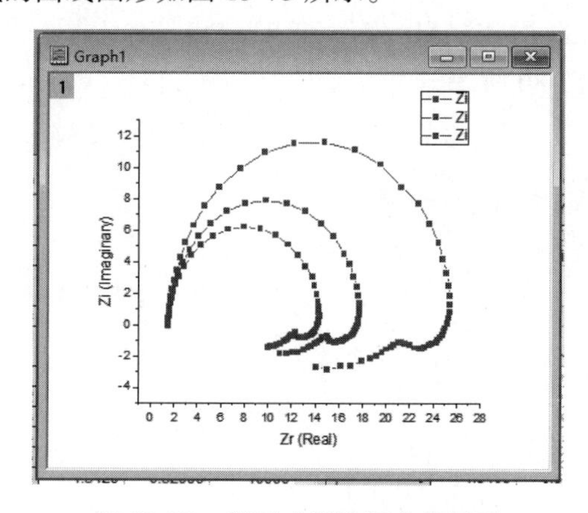

图 13-75　所形成的数据曲线图形

2）右击图 13-75 所示的曲线，选择快捷菜单命令“Plot Details…”，打开“Plot Details-Plot Properties”对话框，分别选中 3 条曲线所对应的“Symbol”选项卡中的“Symbol Color”下拉列表框，分别选择“Symbol Color”选项卡中的“Map：Col（c）：‘Freq’”选项，如图 13-76 所示。

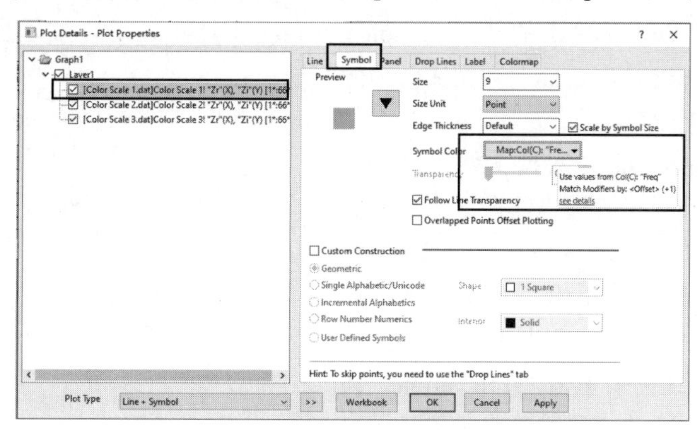

图 13-76　“Plot Details-Plot Properties”对话框中“Symbol Color”设置

3）在“Plot Details-Plot Properties”对话框中，选择“Colormap”选项卡，单击“Level”列标签，弹出“Set Levels”对话框，按照图 13-77 所示数据设置。每条曲线均依此操作。

4）将“Plot Details-Plot Properties”对话框颜色充值栏中的“6.31”“39.81”“151.18”和“1484.89”分别调整为“6”“40”“252”和“1585”，如图 13-78 所示。

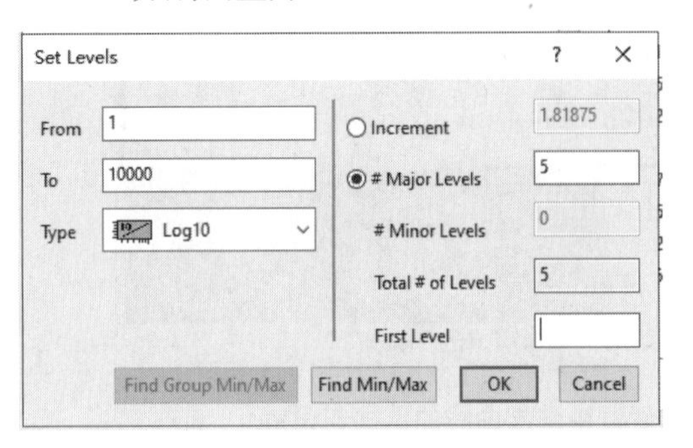

图 13-77 “Set Levels”对话框设置

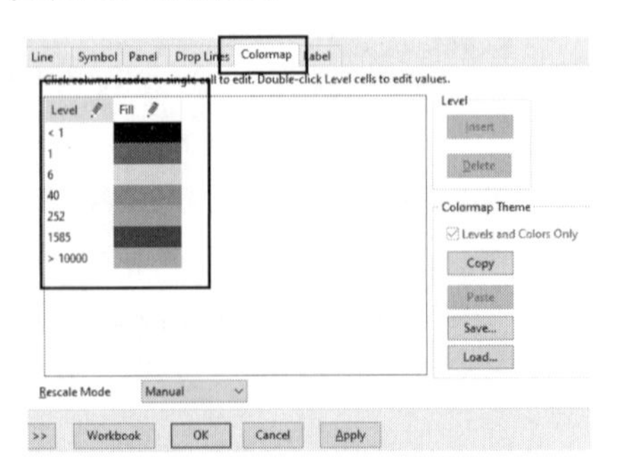

图 13-78 颜色充值栏设置

5）单击图 13-78 所示的“Fill”列标签，打开“Fill”对话框，设置如图 13-79 所示。设置完成后，所得的图形如图 13-80 所示。

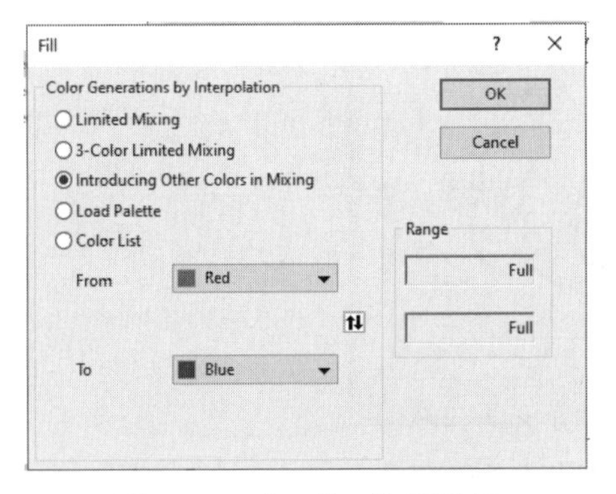

图 13-79 “Fill”对话框设置

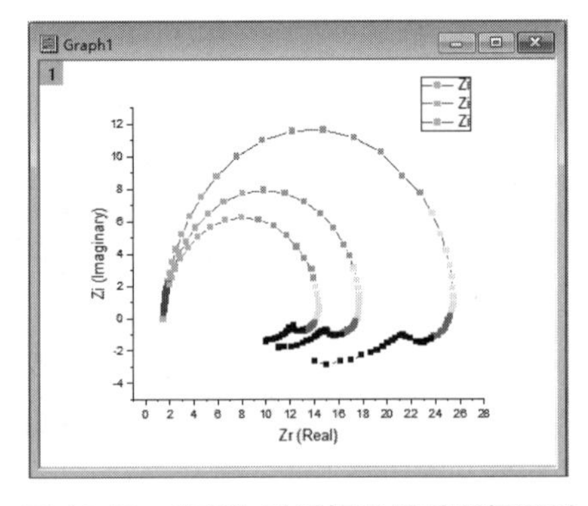

图 13-80 “Fill”对话框设置后所得图形

13.3.5 标注曲线上的数据点

科研的具体试验数据有时需要在科技论文或工程报告中进行标注，以突显某种重要信息或科研结论。本节以 Origin 提供的“…\Samples\Signal Processing\EPR Spectra.dat”数据文件为例说明如何标注曲线上的数据点。

导入“EPR Spectra.dat”数据文件并将其绘制成曲线图。将图形窗口置为当前窗口，在工具（Tools）工具栏中单击“Scale In”放大按钮，在感兴趣的区域用鼠标拖曳出一个矩形框，如图 13-81 所示，以便放大所在区域中的图形。再在工具（Tools）工具栏中单击“Annotation”注释按钮。图形窗口中出现了数据显示工具、数据信息窗口，在图形曲线上选择和单击需要标注

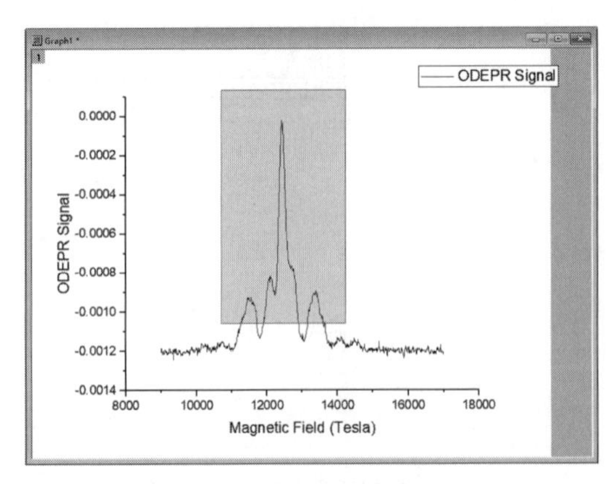

图 13-81 选择感兴趣的区域

的点，如图 13-82a 所示。在所选择的点上双击，曲线上便标出了数据点，如图 13-82b 所示。

当标注了某一个数据点后，该点处的坐标数据便会出现。无论如何放缩曲线图形或拖曳标注数据，标注的数据都会指向标注点。

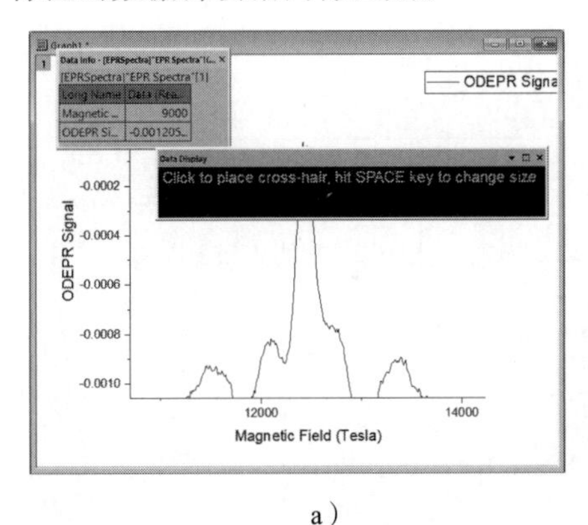

a）

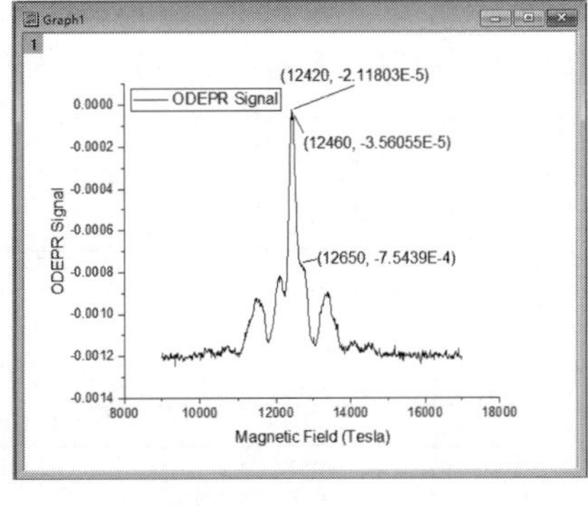

b）

图 13-82　标注曲线上的数据点

a）选择曲线上的标注点　b）曲线上标注的数据点

13.3.6　全局垂直光标工具

全局垂直光标工具（Global Vertical Cursor Gadget）可以在叠层图中同时获得同一数据文件中多条曲线的 X 轴和 Y 轴坐标数据和多个数据文件中的 X 轴和 Y 轴数据，并且利用输出工作表获取数据输出。本节以“…\Samples\Curve Fitting\Step01.dat”“Step02.dat”“Step03.dat”数据文件为例说明叠层图的绘制和全局垂直光标的使用。

1）选择菜单命令“View”→“Project Explorer”（或按快捷键 <Alt+1>），打开“Project Explorer”窗口，利用数据向导导入“Step01.dat”数据文件，如图 13-83 所示。

2）将“Project Explorer”窗口置为当前窗口，选择根文件夹，右击，在弹出的快捷菜单中选择“New folder”，新建一个文件夹，其名称为“Folder2”。同样地，选择菜单命令“File”→“New”→“Workbook…”（或按快捷键 <Ctrl+N>），建立新的数据工作表“Book2”。选择菜单命令“Data”→“Import From File”→“Import Wizard”，打开“Import Wizard”窗口，导入“Step02.dat”数据文件。用同样的方法再建立文件夹“Folder3”，导入“Step03.dat”数据文件，结果如图 13-84 所示。

图 13-83　导入“Step01.dat”数据文件工作表

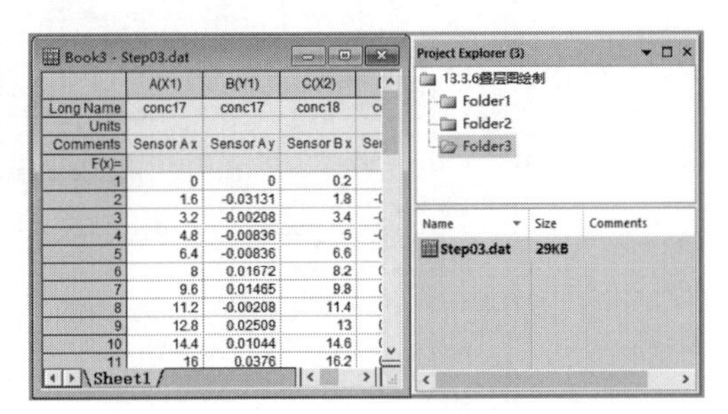

图 13-84　导入 3 个数据文件工作表

3）在“Project Explorer”窗口中单击“Folder1”文件夹，选择“Step01.dat”数据文件工

作表。选择菜单命令“Plot”→“Multi-Panel/Axis”→“Stack…”，打开“Stack：plotstack”，选择“Step01.dat”数据文件工作表中的所有数据。在“Options”选项组中的“Stack Direction”下拉列表框中选择“Vertical”选项（垂直叠层，当然也可以选择水平叠层），同时去除“Plot Assignment”选项组中“Number of Layers”和“Number of Plots in Each Layer”选项后面的“Auto”复选按钮，设置两者的数字均为 3，如图 13-85 所示。

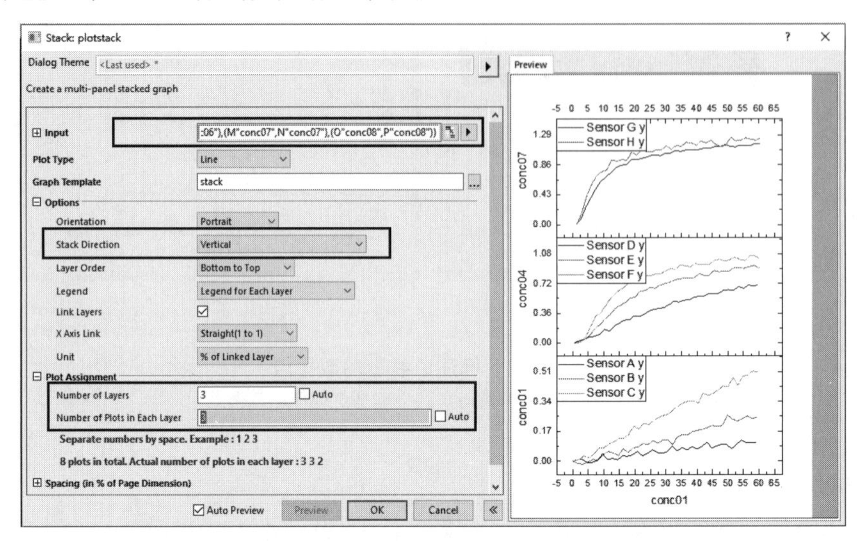

图 13-85 “Stack：plotstack”的选择和设置

4）单击“OK”按钮，获得“Step01.dat”数据文件的二维叠层图。将该叠层图对话框“Graph1”置为当前窗口，选择菜单命令“Gadgets”→“Vertical Cursor”，打开“Vertical Cursor”窗口。在该窗口工具栏中的“X=”中输入 X 轴坐标数据（36.6），或者用鼠标拖动图形中红色的全局垂直光标线，则在图中曲线上和“Vertical Cursor”窗口中给出“X=36.6”时所对应的 Y 轴坐标数据，如图 13-86 所示。

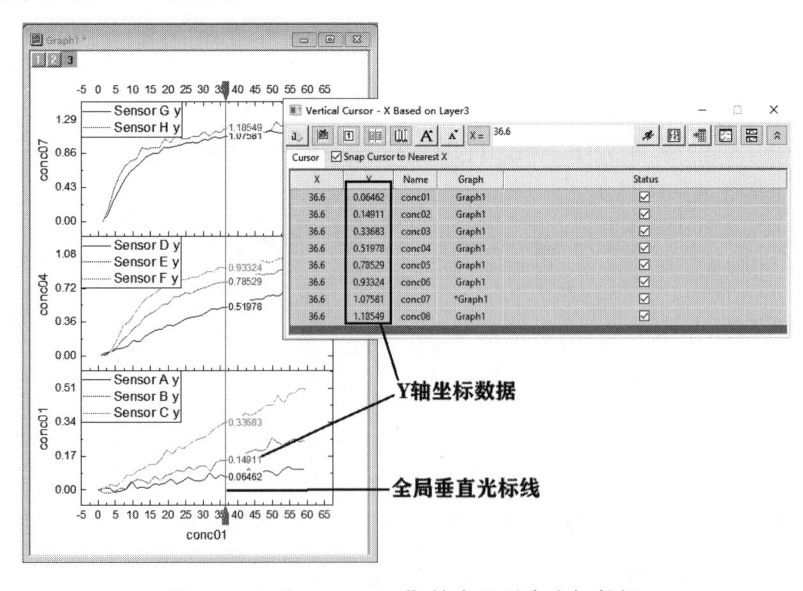

图 13-86 “Step01.dat”的全局垂直光标数据

5）重复步骤 4）的操作，获得“Step02.dat”数据文件和“Step03.dat”数据文件二维叠层图，结果如图 13-87 所示。

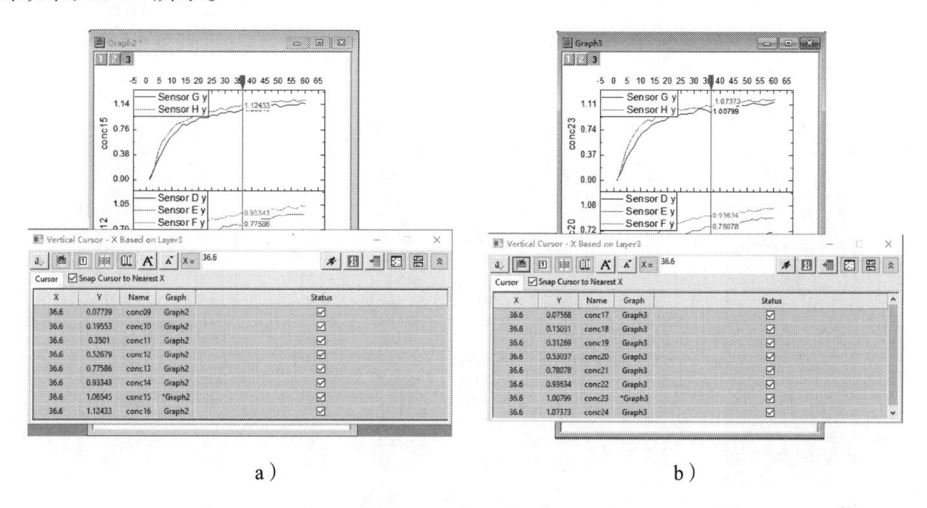

a）　　　　b）

图 13-87　全局垂直光标数据

a）“Step02.dat”的全局垂直光标数据　b）“Step03.dat”的全局垂直光标数据

6）将“Step01.dat”数据文件的二维叠层图置为当前窗口，在其“Vertical Cursor”窗口单击“Link/unlink Graphs”图标按钮。打开“Graph Browser”窗口，将“Graph2”“Graph3”与“Graph1”连接，如图 13-88 所示。单击“OK”按钮，可得到在曲线“Graph2”、曲线“Graph3”中在“X=36.6”时的 Y 轴坐标数据，如图 13-89 所示。

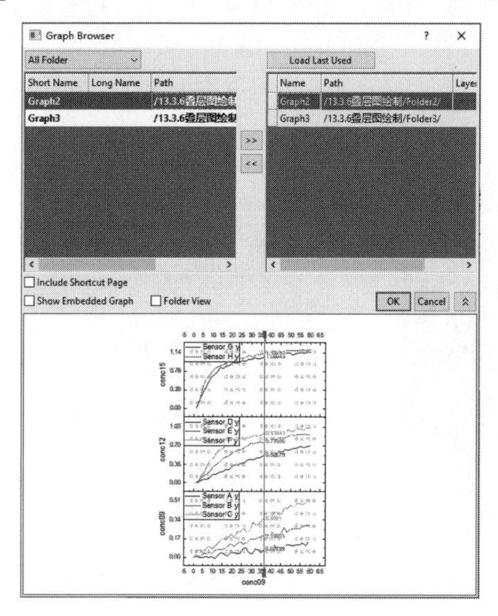

图 13-88　“Graph　Browser”窗口的选择

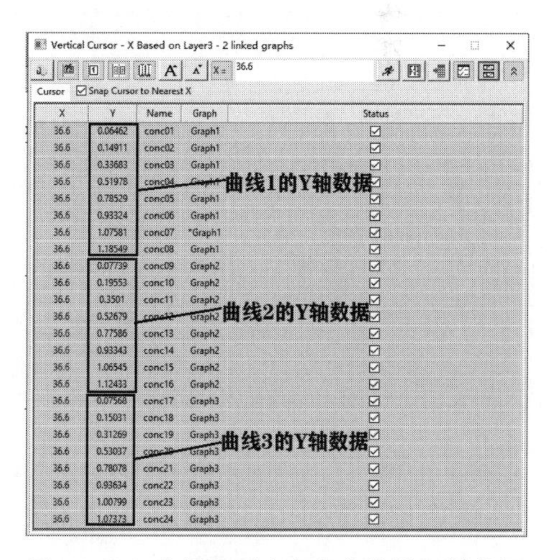

图 13-89　多叠层图中多条曲线的 Y 轴数据

13.3.7　绘制三维瀑布图

三维瀑布图（3D Waterfall）主要用来展示相同条件下多组数据的曲线图形。本节以“…\Samples\Graphing\Waterfall3.dat”为例绘制三维瀑布图。

1）导入“Waterfall3.dat”数据文件，其工作表如图 13-90 所示。

Book1

	A(X)	B(Y)	C(Y)	D(Y)	E(Y)	F(Y)	G(Y)
Long Name	Time	Ampltiude					
Units	sec	(a.u.)					
Comments							
F(x)=							
Frequency (Hz)	--	3.91	11.72	19.53	27.34	35.16	42.97
1	0	0.766	0.697	0.406	0.726	2.194	1.29
2	0.012	0.413	0.097	0.03	-0.006	2.647	2.994
3	0.025	0.14	-0.34	-0.26	-0.494	2.965	4.133
4	0.037	-0.059	-0.628	-0.465	-0.76	3.163	4.775
5	0.05	-0.191	-0.784	-0.588	-0.827	3.256	4.99
6	0.062	-0.264	-0.823	-0.632	-0.717	3.259	4.845
7	0.075	-0.284	-0.76	-0.6	-0.452	3.188	4.41
8	0.087	-0.257	-0.61	-0.493	-0.055	3.057	3.755
9	0.099	-0.191	-0.39	-0.315	0.453	2.883	2.947
10	0.112	-0.093	-0.113	-0.067	1.048	2.68	2.056
11	0.124	0.03	0.204	0.247	1.71	2.463	1.151
12	0.137	0.172	0.545	0.626	2.414	2.248	0.301
13	0.149	0.326	0.897	1.067	3.14	2.05	-0.426
14	0.162	0.485	1.242	1.566	3.864	1.884	-0.959
15	0.174	0.641	1.566	2.123	4.565	1.765	-1.232
16	0.186	0.789	1.854	2.734	5.22	1.709	-1.174

Waterfall3

图 13-90 “Waterfall3.dat”数据文件工作表

2）单击该工作表左上角选择所有数据，选择菜单命令“Plot”→“3D”→“Waterfall Z：Color Mapping”，生成三维瀑布图如图 13-91 所示。

3）将三维瀑布图置为当前窗口，双击 Z 轴打开“Z Axis-Layer1”对话框，在左侧面板中选择 Z 轴图标，再单击“Scale”选项卡，最大刻度为“50”，如图 13-92 所示，单击“Apply”按钮。

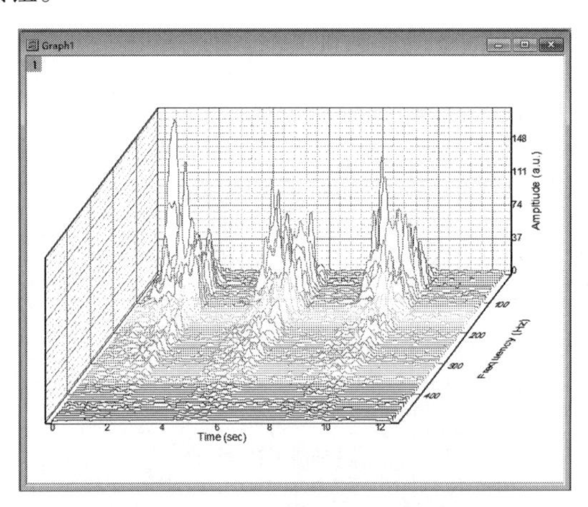

图 13-91 “Waterfall3.dat”三维瀑布图

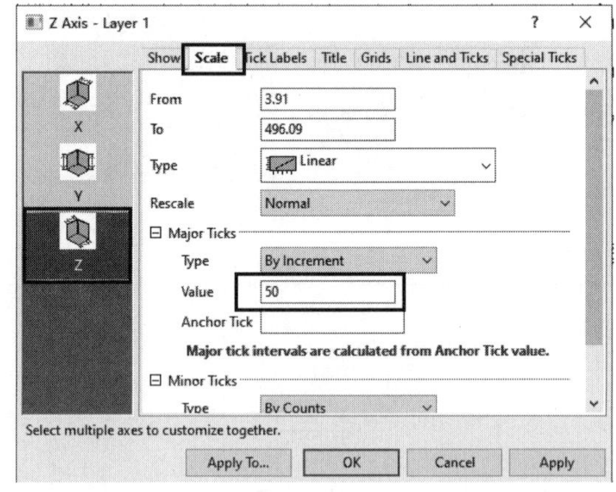

图 13-92 “Z Axis-Layer1”对话框设置

4）在图 13-92 所示对话框的左侧面板中，按住 <Ctrl> 键，同时选择 X 轴和 Y 轴图标，单击“Grids”选项卡，取消勾选“Minor Grid Lines”选项组中“Show”选项，如图 13-93 所示。先后单击“Apply”和“OK”按钮，完成设置。

5）右击图 13-91 中的曲线，在弹出的快捷菜单中选择“Plot Details”，打开“Plot Details-Layer Properties”对话框，设置如图 13-94 所示。

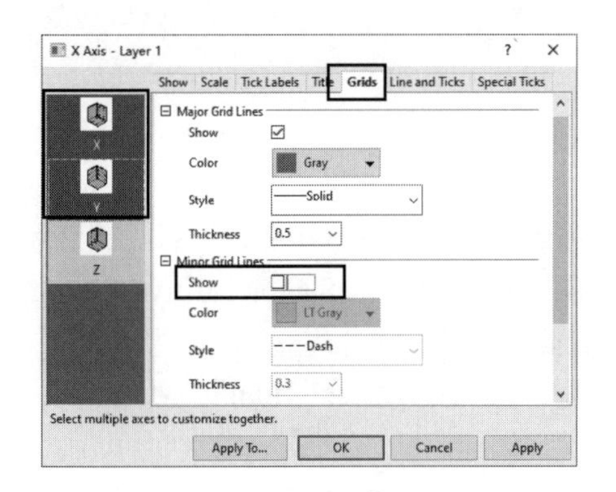

图 13-93 “Grids”选项卡设置

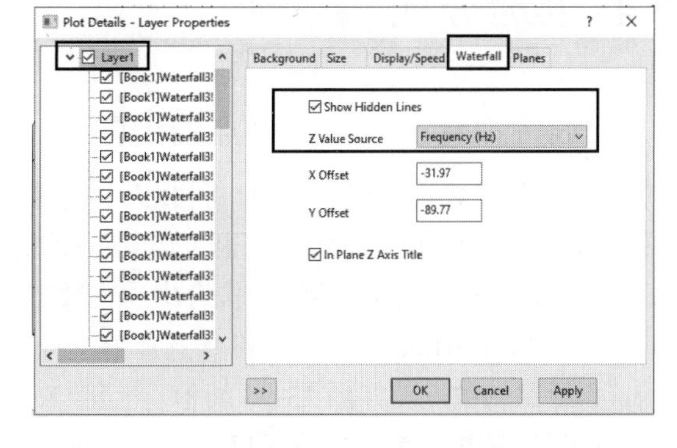

图 13-94 “Plot Details-Layer Properties”对话框中“Waterfall”选项卡设置

6）在图 13-94 左侧面板中选择“Layer1”中的曲线，单击“Colormap”选项卡，设置如图 13-95 所示。单击“OK”按钮，完成设置。

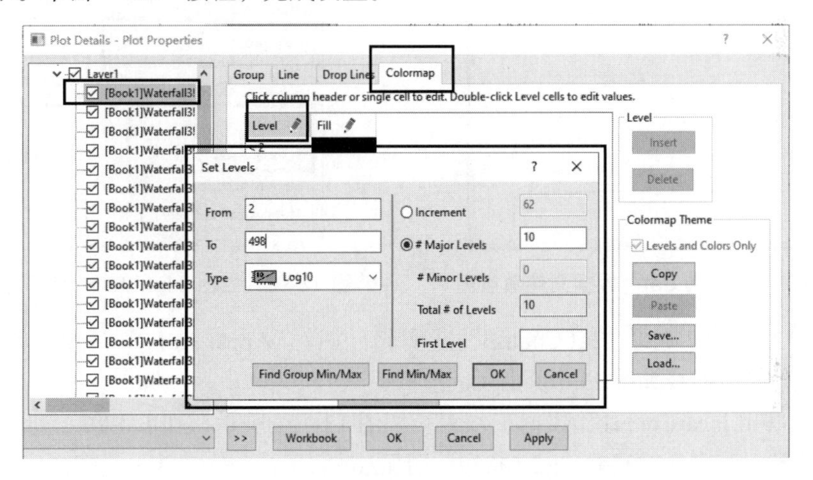

图 13-95 “Colormap”选项卡“Level”栏设置

7）单击“Fill”栏，选择“Introduce Other Colors in Mixing”选项，如图 13-96 所示。单击图 13-95 所示对话框中的“Apply”按钮和“OK”按钮，获得的最终三维瀑布图如图 13-97 所示。

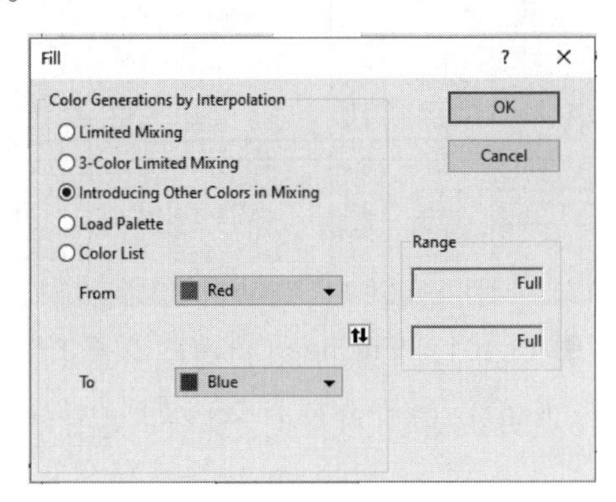

图 13-96 “Fill”对话框的选择

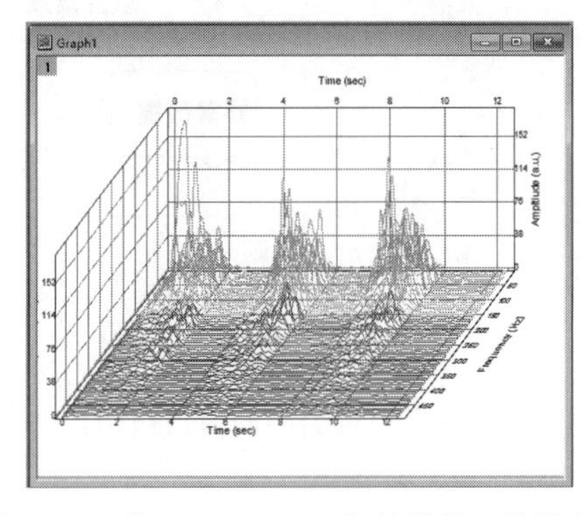

图 13-97 “Waterfall3.dat”的最终三维瀑布图

13.4 拟合分析

13.4.1 线性拟合及异常数据点的剔除

在科技绘图或数据处理过程中，科技人员经常需要剔除拟合过程中的异常数据点。被剔除的异常数据点可以是单个数据点，也可以是一个数据范围。本节以“…\Samples\Curve Fitting\Outlier.dat”数据文件为例说明线性拟合中异常数据点的剔除。

1）导入“Outlier.dat”数据文件，选择 B（Y）列数据，选择菜单命令“Plot”→“2D”→“Scatter”，绘制的散点图如图 13-98 所示。

2）将散点图窗口置为当前窗口，选择菜单命令“Analysis”→“Fitting”→“Linear Fit”，打开“Linear Fit”对话框，设置如图 13-99 所示。

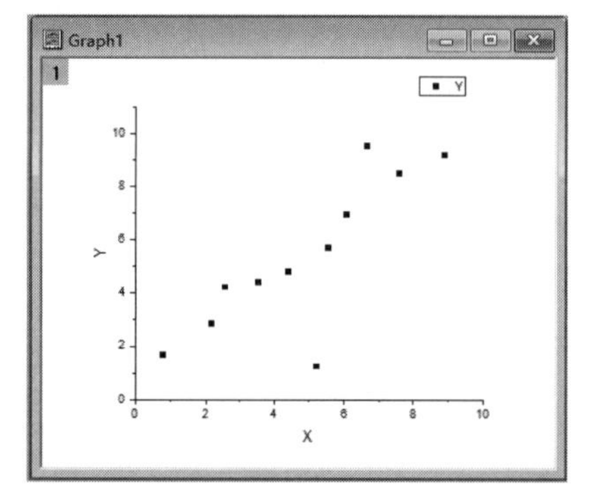

图 13-98 “Outlier.dat”数据文件散点图

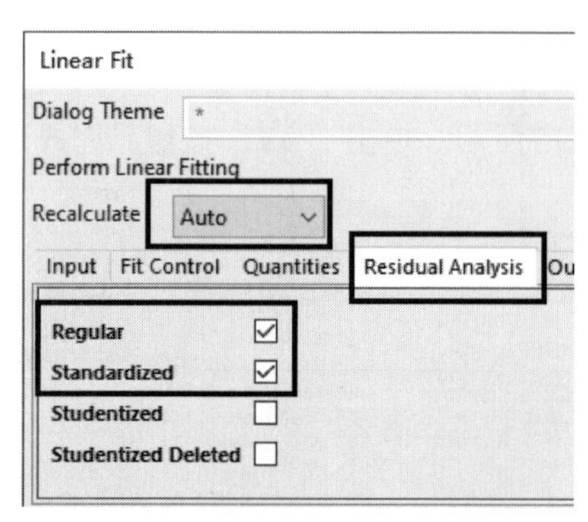

图 13-99 “Residual Analysis”选项卡设置

3）在图 13-99 中，选择“Fit Control”选项卡，去除“Apparent Fit”选项。单击“OK”按钮，获得的线性拟合曲线如图 13-100 所示。

4）打开“FitLinearCurve1”数据工作表，如图 13-101 所示，在 E（Y2）列的第 6 行数据可以清楚地看到，该点处的残差“−2.54889”明显过大。

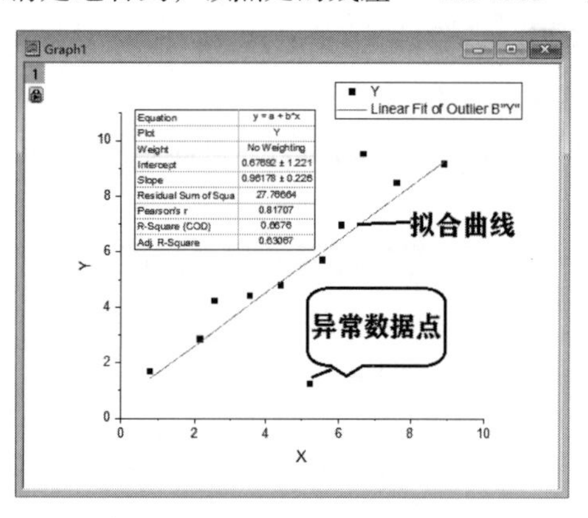

图 13-100 线性拟合曲线

Outlier - Outlier.dat

	A(X1)	B(Y1)	C(X2)	D(Y2)	E(Y2)	F(Y2)
Long Name	Independent Variable	Linear Fit of Outlier B"Y"	Independent Variable	Regular Residual of Outlier B"Y"	Standardized Residual of Outlier B"Y"	Regular Residual of Outlier B"Y"
Units						
Comments						
Parameters	Fitted Curves Plot					n of the Res
F(x)=						
1	0.79	1.43673	0.79	0.23327	0.13281	0.23327
2	0.79813	1.44455	2.16	0.08563	0.04875	0.08563
3	0.80626	1.45236	2.56	1.08092	0.61539	1.08092
4	0.81438	1.46018	3.57	0.28951	0.16483	0.28951
5	0.82251	1.468	4.43	-0.14762	-0.08404	-0.14762
6	0.83064	1.47582	5.23	-4.47705	-2.54889	-4.47705
7	0.83877	1.48363	5.55	-0.31482	-0.17923	-0.31482
8	0.8469	1.49145	6.06	0.44467	0.25316	0.44467
9	0.85503	1.49927	6.67	2.41798	1.37662	2.41798
10	0.86315	1.50709	7.61	0.48391	0.2755	0.48391
11	0.87128	1.5149	8.91	-0.09641	-0.05489	-0.09641

FitLinear1 FitLinearCurve1

图 13-101 “FitLinearCurve1”数据工作表

5）将图形窗口置为当前窗口，可以清楚地看到第 6 点明显偏离了线性拟合曲线（见图 13-100），因此剔除此异常数据点。

6）在工具栏中选择“屏蔽点”按钮，即“Mask Points on Active Plot”按钮，如图 13-102a

所示。用该工具在图形的异常数据点处拖曳出一个矩形，如图 13-102b 所示。

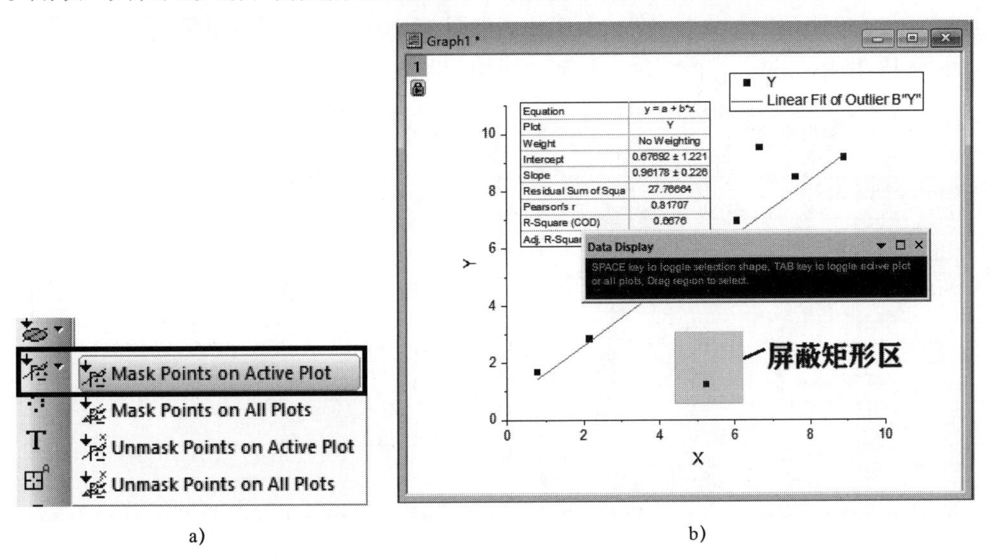

图 13-102　异常数据点的操作

a）工具栏中选择屏蔽点按钮　b）屏蔽矩形区

7）更新拟合结果，屏蔽异常数据点前后的拟合参数表如图 13-103a 和 13-103b 所示。从拟合参数结果可以看出，剔除异常数据点后，标准偏差明显减小。

		Value	Standard Error
Y	Intercept	0.67692	1.22181
	Slope	0.96178	0.22622

a)

		Value	Standard Error
Y	Intercept	0.98113	0.58789
	Slope	0.99149	0.10851

b)

图 13-103　屏蔽异常数据点前后的拟合参数表

a）屏蔽异常数据点前的拟合参数表　b）屏蔽异常数据点后的拟合参数表

13.4.2　全局非线性拟合

全局非线性拟合（Global Fit）是指对两组数据同时拟合，拟合时共享部分拟合参数。本节以“…\Samples\Curve Fitting\Enzyme.dat”数据文件为例说明用全局共享参数对两组数据同时进行非线性拟合，即在拟合过程共享同一个参数值。酶（Enzyme）动力学中的 Michaelis-Menten 函数为

$$V=\frac{V_{max}[S]}{K_m+[S]} \tag{13-1}$$

式中，V 是反应速度；V_{max} 是最大反应速度；[S] 是基体的浓度；K_m 是 Michaelis 常数。

V 与 [S] 曲线的非线性拟合，可以确定 V_{max} 和 K_m。但是 Origin 中并没有 Michaelis-Menten 函数，只能利用其内置的 Hill 函数实现其非线性拟合。Hill 函数为

$$V=\frac{V_{max}x^n}{K_m+x^n} \tag{13-2}$$

从式（13-2）可看出，当 n=1 时，Hill 函数便转换为 Michaelis-Meten 函数。

1）导入“Enzyme.dat”数据文件，其工作表如图 13-104a 所示；绘制其散点图，如图 13-104b 所示。由图 13-104b 可见，这两组反应数据曲线均为非线性曲线。

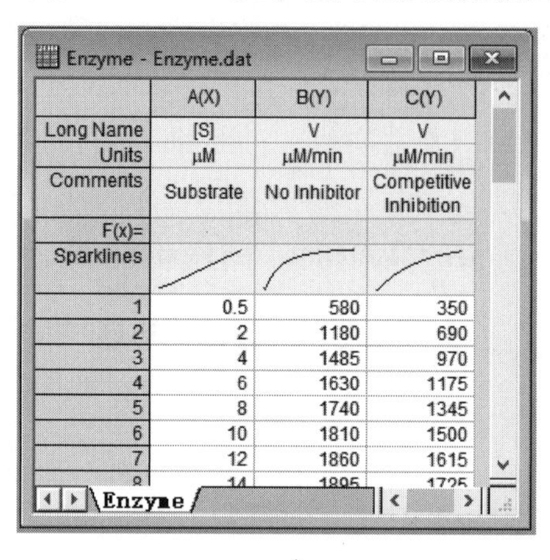

	A(X)	B(Y)	C(Y)
Long Name	[S]	V	V
Units	μM	μM/min	μM/min
Comments	Substrate	No Inhibitor	Competitive Inhibition
F(x)=			
Sparklines			
1	0.5	580	350
2	2	1180	690
3	4	1485	970
4	6	1630	1175
5	8	1740	1345
6	10	1810	1500
7	12	1860	1615

a)

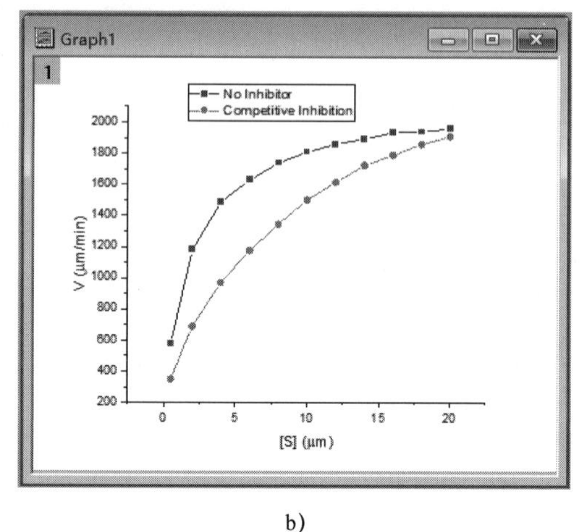

b)

图 13-104 “Enzyme.dat”数据文件的工作表及散点图

a）工作表 b）散点图

2）从“Enzyme.dat”数据文件工作表中可以看出，表中有两组反应数据：B（Y）列数据“No Inhibitor”和 C（Y）列数据“Competitive Inhibition”。从图 13-104b 中可以看出，这两组数据的最大反应速度 V_{max} 基本相同，因此可以将 V_{max} 作为共享参数，进行全局非线性拟合。

3）将散点图窗口置为当前窗口，选择菜单命令“Analysis”→“Fitting”→“Nonlinear Curve Fit”，打开“NLFit”窗口，选择“Hill”拟合函数，如图 13-105 所示。

4）如图 13-106 所示，在“Settings”选项卡中，选择“Data Selection”选项，在“Multi-Data Fit Mode”下拉列表框中选择“Global Fit”；在“Input Data”栏中，单击[...]按钮，打开“Dataset Browser”对话框，添加 B（Y）和 C（Y）两组数据，单击“OK”按钮，关闭“Dataset Browser”对话框。

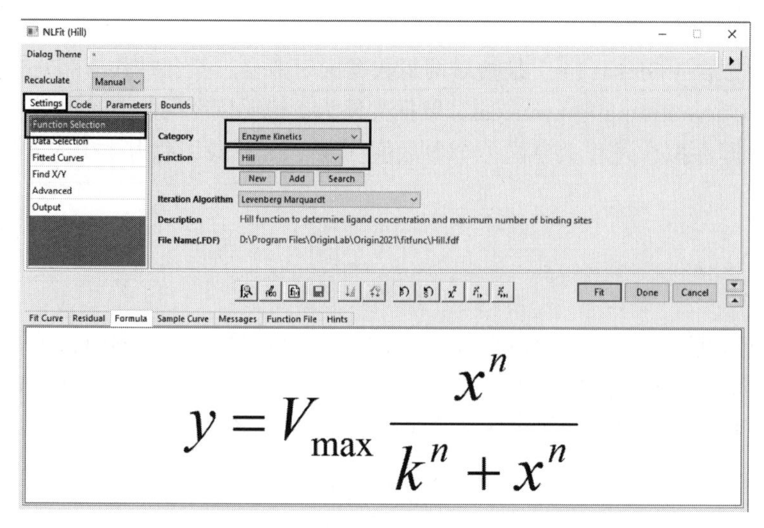

图 13-105 “NLFit”对话框“Function Selection”选项的“Settings”选项卡设置

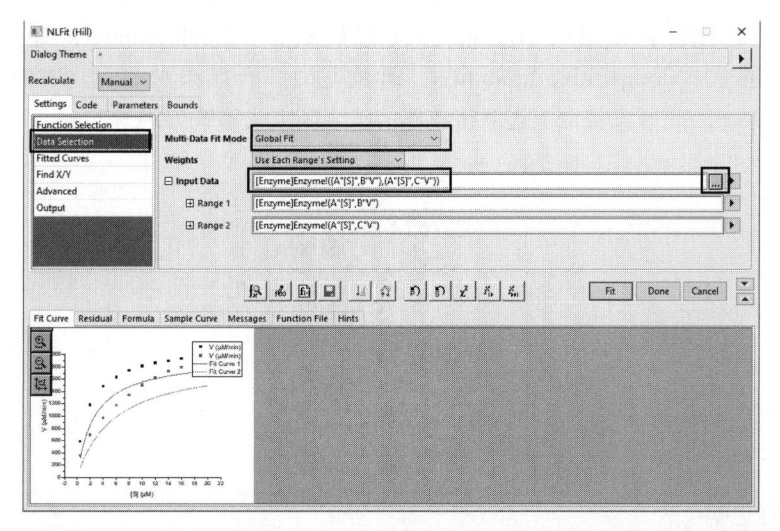

图 13-106 “NLFit”对话框“Data Selection”选项的“Settings”选项卡设置

5）单击“Parameters”选项卡，选择“Vmax”为全局拟合参数（Share），将“n”值设为固定值“1”，即将 Hill 函数转换为 Michaelis-Menten 函数，如图 13-107 所示。

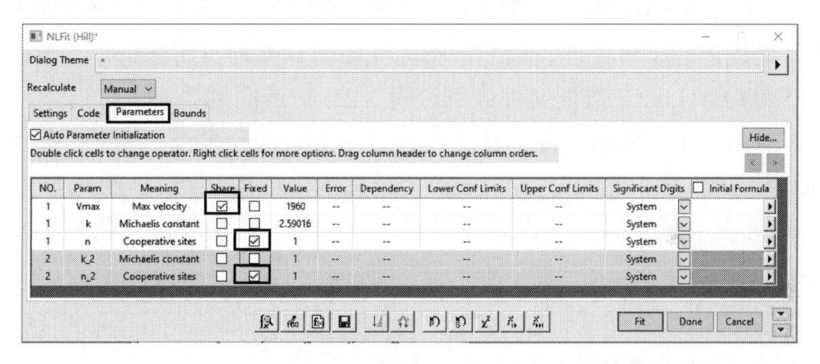

图 13-107 “NLFit”对话框“Parameters”选项卡设置

6）单击图 13-107 中的“Fit”按钮，完成非线性拟合，获得拟合曲线和拟合参数，如图 13-108 所示。

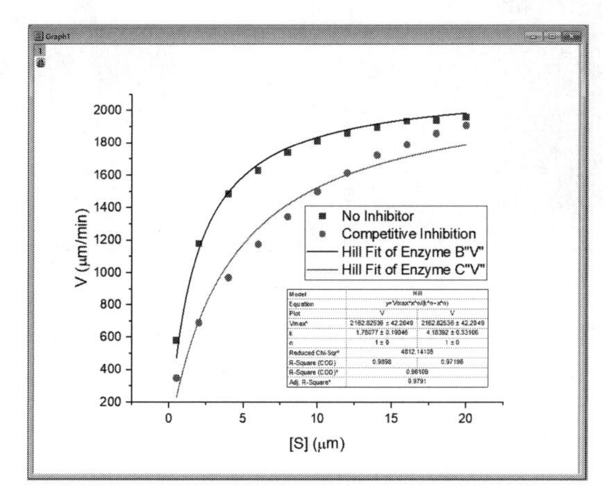

图 13-108 拟合曲线和拟合参数

从图 13-108 的拟合结果可以看出，拟合共享参数 V_{max} = 216.83μm/min，而 K_m 参数对“No Inhibitor”组数据和“Competitive Inhibition”组数据的拟合结果分别为 1.78077 ± 0.19046 和 4.18392 ± 0.33106。因此可以得到上述两组数据的拟合函数关系式分别为

$$y=2162.83\frac{x}{1.7808+x} \tag{13-3}$$

$$y=2162.83\frac{x}{4.1839+x} \tag{13-4}$$

13.5 谱线分析

13.5.1 XRD 谱线图处理

X 射线衍射（X-ray Diffraction，XRD）是材料科学研究中经常用来确定物相的一种方法。通常需要将 XRD 谱线进行平滑处理，以便进行标注和得到某种科研结论。本节以“…\Samples\Spectroscopy\XPS\BTAAG.dat”数据文件为例说明 XRD 谱线图的处理。

1）导入“BTAAG.dat”数据文件，其工作表如图 13-109a 所示。在其工作表中选中 B（Y）列，选择菜单命令“Plot”→“2D”→“Line”，绘制的曲线图如图 13-109b 所示。由该图可以看出，由于数据较多并且噪声较大，因此曲线显示不清楚，无法看清变化，因此需要对该曲线进行平滑处理。

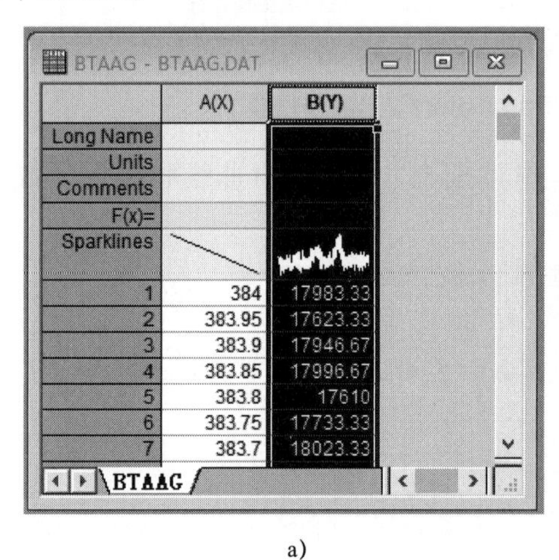

a)

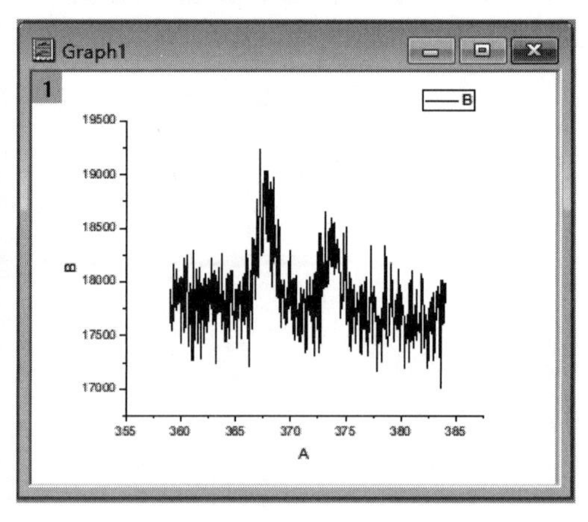

b)

图 13-109 “BTAAG.dat”数据文件工作表及曲线图
a）工作表 b）曲线图

2）将图形窗口置为当前窗口，选择菜单命令“Analysis”→“Signal Processing”→“Smoothing…”，打开“Smooth：smooth”对话框。勾选底部的“Auto Preview”复选框，设置如图 13-110 所示。

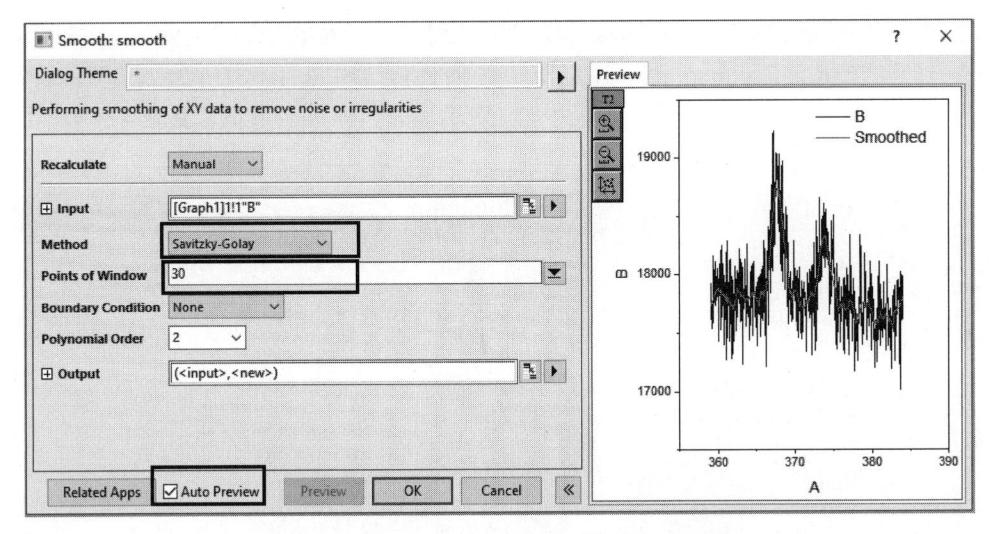

图 13-110　“Smooth : smooth”对话框设置

3）平滑处理后的数据存放在该工作表新建的两列中。用该平滑数据绘制曲线图。平滑处理后的数据及其曲线图如图 13-111 所示。

对比图 13-109b 和图 13-111b，可以看到经过平滑处理后的曲线图比较容易进行衍射峰标定。

如果有几组谱线数据，可以使用上述相同的方法得到相应的经过平滑处理后的谱线图，再选择菜单命令“Plot”→“2D”→“Stacked Lines by Y Offsets”，将具有相同输入的不同谱线图绘制到同一个图形区域中，以便通过对比分析得到相关结论，或者提出某种建议。

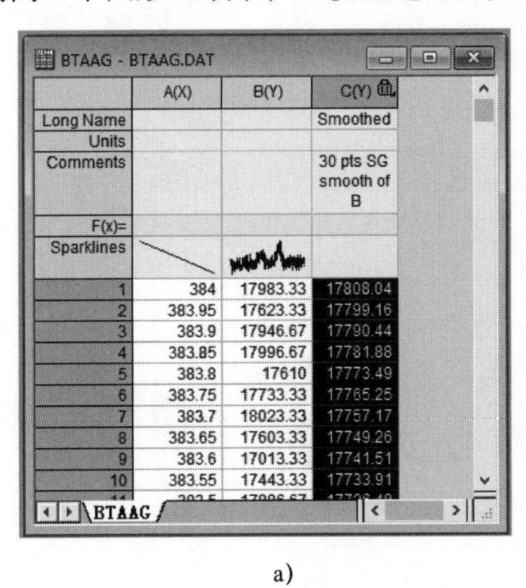

a)

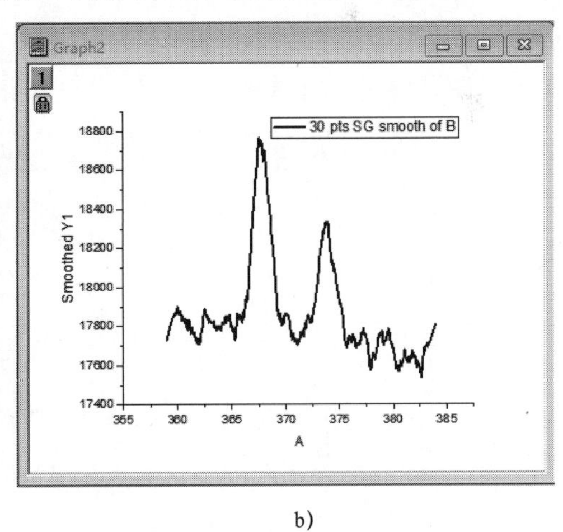

b)

图 13-111　平滑处理后的数据及其曲线图

a）平滑处理后的数据　b）平滑处理后的曲线图

13.5.2　谱线三维瀑布图处理

三维瀑布图特别适合展示在相同条件下多组数据的谱线图。本节结合 Origin2022 所给出的实例说明谱线三维瀑布图的处理。

1）打开“…\Samples\Tutorial Data.opj”项目文件，选择菜单命令“View”→“Project Explorer”，打开“Project Explorer”项目浏览器。在项目浏览器中选择“3D Waterfall”目录下的工作表“Book41”，如图 13-112 所示。该表中第 1 列为波长，即 X 轴数据，其余 4 列为不同样品的吸收强度数据。

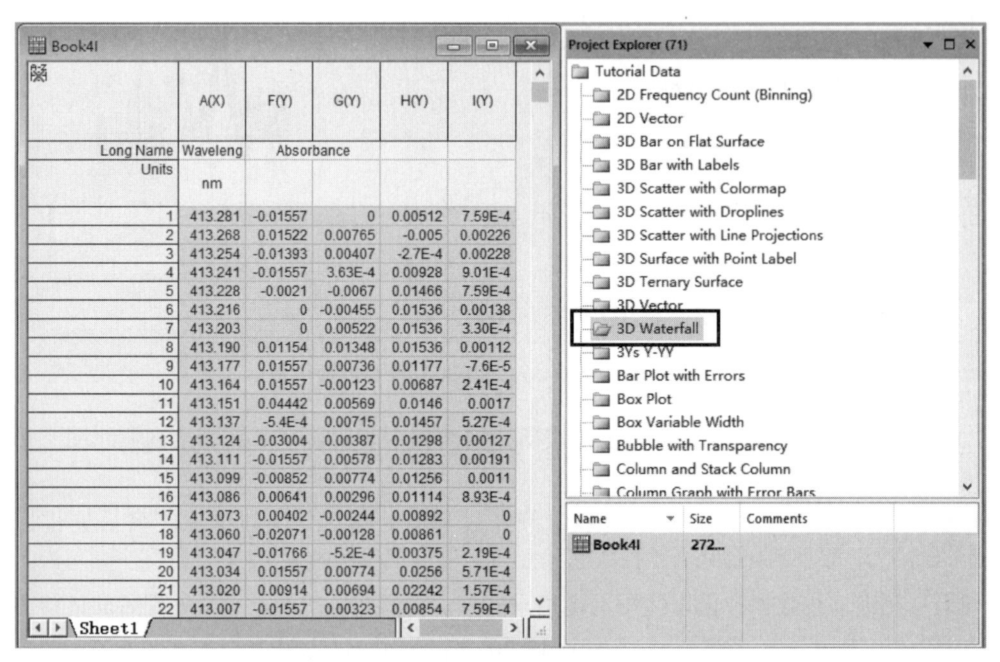

图 13-112 “3D Waterfall”目录下的工作表“Book41”

2）单击工作表左上角选中所有数据，选择菜单命令“Plot”→“3D”→“3D Waterfall”，绘制三维瀑布图，如图 13-113 所示。

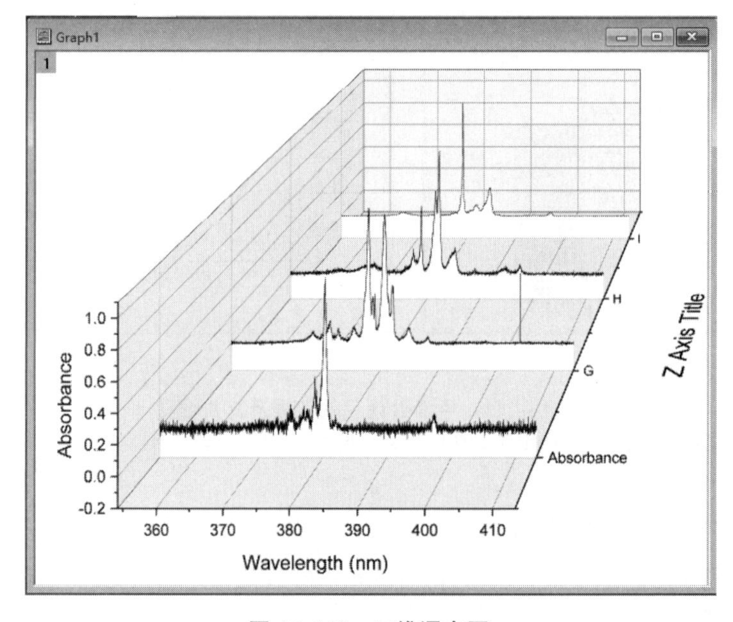

图 13-113 三维瀑布图

3）将图形窗口置为当前窗口，将光标放在曲线上，右击后在弹出的快捷菜单中选择命令“Plot Details”，或者选择菜单命令“Format”→“Layer…”，打开“Plot Details-Layer Properties”对话框。在“Planes”选项卡中，选中“XY”选项，设置如图 13-114 所示。

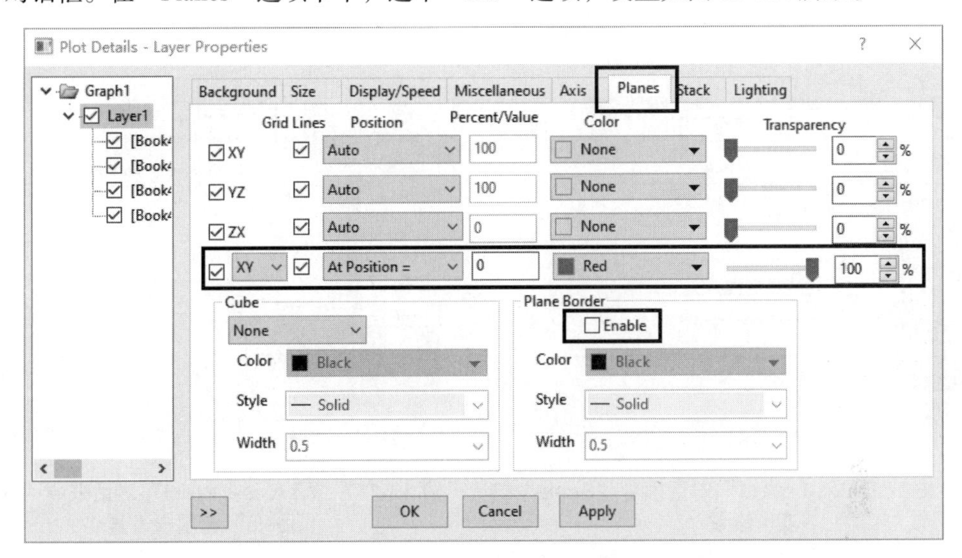

图 13-114　“Plot Details-Layer Properties”对话框中“Planes”选项卡设置

4）在“Plot Details-Plot Properties”对话框的左侧面板中，选择所有曲线，这时选项卡改变了。选中“Pattern”选项卡，选择“Fill”选项组中的“Color”下拉列表框，选中“LT Gray”。“Pattern”选项卡设置如图 13-115 所示。单击“OK”按钮，关闭“Plot Details-Layer Properties”对话框。

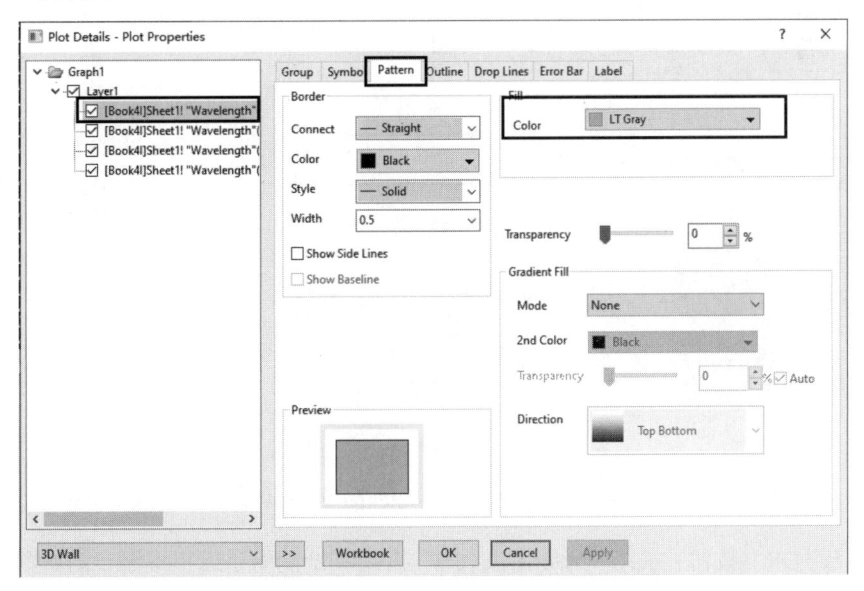

图 13-115　“Plot Details-Plot Properties”对话框中“Pattern”选项卡设置

5）双击图 13-113 中的坐标轴，打开“ZAxis-Layer1”对话框。去除勾选“Use Only One Axis For Each Direction”选项，在左侧面板中选中“Z”轴，然后选择“Scale”选项卡，设置

如图 13-116 所示。

6）继续在左侧面板中选中“Z”轴，然后选择“Tick Labels”选项卡，设置如图 13-117 所示。

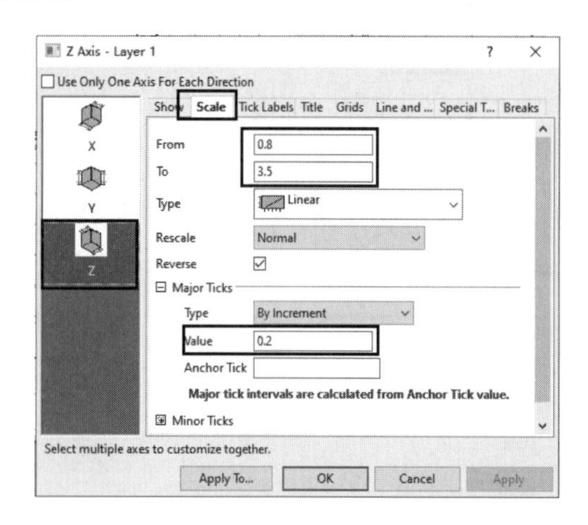

图 13-116 “Z Axis-Layer1”对话框中“Scale”选项卡设置

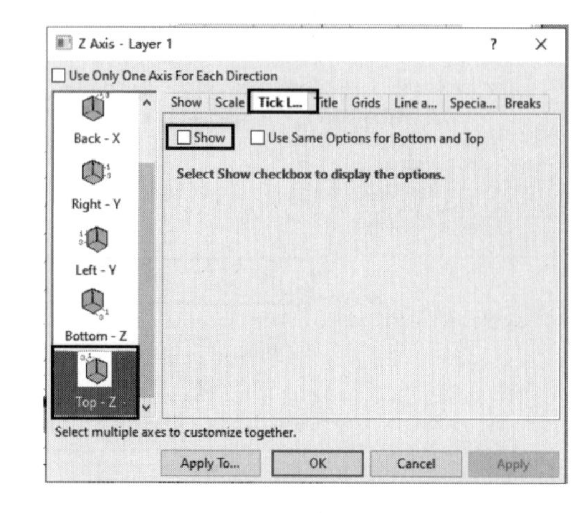

图 13-117 “Z Axis-Layer1”对话框中“Tick Labels”选项卡设置

7）选择“Line and Ticks”选项卡，设置如图 13-118 所示。

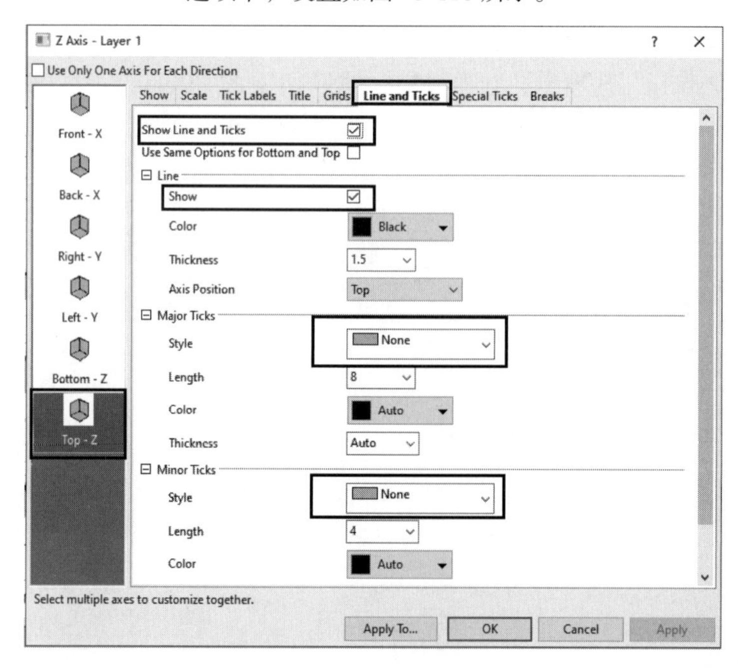

图 13-118 “Z Axis-Layer1”对话框中“Top-Z”的“Line and Ticks”选项卡设置

8）单击“OK”按钮，关闭“ZAxis-Layer1”窗口。绘制的谱线三维瀑布图如图 13-119a 所示。

9）单击瀑布图中的阴影区域，出现了 4 个调整图形的按钮，如图 13-119b 所示。利用这 4 个按钮，可调整三维瀑布图。

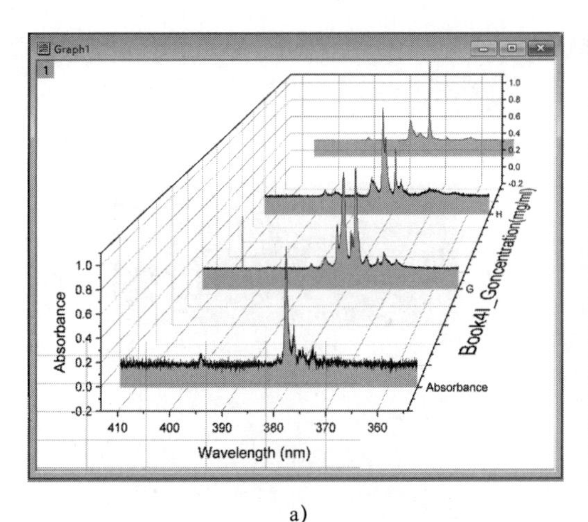

a)

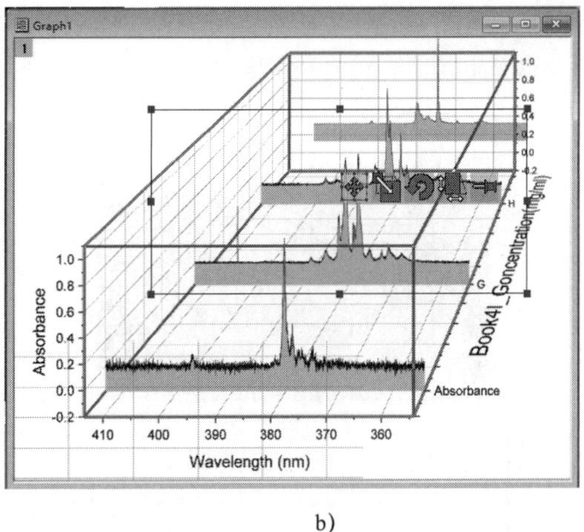

b)

图 13-119　谱线三维瀑布图及其调整按钮

a）谱线三维瀑布图　b）调整谱线三维瀑布图的 4 个按钮

13.5.3　XPS 图谱处理

X 射线光电子能谱（X-ray Photoelectron Spectroscopy，XPS）分析是一种对表面元素化学成分和元素化学态进行分析的技术。它可以给出原子序数为 3~92 的元素信息，以获得元素成分，还可以给出元素化学态信息，进而可以分析出元素的化学态或官能团。因此，XPS 分析是材料科学研究的有力工具。本节以“…\Samples\Spectroscopy\XPS\XPS.dat”数据文件为例说明 XPS 图谱处理，进行基线分析、寻峰和峰拟合。

1）导入“XPS.dat”数据文件，其工作表如图 13-120a 所示。绘制该数据文件的曲线图，如图 13-120b 所示。

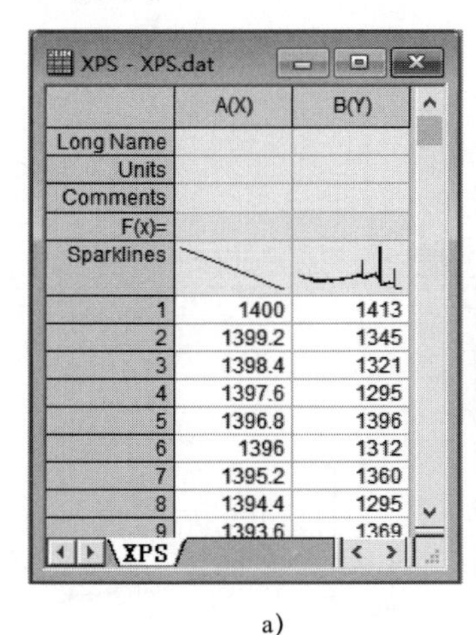

a)

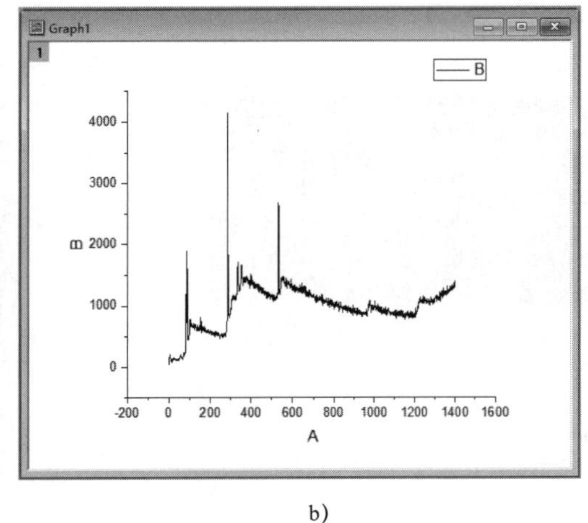

b)

图 13-120　“XPS.dat”数据文件的工作表及曲线图

a）工作表　b）曲线图

2）选择菜单命令“Analysis”→“Peaks and Baseline”→“Peak Analyzer”，打开“Peak Analyzer”峰值分析开始页面，如图 13-121 所示。在“Goal”中选择“Fit Peaks（Pro）”选项。

3）单击“Next”按钮，进入“Baseline Mode”页面，选择“User Defined”模式，如图 13-122 所示。

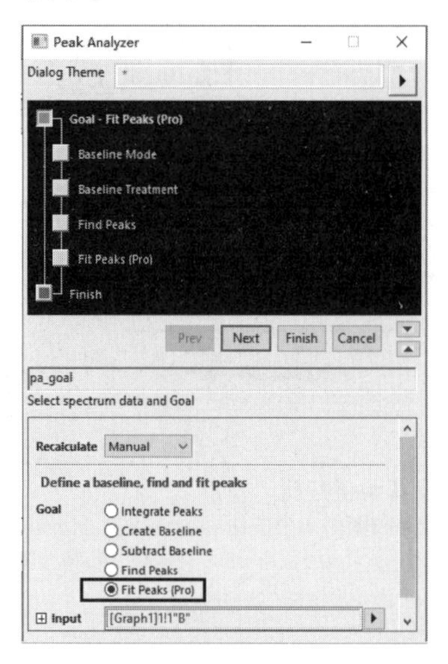

图 13-121 “Peak Analyzer”峰值分析开始页面

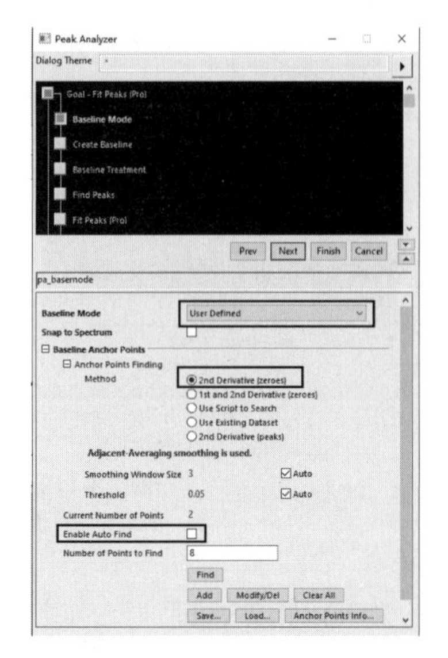

图 13-122 “Baseline Mode”页面

4）单击图 13-122 中的“Add”按钮，在曲线的基线处双击添加定位点。单击“Done”按钮，完成定位点设置。

5）单击图 13-122 中的“Next”按钮，进入“Create Baseline”页面，如图 13-123 所示，选择基线连接方式。这时，可以利用“Add”按钮再次添加定位点，或者单击“Modify/Del”按钮修改或删除定位点。这时，曲线图中可以看到定位点的位置和由该定位点所确定的基线，如图 13-124 所示。

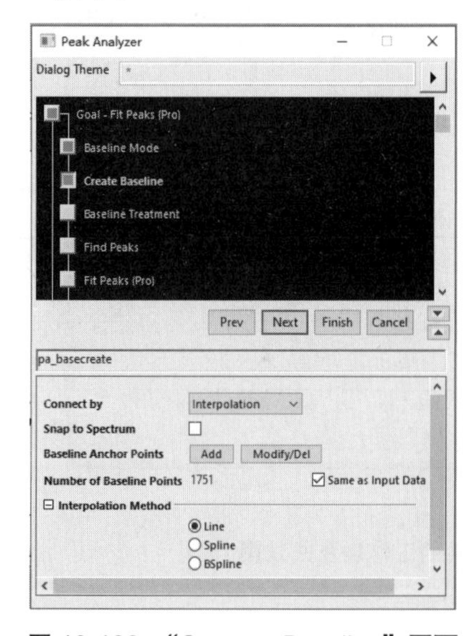

图 13-123 “Create Baseline”页面

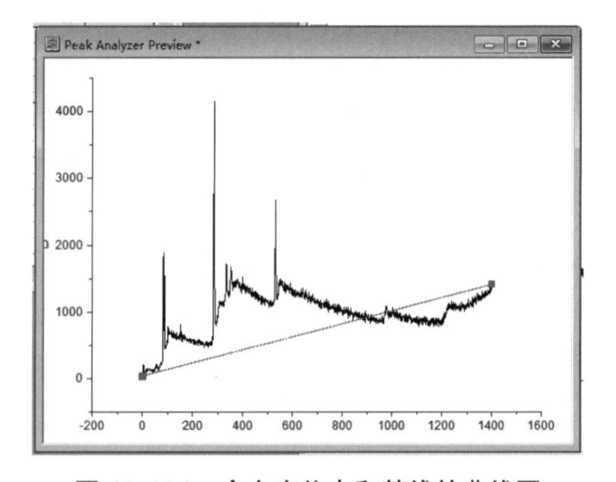

图 13-124 含有定位点和基线的曲线图

6）单击图 13-123 中的“Next”按钮，进入“Baseline Treatment”页面，如图 13-125 所示。在该页面中可以减去基线，还可以勾选“Auto Subtract Baseline”复选框，或者单击“Subtract

Now”按钮，以便立刻在图形中显示出减去基线的效果。

7）单击图 13-126 中的“Next”按钮，进入“Find Peaks”页面，如图 13-126 所示。在该页面中取消勾选“Enable Auto Find”复选框。单击“Add”按钮，可在曲线上添加峰值位置；或者单击“Modify/Del”按钮，在曲线上修改或删除峰值位置。当完成“Find Peaks”页面操作后，曲线上便出现了所标识的峰值位置，如图 13-127 所示。

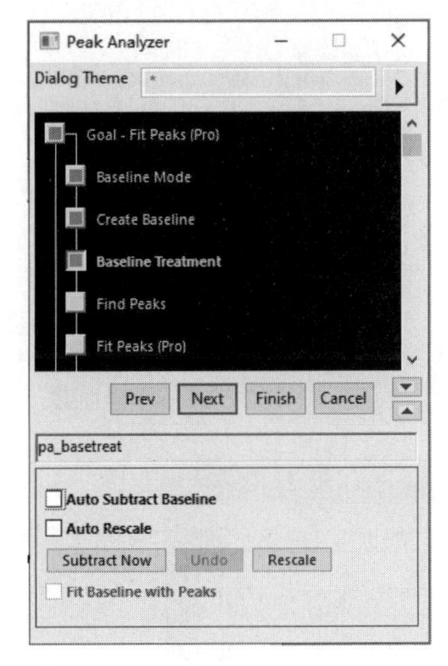

图 13-125　“Baseline Treatment”页面

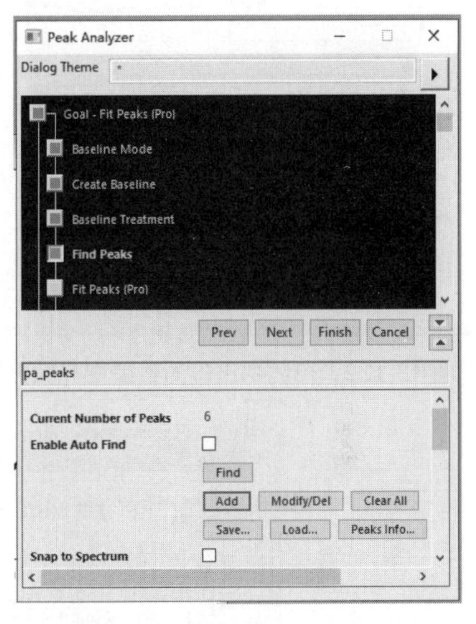

图 13-126　“Find Peaks”页面

8）单击图 13-126 中的“Next”按钮，进入“Fit Peaks”页面，如图 13-128 所示。在该页面中可以勾选“Show Residual”和“Show Derivative”复选框，分析峰值拟合效果。单击“Add”按钮，可在曲线上添加峰值（此处需要结合专业知识确定）；或者单击“Modify/Del”按钮，在曲线上修改或删除峰值；还可以在“Results”选项组中定制输出选项。若勾选“Show Residual”和“Show Derivative”复选框，则在曲线中会显示残差图和微分图，如图 13-129 所示。

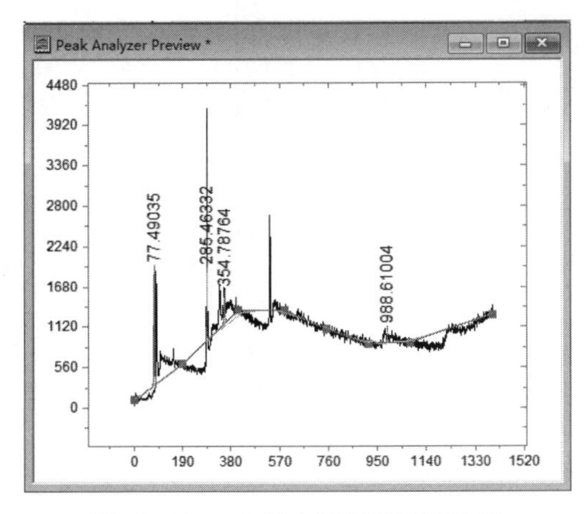

图 13-127　曲线上标识的峰值位置

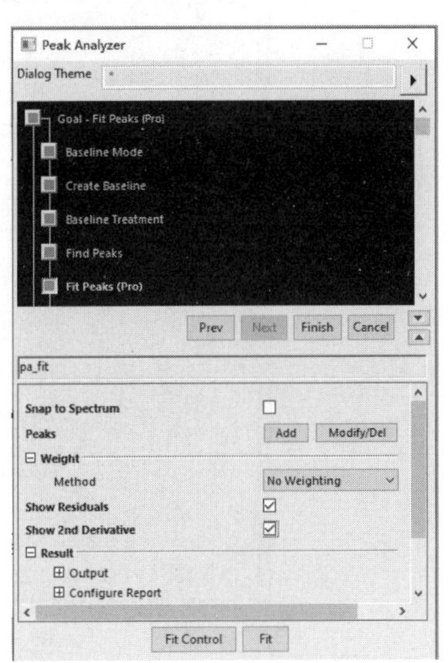

图 13-128　“Fit Peaks”页面

9）当达到拟合效果时，单击“Finish”按钮，完成拟合，输出拟合报表。图 13-130 所示为峰值拟合曲线。图 13-131 所示为拟合输出报表。

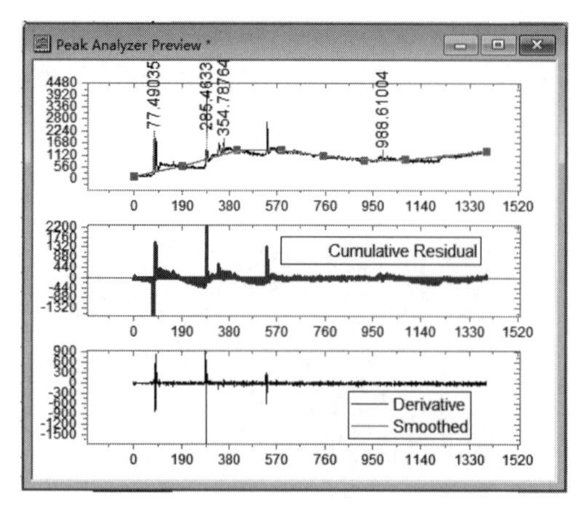

图 13-129 曲线中出现的残差图和微分图

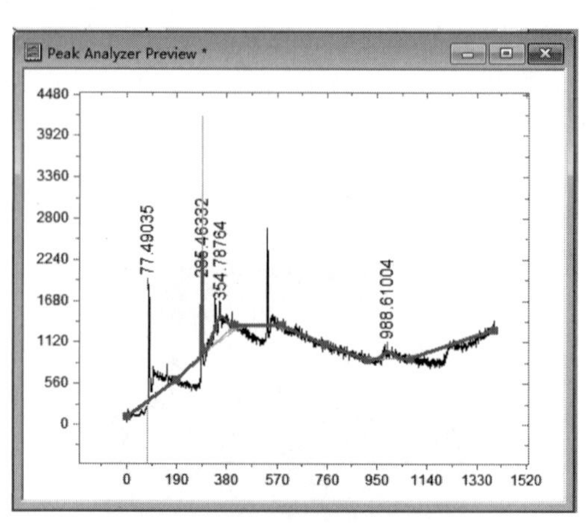

图 13-130 峰值拟合曲线

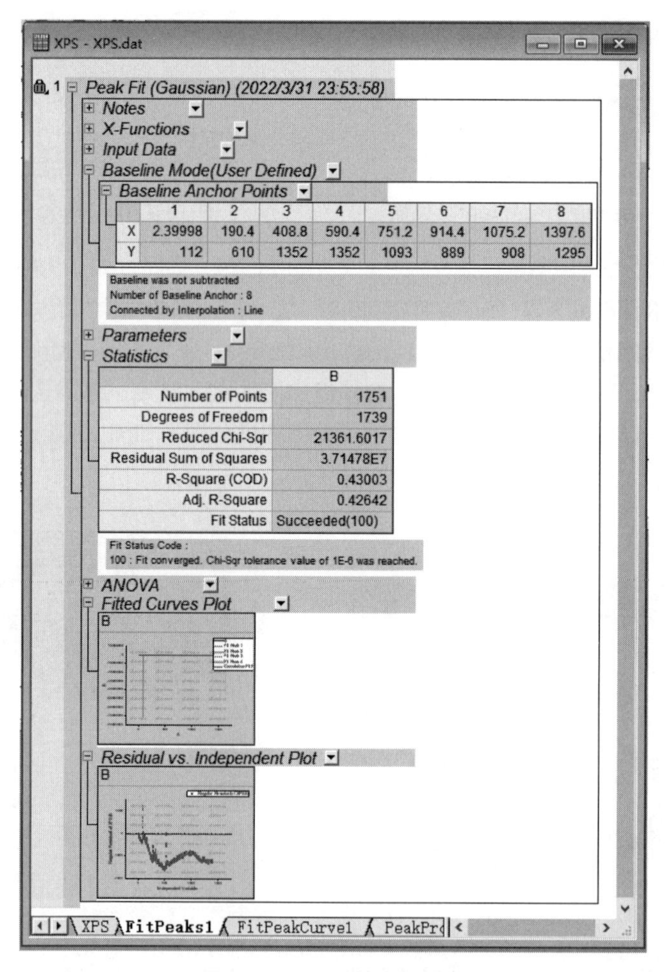

图 13-131 拟合输出报表

13.5.4 Micro-Raman 谱线分析

Raman 光谱是研究和理解材料微观结构变化的有力工具。本节以“…\Samples\Graphing\Micro_Raman_Spectroscopy.txt”数据文件为例说明 Micro-Raman 谱线分析，实现对纳米矿物复杂体系进行 Micro-Raman 光谱分析。

1）导入“Micro_Raman_Spectroscopy.txt”数据文件，形成工作表，如图 13-132 所示。工作表中的数据是多组波数和光谱强度数据。

MicroRamanSpe - Micro_Raman_Spectroscopy.txt

	A(X)	B(Y)	C(Y)	D(Y)	E(Y)
Long Name					
Units					
Comments					
F(x)=					
Sparklines					
1	100.263	762.24	100.263	947.9676	100.263
2	101.997	765.94	101.997	951.6754	101.997
3	103.728	771.5	103.728	944.2353	103.728
4	105.461	765.92	105.461	957.2229	105.461
5	107.194	769.61	107.194	936.8001	107.194
6	108.927	767.74	108.927	944.2147	108.927
7	110.657	767.73	110.657	959.035	110.657
8	112.389	784.39	112.389	955.3154	112.389
9	114.121	760.3	114.121	955.3027	114.121
10	115.85	762.14	115.85	951.589	115.85
11	117.581	765.83	117.581	940.4814	117.581
12	119.312	773.21	119.312	947.8704	119.312
13	121.041	763.95	121.041	962.6417	121.041

Micro_Raman_Spectroscopy

图 13-132 “Micro_Raman_Spectroscopy.txt”数据文件工作表

2）单击工作表左上角，选中工作表中的全部数据。右击，在弹出的快捷菜单中选择菜单命令“Set As”→“XY XY”，正确设置工作表中多组数据的坐标体系。设置调整好的“Micro_Raman_Spectroscopy.txt”数据文件工作表如图 13-133 所示。

MicroRamanSpe - Micro_Raman_Spectroscopy.txt

	A(X1)	B(Y1)	C(X2)	D(Y2)	E(X3)	F(Y3)	G(X4)	H(Y4)
Long Name								
Units								
Comments								
F(x)=								
Sparklines								
1	100.263	762.24	100.263	947.9676	100.263	9966.063	100.263	10919.6309
2	101.997	765.94	101.997	951.6754	101.997	9940.0309	101.997	10928.9175
3	103.728	771.5	103.728	944.2353	103.728	9954.8876	103.728	10917.7637
4	105.461	765.92	105.461	957.2229	105.461	9936.3143	105.461	10925.1852
5	107.194	769.61	107.194	936.8001	107.194	9951.1572	107.194	10919.6113
6	108.927	767.74	108.927	944.2147	108.927	9956.7125	108.927	10925.1695
7	110.657	767.73	110.657	959.035	110.657	9943.7279	110.657	10932.5752
8	112.389	784.39	112.389	955.3154	112.389	9969.6578	112.389	10921.4489
9	114.121	760.3	114.121	955.3027	114.121	9945.5715	114.121	10925.1459
10	115.85	762.14	115.85	951.589	115.85	9952.9684	115.85	10932.5399
11	117.581	765.83	117.581	940.4814	117.581	9945.5616	117.581	10926.9797
12	119.312	773.21	119.312	947.8704	119.312	9928.9203	119.312	10936.2133
13	121.041	763.95	121.041	962.6417	121.041	9952.9419	121.041	10915.877

Micro_Raman_Spectroscopy

图 13-133 设置调整好的“Micro_Raman_Spectroscopy.txt”数据文件工作表

3）选中图 13-133 所示工作表中的所有数据，选择菜单命令“Plot”→“2D”→“Line”，绘制数据曲线图，并删除曲线图例，如图 13-134 所示。

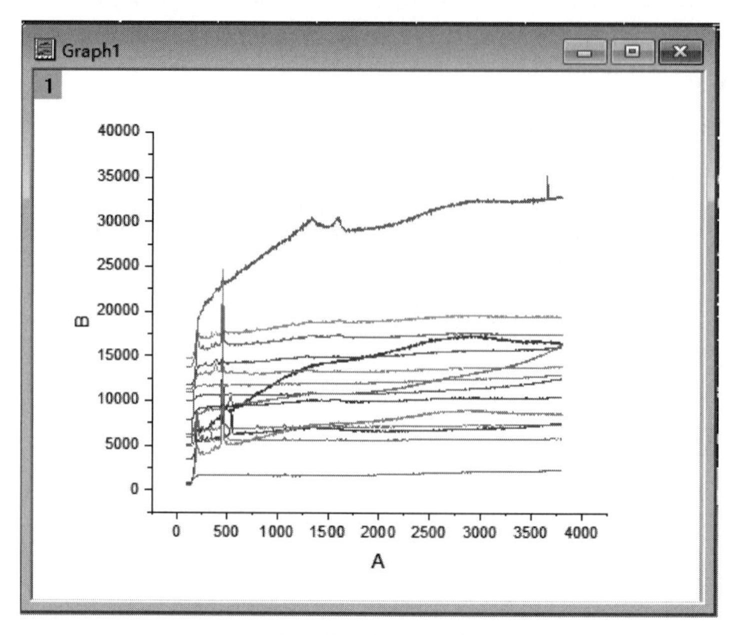

图 13-134　绘制的曲线图

4）双击图 13-134 所示曲线中的坐标轴，打开“X Axis-Layer1”对话框，在左侧面板中选中“Horizontal（X 轴）”，选择“Scale”选项卡，设置如图 13-135a 所示。同样的方法，选中“Vertical（Y 轴）”，选择“Scale”选项卡，设置如图 13-135b 所示。

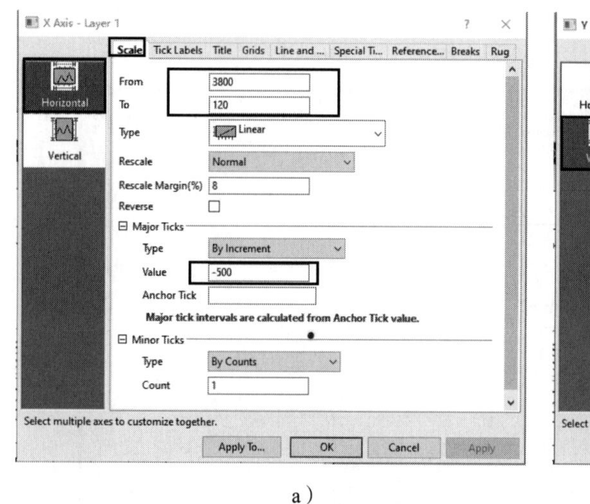

a）

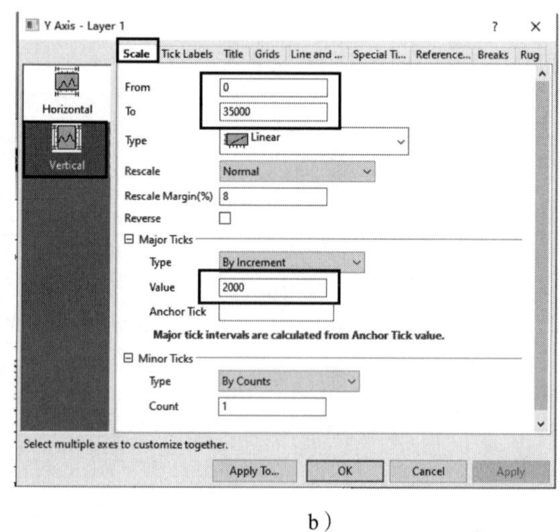

b）

图 13-135　“X Axis-Layer1”对话框

a）X 轴“Scale”选项卡设置　b）Y 轴“Scale”选项卡设置

5）选择“Line and Ticks”选项卡，在左侧面板中选择“Right”，设置如图 13-136a 所示。同样地，在左侧面板中选择“Top”，设置如图 13-136b 所示。

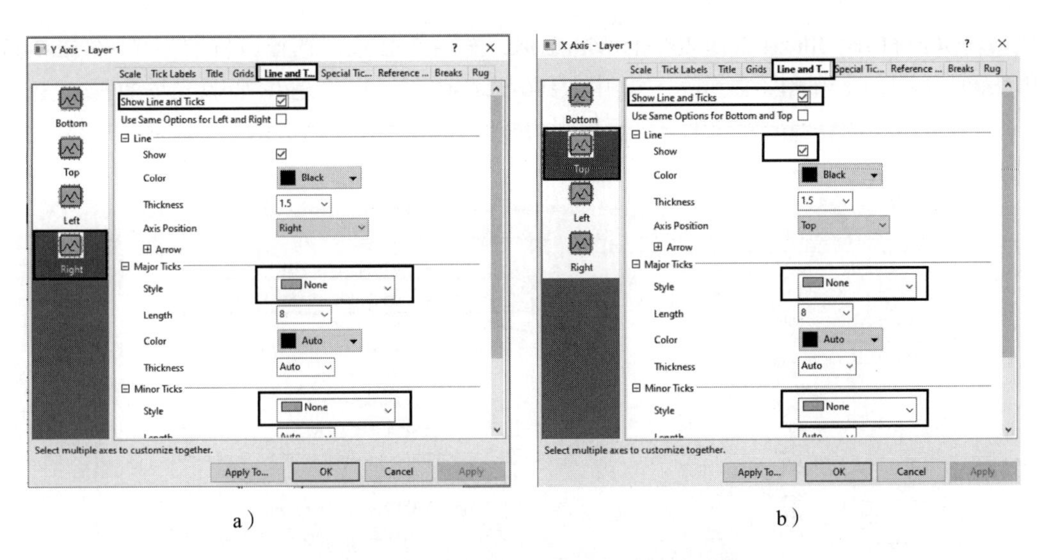

图 13-136 “Line and Ticks”选项卡设置

a）“Right”的“Line and Ticks”选项卡设置 b）“Top”的“Line and Ticks”选项卡设置

6）在工具栏中选择直线工具 ╱ 和文本工具 T，在波数 462 处添加垂线和标注。修改 X、Y 轴的轴标题。最终的 Micro-Raman 谱线图如图 13-137 所示。

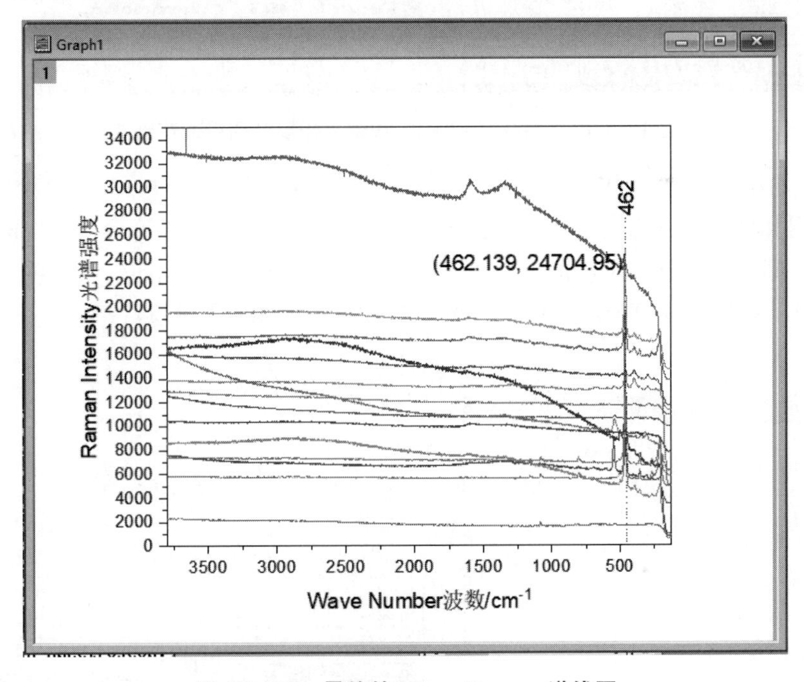

图 13-137 最终的 Micro-Raman 谱线图

13.5.5 谱线图峰值智能标注

谱线图峰值智能标注即能自动在谱线图中智能标注而不造成标注重叠。本节以“…\Samples\Tutorial Data.opj”项目文件为例说明谱线图峰值的智能标注。

1）选择菜单命令“File”→“Open”，打开“…\Samples\Tutorial Data.opj”项目文件，并

用项目浏览器打开“Smart Peak Labels with Leader Line”目录。选择该目录下“100-52-7-IR”工作表和“Peak_Centers1”工作表，其中“100-52-7-IR”工作表是 IR 吸收光谱数据，“Peak_Centers1”工作表是 Origin 寻峰工具分析得到的峰值数据。“100-52-7-IR”工作表及项目浏览器如图 13-138 所示。

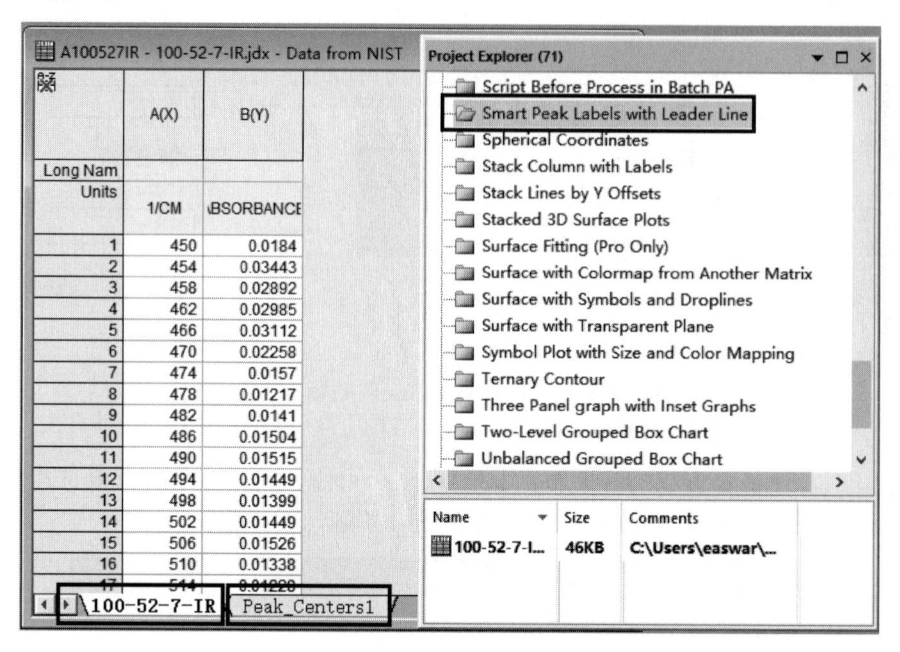

图 13-138 “100-52-7-IR”数据工作表及项目浏览器

2）选择“100-52-7-IR”工作表 B（Y）列数据，选择菜单命令“Plot”→“2D”→“Line”，绘制的曲线图如图 13-139 所示。将曲线图置为当前窗口，选择菜单命令“Graph”→“Layer Contents…”，打开“Layer Contents…”对话框。在该对话框中选择 pcy（Y）列，将其曲线图添加至图层中，如图 13-140 所示。单击“OK”按钮，返回到图形窗口。

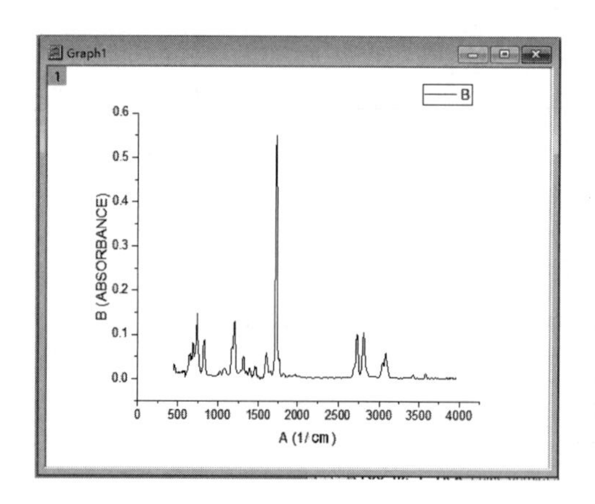

图 13-139 “100-52-7-IR”工作表 B（Y）列曲线图

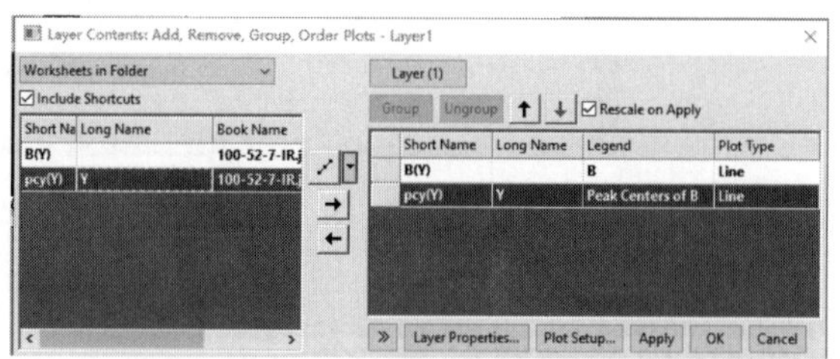

图 13-140 “Layer Contents…”对话框

3）双击图中的 Y 轴，打开“Y Axis-Layer1”对话框。选择 Y 轴所对应的“Scale”选项卡设置 Y 轴范围 [−0.05，0.6]。同理，X 轴的“Scale”选项卡设置 X 轴范围 [400，3500]，如图 13-141 所示。单击“OK”按钮，返回到图形窗口。

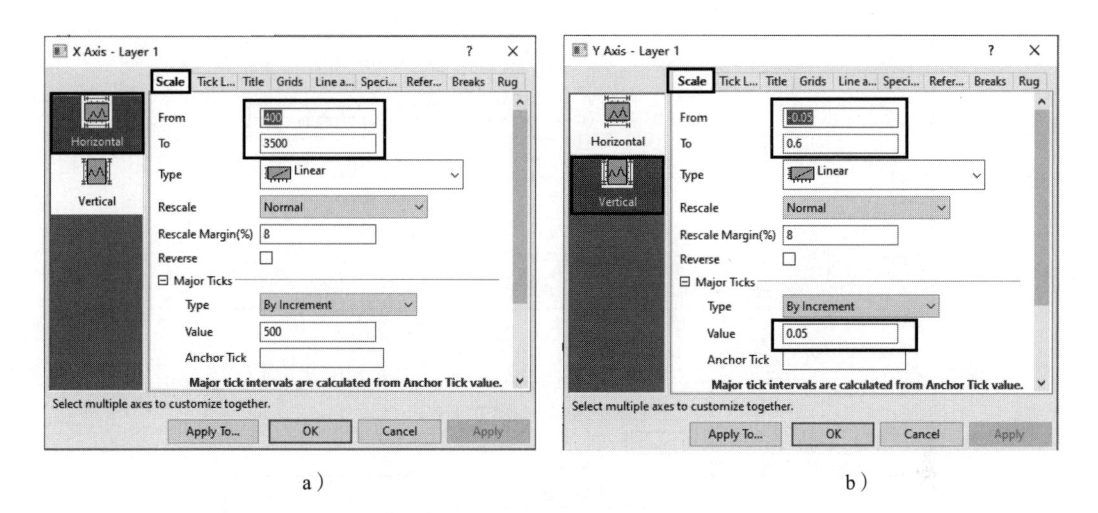

a）　　　　b）

图 13-141　“Scale”选项卡设置

a）“X Axis-Layer1”对话框　b）“Y Axis-Layer1”对话框

4）选择菜单命令“Format”→“Layer…”，打开“Plot Details-Layer Properties”对话框。在左侧面板中选择“Layer1”，选中“Size”选项卡，设置图形尺寸，如图 13-142a 所示。在左侧面板中选择“Peak_Centers1”，选中“Symbol”选项卡，按照图 13-142b 所示设置标注符号。再选中“Label”选项卡，选中“Enable”选项，设置字体大小为 12 号字，标签形式为“X”，旋转角度为 90°，如图 13-142c 所示。

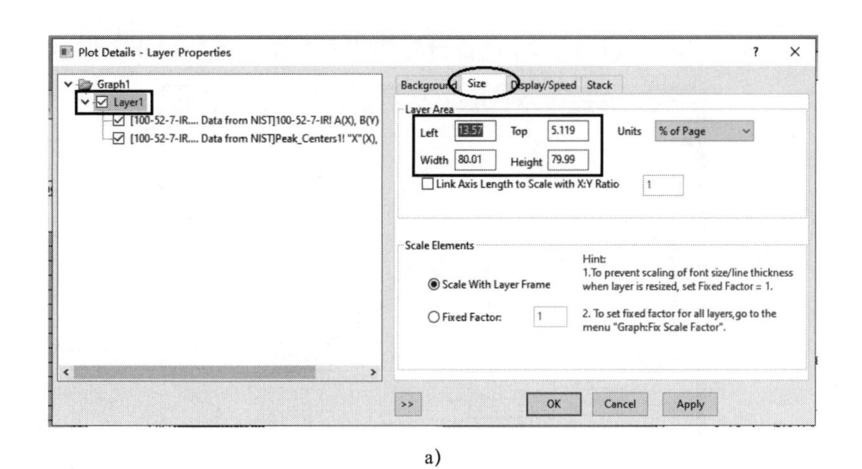

a）

图 13-142　“Plot Details”对话框

a）“Size”选项卡设置

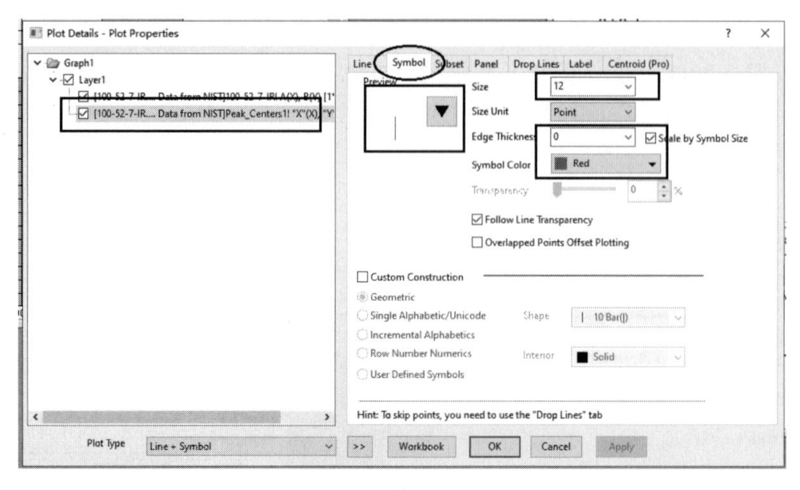

b)

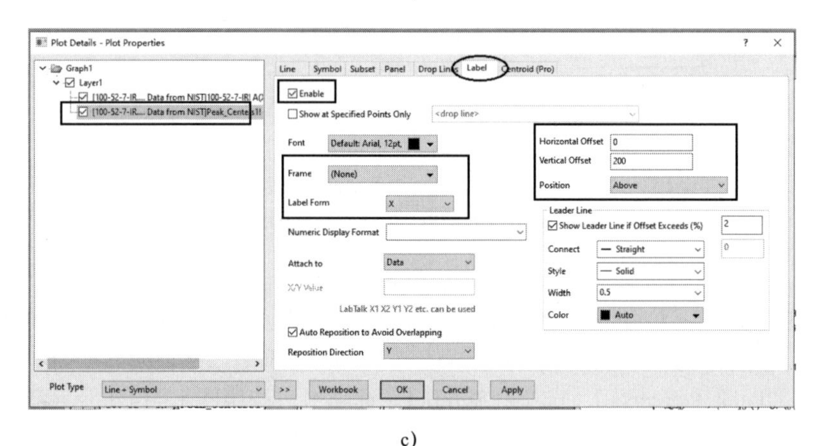

c)

图 13-142 “Plot Details”对话框（续）

b）“Peak_Centers1”的“Symbol”选项卡设置 c）“Peak_Centers1”的“Label”选项卡设置

5）单击“Apply”按钮，此时图形中的部分标注数字重叠，如图 13-143 所示。

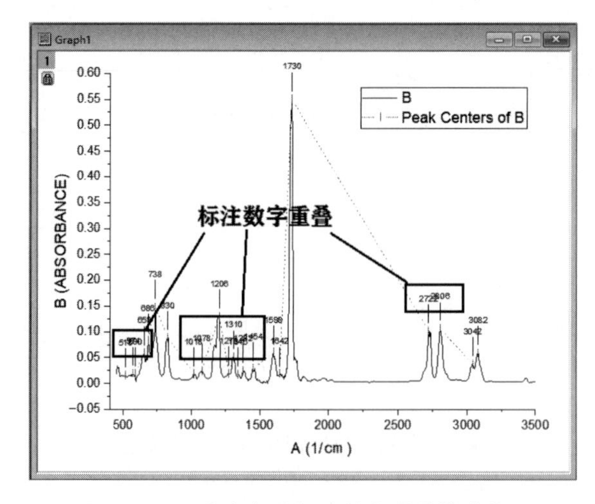

图 13-143 含有部分标注数字重叠的谱线图

6）再次选中“Label”选项卡，选中“Auto Reposition to Avoid Overlapping”选项，同时在“Reposition Direction”下拉列表框中选择“Y”。“Leader Line（指引线）”选项组设置如图 13-144 所示。

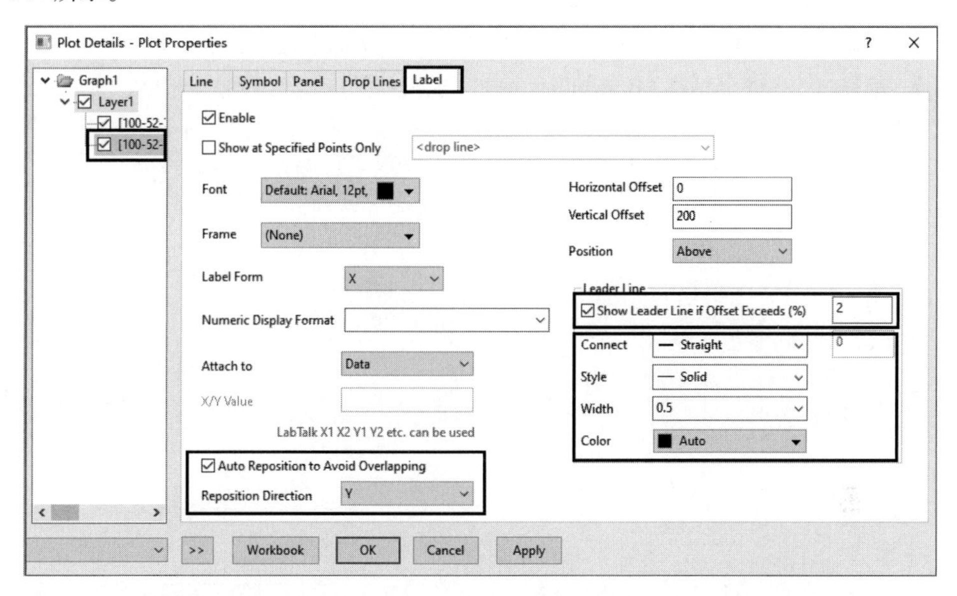

图 13-144　“Peak_Centers1”的“Label”选项卡补充性设置

7）单击“OK”按钮，返回图形窗口。标注好的谱线图如图 13-145 所示。

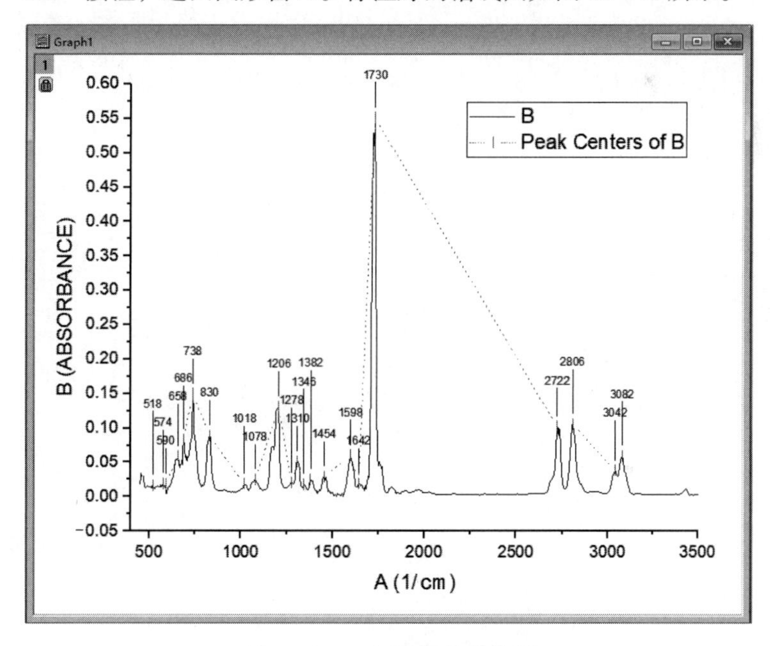

图 13-145　标注好的谱线图

参考文献

[1] 叶卫平 . Origin9.1 科技绘图及数据分析 [M]. 北京：机械工业出版社，2015.

[2] 周高峰，朱强 . MATLAB 工程基础应用教程 [M]. 北京：机械工业出版社，2015.

[3] 周高峰，李峥峰，张琦 . MATLAB/Simulink 机电动态系统仿真及工程应用 [M].2 版 . 北京：北京航空航天大学出版社，2022.